高可用可伸缩微服务架构

基于Dubbo、Spring Cloud和Service Mesh

程超 梁桂钊 秦金卫 方志斌 张逸 杜琪 殷琦 肖冠宇 著

電子工業出版社
Publishing House of Electronics Industry
北京•BEIJING

内容简介

近年来微服务架构已经成为大规模分布式架构的主流技术，越来越多的公司已经或开始转型为微服务架构。本书不以某一种微服务框架的使用为主题，而是对整个微服务生态进行系统性的讲解，并结合工作中的大量实战案例为读者呈现一本读完即可实际上手应用的工具书。

书中的理论部分介绍了微服务架构的发展历程，通俗地讲解了领域驱动设计，帮助读者更好地利用 DDD 来建模和划分服务；微服务稳定性保证的常用手段和微服务下如何保证事务的一致性这两章凝聚了作者多年的积累和思考，相信读者看完后会有不一样的感触和收获；书中实战部分的内容非常丰富，以项目为基础，逐层介绍常见的 Dubbo、Spring Cloud 和 Service Mesh 框架的具体使用方法，并对实现原理进行剖析；书中还以具体案例全面介绍了微服务双活体系建设、微服务监控与告警、微服务编排、百亿流量微服务网关的设计与实现，以及基于支付场景下的微服务改造等，并让读者了解如何借助微服务来增强和重构现有的遗留系统。

不管是刚接触微服务的新手，还是正在尝试借助微服务解放生产力的开发人员或运维人员，甚至是立志于构建高可用可伸缩的微服务体系的技术 Leader 和架构师，阅读本书，对读者必有裨益。

图书在版编目（CIP）数据

高可用可伸缩微服务架构：基于 Dubbo、Spring Cloud 和 Service Mesh / 程超等著. —北京：电子工业出版社，2019.5

ISBN 978-7-121-36213-2

Ⅰ. ①高… Ⅱ. ①程… Ⅲ. ①互联网络－网络服务器 Ⅳ. ①TP368.5

中国版本图书馆 CIP 数据核字（2019）第 057406 号

责任编辑：陈晓猛
印　　刷：北京天宇星印刷厂
装　　订：北京天宇星印刷厂
出版发行：电子工业出版社
　　　　　北京市海淀区万寿路 173 信箱　　邮编：100036
开　　本：787×980　1/16　印张：33　字数：633.6 千字
版　　次：2019 年 5 月第 1 版
印　　次：2019 年 5 月第 1 次印刷
定　　价：108.00 元

凡所购买电子工业出版社图书有缺损问题，请向购买书店调换。若书店售缺，请与本社发行部联系，联系及邮购电话：（010）88254888，88258888。

质量投诉请发邮件至 zlts@phei.com.cn，盗版侵权举报请发邮件至 dbqq@phei.com.cn。

本书咨询联系方式：010-51260888-819，faq@phei.com.cn。

序一

微服务是软件架构设计领域近年最重要的创新之一，伴随着容器化、Devops 和敏捷开发滚滚而来，短短几年从新鲜名词成为互联网行业主流架构理念，满足互联网业务高速发展对系统高可用可伸缩的需求。软件架构设计的概念来自于建筑学，描述了构成系统的代码模块组织形态，是团队协作开发的必要共识。与建筑架构相同，软件架构设计在继承中不断创新，而规模和更新速度远超依赖实体的建筑行业。微服务是对大型互联网系统架构最佳实践的提炼总结，是 SOA 思想的延伸，并没有统一标准，比如本书中讲解的 Dubbo 和 Spring Cloud，当然还有许多其他的实现方式可供选择，无数业界的同仁们正在代码的世界里构建着自己心中的微服务。

服务即能力，无论云计算的 SaaS、PaaS、IaaS，还是衍生出的各种“*aaS”，都强调输出能力，而非技术——谓之“赋能”。20 年来，我见证了系统架构从 C/S 到云原生一路进化、推陈出新，也曾纠结于对比微服务和 SOA 的异同，最终则是领悟到一切应用皆服务，与多年来言必称系统的思维定式挥手道别。微服务不会是大型系统架构的终态，新的趋势正在崛起，一切都不是设计出来的，而是在开源时代，凝结在灵光和业务创新之中。涓涓细流，汇成江海，也许更新一代的架构萌芽正在你的指尖敲出。这正是我们所处的行业激动人心之所在，这是我们最好的时代。

四季有轮转，行业有冷暖，人生有起落，智慧可传承。本书的作者全部来自行业一线，具有相当丰富的微服务实战经验，更难得的是倾囊相授，总结最新案例结集成册，分享给业界同仁。互联网行业竞争激烈，技术日新月异，唯有持续学习成长，方能保持核心竞争力，在职业道路上站得稳走得远。传道授业解惑皆为我师，此行当以同怀报之。

天行健，君子以自强不息；地势坤，君子以厚德载物。赞几位作者老师，并与诸君共勉！

史海峰

（微信公众号“IT 民工闲话”作者，贝壳金服小微企业生态 CTO）

序二

微服务是近几年流行起来的软件架构风格。回顾历史，从传统的单体应用架构，到面向服务架构 SOA，再到今天逐渐被大众接受的微服务架构 MSA，本质上来说，都是为了解决随着软件复杂度的上升，如何有效提升开发效率、发布效率的问题。

同样，这个问题在阿里巴巴电商系统的发展历程中也遇到过。由于业务体量巨大、需求变更频繁，导致淘宝和淘宝商城（天猫的前身）的研发效率变得低下，在这个背景下，2008 年 10 月立项了著名的“五彩石”项目，对电商系统做了系统的拆分，完成了服务化改造。通过这个项目，孕育出了以 HSF、Notify 为代表的分布式中间件组件。并且，在随后的十年中，分布式中间件蓬勃发展，从软负载中心 Config Server、配置中心 Diamond Server，到全链路追踪 EagleEye、限流 Sentinel，再到全链路压测体系，可以说，基于分布式中间件构建的整个服务化体系是支撑“双 11”GMV 从 2019 年的 5000 万元到今天惊人的 2135 亿元的技术基石。正是服务化改造的成功实施和不断演进，为每年万亿流量的洪峰及层出不穷的大促玩法保驾护航了有 10 个年头。

当然，“没有银弹”的定律是亘古不变的。微服务架构在提升开发效率、提升系统扩展能力的同时，也带来了诸多复杂性，比如：运维上的开销、跨进程通信联调的问题、分布式系统的学习成本、排查问题的难度，以及测试回归上的诸多问题。所以，在采用微服务架构之前，要对上面提到的这些挑战、自己的业务，以及自己团队的技能集有着很清醒的了解，切勿为了微服务而微服务。即使是在选择了微服务架构之后，也会面临技术栈选型的问题，从国内广泛使用的 Apache Dubbo，到国际上的 Spring Cloud，JavaEE Micoprofile 领域的 JBoss Wildfly，再到最近开始提出的 Cloud Native MicroServices，选择并成功实施其中的一种技术栈，成为广大架构师们挠头的事情。好在现在出现了一本《高可用可伸缩微服务架构》，从微服务基础介绍起，横向地比较了三种有代表性的微服务架构选型，探讨了微服务架构中后期需要解决的事务、网关、服务编排、高可用等高级话题，并深入分享了实战案例。整本书从基础概念到高级话题，从理论到实践都有涉及，面面俱到，实属架构师案头不可或缺的参考书。

很荣幸在 Apache Dubbo 准备从阿帕奇软件基金会毕业并成为顶级项目之际，应本书作者之一，也是 Apache Dubbo PPMC 之一的秦金卫先生的邀请来为本书作序。在今年 Apache Dubbo 的规划中，云原生微服务是路线图中的重点。也以此序与诸位读者共勉，期望 Apache Dubbo 能够成为各位在架构选型中重点考虑的一环。

罗毅

（花名北纬，阿里巴巴高级技术专家，Apache Dubbo 负责人）

专家评价

经历了系统从单体架构到ESB企业总线架构，再到全面的微服务化架构的整个改造过程，深知微服务看似美好，但在企业中落地实施其实是一件很困难的事情，本书不仅从理论高度上阐述了微服务架构，也有丰富的可操作的实践案例，涉及服务划分、框架选型、服务治理，尤其是当前流行的服务网格，恰如我们在微服务架构改造过程的真实写照，相信大家也会从本书中获得微服务最佳实践的灵感和方向。

王明华（北京多来点信息技术有限公司CTO）

分而治之、高内聚、松耦合等是软件开发领域的高频词汇，现阶段，代表这类思路的热门架构方法非微服务莫属。恰如武术中的“见招拆招”，把各种变招加以拆解和演练，才能理解招式，若干招式组成套路，再结合时间、空间、身体结构，灵活运用，最终做到“拳无定势”。本书帮你拆解微服务奥秘，从实战角度带你领略目前构建微服务的几种主要工具，结合案例，细细道来，值得开发人员学习。

曹中胜（海康威视开发总监）

本书围绕微服务架构高可用方面进行深度剖析，从实战角度对微服务相关技术进行讲解，教会我们如何轻松搭建可伸缩的微服务架构，以及所需要的基础知识和技能，对一线架构师的工作有着非常大的指导意义。作者程超对微服务架构理解透彻，功力深厚，强烈向各位技术同行们推荐这本书！

黄勇（《架构探险》作者）

本书从微服务和领域驱动开发的角度阐述高可用和可伸缩架构，知识点覆盖全面。书籍由多名一线互联网资深人员联合出品，体现了现代技术书籍的合作共赢的模式。各位作者取长补短，将最好的内容呈现至读者面前。在架构类的书层出不穷的当今，本书特点鲜明，是我眼中的优秀书籍，推荐读者品读。

张亮（京东数科数据研发负责人，Apache ShardingSphere 发起人& PPMC，《未来架构——从服务化到云原生》作者）

“微服务”早已成为广大“码农”们的聊天必备佳品，可每每深入“微服务架构在具体实践中是怎样实施的？微服务架构在实施过程中存在怎样的困难和挑战？服务以什么原则拆分？拆分成什么样的颗粒度才算微？如何选型？”等一类的话题时，大家往往会三缄其口或乏善可陈。作者将自身多年的一线项目实践经验以文字形式将微服务的原理到项目实践应用深入浅出地完整呈现出来，同时通过案例对微服务架构实施过程中存在问题及解决方法进行了总结，对于想快速学习、应用微服务架构的读者来说是不可多得之作。

曾波（波姐，鹏博士电信传媒集团 OTT 业务技术负责人）

微服务（MicroServices）定义较早见于 Martin Fowler 的著作和博客中，但在此之前，有几家公司早已开始了微服务的实践探索，并建立了具备相当规模和影响力的产品，例如，阿里巴巴开源的 Dubbo。而秦金卫正是在这一阶段任职于阿里巴巴，从事微服务相关的研发工作。最近几年，微服务领域的基础软件层出不穷，由开源社区或一些大公司主导的方案都逐渐成熟，然而，却也给微服务方案的选型带来一些不便。本书结合常见的微服务产品，在服务研发、性能优化、监控、管理甚至遗留系统改造方面都做了全面的介绍，非常值得一读。

宓学强（陌陌前技术主管，淘宝微服务框架负责人）

微服务架构对大型分布式后端的改造和优化非常有帮助，但是它并不容易实现，搞不好就会事倍功半。本书理论与实践相结合，介绍了时下流行的 Dubbo、Spring Cloud、容器化等技术，以及实践经验，对于想了解微服务技术的你是一个不错的选择。

付磊（《Redis 开发与运维》作者）

微服务这两年的热度持续不减，支持这种理念的中间件、开发框架等产品也不断迭代演进，我们可以运用的武器越来越多，但是这也使得技术人员在学习与选择上增加了不少的难度。本书基于实战，从架构的本质，微服务设计的原则到各环节重要技术点的分析等环节做了详细的思路讲解。其中也涵盖了目前最流行的一些框架与产品，紧跟时代的步伐，所以我推荐想要深入了解微服务架构全貌的读者阅读此书。

翟永超（公众号“程序猿 DD”、《Spring Cloud 微服务实战》作者）

很高兴看到《高可用可伸缩微服务架构》一书问世，作者老师们是社区挚友，多年以来致力于技术架构研究与落地，本书集合了技术大咖精华，结合业界最佳实践，展示微服务架构精华，是技术架构师们不可或缺的工具书。

王友强（中生代技术社区发起人）

微服务架构时下不断升温，如何针对自己当前业务场景进行微服务架构改造变得迫在眉睫，若同时还要兼顾高可用性、可伸缩性，这就要求架构师们具备庞大的技术体系，且不说容器化、DevOps、微服务监控和网关，光是核心的服务治理学习曲线就异常陡峭，这本书无疑如久旱甘霖，值得大家细细品读。

兰小伟（《Solr 权威指南》作者）

本书深入浅出地讲解了微服务架构的理论与设计方法，并聚焦高可用和可伸缩这两大特性，详细分析了实现这两大特性需要关注的方向，包括高可用、高并发、分布式事务等。而且介绍和分析了微服务实践中使用的一系列基础组件，包括远程过程调用、网关、服务编排等。本书还通过具体的业务场景——支付场景来介绍如何在具体业务中实践高可用、可伸缩的微服务架构。非常值得阅读。

韦韬晟（Apache Dubbo Committer，某互联网金融公司架构师）

本书系统解答了 IT 企业在服务演进主线过程中，在微服务化技术升级和服务迁移过程中的一些核心节点的关键痛点问题。最终让服务演进成基于领域建模，高可用、可伸缩的微服务架构，从而在技术层面解决当前一些大型企业和一些独角兽企业遇到的服务化进程推进之痛，强烈建议大家阅读学习。

徐凌云（新华网在线教育平台技术负责人，京东云网关研发负责人）

微服务架构对于金融行业从“稳态”到“敏态”的数字化转型意义非凡，极大提升业务系统的可用性、扩展性和应变能力。作者基于一线实战项目，深入浅出介绍微服务架构的各种技术细节。此刻此书，恰逢甘霖，给大家提供了一个学习微服务的捷径。

胡晓磊（华为金融行业解决方案专家）

想知道怎样建立起微服务架构的完整思维吗？我觉得你应该看看这本书。它勾勒出微服务架构的编程思想和原理，介绍了微服务架构实例，让我们对微服务架构的认识变得立体、系统起来。并且深入浅出、通俗易懂，既具有精炼的微服务架构之道，又包含精彩具象的实践代码。不论初学编程的菜鸟，还是经验丰富的大牛，都值得一读。

周智勇（融贯电商高级研发总监）

本书阶梯指引读者深入微服务框架，满满的都是干货，从架构发展历程引入微服务架构，通过与最近炙热的领域驱动设计（DDD）结合碰撞出“感情火花”把架构设计讲得通俗易懂，加上各个框架实现原理的深入解读，让读者无论对框架还是微服务架构都有了更深刻的理解，再结合实际项目的实战部分，让微服务架构更加清晰地呈现在脑海里。是一本通俗易懂的微服务架构工具书，非常值得拥有。

杨进京（美团金融技术专家）

本书覆盖了微服务的方方面面——微服务理论、拆分依据、开发框架、稳定性保障、分布式事务、监控、微服务编排、重构乃至性能优化，甚至目前火热的“Service Mesh”均有覆盖。很难想象一本书竟然能介绍这么庞大的技术体系，而且还能无缝地承接。阅读本书，能让您对微服务的完整生态有一个相对完整的认识，对于想快速了解并应用微服务构建系统的读者来说是一部不可多得之作。

周立（《Spring Cloud 与 Docker 微服务架构实战》作者）

本书从微服务架构概念开始，指出微服务的业务领域模型设计。重点讲了微服务设计的重点和痛点：性能优化、监控、一致性、可用性等。既有理论依据、设计心得，又有工程实施方案；既有应用框架源码分析，又有自动化运维工具介绍。各位作者都是在金融和电商等行业一线出来的资深人员，内容深入浅出，是讲述微服务的一本不可多得的好书。

王欣（Apache Dubbo PPMC）

时至今日，无论大型互联网公司还是创业型公司，大家越来越多地选择微服务架构。众所周知，实现微服务架构是非常困难的，本书从理论到实践阐述了如何搭建高可用可伸缩的微服务系统。这本书不单单介绍常用的 Apache Dubbo、Spring Cloud 等框架的使用，更重要的是告诉读者使用微服务架构所遇到的常见问题及解决方案，是一本诚意十足和干货满满的书。

沈哲（《RxJava 2.x 实战》作者，爱回收创新业务部技术专家）

几位熟悉的朋友合著的这本书我觉得担得起两个字“干货”，既有 Dubbo、Spring Cloud，还有最近讨论比较多的 Service Mesh，关注案例的朋友重点看一下支付平台、遗留系统改造等章节。赠人玫瑰、手有余香，感谢诸位为微服务原创图书再添佳作。如果说遗憾的话，就是读完意犹未尽，期待续篇。

于君泽（《深入分布式缓存》联合作者）

我和本书作者程超在多年前相识于技术中，他的踏实、认真、对技术的孜孜不倦的精神给我留下了深刻的印象，我们惺惺相惜、相见恨晚。微服务架构是这些年非常火的名词，不论是阿里等巨型互联网公司还是中小型企业，微服务均承载了大量的商业系统。本书紧密围绕微服务架构，通过 DDD、Dubbo、Spring Cloud、网关、监控、稳定性等维度全方位地展示了如何将微服务架构做到高可用、可伸缩。本书内容丰富，对于体系化的思考和认知微服务系统的架构，有着非常重要的参考价值。

朱政科（《HikariCP 实战》作者）

本书涉及微服务架构的众多方面，且每个章节都很『干』。虽说是关于微服务，但书中所讲的概念和模式，绝不仅仅是针对微服务，不管是经验丰富的程序员，还是初出茅庐的新手，都能在本书中获得所需的知识。

泽彬（阿里巴巴技术专家）

前言

微服务这个概念最早是在 2011 年 5 月在意大利威尼斯的一个软件架构会议上讨论并提出的，用于描述一些作为通用架构风格的设计原则。2012 年 3 月在波兰克拉科夫举行的“第 33 届学位会议”上，ThoughtWorks 公司的首席咨询师 James Lewis 做了题为“Microservices - Java, the Unix Way”的演讲（http://2012.33degree.org/talk/show/67），这次演讲里 James 讨论了微服务的一些原则和特征，例如单一服务职责、康威定律、自动扩展、DDD 等。

微服务架构则是由 Fred George 在 2012 年的一次技术大会上所提出的（http://oredev.org/oredev2012/2012/sessions/micro-service-architecture.html），在大会的演讲中，他讲解了如何分拆服务，以及如何利用 MQ 来进行服务间的解耦，这就是最早的微服务架构的雏形。而后由 Martin Fowler 发扬光大，并且在 2014 年发表了一篇著名的文章（https://martinfowler.com/articles/microservices.html），这篇文章深入全面地讲解了什么是微服务架构。随后，微服务架构逐渐成为一种非常流行的架构模式，一大批的技术框架和文章涌现出来，越来越多的公司借鉴和使用微服务架构。

然而微服务并不能“包治百病”，我们在实施的过程中不能简单地使用某些个微服务框架或组件一蹴而就，而是需要将业务、技术和运维有机地结合起来，配合同步实施，并且在此过程中还需要踩过很多的“坑”才能取得成功。

本书的每一个章节都是相关领域的专家经过多年的技术积累提炼而成的。秉承以理论为基础，以大量企业实战案例为核心的宗旨。本书深入全面地介绍微服务架构的实施方法，以及在实施过程中所遇到的问题和解决方案，是一本内容翔实、“可落地”的理论与实践相结合的技术书籍。

不忘初心，方得始终

在 2017 年 8 月份的一次技术大会上，我与电子工业出版社博文视点公司的编辑陈晓猛相识。我们沟通了很久，并且在很多想法上是高度一致的，由此我萌生了想写一本技术书籍的念头。关于书的主题，我考虑了很久，特别是对于自己近几年的工作经验的思考和总结，最终决定以

“微服务”作为主题。

最初我邀请了秦金卫和方志斌作为写作团队的成员。我们三人在创作思路上一拍即合，计划以微服务架构的概念和内容，Dubbo 和 Spring Cloud 的原理和实践，以及我们在工作中的各种思考和最佳实践为主体内容，三人分工协作，创作一本业内前沿的微服务架构书籍。然而写作却是一个漫长的过程，需要的不仅是一腔热血，还需要持之以恒的精神。这个过程中我们三人都因为各自的事情很忙导致写作时停时续，甚至想过放弃，但我们始终没有忘却初心，互相鼓励坚持下去。志斌工作较忙经常出差，以至于我看到他经常在凌晨二三点的时候还在更新文章；金卫一直有很多好的想法，给我们写作提供了很多有用的建议，我们也是经常沟通到半夜。在这个不断有思想火花碰撞的过程中，我们决定增加了一些章节使本书的整体内容更丰富全面、实用性更强。于是我又邀请了梁桂钊、杜琪、张逸、殷琦和肖冠宇五位朋友加入，为本书注入新的能量。桂钊虽然加入较晚，但却非常投入，参与写作了很多章节；杜琪在加入写作之时宝宝还没有降生，现在应该也有半岁了；张逸、殷琦和冠宇在本书快完成之时紧急驰援，高效地完成了各自负责的章节。我们写作团队的成员都不在一个城市，来自祖国各地，但我们为了初心而凝聚在一起，这就是大家的团队精神。

历时近一年半的书即将出版了，我内心的激动难以言表。除了感谢写作团队，我还要感谢编辑陈晓猛对我的不断鼓励和大力支持，感谢好友王文斌提供了好多有用的建议。我也要感谢家人对我的支持，在这本书出版之际，我的儿子多多刚满三岁，我要感谢儿子，让我“借用”了很多原本陪伴他成长的宝贵时间。

最后我想说的是，我们团队不全是微服务架构方面的技术专家，但是大家基于共同的对微服务架构技术的热爱和乐于分享知识经验的精神，我们把微服务架构领域的各类知识，以及自己平常的经验和积累做了完整的梳理和总结，凝结为这样一本技术书，作为 2019 年的一份礼物呈现给大家，欢迎大家共同探讨和交流。

本书适合的读者

本书讲解如何通过 Dubbo、Spring Cloud、Service Mesh 等技术来构建微服务体系，并深入浅出地介绍了微服务架构发展历程、领域驱动设计、稳定性保证的常用手段、分布式事务的一致性方案；本书还通过大量的案例探讨微服务落地方案，例如双活体系建设、分布式监控、微服务编排、百亿流量微服务网关的设计与实现、基于支付场景下的微服务改造等；书籍后半部展示了实现微服务架构的完整蓝图，并让读者了解如何借助微服务来增强和重构现有的遗留系统。无论刚接触微服务的新手，还是正在尝试借助微服务解放生产力的开发人员或运维人员，或者是立志于构建高可用可伸缩的微服务体系的架构师，阅读本书，对读者必有裨益。

本书内容

本书共 14 章，每章的具体内容如下。

第 1 章：微服务架构概述（作者秦金卫）。

本章从软件架构的发展历程讲起，分别对单体架构、SOA 架构和微服务架构的演进过程做了深入浅出的讲解，同时深入介绍了微服务架构的特点，希望以宏观的视角为读者打开微服务的大门。

第 2 章：微服务领域驱动设计（作者张逸）。

本章介绍了领域驱动设计是什么，常见的领域架构有哪些，如何将领域驱动应用到微服务中，以及如何使用领域驱动进行合理的服务划分等，帮助读者在正式学习微服务前修炼“内功”。

第 3 章：Apache Dubbo 框架的原理与实现（作者程超）。

目前 Dubbo 已经被阿里巴巴技术团队重新维护并且得到了大力的发展和推广，使用 Dubbo 可以很好地进行微服务建设，本章较为深入地讲解了 Dubbo 的使用和技巧，以及通过时源码的深入分析能够让读者对 Dubbo 的原理实现有一个全面的认识。

第 4 章：Spring Boot/Spring Cloud 实践（作者方志斌）。

Spring Boot/Cloud 是目前较为流行的微服务框架，本章以大量的实战案例为线索，为读者讲解如何才能使用好 Spring Cloud 框架，讲解如何避免在使用过程中“踩坑”。

第 5 章：微服务稳定性保证的常用手段（作者杜琪）。

在业务发展越来越快，规模也越来越大的情况下，我们所面临的就是如何在服务越来越多的情况下保证微服务架构的稳定性，本章讲解保障稳定性的常用技巧和手段。

第 6 章：微服务下如何保证事务的一致性（作者梁桂钊）。

本章介绍了从本地事务到分布式事务的演变，深入分析了微服务在强一致性场景和最终一致性场景下的解决方案，探讨了二阶段提交协议、三阶段提交协议、TCC 模式、补偿模式、可靠事件模式等。同时，对开源项目的分布式事务进行解读，包括 RocketMQ 和 ServiceComb。

第 7 章：百亿流量微服务亿级网关的设计与实现（作者秦金卫）。

本章从百亿流量交易系统微服务网关（API Gateway）的现状和面临问题出发，阐述微服务架构与 API 网关的关系，理顺流量网关与业务网关的脉络，分享全面的 API 网关知识与经验。

第 8 章：微服务编排（作者程超）。

本章以 Netflix Conductor 框架为核心，从框架的使用和原理的角度深入介绍了什么是微服务编排，为微服务执行复杂的业务逻辑提供了一种新的思路。

第 9 章：微服务数据抽取与统计（作者肖冠宇）。

在微服务架构下，服务必将越来越多，在这种情况下进行数据统计和分析将变得非常困难，本章将深入讲解如何从不同服务的数据库中抽取数据到统一的大数据平台中，帮忙使用者更方便地进行数据的统计。

第 10 章：微服务双活体系建设（作者程超）。

在企业发展规模越来越大的情况下，用户对系统的稳定性要求也越来越高，那么单机房部署势必成为发展的瓶颈，本章将以实际案例出发讲解同城双活的建设。

第 11 章：基于支付场景下的微服务改造与性能优化（作者程超）。

本章从实际的案例出发，在具体的支付业务场景下，从一个新项目开始逐步讲解如何利用领域驱动划分服务，如何利用微服务框架进行服务治理，以及项目完成后怎样提升微服务架构的性能。

第 12 章：遗留系统的微服务架构改造（作者梁桂钊）。

本章介绍了遗留系统的微服务架构改造，梳理了代码分层结构的转变，提出一个新的代码分层思路来应对微服务的流行与普及，并深入思考了遗留系统的债券，深入探讨单体系统拆分服务的方法论。同时，对遗留系统的微服务架构改造的解决方案给出 9 个切实可行的核心实践思路。

第 13 章：Service Mesh 详解（作者殷琦）。

随着微服务的持续发展，下一代微服务架构已然出现，本章将深入介绍 Service Mesh 的发展历程，以及结合具体案例带领读者使用 Istio 进行具体实践。

第 14 章：微服务监控实战（作者程超）。

本章重点介绍 APM 的原理，从零开始开发 APM 监控系统，还深入介绍 Prometheus 的安装和原理，以及如何使用 Prometheus 进行监控和预警。

作者简介

程超，网名小程故事多，现任某公司高级架构师，超过 12 年的 Java 研发经验，8 年技术管理和架构经验，熟悉支付和电商领域，擅长微服务生态建设和运维监控，对 Dubbo、Spring Cloud 和 gRPC 等微服务框架有深入研究，帮助多家公司进行过微服务建设和改造。合著作品《深入分布式缓存》，阿里云 MVP、云栖社区外部专家、Codingfly 社区特聘技术专家、CSDN 博主专家。

梁桂钊，现任某互联网公司高级开发工程师，参与过内容分发、K12 教育、淘系电商等项目。目前，专注于新零售电商服务的业务摸索和电商服务创新实践。具有 Java 核心技术、微服务、分布式、高并发等领域一线实战经验，并对新兴技术方向和各种开源框架有浓厚兴趣。公众号「服务端思维」的作者。

秦金卫（KimmKing），现任某公司高级技术总监/Apache Dubbo PPMC，阿里前架构师/某商业银行北京研发中心负责人。关注互联网、电商、金融、支付、区块链等领域，10 多年研发管理和架构经验，对于中间件、SOA、微服务，以及各种开源技术非常热衷，活跃于 Dubbo、Fastjson、Mule、ActiveMQ 等多个开源社区。个人博客 http://kimmking.github.io。

方志斌，现任某物联网公司高级研发工程师。目前专注于大型物联网平台架构的设计与开发工作。对于微服务、分布式、集群有一定的研究和实战经验。对 Java 领域的开源框架有浓厚的兴趣，喜欢深入分析、总结框架源码。SpringForAll 社区核心成员，组织多次社区技术专题、问答等活动。

张逸，架构编码实践者，微服务架构设计者，领域驱动设计布道师，大数据平台架构师。著译作包括《软件设计精要与模式》《恰如其分的软件架构》《人件》等。个人微信公众号为「逸言」，个人博客：http://zhangyi.xyz。

杜琪，网名阿杜，现任蚂蚁金服高级研发工程师，2015 年 6 月毕业于南开大学，计算机系统结构硕士。毕业后开始接触分布式业务系统开发，曾在有赞负责用户中心基础服务，对分布式业务系统的稳定性、可靠性有丰富的经验。喜欢研究底层技术，喜欢研究疑难技术问题，例如 JVM 内存问题排查、GC 调优，等等。有对外输出分享的习惯，是公众号 javaadu 的维护者。

殷琦，网名涤生，现任“美团点评”技术专家，2015 年 3 月毕业于东华大学，软件工程硕士。2015 年 3 月加入“美团点评”基础架构部，开始接触微服务架构，之后一直从事服务框架的研发工作，对微服务架构发展与演进有非常深刻的认识。个人比较喜欢研究并分享新技术，时刻关注并实践微服务架构最前沿的技术，如 Service Mesh、Serverless 等。

肖冠宇，曾就职于小米、人民网等互联网公司，具有丰富的大数据一线实战经验，专注大数据处理技术及机器学习算法研究。著有《企业大数据处理：Spark、Druid、Flume 与 Kafka 应用实践》《Python3 快速入门与实战》等书籍。

由于本书写作匆忙，难免有错漏之处，后续可以通过勘误的方式不断优化，欢迎读者多提宝贵意见。

程超

2019 年 3 月于北京

CodingFly 简介

CodingFly 致力于打造一个深度服务于全球技术开发者的可信世界。利用区块链技术特性与优势重构信息化建设产业新生态。打造一个拥有全新的生产关系，无国界及地域限制的高效协同的链上技术开发者社区。

未来基于区块链的 CodingFly 是以社群方式运作，在这个社群中，当进行商业活动需要完成各种任务时，任何任务都可以通过智能合约，以悬赏的形式将工作内容拆分并发布，有能力有意愿的个人可以根据自己的情况，自由地选择接受任务，获取 Token，这个 Token 不光是收入，同时也是对完成任务产生的数据所有权的确认，从而成为这个平台的一员，具有参与 CodingFly 治理的权利。

基于 CodingFly 的开发者做过的项目、作品、经验可以形成客观可信的记录，成为开发者的个人品牌资产。

CodingFly 致力于塑造的世界是“个人+平台”而不是“公司+个人”，在 CodingFly 平台上，是自组织的，是基于社群的，没有员工的概念。

目录

第 1 章 微服务架构概述

随着架构设计的发展，微服务架构绝对是目前架构领域炙手可热的设计理念。自从微服务架构概念被提出以后，很多技术“大咖”也都给出了自己的诠释，业内很多知名公司研发团队也纷纷试水，使用微服务架构来指导自己的系统建设工作。目前的情况特别像十多年前面向服务架构（SOA）概念刚出现时的状况，经过技术圈无数人长达几年的讨论和发展，SOA 架构的内涵和外延最终成为我们目前了解和看到的样子。本书根据目前国内外的各种技术思想，以及各位作者自身多年的架构经验，以及近年对微服务架构的实践总结，完整呈现了微服务架构的发展历程、设计特点、架构实践，以及高可用、一致性、数据、部署、监控等各方面的内容。

本章先回顾一下软件架构（Software Architecture）的发展历程，了解微服务架构（MicroServices Architecture，简称 MSA）产生和发展的来龙去脉。

1.1 什么是架构

计算机科学和程序设计的飞速发展，使得软件设计应用在从航空航天到日常生活的方方面面。个人开发一段小程序的做法早就过时，大范围协作的工程化时代随即到来。随着大范围协作带来的效率问题和软件复杂度的爆炸式增长，管理和技术方面的各种不确定性也爆发性增加，导致软件开发的质量无法得到有效保证，开发周期和成本无法得到有效控制。人们一直在寻求这些问题的解决方法。然而 Fred Brooks 在 1975 年出版的软件工程圣经《人月神话》中写道，没有（能解决所有问题的）银弹（`There is no silver bullet`）。自此，人们发展了项目研发过程管理来控制管理活动的不确定性，同时发展了软件架构设计方法来控制技术方面的不确定性，进而在实践中不断地总结和改进，用于有效指导软件的开发过程，最大程度地保障软件的质量、开发周期和成本。

自软件工程产生以来，架构设计和过程管理一直是软件领域 DNA 的双螺旋。前者从科学技术领域出发来解决软件创造中的工程技术问题，后者从人类的管理活动出发发展了软件工程的组织管理方式。两者都是为了解决大规模软件开发过程中的各种问题而出现的。

架构的定义

架构（Architecture）一词源于建筑领域，其本身就是建筑的意思，也有体系结构的意思。维基百科英文版里对 Architecture 的解释是：规划、设计和建造建筑物的过程及产物。鉴于软件工程与建筑工程一样是一项系统的工程性工作，在引入计算机领域后，软件架构就成为描述软件规划设计技术的专有名词。特别地，软件架构师一词在英文里和建筑师也是同一个词（Architect）。

1972 年图灵奖获得者、荷兰计算机科学家 Edsger Wybe Dijkstra（就是大名鼎鼎的 Dijkstra 最短路径算法的发明者）早在二十世纪六十年代就已经涉及软件架构这个概念了。到了二十世纪九十年代，Rational Software Corporation 和 Microsoft、卡内基梅隆大学和加州大学埃尔文分校在这个领域做了很多研究和实践，提出了软件架构中的很多概念。

维基百科里对软件架构的定义：

> 软件架构是有关软件整体结构与组件的抽象描述，用于指导大型软件系统各个方面的设计。软件架构师定义和设计软件的模块化、模块之间的交互、用户界面风格、对外接口方法、创新的设计特性，以及高层事物的对象操作、逻辑和流程。软件架构是一个系统的草图。软件架构描述的对象是直接构成系统的抽象组件。各个组件之间的连接则明确和相对细致地描述组件之间的通信。在实现阶段，这些抽象组件被细化为实际的组件，比如具体某个类或对象。在面向对象领域中，组件之间的连接通常用接口来实现。

Kruchten 认为：

> 架构是对软件系统组织、结构部分和系统包含接口的选择，满足功能和性能需求的一系列架构元素的集合。软件架构设计与软件高层次结构的实现能够抽象、分解、组合等。

Bass 等人认为：

> 系统或计算系统的软件架构是包含软件部分、外部可见特性部分，以及它们之间关系的系统结构。

McGovern 则认为：

> 软件架构或系统由组成系统的结构的相互作用和软件结构的重要设计决定组成。设计决定应成功实现所期望支持的质量。设计决定为系统开发、支持和维护提供概念上的基础。

比较公认的软件架构定义是在 2000 年的 ANSI/IEEE 1471 标准《软件增强系统的体系结构描述推荐实施规程（*Recommended Practice for Architectural Description for Software-Intensive Systems Description*）》、2011 年的 ISO/IEC/IEEE 42010 标准《系统和软件工程——架构描述（*Systems and software engineering — Architecture description*）》中定义的。

> （1）架构过程：在系统整个生命周期中构思、定义、表达、记录、交流，验证合适实现，维护和改进架构的过程，也就是设计过程。
>
> （2）架构：一个系统体现在其环境中的元素、关系的基本概念或属性，以及其设计和进化原则。
>
> （3）架构描述：表达一个架构的工作产出物（通常指的是各种架构图和设计文档）。
>
> （4）架构视图：通过系统的某些关注点的视角，表达一个系统的工作产出物（例如部署视图、开发视图等）。
>
> （5）系统：包含一个或多个进程，硬件、软件、工具与可以满足需求的人的集合。
>
> （6）环境：决定开发、操作、策略和其他影响系统的设置和条件。

在 UML 中，架构被认为是系统的组织结构和相关行为。一个系统的架构可看作通过接口互联部分的关系，以及它们之间的相互作用。通过接口相互作用的部分包括类、组件和子系统。这样就可以通过 UML 的各种架构图来描述这些对象和关系，从而清楚表达一个系统的架构。

总结：软件架构是一个用于指导系统实现的草图。这个草图越详细，对系统实现的指导意义就越重要，且贯穿于软件的整个生命周期。在建筑领域，大楼尚未建造前，就已经存在于建筑师的脑海里。同样地，开始编写第一行代码之前，系统就已经存在于软件架构师的心里。那么怎样把架构草图表达出来呢？我们一般都是采用架构图和设计文档的形式。如果我们进一步追问，使用哪些方面的架构图和设计文档就能把架构草图表达清楚呢？草图里包含哪些具体的要素和对象呢？围绕着不同的具体操作手段，就产生了不同的架构方法论，本章后续的内容会逐步介绍。

1.2 几个相关概念

1.1.1 节阐述了什么是软件架构，我们经常说的软件领域名词还有模式、类库、框架、模块、组件、服务和平台等，它们跟架构有什么关联呢？下面会逐一阐述。

1. 模式（Pattern）

模式是建筑大师 Christopher Alexander 于二十世纪七十年代提出的概念，关于八十年代中期由 Ward Cunningham 和 Kent Beck 将其思想引入软件领域。Christopher Alexander 将模式分为三个部分：一是模式产生的上下文环境（Context）；二是动机（System of Forces），也就是预期目标或要解决的问题；三是解决方案（Solution），指平衡各动机或要解决问题的一个处理手段。他提出了一个软件领域广为接受的定义：模式是表示上下文环境、动机、解决方案三方面关系的一个规则。每个模式描述了在特定上下文环境里不断重复发生的某一类问题的解决方案。

UML 中给出的解释更通俗易懂：模式是对于普遍问题的普遍解决方案。我们可以把一类问题的共性抽象出来，这样就可以用同样的处理办法去解决这些问题，从而形成模式。所以模式是一些经验的总结。从这个角度来说，软件架构作为一种软件设计过程的指导准则，也是一些经验的积累和问题的抽象，同样可以看作一种模式。更一般地，根据处理问题所在领域的粒度不同，我们可以把模式分为架构模式（Architectural Pattern）、设计模式（Design Pattern）和实现模式（Implementation Pattern）三个层次。

- 架构模式是最高层次的模式，在软件过程里描述系统的基础结构、子系统划分，确定职责和边界，以及相互作用关系。一种具体的架构模式可以包含一系列的设计模式。
- 设计模式是用来处理程序设计里具体场景下的问题的办法，比如 GOF（Gang of Four，指的是 Erich Gamma、Richard Helm、Ralph Johnson、John Vlissides 这四位作者）在《设计模式：可复用面向对象软件的基础（*Design Patterns: Elements of Reusable Object-Oriented Software*）》一书里提及的 23 个基本设计模式（工厂模式、单例模式、代理模式、观察者模式等），Gregor Hohpe 和 Bobby Woolf 在《企业集成模式：设计、构建和部署消息传递解决方案（*Enterprise Integration Patterns: Designing, Building, and Deploying Messaging Solutions*）》里提及的各种集成设计模式（通道模式、消息模式、路由模式、转换模式、端点模式等）。
- 实现模式是最低层次的具体问题的处理办法，例如编码规范、命名规则等。

2. 类库（Library）

类库是一组可复用的功能或工具的集合，应用系统通过调用它们从而达到复用功能的目的。例如，Windows 应用开发里的各种静态或动态链接库（DLL）文件，Java 开发项目里依赖的或 Maven 中央库里的各种 jar 包（比如 Apache commons-io、Httpclient，Log4j 等），都是类库。

类库根据其所在的语言或平台环境的不同，可以是编译后的二进制执行码或中间码形式（DLL 或 jar），也可以是源代码（PHP、Node.js 里的类库）。类库的调用关系一般在开发期引入目标应用的项目，运行期执行实际调用。

3. 框架（Framework）

框架是基于一组类库或工具，在特定领域里根据一定规则组合成的开放性的应用骨架，比如 SSM/SSH 框架，更大范围来说，.NET Framework、JDK 都算框架。框架具有如下特性：

（1）支撑性+扩展性：框架不解决具体的业务功能问题，我们可以在框架的基础上添加各种具体的业务功能、定制特性，从而形成具体的业务应用系统。

（2）聚合性+约束性：框架是多种技术点按照一定规则形成的聚合体。我们采用某种框架也就意味着做出了技术选型的取舍。在很多种可能的技术组合里确定了一种具体的实现方式，后续的其他工作都会从这些技术出发，也需要遵循这些规则，所以框架本身影响了研发过程里的方方面面。

在一个具体的框架之上添加一些基本或可复用的功能，这时就得到一个介于框架和应用之间的结构，一般称它为脚手架（Scaffold），可以用来快速实现类似的项目。

关于框架与架构的关系，Vasyl Boroviak 在 stackoverflow 网站上提出过一个形象的比喻，如图 1-1 所示。

框架

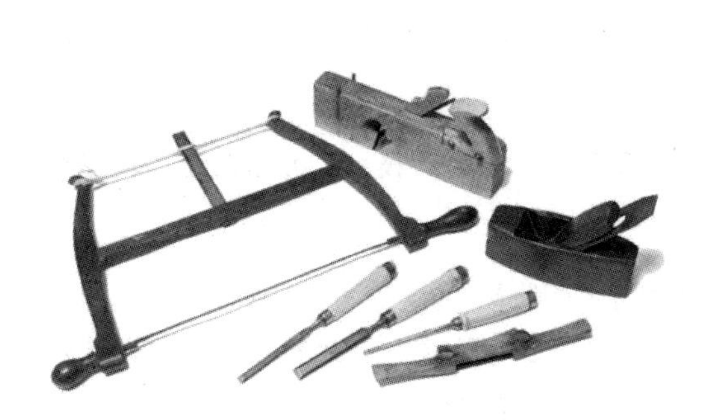

架构

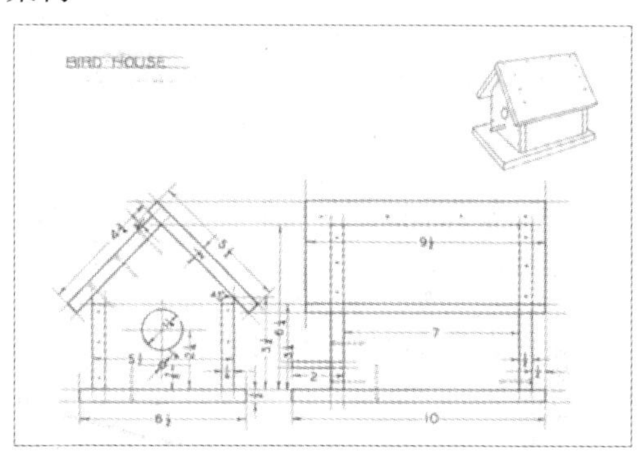

图 1-1

从这个意义上来看，框架是一些具体的事物，而架构更抽象。所以一个名叫 Art 的 stackoverflow 网友说：架构是理论，框架是实现。

4. 模块（Module）

模块是业务或系统按照特定维度的一种切分，也可以看作各种功能按照某种分类聚合的一种形式。例如一个电商系统，一方面，可以从业务上划分为用户模块、商品模块、订单模块、支付模块、物流模块和售后模块等。另一方面，我们也可以说用户模块聚合了用户注册、用户验证等业务功能。这样，我们在设计和开发的过程中，就可以按照模块的维度去组织，比如每个模块新建一个源码的子项目（subproject）、打包成一个单独的 jar 包，也可以放到一个项目里用不同的 package 名称来区分等。模块一般是系统在较大粒度上的解耦切分，仅次于系统或子系统的级别。

5. 组件（Component）

组件是一组可以复用的业务功能的集合，包含一些对象及其行为。组件可以直接作为业务系统的组成部分，粒度一般小于模块，也是一种功能的聚合形式，比如日志组件、权限组件等。根据组件的形式、行为和用途的不同，我们又可以延伸出一些概念。

- **构件（Composite）**：具有层次组合关系的多个组件组合形成的复杂组件形式。比如 Eclipse RCP 里一个 Window 左边嵌套一个 TreeView 组件、右边添加一个 GridView 组件，这样就形成了一个 Composite 构件。
- **部件（Widget）**：部件主要是有 UI 界面的构件，比如 Windows 7 或 Mac 系统自带的桌面天气小部件等。
- **插件（Plugin）**：系统运行期间可以即插即用、随时停用或卸载的组件，一般有确定的生命周期，比如 Google Atom 编辑器的各种插件、OSGi 中的 bundle、Eclipse 插件（本质上也是 OSGi 的 bundle）等。

6. 服务（Service）

成立于 1993 年的结构化信息标准促进组织（Organization for the Advancement of Structured Information Standards，简称 OASIS，XML 和 WebService 规范就是这个组织提出的）把服务定义为：

> 一种允许访问一个或多个功能的机制，其中访问需要使用规定的接口，并且与服务描述中指定的约束和策略一致。

服务是一组对外提供业务处理能力的功能，服务需要使用明确的接口方式（比如 WebService 或 REST 等），服务描述里应该包括约束和策略（比如参数、返回值，使用什么通信协议和数据格式等）。本章的面向服务架构（SOA）会详细阐述服务的相关内容。

7. 平台（Platform）

一般来说，平台是一个领域或方向上的生态系统，是很多解决方案的集大成者，提供了很多的服务、接口、规范、标准、功能、工具等。例如 J2EE 平台，包含企业级应用开发里的各种基于 Java 语言和 JVM 虚拟机运行时的技术能力。

知乎社区编程领域优秀问题回答者 ze ran 说：

> 库是工具箱。
> 框架是一套通用的解决方案。
> 架构是高度抽象的需求，是系统中的不变量。
> 平台是所有可能做的事的集合。

事实上，服务、平台、架构这几个概念这几年已经被泛化了，什么地方都可以滥用这几个词，随便一个系统都可以说自己是大数据平台、XX 业务平台、XXX 服务化架构。

大概在 2009 年的时候，在一个 SOA 的技术交流群，一个程序员跟大家分享自己的项目是服务化的、SOA 架构的。大家很好奇，请他详细讲解自己的系统是如何做到服务化的。这位程序员就给大家发了一个 Eclipse 里项目结构的截图，项目里的每一个目录或包名都是以 service 结尾的。他就跟大家解释说，这就是我们项目的面向服务架构，我们落地了 SOA 架构。大家说着同一个技术名词，理解和认识却完全不一样，这就贻笑大方了。

10 年过去了，我们将在后续章节里分析这些年来架构技术的发展情况，同时可以了解自己所在研发团队和系统使用的架构处于何种阶段。

1.3 从软件的生命周期看架构设计

一个典型的软件生命周期如图 1-2 所示。

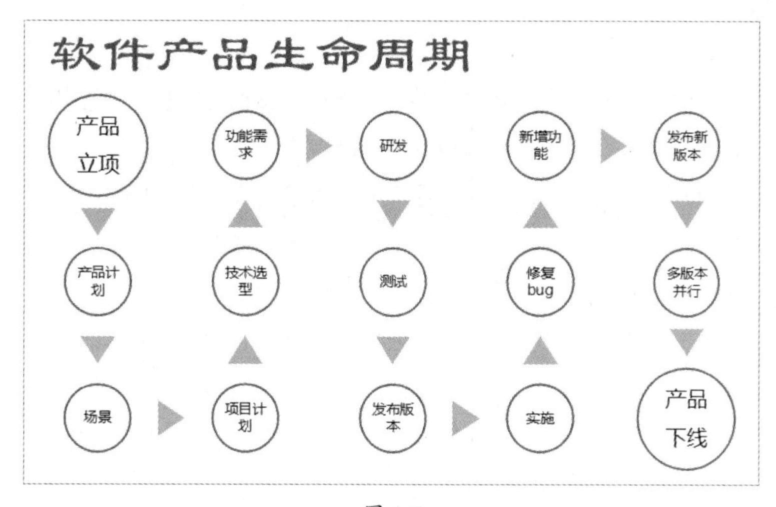

图 1-2

可以把这些阶段概括为 3 个大的周期：设计期（包括立项、计划、技术选型与方案等）、实现期（包括开发、测试、发布、实施等）、运行期（或维护期，包括修复 bug、新增功能、多版本维护等）。

1. 设计期

在设计期，软件作为一个成品还不存在，所以我们可以称之为概念形态。此时架构师、产品经理或需求分析师等人员利用自己的经验和能力，对系统的业务需求进行分析、拆解、抽象，对系统的非功能性需求进行分析，形成业务文档和技术文档，以及技术验证代码等。这个阶段，架构设计工作是重中之重，其中包括：

- 系统拆分，如何把系统拆解为不同的子系统、模块、业务单元；

- 技术选型，使用什么样的基础技术框架或脚手架；
- 技术验证，确定核心技术难点如何解决，检验能否满足期望指标；
- 接口规范，系统内部的不同部分以何种形式确定接口契约和数据通信方式；
- 集成方式，系统与外部其他业务系统如何进行集成；
- 技术规范，如何规范开发、测试、部署和运维的技术标准性；
- 部署方案，系统如何进行物理部署，需要多少台机器、什么配置，对网络有什么要求；
- 运维方案，系统如何进行技术性运维，如何实现日常监控、预警报警；

……

这个阶段总结一下就是：需求导向，架构先行（包括业务架构和技术架构）。很多项目因为前期的设计阶段考虑得不够充分，导致在开发和运行期出现大量问题。

2. 实现期

这个阶段主要是编码与测试，为部署上线做好准备，是软件从设计到最终的生产系统的过程，我们可以称之为代码形态。此阶段需要考虑的技术类工作如下：

- 确保各项技术规范和技术指标的执行落地，保障高质量的代码；
- 指导研发人员和解决各类技术问题，提升研发团队效率；
- 制定测试的技术性方案和基准，包括自动化、性能、安全等方面；
- 配合准备部署环境，运维实施方案落地等；

实现期的主要任务是大量软件工程师根据设计期的设计进行编码。大量的技术人员，大家背景不同，知识储备不同，编程水平和习惯不同，努力程度不同。如何让所有工程师既能够按数量保障项目进度，又能够按质量保障软件品质呢？秘诀就在于：技术标准的精确统一，系统部件的良好拆分，此外最好有适合于此类项目的脚手架，随时能解决各位技术难点问题的“救火队”。系统部件的良好拆分，保障了任务可以拆散成一个个的小单元，分发给不同的开发者。技术标准的精确统一，可以实现不同个体的产出物最大程度的一致性。

这个时期因为业务调整或技术问题，可能会对架构设计的一些细节进行小范围的调整，以适应实际项目的建设需要。在这个过程中，同时需要根据实际变化，对现有的设计文档进行同步调整，以便精确地描述系统的状态及变化。

3. 运行期

这个阶段系统上线、验收通过，已经初步稳定，然后开始进入维护阶段，成为设计期架构设计草图的一个可用实例，我们可以称之为实例形态。此时需要考虑：

- 发布上线相关基础性工作，包括是否使用持续集成（CI）、自动化发布等技术；

- 运维基础性工作，自动化运维、监控等相关技术；

特别是发布与运维工作，一般要作为整个研发团队的通用性基础设施来考虑。不同的业务线或系统，可以复用一套基础设施来服务于生产环境。进入维护期后，软件系统日常通过内外部用户反馈的问题和改进意见，不时需要修改代码发布补丁版本，或者调整配置以满足用户需要。经过较长一段时间，业务模式和内外部环境发生了比较大的变化后，系统简单的补丁维护可能已无法满足用户需求，需要大范围地添加新功能和修改旧功能的逻辑流程。此时就可以成立专门的团队，重复上面的步骤，基于现有系统重新做一些改造性的设计重构（设计期），再编码实现（实现期），最终发布一个较大的版本（运行期）。

在软件的整个生命周期里，架构师（或架构组）是一个项目或产品线的技术负责人。再大一点的组织，比如公司或研发中心级别层面也许还有架构部。架构师、架构组、架构部在不同层面对自己工作涉及的所有技术问题负责。其实上面罗列的这些工作汇总一下，再加上技术规划与执行落地、技术人才的选拔与培养等，可以作为项目组架构师或研发团队架构组的工作职责。

1.4 架构的形式与特点

1. 架构以文档和代码呈现

我们一般说的架构既包括架构的设计过程，又包括设计的产出物，可以是各类设计文档、设计图，也可以是一些技术验证代码、Demo 或其他相关程序。文档的目的在于准确记录我们的思维产物，在软件尚未实现时，作为指导蓝图，尽量精确地描述清楚软件。在软件的实现过程中，可能随着我们的深入研究，根据具体情况对文档做出局部的调整和修改。在软件已经实现以后，部署运行的软件实例和代码只能说明软件目前是什么状态，却无法告诉我们这个软件系统是如何从开始设计，慢慢变成现在看到的样子的，这个思维的过程和中间做出的很多决策的信息丢失了。一个软件系统的长期稳定发展，必然需要一个可靠的、随着软件本身的维护不断同步更新的文档作为每次变更的出发点。这样我们可以随时沿着架构相关的文档逆流而上，了解这个软件系统从整体到具体的设计思路。同时，文档作为结项或交接的一部分，也是整个软件项目的产出物的一部分，成为公司 IT 资产的有机组成部分。

其中一个架构图的例子如图 1-3 所示。

文档是设计的载体，代码是系统功能实现的载体，技术和业务最终都有很大一部分体现在代码里（技术的另外一部分是部署运维，即如何最终把这些代码应用到设备上；业务的另外一部分是操作流程，即如何应用到系统与人的交互上）。广义上来说，代码和代码里的注释都可以认为是文档的一部分。技术社区有一种观点：结构良好的、可读性强的代码，是最好的“文档”。

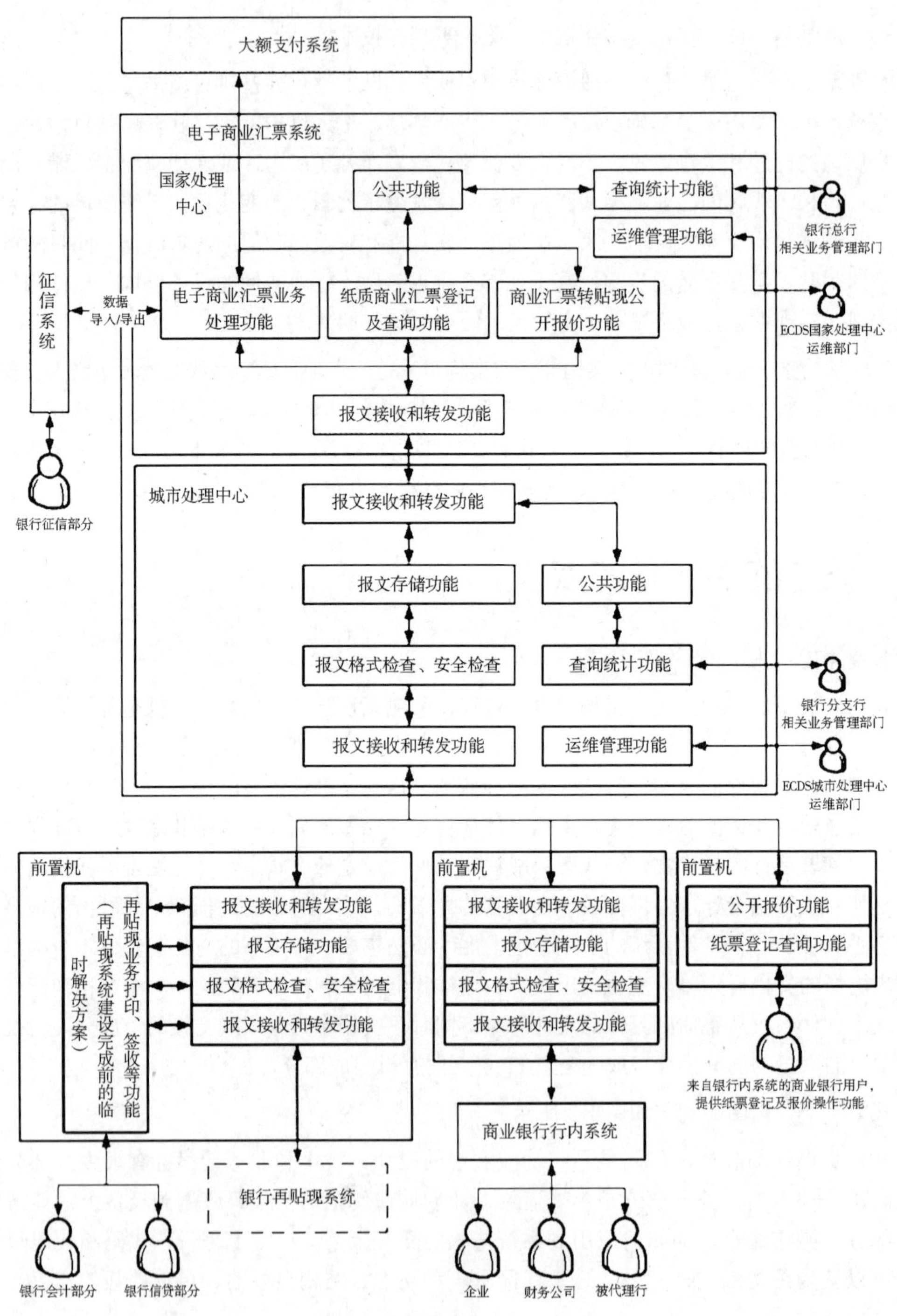
大额支付系统
电子商业汇票系统
国家处理中心
公共功能
查询统计功能
运维管理功能
银行总行相关业务管理部门
ECDS国家处理中心运维部门
征信系统
数据导入/导出
电子商业汇票业务处理功能
纸质商业汇票登记及查询功能
商业汇票转贴现公开报价功能
报文接收和转发功能
银行征信部分
城市处理中心
报文接收和转发功能
报文存储功能
公共功能
报文格式检查、安全检查
查询统计功能
银行分支行相关业务管理部门
报文接收和转发功能
运维管理功能
ECDS城市处理中心运维部门
前置机
再贴现业务打印、签收等功能（再贴现系统建设完成前的临时解决方案）
报文接收和转发功能
报文存储功能
报文格式检查、安全检查
报文接收和转发功能
前置机
报文接收和转发功能
报文存储功能
报文格式检查、安全检查
报文接收和转发功能
前置机
公开报价功能
纸票登记查询功能
来自银行内系统的商业银行用户，提供纸票登记及报价操作功能
商业银行行内系统
银行再贴现系统
银行会计部分
银行信贷部分
企业
财务公司
被代理行

图 1-3

那么怎么才能写出好的代码呢？关键在于两个词：经验、重构。GoF 的 23 个设计模式是在面向接口的编程环境中，处理一些常见问题的代码编写经验。通过灵活应用这些模式，我们就可以在处理各种一般问题时进行抽象和总结，进而写出结构良好、可读性强，并具有一些灵活性的代码。如果是面向企业应用领域的系统，那么企业应用架构模式可以供我们参考。如果是面向多个系统的集成领域，那么企业集成模式和各种中间件可以帮助我们更好地处理问题。

技术性工作里存在一个“一万小时理论”：在一个领域里需要持续实践一万个小时，才可能成为该领域的专家。编程也是一个这样的领域，随着我们代码写得越来越多，维护性的代码改得越来越多，我们就能总结和沉淀出很多经验，变成自己的编码风格和习惯。在这个过程中通过实践和思考，不断地提升和发展自己的技能，进而反馈到代码中，我们可以认识到以前代码的不合理之处，不断地重构和改善既有的设计与实现。

从代码里，我们可以很直观地了解到，程序做了什么、不能做到什么、能做到什么程度，以及其与相关的文档（包括业务文档和技术文档）是否一致。但是代码不适合作为唯一的“文档”，只有代码没有其他文档，就像是一部只有结尾没有开头和过程的电影。我们只能了解这个系统的一个时间点的切面影像。所以，在设计类文档和代码注释里，很多时候描述清楚为什么（Why）和怎么样（How）比单纯描述是什么（What）重要得多。一个具体问题的技术选型，实现一个业务模块的某个具体功能点，其实都是在做技术相关的选择（Choice），而我们做一个技术选择的时候需要考虑：我们面临的问题是什么，有几种可行的方案，各有什么优势和劣势，选择哪个方案最适合目前的形势，并可以兼顾一下未来一段时期的发展，等等。如果我们没有留下来任何思考的痕迹，那么这些思想过程的智慧就会在软件的创造过程中丢失。随着时间的流逝，我们只能看到系统最终的样子。这种信息缺失对于目前大规模软件开发的协作过程非常不利。例如，我们看到一个 8 年前的遗留系统里，有一“坨”代码非常烂。我们改了一下，过段时间发现运行不正常了，回过头来再细细分析，发现业务逻辑需要优化，框架也需要调整，不然这个地方的代码会很别扭。很多时候，我们要是直接能看到以前文档描述了当时做的选择和权衡，就可以避免很多的“坑”，降低很多沟通成本，特别是涉及团队成员的变动和跨团队的协调成本。一般的知名开源项目（比如 Apache 里的各个活跃项目），都会在讨论组里进行技术选择的讨论，并以帖子和回复的方式，进行问题讨论的发起、提案、阐述、投票，最终确定其中的某个处理办法。这样大家既达成了一致，也留下了所有的思考和辩论痕迹。

2. 架构服务于业务

正如十九世纪的伟大建筑师路易斯•沙利文（Louis Sullivan）倡导的建筑设计著名格言：“功能决定形式（Form follows function）”，软件架构首先要服务于业务功能。

设计一栋大楼不管美不美观、大气不大气，首先需要考虑的是这栋大楼是做什么用的，是要开一个百货公司，还是一个跨国集团的总部大楼，还是当地市政府的办公大楼。同理，架构首先也需要对业务负责。而业务并非总是一成不变的，随着市场环境的变化、用户习惯的变化、竞争格局的变化，业务形态也一直在顺应环境而改变。架构设计也需要考虑系统在未来一段时间内能支撑这种调整，并且在满足业务需求和一定的前瞻性的基础上，综合考虑成本、周期、效率、速度、风险等因素。

3. 架构影响研发团队的组织形式

业务拆分的方法和技术框架的选择必然会影响研发团队的组织形式。业务拆分得越细致，越有利于我们更好地对项目的各项指标进行量化和计算，更精确地估计工时和成本，从而指导每个小组应该分配多少资源，使用什么样的协同和任务确认形式。随着项目的推进，计划与实际情况之间的匹配程度也可以随时进一步精确调整，进而我们应该对每一块任务的投入资源进行动态调整。技术框架的选择也一样，选择最合适的框架，比如对于 Web 系统采用最大众化的 SSH 或 SSM，既有利于我们迅速找到合适的程序员组成新的研发团队，也因为比较成熟、“坑”比较少，可以在开发过程中避免很多问题，节省一些填“坑”的时间；针对一个具体的业务领域，采用一个功能很强、场景很贴近、较新的技术，则需要找到一些熟悉这些技术的人，或者培养几个人，这就增加了时间成本或人力成本。

反过来，研发组织的结构和成熟度也会对我们最终所采取的技术架构产生重要的影响。比如，一个由 3 个初级程序员组成的创业小团队，就不适合采取特别复杂且小众的开发框架。相反地，利用快速开发框架或脚手架把产品设计迅速实现应该是团队的核心诉求，所以某种全栈类的全家桶解决方案可能才是最适合的技术选择。以前我（本章作者）带的一个新组建的初级前端程序员团队就有类似问题，团队成员一直关注于各个美轮美奂的具体 UI 组件，这些组件可能是不同的技术框架衍生出来的。而我们要做的是一个业务系统的后台，炫酷的 UI 不是重点，组件较全、方便易用、有大量的案例，少量定制需求可以自行解决，这些才是更重要的关注点。注意到这个情况以后，我立即调整了团队的技术方向，选择了目前最流行的一个前端框架作为解决方案，最终取得了不错的成效。

4. 架构存在于每一个系统

每一个已经实现并运行的系统，都是特定架构设计的载体。有些系统对应的架构，有详细的设计文档；有些系统的设计文档残缺不全，甚至还因为在系统发展变化的同时，文档没有更新，导致设计文档与实际系统不符；有些系统干脆就没有设计文档。但这些系统都是基于一定的架构来创建的。就像是优秀的老工匠，制作瓷器之前可能并不会把形状规格画到图纸上，但也能做出来一个漂亮的陶瓷花瓶。因为所有的设计细节，哪个地方需要上釉，都在老工匠的脑子里。可是这种没有显式设计的“脑内架构”方式，明显有很多缺点，例如，不能大规模进行工程化方式处理，老工匠无法通过讲述自己的想法就让学徒也做出一个同样尺寸规格的花瓶，甚至老工匠自己也无法精确复制自己的上一个作品。

5. 每种架构都有特定的架构风格

每种架构方式、每个具体系统内所体现的架构设计，都可以被工程师理解，进而提炼出一些架构思想和设计原则，这些思想和原则就是这种架构方式的风格。依据这些风格，我们可以将各种架构方式分门别类，从而进一步讨论每种架构风格的特点。例如，在实现期的代码形式中，系统由各个相似的类库（作为组件）构成，在运行期这些组件又同时在同一个进程中，这时我们可以认为这是一种“组件式单体架构风格”，多种不同的架构风格将在 1.1.6 节讨论。

6. 架构需要不断地发展演进

随着计算机软硬件的不断发展，软件架构思想也在不断地发展变化。另一方面，软件为其提供业务处理和服务能力的每个具体行业领域也在不断发展变化，业务处理流程和业务形式不断地推陈出新。这就要求我们在系统架构设计时，保持终生学习的精神，持续吸收新思想、新知识，贴近一线业务群体，随时因地制宜，调整架构设计，采取最适合当下场景的解决方案。

同时对于存量旧系统的维护与改造，很多时候无法一次完成目标，可以考虑循序渐进，设定几个大的里程碑，逐步推进，最终实现比较理想的架构设计。6 年前，我在阿里负责一个遗留系统的重构，40 多万行代码，没有人清楚地了解项目是什么情况，也没有一篇文档。4 个架构师“小黑屋”封闭开发，先自己摸爬滚打搞清楚需求，然后采用“分布式服务化+灰度发布”的办法，先拆出来并重新实现搜索系统，再拆出来订单系统，最后“搞定”产品系统。做重构的同时还承接新的需求，经过了几个月的改造，代码减少了一半，性能提升了几十倍，成功扛住了当年的“双 11”活动，并且培养了几个能完全掌握这个新系统的核心研发人员。这个过程对我影响最深的一点就是：循序渐进，终达目标。特别是在具体的设计实践中，思路和方法，比结论更重要。一个正确的结论在别处可能就是错的，但思路和方法是可以复用的。

1.5 架构的目标与方法

了解软件系统架构的一些通用目标，可以使我们更加明确如何考虑架构的方向。而了解架构的方法和方法论，则让我们知道从哪些角度可以比较全面地描述清楚一个系统的架构设计。

1. 可控性与拆分

> 人类最原始且最强烈的情绪就是恐惧，而最原始且最强烈的恐惧就是对未知事物的恐惧。
>
> ——H.P.Lovecraft

对于复杂问题的简化处理，一个简单办法就是分而治之。按一定的粒度把目标问题进行分解，可以有效地提升目标的可控性，使目标变得可以量化，进而优化。在并行领域或数据库事务理论里，我们把一个复杂的执行步骤分解为多个不同的小步骤，这样就可以把其中可以并行的部分并行执行。整个程序的执行时间就等于所有串行部分的时间和最大可以并行部分的时间之和。在性能优化方面，我们一般采取的第一步就是找瓶颈，把一个复杂的业务处理过程拆解成多个服务或方法级的调用步骤，收集每个步骤的处理时间，然后找到最慢的地方进行优化。如果最慢的步骤还包括多个小步骤，那么可以进一步按这种方式处理，直到可以优化为止。

抛开计算机领域来说，现代化工业的基础是流水线作业，把一个复杂的操作流程拆解成多个独立的简单步骤，把其中可以机械化的部分交给机器完成，需要人工处理的部分增加人工规模，从而最大化地提升生产效率。近年来，很多行业提出了标准作业程序（Standard Operating Procedure，SOP）的概念，通过将日常工作拆解为多个标准规格的步骤，进而找到其中的关键节点和可以优化的步骤，不断提升管理效率。

如果拆分得太细了，那么有可能处理起来太麻烦，就像是一箱子零钱，数了很长时间发现是 100 块。如果是 2 张 50 块，1 秒钟就可以知道是 100 块钱了。

因此，拆分带来好处的同时，也带来一个基本性的问题：拆分到什么粒度是最合适的？这个问题很难回答。一般认为系统被拆分后，每个模块或组件的粒度标准应该满足一个原则：高内聚、低耦合。高内聚是指模块内的功能和逻辑是紧密联系在一起的，低耦合是指模块之间的关联性非常小。例如，我们把系统划分为 20 个模块后，一般情况下修改其中的一个模块几乎不影响其他 19 个模块，这时候我们就可以说系统是低耦合的。同理，每个模块内的功能和逻辑都围绕一个核心业务流程，很难继续拆解成两个独立业务，我们就可以说系统是高内聚的。

系统按照合适的粒度拆分成不同模块的过程，我们一般称为模块化。模块化也是软件工程化的基础。在这个基础上才能够实现合理的分工合作。

2. 复用性与抽象

> 天下大势，分久必合，合久必分。

复用性一直是软件设计领域很重要的一个指标。举例来说，一个用于计算贷款利息的方法，无法直接复用于计算理财收益。如果我们把公式作为一个表达式抽象出来，那么这两个方法就有了一个共同点，都是基于一个具体的公式的应用。这时，我们把“输入一个公式表达式和给定的初始值，计算出来公式的结果”作为一个函数，那么就可以复用这个函数，同时来处理计算利息和计算理财收益了。所以，复用的一个关键是我们对于现有具体问题的抽象，找到各种不同问题中存在的不变性，进而作为一种通用结构来统一处理。

拆分是把整体变成很多局部，再对局部分开对待和研究其性质。反过来，我们按照高内聚的指导思想把一些紧密联系的功能聚合后，打包成一个可以整体复用的部分，这就是组件，这个过程就是组件化。通过组件化，我们可以得到抽象复用部分，再组合出来很多业务组件。这样，在更大粒度上实现了功能的复用。

3. 非功能性需求九维目标（见图 1-4）

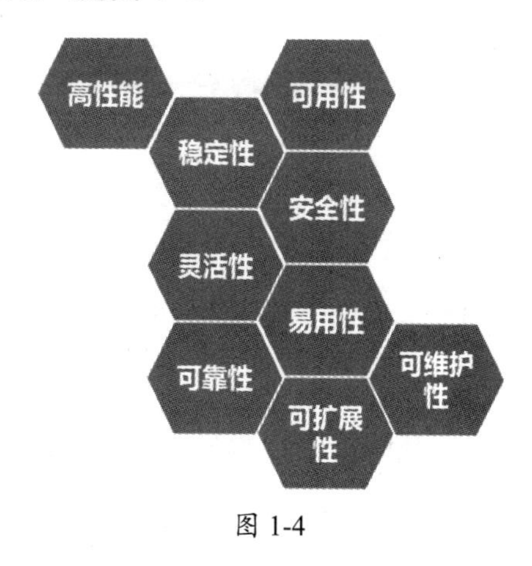

图 1-4

1）高性能

系统必须满足预期的性能目标，在并发用户数（Concurrent Users）、并发事务数（Transactions per Second，TPS）、吞吐量（Throughout）和延迟（Latency）等指标方面达到预估值，支撑目标使用人群的正常使用。我们一般根据经验，通过预估目标使用人数来设定系统性能指标值，然后通过 JMeter、LoadRunner 等工具对系统进行性能测试（Performance Testing），收集系统的指标值，进而进行分析与调优，最终满足性能要求。

2）可靠性

业务系统直接影响用户的经营和管理，因此必须是可靠的。可靠性主要体现在业务数据和流程的一致性上。数据不一致常常会涉及用户的资金结算出错，给用户造成直接损失，同时降低用户对软件的使用信心。

3）稳定性

软件系统必须能够在用户的使用周期内长期稳定运行。这就要求系统具有一定的容错能力。

4）可用性

可用性是指系统在指定时间内提供服务能力的概率值。我们一般采取集群、分布式等手段提升系统的可用性。高可用性是目前系统架构设计方面的一个热点。

5）安全性

用户的业务数据具有非常高的商业价值，如果被泄露或篡改将会带来重大损失。安全性是软件系统的一个重要指标，也是架构设计的一个重要目标。

6）灵活性

软件系统应该具备满足不同特点的用户群和目标市场的能力。

7）易用性

软件系统必须拥有较好的用户体验，方便用户使用。

8）可扩展性

业务和技术都在不断地发展变化，软件系统需要随时根据变化扩展改造的能力。

9）可维护性

软件系统的维护包括修复现有的错误，以及将新的需求和改进添加到已有系统。因此一个易于维护的系统对于用户提出的问题或改进，可以及时地实现高效的反馈和响应支持，同时有效降低维护成本。

基于这些目标，经常有人说："架构是系统非功能性需求的解决办法的集合"。

4. 架构方法：4+1 视图模型

前面介绍了很多关于软件系统架构的概念和特点，那么从哪些方面可以描述清楚一个系统的架构设计呢？

> 以介绍一个朋友作为例子，我们可以说他是男的，黑头发、黄皮肤、有点胖，这些词是从外形上形容这个朋友的。当然我们也可以说他穿着格子衬衫、牛仔裤、运动鞋，戴一块手表，这是从衣着打扮上形容这个朋友的。我们也可以说他个性鲜明、热情开朗、善于沟通交流、诚实善良，对朋友很关心照顾等，这是从性格方面介绍他的。我们可以从很多不同的角度去描述这个朋友。

为了清晰地描述软件架构设计，我们引入一个概念：架构视图。什么是架构视图呢？Philippe Kruchten 在其著作《Rational 统一过程引论》中写道：

> 一个架构视图是对于从某一视角或某一点上看到的系统所做的简化描述，描述中涵盖了系统的某一特定方面，而省略了与此方面无关的实体。

也就是说，我们可以从不同视角分别描述同一个架构设计，最后把这多个视角的设计综合到一起，就是这个系统的完整架构设计了。这些不同角度的设计文档也成为我们理解一个系统的基本依据。那么，一个新的问题是：哪些视角可以作为全面描述一个系统架构的最核心视图呢？Philippe Kruchten 也给出了答案。

1995 年，Philippe Kruchten 在 *IEEE Software* 上发表了论文"4+1 架构视图模型（*The 4+1 View Model of Architecture*）"，正式提出使用场景视图、逻辑视图、开发视图、进程视图和物

理视图五个方面来描述架构设计，引起了业界的极大关注，并最终被后来隶属于 IBM 的 Rational 软件公司统一软件开发过程方法论（Rational Unified Process，简称 RUP）所采纳，如图 1-5 所示。

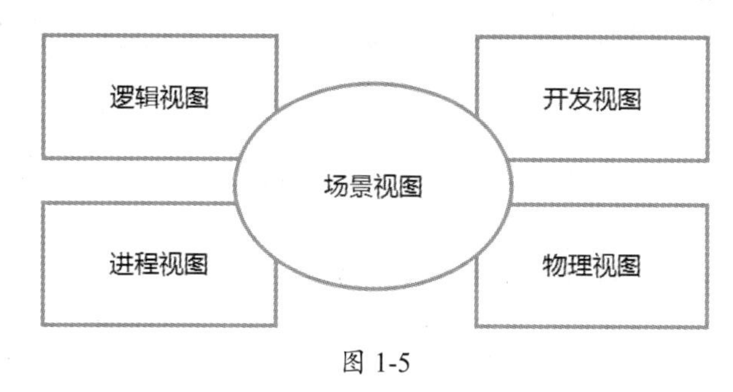

图 1-5

在 4+1 视图模型中，不同架构视图承载不同的架构设计决策，支持不同的目标和用途。

著名架构师温昱在“运用 RUP 4+1 视图方法进行软件架构设计”一文中对这 5 个视图进行了解释和总结。

- **用例视图（Use Cases View）**：最初称为场景视图，关注最终用户需求，为整个技术架构的上下文环境，通常用 UML 用例图和活动图描述。
- **逻辑视图（Logical view）**：主要是整个系统的抽象结构表述，关注系统提供最终用户的功能，不涉及具体的编译即输出和部署，通常在 UML 中用类图、交互图、时序图来表述，类似于我们采用 OOA 的对象模型。
- **开发视图（Development View）**：描述软件在开发环境下的静态组织，从程序实现人员的角度透视系统，也叫作实现视图（Implementation View）。开发视图关注程序包，不仅包括要编写的源程序，还包括可以直接使用的第三方 SDK 和现成框架、类库，以及开发的系统将运行于其上的系统软件或中间件，在 UML 中用组件图、包图来表述。开发视图和逻辑视图之间可能存在一定的映射关系：比如逻辑层一般会映射到多个程序包等。
- **进程视图（Process view）**：进程视图关注系统动态运行时，主要是进程及相关的并发、同步、通信等问题。进程视图和开发视图的关系：开发视图一般偏重程序包在编译时期的静态依赖关系，而这些程序运行起来之后会表现为对象、线程、进程，进程视图比较关注的正是这些运行时单元的交互问题，在 UML 中通常用活动图表述。
- **物理视图（Physical view）**：物理视图通常也叫作部署视图（Deployment View），从系统工程师的角度解读系统，关注软件的物流拓扑结构，以及如何部署机器和网络来配合软件系统的可靠性、可伸缩性等要求。物理视图和处理视图的关系：处理视图特别关注目标程序的动态执行情况，而物理视图重视目标程序的静态位置问题；物理视图是综合考虑软件系统和整个 IT 系统相互影响的架构视图。

概括来说，我们可以从场景视图的功能需求、逻辑视图的对象与交互、进程视图的进程与通信、开发视图的项目开发组织结构、物理视图的网络与机器部署结构这五个方面来描述一个系统的架构设计，并形成文档、设计图等设计输出物，用于指导后续的软件实现、测试、部署与维护等过程。

1.6 架构的不同风格

典型的企业级应用系统或互联网应用系统一般通过 Web 提供一组业务服务能力。这类系统包括提供给用户操作的、运行于浏览器中具有 UI 的业务逻辑展示和输入部分，运行于服务器端、用后端编程语言构建的业务逻辑处理部分，以及用于存储业务数据的关系数据库或其他类型的存储软件。

根据软件系统在运行期的表现风格和部署结构，我们可以粗略地将其划分为两大类：

（1）整个系统的所有功能单元整体部署到同一个进程（所有代码可以打包成一个或多个文件），我们可以称之为“单体架构”（Monolithic Architecture）。

（2）整个系统的功能单元分散到不同的进程，然后由多个进程共同提供不同的业务能力，我们称之为“分布式架构”（Distributed Architecture）。

> 任何一个体系（产品、平台、商业模式等）想要发展壮大，途径只有两个模式。
>
> （1）容器模式：从外部提供越来越多的资源和能力，注入体系的内部，不断地从内扩充自己。单体架构的系统类似这种模式。
>
> （2）生态模式：以自己的核心能力为内核，持续地在外部吸引合作者，形成一个可以不断成长的生态体系。分布式架构越来越像这种模式。

再结合软件系统在整个生命周期的特点，我们可以进一步区分不同的架构风格。

对于单体架构，我们根据设计期和开发实现期的不同模式和划分结构，可以分为：

- 简单单体模式——代码层面没有拆分，所有的业务逻辑都在一个项目（project）里打包成一个编译后的二进制文件，通过这个文件进行部署，并提供业务能力；
- MVC 模式——系统内每个模块的功能组件按照不同的职责划分为模型（Model）、视图（View）、控制器（Controller）等角色，并以此来组织研发实现工作；
- 前后端分离模式——将前后端代码耦合的设计改为前端逻辑和后端逻辑独立编写实现的处理模式；
- 组件模式——系统的每一个模块拆分为一个子项目（subproject），每个模块独立编译打包成一个组件，所有需要的组件一起再部署到同一个容器里；

- 类库模式——A 系统需要复用 B 系统的某些功能，这时可以直接把 B 系统的某些组件作为依赖库，打包到 A 系统来使用。

对于分布式架构，我们根据设计期的架构思想和运行期的不同结构，可以分为：

- 面向服务架构（Service Oriented Architecture，SOA）——以业务服务的角度和服务总线的方式（一般是 WebService 与 ESB）考虑系统架构和企业 IT 治理；
- 分布式服务架构（Distributed Service Architecture，DSA）——基于去中心化的分布式服务框架与技术，考虑系统架构和服务治理；
- 微服务架构（MicroServices Architecture，MSA）——微服务架构可以看作面向服务架构和分布式服务架构的拓展，使用更细粒度的服务（所以叫微服务）和一组设计准则来考虑大规模的复杂系统架构设计。

此外，传统的企业集成领域的 EAI 架构模式，各个系统还是独立部署的，但是各个系统之间的部分业务使用特定的技术打通了，因此我们可以看作单体和分布式之间的过渡状态。

也有人把以上的各个架构风格总结为 4 个大的架构发展阶段，如图 1-6 所示。

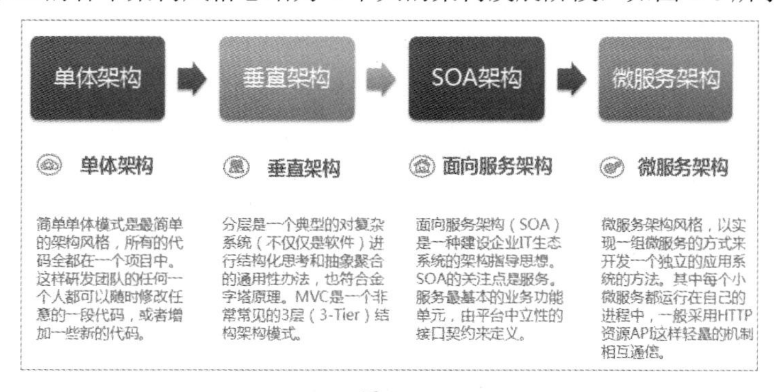

图 1-6

1. 单体架构：简单单体模式

简单单体模式是最简单的架构风格，所有的代码全都在一个项目中。这样研发团队的任何一个人都可以随时修改任意的一段代码，或者增加一些新的代码。开发人员在自己的 PC 上就可以随时开发、调试、测试整个系统的功能。不需要额外的一些依赖条件和准备步骤，我们就可以直接编译打包整个系统代码，创建一个可以发布的二进制版本。在一个新团队的创立初期，需要迅速从 0 到 1，抓住时机实现产品，并以最短时间推向市场，可以省去各种额外的设计，直接上手干活，争取了时间，因而这种方式是非常有意义的。

但是这种简单粗暴的方式对于一个系统的长期稳定发展确实有很多坏处。如同一个新出生的小狗野蛮生长，如果缺乏正确的教导和规则的约束，最后成为一条忠实的导盲犬还是一条携带病毒的狂犬，就不得而知了。

第一，简单单体模式的系统存在代码严重耦合的问题。所有的代码都在一起，就算按照 package 切分成不同的模块，不同模块的代码还可以直接相互引用，这就导致系统内对象之间的依赖关系混乱。修改一处代码，可能会影响一大片的功能无法正常使用。为了保障每次上线时的可靠性，我们必须花费很多的精力做大量的回归测试。对于经常需要修改维护的系统，这种代价是可怕的。

第二，简单单体模式的系统变更对部署影响大，并且这个问题是所有单体架构系统都存在的问题。系统作为一个单体部署，每次发布的部署单元就是一个新版本的整个系统。系统内的任何业务逻辑调整都会导致整个系统的重新打包、部署、停机、再重启，进而导致系统的停机发布时间较长。每次发布上线都是生产系统的重大变更，这种部署模式大大增加了系统风险，降低了系统的可用性。

第三，简单单体模式的系统影响开发效率。如果一个使用 Java 的简单单体项目代码超过 100 万行，那么在一台笔记本电脑上修改代码后执行自动编译，可能需要等待数十分钟以上，并且内存可能不够编译过程使用，这是非常难以忍受的。

第四，简单单体模式打包后的部署结构可能过于庞大，导致业务系统启动很慢，进而也会影响系统的可用性。这一条也是所有单体架构的系统都有的问题。

第五，扩展性受限，同样是所有单体架构都有的一个问题。如果任何一个业务功能点存在性能问题，那么都需要多部署几个完整的实例，再加上负载均衡设备，才能保证整个系统的性能能够支撑用户的使用。

所以，简单单体模式比较适用于规模较小的系统，特别是需要快速推出原型实现，以质量换速度的场景。

2. 分布式架构：面向服务架构（SOA）

随着 IT 技术逐渐成为各行各业的基础性支撑技术之一，很多大型公司内部的 IT 系统规模越来越大，传统单体架构思想的不足越来越明显。针对如何更好地利用企业内部的各个 IT 系统能力，解决数据孤岛问题，整合业务功能，先是出现了企业应用集成（Enterprise Application Integration，EAI）解决方案，即通过对现有各系统的数据接口改造，实现系统互通（特别是异构系统）。这样不同系统的数据就可以被整合到一起了。在大量 EAI 项目实施的基础上，架构设计关注的不再是单个的项目，而是企业的整个 IT 系统集合。架构师们以超越单体架构的分布式思想和业务服务能力的角度来看待问题，这样面向服务架构就发展起来了。

> 2006 年 IBM、Oracle、SAP、普元等公司一起建立了 OSOA 联盟，共同制定 SCA/SDO 标准。2007 年 4 月，国际标准组织 OASIS 宣布成立 OASIS Open Composite Services Architecture（Open CSA）委员会，自此，OSOA 的职能移转至 Open CSA 组织。

SOA 的概念最初由 Gartner 公司提出，2000 年以后，业界普遍认识到 SOA 思想的重要性。从 2005 年开始，SOA 推广和普及工作开始加速，几乎所有关心软件行业发展的人士都开始把目光投向 SOA，各大厂商也通过建立厂商间的协作组织共同努力制定中立的 SOA 标准：SCA/SDO 规范。同时产生了一个 Apache 基金会顶级项目 Tuscany 作为 SCA/SDO 的参考实现。SCA 和 SDO 构成了 SOA 编程模型的基础。经过十多年的广泛探索研究和实际应用，SOA 本身的理论、相关技术、工具等也已经发展到成熟、稳定的阶段，在信息化系统建设时普遍采用了 SOA 架构思想。

1）服务与 SOA

面向服务架构（SOA）是一种建设企业 IT 生态系统的架构指导思想。SOA 的关注点是服务。服务是最基本的业务功能单元，由平台中立性的接口契约来定义。通过将业务系统服务化，可以将不同模块解耦，各种异构系统间可以轻松实现服务调用、消息交换和资源共享。

（1）从宏观的视角来看，不同于以往的孤立业务系统，SOA 强调整个企业 IT 生态环境是一个大的整体。整个 IT 生态中的所有业务服务构成了企业的核心 IT 资源。各个系统的业务拆解为不同粒度、不同层次的模块和服务。服务可以组装到更大的粒度，不同来源的服务可以编排到同一个处理流程，实现非常复杂的集成场景和更加丰富的业务功能。

（2）从研发的视角来看，系统的复用可以从以前代码级的粒度，扩展到业务服务的粒度；能够快速应对业务需求和集成需求的变更。

（3）从管理的角度来看，SOA 从更高的层次对整个企业 IT 生态进行统一的设计与管理，对消息处理与服务调用进行监控，优化资源配置，降低系统复杂度和综合成本，为业务流程梳理和优化提供技术支撑。

在 SOA 体系下，应用软件被划分为具有不同功能的服务单元，并通过标准的软件接口把这些服务联系起来，以 SOA 架构实现的企业应用可以更灵活快速地响应企业业务变化，实现新旧软件资产的整合和复用，降低软件整体成本。

2）SOA 战略

SOA 的实施对整个 IT 生态环境有重要的影响，作为一种重大的 IT 变革和技术决策，必然要自上而下地进行。必须获得管理层的支持，由技术决策层面直接推动，并和技术部门、相关业务部门一起，根据目前各个 IT 业务系统的现状，统一规划 SOA 战略和分阶段目标，制定可行方案与计划步骤，逐步推进实施。

3）SOA 落地方式

SOA 的落地方式与水平，跟企业 IT 特点、服务能力和发展阶段直接相关。目前常见的落地方式主要有分布式服务化和集中式管理两种。

（1）分布式服务化。

互联网类型的企业，业务与技术发展快，数据基数与增量都大，并发访问量高，系统间依赖关系复杂、调用频繁，分布式服务化与服务治理迫在眉睫。通过统一的服务化技术手段，进一步实现服务的注册与寻址、服务调用关系查找、服务调用与消息处理监控、服务质量与服务降级等。现有的一些分布式服务化技术有 Dubbo（基于 Java）、Finagle（基于 Scala）和 ICE（跨平台）等。

（2）集中式管理化。

传统企业的 IT 内部遗留系统包袱较重，资源整合很大一部分工作是需要打通新旧技术体系的“任督二脉”，所以更偏重于以 ESB 作为基础支撑技术，以整合集成为核心，将各个新旧系统的业务能力逐渐在 ESB 容器上聚合和集成起来。比较流行的商业 ESB 有 IBM 的 WMB 和 Oracle 的 OSB，开源 ESB 有 Mule、ServiceMix、JBossESB、wso2esb 和 OpenESB。

商业的 ESB，一般来说除了功能丰富，配套设置都比较齐全，对于比较简单的场景来说可以做到开箱即用，维护性也比较强，但同时过于复杂、难用，内部的设计实现基本是黑盒，并且购买费用比较高。

开源的 ESB，由于开发成本和通用性、开放性的考虑，往往在 ESB Server 上做得比较强大、扩展性比较好，但是配套设置做得较差（这也是绝大多数开源项目共有的问题，不仅是开源 ESB 的问题）。对企业来说可管理性非常重要，选择开源 ESB 需要结合企业的实际情况，一步步地积累，下大功夫来做好。

一方面，集中式管理的 SOA，其优势在于管理和集成企业内部各处散落的业务服务能力，同时一个明显的不足在于其中心化的架构方法，并不能解决各个系统内部的问题。另一方面，随着自动化测试技术、轻量级容器技术等相关技术的发展，分布式服务技术越来越向微服务架构的方向发展。

> EIP（Enterprise Integration Patterns，企业集成模式）是集成领域的圣经，也是各种消息中间件（MOM）和 ESB 的理论基础。我们在 MQ 和 ESB 中常见的各种概念和术语，基本都来自 EIP，比如消息代理、消息通道、消息端点、消息路由、消息转换、消息增强、信息分支、消息聚合、消息分解、消息重排等，《企业集成模式：设计、构建及部署消息传递解决方案》一书中详细地描述了它们的内容与特点。
>
> EIP 的直接实现一般叫 EIP 框架，开源的知名 EIP 框架有两个：Camel 和 Spring Integration。EIP 可以作为 ESB 的基础骨架，在这个基础上填充其他必要的部分，定制出来一个 ESB 容器。
>
> EIP 的介绍可以看这里：http://www.enterpriseintegrationpatterns.com/。

4）SOA 的两大基石：RPC 与 MQ

SOA 关注于系统的服务化，不同系统服务间的相互通信就成为一个重要的话题。随着 RPC

和 MQ 技术的发展，这两种技术逐渐成为 SOA 的两大基石，也是分布式技术体系里的重要基础设施。

（1）RPC（Remote Procedure Call，远程过程调用）。

两个不同系统间的数据通信，往往可以通过 Socket+自定义数据报文来实现。但是这种方式比较烦琐，需要针对每个通信场景定义自己的数据格式和报文标准，甚至交互的行为、异常和错误的处理等。有没有一种通用的技术手段呢？答案就是 RPC 技术。

RPC 是一种通用性的系统通信手段，使得我们可以像调用本地方法一样调用远程系统提供的方法。一个场景的 RPC 机制如图 1-7 所示。

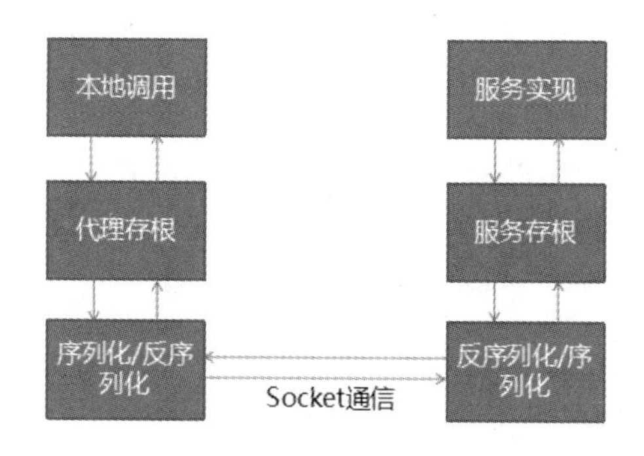

图 1-7

在 RPC 的调用关系里，我们把提供具体的调用方法的系统称为服务提供者（Provider），调用服务的系统称为服务消费者（Consumer）。把对象转换为便于网络传输的二进制或文本数据的过程称为序列化（Serialization）；二进制或文本数据再还原为对象的过程称为反序列化（Deserialization）。我们可以看到，典型的 RPC 处理机制包括两部分：

- 通信协议，可以是基于 TCP 的，也可以是基于 HTTP 的。
- 数据格式，一般是一套序列化+反序列化机制。

常见的 RPC 技术有 Cobra、RMI、.NET Remoting、WebService、JSON-RPC、XML-RPC、Hessian、Thrift、Protocol Buffer、gRPC 等。按照序列化机制的特点，我们可以把 RPC 技术分为文本的（WebService、JSON-RPC、XML-RPC 等）和二进制的（RMI、Hessian、Thrift、Protocol Buffer 等）。按照常见的通信协议来看，我们又可以分为基于 HTTP 的（WebService、Hessian 等）和基于 TCP 的（RMI、.NET Remoting 等）。按照是否可以用于多个不同平台，又可以分为平台特定的（RMI 是 Java 平台特定的，.NET Remoting 是.NET 平台特定的）和平台无关的（比如 WebService、JSON-RPC、Hessian 等可以用于 Java.Net/PHP/Python 等就是平台无关的）。

在 Java 里，我们一般可以基于 JDK 自带的动态代理机制+Java 的对象序列化方式实现一个简单的 RPC，由于动态代理和 Java 对象序列化都比较低效，导致这种方式性能较低。目前更常见的是基于 AOP 和代码生成技术实现代理存根（stub）和服务存根（skeleton），然后用一个紧凑的二进制序列化方式实现一个高效的 RPC 框架。

按照调用方式来看，RPC 有四种模式：

- RR（Request-Response）模式，又叫请求响应模式，指每个调用都要有具体的返回结果信息。
- Oneway 模式，又叫单向调用模式，调用即返回，没有响应的信息。
- Future 模式，又叫异步模式，调用后返回一个 Future 对象，然后执行完获取返回结果信息。
- Callback 模式，又叫回调模式，处理完请求以后，将处理结果信息作为参数传递给回调函数进行处理。

这四种调用模式中，前两种最常见，后两种一般是 RR 和 Oneway 方式的包装，所以从本质上看，RPC 一般对于客户端来说是一种同步的远程服务调用技术。与其相对应的，一般来说 MQ 恰恰是一种异步的通信技术。

（2）MQ（Message Queue，消息队列）。

现在我们来考虑异步的远程调用，如果同时存在很多个请求，那么该如何处理呢？进一步地，由于不能立即获取处理结果，假若需要考虑失败策略、重试次数等，那么应该怎么设计呢？

如果 N 个不同系统相互之间都有 RPC 调用，这时整个系统环境就是一个很大的网状结构，依赖关系有 $N\times(N-1)/2$ 个，如图 1-8 所示。任何一个系统出问题，都会影响剩下 $N-1$ 个系统，怎么降低这种耦合呢？

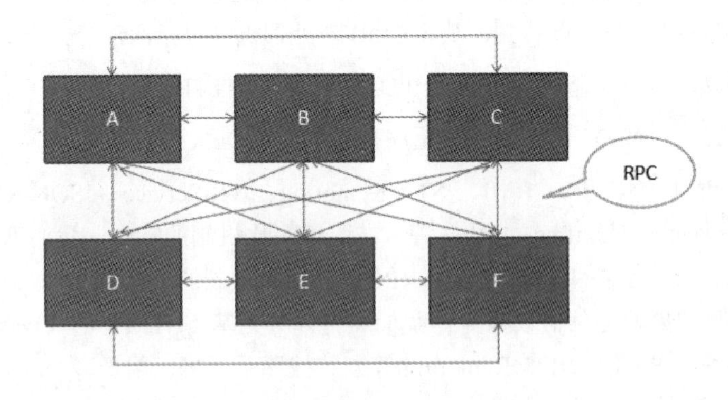

图 1-8

基于这些问题，我们发展出 MQ（消息队列）技术，所有的处理请求先作为一个消息发送到 MQ（也叫作 Message Broker），接着处理消息的系统从 MQ 获取消息并进行处理。这样就实现了各个系统间的解耦，同时可以把失败策略、重试等作为一个机制，对各个应用透明，直接在 MQ 与各个调用方的应用接口层面实现即可，如图 1-9 所示。

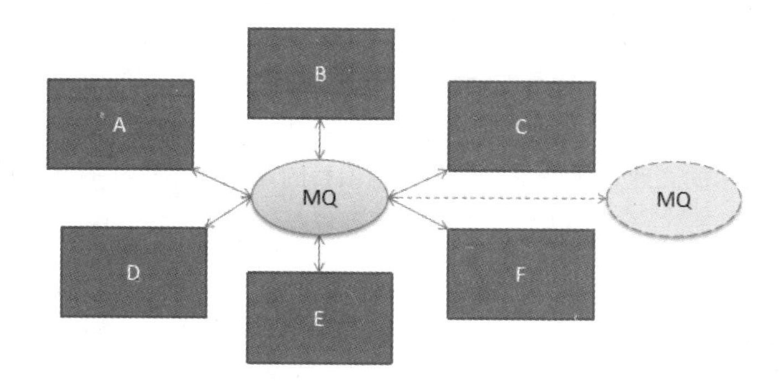

图 1-9

一般来说，我们把发送消息的系统称为消息生产者（Message Producer），接收处理消息的系统称为消息消费者（Message Consumer）。

根据消息处理的特点，我们又可以总结两种消息模式：

- 点对点模式（Point to Point，PTP），一个生产者发送的每一个消息都只能由一个消费者能消费，看起来消息就像从一个点传递到了另外一个点。
- 发布订阅模式（Publish-Subscribe，PubSub），一个生产者发送的每一个消息都会发送到所有订阅了此队列的消费者，这样对这个消息感兴趣的系统都可以获取这个消息。

通过这两种消息模式的灵活应用及功能扩展，我们可以实现各种具体的消息应用场景，比如高并发下的订单异步处理，海量日志数据的分析处理等。如果要总结消息队列在各类架构设计中能起到的作用，一般有如下几点：

- 为系统增加了通用性的异步业务处理能力，这个在前面讨论过了。
- 降低系统间的耦合性，无论开发期的引用关系依赖，还是运行期的调用关系依赖，都明显简化或降低了。通信的双方只需要定义好消息的数据格式（消息头有什么字段，消息体是什么格式的数据），就可以各自进行开发和测试，最后再各自上线即可集成到一起。
- 提升了系统间通信可靠性，无论通信本身的可靠性上（请求响应机制、重试），还是业务意义上（处理顺序、事务、失败策略）的可靠性，都相比 RPC 等方式有所增强。
- 提升了系统的业务缓冲能力，一般又叫削峰填谷，指的是经过 MQ 作为中间件的缓冲，如果业务量突然增大时可以先把处理请求缓冲到队列中，再根据业务消费处理能力逐个消息处理，保障了系统不会因为突然爆发的大量请求而过载瘫痪，影响系统的连续服务能力。

- 增强了系统的扩展能力，通过消息队列处理业务，消费端的处理能力如果不够，一般可以随时多加几个消费者来处理，从而可以直接扩展系统的业务处理能力，而不需要额外的代价。

3. 分布式架构：微服务架构（MSA）

随着互联网技术的飞速发展，我们发现大型项目的设计开发和维护过程中，存在如下几个重要的困难点。

- 扩容困难

  我们之前开发项目用的是虚拟机，每次上线项目需要加机器时总会遇到资源不足的情况，要走非常复杂的工单审批流程，还要与运维人员不断 PK，才能申请下来资源，整个流程冗长，机器资源申请困难。

- 部署困难

  每次上线采用专人进行部署，上线之前需要与上线人员沟通上线的环境，防止上线出错。

- 发布回滚困难

  每次上线发现问题后，需要重新在 SVN/GIT 主干上面进行代码编译，但有时候会因为各种问题回滚失败，而且重新编译很耗时，导致回滚缓慢。

- 适配新技术困难

  不同的模块采用不同的语言开发，在架构中做技术升级都很困难，或者不支持技术升级。

- 快速开发困难

  复杂项目中采用单体应用或简单地分拆成 2～3 个系统，里面集成了太多功能模块，无法快速进行功能开发，并且很容易牵一发动全身。

- 测试困难

  测试人员没有自动化测试框架或 Mock 系统，只能采用简单的人工测试流程，而且还经常发生功能覆盖不全面等问题。

- 学习困难

  业务变化快，功能和项目结构都太复杂，整个项目中的逻辑关系相互关联影响，采用的技术五花八门，技术本身的更新换代也很快，导致技术人员的学习曲线非常陡峭。

针对如何解决这些问题，“微服务架构”应运而生。

1）什么是微服务

微服务这个概念最早是在 2011 年 5 月威尼斯的一个软件架构会议上讨论并提出的，用于描述一些作为通用架构风格的设计原则。2012 年 3 月在波兰克拉科夫举行的 33rd Degree Conference 大会上，ThoughtWorks 首席咨询师 James Lewis 做了题为“Microservices – Java，the

Unix Way”的演讲。这次演讲里，James 讨论了微服务的一些原则和特征，例如单一服务职责、康威定律、自动扩展、DDD 等等。

微服务架构则是由 Fred George 在 2012 年的一次技术大会上所提出的，在大会的演讲中，他讲解了如何分拆服务，以及如何利用 MQ 来进行服务间的解耦，这就是最早的微服务架构的雏形。而后由 Martin Fowler 发扬光大，并且在 2014 年发表了一篇著名的微服务文章，这篇文章深入全面地讲解了什么是微服务架构。随后，微服务架构逐渐成为一种非常流行的架构模式，一大批的技术框架和文章涌现出来，越来越多的公司借鉴和使用微服务架构的相关技术。

> The microservice architectural style is an approach to developing a single application as a suite of small services, each running in its own process and communicating with lightweight mechanisms, often an HTTP resource API. These services are built around business capabilities and independently deployable by fully automated deployment machinery. There is a bare minimum of centralized management of these services , which may be written in different programming languages and use different data storage technologies.

以上定义引用自 http://martinfowler.com/articles/microservices.html。通过 Martin Flowler 的这段微服务描述，可以抽象出以下几个关键点：

- 由一些独立的服务共同组成应用系统；
- 每个服务单独部署、独立运行在自己的进程中；
- 每个服务都是独立的业务；
- 分布式管理。

通过几个关键点可以看出微服务重在独立部署和独立业务，所谓的微服务，并不是越小越好，而是通过团队规模和业务复杂度由粗到细的划分过程，所遵循的原则是低耦合和高内聚，如图 1-10 所示。

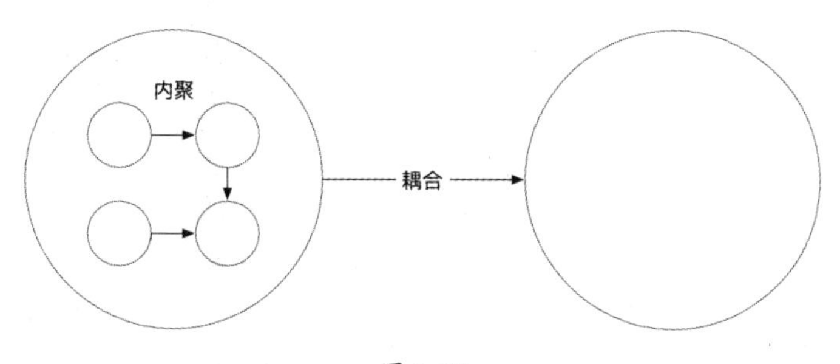

图 1-10

- 低耦合

  修改一个服务不需要同时修改另一个，每个微服务都可以单独修改和部署。

- 高内聚

  把相关的事务放在一起，把不相关的排除出去，聚集在一起的事务只能干同一件事。

2）微服务和 SOA 的区别

（1）微服务只是一种经过良好架构设计的 SOA 解决方案，是面向服务的交付方案。

（2）微服务更趋向于以自治的方式产生价值。

（3）微服务与敏捷开发的思想高度结合在一起，服务的定义更加清晰，同时减少了企业 ESB 开发的复杂性。

（4）微服务是 SOA 思想的一种提炼！

（5）SOA 是重 ESB，微服务是轻网关。

3）大规模使用微服务

使用微服务也面临由单体项目向微服务项目过渡的问题，而采用微服务架构后意味着服务之间的调用链路会比以前延长了很多，在调用链路上发生故障的概率也就随之增大，同时调用链路越长，性能越会受影响。微服务架构中是存在很多陷阱的，并不是简单地拿来使用就可以，所以企业要大规模使用微服务不仅仅是从思想和业务上面进行合理划分，还需要诸多技术组件，以及高效的运维来协同合作，如图 1-11 所示。

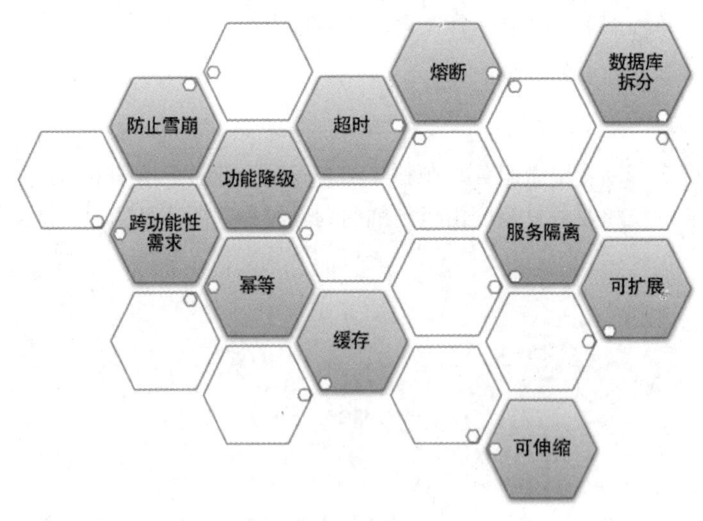

图 1-11

- 防止雪崩

  当一个服务无法承受大请求压力的时候，是否会影响所依赖的其他服务？这时候可以考虑限流等措施。

- 功能降级

  当某个服务出现故障时，是否有容错手段能够让业务继续运行下去，而不影响整体应用。

- 幂等

  当用户多次下同一订单时，得到的结果永远是同一个。

- 缓存

  当请求量较大时，为避免对数据库造成较大压力，可以适当将一些变化较小、读取量较大的数据放入缓存。

- 超时

  超时时间对于调用服务来说非常重要，超时时间设置太长可能会把整体系统拖慢，而设置短了又会造成调用服务未完成而返回，我们在实际工作中需要根据业务场景进行分析，选择一个恰当的超时设定值。

- 熔断

  当请求下游的服务时发生一定数量的失败后，熔断器（断路器）打开，接下来的请求快速返回失败。过一段时间后再来查看下游服务是否已恢复正常，重置熔断器。

- 服务隔离

  当所调用的服务发生故障时，上游服务能够隔离故障以确保业务能够继续运行下去

- 可伸缩

  当并发量较大，原有服务集群无法满足现有业务场景时，可以采用扩容策略；当并发量较小时，服务集群可以采用缩容策略，以节省资源。

- 数据库拆分

  通过为每个独立部署的服务提供单独的数据库，降低了数据库耦合，也让不同微服务间隔离得更彻底，系统更健壮，同时也利于针对不同数据分别进行扩容和其他处理。

- 可扩展

  系统经过良好的设计，可以随时灵活地以比较小的改动代价增加新的功能或能力。

第2章 微服务领域驱动设计

近几年来，微服务架构风格逐渐成为软件业的宠儿，并在大多数新兴的业务场景中得到运用，同时，我们发现另外一种设计方法总会与微服务携手同行，这就是领域驱动设计（Domain Driven Design，DDD）。一个是架构设计的弄潮儿，另一个是默默耕耘的经典方法，它们之间是怎么碰撞出"感情火花"的呢？

我们谈论微服务，看重它的"微"带来的灵活、弹性、易维护、可替换等诸多便利；同时却要看到：服务的细粒度分解固然减小了系统的规模，却又会因为显著增加的服务数量使系统结构变得更加繁杂。显然，微服务架构实则是通过牺牲"结构"换来"规模"的红利。

从结构这个维度看，**微服务其实一点都不"微"！**一个微服务从诞生到最后的消亡，经历了设计、开发、测试、上线、运行到下线贯穿始终的生命周期。当一个系统包含成百乃至上千个微服务时，系统的结构会变得越来越复杂。每个环节都有方方面面的因素需要考量，诸如设计原则的遵守、通信机制的选择、数据一致性的保障、健康状态的监控与跟踪，乃至于服务的配置、测试与运维。这些都是运用和实施微服务的重要关注点，它们更多来自技术层面的考量，我称其为微服务的"**技术维度**"。

基于"微服务"的定义，在这个架构风格中，每个服务都是独立运行（standalone）的微小服务，这意味着微服务的边界为完全独立的跨进程通信边界。这就带来一个至关重要的核心问题：如何设计和分解微服务？从粒度看，如果服务分解过细，则会增加通信成本和运维成本；如果服务分解过粗，那么又达不到单独伸缩和运维的目的。从职责分配看，由于微服务粒度比单体架构更细，且牵涉跨进程的通信边界，一旦职责分配有误，调整的成本要远远大于单体架构。故而在微服务架构风格下，微服务的设计与分解有可能成为整个系统在未来的"阿喀琉斯之踵"。针对微服务架构，普遍达成的共识是从业务角度驱动服务的识别与分解，我称其为微服务的"**业务维度**"。

技术维度的关注点，我们交给基础架构的设计者及微服务的框架来保障。至于业务维度的关注点恰好是领域驱动设计所擅长解决的。这就是为什么在谈到微服务时，我们需要领域驱动设计的原因。

2.1　领域驱动设计

领域驱动设计是由 Eric Evans 最早提出的综合软件系统分析和设计的面向对象建模方法，如今已经发展为一种针对大型复杂系统的领域建模与分析方法。它完全改变了传统软件开发工程师针对数据库进行的建模方法，从而**将要解决的业务概念和业务规则转换为软件系统中的类型及类型的属性与行为，通过合理运用面向对象的封装、继承、多态等设计要素**，降低或隐藏整个系统的业务复杂性，并使得系统具有更好的扩展性，应对纷繁多变的现实业务问题。

领域驱动设计本质上是一种方法论（Methodology）。它建立了**以领域为核心驱动力**的设计体系，因而具有一定的开放性。在这个体系中，你可以使用不限于领域驱动设计提出的任何一种方法来解决这些问题。例如，我们可以使用用例（Use Case）、测试驱动开发（TDD）、用户故事（User Story）帮助我们对领域建立模型；我们可以引入整洁架构思想及六边形架构，帮助我们建立一个层次分明、结构清晰的系统架构；我们可以引入函数式编程思想，利用纯函数与抽象代数结构的不变性及函数的组合性来表达领域模型。这些实践方法与模型已经超越了 Eric Evans 最初提出的领域驱动设计范畴，但在体系上却是一脉相承的。这也是为什么在领域驱动设计社区，能够不断诞生诸如 CQRS 模式、事件溯源（Event Sourcing）模式与事件风暴（Event Storming）等新概念的原因。

2.1.1　领域驱动设计概览

作为一种软件设计方法论，领域驱动设计贯穿了整个软件开发的生命周期，包括对需求的分析、建模、架构和设计，甚至最终的编码实现、测试与重构。它尤为强调领域模型的重要性，并提倡通过模型驱动设计来保障领域模型与程序设计的一致。领域驱动设计认为：开发团队应该从业务需求中提炼出统一语言（Ubiquitous Language），再基于统一语言建立领域模型；这个领域模型会指导程序设计及编码实现；最后，又通过重构来发现隐式概念，并运用设计模式改进设计与开发质量。

然而，当我们面对规模庞大、业务复杂的软件系统时，如果从一开始就要深入每个功能点进行需求分析和领域建模，则可能会面临高复杂度的挑战。这是因为对于一个复杂的软件系统而言，我们要处理的问题域实在太庞大了。在为问题域寻求解决方案时，需要从宏观层次划分不同业务关注点的子领域，再深入子领域中从微观层次对领域进行建模。宏观层次是战略的层面，微观层次是战术的层面，因此，领域驱动设计将整个设计过程划分为两个阶段：战略设计阶段与战术设计阶段。

1. 战略设计阶段

领域驱动设计的战略设计阶段是从两个方面来考量的。

- 问题域方面：引入**核心领域（Core Domain）**与**子领域（SubDomain）**来划分问题域，然后通过**限界上下文（Bounded Context）**和**上下文映射（Context Map）**给出这些问题域的解决方案，在减小领域模型规模的同时，维持领域概念的一致性。
- 架构方面：通过**分层架构**来隔离关注点，尤其是将领域独立出来，可以更利于领域模型的单一性与稳定性；引入**六边形架构**清晰地表达领域与技术基础设施的边界；CQRS 模式则分离了查询场景和命令场景，针对不同场景选择使用同步或异步操作，提高架构的低延迟性与高并发能力。

Eric Evans 提出战略设计的初衷是要**保持模型的完整性**。限界上下文的边界可以保护上下文内部和其他上下文之间的领域概念互不冲突。然而，如果我们将领域驱动设计的战略设计模式引入架构过程，就会发现限界上下文不仅限于对领域模型的控制，还在于分离关注点之后，使得整个上下文可以成为独立部署的设计单元，这就是“微服务”的概念，上下文映射的诸多模式则对应了微服务之间的协作。因此在战略设计阶段，微服务扩展了领域驱动设计的内容，反过来领域驱动设计又能够保证良好的微服务设计。

一旦确立了限界上下文的边界，尤其是作为物理边界，分层架构就不再针对整个软件系统，而是针对粒度更小的限界上下文。此时，限界上下文定义了技术实现的边界，对当前上下文的领域与技术实现进行了封装，我们只需要关心对外暴露的接口与集成方式即可。显然，**限界上下文**是整个战略设计阶段的核心要素。

2. 战术设计阶段

整个软件系统被分解为多个限界上下文后，我们就可以分而治之，对每个限界上下文进行战术设计。领域驱动设计提倡用领域模型来表达复杂的领域知识，构成模型的要素包括：

- 值对象（Value Object）；
- 实体（Entity）；
- 领域服务（Domain Service）；
- 领域事件（Domain Event）；
- 资源库（Repository）；
- 工厂（Factory）；
- 聚合（Aggregate）；
- 应用服务（Application Service）。

Eric Evans 通过图 2-1 勾勒了战术设计诸要素之间的关系。

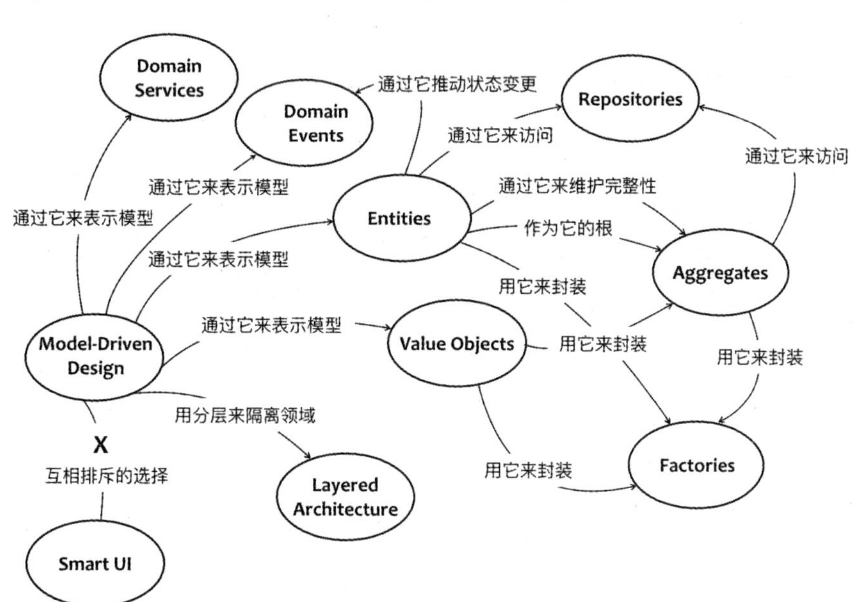

图 2-1

领域驱动设计围绕领域模型进行设计，通过**分层架构（Layered Architecture）**将领域独立出来。表示领域模型的对象包括**实体**、**值对象**、**领域服务**和**领域事件**。**领域逻辑都应该封装在这些对象中**。这一严格的设计原则可以避免业务逻辑渗透到领域层之外，导致技术实现与业务逻辑的混淆。

聚合是一种边界，它可以封装一到多个**实体**与**值对象**，并维持该边界范围之内的业务完整性。在聚合中，至少包含一个实体，且只有实体才能作为**聚合根（Aggregate Root）**。注意，在领域驱动设计中，聚合代表的是边界概念，而非领域概念。极端情况下，一个聚合可能有且只有一个实体。

工厂和**资源库**都是对领域对象生命周期的管理。前者负责领域对象的创建，往往用于封装复杂或可能变化的创建逻辑。后者则负责从存放资源的位置（数据库、内存或其他 Web 资源）获取、添加、删除或修改领域对象。领域模型中的资源库不应该暴露访问领域对象的技术实现细节。

3. 演进的领域驱动设计过程

战略设计会控制和分解战术设计的边界与粒度，战术设计则以实证角度验证领域模型的有效性、完整性与一致性，进而以演进的方式对之前的战略设计阶段进行迭代，从而形成一种螺旋式上升的迭代设计过程，如图 2-2 所示。

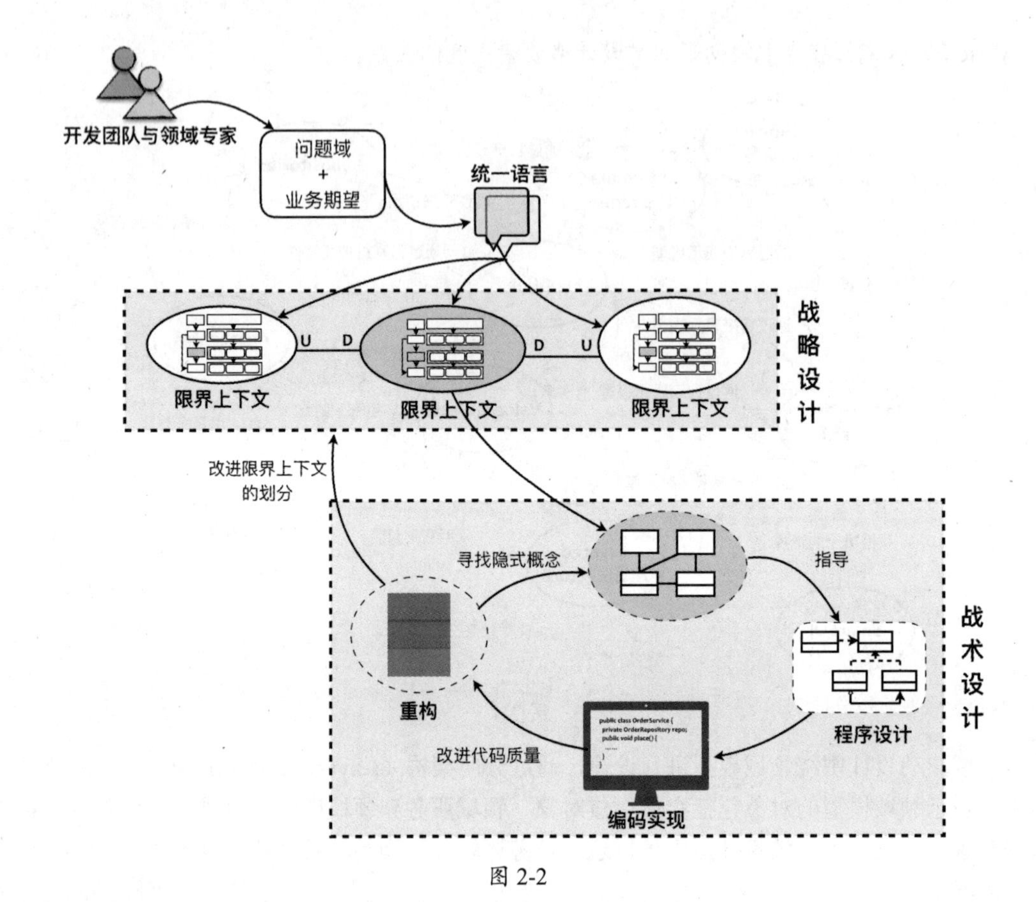

图 2-2

面对客户的业务需求，由领域专家与开发团队展开充分的交流，经过需求分析与知识提炼，获得清晰的问题域。通过对问题域进行分析和建模，识别限界上下文，利用它划分相对独立的领域，再通过上下文映射建立它们之间的关系，辅以分层架构与六边形架构划分系统的逻辑边界与物理边界，界定领域与技术之间的界限。之后，进入战术设计阶段，深入限界上下文内对领域进行建模，并以领域模型指导程序设计与编码实现。在实现过程中，若发现领域模型存在重复、错位或缺失，就需要对已有模型进行重构，甚至重新划分限界上下文。

两个不同阶段的设计目标是保持一致的，它们是一个连贯的过程，彼此之间又相互指导与规范，并最终保证**一个有效的领域模型和一个富有表达力的实现同时演进**。

2.1.2 问题域与解决方案域

领域驱动设计的整个过程，其实就是从问题域到解决方案域的过程。问题域属于需求分析阶段，重点是明确这个系统要解决什么问题，能够提供什么价值，也就是关注系统的 What 与

Why。解决方案域属于系统设计阶段，针对识别出来的问题域，寻求合理的解决方案，也就是关注系统的 How。在领域驱动设计中，核心领域（Core Domain）与子领域（Sub Domain）属于问题域的范畴，限界上下文（Bounded Context）则属于解决方案域的范畴，它们之间的关系如图 2-3 所示。

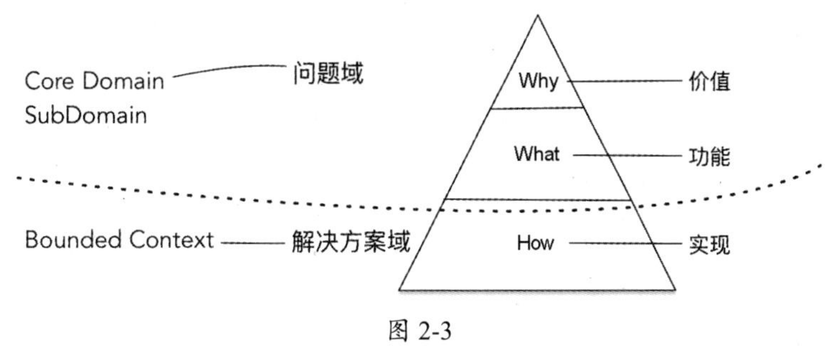

图 2-3

很多人总是困惑于核心领域/子领域与限界上下文之间的关系：一对一、一对多，或者多对多？然而就图 2-3 所示，由于二者出现在不同阶段，关注的重心也不尽相同，因此准确地说，它们之间并没有所谓的映射关系。前者关注于系统的价值与功能，因而对它们的识别，只限于从业务上对它们的分解。之所以要区分核心领域与子领域，不过是为后续的解决方案域提供实现成本的考量。对于核心领域，我们应付出更多的开发成本，组建更好的团队为其建立稳定正确的领域模型；至于子领域，就可以降低设计与开发要求，甚至可以引入外包团队对其进行开发，或者购买提供通用功能的组件或服务。

从问题域到解决方案域，实际上就是从需求分析到设计的过程，也是我们逐步识别限界上下文的过程。限界上下文是解决方案域的架构基石。一些开发人员在接触领域驱动设计时，常常会疑惑限界上下文究竟是什么？他们往往会结合自身的开发经验，想要将限界上下文视为模块、组件、包或服务。这实际违背了 Eric Evans 引入限界上下文的初衷。在从问题域推演至解决方案域时，限界上下文仅仅是一种业务边界的划分，在这个时候，根本就不应该考虑它究竟是模块、组件、包还是服务，因为这会导致技术决策对领域分析的干扰。只有在初步确定了限界上下文之后，进入实现阶段时，才开始考虑它究竟该映射为模块、组件、包还是服务，这一决策会直接影响整个系统的架构。

2.1.3 限界上下文

领域驱动设计对微服务设计的辅助（或者说推动）作用，主要体现在战略设计阶段。其中，限界上下文（Bounded Context）扮演了最关键的角色，是推动整个微服务设计的“核心引擎”。那么，什么才是限界上下文呢？

让我们来读一个句子：

> wǒ yǒu kuài dì

到底是什么意思？

我有快递
我有块地

我们能确定到底是哪个意思呢？**确定不了！！！**我们必须结合说话人的语气与语境理解。例如：

- wǒ yǒu kuài dì，zǔ shàng liú xià lái de→我有块地，祖上留下来的。
- wǒ yǒu kuài dì，shùn fēng de→我有快递，顺丰的。

在日常对话中，说话的语气与语境就是帮助我们理解对话含义的**上下文（Context）**。当我们在理解系统的领域需求时，同样需要借助这样的上下文。而限界上下文的含义就是用一个清晰可见的**边界（Bounded）**将这个上下文勾勒出来。如此就能在自己的边界内维持领域模型的一致性与完整性。Eric Evans 用细胞来形容限界上下文，因为"细胞之所以能够存在，是因为细胞膜限定了什么在细胞内、什么在细胞外，并且确定了什么物质可以通过细胞膜。"这里的细胞代表上下文，而细胞膜代表了包裹上下文的边界。

分析限界上下文的本质，就是对**边界**的控制。观察角度的不同，限界上下文划定的边界也有所不同。大体可以分为如下三个方面。

- **领域逻辑层面：**限界上下文确定了领域模型的业务边界，维护了模型的完整性与一致性，从而降低系统的业务复杂度。
- **团队合作层面：**限界上下文确定了开发团队的工作边界，建立了团队之间的合作模式，避免团队之间的沟通变得混乱，从而降低系统的管理复杂度。
- **技术实现层面：**限界上下文确定了系统架构的应用边界，保证了系统层和上下文领域层各自的一致性，建立了上下文之间的集成方式，从而降低了系统的技术复杂度。

这三种边界体现了**限界上下文对不同边界的控制力**。业务边界是对领域模型的控制，工作边界是对开发协作的控制，应用边界是对技术风险的控制。引入限界上下文的目的，其实**不在于如何划分边界，而在于如何控制边界**。

1. 业务边界

限界上下文首先分离了业务边界，用以约束不同上下文的领域模型。这种对领域模型的划分符合架构设计的基本原则，即从更加宏观和抽象的层次去分析问题域，如此既可以避免分析者迷失在纷繁复杂的业务细节知识中，又可以保证领域概念在自己的上下文中的一致性与完整性。

例如在电商系统中，产品实体 Product 在不同的限界上下文具有不同的含义，关注的属性与行为也不尽相同。在采购上下文中，需要关注产品的进价、最小起订量与供货周期；在市场上下文中，则关心产品的品质、售价，以及用于促销的精美图片和销售类型；在仓储上下文中，仓库工作人员更关心产品放在仓库的哪个位置，产品的重量与体积，是否是易碎品，以及订购产品的数量；在推荐上下文中，系统关注的是产品的类别、销量、收藏数、正面评价数、负面评价数。在引入限界上下文之后，每个限界上下文都拥有自己的 Product 领域模型，该领域模型仅仅满足符合当前上下文需要的产品唯一表示，如图 2-4 所示。这其实是领域驱动设计引入限界上下文的主要目的。

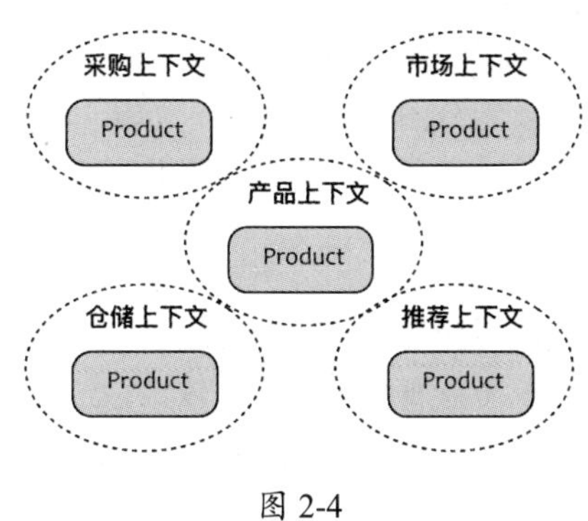

图 2-4

虽然不同的限界上下文都存在相同的 Product 领域模型，但由于有了限界上下文作为边界，使得我们在理解领域模型时，是基于当前所在的上下文作为概念语境的。这样的设计既保证了限界上下文之间的松散耦合，又能够维持限界上下文各自领域模型的一致性。此时的限界上下文成为保障领域模型不受污染的边界屏障。

2. 工作边界

结合领域驱动设计的需求，我们应该考虑在保持团队规模足够小的前提下，按照软件的特性（feature）而非组件（component）来组织软件开发团队，这就是所谓“特性团队”与“组件团队”之分。

传统的“组件团队”强调的是专业技能与功能重用，例如熟练掌握数据库开发技能的成员组建一个数据库团队，深谙前端框架的成员组建一个前端开发团队。这种遵循“专业的事情交给专业的人去做”原则的团队组建模式，可以更好地发挥每个人的技能特长，然而牺牲的却是团队成员业务知识的缺失，对客户价值的漠视。这种团队组建模式也加大了团队之间的沟通成本，导致系统的整体功能无法持续和频繁地集成。例如，由于业务变更需要针对该业务特性修改用户描述的一个字段，就需要从数据存储开始考虑到业务模块、服务功能，最后到前端设计。一个小小的修改就需要横跨多个组件团队，这种交流的浪费是多么不必要啊！

特性团队可以规避这些不必要的沟通，消除知识壁垒。所谓“特性团队”，就是一个**端对**

端的开发垂直细分领域的跨职能团队，它将需求分析、架构设计、开发测试等多个角色糅合在一起，专注于领域逻辑，实现该领域特性的完整的端对端开发。特性团队专注的领域特性，与领域驱动设计中限界上下文对应的领域是相对应的。当我们确定了限界上下文时，等同于确定了特性团队的工作边界，确定了限界上下文之间的关系，也就意味着确定了特性团队之间的合作模式；反之亦然。之所以如此，则是因为**康威定律（Conway's Law）**为我们提供了理论支持。

康威定律认为："任何组织在设计一套系统（广义概念上的系统）时，所交付的设计方案在结构上都与该组织的沟通结构保持一致。"**在康威定律中起到关键杠杆作用的是沟通成本**。如果同一个限界上下文的工作交给了两个不同的团队分工完成，为了合力解决问题，就必然需要这两个团队进行密切的沟通。然而，团队间的沟通成本显然要高于团队内的沟通成本，为了降低日趋增高的成本，就需要重新划分团队。反过来，如果让同一个团队分头做两个限界上下文的工作，则会因为工作的弱相关性带来自然而然的团队隔离。

3. 应用边界

架构师在划分限界上下文时，不能只满足于业务边界的确立，还得从控制技术复杂度的角度考虑技术实现，从而做出对系统质量属性的响应与承诺。这种技术因素影响限界上下文划分的例子可谓不胜枚举。

高并发

一个外卖系统的订单业务与门店、支付等领域存在业务相关性，然而考虑外卖业务的特殊性，它往往会在某个特定的时间段（如中午 11 时到 13 时）达到订单量的高峰值。系统面临高并发压力，同时还需要快速地处理每一笔外卖订单，与电商系统的订单业务不同，外卖订单的特点是周期短，必须在规定较短的时间内走完下订单、支付、门店接单、配送等整个流程。如果我们将订单业务从整个系统中剥离出来，作为一个单独的限界上下文对其进行设计，就可以从物理架构上保证它的独立性，在资源分配上做到高优先级地扩展，在针对领域进行设计时，尽可能引入异步化与并行化，提高服务的响应能力。

功能重用

对于一个面向企业雇员的国际报税系统，报税业务、旅游业务与 Visa 业务都需要账户功能的支撑。系统对用户的注册与登录有较为复杂的业务处理流程。对于一个新用户而言，系统会向客户企业的雇员发送邀请信，收到邀请信的用户只有通过问题验证才能成为合法的注册用户，否则该用户的账户就会被锁定，称之为 Registration Locked。在用户使用期间，若违背了系统要求的验证条件，则可能会根据不同的条件锁定账户，分别称之为 Soft Locked 和 Hard Locked。只有用户提供了可以证明其合法身份的材料，其账户才能被解锁。

账户管理并非系统的核心领域，但与账户相关的业务逻辑却相对复杂。从功能重用的角度考虑，我们应该将账户管理作为一个单独的限界上下文，以满足不同核心领域对这一功能的重用，避免了重复开发和重复代码。

实时性

在电商系统中，商品自然是核心，而价格（Price）则是商品概念的一个重要属性。倘若仅从业务的角度考虑，在进行领域建模时，价格仅仅是一个普通的领域值对象。倘若该电商系统的商品数量达到数十亿种，每天获取商品信息的调用量在峰值达到数亿乃至数百亿次时，价格就不再是业务问题，而变成了技术问题。对价格的每一次变更都需要及时同步，真实地反馈给电商客户。

为了保证这种在高并发情况下的实时性，我们就需要专门针对价格领域提供特定的技术方案。例如通过读写分离、引入 Redis 缓存、异步数据同步等设计方法。此时，价格领域将作为一个独立的限界上下文，形成自己与众不同的架构方案。同时，为价格限界上下文提供专门的资源，并在服务设计上保证无状态，从而满足快速扩容的架构约束。

第三方服务集成

一个电商系统需要支持多种常见的支付渠道，如微信、支付宝、中国银联及各大主要银行的支付。买家在购买商品及进行退货业务时，可以选择适合自己的支付渠道完成支付。电商系统需要与这些第三方支付系统进行集成。不同的支付系统公开的 API 并不相同，安全、加密及支付流程对支付的要求也不相同。

在技术实现上，一方面我们希望为支付服务的客户端提供完全统一的支付接口，以保证调用上的便利性与一致性；另一方面我们希望能解除第三方支付服务与电商系统内部模块之间的耦合，避免引起“供应商锁定（Vender Lock）”，也能更好地应对第三方支付服务的变化。因此，我们需要将这种集成划分为一个单独的限界上下文。

遗留系统

当我们在运用领域驱动设计对北美医疗内容管理系统提出的新需求进行设计与开发时，这个系统的已有功能已经运行了数年时间。我们的任务是在现有系统中增加一个全新的 Find & Replace 模块，其目的是为系统中的医疗内容提供针对医疗术语、药品及药品成分的查询与替换。这个系统已经定义了自己的领域模型。这些领域模型与新增模块的领域有相似之处。但是，为了避免已有模型对新开发模块的影响，我们应该将这些已有功能视为具有技术债的遗留系统，并将该遗留系统整体视为一个限界上下文。

通过这个遗留系统限界上下文的边界保护，就可以避免我们在开发过程中陷入遗留系统庞大代码库的泥沼。由于新增需求与原有系统在业务上存在交叉功能，因而可能失去了部分代码的重用机会，却能让我们甩开遗留系统的束缚，放开双手运用领域驱动设计的思想建立自己的领域模型与架构。只有在需要调用遗留系统的时候，作为调用者站在遗留系统限界上下文之外，去思考我们需要的服务，然后酌情地考虑模型对象之间的转换及服务接口的提取。

如上的诸多案例都是从技术层面而非业务层面为系统划分了应用边界，这种边界是由限界上下文完成的，通过它形成了对技术实现的隔离，避免不同的技术方案选择互相干扰导致架构的混乱。

综上所述，限界上下文是**“分而治之”**架构原则的体现，我们引入它的目的其实为了控制软件的复杂度。它并非某种固定的设计单元，例如模块、服务或组件，在识别限界上下文时我们甚至要忘记这些概念，将它看作一个由业务进行驱动的抽象单元，并通过它帮助我们做出高内聚低耦合的设计。一旦确定了限界上下文，我们再来思考它的边界及它们之间的协作关系，才需要进一步确认它究竟是模块、服务还是组件。

2.1.4 上下文映射

领域驱动设计通过上下文映射（Context Map）来表达限界上下文之间的协作关系。上下文映射是一种设计手段，Eric Evans 总结了诸如共享内核（Shared Kernel）、防腐层（Anticorruption Layer）、开放主机服务（Open Host Service）等多种模式。由于上下文映射本质上是与限界上下文一脉相承的，所以要掌握这些协作模式，就应该从限界上下文的角度进行理解，着眼点还是在于**“边界”**。领域驱动设计认为：上下文映射是用于将限界上下文边界变得更清晰的重要工具。所以当我们正在为一些限界上下文的边界划分左右为难时，不妨先放一放，在定下初步的限界上下文后，通过绘制上下文映射来检验，或许会有意外收获。

两个限界上下文之间的关系是有方向的。领域驱动设计使用两个专门的术语表述它们：“上游（upstream）”和“下游（downstream）”。在上下文映射图中，以 U 代表上游、D 代表下游。理解它们之间的关系，正如理解该术语隐喻的河流，自然是上游产生的变化会影响下游，反之则不然。故而从上游到下游的关系方向，代表了影响产生的作用力。影响作用力的方向与程序员惯常理解的依赖方向恰恰相反，上游影响了下游，意味着下游依赖于上游。二者之间的关系如图 2-5 所示。

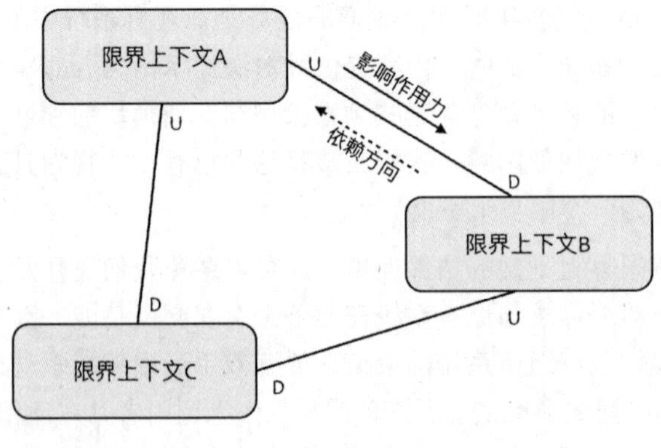

图 2-5

为了将上下文映射运用到领域驱动的战略设计阶段，Eric Evans 总结了常用的上下文映射模式。为了更好地理解这些模式，结合限界上下文对边界的控制力，再根据这些模式的本质，我将这些上下文映射模式分为了两大类：团队协作模式与通信集成模式。前者对应的其实是团队合作的工作边界，后者则从应用边界的角度分析了限界上下文之间该如何进行通信才能提升设计质量。针对通信集成模式，结合领域驱动设计社区的技术发展，在原有上下文映射模式基础上，增加了发布/订阅事件模式。

1. 上下文映射的团队协作模式

领域驱动设计根据团队协作的方式与紧密程度，定义了五种团队协作模式。

- **合作关系（Partnership）**：合作关系代表了工作在两个限界上下文之间的团队存在一种一起成功或一起失败的“同生共死”关系。这种关系代表的固然是良好的合作，却也说明二者可能存在强耦合关系，甚至是糟糕的**双向依赖**。对于限界上下文的边界而言，即使是逻辑边界，出现双向依赖也是不可饶恕的错误。倘若我们视限界上下文为微服务，则这种“确保这些功能在同一个发布中完成”的要求，无疑抵消了许多微服务带来的好处，负面影响不言而喻。
- **共享内核（Shared Kernel）**：共享内核是两个或多个团队都同意共享的一个子集。从设计层面看，共享内核是解除不必要依赖实现重用的重要手段。当我们发现属于共享内核的限界上下文后，需要确定它的团队归属。注意，共享内核仍然属于领域的一部分，它不是横切关注点，也不是公共的基础设施。分离出来的共享内核属于上游团队的职责，因而需要处理好它与下游团队的协作。
- **客户方－供应方开发（Customer-Supplier Development）**：正常情况下，这是团队合作中最常见的合作模式，体现的是上游（供应方）与下游（客户方）的合作关系。这种合作需要两个团队共同协商：
    - 下游团队对上游团队提出的领域需求；
    - 上游团队提供的服务采用什么样的协议与调用方式；
    - 下游团队针对上游服务的测试策略；
    - 上游团队给下游团队承诺的交付日期；
    - 当上游服务的协议或调用方式发生变更时，该如何控制变更。
- **遵奉者（Conformist）**：可以从两个角度来理解遵奉者模式，即需求的控制权与对领域模型的依赖。一个正常的客户方－供应方开发模式，是上游团队满足下游团队提出的领域需求；但当需求的控制权发生了逆转，由上游团队来决定是响应还是拒绝下游团队提出的请求时，所谓的“遵奉者”模式就产生了。从这个角度来看，我们可以将遵奉者模式视为一种“反模式”。遵奉者还有一层意思是下游限界上下文对上游限界上下文模型的追随。当我们选择对上游限界上下文的模型进行“追随”时，就意味着下游上下文可以直接重用上游上下文的模型，这样既减少了模型的重复定义，也可以减少两个限界上下文之间模型的转换成本，伴随而来的是下游限界上下文对上游产生的强依赖。在重用与解耦两者之间，我们需要做出设计权衡。

- 分离方式（Separate Ways）：分离方式的合作模式就是指两个限界上下文之间没有哪怕一丁点儿的关系。这种“无关系”仍然是一种关系，而且是一种最好的关系。这意味着我们无须考虑它们之间的集成与依赖，它们可以独立变化而互相不产生影响。

2. 上下文映射的通信集成模式

无论采用何种设计，限界上下文之间的协作都是不可避免的。应用边界的上下文映射模式以更加积极的态度应对这种不可避免的协作。从设计的角度讲，就是不遗余力地降低限界上下文之间的耦合关系。领域驱动设计根据限界上下文之间的协作方式提出了如下模式。

- **防腐层（Anti-Corruption Layer）**：防腐层其实是设计思想“间接”的一种体现。在架构层面，通过引入一个间接的层，就可以有效隔离限界上下文之间的耦合。这个间接的防腐层可以扮演“适配器”的角色、“调停者”的角色、“外观”的角色。防腐层往往属于下游限界上下文，用以隔绝上游限界上下文可能发生的变化。因为不管是遵奉者模式，还是客户方－供应方模式，下游团队终究可能面临不可掌控的上游变化。在防腐层中定义一个映射上游限界上下文的服务接口，就可以将掌控权控制在下游团队中，即使上游发生了变化，影响的也仅仅是防腐层中的单一变化点，只要防腐层的接口不变，下游限界上下文的其他实现就不会受到影响。在绘制上下文映射图时，我们往往用 ACL 缩写来代表防腐层。
- **开放主机服务（Open Host Service）**：设计开放主机服务，就是定义公开服务的协议，包括通信的方式、传递消息的格式（协议）。同时，也可视为是一种承诺，保证开放的服务不会轻易做出变化。开放主机服务常常与**发布语言（Published Language）**模式结合起来使用。当然，在定义这样的公开服务时，为了被更多调用者使用，需要力求语言的标准化。在分布式系统中，通常采用 RPC（Protocol Buffer）、WebService 或 RESTful。若使用消息队列中间件，则需要事先定义消息的格式。在绘制上下文映射图时，我们往往用 OHS 缩写代表开放主机服务。
- **发布者－订阅者**：一个限界上下文作为事件的发布者，另外的多个限界上下文作为事件的订阅者，二者的协作通过经由消息中间件进行传递的事件消息来完成。当确定了消息中间件后，发布方与订阅方唯一存在的耦合点就是事件，准确地说，是事件持有的数据。由于业务场景通常较为稳定，我们只要保证事件持有的业务数据尽可能满足业务场景即可。这时，发布者不需要知道究竟有哪些限界上下文需要订阅该事件，它只需要按照自己的心意，随着一个业务命令的完成发布事件即可。订阅者也不用关心它所订阅的事件究竟来自何方，它要么通过“拉”的方式主动去拉取存于消息中间件的事件消息，要么等着消息中间件将来自上游的事件消息根据事先设定的路由推送给它。通过消息中间件，发布者与订阅者完全隔离了。发布/订阅事件模式是低耦合的，但它有特定的适用范围，通常用于异步非实时的业务场景。当然，它的非阻塞特性也使得整个架构具有更强的响应能力，因而常用于业务相对复杂却没有同步要求的命令（Command）场景。这种协作模式往往用于事件驱动架构或 CQRS（Command Query Responsibility Segregation，命令查询职责分离）架构模式中。

2.1.5　领域架构

将微服务的复杂度分为技术与业务两个维度，实际体现了软件复杂度的两个方面，即业务复杂度与技术复杂度。在一个软件系统中，此二者并非完全独立。正如两种不同性质的元素混合在一起，可能会产生未知的化合作用一般，技术与业务的混杂会让系统的复杂度变得不可预期，难以掌控。同时，技术的变化维度与业务的变化维度并不相同，产生变化的原因也不一致，倘若未能很好地界定二者之间的关系，系统架构缺乏清晰边界，会变得难以梳理。复杂度一旦增加，团队规模也将随之扩大，再加上严峻的交付周期、人员流动等诸多因素，就好似将各种不稳定的易燃易爆气体混合在一个不可逃逸的密闭容器中一般，随时都可能爆炸。图 2-6 说明了这种混合的复杂度。

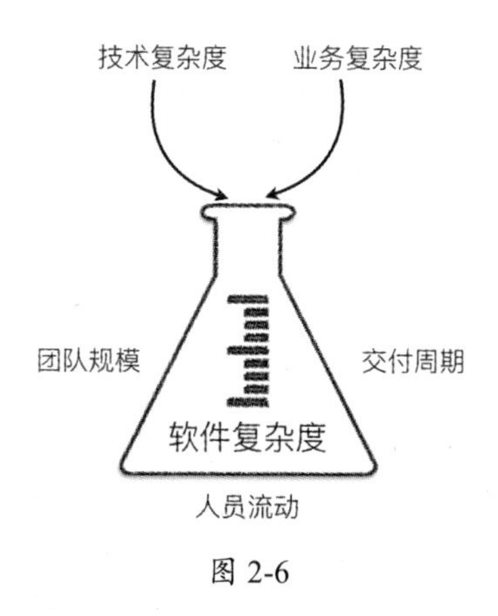

图 2-6

要避免两者的混淆，**就需要确定业务逻辑与技术实现的边界，从而隔离各自的复杂度。**理想状态下，我们应该保证业务规则与技术实现是正交的。**无论是否实现为微服务架构风格，都需要遵循“关注点分离”的普适性架构原则。在领域驱动的战略设计阶段，通过引入分层架构与六边形架构来确保业务逻辑与技术实现的隔离**。这是解决软件复杂度的第一步。

解决了混淆的复杂度，还需要解决业务与技术自身的复杂度。领域驱动设计的方法通过**限**

界上下文来降低整个系统的规模，同时维护好各自的业务边界、工作边界和应用边界。这是系统的“分”。有分就有合，领域驱动设计利用**上下文映射**来标记限界上下文彼此之间的关系。取决于模式的不同，协作关系也有非常明显的区别。如果在限界上下文之间采用“事件”作为基础的通信单元，就可以改变传统协作的上下游关系。这种面向“事件”的架构风格则称之为**事件驱动架构**。

如果说分层是关注点的横向划分，限界上下文是业务领域的纵向划分，那么在面对资源的操作时，我们还可以基于查询与命令本质上的不同，通过引入 **CQRS 架构**来分离查询与命令，从而降低整个系统的技术复杂度。

1. 分层架构

分层架构遵循了“关注点分离”原则，将属于业务逻辑的关注点放到领域层（Domain Layer）中，而将支撑业务逻辑的技术实现放到基础设施层（Infrastructure Layer）中。同时，领域驱动设计又颇具创见地引入了应用层（Application Layer）。应用层扮演了双重角色。一方面它作为业务逻辑的外观（Facade），暴露了能够体现业务用例的应用服务接口；另一方面它又是业务逻辑与技术实现的黏合剂，实现二者之间的协作。

图 2-7 展现的就是一个典型的领域驱动设计分层架构。应用层与领域层中的内容与业务逻辑有关，基础设施层的内容与技术实现有关，二者泾渭分明，然后汇合在应用层。应用层确定了业务逻辑与技术实现的边界，通过直接依赖或者依赖注入（Dependency Injection，DI）的方式将二者结合起来。

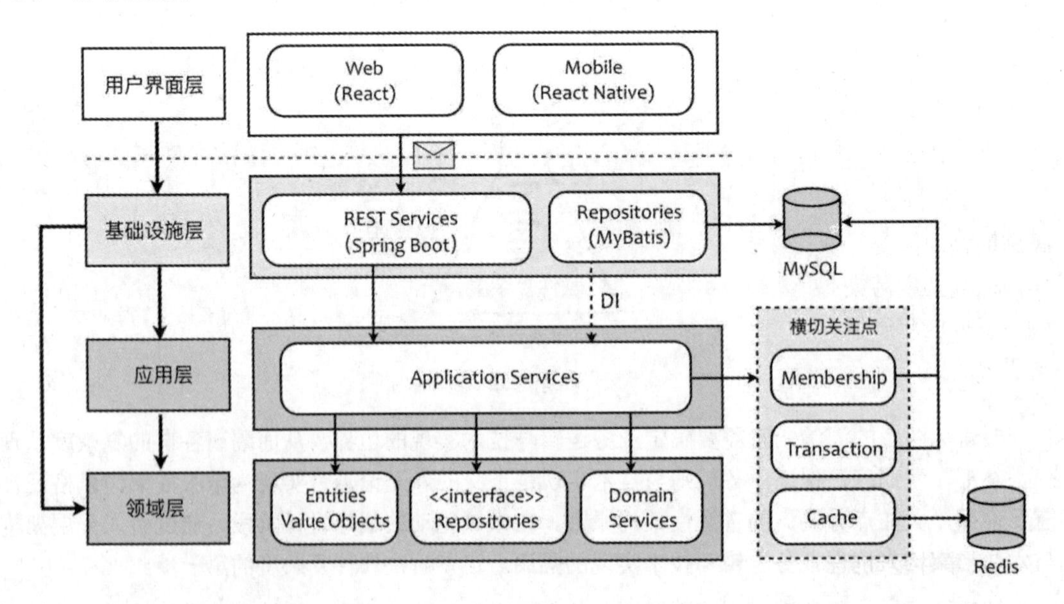

图 2-7

2. 六边形架构

由 Cockburn 提出的六边形架构则以“内外分离”的方式，更加清晰地勾勒出业务逻辑与技术实现的边界，且将业务逻辑放在了架构的核心位置。这种架构模式改变了我们观察系统架构的视角，如图 2-8 所示。

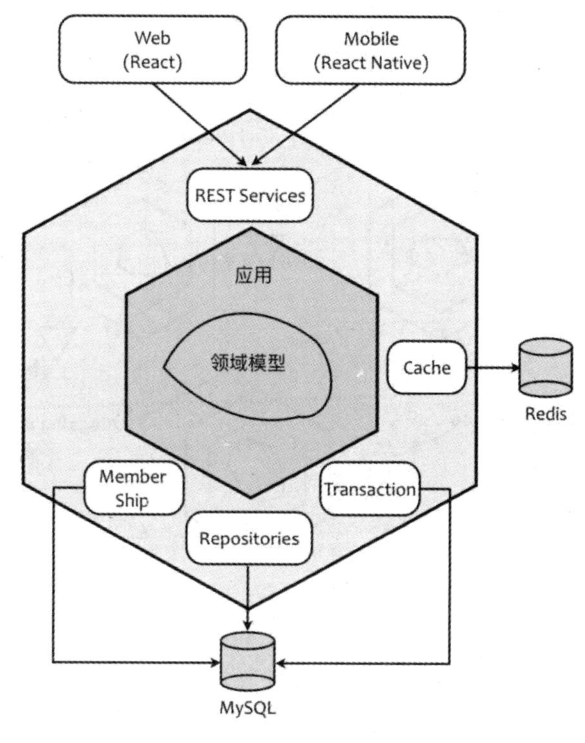

图 2-8

体现业务逻辑的应用层与领域层处于六边形架构的内核，并通过内部的六边形边界与基础设施的模块隔离开。当我们在进行软件开发时，只要恪守架构上的六边形边界，就不会让技术实现的复杂度污染业务逻辑，保证了领域的整洁。边界还隔离了变化产生的影响。如果我们在领域层或应用层抽象了技术实现的接口，再通过依赖注入将控制的方向倒转，业务内核就会变得更加稳定，不会因为技术选型或其他决策的变化而导致领域代码的修改。

六边形架构又叫“端口－适配器”模式，图 2-8 中列出的 REST Services、Repositories、Cache 等模块都扮演了适配器的角色，这些适配器将通过端口与外部资源进行通信。端口与适配器部分都属于架构中技术实现的内容。

3. 事件驱动架构

分析业务时，如果认为业务对象之间的协作关系以“事件”的方式进行，就会改变领域建模的本质，从围绕“领域概念”为核心的建模方式转换为围绕“状态迁移”为核心的建模方式。每个“事件”就是每次状态迁移时产生的事实（Fact）。倘若在架构设计时，皆以事件为媒介驱动架构的设计，并利用事件来解耦两个协作者之间的协作时，就可以认为是**事件驱动架构**（**Event Driven Architecture，EDA**）。如果限界上下文之间采用事件进行协作，则采用的上下文映射模式就是发布者/订阅者模式。结合前面提到的六边形架构，传递事件的就是六边形的**端口**，**适配器**负责发布/订阅事件。Vaughn Vernon 在《实现领域驱动设计》一书中使用六边形架构形象地展现了这一架构风格，如图 2-9 所示。

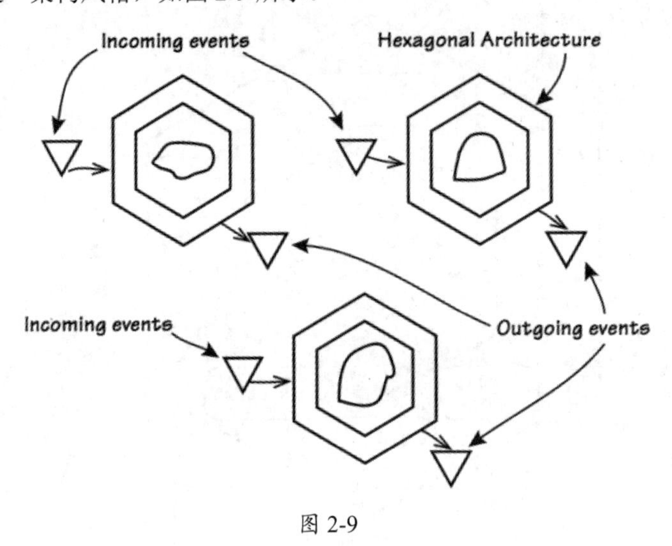

图 2-9

如果我们将限界上下文视为一个微服务，那么事件驱动架构会将编排（orchestration）方式的微服务协作改为协同（choreography）方式的微服务协作。比起服务的编排，这种围绕事件进行协同的方式会显著降低微服务之间的耦合度，同时还可以利用事件的异步本质来提高整个系统的响应速度。

4. CQRS 架构

CQRS 即 Command Query Responsibility Seperation（命令查询职责分离），其设计思想来源于 Mayer 提出的 CQS（Command Query Seperation）。之所以采用这种职责分离方式，是因为命令与查询操作有着诸多的差异。

- **副作用**：查询操作不会造成数据的修改，是无副作用的；命令操作会修改数据，有副作用。
- **数据一致性**：由于查询操作不会导致数据的变更，因而不会对数据一致性造成影响；命令操作则恰好相反。
- **协作方式**：查询操作常常需要同步请求，实时返回结果，属于 request-response 协作模式；命令操作不要求一定返回结果，可以采用 fire-and-forget 模式。

- **复杂度**：查询操作的业务逻辑通常比较简单，只需返回符合条件的数据即可，不会牵涉太多业务规则和逻辑；命令操作的业务逻辑通常比较复杂，牵涉诸多业务流程和业务规则的约束。
- **操作频率**：发起查询操作的频率通常要远远高于命令操作。

既然查询操作与命令操作存在这么多的差异，就有必要分别对待它们，给出完全不同的架构设计方案，这就催生了如图 2-10 所示的 CQRS 架构模式。

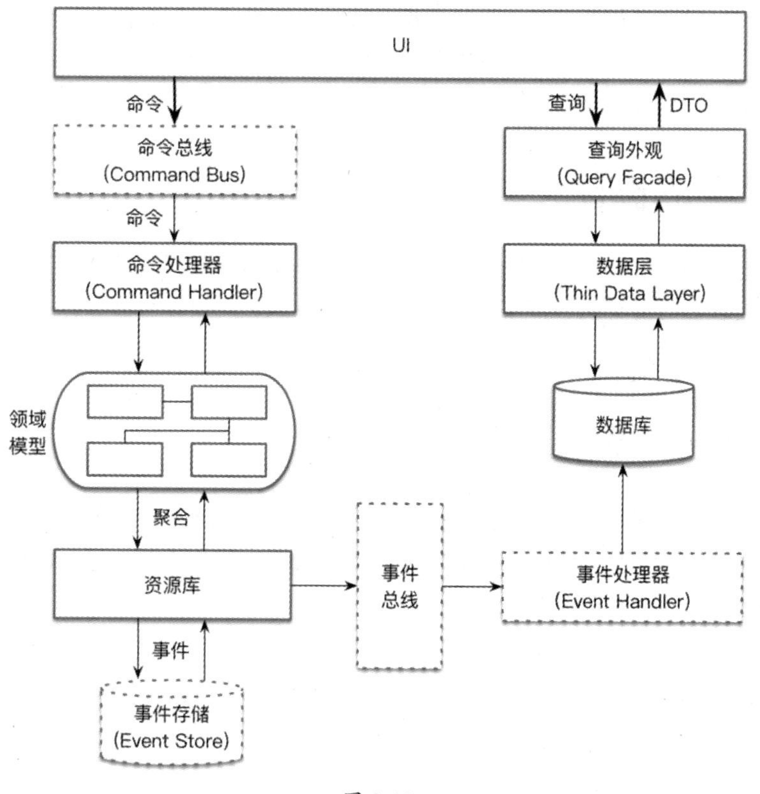

图 2-10

我们往往会将 CQRS 模式的 C 端与事件驱动架构结合起来。C 端的核心概念是命令（Command）与事件（Event）。命令是系统中引起状态变化的活动，通常是一种命令语气，例如注册会议 RegisterToConference。事件则描述了某种事件的发生，通常是命令的结果，例如订单确认事件 OrderConfirmed。如果我们将所有事件都记录下来，就可以通过事件进行溯源，满足审计和业务追溯的需求。

命令和事件都有对应的处理器。它们具有一个共同的特征，即支持异步处理方式。这也是为何在 CQRS 架构中引入命令总线和事件总线的原因。在 UI 端执行命令请求，事实上就是将命令发送到命令总线中。设计时，可以运用设计模式中的命令模式，为不同的命令定义一个命令对象。在对命令对象进行命名时，应遵循统一语言的要求，使其能够体现业务的意图。命令总线更像是一个调停者（Mediator），在收到命令时，会将其路由到准确的命令处理器。事件的处理方式与命令相似，但它们代表的业务含义并不相同。针对事件，还有必要引入事件存储（Event Store），以支持事件溯源（Event Sourcing）。

在领域驱动设计中，我们通常需要引入实体、值对象及聚合来表达领域模型。在 CQRS 模式中，命令处理通常与聚合根对象进行通信。但对于查询操作而言，就可以简化领域逻辑的处理过程，甚至可以抛弃领域驱动战术设计的推荐做法，直接使用一个薄的数据访问层封装访问数据库的逻辑。这正是该模式具有实证主义的体现，即不拘泥于领域驱动设计模式，而是根据具体场景确定不同的实现模式。

2.2 微服务的设计

2.1 节介绍了领域驱动设计的基本概念与主要过程，重点讲解了在战略设计中扮演重要角色的限界上下文。在微服务架构中，限界上下文是沟通领域驱动设计与微服务之间的桥梁。要掌握如何设计微服务，就需要先了解限界上下文对边界的定义。

2.2.1 限界上下文的边界

在划分限界上下文时，**限界上下文之间是否为进程边界隔离**这一决策直接影响架构设计。之所以将“进程”作为限界上下文边界划分的标志，是因为进程内与进程间在如下方面存在迥然不同的处理方式：

- 通信；
- 消息的序列化；
- 资源管理；
- 事务与一致性处理；
- 部署。

除此之外，通信边界的不同还影响了系统对各个组件（服务）的重用方式与共享方式。

1. 进程内的通信边界

若限界上下文之间为进程内的通信方式，则意味着在运行时它们的代码模型都运行在同一个进程中，可以通过实例化的方式重用领域模型或其他层次的对象。即使都属于进程内通信，限界上下文的代码模型（Code Model）仍然存在两种级别的设计方式。以 Java 为例，归纳如下。

- **命名空间级别：** 通过命名空间进行界定，所有的限界上下文其实都处于同一个模块（module）中，编译后生成一个 JAR 包。
- **模块级别：** 在命名空间上是逻辑分离的，不同限界上下文属于同一个项目的不同模块，编译后生成各自的 JAR 包。

这两种级别的代码模型仅存在编译期的差异，后者的解耦会更加彻底，倘若限界上下文的划分足够合理，也能提高它们对变化的应对能力。例如，当限界上下文 A 的业务场景发生变更时，我们可以只修改和重编译限界上下文 A 对应的 JAR 包，其余 JAR 包并不会受到影响。由于它们都运行在同一个 Java 虚拟机中，意味着当变化发生时，整个系统需要重新启动和运行。

即使处于同一个进程的边界，我们仍需重视代码模型的边界划分，因为这种边界隔离有助于整个系统代码结构变得更加清晰。限界上下文之间若采用进程内通信，则彼此之间的协作会更容易、更高效。然而，正所谓**越容易重用，就越容易产生耦合**。编写代码时，我们需要谨守这条无形的逻辑边界，时刻注意不要逾界，并确定限界上下文各自对外公开的接口，避免它们之间产生过多的依赖。此时，防腐层（ACL）就成了抵御外部限界上下文变化的最佳场所。一旦系统架构需要将限界上下文调整为进程间的通信边界，这种“各自为政”的设计与实现能够更好地适应这种演进。

采用进程内通信的系统架构属于单体（Monolithic）架构，所有限界上下文部署在同一个进程中，因此不能针对某一个限界上下文进行水平伸缩。当我们需要对限界上下文的实现进行替换或升级时，也会影响整个系统。即使我们守住了代码模型的边界，但耦合仍然存在，导致各个限界上下文的开发互相影响，团队之间的协调成本也随之而增加。

2. 进程间的通信边界

倘若限界上下文之间的通信是跨进程的，则意味着限界上下文以进程为边界。此时，一个限界上下文就不能直接调用另一个限界上下文的方法，而是要通过分布式的通信方式。

当我们将一个限界上下文限定在一个独立的进程边界内时，并不足以决定领域驱动架构的设计质量。我们还需要将这个边界的外延扩大，考虑限界上下文需要访问的外部资源。这样就产生了两种不同风格的架构：

- 数据库共享架构；
- 零共享架构。

数据库共享架构

数据库共享架构其实是一种折中的手段。在考虑限界上下文划分时，分开考虑代码模型与数据库模型，就可能出现代码的运行是进程分离的，数据库却共享彼此的数据，即多个限界上下文共享同一个数据库。由于没有分库，在数据库层面就可以更好地保证事务的 ACID。这或许是该方案最有说服力的证据，但也可以视为是对“一致性”约束的妥协。

数据库共享的问题在于数据库的变化方向与业务的变化方向并不一致。这种不一致性体现在两方面。

- **耦合：**虽然限界上下文的代码模型是解耦的，但在数据库层面依然存在强耦合关系。
- **水平伸缩：**部署在应用服务器的应用服务可以根据限界上下文的边界单独进行水平伸缩，但在数据库层面却无法做到。

根据 Netflix 团队提出的微服务架构最佳实践，其中一个最重要特征就是“**每个微服务的数据单独存储**”。但是服务的分离并不绝对代表数据应该分离。数据库的样式（Schema）与领域模型未必存在一对一的映射关系。在对数据进行分库设计时，如果仅站在业务边界的角度去思考，可能会因为分库的粒度太小，导致不必要的跨库关联。因此，我们可以将“数据库共享”模式视为一种过渡方案。如果没有想清楚微服务的边界，就不要在一开始设计微服务时直接将数据彻底分开，而应采用演进式的设计。

为了便于在演进设计中将分表重构为分库，从一开始要**注意避免在分属两个限界上下文的表之间建立外键约束关系**。某些关系型数据库可能通过这种约束关系提供级联更新与删除的功能，这种功能反过来会影响代码的实现。一旦因为分库而去掉表之间的外键约束关系，需要修改的代码太多，则会导致演进的成本太高，甚至可能因为某种疏漏带来隐藏的 Bug。

零共享架构

当我们将两个限界上下文共享的外部资源彻底斩断后，就成为了**零共享架构**。在如图 2-11 所示的舆情分析系统中，危机分析与用户管理之间不存在任何资源之间的共享。

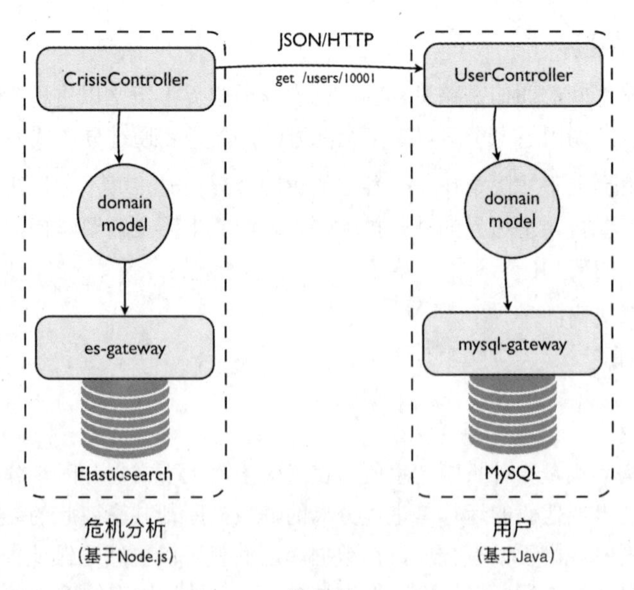

图 2-11

这是一种限界上下文彻底独立的架构风格，它保证了边界内的服务、基础设施乃至于存储资源、中间件等其他外部资源的完整性与独立性，最终形成自治的微服务。这种架构的表现形式为：每个限界上下文都有自己的代码库、数据存储及开发团队，每个限界上下文选择的技术栈和语言平台也可以不同，限界上下文之间仅通过限定的通信协议和数据格式进行通信。

2.2.2　限界上下文即微服务

领域驱动设计中的限界上下文与微服务并非充分必要条件。限界上下文不一定就是微服务，而微服务的设计与实现也未必需要通过限界上下文来界定。但是，领域驱动设计确乎可以作为微服务设计的重要补充，是识别微服务的行之有效的设计手段。一旦我们通过业务边界、工作边界和应用边界识别了限界上下文，就可以将其作为微服务的候选。显然，如果限界上下文之间采用了进程间通信，就可以认为**一个限界上下文就是一个微服务**。

我们可以参考 Martin Fowler 给出的微服务架构，如图 2-12 所示。

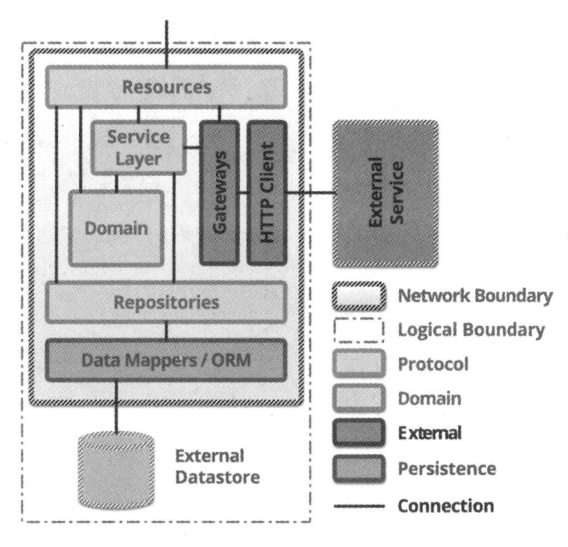

图 2-12

图 2-12 综合展现了分层架构、六边形架构、限界上下文与上下文映射在微服务架构中的一种融合。例如 Data Mappers 就属于基础设施层，Domain 与 Repositories 属于分层架构中的领域层，而 Service Layer 则属于应用层。图中的 Gateways 与 HTTP Client 实现了与外部服务之间的通信，相当于六边形架构中的端口与适配器，同时又运用了上下文映射的防腐层模式。Resource 暴露对外提供的服务接口，同样属于六边形架构的端口与适配器，并运用了上下文映射的开放主机服务模式。图中的网络边界（Network Boundary）相当于六边形架构的外部边界，实则就是一个微服务的物理边界。但微服务不止于此，它的逻辑边界还包括了一个外部数据库，这是

基于微服务的设计原则——“每个微服务的数据单独存储”，因此需要将物理边界外的数据库放在微服务的内部。这样的设计是符合零共享架构特征的，保证了每个微服务对资源的独占，以及它的独立扩展能力。

现在，我们可以将限界上下文、六边形架构与微服务三者结合起来：

- 一个限界上下文就是一个六边形，限界上下文之间的通信通过六边形的端口进行。
- 一个微服务就是一个限界上下文，微服务之间的协作就是限界上下文之间的协作。

图 2-13 将这三者各自的设计原则与思想融合在了一起。

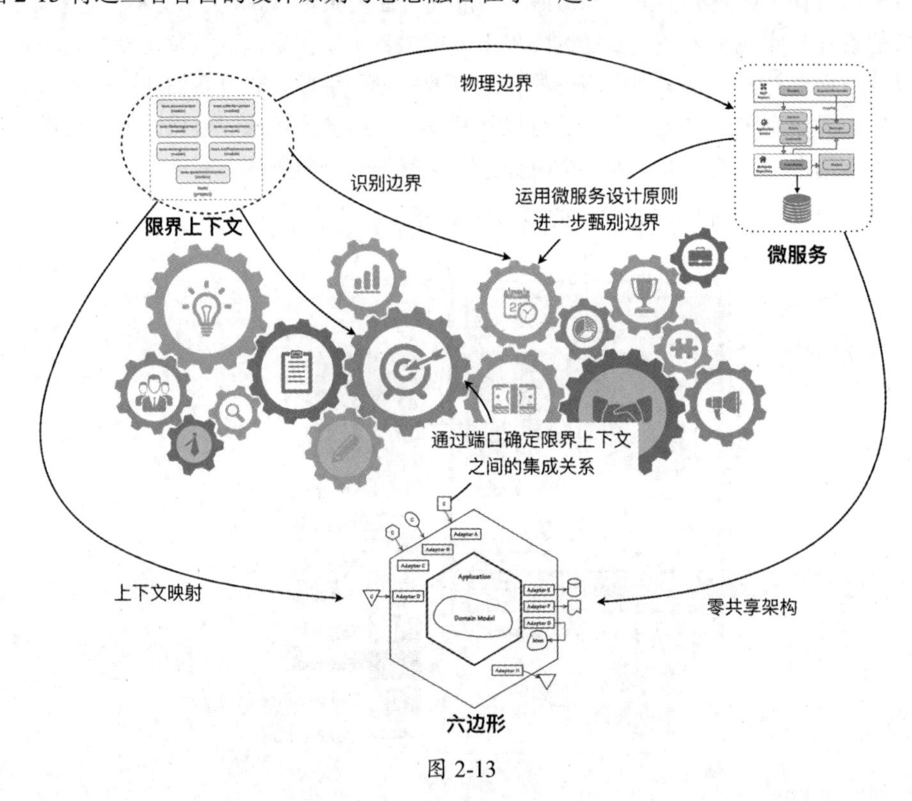

图 2-13

在确定了限界上下文的物理边界之后，我们就可以建立限界上下文、六边形架构与微服务的“三位一体”关系。

- **限界上下文即微服务**：我们可以利用领域驱动设计对限界上下文的定义，以及前述识别限界上下文的方法来设计微服务。
- **微服务即限界上下文**：运用微服务设计原则，可以进一步甄别限界上下文的边界是否合理，对限界上下文进行进一步的演化。
- **微服务即六边形**：深刻体会微服务的“零共享架构”，并通过六边形架构来表达微服务。

- **限界上下文即六边形**：运用上下文映射来进一步探索六边形架构的端口与适配器角色。
- **六边形即限界上下文**：通过六边形架构的端口确定限界上下文之间的集成关系。

2.2.3 识别限界上下文

不少领域驱动设计的专家都非常重视限界上下文。Mike 在文章 *DDD: The Bounded Context Explained* 中写道："限界上下文是领域驱动设计中最难解释的原则，但或许也是最重要的原则。可以说，没有限界上下文，就不能做领域驱动设计。在了解聚合根（Aggregate Root）、聚合（Aggregate）、实体（Entity）等概念之前，需要先了解限界上下文。"当我们将限界上下文与微服务结合起来时，限界上下文的重要性就更加凸显了。

那么，有没有什么方法可以快速准确地帮助我们去识别限界上下文呢？目前业界较为流行的做法是采用 Alberto Brandolini 提出的事件风暴方法（Event Storming），该方法以事件作为核心来帮助我们分析领域模型，进而驱动出我们想要获得的限界上下文。而我则结合自己的项目实践经验，引入用例场景分析来帮助团队剖析业务场景，驱动业务架构的设计。殊途同归，无论采用什么样的方法，其宗旨都是强调团队与领域专家的合作，通过深入的交流与协作，并采取工作坊的形式共同梳理和识别业务场景。在设计方面，则秉承了"高内聚低耦合"的设计原则，通过梳理业务相关性与功能相关性最终确定限界上下文的边界。

1. 事件风暴

个人认为，相比较传统领域分析方法，事件风暴的革命意义在于它建立了以"领域事件"为核心的建模思路，这相当于改变了我们观察业务领域的世界观。当我们在理解业务需求时，我们看到的常常是功能、流程，并通过从需求描述中梳理领域概念，进而借助这些概念去识别那些参与到业务场景中互为协作的领域对象，这往往让我们忽略了一个在任何领域中都必须存在的概念，即"**事件**"。这些事件是每次用户操作、业务活动留下来的不可磨灭的足迹，它牵涉状态的迁移，业务事实的发生，忠实地记录了每次执行命令后可能产生的结果。倘若这些事件还直接影响该领域的运营和管理时，则可以将它们认为是"关键事件"。

正如 Martin Fowler 对领域事件的定义："重要的事件肯定会在系统其他地方引起反应，因此理解为什么会有这些反应同样重要。"在识别和理解事件时，正是要从这样的因果关系着手，考虑为什么要产生这一事件，以及为什么要响应这一事件，进而思考如何响应这个事件，驱动着设计者的"心流"不断思考下去，就像搅动了一场激荡湍急的风暴一般。这或许是 Alberto Brandolini 将其命名为事件风暴的缘由吧。

在事件风暴中，往往使用橙色标签来代表一个"关键事件"。由于事件代表的是一个已经发生的事实（Fact），所以往往用动词的过去时态来表达，例如 `OrderConfirmed` 事件。

在识别"事件"时，团队应与业务人员一起通过梳理业务流程，在统一语言的指导下共同寻找这些可能直接影响业务价值与运营目的的“关键事件”。在一个业务场景中，一系列“关键事件”连接起来，会形成明显的基于一条时间线的状态迁移过程，如图 2-14 所示。

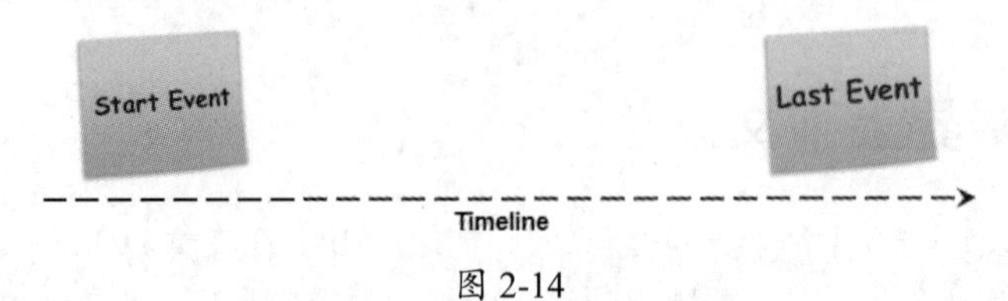

图 2-14

这种状态迁移过程体现了业务的**因果关系**。这种因果关系是一种不断传递的过程，导致事件发生的因，在事件风暴中被称为**命令（Command）**，相当于事件的发布者，在事件风暴中使用蓝色标签来表示。一旦事件发生，作为该命令的结果又可能引起别的业务反应，事件的订阅者关心这一结果，然后触发新的命令，变成了下一个流程的起因。命令往往由动宾短语组成，例如 Place Order、Send Invitation 等。

注意，在识别事件时，要注意区分触发事件的四种情形。

- **由用户活动触发：**例如用户将商品加入购物车。
- **外部系统：**支付系统返回交易凭证。
- **时间消逝导致：**订单的支付时间超时。
- **另一个领域事件的结果：**支付命令产生支付完成事件（PaymentProcessed），该事件导致订单完成事件（OrderCompleted）。

事件由命令触发，那么谁又是命令的发起者呢？答案是**参与者（Actor）**。参与者的引入将对事件的分析与业务场景结合起来，驱动参与事件风暴的所有成员要对业务达成一致（形成统一语言），并从用户体验（User Experience）的角度去分析每个业务场景。这时作为参与者对业务的参与，就不再是发起一个业务流程，执行一个业务动作，而是**做出决策（Decision）**。在事件风暴中，决策就是命令，但“决策”更具有拟人化的意义，正如在现实生活中，当一个管理者要做出决策时，需要如下两方面数据的支撑。

- **信息：**必须基于足够充分的信息才能做出正确的决策，提供这些信息的对象就称为**读模型（Read Model）**，在事件风暴中用绿色标签表示。
- **策略：**一旦做出决策就会触发一个业务流程，流程的执行暗含了业务规则，该规则被命名为**策略（Policy）**，在事件风暴中用紫色标签表示。

描述策略时，往往可以使用“一旦（Whenever）”这个关键字来引导对策略规则的描述。策略引发的决策可以是自动的，也可以是参与者人为触发的。Alberto Brandolini 给出了描述策略的实例，例如：

- whenever the exposure passes the given threshold, we need to notify the risk manager，一旦

关注的值超出给定的阈值，我们就需要通知风险管理者。

- whenever a user logs in from an new device, we send him an SMS warning，一旦用户从一个新设备中登录，我们就应该给用户发送一条短信警告。

在运用事件风暴时，我们可以通过用户体验（例如用户旅程等 UX 方法）剖析业务场景，从参与者到命令再到事件，又可以以表达状态迁移的事件为核心，将策略与读模型组合在一起帮助我们推导出命令对象。Alberto Brandolini 通过图 2-15 整体描述了事件风暴的驱动过程。

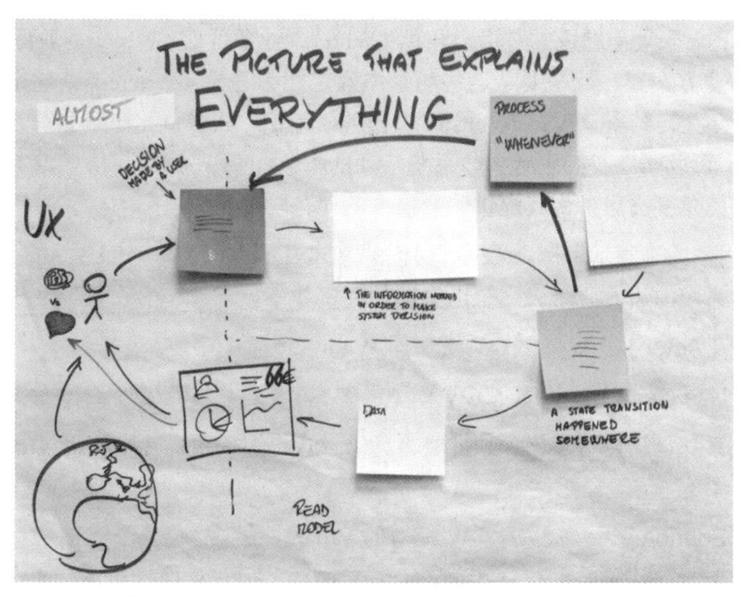

图 2-15

一旦我们识别了事件和对应的命令，我们就可以根据这些对象的生命周期与职责内聚性识别出**聚合（Aggregate）**与聚合根。聚合在事件风暴中使用黄色标签来表示。聚合是命令的**真正**发起者，这是相对于前面提到的参与者而言的。在问题域中，由参与者（用户、系统或其他特殊组件，如定时器）发起命令来“开启”一个业务流程。但在解决方案域，我们是从职责的角度去看待命令的，这就需要在领域模型中去寻找履行该职责的对象，即聚合。例如，在电商系统的业务流程中，问题域表达的是“买家购买了商品”，对应的解决方案域则是“购物车添加了购物项”，因此分析获得 `ShoppingCart` 这个聚合对象。

一旦获得了这些内聚的聚合，就可以根据各自的相关性对聚合进行分组，从而获得限界上下文。在获得限界上下文的过程中，可以从业务、团队合作与技术实现等诸多方面进行判定。由于限界上下文属于解决方案域的内容，在初步获得限界上下文之后，团队就可以考虑这些限界上下文的技术实现。尤其是在微服务架构下，需要针对微服务特征来确定限界上下文的粒度与边界是否合理。此时，我们可以引入上下文映射，通过识别限界上下文之间的协作关系进一步确认它的合理性。

2. 用例场景分析

用例场景分析的核心思想是通过“场景”来展现领域逻辑的。领域专家或业务分析师从领域中提炼出“场景”，就好像是从抽象的三维球体中切割出具体可见的一片一样。然后以这一片场景为舞台，上演各种角色之间的悲欢离合。每个角色的行为皆在业务流程的指引下展开活动，并受到业务规则的约束。当我们在描述场景时，就好像在讲故事，又好似在拍电影。

在场景分析时，表现问题域的是用户角色（Who）、业务价值（Why）与业务功能（What），为问题域划定解决方案域，就是要从这些场景中确定业务边界（Where），这个边界就是我们要识别的限界上下文。恰好，Ivar Jacobson 提出的“用例”正好满足了场景分析的这几个关键要素。通过用例，可以帮助我们思考参与系统活动的角色，即用例中所谓的“参与者（Actor）”，然后通过参与者的角度去思考为其提供“价值”的业务功能。

UML 引入用例图来表示用例，通过可视化的方式表示参与者与用例之间的交互，用例与用例之间的关系及系统的边界。组成一个用例图的要素如下。

- **参与者（Actor）**：代表了 6W 模型的 **W**ho。
- **用例（Use Case）**：代表了 6W 模型的 **W**hat。
- **用例关系**：包括使用、包含、扩展、泛化、特化等关系，其中使用（use）关系代表了 **W**hy。
- **边界（Boundary）**：代表了 6W 模型的 **W**here。

与事件风暴不同，使用用例场景分析将围绕“用例”展开领域分析。一个用例就是一个具有业务价值的业务功能。用例场景分析的步骤如下：

- 确定业务流程，通过业务流程识别参与者（Actor）；
- 根据每个参与者识别属于该参与者的用例，遵循一个参与者一张用例图的原则，保证用例图的直观与清晰；
- 对识别出来的用例根据语义相关性和功能相关性进行分类，确定用例的主题边界，并对每个主题进行命名。

一个典型的用例图如图 2-16 所示。

用例的识别是从参与者开始的，只有那些为参与者提供了业务价值的业务行为才是我们要识别的主用例。在图 2-16 中，只有 place order 用例与 buyer 参与者之间才存在使用（use）关系。这是因为只有“下订单”用例对于买家而言才具有业务价值，也是买家“参与”该业务场景的主要目的。因此，我们可以将该用例视为体现这个领域场景的主用例，其他用例则是与该主用例产生协作关系的子用例。

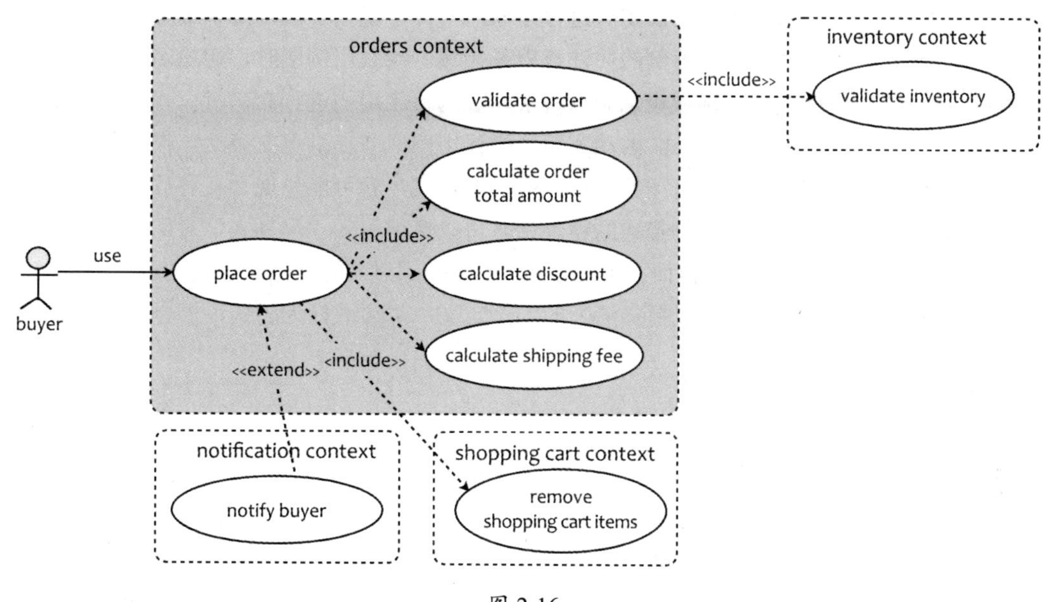

图 2-16

当我们通过参与者来识别用例时，为了保证用例场景分析思路的清晰与正确，并且避免缺失一些重要的主用例，我的一个实践是让一个参与者对应一个用例图。为了团队成员更好地互动与交流，绘制用例图不必要严格遵循 UML 用例图的形式，借鉴事件风暴，可以让黄色标签代表参与者，蓝色标签代表一个用例，毕竟从某种程度上讲，所谓“用例”其实与事件风暴中的“命令”并没有太大的区别。例如通过交流，团队可以获得图 2-17 所示的另一种格式的用例图。

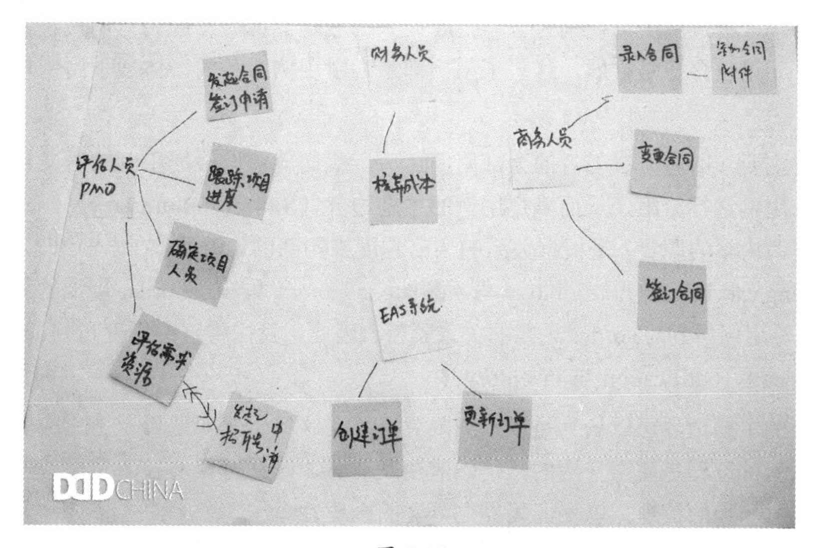

图 2-17

这样的用例图是领域专家与开发团队进行沟通的一种可视化手段，简单形象，还可以避免从一开始就陷入技术细节中——**用例的关注点就是领域**。绘制用例图时，切忌闭门造车，最好让团队一起协作。**用例表达的领域概念必须精准！**在为每个用例进行命名时，我们都应该采纳统一语言中的概念，然后以言简意赅的动宾短语描述用例，并提供英文表达。很多时候，在团队内部已经形成了中文概念的固有印象，一旦翻译成英文，就可能呈现百花齐放的面貌，这就破坏了“统一语言”。为保证用例描述的精准性，可以考虑引入“局外人”对用例提问。局外人不了解业务，任何领域概念对他而言可能都是陌生的。通过不断对用例表达的概念进行提问，团队成员就会在不断地阐释中形成更加清晰的术语定义，对领域行为的认识也会更加精确。

除了参与者与用例之间的使用关系，用例之间主要的协作关系为：

- 包含（include）；
- 扩展（extend）。

如何理解包含与扩展之间的区别？大体而言，“包含”关系意味着子用例是主用例中不可缺少的一个执行步骤，如果缺少了该子用例，则主用例可能会变得不完整。“扩展”子用例是对主用例的一种补充或强化，即使没有该扩展用例，对主用例也不会产生直接影响，主用例自身仍然是完整的。倘若熟悉面向对象设计与分析方法，则可以将“包含”关系类比为对象之间的组合关系，如汽车与轮胎，是一种 must have，而“扩展”关系就是对象之间的聚合关系，如汽车与车载音响，是一种 nice to have。当然，在绘制用例图时，倘若实在无法分辨某个用例究竟是包含还是扩展，那就“跟着感觉走”吧，这种设计决策并非生死攸关的重大决定，即使辨别错误，几乎也不会影响最后的设计。

在用例场景分析过程中，识别包含与扩展关系仍然是值得的，因为它们代表了用例之间的功能相关性。无论包含还是扩展，这些子用例都是为主用例服务的，体现了用例规格描述的流程。

在识别了主要（所有）参与者的全部用例之后，我们就可以根据用例的**语义相关性**和**功能相关性**对这些用例进行分组，从而确定用例的**主题边界（Subject Boundary）**。确定用例相关性就是分析何谓内聚的职责，是根据关系的亲密程度来判断的。例如，在上面给出的用例图中，remove shopping cart items、notify buyer 与 validate inventory 与 place order 用例的关系，远不如 validate order 等用例与 place order 之间的关系紧密。因此，我们将这些用例与 order 分开，分别放到 shopping cart、notification 与 inventory 中。

识别出来的主题边界可以认为是候选的限界上下文。接下来对限界上下文粒度与边界的甄别，与事件风暴的过程是完全一致的，仍然需要从业务、团队合作与技术实现等多个层次对限界上下文开展进一步的梳理，以保证限界上下文的合理性。

2.2.4 微服务之间的协作

当我们将限界上下文视为一个微服务时，确定微服务之间的协作关系将作为设计过程中重要的决策。我们可以引入领域驱动设计的上下文映射（Context Map），以及六边形架构的端口和适配器，共同来帮助我们梳理微服务之间的协作关系。

在辨别微服务之间的协作关系时，首先需要确定它们彼此之间是否存在关系，然后确定是何种关系，最后基于变化导致的影响来确定该引入何种上下文映射模式。倘若发现微服务的协作关系有不合理之处，则需要反思之前我们识别出来的限界上下文（即微服务）是否合理。确定微服务之间的关系不能想当然，需得全面考虑参与两个微服务协作的业务场景，然后在场景中识别二者之间产生依赖的原因，确定依赖的方向，进而确定集成点。

如果微服务之间存在协作关系，必然是某种原因导致的这种协作关系。从依赖的角度看，这种协作关系是因为一方需要**“知道”**另一方的知识。这种知识包括：

- 领域行为——需要判断导致行为之间的耦合原因是什么？如果是上下游关系，则要确定**下游是否就是上游服务的真正调用者**。
- 领域模型——需要重用别人的领域模型，还是自己重新定义一个模型。
- 数据——是否需要限界上下文对应的数据库提供支撑业务行为的操作数据。

仍然以电商系统为例，假设我们初步获得了如下六个限界上下文：

- Product Context；
- Basket Context；
- Order Context；
- Inventory Context；
- Payment Context；
- Notification Context。

结合购买流程，电商系统还需要用到第三方物流系统对商品进行配送。这个物流系统可以认为是电商系统的外部系统（External Service）。如果这六个限界上下文之间采用跨进程通信，那么实际上就是六个微服务，它们应该单独部署在不同节点之上。现在，我们需要站在微服务的角度对其进行思考。需要考虑的内容包括：

- 每个微服务是如何独立部署和运行的？如果我们从运维角度去思考微服务，就可以直观地理解所谓的**“零共享架构”**到底是什么含义。如果我们在规划系统的部署视图时，发现微服务之间在某些资源存在共用或纠缠不清的情况，就说明微服务的边界存在不合理之处，也就是之前识别限界上下文存在不妥。

- 微服务之间是如何协作的？这个问题牵涉通信机制的决策、同步或异步协作的选择，以及上游与下游服务的确定。我们可以结合**上下文映射**与**六边形架构**来思考这些问题。**上下文映射**帮助我们确定这种协作模式，并在确定了上下游关系后，通过六边形架构来定义端口。

现在我们可以将六边形架构与限界上下文结合起来，即通过端口确定限界上下文之间的协作关系绘制上下文映射。如果采用客户方—供应商开发模式，则各个限界上下文六边形的端口就是上游（Upstream，简称 U）与下游（Downstream，简称 D），如图 2-18 所示。

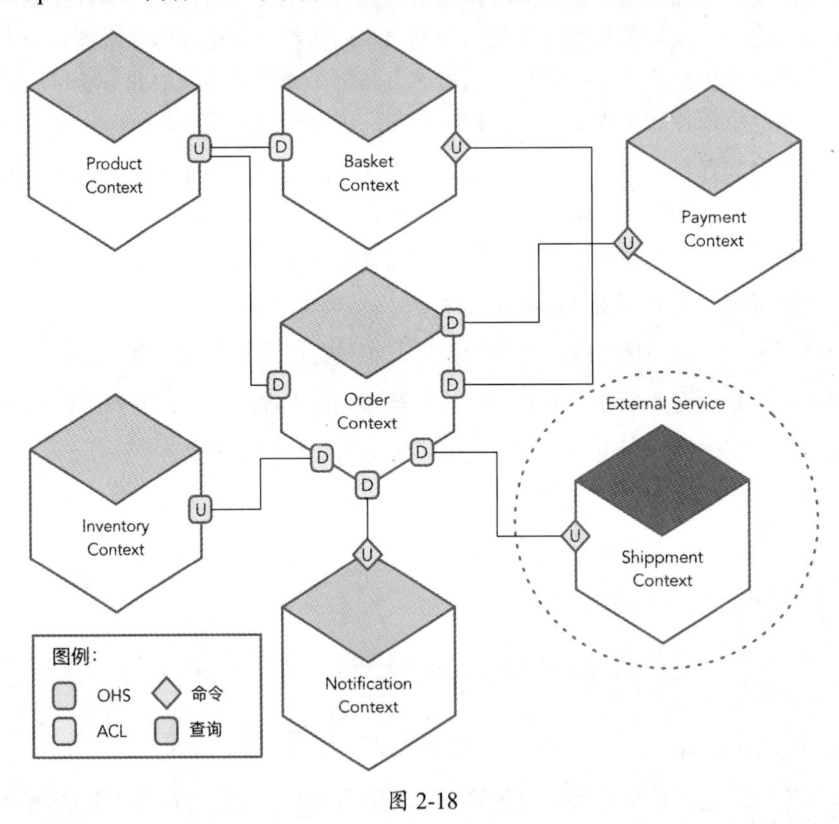

图 2-18

由于这些限界上下文都是独立部署的微服务，因此，它们的上游端口应实现为 OHS 模式，图中以 U 表示；下游端口应实现为 ACL 模式，图中以 D 表示。

每个微服务都是一个独立的应用，我们可以针对每个微服务规划自己的分层架构，进而确定微服务内的领域建模方式。微服务之间可以通过命令、查询或事件进行协作。如果采用命令与查询方式，则提供命令或查询功能的为上游服务，发出执行请求的为下游服务。在图 2-18 中，以菱形端口代表“命令”，矩形端口代表“查询”。这样就能直观地通过上下文映射及六边形的端口清晰地表达微服务的定义，以及服务之间的协作方式。例如，Product Context 同时作为

Basket Context 与 Order Context 的上游限界上下文，其查询端口提供的是商品查询服务。Basket Context 作为 Order Context 的上游限界上下文，其命令端口提供了清除购物篮的命令服务。

如果微服务的协作采用事件机制，则上下文映射中的上下游语义就会发生变化，原来作为"命令"或"查询"提供者的上游，成为"事件"机制下的订阅者。以购物篮为例，"清除购物篮"命令服务被定义在 Basket Context 中。当提交订单成功后，Order Context 就会发起对该服务的调用。倘若将"提交订单"视为一个内部命令（Command），在订单被提交成功后，就会触发 `OrderConfirmed` 事件，此时，Order Context 反而成为该事件的发布者，Basket Context 则会订阅该事件，一旦侦听到该事件触发，就会在 Basket Context 内部执行"清除购物篮"命令。显然，"清除购物篮"不再作为服务发布，而是在事件的 handler 中作为内部功能被调用。

采用"事件"协作机制会改变我们习惯的顺序式服务调用形式，整个调用链会随着事件的发布而产生跳转，尤其是暴露在六边形端口的"关键事件"，更是会产生跨六边形（即限界上下文）的协作。仍以电商系统的购买流程为例，我们只考虑正常流程。在 Basket Context 中，一旦购物篮中的商品准备就绪，买家就会请求下订单，此时开始了事件流：

① Basket Context 发布 `OrderRequested` 事件。Order Context 订阅该事件，然后执行提交订单的流程。

② Order Context 验证订单，并发布 `InventoryRequested` 事件，要求验证订单中购买商品的数量是否满足库存要求。

③ Inventory Context 订阅此事件并对商品库存进行检查。倘若检查通过，则发布 `AvailabilityValidated` 事件。

④ Order Context 侦听到 `AvailabilityValidated` 事件后，验证通过，发布 `OrderValidated` 事件从而发起支付流程。

⑤ Payment Context 响应 `OrderValidated` 事件，在支付成功后发布 `PaymentProcessed` 事件。

⑥ Order Context 订阅 `PaymentProcessed` 事件，确认支付完成进而发布 `OrderConfirmed` 事件。

⑦ Basket Context、Notification Context 与 Shipment Context 上下文都将订阅该事件。Basket Context 会清除购物篮，Notification Context 会发起对买家和卖家的通知，而 Shipment Context 会发起配送流程，在交付商品给买家后，发布 `ShipmentDelivered` 事件并被 Order Context 订阅。

整个协作过程如图 2-19 所示，图中的序号对应事件流的编号。

与订单流程相关的事件包括：

- OrderRequested；
- InventoryRequested；

- AvailabilityValidated；
- OrderValidated；
- PaymentProcessed；
- OrderConfirmed；
- ShipmentDelivered。

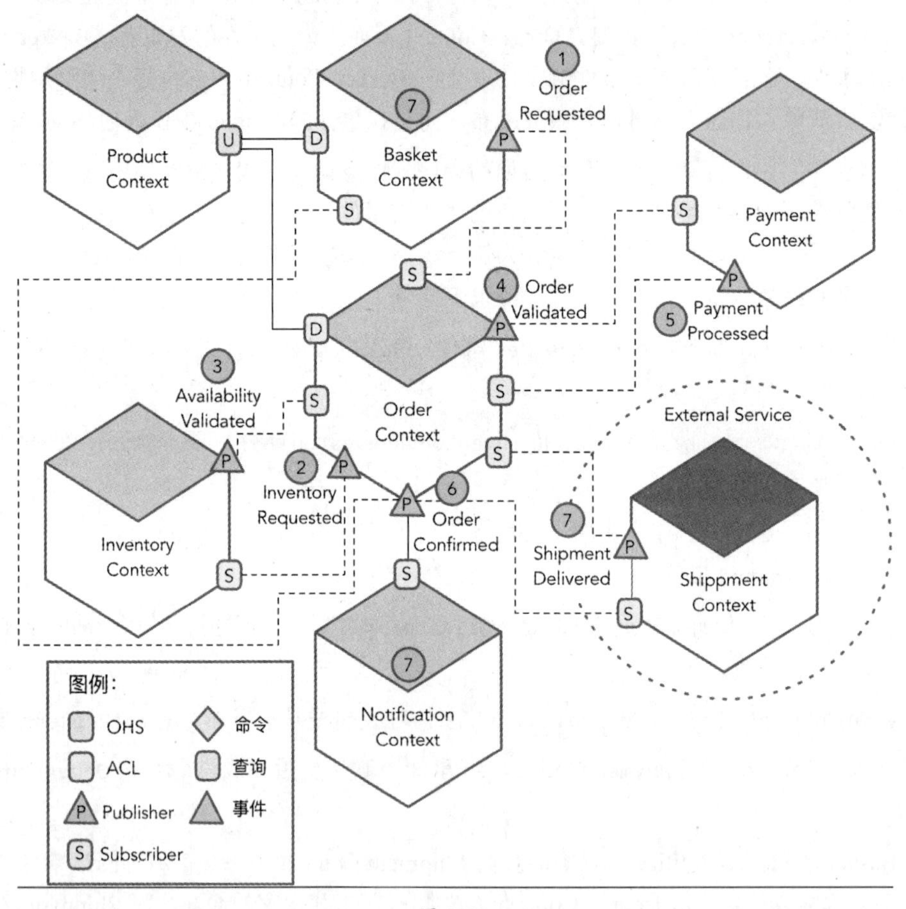

图 2-19

正如前面给出的事件驱动架构所示，事件的发布者负责触发输出事件（Outgoing Event），事件的订阅者负责处理输入事件（Incoming Event），它们作为六边形的事件适配器被定义在基础设施层。事件适配器的抽象则被定义在应用层。假设电商系统选择 Kafka 作为事件传递的通道，我们就可以为不同的事件类别定义不同的主题（Topic）。此时，Kafka 相当于连接微服务之间进行协作的事件总线（Event Bus）。

2.3　小结

软件的复杂度体现在业务和技术两个维度，微服务的设计同样需要从这两个维度着手。微服务的核心思想在于“分而治之”，这恰恰也是领域驱动设计应对软件业务复杂度的战略考量。这就从本质上为二者寻找到了“天生一对”的契合点。领域驱动设计虽然不必因为微服务而存在，但确实是因为微服务给了它更多的应用场景，因而重焕青春。微服务自然也不必一定要选择领域驱动设计，但若能通过运用领域驱动设计的思想去指导微服务的实践，将会如虎添翼。

当越来越多的单体架构在向微服务架构迈进时，我们必须保持冷静。微服务绝对不是软件设计的“银弹”，我们更不能自大地认为微服务能够拯救一切复杂的软件系统。领域驱动设计可以让微服务变得更“冷静”，因为从限界上下文到微服务的这一步迈进，会有着上下文映射模式在约束着你，限界上下文的边界控制力也会时刻提醒你冷静对待微服务，康威定律则时刻让你正视团队与微服务之间的映射关系。领域逻辑、团队合作与技术实现，是领域驱动设计规范微服务架构的三要素。

第3章 Apache Dubbo 框架的原理与实现

目前主流的服务化框架有 Apache Dubbo（下面简称 Dubbo）、Spring Boot/Cloud、Thrift、Motan、gRPC 等，其实主要分为两类：基于 HTTP 和 RPC 协议。认真读过 Martin Fowler 的 microservices 一文后发现，其定义的服务间通信是 HTTP 的 REST API，于是业界展开了一些讨论，其中一部分人非常认可 Spring Boot/Cloud 框架作为微服务框架，目前 Spring Boot/Cloud 框架的应用范围越来越广，已经被很多公司所接受；另一部分人则认为微服务不应该只局限于某种通信协议。笔者也认为微服务不应该局限于某种框架的形式，而更多的是将微服务的架构思想应用到业务项目中，于是我们将在目前现有的服务化框架中做选型，来看看究竟哪个框架适合我们的业务场景。

3.1　Dubbo 框架的选型与使用

3.1.1　Dubbo 框架的选型

通过表 3-1 可以看出不同的微服务框架各有优缺点，从分类上来说可以分为两类：服务治理型和多语言型。

表 3-1

功能点	框架名称				
	Dubbo	Spring Boot/Cloud	Thrift	Motan	gRPC
框架描述	经过阿里检验过的产品，在社区中有很多成功的案例和经验	基于 Spring 的完整微服务体系	跨语言的 RPC 框架	新浪微博开源的轻量级服务框架	Google 开源的面向移动和 HTTP/2 设计的高性能 RPC 框架
通信协议	RPC	HTTP	RPC	RPC	RPC
服务跨平台	不支持	支持	支持	不支持	支持
服务注册/发现	支持	支持	不支持	支持	不支持
负载均衡	支持	支持	不支持	支持	不支持
高可用/容错	客户端容错	客户端容错	不去持	客户端容错	不支持
社区活跃度	高	高	一般	一般	高
学习难度	低	中等	高	低	高
文档丰富	丰富	丰富	一般	一般	一般

服务治理型框架包括 Dubbo、Dubbox、Motan、Spring Cloud。

多语言型框架包括 gRPC、Thrift。

Dubbo 是阿里开源的一个高性能优秀的 Java 服务框架，使应用可通过 RPC 实现服务的输出和输入功能，同时可以和 Spring 框架进行无缝集成。

3.1.2　Dubbo 框架的使用

在我们正式使用之前，先简单介绍一下 Dubbo 的架构，对其有一个整体的了解（架构图可参考 Dubbo 官网）。

通过架构图可以看到，Dubbo 提供了三个关键功能：

- 基于接口的远程调用；
- 容错和负载均衡；
- 自动服务注册和发现。

从本章开始我们将正式以支付场景为案例和大家一起探讨微服务从 0 到 1 的过程，下面将以一个具体的例子来说明。

1. 搭建项目工程结构

项目工程结构分为两个子模块，分别是 superpay-tradecenter-core 和 superpay-tradecenter-facade，这个工程的命名代表支付场景中的交易，具体工程结构如图 3-1 所示。

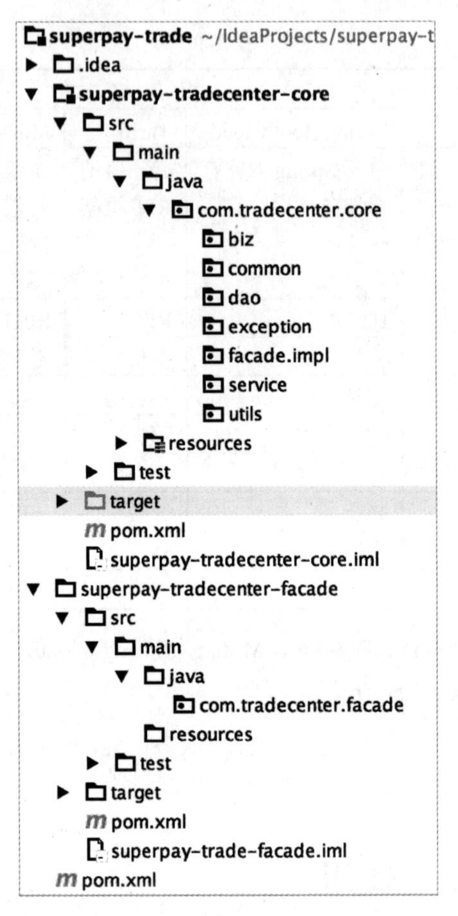

图 3-1

在图 3-1 中，我们计划将 Dubbo 服务的实现类写在 superpay-tradecenter-core 的 facade.impl 包中，将接口类写入 super-tradecenter-facade 工程，这样就将依赖与核心分开了，

2. 编写 Dubbo 服务代码

注：本章约定所有的 Dubbo 服务类都以 facade 作为后缀。

建立 Dubbo 服务前需要先创建服务的接口类，在 super-tradecenter-facade 模块中写入接口类 PayTradeFacade，该接口类目前只有一个支付请求方法 payRequest：

```
public interface PayTradeFacade {

    /**
     * 支付请求
```

```
     * @param payRequestDto
     * @return
     */
    public PayResponseDto payRequest(PayRequestDto payRequestDto);
}
```

在payRequest方法中有一个入参PayRequestDto，里面主要包括商户支付请求的一些数据，方便后续支付业务进行校验；还有一个参数PayResponseDto，主要是将支付请求的结果返回给调用方，包括返回码和错误描述，代码如下所示。

```
public class PayRequestDto {
    private static final long serialVersionUID = -723763178242138577L;

    //商户订单号
    private Long merchantOrderNo;
    //用户电话
    private String phone;
    //用户姓名
    private String userName;
    //支付金额
    private BigDecimal payAmount;
    //商户号
    private String merchantNo;
    //商户请求时间
    private Date merchantReqTime;
    //订单币种
    private String orderCurrency;
}

public class PayResponseDto {
    private static final long serialVersionUID = -723763178242138577L;

    //返回码
    private String returnCode;
    //返回信息
    private String returnMsg;

}
```

在 superpay-tradecenter-core 模块中写入 PayTradeFacade 接口的实现类，代码如下：

```
public class PayTradeFacadeImpl implements PayTradeFacade {

    @Override
    public PayResponseDto payRequest(PayRequestDto payRequestDto) {
        PayResponseDto payResponseDto = new PayResponseDto();
        payResponseDto.setReturnCode("200");
        return payResponseDto;
    }
}
```

在代码中，为了演示 Dubbo 使用的效果，我们暂时先将 payRequest 的返回码设置为 200，可以把 PayTradeFacade 接口类看作支付交易的核心子域，而接口类中的 payRequest 方法是这个核心子域的内聚方法，向上游提供支付请求服务。

服务代码写完以后，接下来要做的就是如何将服务发布出去，为了项目清晰更容易阅读，我们依然采用配置文件的方式发布服务。现在 Dubbo 的最新版本是 2.5.7，也是本示例中使用的版本，Spring 配置文件如下所示。

```
<!-- 应用名 -->
<dubbo:application name="superpay"/>
<!-- Dubbo 扫描类路径 -->
<dubbo:annotation package="com.superpay.core.facade" />
<!-- 连接到哪个本地注册中心 -->
<dubbo:registry id="dubbo-registry" address="zookeeper://localhost:2181"/>
<!-- 用 Dubbo 协议在 20880 端口暴露服务 -->
<dubbo:protocol name="dubbo" port="28080"/>
<!-- 声明需要暴露的服务接口 -->
<dubbo:service registry="dubbodemo" timeout="3000" interface="com.tradecenter.
facade.PayTradeFacade" ref="payTradeFacade"/>
<!-- 服务类定义 -->
<bean id="payTradeFacade" class="com.tradecenter.facade.impl.PayTradeFacadeImpl"/>
```

最终支付交易工程结构的全貌如图 3-2 所示，这样基于 Dubbo 的服务提供者代码就已经实现了，接下来写服务调用端代码和配置。

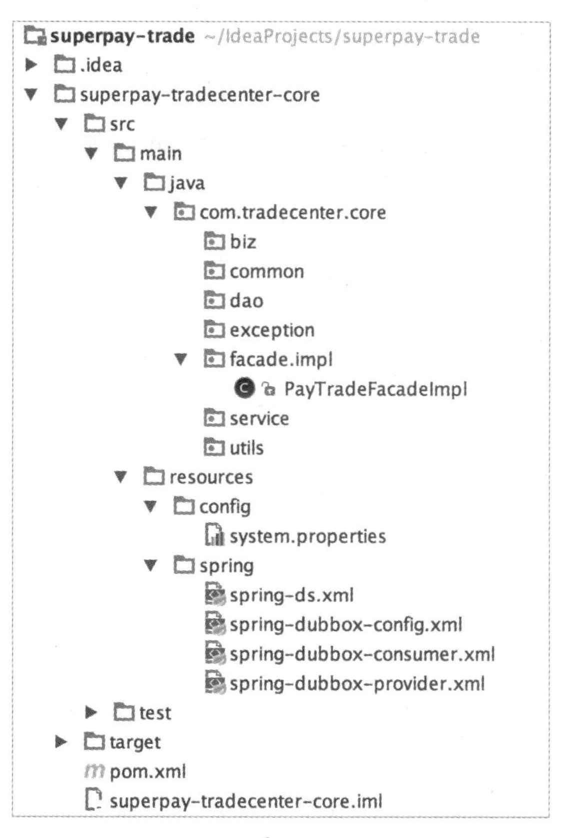

图 3-2

3. 编写 Dubbo 调用端代码

调用端的 Dubbo Spring 配置内容如下：

```
<!-- 应用名 -->
<dubbo:application name="superpay"/>
<!-- 连接到哪个本地注册中心 -->
<dubbo:registry id="dubbo-registry" address="zookeeper://localhost:2181"/>
<!-- 用 Dubbo 协议在 20880 端口暴露服务 -->
<dubbo:protocol name="dubbo" port="28080"/>
<!-- 扫描注解包路径，多个包用逗号分隔，不填 pacakge 则表示扫描当前 ApplicationContext 中所有的类 -->
<dubbo:annotation package="com.superpay.core.facade" />

<dubbo:reference interface="com.tradecenter.facade.PayTradeFacade" timeout="2000"/>
```

在调用端假定支付网关业务逻辑调用交易服务的支付请求接口，代码逻辑如下：

```
@Service
public class PayGatewayBizImpl implements PayGatewayBiz {
    private static final Logger logger = LoggerFactory.getLogger(PayGatewayBizImpl.
class);

    @Autowired
    private PayTradeFacade payTradeFacade;

    public void payRequest(PayRequestDto payRequestDto) {
        PayResponseDto payResponseDto = payTradeFacade.payRequest(payRequestDto);
        logger.info("打印 Dubbo 返回响应编码:" + payResponseDto.getReturnCode());

    }
}
```

最终打印结果是：

```
打印 Dubbo 返回响应编码：200
```

3.2 Dubbo 框架的原理分析

在工程师的世界里，概念、原理都是抽象的，唯有源码是具象的。阅读更多的优秀的源码，我们的想象力才会更加具象，理解才会更加“干净”。

在使用 Dubbo 的时候，如果希望能够深入掌握，那么了解其原理和关键代码是非常必要的，做到知其然且知其所以然，不仅能让我们了解内部运行机制，而且在使用的过程中遇到问题时，我们还可以自行维护和修改。

3.2.1 总体架构分析

在深入分析 Dubbo 源码之前，先看一下 Dubbo 源码的包结构及各部分的作用，如图 3-3 所示。

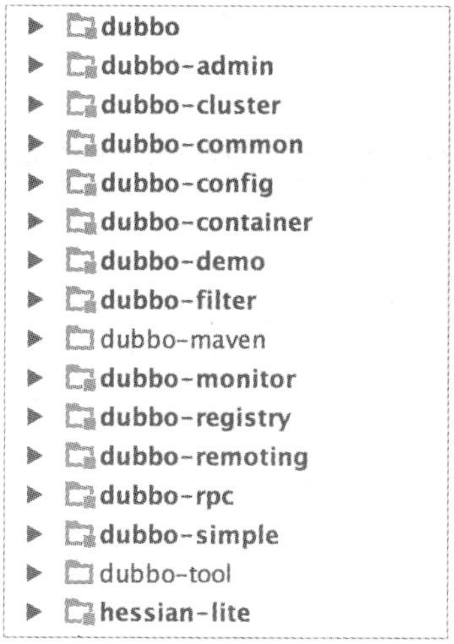

▶ dubbo
▶ dubbo-admin
▶ dubbo-cluster
▶ dubbo-common
▶ dubbo-config
▶ dubbo-container
▶ dubbo-demo
▶ dubbo-filter
▶ dubbo-maven
▶ dubbo-monitor
▶ dubbo-registry
▶ dubbo-remoting
▶ dubbo-rpc
▶ dubbo-simple
▶ dubbo-tool
▶ hessian-lite

图 3-3

具体说明如下。

- dubbo-admin：Dubbo 自带的控制台管理，用于服务治理和服务监控。
- dubbo-cluster：集群模块，将多个服务提供方伪装为一个提供方，包括负载均衡、容错、路由等，集群的地址列表可以是静态配置的，也可以由注册中心下发。
- dubbo-common：公共逻辑模块，包括 Util 类和通用模型。
- dubbo-config：配置模块，是 Dubbo 对外的 API，用户通过 Config 使用 Dubbo，隐藏 Dubbo 所有细节。
- dubbo-container：容器模块，是一个 Standalone 的容器，以简单的 Main 加载 Spring 的启动，因为服务通常不需要 Tomcat/JBoss 等 Web 容器的特性，所以没必要用 Web 容器去加载服务。
- dubbo-filter：主要针对 dubbo-rpc 里面的 Filter 进行缓存和校验。
- dubbo-monitor：监控模块，统计服务的调用次数、调用时间等。
- dubbo-registry：注册中心模块，基于注册中心下发地址的集群方式，以及对各种注册中心的抽象。
- dubbo-remoting：远程通信模块，包括 Netty、Mina 等多种通信方式。
- dubbo-rpc：远程调用模块，抽象各种协议，以及动态代理，只包含一对一的调用，不关心集群的管理。

了解完包结构后，参考 Dubbo 官网提供的分层架构图可以看到，整个 Dubbo 体系共分为十层，如图 3-4 所示。

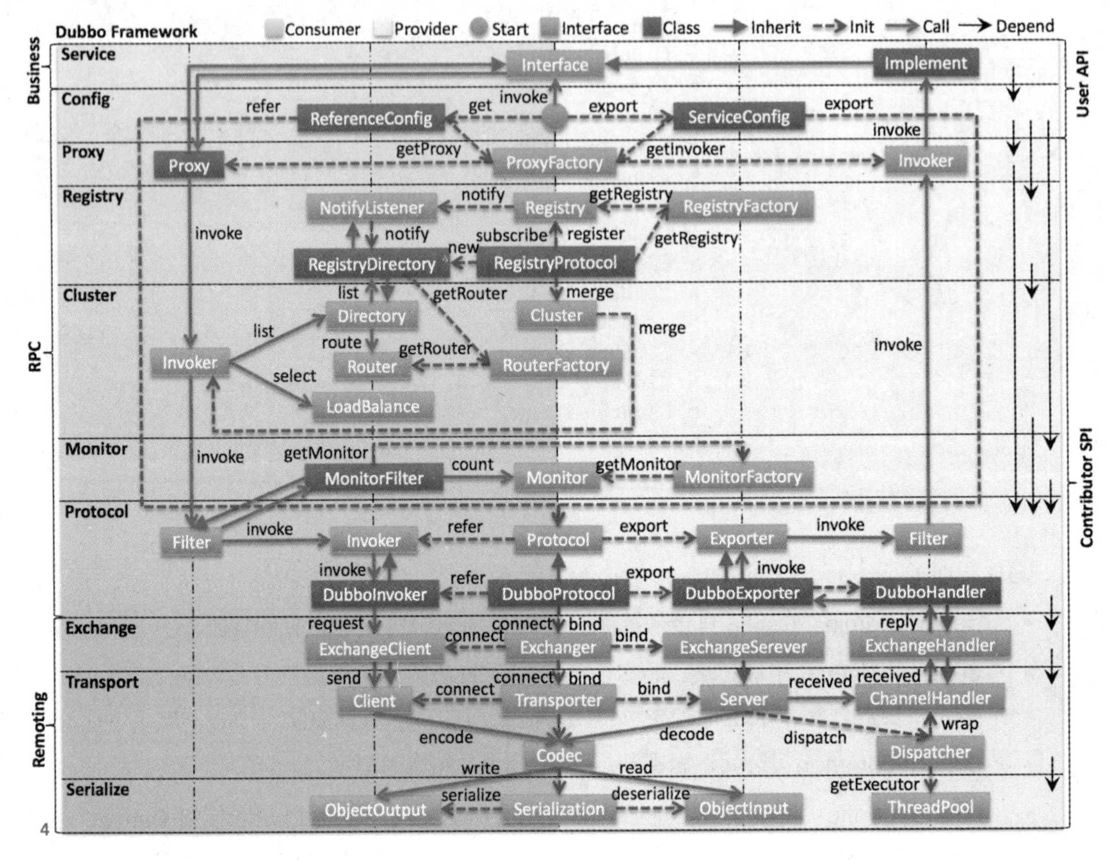

图 3-4

各层主要的功能说明如下。

- Service 层：这一层和业务实现相结合，根据具体业务设计服务提供者和消费者的实现类和接口类。
- Config 层：配置信息层，由 Spring 解析服务提供者和消费者的配置信息，然后封装到 ServiceConfig 和 ReferenceConfig 中。
- Proxy 层：服务代理层，这一层主要是结合 SPI 机制，动态选取不同的配置类。
- Registry 层：服务注册层，主要负责注册与发现 Dubbo 服务，以及对 Dubbo 服务的监听。
- Cluster 层：服务集群层，负责服务的路由、负载及失败重试策略。
- Protocol 层：在这层会进行相关协议的转换与过滤。
- Exchange 层：封装请求响应模式，同步转异步。
- Transport 层：网络传输层，抽象 Netty、Mina 为统一接口，在这一层进行真正的数据传输。

- **Serialize 层：**序列化层，根据不同的协议对数据进行序列化。

从 Dubbo 的整体分层架构图中可以看到，Dubbo 项目还是比较复杂的，涉及非常多的知识点，包括 Spring 相关知识点、各种设计模式的组合使用、Java 网络编程相关知识（Netty、Mina、NIO）、RPC 机制，还包括序列化、SPI、ClassLoader 等，下面将逐一介绍各知识点在 Dubbo 中的运用。

3.2.2 Dubbo Bean 的加载

作为 Dubbo 的使用者，最先接触的就是 Dubbo 的配置文件，在配置文件中配置注册中心、服务提供者、服务消费者等，而我们所使用的 Spring 标签则是 Dubbo 自定义的标签，比如 dubbo:service/等。Spring 解析这些自定义标签并将信息封装在 Dubbo 的 Config 类中。

1. Spring 自定义标签的使用

在 Spring 中完成一个自定义标签需要如下步骤：

- 设计配置属性和 JavaBean；
- 编写 XSD 文件；
- 编写 BeanDefinitionParser 标签解析类；
- 编写调用标签解析类的 NamespaceHandler 类；
- 编写 spring.handlers 和 spring.schemas 以供 Spring 读取；
- 在 Spring 中使用。

下面结合一个小例子来说明自定义标签的全过程。

（1）设计配置属性和 JavaBean。

建立一个与自定义标签相对应的配置 JavaBean User 对象：

```
public class User {
    private String userName;
    private String email;

    public String getUserName() {
        return userName;
    }

    public void setUserName(String userName) {
```

```
        this.userName = userName;
    }

    public String getEmail() {
        return email;
    }

    public void setEmail(String email) {
        this.email = email;
    }
}
```

（2）编写 XSD 文件，用来检验我们自定义标签的有效性。

```
<?xml version="1.0" encoding="UTF-8"?>
<schema xmlns="http://www.w3.org/2001/XMLSchema" targetNamespace="http://www.
superpay.com/schema/user"
    xmlns:tns="http://www.superpay.com/schema/user"
elementFormDefault="qualified">
    <element name="user">
        <complexType>
            <attribute name="id" type="string" />
            <attribute name="userName" type="string" />
            <attribute name="email" type="string" />
        </complexType>
    </element>
</schema>
```

（3）编写 BeanDefinitionParser 标签解析类。

```
public class UserDefinitionParser extends AbstractSingleBeanDefinitionParser {

    protected Class getBeanClass(Element element) {
        return User.class;
    }

    protected void doParse(Element element, BeanDefinitionBuilder bean) {
        String userName = element.getAttribute("userName");
```

```
            String email = element.getAttribute("email");

            if (StringUtils.hasText(userName)) {
                bean.addPropertyValue("userName", userName);
            }
            if (StringUtils.hasText(email)) {
                bean.addPropertyValue("email", email);
            }
        }
    }
```

（4）编写调用标签解析类的 NamespaceHandler 类。

NamespaceHandler 会根据 schema 和节点名找到 UserDefinitionParser，然后由 UserDefinitionParser 完成具体的解析工作：

```
public class CustomNamespaceHandler extends NamespaceHandlerSupport {

    public void init() {
        registerBeanDefinitionParser("user", new UserDefinitionParser());
    }
}
```

其中 registerBeanDefinitionParser("user", new UserDefinitionParser())用来把节点名和解析类联系起来，在配置中引用 User 配置项时，就会用 UserDefinitionParser 来解析配置。

（5）编写 spring.handlers 和 spring.schemas 以供 Spring 读取。

要实现自定义的标签配置，就需要在 META-INF 下由两个默认 Spring 配置文件来提供支持。一个是 spring.schemas，另一个是 spring.handlers，前者是为了验证自定义的 XML 配置文件是否符合格式要求，后者是告诉 Spring 该如何解析自定义的配置文件。

spring.handlers：

```
http\://[www.superpay.com/schema/user=com.superpay.config.CustomNamespaceHandler](http://www.superpay.com/schema/user=com.superpay.config.CustomNamespaceHandler)
```

spring.schemas：

```
http\://www.superpay.com/schema/user.xsd=META-INF/user.xsd
```

（6）在 Spring 中使用。

前面五个步骤完成了自定义标签的简单配置，使用方法和定义普通 Spring Bean 一样，只不过需要在 XML 中引入自定义的 Scheme，如下所示。

```
    <beans  xmlns="http://www.springframework.org/schema/beans"  xmlns:xsi="http://
www.w3.org/2001/XMLSchema-instance"    xmlns:custorm="www.superpay.com/schema/user"
xsi:schemaLocation="
    http://www.springframework.org/schema/beans
http://www.springframework.org/schema/beans/spring-beans-2.5.x sd
    www.superpay.com/schema/user http://www.superpay.com/schema/user.xsd">

            <custorm:user id="user" name="张三" email="zs@test.com"/>

    </beans>
```

2. Dubbo 解析配置文件及加载 Bean

前面介绍了在 Spring 中如何自定义 XML 标签，下面介绍在 Dubbo 中如何解析自定义 XML 标签，以及如何加载这些配置信息。

参考图 3-3，Dubbo 在启动的时候会从 dubbo-container/dubbo-container-spring 包中的 SpringContainer 类开始，这个类主要负责启动 Spring 的上下文，加载解析 Spring 的配置文件，同时从 META-INF 中加载 spring.handlers 和 spring.schemas 这两个文件，先看一下 spring.handlers 文件的内容：

```
    http\://code.alibabatech.com/schema/dubbo=com.alibaba.dubbo.config.spring.sche
ma.DubboNamespaceHandler
```

Dubbo 自定义标签的解析都是在 DubboNamespaceHandler 中定义的，源码如下所示。

```
    public class DubboNamespaceHandler extends NamespaceHandlerSupport {

        static {
            Version.checkDuplicate(DubboNamespaceHandler.class);
        }

        public void init() {
            registerBeanDefinitionParser("application", new DubboBeanDefinitionParser
(ApplicationConfig.class, true));
            registerBeanDefinitionParser("module", new DubboBeanDefinitionParser
```

```
(ModuleConfig.class, true));
            registerBeanDefinitionParser("registry", new DubboBeanDefinitionParser
(RegistryConfig.class, true));
            registerBeanDefinitionParser("monitor", new DubboBeanDefinitionParser
(MonitorConfig.class, true));
            registerBeanDefinitionParser("provider", new DubboBeanDefinitionParser
(ProviderConfig.class, true));
            registerBeanDefinitionParser("consumer", new DubboBeanDefinitionParser
(ConsumerConfig.class, true));
            registerBeanDefinitionParser("protocol", new DubboBeanDefinitionParser
(ProtocolConfig.class, true));
            registerBeanDefinitionParser("service", new DubboBeanDefinitionParser
(ServiceBean.class, true));
            registerBeanDefinitionParser("reference", new DubboBeanDefinitionParser
(ReferenceBean.class, false));
            registerBeanDefinitionParser("annotation", new DubboBeanDefinitionParser
(AnnotationBean.class, true));
            registerBeanDefinitionParser("mockSystemUrl", new DubboBeanDefinitionParser
(MockSystemUrlConfig.class, true));
        }
    }
```

从这段源码中可以看到 Dubbo 的自定义标签共有 10 个，最后一个 mockSystemUrl 是对 Dubbo 新增的 Mock 测试系统的配置，这个功能后面会重点介绍。所有 Dubbo 的标签都统一用 DubboBeanDefinitionParser 进行解析，基于一对一属性映射，将 XML 标签解析为 Bean 对象。在 DubboBeanDefinitionParser 解析类中最关键的是 parse 方法，由于方法的核心代码较多，所以将有注释的方法代码放到了本书的官网上，感兴趣的读者可以下载相应资源文件查看。

3.2.3　Dubbo Extension 机制

Dubbo 的架构体系采用的是“微核+插件”，这样做使整个架构的扩展性更强，可以在不修改核心代码的情况下进行新增插件的添加，而这个体系中最核心的机制是采用了 SPI，为接口寻找服务实现的机制，这个机制与 Spring 中的 IoC 思想有些类似，将程序中接口与实现的强关联关系变成可插拔关系。

1. Java SPI

SPI 全称为 Service Provider Interface，是 JDK 内置的一种服务提供发现功能，一种动态替换发现的机制。举个例子，要想在运行时动态地给一个接口添加实现，只需要添加一个实现即可。

下面通过一个完整例子来说明如何使用 JDK 的 SPI 实现服务发现和动态替换，图 3-5 展示了使用 SPI 时需要遵循的规范。

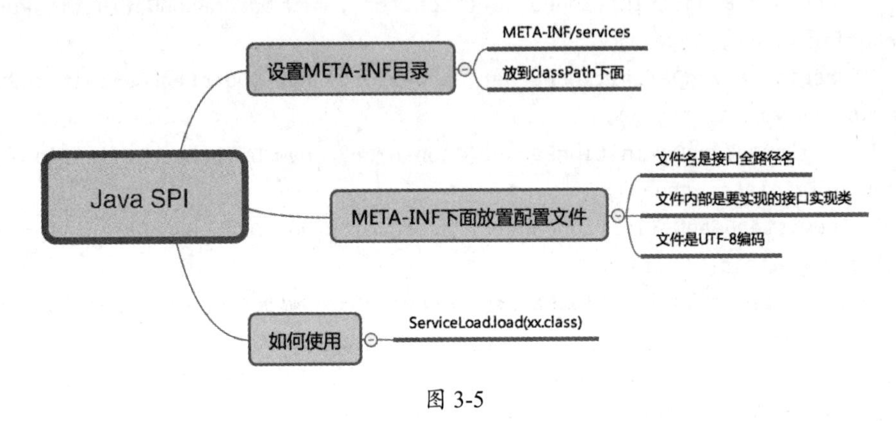

图 3-5

例子的工程项目结构如图 3-6 所示。

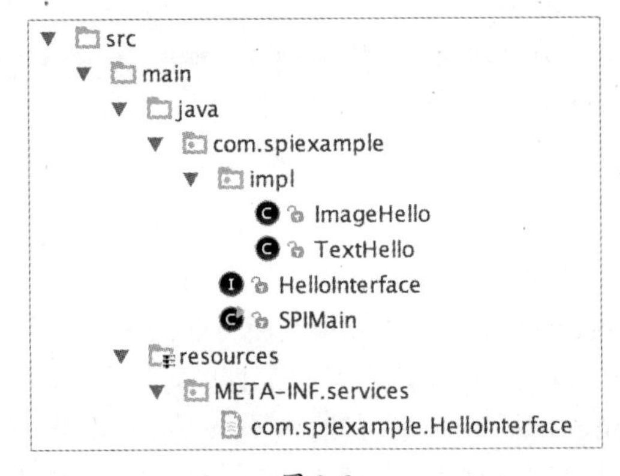

图 3-6

具体说明如下。

- 接口类是 HelloInterface，两个实现类分别是 ImageHello 和 TextHello。
- 在 META-INF 目录下建立扩展文件，以接口 HelloInterface 全路径名命名。

接口 HelloInterface 的代码如下所示。

```
public interface HelloInterface {

    public void sayHello();
}
```

两个实现类 ImageHello 和 TextHello 的代码如下所示。

```
public class ImageHello implements HelloInterface  {

    @Override
    public void sayHello() {
        System.out.println("Image hello!");
    }
}

public class TextHello implements HelloInterface {

    @Override
    public void sayHello() {
        System.out.println("Text hello!");
    }
}
```

META-INF/services/下的 com.spiexample.HelloInterface 文件内容如下：

```
com.spiexample.impl.ImageHello
com.spiexample.impl.TextHello
```

最后通过 SPIMain 对象测试整个过程是否正确，代码如下：

```
public class SPIMain {

    public static void main(String[] args) {
        ServiceLoader<HelloInterface> loaders = ServiceLoader.load(HelloInterface.class);

        if(loaders != null) {
            for(HelloInterface helloInterface : loaders) {
                helloInterface.sayHello();
            }
        }
    }
}
```

执行结果打印内容如下：

```
Image hello!
Text hello!
```

2. Dubbo 在 SPI 上的具体实现

Dubbo 的扩展机制和 Java 的 SPI 机制非常相似，但增加了如下功能：

- 可以方便地获取某一个想要的扩展实现；
- 对于扩展实现 IoC 依赖注入功能。

举例来说：

```
接口 A，实现者 A1、A2
接口 B，实现者 B1、B2
```

现在实现者 A1 含有 setB()方法，会自动注入一个接口 B 的实现者，此时注入 B1 还是 B2 呢？都不是，而是注入一个动态生成的接口 B 的实现者 B$Adpative，该实现者能够根据参数的不同，自动引用 B1 或 B2 来完成相应的功能。

通过 Dubbo 的 Protocol 接口的 SPI 实现，我们来分析完整的 Dubbo 扩展点加载过程。

1）扩展点配置

Protocol 接口的代码如下：

```
@SPI("dubbo")
public interface Protocol {

    /**
     * 获取默认端口，当用户没有配置端口时使用
     *
     * @return 默认端口
     */
    int getDefaultPort();

    /**
     * 暴露远程服务：<br>
     * 1. 协议在接收请求时，应记录请求来源方地址信息：RpcContext.getContext().
setRemoteAddress()
     * 2. export()必须是幂等的，也就是暴露同一个 URL 的 Invoker 两次，和暴露一次没有区别
```

```
     * 3. export()传入的 Invoker 由框架实现并传入，协议不需要关心
     *
     * @param <T> 服务的类型
     * @param invoker 服务的执行体
     * @return exporter 暴露服务的引用，用于取消暴露
     * @throws RpcException 当暴露服务出错时抛出，比如端口已占用
     */
    @Adaptive
    <T> Exporter<T> export(Invoker<T> invoker) throws RpcException;

    /**
     * 引用远程服务
     * 1. 当用户调用 refer()所返回的 Invoker 对象的 invoke()方法时，协议需相应执行同
URL 远端 export()传入的 Invoker 对象的 invoke()方法
     * 2. refer()返回的 Invoker 由协议实现，协议通常需要在此 Invoker 中发送远程请求
     * 3. 当 URL 中设置 check=false 时，连接失败不能抛出异常，并内部自动恢复
     *
     * @param <T> 服务的类型
     * @param type 服务的类型
     * @param url 远程服务的 URL 地址
     * @return invoker 服务的本地代理
     * @throws RpcException 当连接服务提供方失败时抛出
     */
    @Adaptive
    <T> Invoker<T> refer(Class<T> type, URL url) throws RpcException;

    /**
     * 释放协议
     * 1. 取消该协议所有已经暴露和引用的服务
     * 2. 释放协议占用的所有资源，比如连接和端口
     * 3. 协议在释放后，依然能暴露和引用新的服务
     */
    void destroy();
}
```

在上述代码中有两个非常重要的注解，分别是@SPI 和@Adaptive。

- @SPI

  定义默认实现类，比如@SPI("dubbo") 默认调用的是 DubboProtocol 类。

- @Adaptive

  该注解一般使用在方法上，代表自动生成和编译一个动态的 Adpative 类，它主要用于 SPI，因为 SPI 的类是不固定的、未知的扩展类，所以设计了动态$Adaptive 类。如果该注解使用在类上，则代表实现一个装饰模式的类。例如，Protocol 的 SPI 类有 injvm、dubbo、registry、filter 和 listener 等很多扩展未知类，它设计了 Protocol$Adaptive 的类，通过 ExtensionLoader.getExtensionLoader(Protocol.class).getExtension（SPI 类）来提取对象。

Protocol 的扩展点文件在 dubbo-rpc 子模块的 dubbo-rpc-api 包中，如图 3-7 所示。

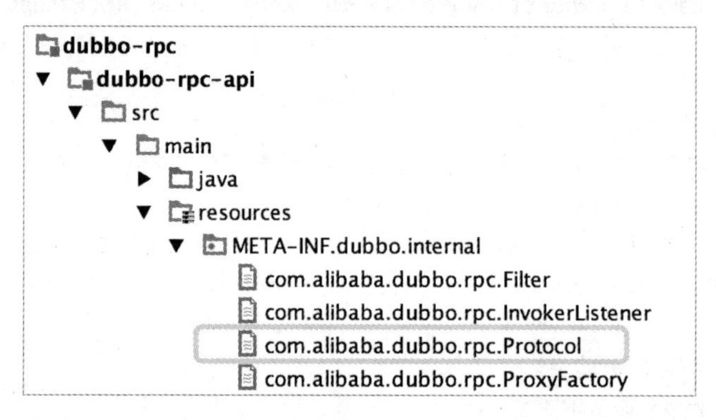

图 3-7

而实际 Dubbo 在启动加载的时候会依次从以下目录中读取配置文件：

```
META-INF/dubbo/internal/  //Dubbo 内部实现的各种扩展都放在这个目录中
META-INF/dubbo/
META-INF/services/
```

2）扩展点加载

Dubbo 的扩展点主要是通过 ExtensionLoader.getExtensionLoader(Protocol.class).getAdaptive-Extension()方法进行加载的，每个定义的 SPI 接口都会产生一个 ExtensionLoader 实例，保存在一个名为 EXTENSION_LOADERS 的 ConcurrentMap 中，下面通过 ExtensionLoadder.getExtension-Loader()方法逐步展开整个加载的全过程。

（1）ExtensionLoader.getExtensionLoader(Protocol.class)方法。

方法代码如下：

```
public static <T> ExtensionLoader<T> getExtensionLoader(Class<T> type) {
        if (type == null)
            throw new IllegalArgumentException("Extension type == null");
        if(!type.isInterface()) {
```

```
            throw new IllegalArgumentException("Extension type(" + type + ") is not
interface!");
        }
        //只接受使用@SPI注解注释的接口类型
        if(!withExtensionAnnotation(type)) {
            throw new IllegalArgumentException("Extension type(" + type +
                    ") is not extension, because WITHOUT @" + SPI.class.
getSimpleName() + " Annotation!");
        }
        //先从静态缓存中获取对应的ExtensionLoader实例
        ExtensionLoader<T> loader = (ExtensionLoader<T>) EXTENSION_LOADERS.get(type);
        //如果从EXTENSION_LOADERS获取的实例为null，则直接产生一个新的实例并存放到
        //EXTENSION_LOADERS中
        if (loader == null) {
            EXTENSION_LOADERS.putIfAbsent(type, new ExtensionLoader<T>(type));
            loader = (ExtensionLoader<T>) EXTENSION_LOADERS.get(type);
        }
        return loader;
    }
```

- EXTENSION_LOADERS实例是一个ConcurrentMap实例，key是方法传过来的SPI接口类，value是ExtensionLoader实例类。示例代码如下所示。

```
ConcurrentMap<Class<?>, ExtensionLoader<?>> EXTENSION_LOADERS = new
ConcurrentHashMap<Class<?>, ExtensionLoader<?>>();
```

- 如果从EXTENSION_LOADERS获取的实例为null，则直接产生一个新的实例并存放到EXTENSION_LOADERS中。
- 从getExtensionLoader中返回的是ExtensionLoader实例。

（2）ExtensionLoader getAdaptiveExtension()方法。

Dubbo中的扩展点都有多个实现，而框架设计原则又让我们针对接口编程而不是实现，这就需要在运行期才能决定具体使用哪个扩展实现类。Dubbo提供的Adpative注解，让我们自行决定究竟是自己提供扩展的适配还是由Dubbo来帮我们生成动态适配。

方法代码如下：

```
public T getAdaptiveExtension() {
        Object instance = cachedAdaptiveInstance.get();
```

```
            //从 Adaptive 缓存中获取实例对象
            if (instance == null) {
                if(createAdaptiveInstanceError == null) {
                    //采用双重检查锁保证一致性
                    synchronized (cachedAdaptiveInstance) {
                        instance = cachedAdaptiveInstance.get();
                        if (instance == null) {
                            try {
                                //如果获取的缓存对象为null，则通过 createAdaptiveExtension
                                //方法创建一个并加入缓存中
                                instance = createAdaptiveExtension();
                                cachedAdaptiveInstance.set(instance);
                            } catch (Throwable t) {
                                createAdaptiveInstanceError = t;
                                throw new IllegalStateException("fail to create
adaptive instance: " + t.toString(), t);
                            }
                        }
                    }
                }
                else {
                    throw new IllegalStateException("fail to create adaptive instance:
" + createAdaptiveInstanceError.toString(), createAdaptiveInstanceError);
                }
            }

            return (T) instance;
        }
```

从 cachedAdaptiveInstance 缓存中获取实例对象，如果为 null，则通过方法 createAdaptiveExtension 创建对象并加入缓存。

createAdaptiveExtension 方法代码如下：

```
    private T createAdaptiveExtension() {
        try {
            return injectExtension((T) getAdaptiveExtensionClass().newInstance());
        } catch (Exception e) {
            throw new IllegalStateException("Can not create adaptive extenstion "
```

```
+ type + ", cause: " + e.getMessage(), e);
            }
        }
```

在这个方法中共有两个过程，getAdaptiveExtensionClass 获取 Adaptive 自适应扩展，injectExtension 是为扩展对象注入其他依赖的实现。

先来看第一个过程 getAdaptiveExtensionClass()方法的内部实现，代码如下：

```
private Class<?> getAdaptiveExtensionClass() {
        getExtensionClasses();
        if (cachedAdaptiveClass != null) {
            return cachedAdaptiveClass;
        }
          //如果自适应扩展为null，则调用 createAdaptiveExtensionClass()方法创建
        return cachedAdaptiveClass = createAdaptiveExtensionClass();
    }

    private Class<?> createAdaptiveExtensionClass() {
        String code = createAdaptiveExtensionClassCode();
        ClassLoader classLoader = findClassLoader();
        //动态生成编译类
        com.alibaba.dubbo.common.compiler.Compiler compiler = ExtensionLoader.
getExtensionLoader(com.alibaba.dubbo.common.compiler.Compiler.class).getAdaptiveExt
ension();
        return compiler.compile(code, classLoader);
    }
```

Compiler 类是 SPI 接口类，通过 ExtensionLoader 进行加载，文件目录如图 3-8 所示。

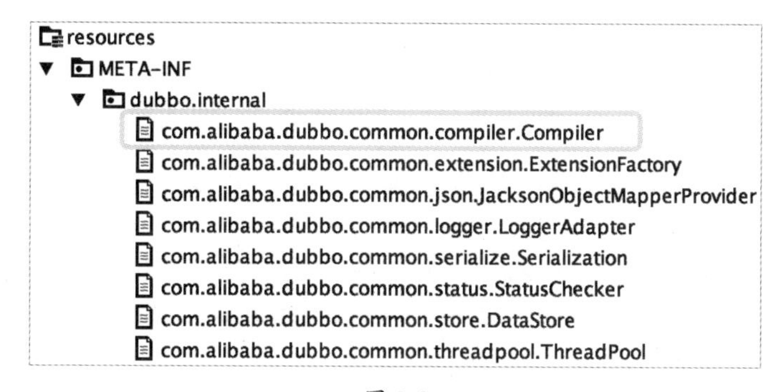

图 3-8

com.alibaba.dubbo.common.compiler.Compiler 的内容如下：

```
adaptive=com.alibaba.dubbo.common.compiler.support.AdaptiveCompiler
jdk=com.alibaba.dubbo.common.compiler.support.JdkCompiler
javassist=com.alibaba.dubbo.common.compiler.support.JavassistCompiler
```

类继承结构如图 3-9 所示。

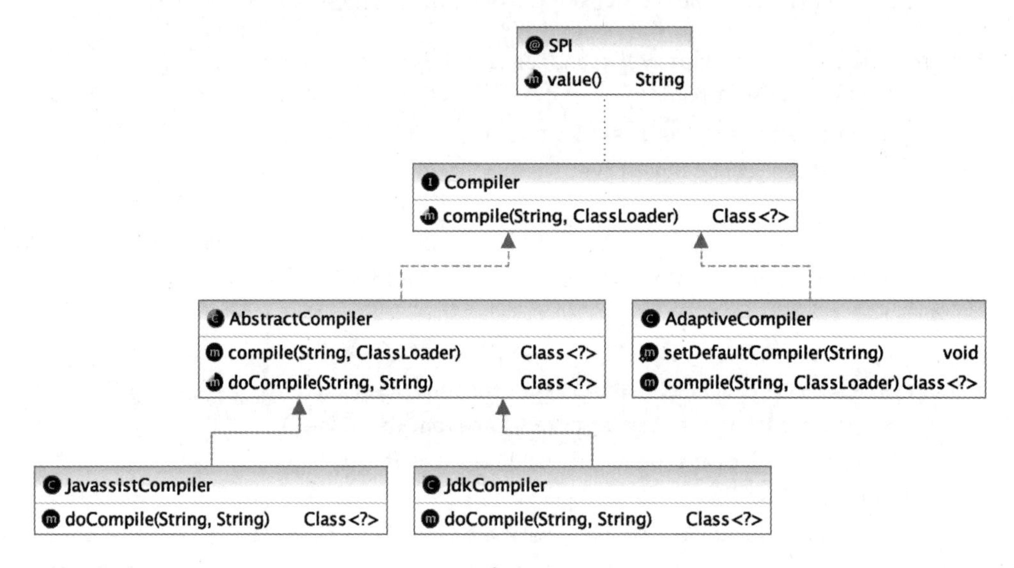

图 3-9

这三个 Compiler 使用 JavassistCompiler 作为当前激活的 Compiler 类，但在 AdaptiveCompiler 的类定义上面有一个@Adaptive 注解，表示是一个装饰模式的类，于是整个过程是：AdaptiveCompiler→JavassistCompiler。AdaptiveCompiler 起装饰作用，在里面获取当前激活的 JavassistCompiler 类，然后执行 compile 方法产生默认的自适应扩展类。

自适应扩展类并不是一个真正的 Java 类实现，而是利用 Javassist 动态地生成代码，也就是手动拼装的代码，这段代码里会根据 SPI 上配置的信息加入对应的功能实现类，Javassist 生成的动态代码如下所示。

```
public class Protocol$Adpative implements com.alibaba.dubbo.rpc.Protocol {
    public void destroy() {
        throw new UnsupportedOperationException("method public abstract void com.alibaba.dubbo.rpc.Protocol.destroy() of interface com.alibaba.dubbo.rpc.Protocol is not adaptive method!");
    }
```

```
        public int getDefaultPort() {
            throw new UnsupportedOperationException("method public abstract int com.alibaba.dubbo.rpc.Protocol.getDefaultPort() of interface com.alibaba.dubbo.rpc.Protocol is not adaptive method!");
        }

        public com.alibaba.dubbo.rpc.Invoker refer(java.lang.Class arg0, com.alibaba.dubbo.common.URL arg1) throws java.lang.Class {
            if (arg1 == null)
                throw new IllegalArgumentException("url == null");
            com.alibaba.dubbo.common.URL url = arg1;
           //这里会根据 URL 中的信息获取具体的实现类名
            String extName = ( url.getProtocol() == null ? "dubbo" : url.getProtocol() );

            if(extName == null)
                throw new IllegalStateException("Fail to get extension(com.alibaba.dubbo.rpc.Protocol) name from url(" + url.toString() + ") use keys([protocol])");

            //根据上面的实现类名，在运行时通过 Dubbo 的扩展机制加载具体实现类
            com.alibaba.dubbo.rpc.Protocol extension = (com.alibaba.dubbo.rpc.Protocol)ExtensionLoader.getExtensionLoader(com.alibaba.dubbo.rpc.Protocol.class).getExtension(extName);
            return extension.refer(arg0, arg1);
        }

        public com.alibaba.dubbo.rpc.Exporter export(com.alibaba.dubbo.rpc.Invoker arg0) throws com.alibaba.dubbo.rpc.Invoker {
            if (arg0 == null)
                throw new IllegalArgumentException("com.alibaba.dubbo.rpc.Invoker argument == null");
            if (arg0.getUrl() == null)
                throw new IllegalArgumentException("com.alibaba.dubbo.rpc.Invoker argument getUrl() == null");com.alibaba.dubbo.common.URL url = arg0.getUrl();
            //这里会根据 URL 中的信息获取具体的实现类名
            String extName = ( url.getProtocol() == null ? "dubbo" : url.getProtocol() );
            if(extName == null)
                throw new IllegalStateException("Fail to get extension(com.alibaba.
```

```
dubbo.rpc.Protocol) name from url(" + url.toString() + ") use keys([protocol])");

            //根据上面的实现类名，在运行时通过 Dubbo 的扩展机制加载具体实现类
            com.alibaba.dubbo.rpc.Protocol extension = (com.alibaba.dubbo.rpc.
Protocol)ExtensionLoader.getExtensionLoader(com.alibaba.dubbo.rpc.Protocol.class).g
etExtension(extName);
            return extension.export(arg0);
        }
    }
```

在前面扩展点加载的介绍中提到了这行代码：Protocol refprotocol = ExtensionLoader.getExtensionLoader(Protocol.class).getAdaptiveExtension()。在程序执行前我们并不知道 Protocol 接口要加载的是哪个实现类，Dubbo 通过 getAdaptiveExtension 方法利用默认的 JavassistCompiler 生成了上述 Protocol Adpative 类，可以看到在 Protocol 接口类中所有被加了@Adaptive 注解的方法都有了具体的实现，整个过程类似于 Java 的动态代理或 Spring 的 AOP 实现。当我们使用 refprotocol 对象调用方法时，其实是调用 Protocol Adaptive 类中对应的代理方法，根据 URL 的参数找到具体实现类名称，然后通过 ExtensionLoader 对象的 getExtension 方法找到具体实现类进行方法调用。

我们再回到 createAdaptiveExtension 方法中，在 getAdaptiveExtensionClass 方法返回 Protocol$Adpative 类后，调用 injectExtension 方法为扩展对象入注入其他依赖的实现，方法代码如下：

```
//参数 instance 就是上面说的 Protocol$Adaptive 实例
private T injectExtension(T instance) {
    try {
        //objectFactory 是 AdaptiveExtensionFactory
        if (objectFactory != null) {
            //遍历扩展实现类实例的方法
            for (Method method : instance.getClass().getMethods()) {
                //只处理以 set 开头的 public 方法并且参数只能是一个
                if (method.getName().startsWith("set")
                        && method.getParameterTypes().length == 1
                        && Modifier.isPublic(method.getModifiers())) {
                    //获取方法的参数类型
                    Class<?> pt = method.getParameterTypes()[0];
                    try {
```

```
                            //通过截取 set 方法名获取属性名
                            String property = method.getName().length() > 3 ? method.
getName().substring(3, 4).toLowerCase() + method.getName().substring(4) : "";
                              /**
                                    根据参数类型和属性名称从 ExtensionFactory 中获取其他扩
                                    展点的实现类
                                    如果有，则调用 set 方法新注入一个自适应实现类；如果没有，
                                    则返回 Protocol$Adaptive
                            **/
                            Object object = objectFactory.getExtension(pt, property);
                            if (object != null) {
                                //为 set 方法注入一个自适应的实现类
                                method.invoke(instance, object);
                            }
                        } catch (Exception e) {
                                logger.error("fail to inject via method " + method.getName()
                                        + " of interface " + type.getName() + ": " +
e.getMessage(), e);
                         }
                    }
                }
            }
        } catch (Exception e) {
                logger.error(e.getMessage(), e);
        }
        return instance;
    }
```

我们在 ExtensionLoader 类中看到三个以 Class 结尾的属性类，分别是：

- Class<?> cachedAdaptiveClass——如果扩展类 Class 含有 Adaptive 注解，则将这个 Class 设置为 Class<?> cachedAdaptiveClass。
- Set> cachedWrapperClasses——如果扩展类 Class 含有带参数的构造器，则说明这个 Class 是一个装饰类，需要存到 Set> cachedWrapperClasses 中。
- Reference>> cachedClasses——如果扩展类 Class 没有带参数的构造器，则获取 Class 上的 Extension 注解，将该注解定义的 name 作为 key，存至 Reference>> cachedClasses 结构中。

3）ExtensionLoader 获取扩展点的过程

以一个简单的扩展类加载代码为例：

```
ExtensionLoader<Protocol> protocolLoader = ExtensionLoader.getExtensionLoader
(Protocol.class);
Protocol registryProtocol = protocolLoader.getExtension("registry");
```

通过代码可以看到，我们实际上是想获得 RegistryProtocol 类，所以在 getExtension 中传入的 name 值是 registry，但在实际过程中，会把 RegistryProtocol 放到一个调用链中，在它前面会有几个 Wrapper 类，比如 ProtocolFilterWrapper 类和 ProtocolListenerWrapper 类，代码如下：

```
private T createExtension(String name) {
    Class<?> clazz = getExtensionClasses().get(name);
    if (clazz == null) {
        throw findException(name);
    }
    try {
        T instance = (T) EXTENSION_INSTANCES.get(clazz);
        if (instance == null) {
            EXTENSION_INSTANCES.putIfAbsent(clazz, (T) clazz.newInstance());
            instance = (T) EXTENSION_INSTANCES.get(clazz);
        }
        injectExtension(instance);
        Set<Class<?>> wrapperClasses = cachedWrapperClasses;
        if (wrapperClasses != null && wrapperClasses.size() > 0) {
            //关键代码，将 instance 类通过构造方法注入 Wrapper 类，形成调用链
            for (Class<?> wrapperClass : wrapperClasses) {
                instance = injectExtension((T) wrapperClass.getConstructor(type).
newInstance(instance));
            }
        }
        return instance;
    } catch (Throwable t) {
        throw new IllegalStateException("Extension instance(name: " + name + ",
           class: " + type + ")  could not be instantiated: " + t.getMessage(), t);
    }
}
```

- 根据 name 获取对应的 class。

  这里获取了 RegistryProtocol.class。

- 根据获取的 class 创建一个实例。

  使用 newInstance 生成一个实例，并将实例加载到 EXTENSION_INSTANCES 缓存中。

- 对获取的实例进行依赖注入。

  使用 injectExtension 方法对实例进行依赖注入。

- 对上述经过依赖注入的实例再次进行包装。

  遍历 Set> cachedWrapperClasses 中每一个包装类，将上述获取的 class 实例以构造参数的方式注入，形成调用链。

3.2.4　Dubbo 消费端

我们在调用远程服务时本身是无感知的，就像在本地调用方法一样，那么内部究竟是如何实现的呢？本节将继续从源码角度和大家一起探讨。

1. 创建代理类

消费端的核心类自然是 ReferenceBean，这个类是在 Spring 解析 Dubbo 的 reference 自定义标签时，在 DubboNamespaceHandler 类中进行加载的。 Spring 配置文件示例如下：

```
<dubbo:reference interface="com.tradecenter.facade.PayTradeFacade" timeout="2000"/>
```

ReferenceBean 类的内容非常丰富，逻辑也较为复杂，但抽丝剥茧后，最主要的功能有三个，如图 3-10 所示，分别是配置初始化、服务订阅和创建代理对象。

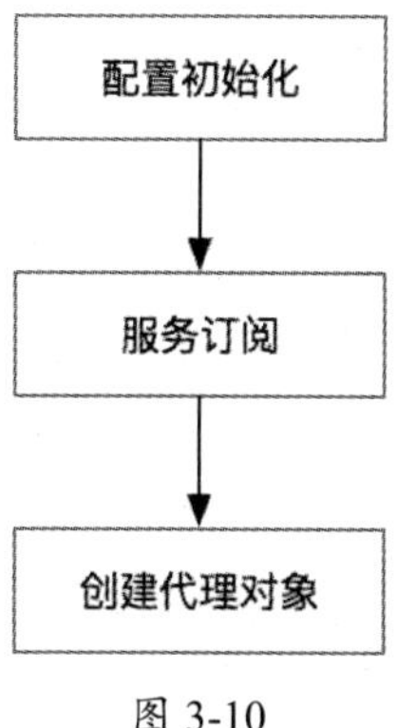

图 3-10

下面我们将以这三个大的功能为主线介绍 ReferenceBean 的实现原理，图 3-11 显示了 ReferenceBean 的类继承结构。

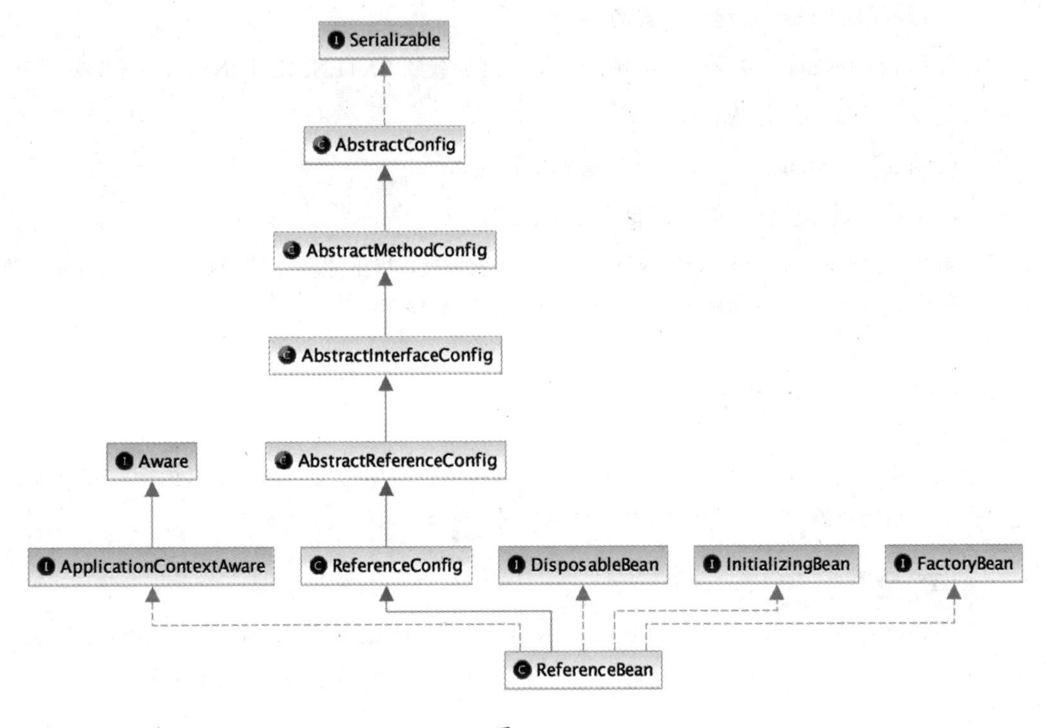

图 3-11

从图 3-11 中看到，ReferenceBean 继承了 ReferenceConfig 类，实现了 FactoryBean、InitializingBean、DisposableBean 和 ApplicationContextAware 接口。FactoryBean 接口主要是通过 getObject 方法返回对远程服务调用的代理类实现的。InitializingBean 接口为 Bean 提供了初始化方式，包括 afterPropertiesSet 方法，在初始化 Bean 的时候都会执行。DisposableBean 接口提供了 destroy 方法，在 Bean 销毁的时候能够回调执行。而实现 ApplicationContextAware 接口就可以得到 ApplicationContext 中的所有 Bean。

Dubbo 核心类 ReferenceConfig 继承了 AbstractReferenceConfig、AbstractInterfaceConfig、AbstractMethodConfig 和 AbstractConfig 类，各类的说明如下。

- AbstractConfig：配置解析的工具方法和公共方法。
- AbstractMethodConfig：封装了配置文件标签中方法级别的相关属性。
- AbstractInterfaceConfig：封装了配置文件标签中接口级别的相关属性。
- AbstractReferenceConfig：封装了引用实例的默认配置，比如检查服务实例是否存在，是否使用泛化接口、版本号等。

- ReferenceConfig：封装了全局配置，包括接口名、方法配置、默认配置等。

1）配置初始化

从 ReferenceConfig 的 afterPropertiesSet 方法入手，先看如下源码：

```
//如果 consumer 未注册，则执行下面的内容
if (getConsumer() == null) {
            //根据 ConsumerConfig.class 类型从 ApplicationContext 中获取实例
            Map<String, ConsumerConfig> consumerConfigMap = applicationContext ==
null  ?  null   :  BeanFactoryUtils.beansOfTypeIncludingAncestors(applicationContext,
ConsumerConfig.class, false, false);
            if (consumerConfigMap != null && consumerConfigMap.size() > 0) {
                ConsumerConfig consumerConfig = null;
                //遍历 ConsumerConfig
                for (ConsumerConfig config : consumerConfigMap.values()) {
                    if (config.isDefault() == null || config.isDefault().
booleanValue()) {
                        //如果存在两个默认的 ConsumerConfig，则报错
                        if (consumerConfig != null) {
                            throw new IllegalStateException("Duplicate consumer
configs: " + consumerConfig + " and " + config);
                        }
                        consumerConfig = config;
                    }
                }
                if (consumerConfig != null) {
                    //设置默认的 ConsumerConfig
                    setConsumer(consumerConfig);
                }
            }
        }
```

这一步整体来说就是设置默认的 consumer，consumer 是默认配置，其实就是配置文件中的 `<dubbo:consumer/>`，当 reference 某些属性没有配置的时候可以采用 consumer 的默认配置。后面依次设置 Application、Module、Registries、Monitor 等配置，这些均在 Spring 解析自定义标签时加载到 Spring 容器中，将容器的实例取出来设置到 ReferenceBean 中成为默认配置。

在方法 afterPropertiesSet 的最后有如下一段代码：

```
Boolean b = isInit();
if (b == null && getConsumer() != null) {
    b = getConsumer().isInit();
}
if (b != null && b.booleanValue()) {
    getObject();
}
```

调用 FactoryBean 中 getObject 方法，里面会继续调用 ReferenceConfig 的 init 方法进行数据组装，最终将数据组装到一个 Map 对象中，如图 3-12 所示。这些数据都非常关键，为以后创建的 Dubbo URL，以及向 ZooKeeper 注册中心注册服务提供重要的依据。

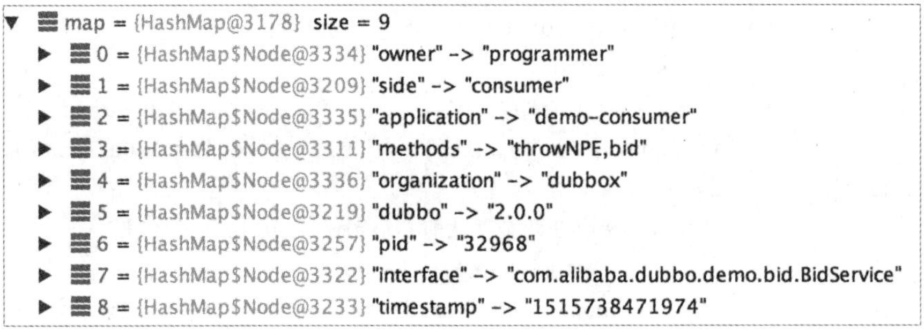

```
▼ map = {HashMap@3178} size = 9
  ▶ 0 = {HashMap$Node@3334} "owner" -> "programmer"
  ▶ 1 = {HashMap$Node@3209} "side" -> "consumer"
  ▶ 2 = {HashMap$Node@3335} "application" -> "demo-consumer"
  ▶ 3 = {HashMap$Node@3311} "methods" -> "throwNPE,bid"
  ▶ 4 = {HashMap$Node@3336} "organization" -> "dubbox"
  ▶ 5 = {HashMap$Node@3219} "dubbo" -> "2.0.0"
  ▶ 6 = {HashMap$Node@3257} "pid" -> "32968"
  ▶ 7 = {HashMap$Node@3322} "interface" -> "com.alibaba.dubbo.demo.bid.BidService"
  ▶ 8 = {HashMap$Node@3233} "timestamp" -> "1515738471974"
```

图 3-12

2）服务订阅

在分析 createProxy 方法之前，先了解如下几个概念，分别是 Invoker、ProxyFactory 和 Protocol。

- Invoker

  Invoker 代表一个可执行的对象，可以是本地执行类的 Invoker，比如 provider 端的服务实现类，通过反射实现最终的方法调用。也可以是一个远程通信执行类的 Invoker，consumer 端通过接口与 provider 端进行远程通信，provider 端利用本地 Invoker 执行相应的方法并返回结果。还可以是聚合 Invoker，consumer 调用端可以将多个 Invoker 聚合成一个 Invoker 执行操作。

- Protocol

  通信协议，默认的 Protocol 是 DubboProtocol，通过 Protocol 创建 Invoker 对象，默认的也就是 DubboInvoker，具体实现过程在后面会详细介绍。

- ProxyFactory

  对于 Consumer 端来说是通过 ProxyFactory 创建调用接口的代理对象，对于 Provider 端来说主要是包装本地执行的 Invoker 类。ProxyFactory 接口的实现类有 JdkProxyFactory 和 JavassistProxyFactory，而默认是 JavassistProxyFactory。JdkProxyFactory 是利用 JDK 自带的 Proxy 来动态代理目标对象的远程通信 Invoker 类。JavassistProxyFactory 是利用 Javassit 字节码技术来创建的远程通信 Invoker 类。

ReferenceConfig 的 createProxy 方法内容如下：

```
private T createProxy(Map<String, String> map) {
        URL tmpUrl = new URL("temp", "localhost", 0, map);
        final boolean isJvmRefer;
        if (isInjvm() == null) {
            if (url != null && url.length() > 0) { //指定 URL 的情况下，不做本地引用
                isJvmRefer = false;
            } else if (InjvmProtocol.getInjvmProtocol().isInjvmRefer(tmpUrl)) {
                //默认情况下如果本地有服务暴露，则引用本地服务
                isJvmRefer = true;
            } else {
                isJvmRefer = false;
            }
        } else {
            isJvmRefer = isInjvm().booleanValue();
        }

        if (isJvmRefer) {
            URL url = new URL(Constants.LOCAL_PROTOCOL, NetUtils.LOCALHOST, 0,
interfaceClass.getName()).addParameters(map);
            invoker = refprotocol.refer(interfaceClass, url);
            if (logger.isInfoEnabled()) {
                logger.info("Using injvm service " + interfaceClass.getName());
            }
        } else {
            if (url != null && url.length() > 0) { //用户指定 URL，指定的 URL 可能是
                                                   //对点对直连地址，也可能是注册中心 URL
                String[] us = Constants.SEMICOLON_SPLIT_PATTERN.split(url);
                if (us != null && us.length > 0) {
                    for (String u : us) {
```

```
                    URL url = URL.valueOf(u);
                    if (url.getPath() == null || url.getPath().length() == 0) {
                        url = url.setPath(interfaceName);
                    }
                    if (Constants.REGISTRY_PROTOCOL.equals(url.getProtocol())) {
                        urls.add(url.addParameterAndEncoded(Constants.REFER_KEY,
StringUtils.toQueryString(map)));
                    } else {
                        urls.add(ClusterUtils.mergeUrl(url, map));
                    }
                }
            }
        } else { //通过注册中心配置拼装 URL
            List<URL> us = loadRegistries(false);

            if (us != null && us.size() > 0) {
                for (URL u : us) {
                    URL monitorUrl = loadMonitor(u);
                    if (monitorUrl != null) {
                        map.put(Constants.MONITOR_KEY, URL.encode(monitorUrl.
toFullString()));
                    }
                    urls.add(u.addParameterAndEncoded(Constants.REFER_KEY,
StringUtils.toQueryString(map)));
                }
            }
            if (urls == null || urls.size() == 0) {
                throw new IllegalStateException("No such any registry to
reference " + interfaceName  + " on the consumer " + NetUtils.getLocalHost() + " use
dubbo version " + Version.getVersion() + ", please config <dubbo:registry address=
\"...\" /> to your spring config.");
            }
        }

        if (urls.size() == 1) {
            invoker = refprotocol.refer(interfaceClass, urls.get(0));
        } else {
            List<Invoker<?>> invokers = new ArrayList<Invoker<?>>();
```

```
                URL registryURL = null;
                for (URL url : urls) {
                    //Invokers 存放的是所有可用的服务调用者
                    invokers.add(refprotocol.refer(interfaceClass, url));
                    if (Constants.REGISTRY_PROTOCOL.equals(url.getProtocol())) {
                        registryURL = url; //用了最后一个 registry url
                    }
                }
                if (registryURL != null) { //有注册中心协议的 URL
                    //对有注册中心的 Cluster 只用 AvailableCluster
                    URL u = registryURL.addParameter(Constants.CLUSTER_KEY,
AvailableCluster.NAME);
                   //加入集群，内部会做一些负载处理
                    invoker = cluster.join(new StaticDirectory(u, invokers));
                } else { //不是注册中心的 URL
                    invoker = cluster.join(new StaticDirectory(invokers));
                }
            }
        }

        Boolean c = check;
        if (c == null && consumer != null) {
            c = consumer.isCheck();
        }
        if (c == null) {
            c = true; //default true
        }
        if (c && ! invoker.isAvailable()) {
            throw new IllegalStateException("Failed to check the status of the
service " + interfaceName + ". No provider available for the service " + (group == null ?
"" : group + "/") + interfaceName + (version == null ? "" : ":" + version) + " from the
url " + invoker.getUrl() + " to the consumer " + NetUtils.getLocalHost() + " use dubbo
version " + Version.getVersion());
        }
        if (logger.isInfoEnabled()) {
            logger.info("Refer dubbo service " + interfaceClass.getName() + " from
url " + invoker.getUrl());
        }
```

```
        //创建服务代理
        return (T) proxyFactory.getProxy(invoker);
    }
```

这段代码主要表达了三个意思：

- 判断当前的服务是本地服务还是远程的；
- 根据 SPI 找到对应的 Protocol 类，生成对应的 URL 协议；
- 与注册中心进行交互，“watch”相应的节点。

下面分别对这三点进行深入分析。

（1）判断当前的服务是本地服务还是远程服务。

根据 isJvmRefer 参数判断当前调用的是否是本地服务，本地服务可以理解为 Provider 端。

（2）根据 SPI 找到对应的 Protocol 类，生成对应的 URL 协议。

在上述代码中根据 loadRegistries(false) 装入 Registry URL 协议，方法实现在 AbstractInterfaceConfig 类中，核心代码如下：

```
List<URL> urls = UrlUtils.parseURLs(address, map);
for (URL url : urls) {
    url = url.addParameter(Constants.REGISTRY_KEY, url.getProtocol());
    //将 ZooKeeper 协议更换为 Registry URL 协议
    url = url.setProtocol(Constants.REGISTRY_PROTOCOL);
    if ((provider && url.getParameter(Constants.REGISTER_KEY, true))
            || (! provider && url.getParameter(Constants.SUBSCRIBE_KEY, true))) {
        registryList.add(url);
    }
}
```

这段代码是将 ZooKeeper URL 协议更换为 Registry URL 协议，URL 的变换过程如下所示。

```
    zookeeper://127.0.0.1:2181/com.alibaba.dubbo.registry.RegistryService?applicat
ion=demo-consumer&dubbo=2.0.0&organization=dubbox&owner=programmer&pid=43836&timest
amp=1515981482847

    registry://127.0.0.1:2181/com.alibaba.dubbo.registry.RegistryService?applicati
on=demo-consumer&dubbo=2.0.0&organization=dubbox&owner=programmer&pid=43584&registr
y=zookeeper&timestamp=1515979629178
```

在上述 ReferenceConfig 类的 createProxy 方法中有如下代码，载入相关的 Protocol 协议类：

```
if (urls.size() == 1) {
        invoker = refprotocol.refer(interfaceClass, urls.get(0));
}
```

这段代码的执行过程是 ProtocolFilterWrapper→ProtocolListenerWrapper→RegistryProtocol。

在 ProtocolFilterWrapper 的 refer 方法中有一个判断，代码如下所示。

```
public <T> Invoker<T> refer(Class<T> type, URL url) throws RpcException {
    if (Constants.REGISTRY_PROTOCOL.equals(url.getProtocol())) {
        return protocol.refer(type, url);
    }
    return buildInvokerChain(protocol.refer(type, url), Constants.REFERENCE_FILTER_KEY,
Constants.CONSUMER);
}
```

在方法中先判断当前是不是 Registry URL 协议，如果是，则直接调用 RegistryProtocol 执行；如果不是，则将 Protocol 对象加入调用链。

（3）与注册中心交互，“watch”相应的节点。

从官网上找到 Dubbo 与注册中心的结构图，如图 3-13 所示。

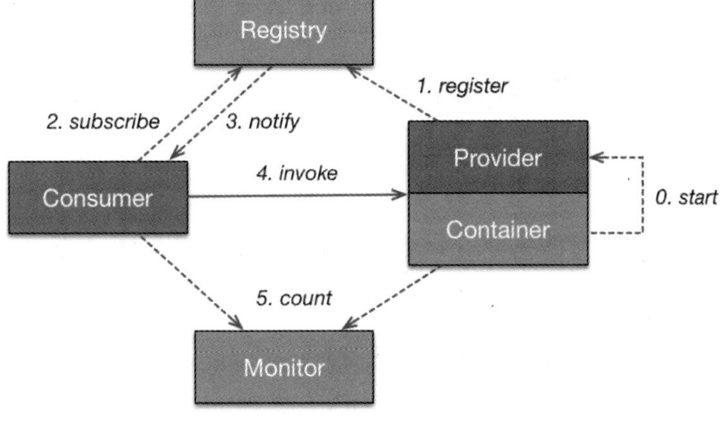

图 3-13

从图 3-13 中可以看出，服务提供者 Provider 向服务注册中心 Registry 注册服务，而消费者 Consumer 从服务注册中心订阅所需要的服务，但不是所有服务。当有新的 Provider 出现，或者现有 Provider 宕机时，注册中心 Registry 都会尽早发现，并将新的 Provider 列表推送给对应的 Consumer。有了这样的机制，Dubbo 才能做到 Failover，而 Failover 的时效性，由注册中心 Registry 的实现决定。

Dubbo 线上支持三种注册中心：自带的 SimpleRegistry、Redis 和 ZooKeeper，当然，最常用的还是 ZooKeeper，因为太多分布式的中间件需要依赖 ZooKeeper 作为协作者。那么怎么才能让 Dubbo 知道我们使用哪个实现作为注册中心呢？我们只需要在 Dubbo 的 XML 配置文件中配置 dubbo:registry 节点即可：

```
<dubbo:registry id="registry"protocol="zookeeper"address="${dubbo.registry.address}"/>
```

在上面第二步中我们找到对应的 RegistryProtocol 类，通过这个类进行服务订阅等相关工作，在分析代码流程之前先介绍 RegistryProtocol 中涉及的几个关键类。

- ZooKeeperRegistry：负责与 ZooKeeper 进行交互。
- RegistryProtocol：从注册中心获取可用服务，或者将服务注册到 ZooKeeper，然后提供服务或调用代理。
- RegistryDirectory：维护所有可用的远程 Invoker 或本地的 Invoker。这个类实现了 NotifyListner。
- NotifyListener：负责 RegistryDirectory 和 ZooKeeperRegistry 的通信。
- FailbackRegistry：继承自 Registry，实现了失败重试机制。

类的继承和依赖关系如图 3-14 所示。

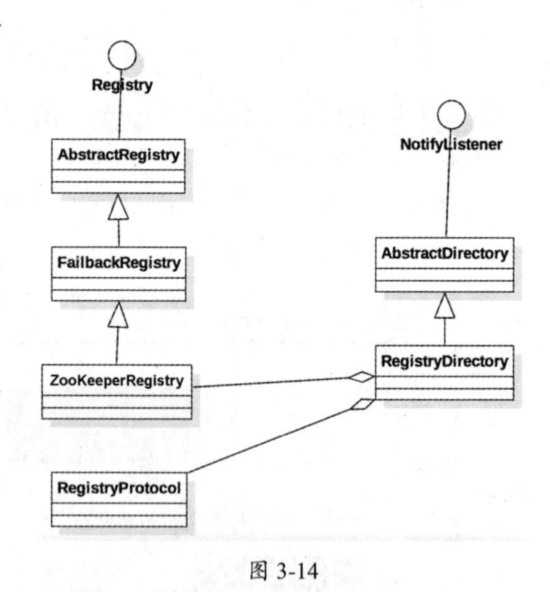

图 3-14

在 RegistryProtocol 类的 refer 方法中主要通过 getRegistry 方法获取 ZooKeeperRegistry 实例，并将 ZooKeeperRegistry 实例以参数的方式传入 doRefer 方法，代码如下所示。

```
    private <T> Invoker<T> doRefer(Cluster cluster, Registry registry, Class<T> type,
URL url) {
        //新生成 RegistryDirectory 实例
```

```
        RegistryDirectory<T> directory = new RegistryDirectory<T>(type, url);
        //将 ZooKeeperRegistry 实例注入 RegistryDirectory，形成组合关系
        directory.setRegistry(registry);
        //将 RegistryProtocol 实例注入 RegistryDirectory，形成组合关系
        directory.setProtocol(protocol);
        //生成 consumer 端 URL 协议
        URL subscribeUrl = new URL(Constants.CONSUMER_PROTOCOL, NetUtils.getLocalHost(),
0, type.getName(), directory.getUrl().getParameters());
        if (! Constants.ANY_VALUE.equals(url.getServiceInterface())
                && url.getParameter(Constants.REGISTER_KEY, true)) {
            //调用 registry 实例进行消费者地址注册
            registry.register(subscribeUrl.addParameters(Constants.CATEGORY_KEY,
Constants.CONSUMERS_CATEGORY,
                    Constants.CHECK_KEY, String.valueOf(false)));
        }
        //服务订阅
        directory.subscribe(subscribeUrl.addParameter(Constants.CATEGORY_KEY,
                Constants.PROVIDERS_CATEGORY
                + "," + Constants.CONFIGURATORS_CATEGORY
                + "," + Constants.ROUTERS_CATEGORY));
        //默认的 cluster 是 FailoverCluster
        //返回的是 FailoverClusterInvoker
        return cluster.join(directory);
    }
```

- 消息者地址注册

  通过 FailbackRegistry 实例的 register 方法调用 ZooKeeperRegistry 实例的 doRegister 方法实现消费者的地址注册。注册地址如下所示。

```
consumer://169.254.2.78/com.alibaba.dubbo.demo.bid.BidService?application=
demo-consumer&category=consumers&check=false&dubbo=2.0.0&interface=com.ali
baba.dubbo.demo.bid.BidService&methods=throwNPE,bid&organization=dubbox&ow
ner=programmer&pid=49427&side=consumer&timestamp=1516020015025
```

- 服务订阅

  通过 FailbackRegistry 实例的 subscribe 方法调用 ZooKeeperRegistry 实例的 doSubscribe 方法实现消费者的地址注册。ZooKeeper 的服务节点路径如下所示。

```
/dubbo/com.alibaba.dubbo.demo.bid.BidService/providers
```

完整的 ZooKeeper 的服务注册和订阅的节点路径如图 3-15 所示。

在 ZooKeeper 中，Dubbo 的节点为根节点，第二层为接口层存放服务类的全路径，第三层是服务提供者和服务消费者集合，第四层为各自的注册地址。

3）返回默认的集群和容错 Invoker 实例

RegistryProtocol 类 doRefer 方法的最后一行代码是：

```
return cluster.join(directory);
```

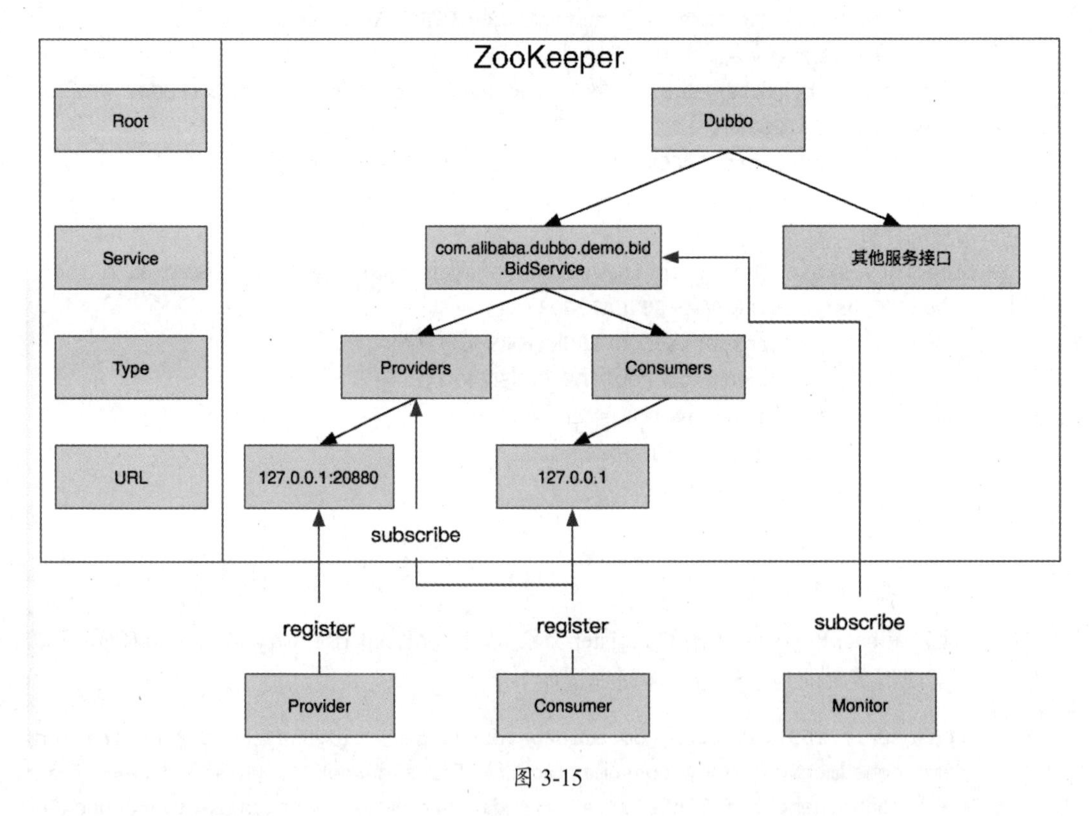

图 3-15

这一行代码最终返回一个 Invoker 执行类，执行 cluster.join 方法会先进入 MockCluster-Wrapper 类，代码如下：

```
public class MockClusterWrapper implements Cluster {

    private Cluster cluster;

    public MockClusterWrapper(Cluster cluster) {
```

```
        this.cluster = cluster;
    }

    public <T> Invoker<T> join(Directory<T> directory) throws RpcException {
        //新生成 MockClusterInvoker 实例并返回
        return new MockClusterInvoker<T>(directory,
                //默认是 FailoverCluster 实例
                this.cluster.join(directory));
    }
}
```

在 join 方法中新生成一个 MockClusterInvoker 实例，并将 FailOverCluster 实例的 join 方法返回的 Invoker 对象作为构造参数传递给 MockClusterInvoker 对象。至于 MockClusterWrapper 实例为什么会在默认的 FailOverCluster 之前，请参考 Dubbo SPI 机制的内容。在 FailOverCluster 实例中返回的是 FailoverClusterInvoker 对象，这是 Dubbo 默认的集群容错策略，当服务出现失败时，重试其他服务器，但是重试会带来较长的延长时间。最终 MockClusterInvoker 实例作为创建代理对象的方法参数传入。

4）创建代理对象

在配置初始化和服务注册与订阅完成后，剩下的工作就是对服务接口类进行包装，产生代理对象并返回。

ReferenceConfig 类的 createProxy 方法的最后一行代码是：

```
return (T) proxyFactory.getProxy(invoker);
```

Dubbo 实现代理对象的方式有两种，一种是使用 JDK 动态代理，使用的是 JDKProxyFactory；另一种是使用 Javassit 字节码来实现，使用 JavassitProxyFactory 来实现。Dubbo 默认使用的是 JavassitProxyFactory，代码如下：

```
public <T> T getProxy(Invoker<T> invoker, Class<?>[] interfaces) {
        return (T) Proxy.getProxy(interfaces).newInstance(new
InvokerInvocationHandler(invoker));
}
```

这段代码看似和 JDK 生成动态代理的代码一样，其实这里的 Proxy 类不是 JDK 自带的生成代理对象的 Proxy 类，而是 Dubbo 自己实现的，类的全路径是 com.alibaba.dubbo.common.bytecode.Proxy，利用 Javassit 字节码技术生成代理。

我们直接来看 Proxy 类中的核心方法 Proxy getProxy(ClassLoader cl, Class<?>... ics)，先看第一部分代码：

```
//服务接口类长度不能大于 65535
if( ics.length > 65535 )
    throw new IllegalArgumentException("interface limit exceeded");

StringBuilder sb = new StringBuilder();
for(int i=0;i<ics.length;i++)
{
    String itf = ics[i].getName();
    //如果服务类不是接口则报错
    if( !ics[i].isInterface() )
        throw new RuntimeException(itf + " is not a interface.");

    Class<?> tmp = null;
    try
    {
       //根据类的全路径名返回服务接口的 Class
        tmp = Class.forName(itf, false, cl);
    }
    catch(ClassNotFoundException e)
    {}

    if( tmp != ics[i] )
        throw new IllegalArgumentException(ics[i] + " is not visible from class
loader");

    sb.append(itf).append(';');
}

// use interface class name list as key.
//将接口全路径名以分号连接起来，拼成 key 字符串
String key = sb.toString();

//定义缓存对象
Map<String, Object> cache;
synchronized( ProxyCacheMap )
```

```
{
    cache = ProxyCacheMap.get(cl);
    if( cache == null )
    {
       //如果缓存对象为 null，则创建一个 HashMap
        cache = new HashMap<String, Object>();
       //以 Classloader 为 key，将 cache 对象缓存到 ProxyCacheMap 中
        ProxyCacheMap.put(cl, cache);
    }
}

Proxy proxy = null;
synchronized( cache )
{
    do
    {
        Object value = cache.get(key);
        //从缓存中取实例，如果是 Reference 类型的则直接返回代理
        if( value instanceof Reference<?> )
        {
            proxy = (Proxy)((Reference<?>)value).get();
            if( proxy != null )
                return proxy;
        }
        //PendingGenerationMarker 等于 value，说明此时 value 是正在创建中的对象，使用
        //wait 进行等待，直到创建完成
        if( value == PendingGenerationMarker )
        {
            try{ cache.wait(); }catch(InterruptedException e){}
        }
        //将 key 和 PendingGenerationMarker 缓存
        else
        {
            cache.put(key, PendingGenerationMarker);
            break;
        }
    }
    while( true );
}
```

这段代码主要是将服务接口全路径名以分号的方式连接起来，存放到 cache 对象中以便下次使用，下面的部分是 Javassist 的核心代码。

```
long id = PROXY_CLASS_COUNTER.getAndIncrement();
String pkg = null;
//利用字节码生成对象实例工具
ClassGenerator ccp = null;
ccm = null;
try
{
    ccp = ClassGenerator.newInstance(cl);

    Set<String> worked = new HashSet<String>();
    List<Method> methods = new ArrayList<Method>();

    for(int i=0;i<ics.length;i++)
    {
        if( !Modifier.isPublic(ics[i].getModifiers()) )
        {
            String npkg = ics[i].getPackage().getName();
            if( pkg == null )
            {
                pkg = npkg;
            }
            else
            {
                if( !pkg.equals(npkg)  )
                    throw new IllegalArgumentException("non-public interfaces from
different packages");
            }
        }
        ccp.addInterface(ics[i]);

        for( Method method : ics[i].getMethods() )
        {
            String desc = ReflectUtils.getDesc(method);
            if( worked.contains(desc) )
                continue;
```

```
                worked.add(desc);

                int ix = methods.size();
                Class<?> rt = method.getReturnType();
                Class<?>[] pts = method.getParameterTypes();
                //生成代理方法体
                StringBuilder code = new StringBuilder("Object[] args = new Object[").
append(pts.length).append("];");
                for(int j=0;j<pts.length;j++)
                    code.append(" args[").append(j).append("] = ($w)$").append(j+1).
append(";");
                code.append(" Object ret = handler.invoke(this, methods[" + ix + "],
args);");
                if( !Void.TYPE.equals(rt) )
                    code.append(" return ").append(asArgument(rt, "ret")).append(";");

                methods.add(method);
                ccp.addMethod(method.getName(), method.getModifiers(), rt, pts,
method.getExceptionTypes(), code.toString());
            }
        }

        if( pkg == null )
            pkg = PACKAGE_NAME;

        //生成的代理实例对象
        String pcn = pkg + ".proxy" + id;
        //设置代理实例对象的类名
        ccp.setClassName(pcn);
        //添加静态 Method 属生
        ccp.addField("public static java.lang.reflect.Method[] methods;");
        //添加 InvokerInvocationHandler 属性
        ccp.addField("private " + InvocationHandler.class.getName() + " handler;");
        //添加构造方法，参数是 InvokerInvocationHandler 对象
        ccp.addConstructor(Modifier.PUBLIC, new Class<?>[]{ InvocationHandler.class },
new Class<?>[0], "handler=$1;");
        ccp.addDefaultConstructor();
        //生成代理类 Class
```

```
        Class<?> clazz = ccp.toClass();
        clazz.getField("methods").set(null, methods.toArray(new Method[0]));

        //创建代理类对象
        String fcn = Proxy.class.getName() + id;
        ccm = ClassGenerator.newInstance(cl);
        ccm.setClassName(fcn);
        //添加默认构造方法
        ccm.addDefaultConstructor();
        //设置父类是抽象类 Proxy
        ccm.setSuperClass(Proxy.class);
        //生成新的方法，实例化代理实例对象并返回
        ccm.addMethod("public Object newInstance(" + InvocationHandler.class.getName()
+ " h){ return new " + pcn + "($1); }");
        Class<?> pc = ccm.toClass();
        //实例化代理类对象
        proxy = (Proxy)pc.newInstance();
    }
    catch(RuntimeException e)
    {
        throw e;
    }
```

整段代码的逻辑就是自己注入代码生成代理类，将 InvokerInvocationHandler 实例对象传入代理类，最终实现代理的功能。

反编译由 Javassist 生成的代理类，部分源代码如下所示。

```
    public class com.alibaba.dubbo.common.bytecode.Proxy0 extends Proxy {
       //将 InvocationHandler 实例类传入
        public Object newInstance(java.lang.reflect.InvocationHandler h){
            //实例化 proxy0 对象
            return new com.alibaba.dubbo.common.bytecode.proxy0(h);
        }
    }

    public class com.alibaba.dubbo.common.bytecode.proxy0 {

        public static java.lang.reflect.Method[] methods;
```

```
    private  java.lang.reflect.InvocationHandler handler;

    public com.alibaba.dubbo.common.bytecode.proxy0(InvocationHandler handler) {
            this.handler = handler;
    }

    public com.alibaba.dubbo.demo.bid.BidResponse bid() {
          Object[] args = new Object[1]; args[0] = ($w)$1;
          //这里的方法调用其实是委托给 nvocationHandler 实例对象的
          Object ret = handler.invoke(this, methods[0], args);
          return (com.alibaba.dubbo.demo.bid.BidResponse)ret;
    }
}
```

到目前为止，ReferenceBean 整个类的源码已经基本分析完了，最终会使用 InvokerInvocationHandler 将服务接口包装成一个代理类并返回。我们在调用服务接口的时候就会触发代理类，通过代理类实现服务路由、服务选取，以及与服务提供者 Provider 端的远程通信，这些过程服务调用者是无法感知的，就像在应用中调用本地方法一样简单。虽然使用简单，但是在性能上和调用本地方法却有很大的差别，我们不仅要考虑服务提供者 Provider 的性能，还要考虑网络环境的健康状况。服务调用方根据返回的不同状态信息使用不同的策略应对，而 Dubbo 已经为我们提供了多种策略，下面看一下 InvokerInvocationHandler 代理类的实现过程。

2. 远程调用

前面我们介绍了 ReferenceBean 的整个流程，通过 ReferenceBean 将服务接口以代理的形式进行了包装。下面介绍如何通过代理对象进行远程方法的调用，从大的方面也可以分为三步，分别是代理调用、容错负载和远程通信，如图 3-16 所示。

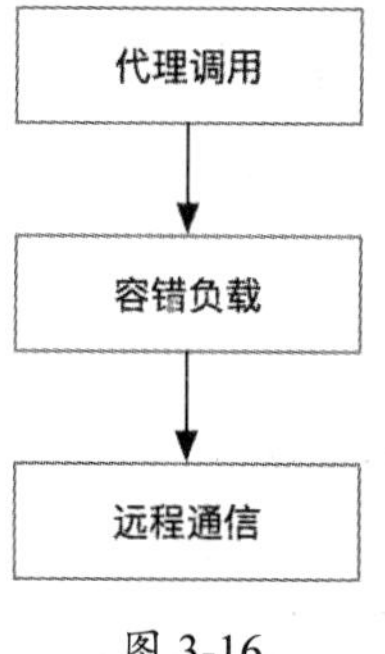

图 3-16

1）代理调用

接下来就要直接调用服务接口实现远程调用，调用服务接口的示例代码如下：

```
BidService bidService = (BidService)ctx.getBean("bidService");
BidRequest bidRequest = new BidRequest();
bidRequest.setId("1001");
BidResponse bidResponse = bidService.bid(bidRequest);
```

这段代码是 Dubbo 源码工程中 dubbo-demo/dubbo-demo-consumer 模块下的示例代码，通过 Spring 的 getBean 方法获取服务接口 BidService，然后设置请求参数数据，调用服务接口的 bid 方法，但 bid 方法已经被代理类 InvokerInvocationHandler 包装拦截。InvokerInvocationHandler 代理类的代码如下所示。

```
public class InvokerInvocationHandler implements InvocationHandler {

    private final Invoker<?> invoker;

    public InvokerInvocationHandler(Invoker<?> handler){
        this.invoker = handler;
    }

    public Object invoke(Object proxy, Method method, Object[] args) throws
Throwable {
        String methodName = method.getName();
        Class<?>[] parameterTypes = method.getParameterTypes();
        if (method.getDeclaringClass() == Object.class) {
            return method.invoke(invoker, args);
        }
        //动态代理过滤 toString 方法
        if ("toString".equals(methodName) && parameterTypes.length == 0) {
            return invoker.toString();
        }
        //动态代理过滤 hashCode 方法
        if ("hashCode".equals(methodName) && parameterTypes.length == 0) {
            return invoker.hashCode();
        }
        //动态代理过滤 equals 方法
        if ("equals".equals(methodName) && parameterTypes.length == 1) {
```

```
            return invoker.equals(args[0]);
        }
        //将方法和参数封装成 RpcInvocation 后调用，recreate 方法的主要作用是在调用时如
        //果发生异常则抛出异常，否则正常返回
        return invoker.invoke(new RpcInvocation(method, args)).recreate();
    }

}
```

每一个动态代理类都必须实现 InvocationHandler 接口，并且每个代理类的实例都关联了一个 handler，当我们通过代理对象调用一个方法时，这个方法的调用就会转为由 InvocationHandler 接口的 invoke 方法来调用，Invoker 实例就是我们之前讲过的 MockClusterInvoker。

```
public Result invoke(Invocation invocation) throws RpcException {
    Result result = null;
        //获取 Mock 状态值
        String value = directory.getUrl().getMethodParameter(invocation.
getMethodName(), Constants.MOCK_KEY, Boolean.FALSE.toString()).trim();
        //如果为 false，则继续往下执行
        if (value.length() == 0 || value.equalsIgnoreCase("false")){
            //不进行“Mock”则直接调用后面的 Invoker
            result = this.invoker.invoke(invocation);
        }
        //如果为 true，则判断 value 字符串是否以 force 开头，如果是则强制执行
        //doMockInvoker 方法
        else if (value.startsWith("force")) {
            if (logger.isWarnEnabled()) {
                logger.info("force-mock: " + invocation.getMethodName() + "
force-mock enabled , url : " +  directory.getUrl());
            }
            //如果值为 force，表示强制“Mock”，即不访问远端方法，直接调用 Mock 数据
            result = doMockInvoke(invocation, null);
        } else {
               //其他的值，则先调用后面的 Invoker，如果失败且不是业务错误时使用 Mock 数
               //据，非业务错误包含网络错误、超时错误、禁止访问错误、序列化错误及其他未
               //知的错误，业务错误则是接口实现类中的方法抛出的错误
              try {
                result = this.invoker.invoke(invocation);
```

```
            }catch (RpcException e) {
                if (e.isBiz()) {
                    throw e;
                } else {
                    if (logger.isWarnEnabled()) {
                        logger.info("fail-mock: " + invocation.getMethodName() + "
fail-mock enabled , url : " +  directory.getUrl(), e);
                    }
                    result = doMockInvoke(invocation, e);
                }
            }
        }
        return result;
    }
```

这段代码首先要根据请求的 URL 获取 Mock 的 value 状态值，如果 value 值为 false，则直接继续下一步；如果 value 值是以 force 开头的字符串，则强制执行 doMockInvoke 方法。这个方法不进行远程访问，可以自己定义本地 Mock 方法执行。如果 value 值是 mock=fail:return null，则可以放行继续执行；如果返回错误，则可以根据 doMockInvoke 方法进行功能降级。也就是说，这个类一共包括三个功能，分别是 Mock 挡板、功能降级和正常执行，正常执行我们后面会继续介绍，下面分别对 Mock 挡板和功能降级进行简要的介绍。

（1）Mock 挡板。

以一个例子说一下 Dubbo 中 Mock 的用法。

```
<dubbo:reference interface="com.alibaba.dubbo.demo.bid.BidService" mock="force" />
```

在 reference 标签上加一个 mock="force"就可以将当前服务设置为 Mock。但是设置完 Mock 属性后还没有结束，需要有一个 Mock 类对应服务接口类。

规则如下：

接口名 + Mock 后缀，服务接口调用失败 Mock 实现类，该 Mock 类必须有一个无参构造函数。

如果对应到 com.alibaba.dubbo.demo.bid.BidService，则创建 BidServiceMock 类。

```
public class BidServiceMock implements BidService {

    public String bid(BidRequest request) {
```

```
        //可以伪造容错数据，此方法只在出现 RpcException 时被执行
        return "容错数据";
    }
}
```

如果对应到 com.alibaba.dubbo.demo.bid.BidService，则创建 BidServiceMock 类。经过以上设置后，当调用 BidService 进行接口调用时，请求将直接到 BarServiceMock 实例中进行相关的数据模拟。

（2）功能降级。

降级一词最简单的解释就是“弃卒保帅”，而降级的目的就是停止一些非核心的系统以保证系统的核心功能能够正常使用。在 Dubbo 中，降级一词还有另一层含义，因网络、超时等异常长时间出现后，Dubbo 通过正常的通信协议（比如 Netty）无法正常工作，则可以考虑采用其他的通信方式，比如 Hessian 或 HTTP 的方式，一些非关键和实时的数据也可以调用本地缓存的数据返回。

2）容错负载

下面从整体设计架构上做详细介绍，然后通过源码来分析整个过程。

（1）整体架构介绍。

容错负载是 Dubbo 的重要组成模块，该模块实现了多种集群特性，还实现了目录服务、负载均衡、路由策略和服务治理配置等特性。整体架构设计如图 3-17 所示。

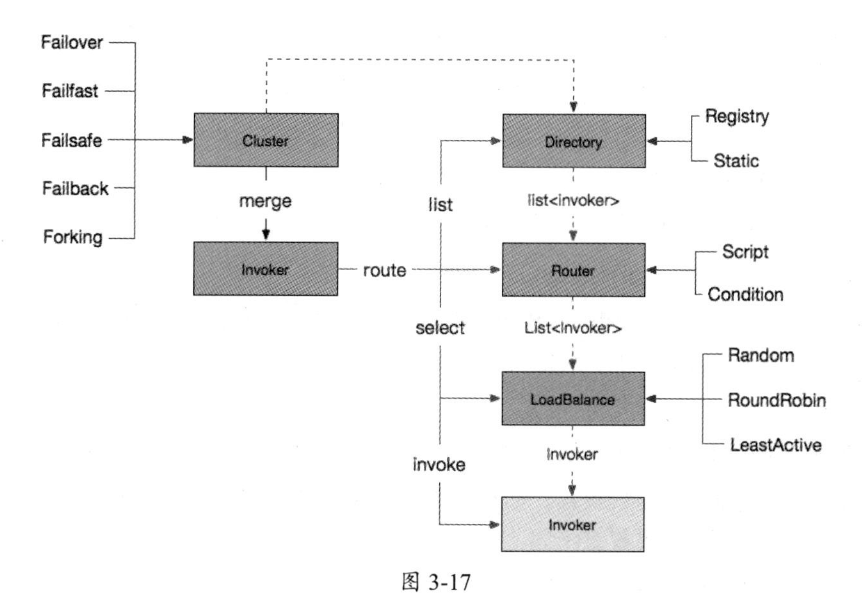

图 3-17

各部分组件说明：

- Invoker 是服务提供者（Provider）的抽象，Invoker 封装了 Provider 地址及服务接口信息。
- Directory 代表多个 Invoker，可以把它看作 List，但与 List 不同的是，它的值可能是动态变化的，比如注册中心推送变更。
- Cluster 将 Directory 中的多个 Invoker 伪装成一个 Invoker，伪装过程包含了容错逻辑，调用失败后，重试另一个。
- Router 可以从多个 Invoker 中通过路由规则进行过滤和筛选。
- LoadBalance 可以从多个 Invoker 中选出一个使用。

负载均衡的类结构如图 3-18 所示。

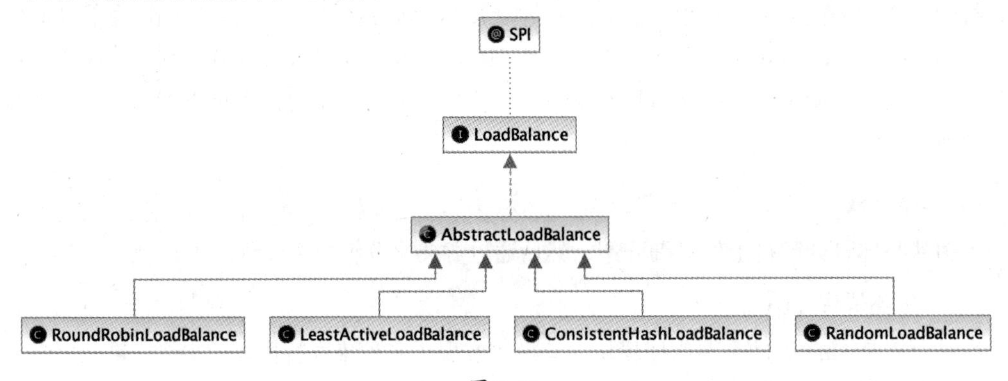

图 3-18

- RoundRobinLoadBalance：权重轮询算法，按照公约后的权重设置轮询比例

  原理：把来自用户的请求轮流分配给内部中的服务器。例如：从 1 开始，一直到 *N*（其中，*N* 是内部服务器的总数），然后重新开始循环。

- LeastActiveLoadBalance：最少活跃调用数均衡算法

  原理：最少活跃调用数，活跃数指调用前后计数差，使慢的机器收到更少。

- ConsistentHashLoadBalance：一致性 Hash 算法

  原理：一致性 Hash，相同参数的请求总是发到同一个提供者。一致性 Hash 算法可以解决服务提供者的增加、移除及“挂掉”时的情况，也可以通过构建虚拟节点，尽可能避免分配失衡，具有很好的平衡性。

- RandomLoadBalance：随机均衡算法（Dubbo 的默认负载均衡策略）

  原理：按权重设置随机概率，如果每个提供者的权重都相同，那么根据列表长度直接随机选取一个，如果权重不同，则累加权重值。从 0～累加的权重值中选取一个随机数，然后判断该随机数落在哪个提供者上。

集群策略类结构如图 3-19 所示。

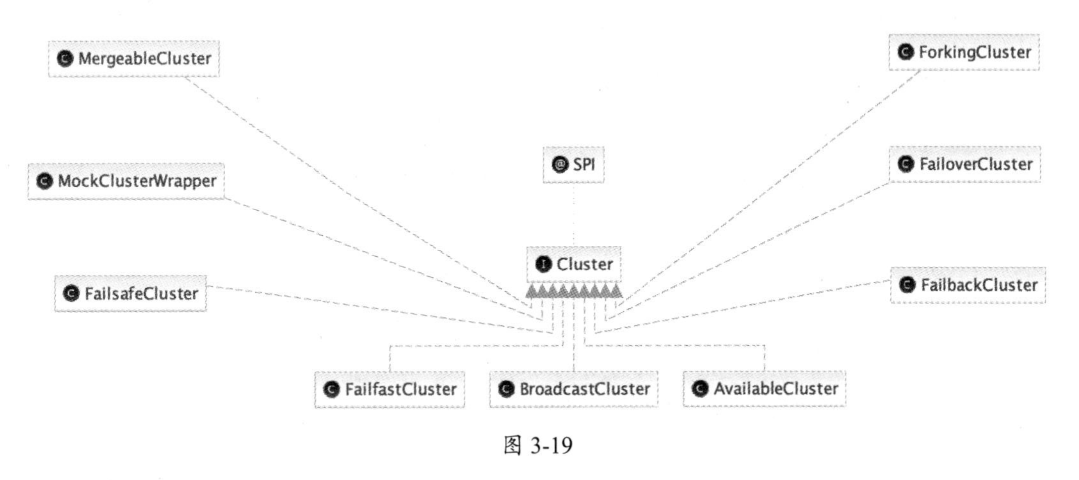

图 3-19

- FailoverCluster：失败转移

  当出现失败时，重试其他服务器，通常用于读操作，但重试会带来更长延迟（默认集群策略）。

- FailfastCluster：快速失败

  只发起一次调用，失败立即报错，通常用于非幂等性操作。

- FailbackCluster：失败自动恢复

  对于 Invoker 调用失败，后台记录失败请求，任务定时重发，通常用于通知。

- BroadcastCluster：广播调用

  遍历所有 Invokers，如果调用其中某个 invoker 报错，则“catch”住异常，这样就不影响其他 Invoker 调用。

- AvailableCluster：获取可用的调用

  遍历所有 Invokers 并判断 Invoker.isAvalible，只要有一个为 true 就直接调用返回，不管成不成功。

- FailsafeCluster：失败安全

  出现异常时，直接忽略，通常用于写入审计日志等操作。

- ForkingCluster：并行调用

  只要一个成功即返回，通常用于实时性要求较高的操作，但需要浪费更多的服务资源。

- MergeableCluster：分组聚合

  按组合并返回结果，比如某个服务接口有多种实现，可以用 group 区分，调用者调用多种实现并将得到的结果合并。

集群目录类结构如图 3-20 所示。

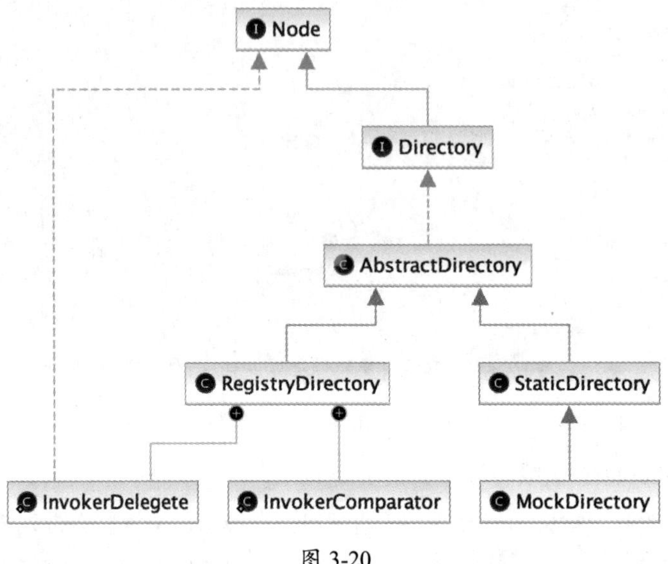

图 3-20

- Directory：代表多个 Invoker，可以看作 List，它的值可能是动态变化的，比如注册中心推送变更。
- StaticDirectory：静态目录服务，它的所有 Invoker 通过构造函数传入，并且将所有 Invoker 返回。
- RegistryDirectory：注册目录服务，它的 Invoker 集合是从注册中心获取的，并且实现了 NotifyListener 接口的 notify(List)方法。
- AbstractDirectory：所有目录服务实现的抽象类，它在获取所有的 Invoker 后，通过 Router 服务进行路由过滤。

路由类结构如图 3-21 所示。

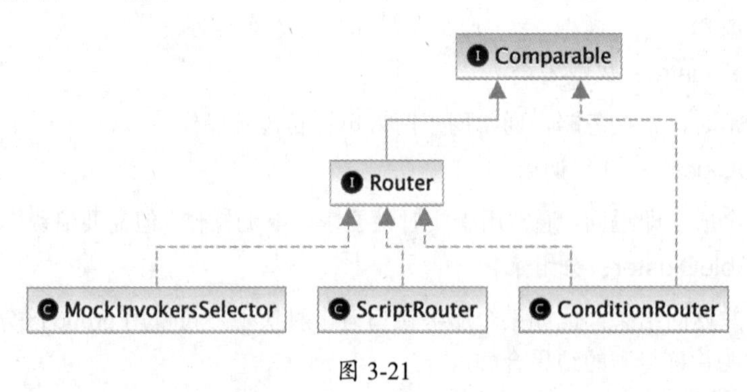

图 3-21

- ConditionRouter：基于条件表达式的路由规则，不足之处是在规则复杂且多分支的情况下，规则不容易描述。
- ScriptRouter：基于脚本引擎的路由规则，没有运行沙箱，脚本能力强大，可能成为后门。

（2）源码分析。

> **注：**本节只对 Dubbo 默认的集群和负载策略做源码分析，其他相关策略还请读者自行研究。

在 MockClusterInvoker 实例中正常执行流程，代码“走”到了 AbstractClusterInvoker 类的 invoke(final Invocation invocation)方法中，AbstractClusterInvoker 类主要用于集群选择的抽象类，如下所示。

```
    public Result invoke(final Invocation invocation) throws RpcException {
        //健康检测
        checkWheatherDestoried();
        //定义负载接口类
        LoadBalance loadbalance;
        //获取所有可用的服务列表
        List<Invoker<T>> invokers = list(invocation);
        if (invokers != null && invokers.size() > 0) {
            //获取默认的负载策略
            loadbalance = ExtensionLoader.getExtensionLoader(LoadBalance.class).
getExtension(invokers.get(0).getUrl()
                    .getMethodParameter(invocation.getMethodName(),Constants.LOADBAL
ANCE_KEY, Constants.DEFAULT_LOADBALANCE));
        } else {
            //如果暂时没有地址信息，则使用默认的负载均衡策略策略（random)
            loadbalance = ExtensionLoader.getExtensionLoader(LoadBalance.class).
getExtension(Constants.DEFAULT_LOADBALANCE);
        }
        //如果是异步则需要加入相应的信息
        RpcUtils.attachInvocationIdIfAsync(getUrl(), invocation);
        //根据地址及负载均衡策略发起调用
        return doInvoke(invocation, invokers, loadbalance);
    }

    protected  List<Invoker<T>> list(Invocation invocation) throws RpcException {
        List<Invoker<T>> invokers = directory.list(invocation);
        return invokers;
```

directory 也就是 RegistryDirectory 实例，通过上层抽象类 AbstractDirectory 可以调用 RegistryDirectory 的 doList(Invocation invocation)方法来获得 invocation 的所有 Invoker。其中 invocation 只需要给出调用的方法名称即可，Invoker 则负责发送调用请求和接收返回结果，里面封装了所有的通信、序列化细节。

RegistryDirectory 是如何根据 invocation 参数来获取 Invoker 列表的呢？其实 RegistryDirectory 包含一个 subscribe 方法，用来向 Registry 请求所需要的服务调用地址，然后 Registry 会通过 notify 方法回调 RegistryDirectory，notify 方法就会把这些服务的地址进一步封装成 Invoker，并且缓存起来。这样调用 doList 的时候直接根据 invocation 的方法名来找对应的 Invoker 就可以了。

RegistryDirectory 的 doList 返回的是一个 list 列表，也就是可能会存在多个可用的服务实现，可以通过负载 balance 来决定使用哪个服务实现。

在上述 invoke 方法中通过 list 方法获取可用服务列表后，接着通过 SPI 的机制获取默认的负载均衡策略（RandomLoadBalance，随机均衡算法），然后将 invocation、可用服务列表和默认负载策略以参数的方式传入默认的集群策略类 FailoverClusterInvoker 的 doInvoker 方法。

FailoverClusterInvoker 类的 doInvoker 方法代码如下：

```
    public Result doInvoke(Invocation invocation, final List<Invoker<T>> invokers,
LoadBalance loadbalance) throws RpcException {
        List<Invoker<T>> copyinvokers = invokers;
        checkInvokers(copyinvokers, invocation);
        //获取 URL 中 retries 关键字的值
        //需要注意的是默认的重试次数为 2（最多执行 3 次）
        int    len    =    getUrl().getMethodParameter(invocation.getMethodName(),
Constants.RETRIES_KEY, Constants.DEFAULT_RETRIES) + 1;
        if (len <= 0) {
            len = 1;
        }
        // retry loop.
        RpcException le = null; // last exception.
        List<Invoker<T>> invoked = new ArrayList<Invoker<T>>(copyinvokers.size()); //
invoked invokers.
        Set<String> providers = new HashSet<String>(len);
        //发起指定次数的调用，只要有一次成功就返回
        for (int i = 0; i < len; i++) {
            //重试时，进行重新选择，避免重试时 Invoker 列表已发生变化
            //注意：如果列表发生了变化，那么 invoked 判断会失效，因为 Invoker 示例已经改变
```

```
            if (i > 0) {
                checkWheatherDestoried();
                copyinvokers = list(invocation);
                //重新检查一下
                checkInvokers(copyinvokers, invocation);
            }
            //根据负载均衡算法得到一个地址
            Invoker<T> invoker = select(loadbalance, invocation, copyinvokers, invoked);
            //记录发起过调用的地址，防止重试时调用了已经调用过的地址
            invoked.add(invoker);
            RpcContext.getContext().setInvokers((List)invoked);
            try {
                //通过之前选出的地址进行调用
                Result result = invoker.invoke(invocation);
                //调用成功后，判断之前是否经过重试，如果重试过则记录警告信息
                if (le != null && logger.isWarnEnabled()) {
                    logger.warn("Although retry the method " + invocation.getMethodName()
                            + " in the service " + getInterface().getName()
                            + " was successful by the provider " + invoker.getUrl().
getAddress()
                            + ", but there have been failed providers " + providers
                            + " (" + providers.size() + "/" + copyinvokers.size()
                            + ") from the registry " + directory.getUrl().getAddress()
                            + " on the consumer " + NetUtils.getLocalHost()
                            + " using the dubbo version " + Version.getVersion() + ".
Last error is: "
                            + le.getMessage(), le);
                }
                return result;
            } catch (RpcException e) {
                //如果业务异常则直接抛出错误，其他（如超时等错误）则不重试
                if (e.isBiz()) { // biz exception.
                    throw e;
                }
                le = e;
            } catch (Throwable e) {
                le = new RpcException(e.getMessage(), e);
            } finally {
```

```
                //记录调用的地址
                providers.add(invoker.getUrl().getAddress());
            }
        }
        throw new RpcException(le != null ? le.getCode() : 0, "Failed to invoke the method "
                + invocation.getMethodName() + " in the service " + getInterface().
getName()
                + ". Tried " + len + " times of the providers " + providers
                + " (" + providers.size() + "/" + copyinvokers.size()
                + ") from the registry " + directory.getUrl().getAddress()
                + " on the consumer " + NetUtils.getLocalHost() + " using the dubbo
version "
                + Version.getVersion() + ". Last error is: "
                + (le != null ? le.getMessage() : ""), le != null && le.getCause() !=
null ? le.getCause() : le);
    }
```

FailoverClusterInvoker 的重试次数默认是两次，最多执行三次，每一次重试都要重新获取可用服务列表，然后根据选定的负载均衡策略选择出一个可用服务进行调用，如果调用失败则要判断当前异常是否是业务异常，如果是则不重试直接抛出异常。

下面深入分析如何通过负载均衡策略选择一个可用的服务。在 FailoverClusterInvoker 的上层抽象类 AbstractClusterInvoker 中有一个 select 方法，代码如下：

```
    /**
    * 使用 loadbalance 选择 Invoker
    * @param availablecheck 如果设置为 true，则在选择的时候先选 invoker.available == true
    * @param selected 已选过的 Invoker.注意：输入保证不重复
    *
    */
    protected Invoker<T> select(LoadBalance loadbalance, Invocation invocation,
List<Invoker<T>> invokers, List<Invoker<T>> selected) throws RpcException {
        if (invokers == null || invokers.size() == 0)
            return null;
        String methodName = invocation == null ? "" : invocation.getMethodName();
        //如果 sticky 为 true，则调用端在访问该接口上的所有方法时使用相同的 provider
        boolean sticky = invokers.get(0).getUrl().getMethodParameter(methodName,
Constants.CLUSTER_STICKY_KEY, Constants.DEFAULT_CLUSTER_STICKY) ;
```

```
        {
            //ignore overloaded method
            //如果 provider 已经不存在了，则将其设置为 null
            if ( stickyInvoker != null && !invokers.contains(stickyInvoker) ){
                stickyInvoker = null;
            }
            //ignore cucurrent problem
            //如果 sticky 为 true，且之前有调用过的未失败的 provider，则继续使用该 provider
            if (sticky && stickyInvoker != null && (selected == null || !selected.
contains(stickyInvoker))){
                if (availablecheck && stickyInvoker.isAvailable()){
                    return stickyInvoker;
                }
            }
        }
        //选择 Invoker
        Invoker<T> invoker = doselect(loadbalance, invocation, invokers, selected);

        if (sticky){
            stickyInvoker = invoker;
        }
        return invoker;
    }
```

这个方法中一个比较重要的参数是 sticky，如果得到的值是 true，则表示调用端在使用这个服务接口上面的所有方法，都使用同一个 provider；如果得到的值是 false，则通过 doselect 方法进行服务选择，代码如下：

```
    private  Invoker<T>  doselect(LoadBalance  loadbalance,  Invocation  invocation,
List<Invoker<T>> invokers, List<Invoker<T>> selected) throws RpcException {
        if (invokers == null || invokers.size() == 0)
            return null;
        //如果可用服务只有一个，就直接返回
        if (invokers.size() == 1)
            return invokers.get(0);
        //如果只有两个 Invoker，则退化成轮循
        if (invokers.size() == 2 && selected != null && selected.size() > 0) {
            return selected.get(0) == invokers.get(0) ? invokers.get(1) : invokers.get(0);
```

```
        }
        //通过负载均衡算法得到一个 Invoker
        Invoker<T> invoker = loadbalance.select(invokers, getUrl(), invocation);

        //如果 selected 中包含（优先判断）或不可用&&availablecheck=true 则重试
        if( (selected != null && selected.contains(invoker))
                ||(!invoker.isAvailable() && getUrl()!=null && availablecheck)){
            try{
                Invoker<T> rinvoker = reselect(loadbalance, invocation, invokers,
selected, availablecheck);
                if(rinvoker != null){
                    invoker =  rinvoker;
                }else{
                    //看下第一次选的位置，如果不是最后，则选+1 位置
                    int index = invokers.indexOf(invoker);
                    try{
                        //避免碰撞
                        invoker = index <invokers.size()-1?invokers.get(index+1):
invoker;
                    }catch (Exception e) {
                        logger.warn(e.getMessage()+" may because invokers list dynamic
change, ignore.",e);
                    }
                }
            }catch (Throwable t){
                logger.error("clustor relselect fail reason is :"+t.getMessage() +" if
can not slove ,you can set cluster.availablecheck=false in url",t);
            }
        }
        return invoker;
    }
```

- 如果当前可用的服务只有一个，则直接返回。
- 如果当前可用的服务有两个，则采用轮询的方式返回。
- 如果当前的可用服务大于两个，则采用负载算法选择服务。
- 如果选择的服务之前有过不可用的记录，则检查 availablecheck 的值是否为 true，如果为 true 则重试。

- 如果重试的时候，选择的可用的服务不为 null，则直接返回。
- 如果选择的可用服务为 null，则选择当前服务的下一个服务，如果当前的 Invoker 已经是最后一个了，则只能选择最后一个返回。

根据上面的代码，先看一下如何通过负载算法来选择可用服务，在接口 LoadBalance 中可以看到默认的负载算法是 RandomLoadBalance，代码如下：

```
public class RandomLoadBalance extends AbstractLoadBalance {

    public static final String NAME = "random";

    private final Random random = new Random();

    protected  <T>  Invoker<T>  doSelect(List<Invoker<T>>  invokers,  URL  url,
Invocation invocation) {
        int length = invokers.size(); //总数
        int totalWeight = 0; //总权重
        boolean sameWeight = true; //权重是否都一样
        for (int i = 0; i < length; i++) {
            int weight = getWeight(invokers.get(i), invocation);
            totalWeight += weight; //累计总权重
            if (sameWeight && i > 0
                    && weight != getWeight(invokers.get(i - 1), invocation)) {
                sameWeight = false; //计算所有权重是否一样
            }
        }
        if (totalWeight > 0 && ! sameWeight) {
            //如果权重不相同且权重大于 0 则按总权重数随机
            int offset = random.nextInt(totalWeight);
            //并确定随机值落在哪个片断上
            for (int i = 0; i < length; i++) {
                offset -= getWeight(invokers.get(i), invocation);
                if (offset < 0) {
                    return invokers.get(i);
                }
            }
        }
        // 如果权重相同或权重为 0 则均等随机
```

```
        return invokers.get(random.nextInt(length));
    }
}
```

随机调度算法又分两种情况：

- 当所有服务提供者权重相同或无权重时，则根据列表 size 得到一个值，再随机得出一个[0, size)的数值，根据这个数值获取对应位置的服务提供者。
- 计算所有服务提供者权重之和，例如有 5 个 Invoker，总权重为 25，则随机得出[0, 24]的一个值，根据各个 Invoker 的区间来取 Invoker，如随机值为 10，则选择第二个 Invoker。

继续来看权重获取方法 getWeight，代码如下：

```
protected int getWeight(Invoker<?> invoker, Invocation invocation) {
    //先获取 provider 配置的权重（默认为 100）
    int weight = invoker.getUrl().getMethodParameter(invocation.getMethodName(),
Constants.WEIGHT_KEY, Constants.DEFAULT_WEIGHT);
    if (weight > 0) {
        long timestamp = invoker.getUrl().getParameter(Constants.TIMESTAMP_KEY, 0L);
        if (timestamp > 0L) {
            int uptime = (int) (System.currentTimeMillis() - timestamp);
            int  warmup  =  invoker.getUrl().getParameter(Constants.WARMUP_KEY,
Constants.DEFAULT_WARMUP);
            //如果启动时长小于预热时间，则需要降权。权重计算方式为启动时长占预热时间的
            //百分比乘以权重，如启动时长为 20000ms，预热时间为 60000ms，权重为 120，则
            //最终权重为 120×（1/3）= 40，注意 calculateWarmupWeight 使用 float 进行
            //计算，因此结果并不精确
            if (uptime > 0 && uptime < warmup) {
                weight = calculateWarmupWeight(uptime, warmup, weight);
            }
        }
    }
    return weight;
}

static int calculateWarmupWeight(int uptime, int warmup, int weight) {
    int ww = (int) ( (float) uptime / ( (float) warmup / (float) weight ) );
    return ww < 1 ? 1 : (ww > weight ? weight : ww);
}
```

至此默认的随机负载算法已经介绍完毕，我们回到先前的 FailoverClusterInvoker 实例中，上面我们介绍了通过 select 方法如何选择服务，那么在选择出一个可用服务后，接下来就正式进入服务调用环节了，也就是 `Result result = invoker.invoke(invocation)`。这一行代码会经过一系列的 Filter 通过配置好的通信协议，远程调用相应的 Provider，执行并返回结果，返回结果和异常信息全部封装到 Result 对象中，最终实现一次完整的调用过程。关于 Dubbo 的通信机制我们会在后面进行深入介绍。

Dubbo Filter 类列表如图 3-22 所示。

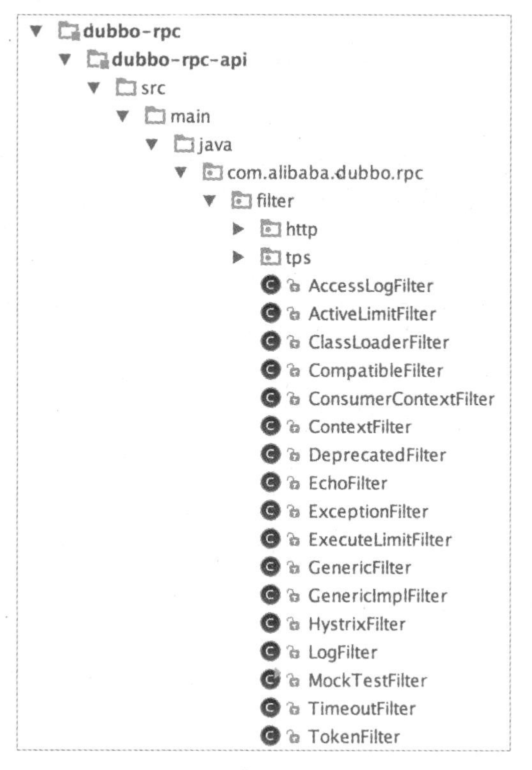

图 3-22

图中的这些 Filter，有 consumer 端的也有 provider 端的，都是在定义 Filter 的时候通过注解指定的。Filter 是一种递归的链式调用，用来在远程调用真正执行的前后加入一些逻辑，跟 AOP 的拦截器 Servlet 中 Filter 概念一样，Filter 接口的定义如下所示。

```
@SPI
public interface Filter {
  Result invoke(Invoker<?> invoker,Invocation invocation) throws RpcException;
}
```

在 ProtocolFilterWrapper 类中，通过服务的暴露与引用，根据 Key 是 provider 还是 consumer 来构建服务提供者与消费者的调用过滤器链。

在 Filter 的实现类需要加上@Activate 注解，@Activate 的 group 属性是一个 string 数组，我们可以通过这个属性来指定 Filter 是在 consumer 或 provider 还是两者都有的情况下激活，所谓激活就是能够被获取并组成 Filter 链。

3.2.5 Dubbo 服务端

服务发布就是服务提供端向注册中心注册服务，这样调用端便能够从注册中心获取相应的服务。

与 Dubbo 消费端类似，服务端的核心类是 ServiceBean，在 Spring 解析 Dubbo 的 service 标签的时候，在 DubboNamespaceHandler 类中进行加载。想要发布一个服务，只需要在 Dubbo 的 XML 文件中配置相应的服务即可，示例如下：

```
<dubbo:service interface="com.alibaba.dubbo.demo.bid.BidService"
ref="bidService"  protocol="dubbo" />
```

图 3-23 显示了 ServiceBean 的类继承结构。

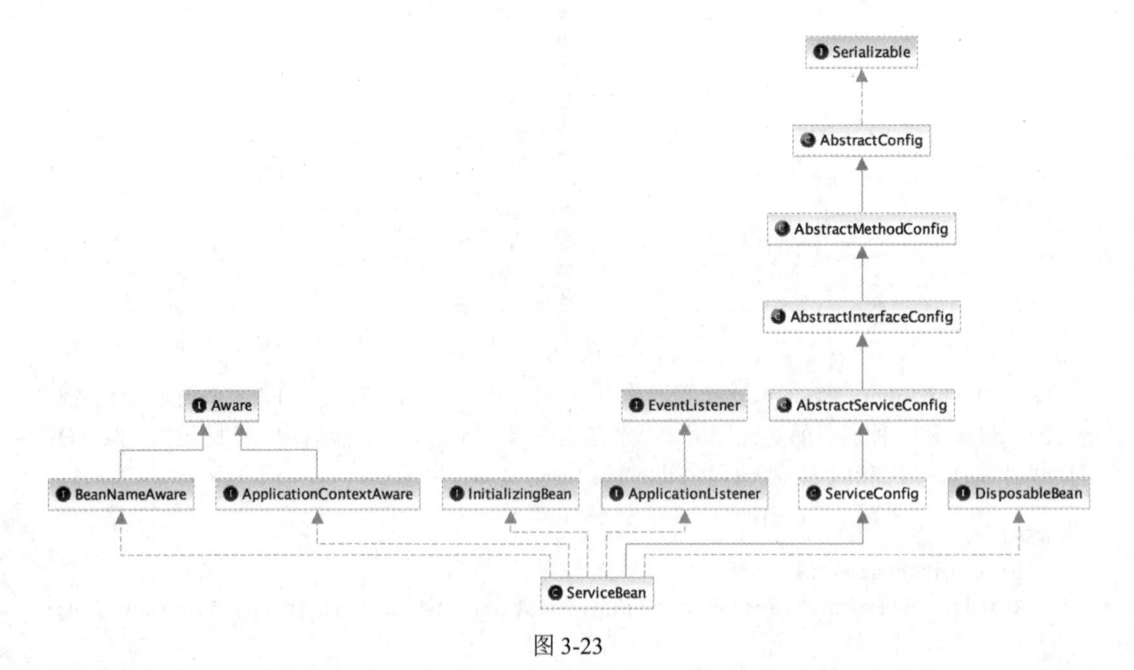

图 3-23

从图中可以看出整体继承结构与服务调用端的 ReferenceBean 非常相似，每个类的说明和作用在介绍 ReferenceBean 时都已经进行过讲解，本节不再重复。

通过 ServiceBean 的 afterPropertiesSet 方法查看配置初始化的代码，部分代码如下所示。

```
    if (getProvider() == null) {
        //从 ProviderConfig.class 的 ApplicationContext 中获取实例
        Map<String, ProviderConfig> providerConfigMap = applicationContext == null ?
null  : BeanFactoryUtils.beansOfTypeIncludingAncestors(applicationContext,
ProviderConfig. class, false, false);
        if (providerConfigMap != null && providerConfigMap.size() > 0) {
            Map<String, ProtocolConfig> protocolConfigMap = applicationContext == null ?
null  : BeanFactoryUtils.beansOfTypeIncludingAncestors(applicationContext,
ProtocolConfig.class, false, false);
            if ((protocolConfigMap == null || protocolConfigMap.size() == 0)
                    && providerConfigMap.size() > 1) { //兼容旧版本
                List<ProviderConfig> providerConfigs = new ArrayList<ProviderConfig>();
                for (ProviderConfig config : providerConfigMap.values()) {
                    if (config.isDefault() != null && config.isDefault().booleanValue()) {
                        providerConfigs.add(config);
                    }
                }
                if (providerConfigs.size() > 0) {
                    setProviders(providerConfigs);
                }
            } else {
                ProviderConfig providerConfig = null;
                for (ProviderConfig config : providerConfigMap.values()) {
                    if (config.isDefault() == null || config.isDefault().booleanValue()) {
                        if (providerConfig != null) {
                            throw new IllegalStateException("Duplicate provider configs:
" + providerConfig + " and " + config);
                        }
                        providerConfig = config;
                    }
                }
                if (providerConfig != null) {
                    setProvider(providerConfig);
                }
```

```
            }
        }
    }
```

这一步整体来说就是设置 provider，当 service 某些属性没有配置的时候可以采用 provider 的默认配置。后面依次设置 Application、Module、Registries、Monitor 等配置，这些均在 Spring 解析自定义标签的时候加载到 Spring 容器中，将容器的实例取出来设置到 ServiceBean 中成为默认配置。整个初始化的过程与 ReferenceBean 非常相似，这里不再重复。

在 ServiceBean 中有两个重要的方法，一个是 onApplicationEvent 方法，代码如下：

```
    public void onApplicationEvent(ApplicationEvent event) {
       if (ContextRefreshedEvent.class.getName().equals(event.getClass().getName())) {
           if (isDelay() && ! isExported() && ! isUnexported()) {
               if (logger.isInfoEnabled()) {
                   logger.info("The service ready on spring started. service: " +
getInterface());
               }
               export();
           }
       }
    }
```

ServiceBean 实现了 ApplicationListener 和 InitializingBean 接口，onApplicationEvent 方法是在 Bean 初始化或容器中所有 Bean 刷新完毕时被调用的。根据 provider 的延迟设置决定，如果设置了延迟（delay 属性）则在 Spring bean 初始化结束之后再调用，否则在 ServiceBean 中直接被调用。默认 delay 是延迟的，也就是在所有 Bean 的刷新结束后被调用。

ServiceBean 的另一个重要方法是 export，这个方法在 ServiceBean 中两个地方出现，一个是上面说的 onApplicationEvent，另一个是根据 provider 的延迟设置来调用，export 方法实际上是 ServiceBean 的继承类 ServiceConfig 中的方法。

export 方法内部初始化 delay 延迟时间，如果设置了延迟时间则启动一个 Thread 守护线程，线程的 sleep 时间是 delay 的 int 值。而后调用 doExport 方法初始化和校验 Dubbo 配置文件中定义的标签属性，再调用 doExportUtils 方法，代码如下：

```
    private void doExportUrls() {
      List<URL> registryURLs = loadRegistries(true);
      for (ProtocolConfig protocolConfig : protocols) {
```

```
        doExportUrlsFor1Protocol(protocolConfig, registryURLs);
    }
}
```

loadRegistries 方法是获取所有注册中心的地址，Dubbo 可以配置多个注册中心，所以返回的是一个 List 列表，URL 的示例内容如下所示。

```
zookeeper://127.0.0.1:2181/com.alibaba.dubbo.registry.RegistryService?application=demo-provider&dubbo=2.0.0&organization=dubbo&owner=programmer&pid=25286&timestamp=1516457002141
```

因为是注册中心地址封装，所以 URL 是以 zookeeper 开头的协议。

在 Dubbo 配置文件中配置注册中心地址的示例如下所示。

```
<dubbo:registry  id="bidRegistry" address="zookeeper://127.0.0.1:2181"/>
```

如果是多注册中心配置，则通过 id 进行区分。

获得 registryURLs 注册地址后，遍历获取在 Dubbo 配置文件中配置的通信协议，示例如下：

```
<dubbo:protocol name="dubbo" serialization="hessian2"/>
```

通信协议也可以配置多个，所以用的也是 List 列表，遍历出每个协议后执行 doExportUrlsFor1Protocol 方法，主要包括设置服务端口、生成服务代理和服务注册三个过程，如图 3-24 所示。

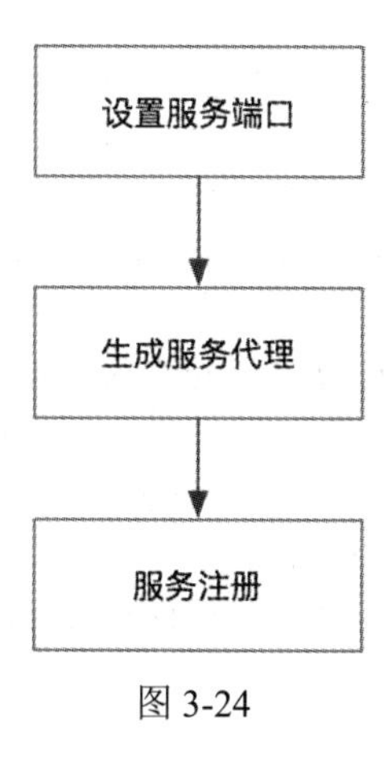

图 3-24

下面重点分析这三个过程。

1. 设置服务端口

代码如下：

```
//获取通信协议，如果没有则用默认的 Dubbo
String name = protocolConfig.getName();
if (name == null || name.length() == 0) {
    name = "dubbo";
}
//获取主机地址
String host = protocolConfig.getHost();
if (provider != null && (host == null || host.length() == 0)) {
    host = provider.getHost();
}
boolean anyhost = false;
if (NetUtils.isInvalidLocalHost(host)) {
    anyhost = true;
    try {
        //获取主机 IP 地址
        host = InetAddress.getLocalHost().getHostAddress();
    } catch (UnknownHostException e) {
        logger.warn(e.getMessage(), e);
    }
    //判断地址是否有效
    if (NetUtils.isInvalidLocalHost(host)) {
        if (registryURLs != null && registryURLs.size() > 0) {
            for (URL registryURL : registryURLs) {
                try {
                  //创建 Socket，连接到注册中心
                    Socket socket = new Socket();
                    try {
                        SocketAddress addr = new InetSocketAddress(registryURL.
getHost(), registryURL.getPort());
                        socket.connect(addr, 1000);
                       //获取服务所在的 IP
                        host = socket.getLocalAddress().getHostAddress();
                        break;
                    } finally {
                        try {
```

```
                        socket.close();
                    } catch (Throwable e) {}
                }
            } catch (Exception e) {
                logger.warn(e.getMessage(), e);
            }
        }
    }
    if (NetUtils.isInvalidLocalHost(host)) {
        host = NetUtils.getLocalHost();
    }
}
}
//获取协议端口号
Integer port = protocolConfig.getPort();
if (provider != null && (port == null || port == 0)) {
    //如果 port 是 null，则用 provider 默认的端口号
    port = provider.getPort();
}
//name 默认是 Dubbo，从 Dubbo 中获取默认端口号
final int defaultPort = ExtensionLoader.getExtensionLoader(Protocol.class).
getExtension(name).getDefaultPort();
if (port == null || port == 0) {
    port = defaultPort;
}
//
if (port == null || port <= 0) {
    port = getRandomPort(name);
    if (port == null || port < 0) {
        port = NetUtils.getAvailablePort(defaultPort);
        putRandomPort(name, port);
    }
    logger.warn("Use random available port(" + port + ") for protocol " + name);
}
```

这个过程主要是获得服务的IP地址和端口号，接下来就是获取application、module、provider、protocol、exporter、registries、monitor 所有属性并封装到 Map 对象中，根据 Map 对象的值生成默认是 Dubbo 协议的 URL，URL 生成示例如下：

```
dubbo://192.168.2.1:20880/com.alibaba.dubbo.demo.bid.BidService?anyhost=true&a
pplication=demo-provider&dubbo=2.0.0&generic=false&interface=com.alibaba.dubbo.demo
.bid.BidService&methods=throwNPE,bid&organization=dubbo&owner=programmer&pid=27251&
serialization=hessian2&side=provider&timestamp=1516583267908
```

2. 生成代理对象

代码如下：

```
String scope = url.getParameter(Constants.SCOPE_KEY);
//配置为 none 不暴露
if (! Constants.SCOPE_NONE.toString().equalsIgnoreCase(scope)) {

    //配置不是 remote 的情况下做本地暴露（配置为 remote，则表示只暴露远程服务）
    if (!Constants.SCOPE_REMOTE.toString().equalsIgnoreCase(scope)) {
        exportLocal(url);
    }
    //如果配置不是 local 则暴露为远程服务（配置为 local，则表示只暴露远程服务）
    if (! Constants.SCOPE_LOCAL.toString().equalsIgnoreCase(scope) ){
        if (logger.isInfoEnabled()) {
            logger.info("Export dubbo service " + interfaceClass.getName() + " to
url " + url);
        }
        if (registryURLs != null && registryURLs.size() > 0
                && url.getParameter("register", true)) {
            for (URL registryURL : registryURLs) {
                url = url.addParameterIfAbsent("dynamic", registryURL.getParameter
("dynamic"));
                URL monitorUrl = loadMonitor(registryURL);
                if (monitorUrl != null) {
                    url = url.addParameterAndEncoded(Constants.MONITOR_KEY,
monitorUrl.toFullString());
                }
                if (logger.isInfoEnabled()) {
                    logger.info("Register dubbo service " + interfaceClass.getName()
+ " url " + url + " to registry " + registryURL);
                }
                //获取 Invoker
```

```
                    Invoker<?> invoker = proxyFactory.getInvoker(ref, (Class)
interfaceClass, registryURL.addParameterAndEncoded(Constants.EXPORT_KEY,
url.toFullString()));
                    //protocol 为默认的 RegistryProtocol，通过 export 方法实现服务的注册
                    //根据协议将 Invoker 暴露成 exporter，具体过程是创建一个 ExchangeServer，
                    //它会绑定一个 ServerSocket 到配置端口
                    Exporter<?> exporter = protocol.export(invoker);
                    exporters.add(exporter);
                }
            } else {
                Invoker<?> invoker = proxyFactory.getInvoker(ref, (Class) interfaceClass,
url);

                Exporter<?> exporter = protocol.export(invoker);
                exporters.add(exporter);
            }
        }
    }
    this.urls.add(url);
```

变量 scope 属性值主要用来判断暴露服务的方式，如果 scope 属性值不为 none 并且也不是 remote，则服务是本地暴露服务，生成一个本地服务代理对象，同时生成一个新的 URL 协议，协议以 injvm://开头，代表的是本地服务并且生成一个 InjvmExporter 实例，这时本地调用 Dubbo 接口时直接调用本地代理而不“走”网络请求。

先看一下 exportLocal 方法如何生成本地服务代理对象，代码如下：

```
private void exportLocal(URL url) {
    if (!Constants.LOCAL_PROTOCOL.equalsIgnoreCase(url.getProtocol())) {
        URL local = URL.valueOf(url.toFullString())
                .setProtocol(Constants.LOCAL_PROTOCOL)
                .setHost(NetUtils.LOCALHOST)
                .setPort(0);

        // modified by lishen
        ServiceClassHolder.getInstance().pushServiceClass(getServiceClass(ref));

        Exporter<?> exporter = protocol.export(
```

```
                proxyFactory.getInvoker(ref, (Class) interfaceClass, local));
        exporters.add(exporter);
        logger.info("Export dubbo service " + interfaceClass.getName() +" to local
registry");
    }
}
```

这个方法首先会判断当前的协议是什么，如果当前协议不是 injvm 则重新封装 URL，示例如下所示。

```
injvm://127.0.0.1/com.alibaba.dubbo.demo.bid.BidService?anyhost=true&applicati
on=demo-provider&dubbo=2.0.0&generic=false&interface=com.alibaba.dubbo.demo.bid.Bid
Service&methods=throwNPE,bid&organization=dubbo
&owner=programmer&pid=28314&serialization=hessian2&side=provider&timestamp=151
6587908074
```

通过 proxyFactory.getInvoker(ref, (Class) interfaceClass, local)方法生成本地代理 Invoker，这里的参数 ref 就是在 dubbo:service 中配置的 ref 属性，指定服务的具体实现类。Invoker 的 invoke 方法被调用时，最终会调用 ref 指定的服务实现，在本例中是 BidServieImpl，interfaceClass 就是服务接口名，在本例中就是 BidService 接口。之后请求直接到 JavassitProxyFactory 的 getInvoker 方法中，以匿名内部类的方式生成 AbstractProxyInvoker 抽象代理类，由该类完成对本地服务的代理封装。然后将 AbstractProxyInvoker 实例以参数的方式传入 InjvmProtocol 协议类的 export 方法，生成 InjvmExporter 实例。

我们再接着看 protocol.export()方法，这个方法主要是暴露本地服务，根据 Wrapper 扩展点加载机制加载 ProtocolListenerWrapper 和 ListenerExporterWrapper 两个 Wrapper，然后依次调用 ProtocolListenerWrapper→ListenerExporterWrapper→InjvmProtocol 的 export 方法，最终返回的是包装了 InjvmExporter 实例的 ListenerExporterWrapper 实例，而 ListenerExporterWrapper 又实现了 Exporter 接口，如图 3-25 所示。

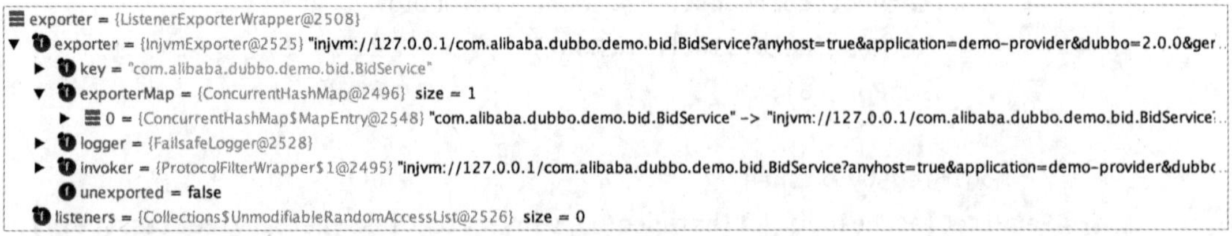

```
exporter = {ListenerExporterWrapper@2508}
▼ exporter = {InjvmExporter@2525} "injvm://127.0.0.1/com.alibaba.dubbo.demo.bid.BidService?anyhost=true&application=demo-provider&dubbo=2.0.0&ger...
   ▶ key = "com.alibaba.dubbo.demo.bid.BidService"
   ▼ exporterMap = {ConcurrentHashMap@2496} size = 1
      ▶ 0 = {ConcurrentHashMap$MapEntry@2548} "com.alibaba.dubbo.demo.bid.BidService" -> "injvm://127.0.0.1/com.alibaba.dubbo.demo.bid.BidService...
   ▶ logger = {FailsafeLogger@2528}
   ▶ invoker = {ProtocolFilterWrapper$1@2495} "injvm://127.0.0.1/com.alibaba.dubbo.demo.bid.BidService?anyhost=true&application=demo-provider&dubbc...
     unexported = false
  listeners = {Collections$UnmodifiableRandomAccessList@2526} size = 0
```

图 3-25

exportLocal 方法执行完后，返回到 doExportUrlsFor1Protocol 方法，继续判断 scope 值是否

为 local，如果不是则通过 Invoker<?> invoker = proxyFactory.getInvoker() 生成远程代理对象。与生成本地代理对象不同的是，AbstractProxyInvoker 实例的 URL 内容不同，本地代理对象是以“dubbo://”协议开头的，而远程代理对象的 URL 是以“registry://”协议开头的，代表注册中心地址，URL 示例如下所示。

```
registry://127.0.0.1:2181/com.alibaba.dubbo.registry.RegistryService?application=demo-provider&dubbo=2.0.0&export=dubbo%3A%2F%2F192.168.2.1%3A20880%2Fcom.alibaba.dubbo.demo.bid.BidService%3Fanyhost%3Dtrue%26application%3Ddemo-provider%26dubbo%3D2.0.0%26generic%3Dfalse%26interface%3Dcom.alibaba.dubbo.demo.bid.BidService%26methods%3DthrowNPE%2Cbid%26organization%3Ddubbo%26owner%3Dprogrammer%26pid%3D28623%26serialization%3Dhessian2%26side%3Dprovider%26timestamp%3D1516590241783&organization=dubbo&owner=programmer&pid=28623&registry=zookeeper&timestamp=1516590241747
```

生成 Invoker 实例后，通过 Exporter<?> exporter = protocol.export(invoker)语句将 Invoker 以参数的方式传入 ProtocolListenerWrapper 类的 export 方法，代码如下所示。

```
public <T> Exporter<T> export(Invoker<T> invoker) throws RpcException {
    //如果 invoker 的 URL 协议是 registry 则直接调用 RegistryProtocol.export 方法
    if (Constants.REGISTRY_PROTOCOL.equals(invoker.getUrl().getProtocol())) {
        return protocol.export(invoker);
    }
    return protocol.export(buildInvokerChain(invoker, Constants.SERVICE_FILTER_KEY,
Constants.PROVIDER));
}
```

在方法中判断 URL 协议类型，如果 invoker.getUrl().getProtocol()的值是 registry，那么就直接调用 RegistryProtocol 的 export 方法。

3. 服务注册

服务注册主要是通过 RegistryProtocol 类的 export 方法来完成的：

```
public <T> Exporter<T> export(final Invoker<T> originInvoker) throws RpcException {
    //export Invoker
    //生成 DubboExporter 实例，并初始化和打开 Dubbo 协议连接
    final ExporterChangeableWrapper<T> exporter = doLocalExport(originInvoker);
    //registry provider
    //获取 ZookeeperRegistry 注册实例
    final Registry registry = getRegistry(originInvoker);
```

```
    final URL registedProviderUrl = getRegistedProviderUrl(originInvoker);
    //使用 ZookeeperRegistry 向 ZK 注册数据提供者地址
    registry.register(registedProviderUrl);
    //订阅 override 数据
    //FIXME 提供者订阅时，会影响同一 JVM，即暴露服务，又引用同一服务的的场景，因为
    //subscribed 以服务名为缓存的 key，导致订阅信息覆盖
    final URL overrideSubscribeUrl = getSubscribedOverrideUrl(registedProviderUrl);
    final OverrideListener overrideSubscribeListener = new OverrideListener
(overrideSubscribeUrl);
    overrideListeners.put(overrideSubscribeUrl, overrideSubscribeListener);
    //注册中心订阅 overrideSubscribeUrl，当节点数据发生变化时会触发 overrideSubscribeListener
    //的 notify 方法重新暴露服务
    registry.subscribe(overrideSubscribeUrl, overrideSubscribeListener);
    //保证每次 export 都返回一个新的 exporter 实例
    return new Exporter<T>() {
        public Invoker<T> getInvoker() {
            return exporter.getInvoker();
        }
        public void unexport() {
            try {
                exporter.unexport();
            } catch (Throwable t) {
                logger.warn(t.getMessage(), t);
            }
            try {
                registry.unregister(registedProviderUrl);
            } catch (Throwable t) {
                logger.warn(t.getMessage(), t);
            }
            try {
                overrideListeners.remove(overrideSubscribeUrl);
                registry.unsubscribe(overrideSubscribeUrl, overrideSubscribeListener);
            } catch (Throwable t) {
                logger.warn(t.getMessage(), t);
            }
        }
    };
}
```

这段代码主要分为几步：

- 通过 doLocalExport 方法生成 DubboExporter 实例，初始化并且打开 Dubbo 协议服务连接。
- 获取 ZooKeeperRegistry 注册实例。
- 向 ZooKeeper 注册服务地址。
- 注册中心订阅 overrideSubscribeUrl，当节点数据发生变化时会触发 overrideSubscribeListener 的 notify 方法重新暴露服务。
- 返回 Exporter 实例。

1）doLocalExport 方法执行逻辑

代码如下所示：

```
    private <T> ExporterChangeableWrapper<T>  doLocalExport(final Invoker<T>
originInvoker){
        String key = getCacheKey(originInvoker);
        ExporterChangeableWrapper<T> exporter = (ExporterChangeableWrapper<T>)
bounds.get(key);
        if (exporter == null) {
            synchronized (bounds) {
                //先从缓存 bounds 中获取
                exporter = (ExporterChangeableWrapper<T>) bounds.get(key);
                //如果没有则创建 exporter，并放入缓存
                if (exporter == null) {
                    final Invoker<?> invokerDelegete = new InvokerDelegete<T>
(originInvoker, getProviderUrl(originInvoker));
                    //通过 DubboProtocol.export 方法返回 DubboExporter 实例并强转为
                    //ExporterChangeableWrapper
                    exporter = new ExporterChangeableWrapper<T>((Exporter<T>)protocol.
export(invokerDelegete), originInvoker);
                    bounds.put(key, exporter);
                }
            }
        }
        return (ExporterChangeableWrapper<T>) exporter;
    }
```

这个方法主要是返回 ExporterChangeableWrapper 对象，如果没有则通过 DubboProtocol.export 方法创建。

DubboProtocol.export 方法的代码如下所示。

```
public <T> Exporter<T> export(Invoker<T> invoker) throws RpcException {
        URL url = invoker.getUrl();

        // export service.
        //key是服务的全路径+端口号,比如com.alibaba.dubbo.demo.bid.BidService:20880
        //客户端发起远程调用时，服务端通过 key 来决定调用哪个 Exporter，也就是执行的
        //Invoker
         String key = serviceKey(url);
        //创建 DubboExporter 对象，Invoker 实际上就是真正的本地服务实现类实例
         DubboExporter<T> exporter = new DubboExporter<T>(invoker, key, exporterMap);
        //将 key 和 exporter 存入 Map
         exporterMap.put(key, exporter);

         //export an stub service for dispaching event
        //是否支持本地存根
        //服务提供者想在调用者上也执行部分逻辑，则设置此参数
         Boolean isStubSupportEvent = url.getParameter(Constants.STUB_EVENT_KEY,
Constants.DEFAULT_STUB_EVENT);
        //获取是否支持回调服务参数值，默认是 false
         Boolean isCallbackservice = url.getParameter(Constants.IS_CALLBACK_SERVICE,
false);
        //判断是否支持存根事件，并且 isCallbackservice 不是回调服务
         if (isStubSupportEvent && !isCallbackservice){
            //判断 URL 中是否有 dubbo.stub.event.methods 参数，如果有则将存根事件方法存
            //入 stubServiceMethodsMap
             String stubServiceMethods = url.getParameter(Constants.STUB_EVENT_
METHODS_KEY);
             if (stubServiceMethods == null || stubServiceMethods.length() == 0 ){
                 if (logger.isWarnEnabled()){
                     logger.warn(new IllegalStateException("consumer [" +url.
getParameter(Constants.INTERFACE_KEY) +
                             "], has set stubproxy support event ,but no stub methods
founded."));
```

```
            }
        } else {
            stubServiceMethodsMap.put(url.getServiceKey(), stubServiceMethods);
        }
    }
    //根据 URL 绑定 IP 与端口，建立 NIO 框架的 Server
    openServer(url);

    // modified by lishen
    optimizeSerialization(url);

    return exporter;
}
```

方法的前半部分用来判断是否支持本地存根，调用端在调用服务端的时候往往通过接口来进行调用，但是有时候服务端也想让调用端执行一些逻辑操作，这时候就需要用到本地存根，通过获取 dubbo.stub.event 参数判断当前是否支持存根，同时通过 dubbo.stub.event.methods 参数获取存根方法，如果有则将其存放到 stubServiceMethodsMap 中等待后续回调给客户端。

方法的后半部分主要是根据 URL 绑定 IP 与端口号，建立 Netty 的 Server 端，关于通信部分我们在后面章节中有详细介绍。最后执行完方法后将 export 对象返回到上层 RegistryProtocol.export 方法。

2）获取 ZooKeeperRegistry 注册实例

在 RegistryProtocol.export 中获取注册实例代码：final Registry registry = getRegistry (originInvoker)。其中 getRegistry 方法调用的是 AbstractRegistryFactory 中的 getRegistry 方法，代码如下：

```
public Registry getRegistry(URL url) {
    url = url.setPath(RegistryService.class.getName())
            .addParameter(Constants.INTERFACE_KEY, RegistryService.class.getName())
            .removeParameters(Constants.EXPORT_KEY, Constants.REFER_KEY);
    String key = url.toServiceString();
    //锁定注册中心获取过程，保证注册中心单一实例
    LOCK.lock();
    try {
      //从缓存中获取注册实例
       Registry registry = REGISTRIES.get(key);
```

```
            if (registry != null) {
                return registry;
            }
           //如果缓存中没有注册实例，则创建一个
            registry = createRegistry(url);
            if (registry == null) {
                throw new IllegalStateException("Can not create registry " + url);
            }
            //将新生成的注册实例加入缓存
            REGISTRIES.put(key, registry);
            return registry;
        } finally {
            //释放锁
            LOCK.unlock();
        }
    }
```

createRegistry 方法创建了 ZooKeeperRegistry 实例，在实例的构造方法中初始化了与 ZooKeeper 的连接，并将创建好的 ZooKeeperRegistry 实例缓存到 REGISTRIES 中，key 就是服务的全路径名+Dubbo 端口号，例子如下：

```
com.alibaba.dubbo.demo.bid.BidService:20880
```

3）向 ZooKeeper 注册服务地址

通过 registry.register(registedProviderUrl)方法实现服务的注册，这个方法实际上调用了 FailbackRegistry 的 register 方法，关于 FailbackRegistry 的作用在前面已经介绍过了，register 方法代码如下：

```
@Override
public void register(URL url) {
    super.register(url);
    //从失败注册列表中删除注册 URL
    failedRegistered.remove(url);
    //从失败取消请求列表中删除注册的 URL
    failedUnregistered.remove(url);
    try {
        //向服务器端发送注册请求
        doRegister(url);
```

```
        } catch (Exception e) {
            Throwable t = e;

            //如果开启了启动时检测，则直接抛出异常
            boolean check = getUrl().getParameter(Constants.CHECK_KEY, true)
                    && url.getParameter(Constants.CHECK_KEY, true)
                    && ! Constants.CONSUMER_PROTOCOL.equals(url.getProtocol());
            boolean skipFailback = t instanceof SkipFailbackWrapperException;
            if (check || skipFailback) {
                if(skipFailback) {
                    t = t.getCause();
                }
                throw new IllegalStateException("Failed to register " + url + " to
registry " + getUrl().getAddress() + ", cause: " + t.getMessage(), t);
            } else {
                logger.error("Failed to register " + url + ", waiting for retry, cause:
" + t.getMessage(), t);
            }

            //将失败的注册请求记录到失败列表，定时重试
            failedRegistered.add(url);
        }
    }
```

首先从注册失败列表和失败取消请求列表中删除注册的 URL，然后执行 doRegister 方法向 ZooKeeper 注册中心注册服务。服务地址示例如下所示。

```
/dubbo/com.alibaba.dubbo.demo.bid.BidService/providers
```

服务注册需处理契约：

（1）当 URL 设置了 check=false 时，注册失败后不报错，在后台定时重试，否则抛出异常。

（2）当 URL 设置了 dynamic=false 时，则需持久存储，否则，当注册者出现断电等情况异常退出时，需自动删除。

（3）当 URL 设置了 category=routers 时，表示分类存储，默认类别为 providers，可按分类部分通知数据。

（4）当注册中心重启、网络抖动时，不能丢失数据，包括断线自动删除数据。

（5）允许 URI 相同但参数不同的 URL 并存，不能覆盖。

4. 注册中心订阅 overrideSubscribeUrl

通过 registry.subscribe(overrideSubscribeUrl, overrideSubscribeListener)方法订阅刚刚注册的 provider 服务，overrideSubscribeUrl 示例如下所示。

```
provider://192.168.1.105:20880/com.alibaba.dubbo.demo.bid.BidService?anyhost=t
rue&application=demo-provider&category=configurators&check=false&dubbo=2.0.0&generi
c=false&interface=com.alibaba.dubbo.demo.bid.BidService&methods=throwNPE,bid&organi
zation=dubbo&owner=programmer&pid=9489&serialization=hessian2&side=provider&timesta
mp=1518508037863
```

subscribe 方法的代码如下所示。

```
@Override
public void subscribe(URL url, NotifyListener listener) {
    super.subscribe(url, listener);
    removeFailedSubscribed(url, listener);
    try {
        //向服务器端发送订阅请求
        doSubscribe(url, listener);
    } catch (Exception e) {
        Throwable t = e;

        List<URL> urls = getCacheUrls(url);
        if (urls != null && urls.size() > 0) {
            notify(url, listener, urls);
            logger.error("Failed to subscribe " + url + ", Using cached list: " +
urls + " from cache file: " + getUrl().getParameter(Constants.FILE_KEY, System.getProperty
("user.home") + "/dubbo-registry-" + url.getHost() + ".cache") + ", cause: " +
t.getMessage(), t);
        } else {
            //如果开启了启动时检测，则直接抛出异常
            boolean check = getUrl().getParameter(Constants.CHECK_KEY, true)
                    && url.getParameter(Constants.CHECK_KEY, true);
            boolean skipFailback = t instanceof SkipFailbackWrapperException;
            if (check || skipFailback) {
                if(skipFailback) {
```

```
                    t = t.getCause();
                }
                throw new IllegalStateException("Failed to subscribe " + url + ",
cause: " + t.getMessage(), t);
            } else {
                logger.error("Failed to subscribe " + url + ", waiting for retry,
cause: " + t.getMessage(), t);
            }
        }

        //将失败的订阅请求记录到失败列表，定时重试
        addFailedSubscribed(url, listener);
    }
}
```

订阅符合条件的已注册数据，当有注册数据变更时自动推送，并且会触发 overrideSubscribeListener 的 notify 方法重新暴露服务。订阅需处理契约：

（1）当 URL 设置了 check=false 时，订阅失败后不报错，在后台定时重试。

（2）当 URL 设置了 category=routers 时，只通知指定分类的数据，多个分类用逗号分隔，并允许星号通配，表示订阅所有分类数据。

（3）允许以 interface,group,version,classifier 作为条件查询，如 interface=com.alibaba.foo.BarService&version=1.0.0。

（4）查询条件允许星号通配，订阅有分组和版本的接口。

（5）当注册中心重启、网络抖动时，需要自动恢复订阅请求。

（6）允许 URI 相同但参数不同的 URL 并存，不能覆盖。

（7）阻塞订阅过程，等第一次通知完后再返回。

订阅条件不允许为空，如 consumer://10.20.153.10/com.alibaba.foo.BarService?version=1.0.0&application=demo-provider。

Provider 服务注册过程如图 3-26 所示。

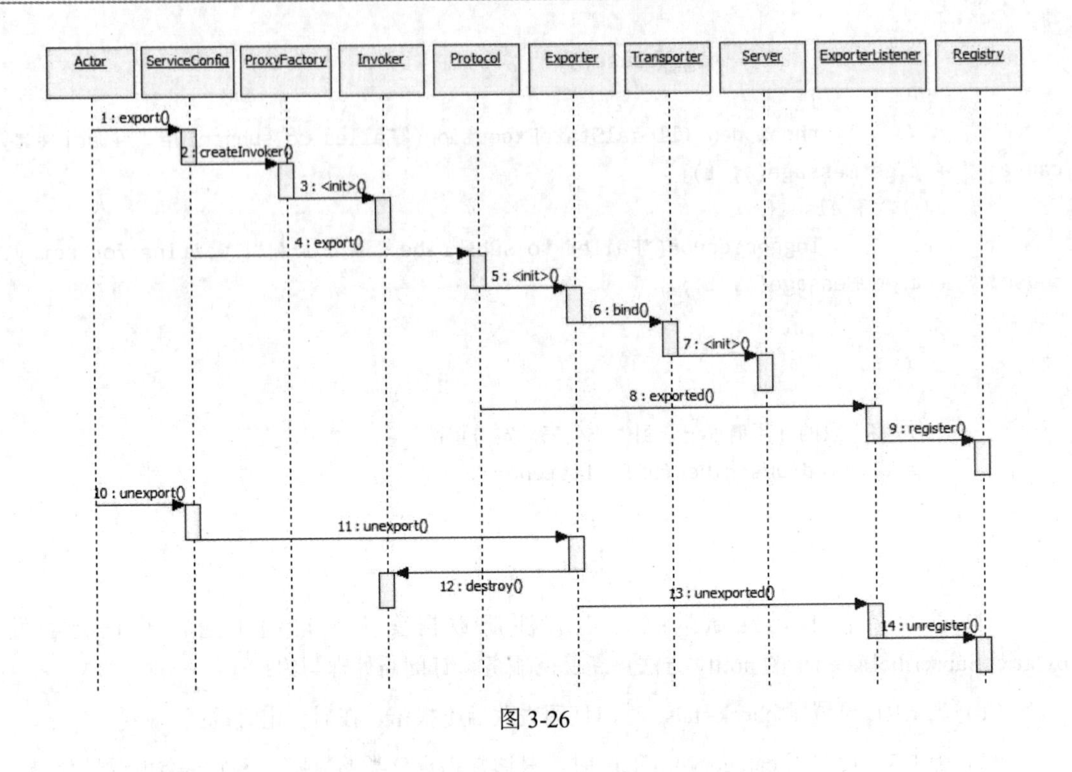

图 3-26

3.2.6 Dubbo 的通信机制

Dubbo 的 remoting 模块是远程通信模块，是 Dubbo 项目处理底层网络通信的层。图 3-27 显示了这一层中的类结构。

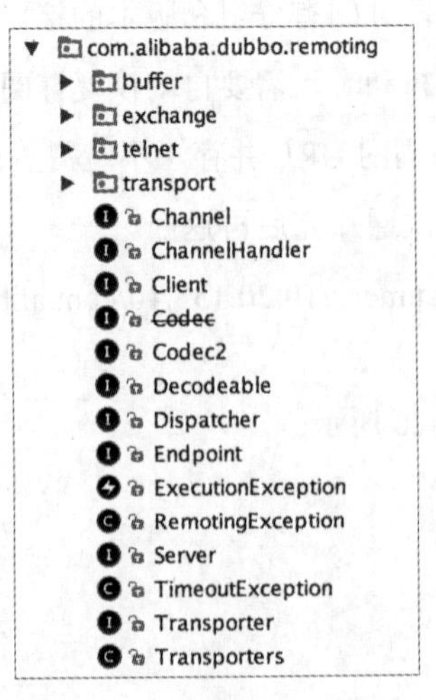

图 3-27

可以看到在 remoting 包中还分为 buffer、exchange、telnet 和 transport 包。

- buffer：主要是针对 NIO 的 Buffer 做了一些封装。
- exchange：信息交换层，这也是整个通信过程的核心层，后面我们会详细介绍。
- telnet：主要是针对 telnet 提供编解码转换。
- transport：网络传输层（Transport），抽象 Mina 和 Netty 为统一接口，以 Message 为中心，扩展接口为 Channel、Transporter、Client、Server 和 Codec 等。在 Dubbo 中具体的传输功能实现都继承自 Transporter 接口，此接口只包含 bind 和 connect 两个方法接口。通过 SPI 的 adaptive 注解方式进行注解，默认为 Netty。

1. Dubbo 整体架构介绍

图 3-28 为 Dubbo 的整体通信流程。

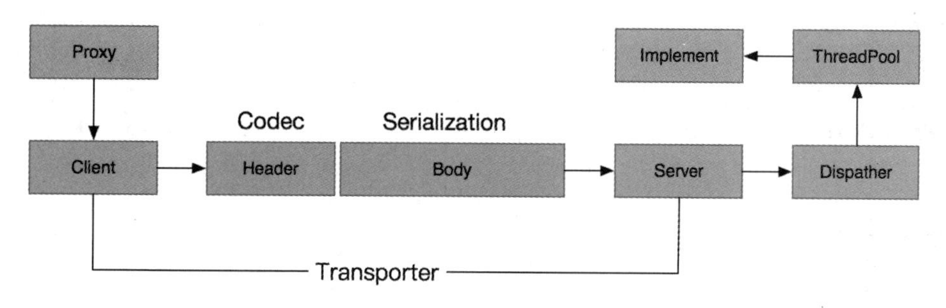

图 3-28

2. Transport 网络传输层

Transport 网络传输层主要包括两大部分，一个是基于 Codec2 的数据编码和解码，还有一个是基于 Transport 的数据传输封装。

图 3-29 展示了数据编码和解码的类结构。

- 从图中可以看出，AbstractCodec、ThriftCodec、CodecAdapter、DubboCountCodec 和 ThriftNativeCodec 都实现了 Codec2 接口，而 TransportCodec、TelnetCodec、ExchangeCodec 和 DubboCodec 都继承了 AbstractCodec。
- CodecAdapter 是 Codec2 的适配器模式，通过内部的 SPI 机制加载指定的 Codec2 实现类。而后将 CodecAdapter 实例返回给 AbstractClient 构造方法，AbstractClient 的实现类包括 NettyClient、MinaClient 和 GrizzlyClient。
- DubboCountCodec：Dubbo 的默认编码和解码实现类。
- TransportCodec：比较通用并且没有具体的协议编码类。

- ExchangeCodec：对 request 请求的编码和解码，对 response 响应的编码和解码。
- DubboCodec：对 Dubbo 的远程调用请求对象 DecodeableRpcInvocation 和请求返回结果对象 DecodeableRpcResult 进行编码/解码。

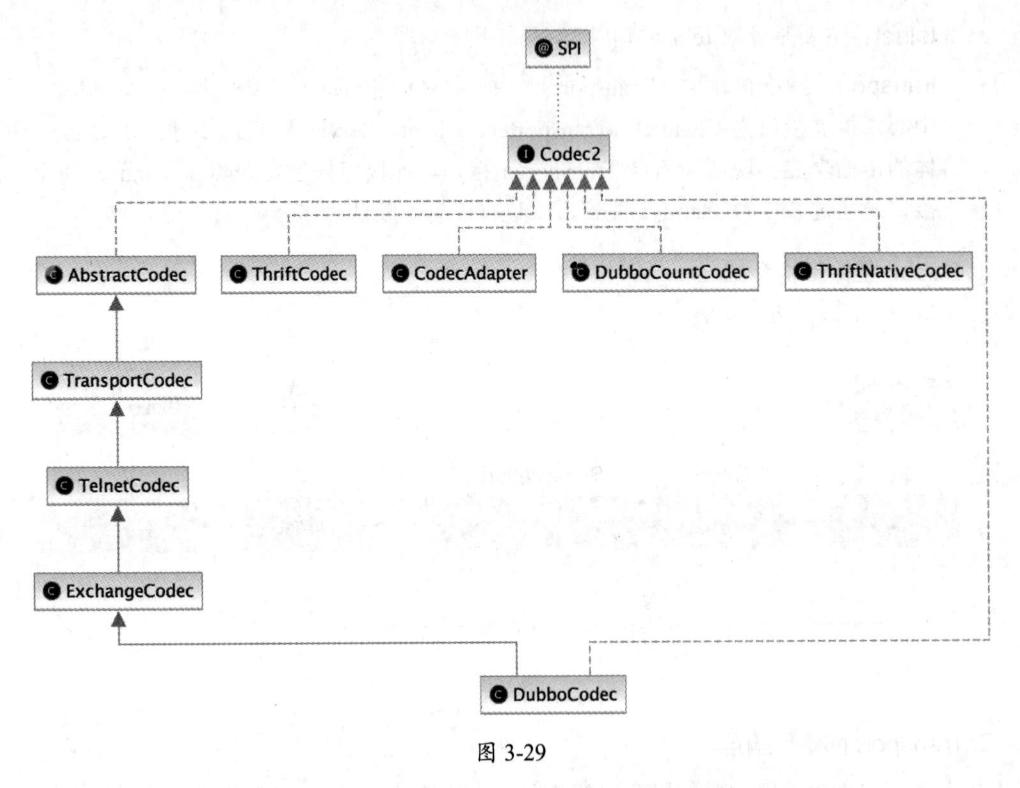

图 3-29

图 3-30 显示的是 Transporter 数据传输封装对象，通过实现 Transporter 接口可以产生不同协议的实现类。

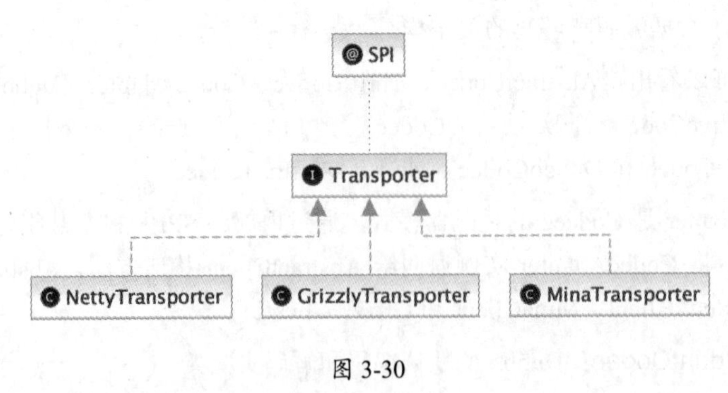

图 3-30

Transporter 接口的代码如下所示。

```
@SPI("netty")
public interface Transporter {

    /**
     * Bind a server.
     *
     * @see com.alibaba.dubbo.remoting.Transporters#bind(URL, Receiver, ChannelHandler)
     * @param url server url
     * @param handler
     * @return server
     * @throws RemotingException
     */
    @Adaptive({Constants.SERVER_KEY, Constants.TRANSPORTER_KEY})
    Server bind(URL url, ChannelHandler handler) throws RemotingException;

    /**
     * Connect to a server.
     *
     * @see com.alibaba.dubbo.remoting.Transporters#connect(URL, Receiver,
ChannelListener)
     * @param url server url
     * @param handler
     * @return client
     * @throws RemotingException
     */
    @Adaptive({Constants.CLIENT_KEY, Constants.TRANSPORTER_KEY})
    Client connect(URL url, ChannelHandler handler) throws RemotingException;
}
```

通过代码可以看出接口使用了 SPI，默认的实现类是 NettyTransporter。bind 方法是返回一个 NettyServer 对象，connect 方法是返回一个 NettyCient 对象。

3. Exchange 信息交换层的类图结构

类图结构如图 3-31 所示。

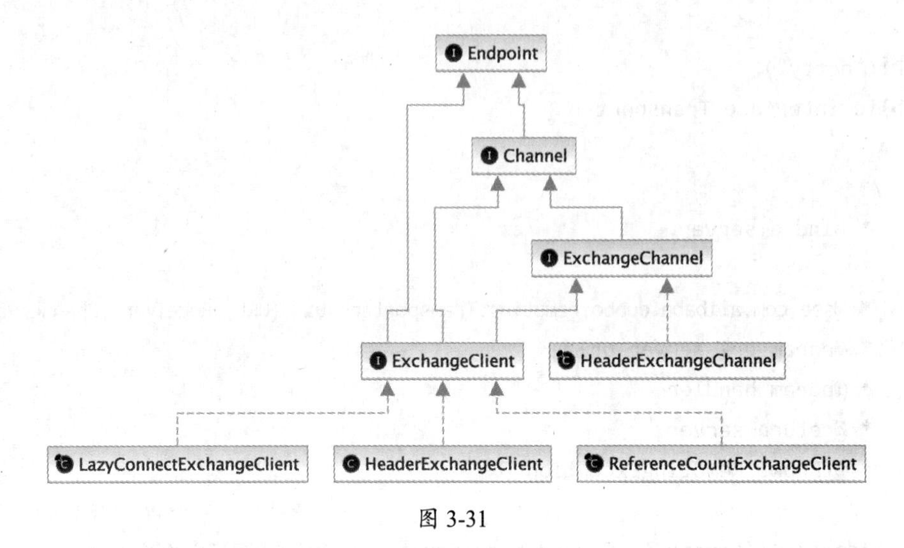

图 3-31

- ReferenceCountExchangeClient：将请求交给 HeaderExchangeClient 处理。
- HeaderExchangeClient：提供心跳检查功能；将 send、request、close 等事件转由 HeaderExchangeChannel 处理。
- HeaderExchangeChannel：主要是完成同步转异步。在 request(Object request, int timeout)方法中，将请求转换成 Request 对象，构建 DefaultFuture 对象，调用 NIO 框架对应的 Client 对象（默认选择 NettyClient）的 send 方法将请求消息发送出去，返回 DefultFuture 对象。
- NettyClient：负责连接服务和完成消息的发送。
- HeaderExchangeServer：提供心跳检查功能；启动心跳监测线程池，该线程池初始化了一个线程，在线程中调用线程类 HeartBeatTask 进行心跳检查。

HeaderExchangeServer 的类图结构如图 3.32 所示。

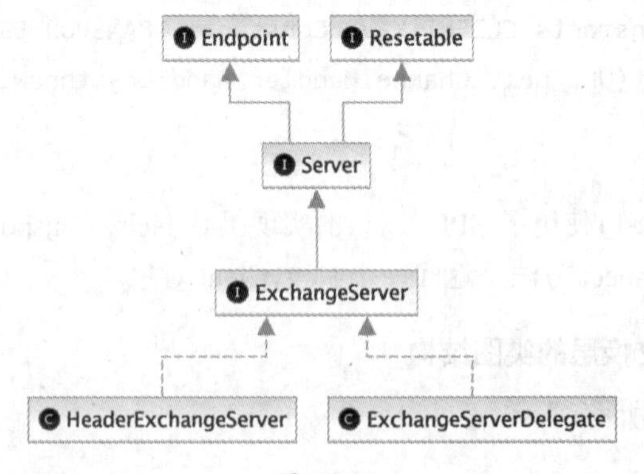

图 3-32

HeartBeatTask 处理心跳的规则：

（1）若通道最新的写入时间或最新的读取时间与当前时间相比，已经超过了心跳间隔时间，则发送心跳请求。

（2）如果通道最新的读取时间与当前时间相比，已经超过了心跳的超时时间，对于客户端来说则重连；对于服务端来说则关闭通道。

前面我们对信息交换层的类结构进行了简单的介绍，下面我们从 DubboProtocol 开始对整个过程做一个介绍。

1）provider 服务端

通过 export 方法找到 openServer 方法，然后进入 createServer 方法，代码如下所示。

```
    private ExchangeServer createServer(URL url) {
        //默认开启 server，关闭时发送 readonly 事件
        url = url.addParameterIfAbsent(Constants.CHANNEL_READONLYEVENT_SENT_KEY,
Boolean.TRUE.toString());
        //默认开启 heartbeat
        url = url.addParameterIfAbsent(Constants.HEARTBEAT_KEY, String.valueOf
(Constants.DEFAULT_HEARTBEAT));
        String str = url.getParameter(Constants.SERVER_KEY, Constants.DEFAULT_
REMOTING_SERVER);

        if (str != null && str.length() > 0 && ! ExtensionLoader.getExtensionLoader
(Transporter.class).hasExtension(str))
            throw new RpcException("Unsupported server type: " + str + ", url: " + url);

        url = url.addParameter(Constants.CODEC_KEY, Version.isCompatibleVersion() ?
COMPATIBLE_CODEC_NAME : DubboCodec.NAME);
        ExchangeServer server;
        try {
            server = Exchangers.bind(url, requestHandler);
        } catch (RemotingException e) {
            throw new RpcException("Fail to start server(url: " + url + ") " +
e.getMessage(), e);
        }
```

```
        str = url.getParameter(Constants.CLIENT_KEY);
        if (str != null && str.length() > 0) {
            Set<String> supportedTypes = ExtensionLoader.getExtensionLoader
(Transporter.class).getSupportedExtensions();
            if (!supportedTypes.contains(str)) {
                throw new RpcException("Unsupported client type: " + str);
            }
        }
        return server;
    }
```

代码中首先通过 url.addParameter 方法为 URL 添加了 channel.readonly.sent、heartbeat 和 codec 参数，添加完的示例 URL 如下所示。

```
    dubbo://192.168.0.70:20880/com.alibaba.dubbo.demo.bid.BidService?anyhost=true&
application=demo-provider&channel.readonly.sent=true&codec=dubbo&dubbo=2.0.0&generi
c=false&heartbeat=60000&interface=com.alibaba.dubbo.demo.bid.BidService&methods=thr
owNPE,bid&organization=dubbo&owner=programmer&pid=46252&serialization=hessian2&side
=provider&timestamp=1519381572341
```

接着进入 Exchangers.bind(url, requestHandler)方法中，代码如下所示。

```
    public static ExchangeServer bind(URL url, ExchangeHandler handler) throws
RemotingException {
        if (url == null) {
            throw new IllegalArgumentException("url == null");
        }
        if (handler == null) {
            throw new IllegalArgumentException("handler == null");
        }
        //如果 url 中没有 codec 参数，则添加 codec 参数，参数值是 exchange
        url = url.addParameterIfAbsent(Constants.CODEC_KEY, "exchange");
        return getExchanger(url).bind(url, handler);
    }
```

getExchanger(url)方法中解析 URL 获取 exchanger 参数，如果没有获取则使用默认的 header

参数，然后通过 SPI 机制获取扩展的 HeaderExchanger 实例，再调用 HeaderExchanger 的 bind 方法，代码如下所示。

```
        public ExchangeServer bind(URL url, ExchangeHandler handler) throws
RemotingException {
            return new HeaderExchangeServer(Transporters.bind(url, new DecodeHandler
(new HeaderExchangeHandler(handler))));
        }
```

这段代码连续使用了多个装饰模式，先是实例化一个 HeaderExchangeHandler 对象，然后将其包装到 DecodeHandler 对象中，再把 DecodeHandler 对象以参数的方式传递到 Transporters.bind 方法，bind 方法会通过 SPI 机制调用 NettyTransporter 类的 bind 方法，并返回 NettyServer 对象。NettyTransporter.bind 方法的代码如下所示。

```
    public Server bind(URL url, ChannelHandler listener) throws RemotingException {
        return new NettyServer(url, listener);
    }
```

在 NettyServer 构造方法中会调用 doOpen 方法启动 Netty 服务，代码如下：

```
    protected void doOpen() throws Throwable {
        NettyHelper.setNettyLoggerFactory();
        ExecutorService boss = Executors.newCachedThreadPool(new NamedThreadFactory
("NettyServerBoss", true));
        ExecutorService worker = Executors.newCachedThreadPool(new NamedThreadFactory
("NettyServerWorker", true));
        ChannelFactory channelFactory = new NioServerSocketChannelFactory(boss,
worker, getUrl().getPositiveParameter(Constants.IO_THREADS_KEY, Constants.DEFAULT_
IO_THREADS));
        bootstrap = new ServerBootstrap(channelFactory);

        final NettyHandler nettyHandler = new NettyHandler(getUrl(), this);
        channels = nettyHandler.getChannels();
        bootstrap.setPipelineFactory(new ChannelPipelineFactory() {
            public ChannelPipeline getPipeline() {
                //构造 NettyCodecAdapter 适配器，作用主要是初始化 Dubbo 传输信息的编码和解码
                NettyCodecAdapter adapter = new NettyCodecAdapter(getCodec() ,getUrl(),
```

```
NettyServer.this);
            //构造 Netty 通信管道
             ChannelPipeline pipeline = Channels.pipeline();
             //设置 Netty 的解码自定义类，自定义类从 NettyCodecAdapter 中获取
             pipeline.addLast("decoder", adapter.getDecoder());
              //设置 Netty 的编码码自定义类，自定义类从 NettyCodecAdapter 中获取
             pipeline.addLast("encoder", adapter.getEncoder());
             //设置事件处理自定义类，它会处理 Netty 的一系列事件
             pipeline.addLast("handler", nettyHandler);
             return pipeline;
         }
     });
     // bind
     channel = bootstrap.bind(getBindAddress());
 }
```

这段代码主要是启动 Netty 服务来接收客户端传来的数据。我们重点来看如何为 Channels.pipeline 设置 Handler 处理链。

- 添加 decoder 为解码器，使用的是 Netty 中的 SimpleChannelUpstreamHandler，也就是服务提供端收到消费端的请求的时候需要解码。
- encoder 是编码器，使用的是 Netty 中的 OneToOneEncoder，这个类实现了 ChannelDownstreamHandler，从服务提供端发送给服务消费端的时候需要编码。
- handler：nettyHandler 实现了 ChannelUpstreamHandler、ChannelDownstreamHandler 两个接口，上下的时候都需要处理。

执行顺序是：

- 收到服务消费者请求的时候会先执行 decoder，然后执行 nettyHandler。
- 发送给消费者的时候会先执行 nettyHandler，然后执行 encoder。

Dubbo 服务端通信服务启动流程如图 3-33 所示。

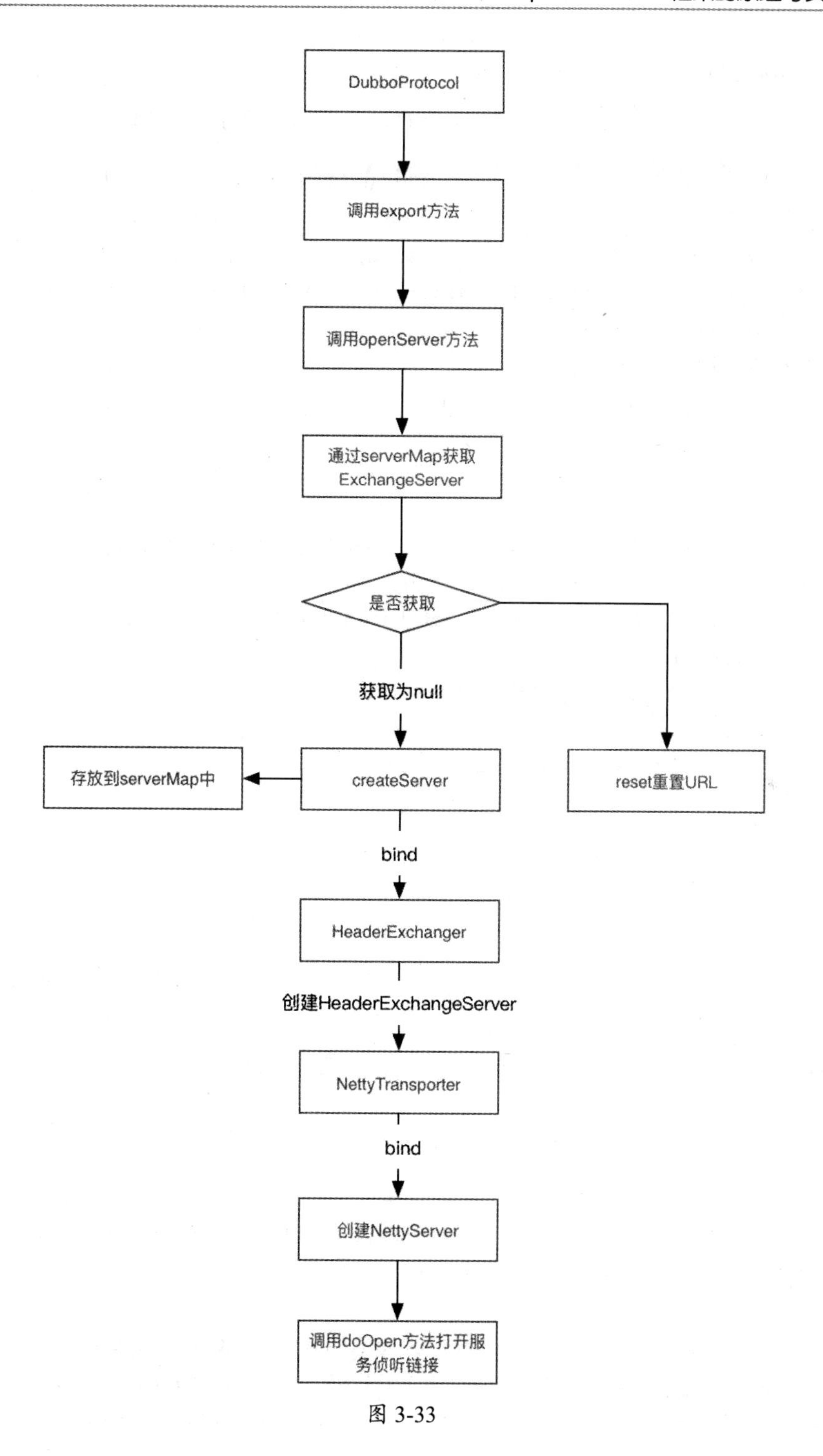
DubboProtocol
调用export方法
调用openServer方法
通过serverMap获取
ExchangeServer
是否获取
获取为null
存放到serverMap中
createServer
reset重置URL
bind
HeaderExchanger
创建HeaderExchangeServer
NettyTransporter
bind
创建NettyServer
调用doOpen方法打开服
务侦听链接

图 3-33

2）consumer 消费端

在 DubboProtocol 中通过 refer 方法找到 getClients(URL url)方法，代码如下：

```
private ExchangeClient[] getClients(URL url){
    //是否共享连接
    boolean service_share_connect = false;
    int connections = url.getParameter(Constants.CONNECTIONS_KEY, 0);
    //如果 connections 不配置，则共享连接
    if (connections == 0){
        service_share_connect = true;
        connections = 1;
    }

    ExchangeClient[] clients = new ExchangeClient[connections];
    for (int i = 0; i < clients.length; i++) {
        //如果设置为共享方式，则执行 getSharedClient 方法，否则执行 initClient 方法
        if (service_share_connect){
            clients[i] = getSharedClient(url);
        } else {
            clients[i] = initClient(url);
        }
    }
    return clients;
}
```

根据 URL 获取 ExchangeClient 对象，根据 service_share_connect 属性判断是否是共享模式，如果是则判断是否存在，如果存在则直接返回，不存在则创建新对象。不是共享模式就直接创建，service_share_connect 默认是直接创建，initClient 方法代码如下所示。

```
private ExchangeClient initClient(URL url) {

    // client type setting.
    String str = url.getParameter(Constants.CLIENT_KEY, url.getParameter(Constants.
SERVER_KEY, Constants.DEFAULT_REMOTING_CLIENT));

    String version = url.getParameter(Constants.DUBBO_VERSION_KEY);
    boolean compatible = (version != null && version.startsWith("1.0."));
    url = url.addParameter(Constants.CODEC_KEY, Version.isCompatibleVersion() &&
```

```
compatible ? COMPATIBLE_CODEC_NAME : DubboCodec.NAME);
        //默认开启 heartbeat
        url = url.addParameterIfAbsent(Constants.HEARTBEAT_KEY, String.valueOf(Constants.
DEFAULT_HEARTBEAT));

        //BIO 存在严重性能问题，暂时不允许使用
        if (str != null && str.length() > 0 && ! ExtensionLoader.getExtensionLoader
(Transporter.class).hasExtension(str)) {
            throw new RpcException("Unsupported client type: " + str + "," +
                    " supported client type is " + StringUtils.join(ExtensionLoader.
getExtensionLoader(Transporter.class).getSupportedExtensions(), " "));
        }

        ExchangeClient client ;
        try {
            //设置连接应该是 lazy 的
            //如果 lazy 属性没有配置为 true（我们没有配置，默认为 false），则 ExchangeClient 会
            //马上和服务端建立连接
            if (url.getParameter(Constants.LAZY_CONNECT_KEY, false)){
                client = new LazyConnectExchangeClient(url ,requestHandler);
            } else {
                client = Exchangers.connect(url ,requestHandler);
            }
        } catch (RemotingException e) {
            throw new RpcException("Fail to create remoting client for service(" + url
                    + "): " + e.getMessage(), e);
        }
        return client;
    }
```

代码的前半部分主要是获取关键参数，比如采用的通信协议是什么、Dubbo 的版本号是什么等，同时为 URL 添加默认的编码和解码方式，以及设置 heartbeat 心跳时间参数。后半部分是和服务端建立通信连接，我们重点看 Exchangers.connect(url ,requestHandler)这个方法，代码如下：

```
    public static ExchangeClient connect(URL url, ExchangeHandler handler) throws
RemotingException {
        if (url == null) {
```

```
            throw new IllegalArgumentException("url == null");
        }
        if (handler == null) {
            throw new IllegalArgumentException("handler == null");
        }
        url = url.addParameterIfAbsent(Constants.CODEC_KEY, "exchange");
        return getExchanger(url).connect(url, handler);
    }

    public static Exchanger getExchanger(URL url) {
        String type = url.getParameter(Constants.EXCHANGER_KEY, Constants.DEFAULT_
EXCHANGER);
        return getExchanger(type);
    }

    public static Exchanger getExchanger(String type) {
        return
ExtensionLoader.getExtensionLoader(Exchanger.class).getExtension(type);
    }
```

根据 SPI 机制，最终返回的是 HeaderExchanger 对象，connect 方法的代码如下：

```
    //HeaderExchangeHandler 包装
    //DecodeHandler 包装
    //Transporters.connect 包装
    //最后返回一个 HeaderExchangerClient，这里封装了 client、channel、启动心跳的定时器等
     public ExchangeClient connect(URL url, ExchangeHandler handler) throws
RemotingException {
        return new HeaderExchangeClient(Transporters.connect(url, new DecodeHandler
(new HeaderExchangeHandler(handler))));
     }
```

这个方法采用装饰者模式经过一系列封装，先将 handler 封装到 HeaderExchangeHandler 中，然后封装到 DecodeHandler 中，再通过 Transporters.connect 方法包装成 Client 对象，最后被统一包装成 HeaderExchangeClient 返回。Transporters.connect 方法是根据 SPI 机制扩展获取的，这里默认使用 NettyTransporter.connect，在 NettyTransporter 的 connect 方法中直接返回一个 NettyClient 对象。

在NettyClient的构造方法中主要有两个方法，分别是doOpen方法和connect方法，客户端和前面分析的服务端的doOpen方法内容很相似，这里不再介绍，我们来看connect方法中doConnect方法的代码。

```
    protected void doConnect() throws Throwable {
        long start = System.currentTimeMillis();
        //消费者端开始连接服务端
        ChannelFuture future = bootstrap.connect(getConnectAddress());
        try{
            //等待连接请求结果
            boolean ret = future.awaitUninterruptibly(getConnectTimeout(),
TimeUnit.MILLISECONDS);
            //如果连接成功则获取通道Channel
            if (ret && future.isSuccess()) {
                Channel newChannel = future.getChannel();
                newChannel.setInterestOps(Channel.OP_READ_WRITE);
                try {
                    //关闭旧的连接
                    Channel oldChannel = NettyClient.this.channel; // copy reference
                    if (oldChannel != null) {
                        try {
                            if (logger.isInfoEnabled()) {
                                logger.info("Close old netty channel " + oldChannel + "
on create new netty channel " + newChannel);
                            }
                            oldChannel.close();
                        } finally {
                            NettyChannel.removeChannelIfDisconnected(oldChannel);
                        }
                    }
                } finally {
                    if (NettyClient.this.isClosed()) {
                        try {
                            if (logger.isInfoEnabled()) {
                                logger.info("Close new netty channel " + newChannel + ",
because the client closed.");
```

```
                    }
                    newChannel.close();
                } finally {
                    NettyClient.this.channel = null;
                    NettyChannel.removeChannelIfDisconnected(newChannel);
                }
            } else {
                NettyClient.this.channel = newChannel;
            }
        }
    }
    //如果没有连接成功，则获取错误原因并抛出异常
    else if (future.getCause() != null) {
        throw new RemotingException(this, "client(url: " + getUrl() + ") failed
to connect to server "
                + getRemoteAddress() + ", error message is:" + future.getCause().
getMessage(), future.getCause());
    } else {
        throw new RemotingException(this, "client(url: " + getUrl() + ") failed
to connect to server "
                + getRemoteAddress() + " client-side timeout "
                + getConnectTimeout() + "ms (elapsed: " +
(System.currentTimeMillis() - start) + "ms) from netty client "
                + NetUtils.getLocalHost() + " using dubbo version " +
Version.getVersion());
    }
}finally{
    if (! isConnected()) {
        future.cancel();
    }
}
}
```

这段代码尝试连接服务端，如果返回成功则正常返回，否则获取错误原因并抛出异常。

Dubbo 消费端通信服务启动流程如图 3-34 所示。

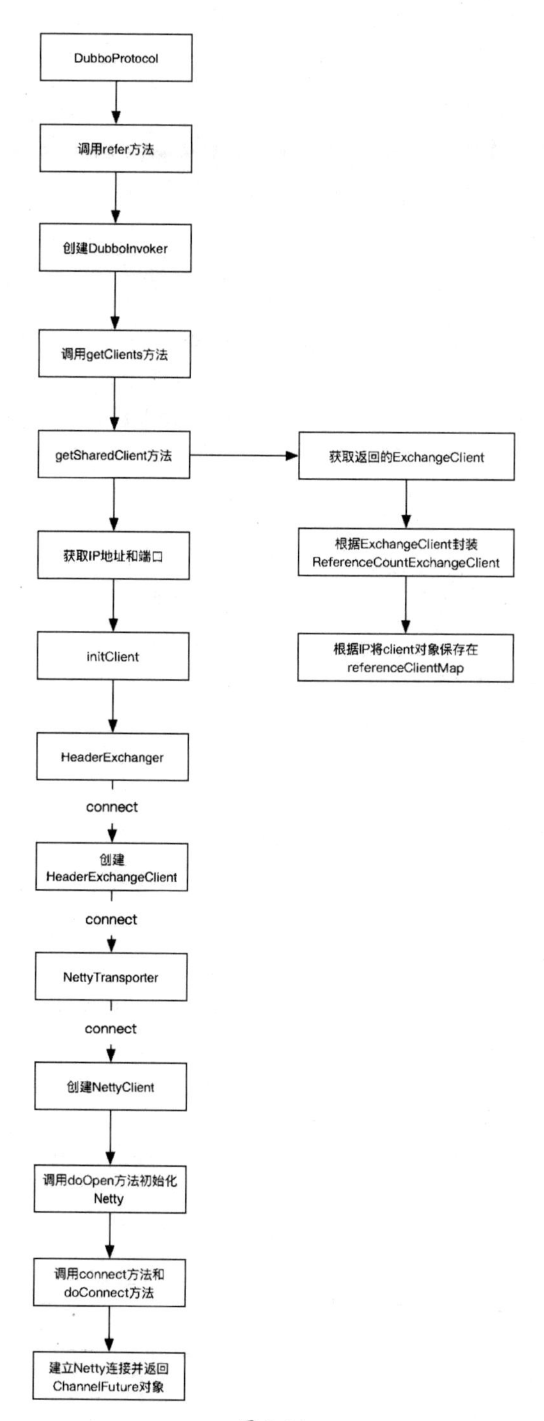
DubboProtocol
调用refer方法
创建DubboInvoker
调用getClients方法
getSharedClient方法
获取返回的ExchangeClient
根据ExchangeClient封装
ReferenceCountExchangeClient
根据IP将client对象保存在
referenceClientMap
获取IP地址和端口
initClient
HeaderExchanger
connect
创建
HeaderExchangeClient
connect
NettyTransporter
connect
创建NettyClient
调用doOpen方法初始化
Netty
调用connect方法和
doConnect方法
建立Netty连接并返回
ChannelFuture对象

图 3-34

3）同步调用的实现

我们在使用 Netty 进行消息通信的时候，ChannelHandler 的 send 方法只负责不断地发送消息，而 received 方法只负责不断地接收消息，整个过程是异步的。我们在实际使用 Dubbo 进行通信的时候感受到的往往是同步的过程，客户端发送消息然后得到返回结果，这个过程是如何实现的呢？

我们来看 Dubbo 的执行类 DubboInvoker.doInvoker 方法，代码如下：

```
protected Result doInvoke(final Invocation invocation) throws Throwable {
    RpcInvocation inv = (RpcInvocation) invocation;
    final String methodName = RpcUtils.getMethodName(invocation);
    inv.setAttachment(Constants.PATH_KEY, getUrl().getPath());
    inv.setAttachment(Constants.VERSION_KEY, version);

    ExchangeClient currentClient;
    //判断 clients 客户端数量，如果长度为 1，则直接返回第一个，否则自增值与 client 数量
    //做 Hash 选取
    if (clients.length == 1) {
        currentClient = clients[0];
    } else {
        //自增值与 client 数量做 Hash 选取
        currentClient = clients[index.getAndIncrement() % clients.length];
    }
    try {
        boolean isAsync = RpcUtils.isAsync(getUrl(), invocation);
        boolean isOneway = RpcUtils.isOneway(getUrl(), invocation);
        int timeout = getUrl().getMethodParameter(methodName, Constants.TIMEOUT_KEY,
Constants.DEFAULT_TIMEOUT);
        //不需要返回值则直接发送
       if (isOneway) {
            boolean isSent = getUrl().getMethodParameter(methodName, Constants.
SENT_KEY, false);
            currentClient.send(inv, isSent);
            RpcContext.getContext().setFuture(null);
            return new RpcResult();
        }
        //如果 isAsync 是异步的
        else if (isAsync) {
            ResponseFuture future = currentClient.request(inv, timeout) ;
```

```
                RpcContext.getContext().setFuture(new FutureAdapter<Object>(future));
                return new RpcResult();
            }
            //如果 isAsync 是同步的
             else {
                RpcContext.getContext().setFuture(null);
                return (Result) currentClient.request(inv, timeout).get();
            }
        } catch (TimeoutException e) {
            throw new RpcException(RpcException.TIMEOUT_EXCEPTION, "Invoke remote
method timeout. method: " + invocation.getMethodName() + ", provider: " + getUrl() +
", cause: " + e.getMessage(), e);
        } catch (RemotingException e) {
            throw new RpcException(RpcException.NETWORK_EXCEPTION, "Failed to invoke
remote method: " + invocation.getMethodName() + ", provider: " + getUrl() + ", cause:
" + e.getMessage(), e);
        }
    }
```

如果不需要返回值则直接使用 send 方法将信息发送出去。

如果需要异步通信（isAsync 为 true），则使用 request 方法构建一个 ResponseFuture，然后将 ResponseFuture 封装成 FutureAdapter，再绑定 RpcContext 中。

如果需要同步通信（isAsync 为 false），则使用 request 方法构建一个 ResponseFuture，阻塞等待请求完成。

在异步通信的情况下，代码中一个关键的类是 ResponseFuture，将其和当前线程绑定在 RpcContext 对象中，如果我们要获取异步结果，则需要通过 RpcContext 来获取当前线程绑定的 RpcContext，然后就可以获取 Future 对象了。

我们重点来看同步通信的过程，currentClient.request 方法最终请求的是 HeaderExchange-Channel.request 方法，代码如下所示。

```
    public ResponseFuture request(Object request, int timeout) throws RemotingException {
        if (closed) {
            throw new RemotingException(this.getLocalAddress(), null, "Failed to send
request " + request + ", cause: The channel " + this + " is closed!");
        }
        // create request.
```

```
        Request req = new Request();
        req.setVersion("2.0.0");
        req.setTwoWay(true);
        req.setData(request);
        DefaultFuture future = new DefaultFuture(channel, req, timeout);
        try{
            channel.send(req);
        }catch (RemotingException e) {
            future.cancel();
            throw e;
        }
        return future;
    }
```

这个过程首先创建一个 Request 请求对象，将请求消息作为 Data 值并创建了唯一标识 ID，然后创建 DefaultFuture 对象并且在初始化的过程中，将自身 this 对象及 channel 对象存入全局变量 DefaultFuture，最终通过 get 方法阻塞等待 DefaultFuture 得到服务端返回值，而 get 阻塞返回的条件又是由 received 方法触发的。下面我们来看一下 DefaultFuture 中的两个核心方法，分别是 get 和 received 方法。

```
    public Object get(int timeout) throws RemotingException {
        if (timeout <= 0) {
            timeout = Constants.DEFAULT_TIMEOUT;
        }
        //如果当前没有返回值则进入
        if (! isDone()) {
            long start = System.currentTimeMillis();
            lock.lock();
            try {
                //循环等待 isDone 的状态
                while (! isDone()) {
                    //阻塞等待，如果达到 timout 毫秒则继续执行
                    done.await(timeout, TimeUnit.MILLISECONDS);
                    //判断当前状态是否得到返回值，或者判断阻塞时间是否超时，如果符合条件则
                    //退出
                    if (isDone() || System.currentTimeMillis() - start > timeout) {
                        break;
                    }
```

```
            }
        } catch (InterruptedException e) {
            throw new RuntimeException(e);
        } finally {
            lock.unlock();
        }
        if (! isDone()) {
            throw new TimeoutException(sent > 0, channel, getTimeoutMessage(false));
        }
    }
    return returnFromResponse();
}
```

循环判断 isDone 方法的状态，如果得到返回值则返回 true，否则返回 false，当返回 false 的时候则阻塞等待 timeout 毫秒时间，timeout 默认是 1 秒，然后继续判断 isDone 方法状态是否得到返回值和阻塞时间是否超时。

有两种情况会唤醒该 get 方法：

- 收到响应消息并调用 received 方法，根据响应消息中返回的 ID 在 ConcurrentHashMap 里面使用 get(ID)方法获取 DefaultFuture 对象，然后更新该对象的 Response 变量的值。
- RemotingInvocationTimeoutScan 线程定时扫描响应是否超时，如果超时，则从 ConcurrentHashMap 对象中删掉缓存的 Future 对象并将 Response 变量设置为超时信息。

```
public static void received(Channel channel, Response response) {
    try {
        //从缓存中根据 ID 获取 DefaultFuture 对象，并且从 FUTURES 中删除
        DefaultFuture future = FUTURES.remove(response.getId());
        if (future != null) {
            //执行该方法为 response 对象赋值，触发 isDone 方法状态变更
            future.doReceived(response);
        } else {
            logger.warn("The timeout response finally returned at "
                        + (new SimpleDateFormat("yyyy-MM-dd HH:mm:ss.SSS").format
(new Date()))
                        + ", response " + response
                        + (channel == null ? "" : ", channel: " + channel.
getLocalAddress()
                          + " -> " + channel.getRemoteAddress()));
        }
```

```
    } finally {
        CHANNELS.remove(response.getId());
    }
}

private void doReceived(Response res) {
    lock.lock();
    try {
        //为 response 对象赋值，触发 isDone 方法状态
        response = res;
        if (done != null) {
            done.signal();
        }
    } finally {
        lock.unlock();
    }
    if (callback != null) {
        invokeCallback(callback);
    }
}
```

通过 HeaderExchangeHandler 对象的 handleResponse 方法收到响应请求后，调用 DefaultFuture.received 方法，从缓存中根据 ID 获取 DefaultFuture 对象，然后从 FUTURES 中删除，再将响应结果赋值给 response 对象从而触发 isDone 方法的状态变更。

图 3-35 展示了 Dubbo 同步和异步的调用过程。

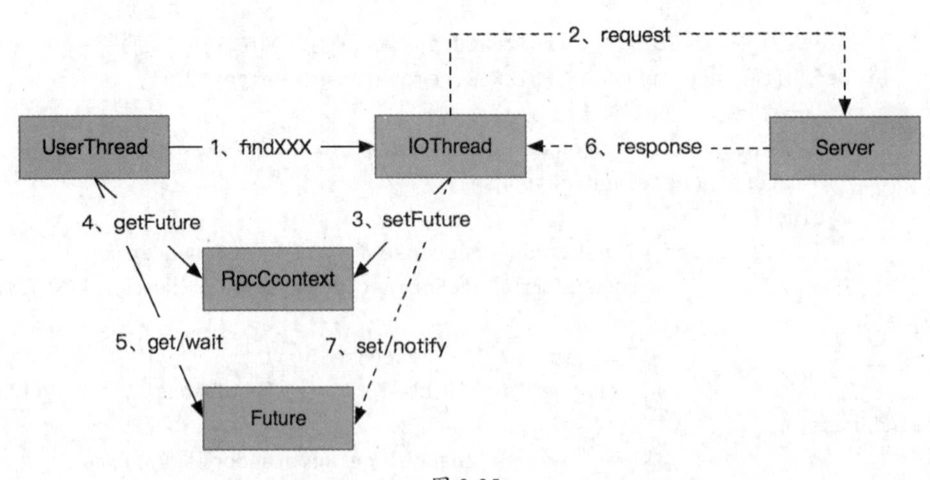

图 3-35

```
    Invoker<?> getInvoker(Channel channel, Invocation inv) throws RemotingException{
        boolean isCallBackServiceInvoke = false;
        boolean isStubServiceInvoke = false;
        int port = channel.getLocalAddress().getPort();
        String path = inv.getAttachments().get(Constants.PATH_KEY);
        //如果是客户端的回调服务
        isStubServiceInvoke  =  Boolean.TRUE.toString().equals(inv.getAttachments().
get(Constants.STUB_EVENT_KEY));
        if (isStubServiceInvoke){
            //获取客户端的端口
            port = channel.getRemoteAddress().getPort();
        }
        //callback
        isCallBackServiceInvoke = isClientSide(channel) && !isStubServiceInvoke;
        if(isCallBackServiceInvoke){
            path = inv.getAttachments().get(Constants.PATH_KEY)+"."+inv.
getAttachments().get(Constants.CALLBACK_SERVICE_KEY);
            inv.getAttachments().put(IS_CALLBACK_SERVICE_INVOKE,
Boolean.TRUE.toString());
        }
        //根据客户端的端口、服务名、版本号及所属组生成 serviceKey
        String serviceKey = serviceKey(port, path, inv.getAttachments().get(Constants.
VERSION_KEY), inv.getAttachments().get(Constants.GROUP_KEY));
        //根据 serviceyKey 获取缓存在 exporterMap 中的 DubboExporter
        DubboExporter<?> exporter = (DubboExporter<?>) exporterMap.get(serviceKey);

        if (exporter == null)
            throw new RemotingException(channel, "Not found exported service: " +
serviceKey + " in " + exporterMap.keySet() + ", may be version or group mismatch " +
", channel: consumer: " + channel.getRemoteAddress() + " --> provider: " +
channel.getLocalAddress() + ", message:" + inv);

        return exporter.getInvoker();
    }
```

3.3 基于 Dubbo 的自动化 Mock 系统

目前有很多公司在进行微服务改造时使用 Dubbo 框架，在业务不断发展的情况下，服务之间的调用链路越来越冗长，每个服务又是单独的团队在维护，每个团队又在不断地演进和维护各个服务，对测试人员来说将是非常大的挑战。

测试人员每次进行功能测试的时候，测试用例都需要重新写一遍，无法将测试用例的数据沉淀，尤其是做自动化测试的时候，测试人员准备测试数据就需要很长时间，效率非常低。

接口自动化测试框架也多种多样，包括 Testng、JUnit、Fitnesse 等，但都需要测试人员具备测试代码编写能力，如果要做到和手工接口测试一样的效果，则自动化测试需要大量的代码，后期维护代码的成本非常大。因此做成简单配置用例流，无须编写测试代码的系统更贴合实际工作要求。

在平常的工作中，测试人员又是如何验证数据的呢？

- **接口返回值**

  通过肉眼分析比对接口返回值的内容，判断业务逻辑的正确性。

- **数据库验证**

  测试接口的输入值需要通过手工编写数据库 SQL 来获取，接口调用完成后，需要通过大量的 SQL 验证数据库值的正确性。

- **日志验证**

  通过返回值和数据库不能确保代码实现了预期的逻辑，只能通过肉眼观察日志以确认代码的实际运行逻辑。

- **测试报告**

  人工记录用例结果，人工编写报告，耗时耗力，难以准确定位代码问题。

可以看到在大规模的微服务测试场景下，对测试人员的要求是非常高的，测试人员在大部分情况下还是要通过手工来进行测试。以互联网支付系统来说，某个团队新增了支付交易的需求，这时要进行测试，测试人员除了要测试支付交易需求本身是否正确，同时要结合上下游的服务整体进行回归测试，这时开发人员往往在支付交易系统中采用“硬编码”的方式对上下游的系统进行“挡板”，如果测试人员对测试数据有所调整，那么“挡板”也要跟着调整，同时在项目正式上线的时候，如果开发人员没有将“挡板”程序去除干净，则将面临严重的线上问题。整个过程烦琐、冗长、效率低并且容易出错。

3.3.1 Mock 模拟系统的产生

业务系统调用众多其他系统完成功能逻辑，而想要得到其他系统接口的特定输出，就需要做相应的运营配置，增加很多的沟通成本；甚至偶发性 bug 只能在特定的环境状况下复现，所以只能作为不可测的逻辑。

以风控系统为例，如果业务系统需要测试某个商品类别下的累积限额，则需要风控的同事配合不断修改限额阈值。目前的情况是多个业务系统都在接入风控，配合测试的人力成本和时间成本是很高的。为此设计了挡板模拟系统，其功能结构如图 3-36 所示。

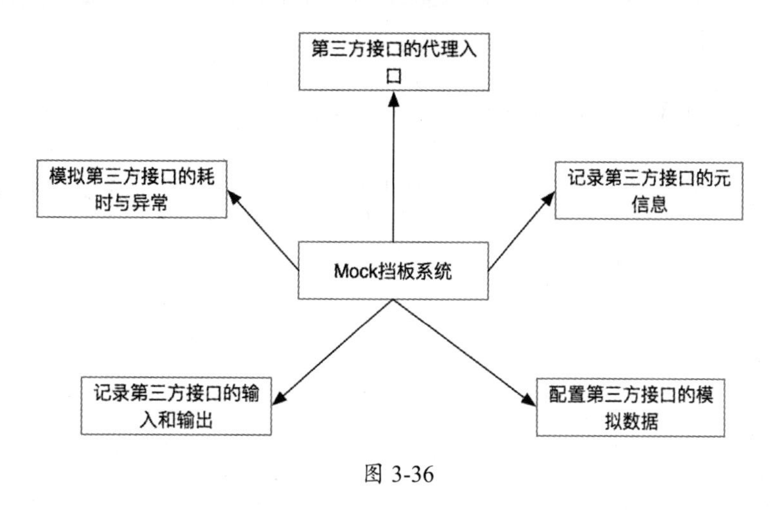

图 3-36

针对测试人员测试用例数据无法沉淀和复用的问题，我们将采用“用例与日志锚点库”的方案：

- 用例库的建立可以实现对以往测试规则的记录与复用，改变每次回归测试都要重复编写用例与准备数据的状况。
- 日志锚点库是对代码执行流程的有效验证，除了可以应用在测试环境中，还可基于大数据日志中心对生产代码的运行做日常监控。
- 交易与支付系统业务逻辑复杂，靠人脑和文档记忆功能关系难免疏漏，而用例库和日志锚点库会随着业务的变更测试而随即维护，是一部“活文档”。

3.3.2 Dubbo Mock 的使用

Dubbo 自带的 Mock 功能首先是为了做服务降级，比如某验权服务，当服务提供方全部“挂掉”后，客户端不抛出异常，而是通过 Mock 数据返回授权失败。

我们以官网上的一个例子来进行说明：

```
<dubbo:reference interface="com.foo.BarService" mock="force" />
```

我们可以在期望的 reference 标签上加一个 mock="force"，就可以将当前服务设置为 Mock。但是设置完 Mock 属性后还没有结束，需要有一个 Mock 类对应我们的服务接口类。

规则如下：

接口名 + Mock 后缀，服务接口调用失败 Mock 实现类，该 Mock 类必须有一个无参构造函数。

对应到 com.foo.BarService 的话，则创建 BarServiceMock 类：

```
public class BarServiceMock implements BarService {

    public String sayHello(String name) {
        //可以伪造容错数据，此方法只在出现 RpcException 时被执行
        return "容错数据";
    }
}
```

经过以上设置后，当调用 BarService 进行远程调用时，直接请求到 BarServiceMock 类上面进行模拟测试。

3.3.3 Dubbo Mock 的原理解析

在 Dubbo 的配置文件 classpath:/META-INF/dubbo/internal/com.alibaba.dubbo.rpc.cluster.Cluster 中可以看到如下配置列表：

```
mock=com.alibaba.dubbo.rpc.cluster.support.wrapper.MockClusterWrapper
failover=com.alibaba.dubbo.rpc.cluster.support.FailoverCluster
failfast=com.alibaba.dubbo.rpc.cluster.support.FailfastCluster
failsafe=com.alibaba.dubbo.rpc.cluster.support.FailsafeCluster
failback=com.alibaba.dubbo.rpc.cluster.support.FailbackCluster
forking=com.alibaba.dubbo.rpc.cluster.support.ForkingCluster
available=com.alibaba.dubbo.rpc.cluster.support.AvailableCluster
switch=com.alibaba.dubbo.rpc.cluster.support.SwitchCluster
mergeable=com.alibaba.dubbo.rpc.cluster.support.MergeableCluster
broadcast=com.alibaba.dubbo.rpc.cluster.support.BroadcastCluster
```

配置文件中实际上有五大路由策略。

- **AvailableCluster**：获取可用的调用。遍历所有 Invokers 并判断 Invoker.isAvalible，只要一个有为 true 则直接调用返回，不管成不成功。
- **BroadcastCluster**：广播调用。遍历所有 Invokers，“catch”住每一个 Invoker 的异常，

而不影响其他 Invoker 调用。

- FailbackCluster：失败自动恢复，对于 Invoker 调用失败，后台记录失败请求，任务定时重发，通常用于通知。
- FailfastCluster：快速失败，只发起一次调用，失败立即报错，通常用于非幂等性操作。
- FailoverCluster：失败转移，当出现失败时，重试其他服务器，通常用于读操作，但重试会带来更长的延迟。

Dubbo 中默认使用的是 FailoverCluster 策略，而在实际执行的过程中 FailoverCluster 会先被注入 MockClusterWrapper，过程如下：

```
    Cluster$Adaptive → 定位到内部 key 为 failover 的对象 → FailoverCluster → 注入
MockClusterWrapper
```

MockClusterWrapper 内部会创建一个 MockClusterInvoker 对象。实际创建是封装了 FailoverClusterInvoker 的 MockClusterInvoker，这样就成功地在 Invoker 中植入了 Mock 机制。

我们来看 MockClusterInvoker 的内部实现：

- 如果在配置中没有设置 Mock，那么直接把方法调用转发给实际的 Invoker（也就是 FailoverClusterInvoker）。

```
String mockValue = directory.getUrl().getMethodParameter(
        invocation.getMethodName(), Constants.MOCK_KEY, Boolean.FALSE.toString()).trim();
    if (mockValue.length() == 0 || mockValue.equalsIgnoreCase("false"))
    {
        //no mock
        result = this.invoker.invoke(invocation);
    }
```

- 如果配置了强制执行 Mock，比如发生服务降级，那么直接按照配置执行 Mock 之后返回。

```
else if (mockValue.startsWith("force"))
{
      if (logger.isWarnEnabled())
      {
         logger.info("force-mock: " + invocation.getMethodName() + " force-mock
enabled , url: " +  directory.getUrl());
       }
```

```
        //force:direct mock
         result = doMockInvoke(invocation, null);
    }
```

- 如果是其他的情况，比如配置的是 mock=fail:return null，那么就是在正常的调用出现异常的时候按照配置执行 Mock。

```
    try
    {
       result = this.invoker.invoke(invocation);
    }
    catch (RpcException rpcException)  {
        if (rpcException.isBiz())  {
            throw rpcException;
        }
        else
        {
        if (logger.isWarnEnabled())  {
           logger.info("fail-mock:  " + invocation.getMethodName() + "  fail-mock
enabled , url : "
        + directory.getUrl(), rpcException);
        }
           result = doMockInvoke(invocation, rpcException);
        }
     }
```

Dubbo 的 Mock 功能主要用于服务降级，服务提供方在客户端执行容错逻辑，在出现 RpcException（比如网络失败、超时等）时进行容错，然后执行降级 Mock 逻辑，基于自身特性并不适合做 Mock 测试系统。

3.3.4 自动化 Mock 系统的实现

基于前面提到的测试人员手工测试，以及 Dubbo 自有 Mock 功能的不足，我们提出了建设基于 Dubbo 的自动化 Mock 系统的想法，整体构思用例图如图 3-37 所示。

图 3-37 展示的是 Mock 系统的主要功能，主要两大块内容是：测试属性设置和测试规则设置。

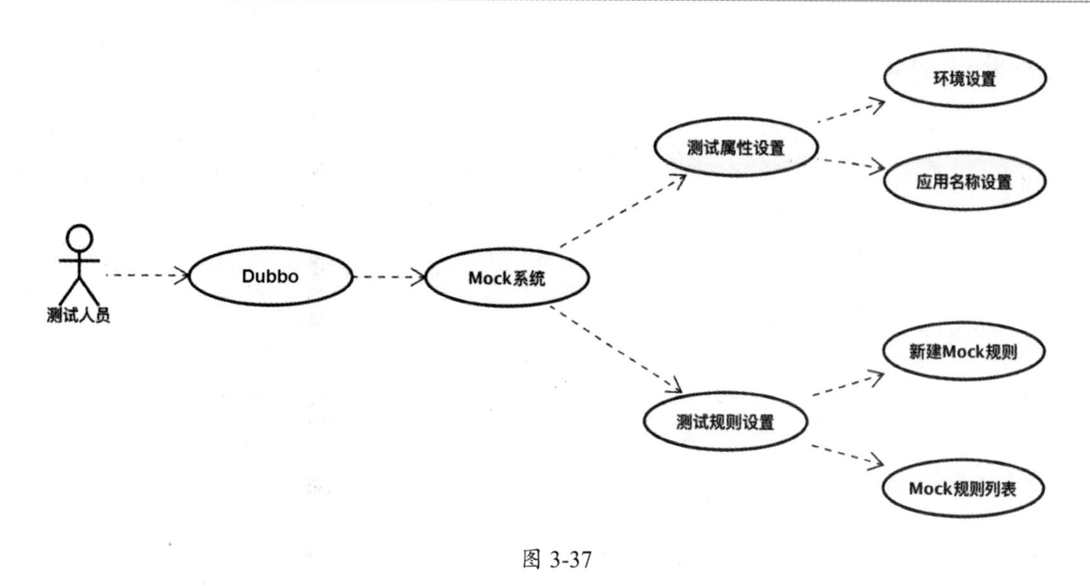

图 3-37

1. 系统整体结构

系统的整体结构如图 3-38 所示。

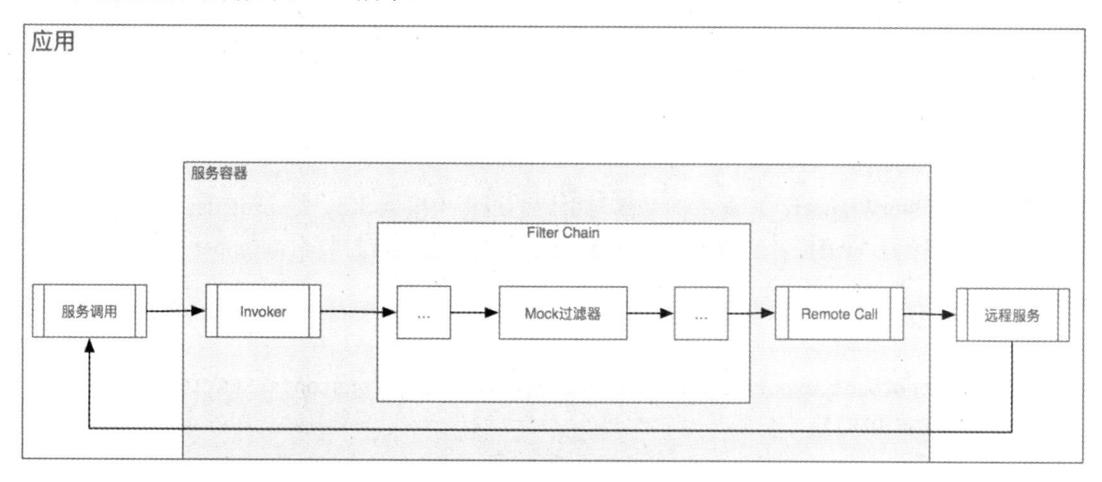

图 3-38

基于 Dubbo 实现 Mock 功能，需要对 Dubbo 源码进行一些必要的修改，通过上面的结构图我们可以看到，实际上我们正是利用了 Dubbo 的 Filter chain 过滤器链这一机制实现的。下面将简单介绍 Dubbo 的 Filter 机制。

2. Dubbo Filter 机制

Filter 是一种递归的链式调用，用来在远程调用真正执行的前后加入一些逻辑，跟 AOP 的拦截器 Servlet 中的 filter 概念一样。

Filter 接口定义如下：

```
@SPI

public interface Filter {

   Result invoke(Invoker<?> invoker,Invocation invocation) throws RpcException;

}
```

Filter 的实现类需要打上@Activate 注解，@Activate 的 group 属性是一个 string 数组，我们可以通过这个属性来指定这个 Filter 是在 consumer 还是在 provider 下激活，当然二者可以同时激活，所谓激活就是能够被获取，组成 Filter 链。

```
List<Filter>  filters =ExtensionLoader.getExtensionLoader(Filter.class).getActivateExtension(invoker.getUrl(),key, group);

//Key 就是 SERVICE_FILTER_KEY 或 REFERENCE_FILTER_KEY

//Group 就是 consumer 或 provider
```

ProtocolFilterWrapper：在服务的暴露与引用的过程中根据 Key 是 provider 还是 consumer 来构建服务提供者与消费者的调用过滤器链，Filter 最终都要被封装到 Wrapper 中。

```
public <T> Exporter<T> export(Invoker<T>invoker)throws RpcException {

return protocol.export(buildInvokerChain(invoker, Constants.SERVICE_FILTER_KEY, Constants.PROVIDER));
}

public <T> Invoker<T> refer(Class<T> type,URL url)throws RpcException {

     return buildInvokerChain(protocol.refer(type, url),Constants.REFERENCE_FILTER_KEY, Constants.CONSUMER);
}
```

构建 Filter 链，当获取激活的 Filter 集合后就通过 ProtocolFilterWrapper 类中的 buildInvokerChain

方法来进行构建：

```
for (int i = filters.size() - 1; i >= 0; i --) {
      final Filter filter = filters.get(i);
      final Invoker<T> next = last;
      last = new Invoker<T>() {
            public Result invoke(Invocation invocation)throws RpcException {
                  return filter.invoke(next, invocation);
            }
            ……//其他方法
      };
}
```

3. 自动化 Mock 系统的流程

流程如图 3-39 所示。

用户通过 Dubbo 正常访问服务，经过自定义的 Filter 过滤器，在 Filter 中判断当前请求是 Mock 请求还是正常请求。

（1）如果是 Mock 请求则进行拦截，然后通过 HTTP 协议转发到 Mock 系统中，Mock 系统根据传递进来的服务名、应用名、方法名和 IP 地址找到对应的 Mock 规则和模拟配置数据，并返回预设的数据给 Dubbo，从而完成整个调用过程。

（2）如果是正常请求，则 Filter 不拦截请求，正常放行。

4. Dubbo 源码的改造

初步想法是通过在 Dubbo 配置文件中添加配置属性，用来标注某个服务是 Mock 服务，来看一个简单的例子，如图 3-40 所示。

在 application 标签中添加一个 mockurl 属性，用来标注 Mock 系统的地址，在 reference 标签中添加一个 Mock 属性，用来标注该服务添加了挡板。

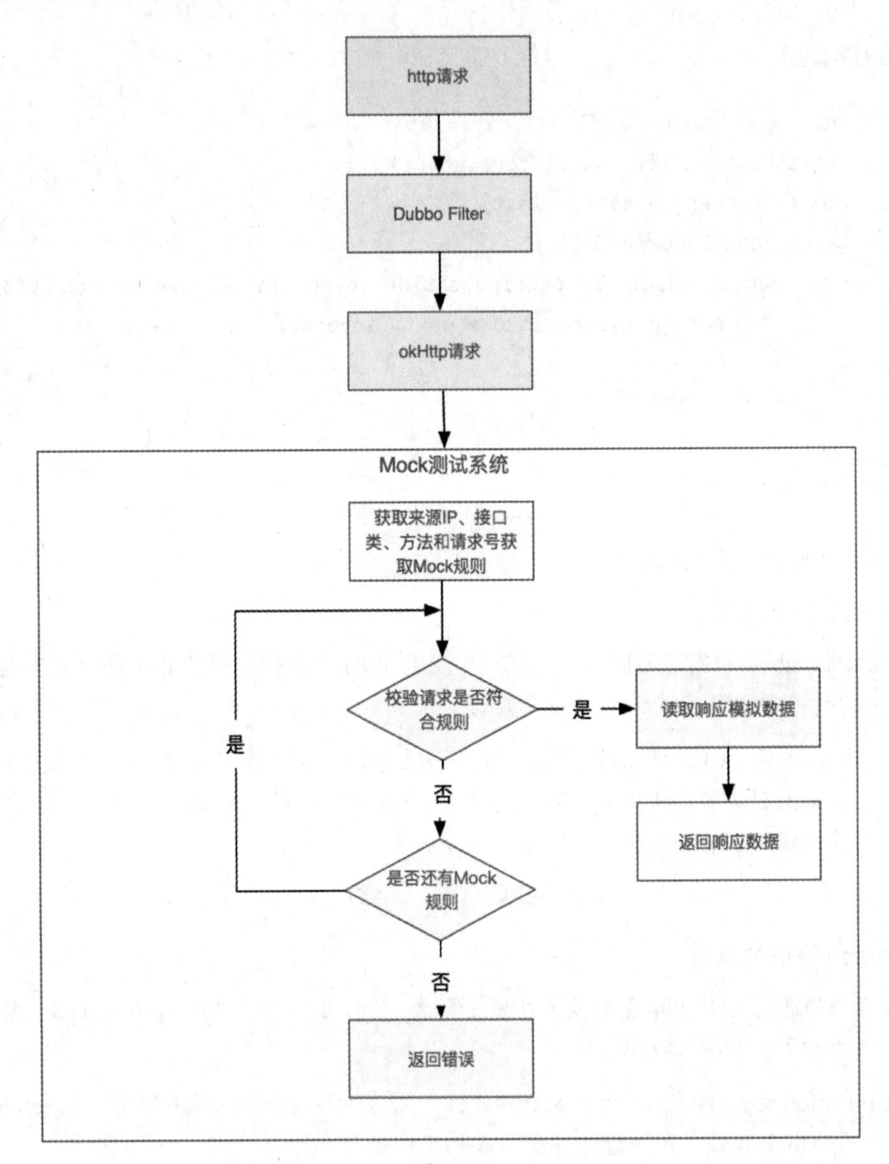

图 3-39

```
<dubbo:application name="demo-consumer" owner="programmer" organization="dubbox" mockurl="mock系统的http地址" />
<dubbo:registry address="zookeeper://127.0.0.1:2181"/>
<dubbo:protocol name="dubbo" />
<dubbo:reference   id="bidService" interface="com.alibaba.dubbo.demo.bid.BidService" mock="test"/>
```

图 3-40

具体改造过程如下：

在 ApplicationConfig 中添加 mockurl 属性，用来存放配置文件解析后的属性值，代码如下：

```
public class ApplicationConfig extends AbstractConfig {

    private static final long    serialVersionUID = 5508512956753757169L;

    //应用名称
    private String               name;
    //模块版本
    private String               version;
    //应用负责人
    private String               owner;
    //组织名（BU 或部门）
    private String               organization;
    //分层
    private String               architecture;
    //环境，如 dev/test/run
    private String               environment;
    //Java 代码编译器
    private String               compiler;
    //日志输出方式
    private String               logger;
    //注册中心
    private List<RegistryConfig> registries;
    //服务监控
    private MonitorConfig        monitor;
    //是否为默认
    private Boolean              isDefault;
    //Mock 系统地址
    private String mockurl;
}
```

与 reference 标签对应的 ReferenceConfig 类中有 Mock 属性值，所以不用再添加 Mock 属性。Mock 属性在 ReferenceConfig 继承的父类中，继承关系如下：

```
AbstractReferenceConfig -> AbstractInterfaceConfig -> AbstractMethodConfig
```

Mock 属性在 AbstractMethodConfig 类中。

我们都知道 Dubbo 之间的数据通信主要是通过 URL 进行的，在执行 Filter 过滤链之前已经将 URL 数据进行了解析和封装，在 Filter 过滤器中可以根据 Invocation 类直接获取 URL 属性值。我们新增一个具有 Mock 功能的 Filter 类，完整的代码请下载本书相关资源文件获取。

第 4 章 Spring Boot/Spring Cloud 实践

Spring 官方对 Spring Boot、Spring Cloud、Spring Cloud Data Flow 的定位如下。

> Spring Boot：Build Anything；
>
> Spring Cloud：Coordinate Anything；
>
> Spring Cloud Data Flow：Connect everything。

Spring Boot

Spring Boot 设计之初就是为了以最少的配置、最快的速度来启动和运行 Spring 项目。Spring Boot 使用特定的配置来构建生产就绪型的应用程序。

Spring Cloud

Spring Cloud 基于 Spring Boot 的开发便利性，通过构建一系列的框架集合来简化分布式微服务式架构，为微服务带来弹性、可靠性和协调性。

下面通过原理分析和案例来介绍 Spring 社区的两大“神作”。

Spring Boot 是由 Pivotal 团队提供的全新框架，其设计目的是用来简化新 Spring 应用的初始搭建及开发过程。该框架以约定大于配置的核心思想使用特定的方式来进行配置，从而使开发人员不再需要定义样板化的配置。采用 Spring Boot 可以大大简化开发模式，它通过一系列组件的支持，集成了很多的常用框架支持，让我们以很低的成本去集成其他主流开源软件。

自从 2014 年 4 月发布 Spring Boot 1.0 之后，版本迭代非常快，社区也非常活跃，从 GitHub 上的 commit 就可以看到更新是非常频繁的。到目前为止，Spring Boot 主要维护两个开发分支，分别是 1.5.x 和 2.0.x，在笔者编写时正式发布的版本为 1.5.15.RELEASE 和 2.0.4.RELEASE，不出意外，书中的版本跟不上官方版本迭代的速度，这里请读者见谅。

4.1 Spring Boot 原理剖析

4.1.1 Spring Boot Quick Start

快速构建一个 Bpring Boot 项目的步骤如下：

（1）打开浏览器（Chrome 最佳），访问 https://start.spring.io/Spring Initializr。

（2）选择构建工具为 Maven，开发语言为 Java，Spring Boot 版本为 1.5.15。

（3）配置工程相关的信息，包括 Group、Artifact 及所需要的依赖。

（4）单击“Generate Project”按钮并下载项目压缩包。

至此，一个简单的可运行的 Spring Boot 项目就生成好了。

生成的 zip 文件解压缩之后，目录结构如下：

```
.
├── mvnw
├── mvnw.cmd
├── pom.xml
└── src
    ├── main
    │   ├── java
    │   │   └── com
    │   │       └── spring4all
    │   │           └── msa
    │   │               └── firstboot
    │   │                   └── FirstBootApplication.java
    │   └── resources
    │       ├── application.properties
    │       ├── static
```

```
│       └── templates
└── test
    └── java
        └── com
            └── spring4all
                └── msa
                    └── firstboot
                        └── FirstBootApplicationTests.java
```

构建工具还可以选择 Gradle，开发语言还可以选择 Kotlin 和 Groovy，而 Spring Boot 的版本还可以选择 2.0.4，可根据实际开发需要进行选择。

在快速构建 Spring Boot 项目的背后是由 Spring Initializr 提供了支持。

Spring Initializr 包含如下模块：

- initializr-generator

  在多环境下可以重用的独立项目生成库，完全可以嵌入自己的项目。

- initializr-web

  提供 REST 的端口，以及基于 Web 的接口。

- initializr-actuator

  可选模块，用于在项目生成时提供可监测可统计的能力。

- initializr-docs

  该项目的文档。

- initializr-service

  附加模块，表示 https://start.spring.io 上提供的生产实例。默认情况下是不启用的。但可以在本地通过 maven clean install -Pfull 启动。

更强大的是它提供了多种接口用于生成 Spring Boot 项目，例如：

（1）通过浏览器的方式，访问 https://start.spring.io 进行配置。

（2）通过 IDE 的初始化创建方式，比如 Spring Tool Suite、IntelliJ IDEA 等，就通过插件的方式实现该功能，一般都是默认自带的。

（3）通过 Spring Boot CLI 的命令行方式，例如使用 cURL 或 HTTPie 这样的命令。而 Spring Boot CLI 可以使用 sdkman 或 homebrew 来进行安装。

4.1.2 Spring Boot 之 SpringApplication

将上面生成的项目导入 IDE，整个目录结构如图 4-1 所示。

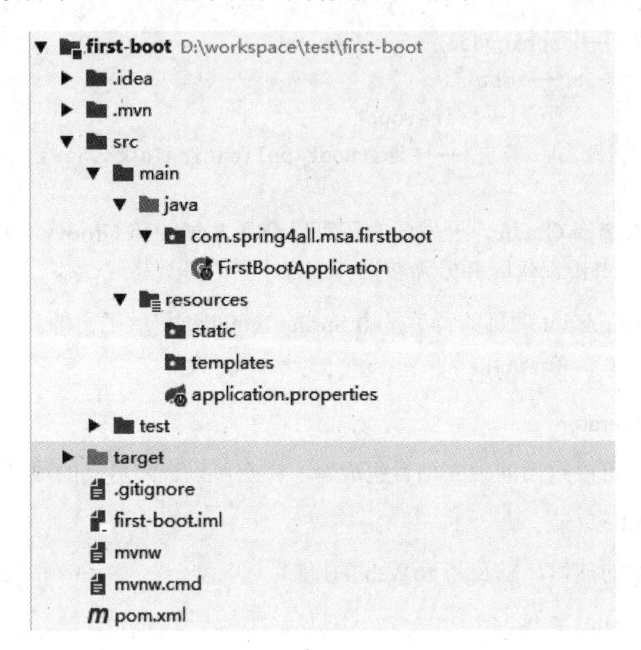

图 4-1

可以看到 com.spring4all.msa.firstboot 包下仅有一个 FirstBootApplication.java 类，上面也讲到了，它是一个可运行的项目，那么具体启动的逻辑是怎样的呢？接下来，我们将重点剖析 FirstBootApplication 到底做了什么事情。

在 FirstBootApplication 中，最主要的就是如下两点：

- 注解：@SpringBootApplication。
- 启动方法：SpringApplication.run(FirstBootApplication.class, args)。

首先来看注解@SpringBootApplication 的定义：

```
@Target(ElementType.TYPE)
@Retention(RetentionPolicy.RUNTIME)
@Documented
@Inherited
@SpringBootConfiguration
@EnableAutoConfiguration
@ComponentScan(excludeFilters = {
```

```
        @Filter(type = FilterType.CUSTOM, classes = TypeExcludeFilter.class),
        @Filter(type = FilterType.CUSTOM, classes = AutoConfigurationExcludeFilter.
class) })
public @interface SpringBootApplication {

    @AliasFor(annotation = EnableAutoConfiguration.class, attribute = "exclude")
    Class<?>[] exclude() default {};

    @AliasFor(annotation = EnableAutoConfiguration.class, attribute = "excludeName")
    String[] excludeName() default {};

    @AliasFor(annotation = ComponentScan.class, attribute = "basePackages")
    String[] scanBasePackages() default {};

    @AliasFor(annotation = ComponentScan.class, attribute = "basePackageClasses")
    Class<?>[] scanBasePackageClasses() default {};

}
```

除了普通修饰注解类的原信息，还有@SpringBootConfiguration、@ComponentScan、@EnableAutoConfiguration。

1. @SpringBootConfiguration

查看@SpringBootConfiguration 的源码，就可以看到类上有@Configuration 注解，这就说明了它本身也是一个配置类：

```
@Target(ElementType.TYPE)
@Retention(RetentionPolicy.RUNTIME)
@Documented
@Configuration
public @interface SpringBootConfiguration {
}
```

这里的@Configuration 对我们来说并不陌生，以 JavaConfig 的方式定义 Spring IoC 容器的配置类使用的就是这个@Configuration。Spring Boot 社区推荐使用基于 JavaConfig 的配置方式来定义 Bean，所以这里的启动类标注了@Configuration 之后，本身也可以认为是一个 Spring IoC 容器的配置类，比如：

```
@Configuration
public class FirstConfiguration {
    @Bean
    public FirstService firstService() {
        return new FirstServiceImpl(SecondService());
    }

    @Bean
    public SecondService secondService() {
        return new SecondServiceImpl();
    }
}
```

2. @ComponentScan

@ComponentScan 这个注解对应原有 XML 配置中的元素，@ComponentScan 的功能其实就是自动扫描并加载符合条件的组件（比如被 org.springframework.stereotype 下的@Component、@Controller、@Repository、@Service 所标注的类，以及 org.aspectj.lang.annotation 下@Aspect 修饰的类），最终将这些 Bean 的定义加载到 IoC 容器中。

我们可以通过 basePackages 等属性来细粒度地定制@ComponentScan 注解自动扫描的类的范围。当然，如果不指定，Spring 框架则默认会从声明@ComponentScan 所在类的 package 及向下进行扫描。所以通常我们在定义 Spring Boot 启动类的时候，会将它放在 root package 下，这样就能根据默认策略扫描到所有需要定义的类。

而@ComponentScans 可以配置多个@ComponentScan，得益于 Java 8 支持了多重注解。

3. @EnableAutoConfiguration

@EnableAutoConfiguration 是 Spring Boot 实现自动配置的关键，也是扩展 Spring Boot 的关键之处。

以@Enable 开头的注解早在 Spring 3 中就引入了，通过这些注释替代 XML 配置文件。比如@EnableTransactionManagement 注解，它能够声明事务管理；@EnableWebMvc 注解能启用配置 Spring MVC；@EnableScheduling 注解可以初始化一个调度器。

而这些注解之所以能自动根据条件来注册我们需要的 Bean 实例，主要是由其上的注解@Import 所导入的。在@EnableAutoConfiguration 类上@Import 注解导入的是 org.springframework.boot.autoconfigure.EnableAutoConfigurationImportSelector 这个实现，而在 Spring Boot 1.5.15.RELEASE 中，该类已经被标记为 Deprecated（废弃）了，但这不影响自动配置的实现。在 Spring 框架解析@Import 时，在 AutoConfigurationImportSelector 的 selectImports()方法中，调用

了 getCandidateConfigurations()方法：

```
    protected List<String> getCandidateConfigurations(AnnotationMetadata metadata,
AnnotationAttributes attributes) {
        List<String> configurations = SpringFactoriesLoader.loadFactoryNames(this.
getSpringFactoriesLoaderFactoryClass(), this.getBeanClassLoader());
        Assert.notEmpty(configurations, "No auto configuration classes found in
META-INF/spring.factories. If you are using a custom packaging, make sure that file is
correct.");
        return configurations;
      }
```

从上述方法中可以看到通过如下 loadFactoryNames()方法加载 Spring Boot 默认约定需要配置的类：

```
    List<String> configurations = SpringFactoriesLoader.loadFactoryNames(this.
getSpringFactoriesLoaderFactoryClass(), this.getBeanClassLoader());
```

而在 SpringFactoriesLoader 的成员变量中默认约定了加载自动配置类的路径：

```
    /**
     * The location to look for factories.
     * <p>Can be present in multiple JAR files.
     */
    public static final String FACTORIES_RESOURCE_LOCATION = "META-INF/spring.factories";
```

打开 spring-boot-autoconfigure-1.5.15.RELEASE.jar!/META-INF/spring.factories 文件，就可以看到如下的配置（仅截取前两个）：

```
    # Initializers
    org.springframework.context.ApplicationContextInitializer=\
    org.springframework.boot.autoconfigure.SharedMetadataReaderFactoryContextIniti
alizer,\
    org.springframework.boot.autoconfigure.logging.AutoConfigurationReportLoggingI
nitializer

    # Application Listeners
    org.springframework.context.ApplicationListener=\
    org.springframework.boot.autoconfigure.BackgroundPreinitializer
```

而在 spring-boot-1.5.15.RELEASE.jar 下也有 META-INF/spring.factories 文件（仅截取前两个）：

```
# PropertySource Loaders
org.springframework.boot.env.PropertySourceLoader=\
org.springframework.boot.env.PropertiesPropertySourceLoader,\
org.springframework.boot.env.YamlPropertySourceLoader

# Run Listeners
org.springframework.boot.SpringApplicationRunListener=\
org.springframework.boot.context.event.EventPublishingRunListener
```

Spring Boot 应用真正执行启动方法 SpringApplication.run(FirstBootApplication.class, args)的流程是怎样的呢？

（1）如果我们使用的是 SpringApplication 的静态 run 方法，那么在这个方法里面实例化了一个 SpringApplication 对象，调用的是该类的有参构造方法。

```
public static ConfigurableApplicationContext run(Object[] sources, String[] args) {
    return new SpringApplication(sources).run(args);
}
```

在 SpringApplication 实例初始化的时候，它会提前做几件事情：

- 根据 classpath 里面是否存在某个特征类（Servlet,ConfigurableWebApplicationContext）来决定是否应该创建一个供 Web 应用使用的 ApplicationContext 类型。

  ```
  private static final String[] WEB_ENVIRONMENT_CLASSES =
  { "javax.servlet.Servlet","org.springframework.web.context.ConfigurableWeb
  ApplicationContext" };
  ```

- 使用 SpringFactoriesLoader 在应用的 classpath 中查找并加载所有可用的 ApplicationContextInitializer。
- 使用 SpringFactoriesLoader 在应用的 classpath 中查找并加载所有可用的 ApplicationListener。初始化以上的配置后，设置 main 方法的定义类。

（2）SpringApplication 实例初始化完成并且完成设置后，开始执行 run 方法，首先遍历执行所有通过 SpringFactoriesLoader 查找到并加载的 SpringApplicationRunListener，调用它们的 starting()方法。

（3）准备并配置当前 Spring Boot 应用程序要使用的 Environment（包括 PropertySource 和 Profiles）。

```
    protected void configureEnvironment(ConfigurableEnvironment environment, String[]
args) {
        configurePropertySources(environment, args);
        configureProfiles(environment, args);
    }
```

（4）遍历执行所有 SpringApplicationRunListener 的 environmentPrepared()的方法。比如创建 ApplicationContext。

（5）判断 SpringApplication 的 bannerMode，是 CONSOLE 则输出 banner 到 System.out，是 OFF 则不打印，是 LOG 则输出到日志文件中。

（6）判断是否设置 applicationContextClass 属性，如果有，则实例化该 class；如果没有，则判断是否是 Web 环境，如果是 DEFAULT_WEB_CONTEXT_CLASS，则实例化该常量所对应的 AnnotationConfigEmbeddedWebApplicationContext 类，否则实例化 DEFAULT_CONTEXT_CLASS 所对应的 AnnotationConfigApplicationContext 类，具体如下所示。

```
    public static final String DEFAULT_CONTEXT_CLASS =
"org.springframework.context.annotation.AnnotationConfigApplicationContext";

    public static final String DEFAULT_WEB_CONTEXT_CLASS =
"org.springframework.boot.context.embedded.AnnotationConfigEmbeddedWebApplicationCo
ntext";
```

（7）将之前准备好的 environment 配置给当前的 ApplicationContext。

（8）将 beanNameGenerator、resourceLoader 配置给当前的 ApplicationContext

（9）创建好 ApplicationContext 之后，SpringApplication 会通过 SpringFactoriesLoader 查找 classpath 中所有可用的 ApplicationContextInitializer，遍历并加载这些 ApplicationContextInitializer 的 initialize（context）方法来对当前的 ApplicationContext 做进一步的处理。

（10）遍历执行所有 SpringApplicationRunListener 的 contextPrepared()方法。

（11）为 BeanDefinitionLoader 配置 beanNameGenerator、resourceLoader、environment，并加载之前通过@EnableAutoConfiguration 获取的所有配置，以及其余 IoC 容器配置到当前已准备完毕的 ApplicationContext。

（12）遍历执行所有 SpringApplicationRunListener 的 contextLoaded()方法。

（13）调用 ApplicationContext 的 refresh()方法，完成 IoC 容器可用的最后工序，并为 Runtime.getRuntime()添加 ShutdownHook 以便在 JVM 停止时优雅退出。

（14）查找当前 ApplicationContext 中是否注册 ApplicationRunner 或 CommandLineRunner，如果是，则遍历执行它们。

（15）正常情况下，遍历执行 SpringApplicationRunListener 的 finished()方法。

至此，一个 Spring Boot 应用程序就启动成功了。

4.1.3 spring-boot-loaded 模块分析

当我们使用 maven clean package 命令之后，在 target 目录下就生成了两个文件：

> first-boot-0.0.1-SNAPSHOT.jar;
> first-boot-0.0.1-SNAPSHOT.jar.original。

其中 first-boot-0.0.1-SNAPSHOT.jar.original 是 pom 中 maven-jar-plugin 插件在执行命令后自动生成的包。而 first-boot-0.0.1-SNAPSHOT.jar 是 pom 中 spring-boot-maven-plugin 插件在执行命令后生成的 jar 包，里面包含应用的依赖，以及 Spring Boot 相关的类，我们称之为 fat jar。

下面看一下 com.spring4all.msa:firstboot 应用服务通过 Maven 打好的包的目录结构，具体如下（出于篇幅原因，只截取部分目录结构）：

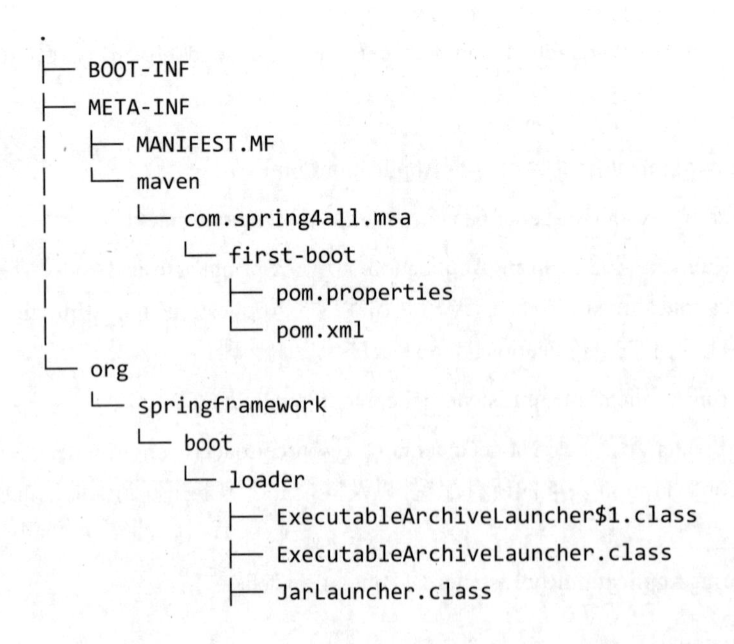

```
.
├── BOOT-INF
├── META-INF
│   ├── MANIFEST.MF
│   └── maven
│       └── com.spring4all.msa
│           └── first-boot
│               ├── pom.properties
│               └── pom.xml
└── org
    └── springframework
        └── boot
            └── loader
                ├── ExecutableArchiveLauncher$1.class
                ├── ExecutableArchiveLauncher.class
                ├── JarLauncher.class
```

```
├── LaunchedURLClassLoader$1.class
├── LaunchedURLClassLoader.class
├── Launcher.class
```

MANIFEST.MF

下面存放了 Maven 相关的 pom 描述信息，还包含了 MANIFEST.MF 文件：

```
Manifest-Version: 1.0
Implementation-Title: first-boot
Implementation-Version: 0.0.1-SNAPSHOT
Archiver-Version: Plexus Archiver
Built-By: fangzhibin
Implementation-Vendor-Id: com.spring4all.msa
Spring-Boot-Version: 1.5.15.RELEASE
Implementation-Vendor: Pivotal Software, Inc.
Main-Class: org.springframework.boot.loader.JarLauncher
Start-Class: com.spring4all.msa.firstboot.FirstBootApplication
Spring-Boot-Classes: BOOT-INF/classes/
Spring-Boot-Lib: BOOT-INF/lib/
Created-By: Apache Maven 3.5.3
Build-Jdk: 1.8.0_181
Implementation-URL: http://projects.spring.io/spring-boot/first-boot/
```

可以看到有 Main-Class 是 org.springframework.boot.loader.JarLauncher，这个是 first-boot-0.0.1-SNAPSHOT.jar 启动的 Main 函数。

还有一个 Start-Class 是 com.spring4all.msa.firstboot.FirstBootApplication，代表 firstboot 应用服务自己的 Main 函数。

BOOT-INF 下的 classes 目录

这下面存放的是应用服务的.class 文件，包括启动类 FirstBootApplication.class。

BOOT-INF 下的 lib 目录

这下面存放的是应用服务 Maven 依赖的 jar 包文件。比如 spring-boot、spring-boot-autoconfigure、spring-beans、spring-webmvc 等 jar。

org/springframework/boot/loader 目录

这下面存放的是 Spring boot loader 模块编译的.class 文件，是 fat jar 启动的关键代码所在。

打开 https://github.com/spring-projects/spring-boot/tree/v1.5.15.RELEASE/spring-boot-tools，可以看到在 tools 模块下，包含了 9 个小模块，其中有 3 个小模块跟 loader 有关（以 Maven 插件为例）：

> - org.springframework.boot:spring-boot-maven-plugin；
> - org.springframework.boot:spring-boot-loader-tools；
> - org.springframework.boot:spring-boot-loader。

那么 Spring Boot 是如何去创建这个目录结构并且通过这样的结构来加载资源的呢？以 Spring Boot 1.5.15.RELEASE 为例，而 spring-boot-maven-plugin 插件的版本同样为 1.5.15.RELEASE。

Archive 的概念

- Archive 即归档文件，通常这个概念在 Linux 下比较常见；
- 通常就是一个 tar/zip 格式的压缩包；
- jar 是 zip 格式。

在 Spring Boot 里，抽象出了 Archive 的概念。一个 Archive 可以是一个 jar（JarFileArchive），也可以是一个文件目录（ExplodedArchive），我们可以理解为 Spring Boot 抽象出来的统一访问资源的层。详情请参考 org.springframework.boot.loader.archive 包下的定义：

```
<plugin>
    <groupId>org.springframework.boot</groupId>
    <artifactId>spring-boot-maven-plugin</artifactId>
    <version>1.5.15.RELEASE</version>
</plugin>
```

首先通过 spring-boot-maven-plugin 插件在打包时候对 jar 文件进行重写，会设置 META-INF/MANIFEST.MF 中的 Main-Class 为：org.springframework.boot.loader.JarLauncher，Start-Class 为 com.spring4all.msa.firstboot.FirstBootApplication，并复制上述 spring-boot-loader 包里面的 class 文件到 org/springframework/boot/loader 目录下，应用依赖的 jar 复制到 BOOT-INF 下的 lib 目录，应用本身的类复制到 BOOT-INF 下的 classes。

当运行 java -jar first-boot-0.0.1-SNAPSHOT.jar 时，spring-boot-loader 模块提供了三种类启动器方式（JarLauncher、WarLauncher 和 PropertiesLauncher），这些类启动器的目的都是为了能够加载 jar in jar 下的资源（比如 class 文件、配置文件等）。我们以 JarLauncher 为例来进行分析：

（1）使用 AppClassLoader 类加载器加载 JarLauncher 类，并执行其中的 main 函数。

```
#JarLauncher 类的继承结构：
public abstract class ExecutableArchiveLauncher extends Launcher
public class JarLauncher extends ExecutableArchiveLauncher
```

下面的代码则展示了如何从一个类中找到它对应的加载位置：

```
protected final Archive createArchive() throws Exception {
        ProtectionDomain protectionDomain = getClass().getProtectionDomain();
        CodeSource codeSource = protectionDomain.getCodeSource();
        URI location = (codeSource != null ? codeSource.getLocation().toURI() : null);
        String path = (location != null ? location.getSchemeSpecificPart() : null);
        if (path == null) {
            throw new IllegalStateException("Unable to determine code source archive");
        }
        File root = new File(path);
        if (!root.exists()) {
            throw new IllegalStateException(
                    "Unable to determine code source archive from " + root);
        }
        return (root.isDirectory() ? new ExplodedArchive(root)
                : new JarFileArchive(root));
    }
```

（2）查找 first-boot-0.0.1-SNAPSHOT.jar 里面所有的 jar in jar 后生成一个 List 列表，每个 Archive 保存了一个 jar in jar 的信息，对应 jar 包的 Archive 的子类是 JarFileArchive。

```
public interface Archive extends Iterable<Archive.Entry> {

    URL getUrl() throws MalformedURLException;

    Manifest getManifest() throws IOException;

    List<Archive> getNestedArchives(EntryFilter filter) throws IOException;
```

通过 getNestedArchives()方法获取的是 first-boot-0.0.1-SNAPSHOT.jar/lib 下面的 jar 的 Archive 列表。它们的 URL 是：

- jar:file:/firstboot/target/first-boot-0.0.1-SNAPSHOT.jar!/lib/spring-beans-4.3.18.RELEASE.jar;
- jar:file:/firstboot/target/first-boot-0.0.1-SNAPSHOT.jar!/lib/spring-webmvc-4.3.18.RELEASE.jar。

（3）在生成的 List 列表的第一个位置插入 first-boot-0.0.1-SNAPSHOT.jar 本身构造的 Archive 对象，可以看到 Archive 有一个自己的 URL，比如：

> jar:file:/firstboot/target/first-boot-0.0.1-SNAPSHOT.jar!/。

（4）转换步骤 3 生成的 List 列表为 URL 数组 urls，然后作为参数创建 LaunchedURLClassLoader 类加载器，LaunchedURLClassLoader 继承了 URLClassLoader 并重写了一些方法。

（5）通过 LaunchedURLClassLoader 类加载器来实例化应用程序（FirstBootApplication），并通过反射来调用该类的 main 方法。

这时 Spring Boot 才开始真正运行应用服务的启动类了。

4.1.4 spring-boot-autoconfigure 模块分析

Spring 通过 IoC（控制反转）依赖注入的方式给我们管理 Bean 提供了便捷，如今有很多的人还是通过 XML 配置文件的方式来定义 Bean 和配置，而 Spring 从 3.x 版本开始，就支持了以 javaconfig 的方式替换 XML 配置文件的方案。它允许开发者原先在 XML 文件中定义的 Spring 配置转移到 Java 类中。在 Spring Boot 中实现了根据 classpath 下的依赖内容自动配置 Bean 到 IoC 容器，而这一功能就叫作 Auto-configuration（自动配置）。自动配置是 Spring Boot 的最大亮点，完美地展示了约定优于配置。Spring Boot 能自动配置 Spring 各种子项目，比如 Spring MVC、Spring Security、Spring Data、Spring Cloud、Spring Batch 等，甚至连第三方的开源框架所需要的定义，都可以自动配置。Auto-configuration 会尝试推断哪些 Beans 是用户可能需要的。比如当我们在 pom 引入了 tomcat 的 spring-boot-starter：

```
<dependency>
    <groupId>org.springframework.boot</groupId>
    <artifactId>spring-boot-starter-tomcat</artifactId>
</dependency>
```

Auto-configuration 会判断当前是否还没有 Web 容器被注入 IoC 容器，如果没有，那么 Spring Boot 就会自动创建并启动一个内嵌的 Tomcat 容器。

那么 Auto-configuration 的原理是怎样的呢？Auto-configuration 通过在 class 上标注@Configuration 注解，并且基于如@ConditionalOnClass 和@ConditionalOnMissingBean 等@Conditional 注解的条件过滤，保证让 Spring Boot 在满足一定的条件下，才会将 Bean 自动注入 IoC 容器。

要使用自动配置的功能首先需要添加@EnableAutoConfiguration 注解，在 4.1.2 节中，我们分析了 Spring Boot 启动的原理，并且提到了 Spring Boot 通过在@EnableAutoConfiguration 注解

内使用@import 注解来完成导入配置的功能，而 EnableAutoConfigurationImportSelector 内部则使用 SpringFactoriesLoader.loadFactoryNames 方法扫描有 META-INF/spring.factories 文件的 jar 包，加载以 org.springframework.boot.autoconfigure.EnableAutoConfiguration 作为 key 的 value 配置，这些配置项的值是一个列表，每个元素就是一个自动配置功能。例如在 spring-boot-autoconfigure-1.5.15.RELEASE.jar 的 META-INF/spring.factories 中：

```
# Auto Configure
org.springframework.boot.autoconfigure.EnableAutoConfiguration=\
org.springframework.boot.autoconfigure.admin.SpringApplicationAdminJmxAutoConf
iguration,\
org.springframework.boot.autoconfigure.aop.AopAutoConfiguration,\
org.springframework.boot.autoconfigure.amqp.RabbitAutoConfiguration,\
org.springframework.boot.autoconfigure.batch.BatchAutoConfiguration,\
org.springframework.boot.autoconfigure.cache.CacheAutoConfiguration,\
org.springframework.boot.autoconfigure.cassandra.CassandraAutoConfiguration,\
org.springframework.boot.autoconfigure.cloud.CloudAutoConfiguration,\
org.springframework.boot.autoconfigure.context.ConfigurationPropertiesAutoConf
iguration,\
org.springframework.boot.autoconfigure.context.MessageSourceAutoConfiguration,\
org.springframework.boot.autoconfigure.context.PropertyPlaceholderAutoConfiguration,\
......
```

或者在自定义实现的 jar 包的 META-INF/spring.factories 文件中：

```
org.springframework.boot.autoconfigure.EnableAutoConfiguration=\
  com.spring4all.scaffold.minio.config.MinioConfiguration
```

下面通过对 org.springframework.boot.autoconfigure.web.EmbeddedServletContainerAuto-Configuration 的讲解来了解 Spring Boot 是如何进行 Web 容器的自动装配的。笔者在选取 Undertow 作为 Web 容器的时候发现 Spring Boot 1.5.13.RELEASE 版本对 ServletContextListener::contextDestoryed()方法处理的 bug，后面对此有所介绍。

看一下 EmbeddedServletContainerAutoConfiguration 类的定义：

```
@AutoConfigureOrder(Ordered.HIGHEST_PRECEDENCE)
@Configuration
@ConditionalOnWebApplication
@Import(BeanPostProcessorsRegistrar.class)
public class EmbeddedServletContainerAutoConfiguration {
```

```
        /**
         * Nested configuration if Tomcat is being used.
         */
        @Configuration
        @ConditionalOnClass({ Servlet.class, Tomcat.class })
        @ConditionalOnMissingBean(value   =   EmbeddedServletContainerFactory.class,
  search = SearchStrategy.CURRENT)
        public static class EmbeddedTomcat {

            @Bean
            public TomcatEmbeddedServletContainerFactory
 tomcatEmbeddedServletContainerFactory() {
                return new TomcatEmbeddedServletContainerFactory();
            }

        }

        /**
         * Nested configuration if Jetty is being used.
         */
        @Configuration
        @ConditionalOnClass({ Servlet.class, Server.class, Loader.class,
                WebAppContext.class })
        @ConditionalOnMissingBean(value = EmbeddedServletContainerFactory.class,
  search = SearchStrategy.CURRENT)
        public static class EmbeddedJetty {

            @Bean
            public JettyEmbeddedServletContainerFactory
 jettyEmbeddedServletContainerFactory() {
                return new JettyEmbeddedServletContainerFactory();
            }

        }

        /**
         * Nested configuration if Undertow is being used.
```

```
         */
        @Configuration
        @ConditionalOnClass({ Servlet.class, Undertow.class,
SslClientAuthMode.class })
        @ConditionalOnMissingBean(value = EmbeddedServletContainerFactory.class,
search = SearchStrategy.CURRENT)
        public static class EmbeddedUndertow {

            @Bean
            public UndertowEmbeddedServletContainerFactory
undertowEmbeddedServletContainerFactory() {
                return new UndertowEmbeddedServletContainerFactory();
            }

        }
    ......
    }
```

- EmbeddedServletContainerAutoConfiguration 类是 Web 容器自动注入的 Auto-configuration 类。
- @ConditionalOnWebApplication 则说明如果当前是 Web 环境才注入本类到 IoC 容器中。
- @AutoConfigureOrder 指定自动配置的先后顺序，越小的越先执行。
- @Import 引入 BeanPostProcessorsRegistrar 注册 EmbeddedServletContainerCustomizer-BeanPostProcessor 和 ErrorPageRegistrarBeanPostProcessor，对容器进行扩展。
- 对 Tomcat 容器来说，它的核心代码里面需要 Servlet.class、Tomcat.class 这两个类，所以**@ConditionalOnClass({Servlet.class,Tomcat.class})**是指如果当前 classpath 的 jar 里面含有上面的这两个类，才会进入下一个条件的判断，而**@ConditionalOnMissingBean(value = EmbeddedServletContainerFactory.class, search = SearchStrategy.CURRENT)**说明当前 IoC 容器里面没有创建 EmbeddedServletContainerFactory 的实例，如果这两个条件都满足则会创建 TomcatEmbeddedServletContainerFactory 实例到 IoC 容器。那么在 Spring Boot 启动时会使用 TomcatEmbeddedServletContainerFactory 的实例创建一个 Tomcat 容器。
- 对 Jetty 容器来说，它的核心代码里面需要 Servlet.class、Server.class、Loader.class、WebAppContext.class 这四个类，所以**@ConditionalOnClass({Servlet.class,Server.class,**

Loader.class,WebAppContext.class})是指如果当前 classpath 的 jar 里面含有上面的这四个类，才会进入下一个条件的判断，而**@ConditionalOnMissingBean(value = EmbeddedServletContainerFactory.class, search = SearchStrategy.CURRENT)**说明当前 IoC 容器里面没有创建 EmbeddedServletContainerFactory 的实例。如果这两个条件都满足则会创建 JettyEmbeddedServletContainerFactory 实例到 IoC 容器。那么在 Spring Boot 启动时会使用 JettyEmbeddedServletContainerFactory 的实例创建一个 Tomcat 容器。

- 既然 Tomcat 和 Jetty 都是如此，同理，对 Undertow 容器来说，它的核心代码里面需要 Servlet.class、Undertow.class、SslClientAuthMode.class 这三个类，所以**@ConditionalOnClass({Servlet.class,Undertow.class,SslClientAuthMode.class})**是指如果当前 classpath 的 jar 里面含有上面的这三个类，才会进入下一个条件的判断，而**@ConditionalOnMissingBean(value = EmbeddedServletContainerFactory.class, search = SearchStrategy.CURRENT)**说明当前 IoC 容器里面没有创建 EmbeddedServletContainerFactory 的实例。如果这两个条件都满足则会创建 UndertowEmbeddedServletContainerFactory 实例到 IoC 容器。那么在 Spring Boot 启动时会使用 UndertowEmbeddedServletContainerFactory 的实例创建一个 Tomcat 容器。

当开发的应用程序引入 spring-boot-starter-web 时：

```
<dependency>
    <groupId>org.springframework.boot</groupId>
    <artifactId>spring-boot-starter-web</artifactId>
</dependency>
```

默认间接引入的是 spring-boot-starter-tomcat，所以当发现 classpath 下存在 Servlet.class、Tomcat.class 这两个类，并且 IoC 容器中没有 EmbeddedServletContainerFactory 的实例时，会创建 TomcatEmbeddedServletContainerFactory 示例到 IoC 容器中，最终会创建一个 Tomcat 容器。如果需要使用 Jetty 或 Undertow，则需要在引用 spring-boot-starter-web 的时候排除 spring-boot-starter-tomcat，然后引入 spring-boot-starter-jetty 或 spring-boot-starter-undertow 即可。

在 4.1.2 节中，通过 ConfigurableApplicationContext.refresh()来完成 IoC 容器可用的最后工序，而 Servlet 容器则在应用上下文 EmbeddedWebApplicationContext.onRefresh()中进行创建，通过 getBeanNamesForType()获取 IoC 容器中 EmbeddedServletContainerFactory 类型的 Bean 的 name 集合（有且只有一个，否则就报 ApplicationContextException 的异常）。

```
    String[] beanNames = getBeanFactory().getBeanNamesForType
(EmbeddedServletContainerFactory.class);
```

当满足 beanNames.length 为 1 时，则获取该 Bean（beanNames[0]）的实例，然后调用该 Bean 的 getEmbeddedServletContainer 获取 Web 容器，如果上述 Bean 的实例是 Tomcat，则创建 Tomcat 容器并进行初始化，如果是 Jetty 或 Undertow，同样对这两个进行相同的初始化操作。

spring-boot-autoconfigure 模块通过灵活的 Auto-configuration 注解让 Spring Boot 的功能实现模块化。spring-boot-autoconfigure 思路类似 SPI（Service Provider Interface），通过不同的实现类实现了定义的接口，并在加载时候查找 classpath 下的实现类。两者的区别在于前者使用 autoconfigure 的方式实现，而后者使用的是 ServiceLoader 的方式。

4.1.5　Spring Boot Conditional 注解分析

在上面的 EmbeddedServletContainerAutoConfiguration 中，我们看到了很多 Conditional 注解，比如 @ConditionalOnClass、@ConditionalOnMissingBean、@ConditionalOnWebApplication。@Conditional 注解表示在满足某种条件后才会去初始化一个 Bean 或启用某些配置。在 Spring 里可以很方便地编写自定义的条件类，只需要实现 Condition 接口，并覆写它的 matches()方法即可。而@Conditional 注解就是基于 Condition 条件进行匹配的。

```
public interface Condition {

  /**
   * Determine if the condition matches.
   * @param context the condition context
   * @param metadata metadata of the {@link org.springframework.core.type.
AnnotationMetadata class}
   * or {@link org.springframework.core.type.MethodMetadata method} being checked.
   * @return {@code true} if the condition matches and the component can be registered
   * or {@code false} to veto registration.
   */
  boolean matches(ConditionContext context, AnnotatedTypeMetadata metadata);

}
```

Spring Boot 定义了很多条件注解，并把它们运用到了配置类上，这些配置类构成了 Spring Boot 的自动配置的基础。我们来看一下 spring-boot-autoconfigure 的 org.springframework.boot.autoconfigure.condition 包下的声明，如图 4-2 所示。

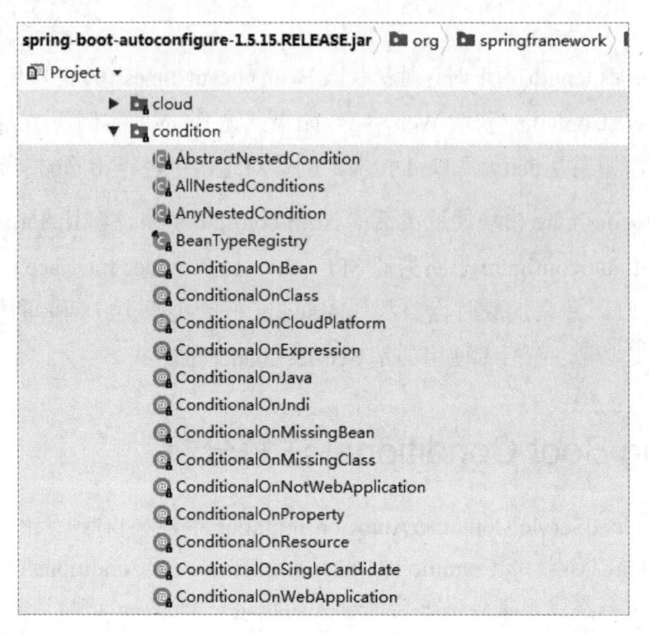

图 4-2

下面大致列出了 Spring Boot 提供的条件化注解。

- Class conditions
  - @ConditionalOnClass：当且仅当 classPath 下存在指定的 Class 类时成立；
  - @ConditionalOnMissingClass：当且仅当 classPath 下不存在指定的 Class 类时成立。
- Bean conditions
  - @ConditionalOnBean：当且仅当指定的 bean classes and/or bean names 在当前容器中时成立；
  - @ConditionalOnMissingBean：当且仅当指定的 bean classes and/or bean names 在当前容器中不存在时成立。
- Property conditions
  - @ConditionalOnProperty：当且仅当 application.properties 中存在指定的配置项时成立。
- Resource conditions
  - @ConditionalOnResource：当且仅当存在指定的资源时成立。
- Web applica:tion conditions
  - @ConditionalOnWebApplication：当且仅当是 Web 应用程序环境下时成立；

    - @ConditionalOnNotWebApplication：当且仅当非 Web 应用程序环境下时成立。
- SpEL expression conditions
    - @ConditionalOnExpression：当且仅当 Spring Expression Language 表达式为 true 时成立。
- Other conditions
    - @ConditionalOnJava：当且仅当 Java 版本匹配时成立；
    - @ConditionalOnJndi：当且仅当 JDNI 配置生效时成立；
    - @ConditionalOnCloudPlatform：当且仅当处在某配置的云环境下成立，比如 Cloud Foundry platform、Heroku platform；
    - @ConditionalOnSingleCandidate：当且仅当指定 Bean 在容器中只有一个，或者有多个但指定了首选时成立。

这些注解都组合了@Conditional 元注解，Spring Boot 通过定义多个条件化注解，并将它们用到配置类上，实现了通过不同的条件匹配来构造不同的 Bean 实例。举一个@ConditionalOnWebApplication 注解的例子来分析怎么样做条件匹配。

```
@Target({ ElementType.TYPE, ElementType.METHOD })
@Retention(RetentionPolicy.RUNTIME)
@Documented
@Conditional(OnWebApplicationCondition.class)
public @interface ConditionalOnWebApplication {

}
```

从源码中我们可以看出，此注解使用的条件是 OnWebApplicationCondition 类。OnWebApplicationCondition 继承了 SpringBootCondition，实现了它的抽象方法 getMatchOutcome，具体的流程如下：

（1）判断 org.springframework.web.context.support.GenericWebApplicationContext 是否在 classloader 中。

（2）判断容器中是否包含 session 的 scope。

（3）判断当前容器的 Enviroment 是否为 StandardServletEnvironment。

（4）判断当前的 ResourceLoader 是否是 WebApplicationContext。

（5）构建 ConditionOutcome 类的对象，通过 ConditionOutcome.isMatch 方法来确定最终的匹配结果。

所有的 Conditional 都采用类似的流程来实现条件化。

4.2 Dubbo Spring Boot Starter

4.2.1 Dubbo Spring Boot Starter 简介

Dubbo Spring Boot 致力于简化 Dubbo RPC 框架在 Spring Boot 应用场景中的开发。同时整合了 Spring Boot 特性：

- 自动装配（比如：注解驱动、自动装配等）。
- Production-Ready（比如：安全、健康检查、外部化配置等）。

Dubbo Spring Boot 项目跟 Dubbo 项目是一样的，目前都是 Apache 基金会的孵化项目，自从将 Dubbo 贡献给 Apache 基金会之后，围绕 Dubbo 构建了一系列的生态。

Dubbo Spring Boot 的项目孵化：https://github.com/apache/incubator-dubbo-spring-boot-project。

4.2.2 Dubbo Initializr 及 sample

前面我们提到，阿里正在围绕 Dubbo 构建生态系统，其中，最基础的除了 Dubbo 本身提供的很多特性，就是脚手架项目 Dubbo Initializr 了，它类似 Spring Initializr 项目，用于快速生成基于 Spring Boot 的 Dubbo 项目。构建的地址是 http://start.dubbo.io/，而项目源码地址是 https://github.com/dubbo/initializr。

从 GitHub 上可以看到，Dubbo Initializr “fork” 了 Spring Initializr，并且对 Dubbo 的 Spring Boot 功能进行了增强和优化。

下面快速构建一个 Spring Boot 的 Dubbo 项目。

（1）打开浏览器（依旧是 Chrome 最佳），访问 http://start.dubbo.io/Dubbo Initializr 的网站。

（2）选择构建工具为 Maven，开发语言为 Java，Spring Boot 版本为 1.5.15。

（3）配置工程相关的信息，包括 Group、Artifact，以及默认的 Dubbo、Netty4、FastJson、Commons-lang3 的依赖。

（4）配置 Dubbo 的 Service Name 和 Service Version。

（5）选择 Server 模式或 Client 模式，并且配置是否内嵌的 ZooKeeper、Endpoints 端点及 QoS 的支持，当选择 Endpoints 端口支持时，默认会增加 Web 和 Actuator 的依赖。

（6）单击“Generate Project”按钮并下载项目压缩包。

至此，一个简单的可运行的 Spring Boot 的 Dubbo Server 端项目就生成好了。Client 端项目也按照如上的步骤生成就可以了。

将 dubbo-boot-server 和 dubbo-boot-client 代码分别导入 IDE。dubbo-boot-server 的工程框架如下：

```
.
├── README.md
├── dubbo-boot-server.iml
├── mvnw
├── mvnw.cmd
├── pom.xml
└── src
    ├── main
    │ ├── java
    │ │ └── com
    │ │ └── spring4all
    │ │ └── msa
    │ │ ├── boot
    │ │ │ ├── DubboBootService.java
    │ │ │ └── DubboBootServiceImpl.java
    │ │ └── dubbobootserver
    │ │ ├── DubboBootServerApplication.java
    │ │ └── EmbeddedZooKeeper.java
    │ └── resources
    │ ├── application.properties
    │ ├── static
    │ └── templates
    └── test
        └── java
            └── com
                └── spring4all
                    └── msa
                        └── dubbobootserver
                            └── DubboBootServerApplicationTests.java
```

dubbo-boot-client 的工程框架如下：

```
.
├── README.md
├── dubbo-boot-client.iml
├── mvnw
├── mvnw.cmd
├── pom.xml
└── src
    ├── main
    │ ├── java
    │ │ └── com
    │ │ └── spring4all
    │ │ └── msa
    │ │ ├── boot
    │ │ │ └── DubboBootService.java
    │ │ └── dubbobootclient
    │ │ └── DubboBootClientApplication.java
    │ └── resources
    │ ├── application.properties
    │ ├── static
    │ └── templates
    └── test
        └── java
            └── com
                └── spring4all
                    └── msa
                        └── dubbobootclient
                            └── DubboBootClientApplicationTests.java
```

从上述的工程中我们可以看到，Server 端项目中有 DubboBootService 的实现及内嵌的 ZooKeeper 实例，而内嵌的 ZooKeeper 参考了 https://github.com/spring-projects/spring-xd 的 ZooKeeperUtils 实现。

分别启动 dubbo-boot-server 和 dubbo-boot-client 应用。这里需要注意的是，由于生成的 application.properties 没有配置 server.port，默认为 8080，为了避免端口冲突，需要显式地指定 server.port。从日志可以看到 Client 调用了 Server 端的 DubboBootService，返回了 System.err.println 的信息：

```
Hello, world, Mon July 23 11:42:22 CST 2018
```

介绍完 Dubbo Initializr 之后，再详细看一下 dubbo-spring-boot-project 工程。

Dubbo Spring Boot 采用多 Maven 模块工程，模块如下。

（1）dubbo-spring-boot-parent：该模块主要管理 Dubbo Spring Boot 工程的 Maven 依赖。

（2）dubbo-spring-boot-autoconfigure：该模块提供 Spring Boot's @EnableAutoConfiguration 的实现 DubboAutoConfiguration，它简化了 Dubbo 核心组件的装配。

（3）dubbo-spring-boot-actuator：该模块提供 Production-Ready 特性——健康检查、控制断点、外部化配置。

（4）dubbo-spring-boot-starter：该模块为标准的 Spring Boot Starter，封装了 dubbo-spring-boot-autoconfigure、dubbo-spring-boot-actuator、dubbo 的模块依赖，让开发者通过 Starter 的引入，屏蔽了内部依赖项。

4.2.3　dubbo-spring-boot-autoconfigure 模块

在 4.1 节中，已经阐述了如何实现自动配置 Auto-Configuration。而 dubbo-spring-boot-autoconfigure 模块通过自定义的配置和实现来遵循这样的规范，让 Spring Boot 能够自动配置 Dubbo。在该模块的 src/main/resource/META-INF 目录下，可以看到文件 spring.factories 中配置了 Dubbo 有关 autoconfigure 的信息：

```
org.springframework.boot.autoconfigure.EnableAutoConfiguration=\
com.alibaba.boot.dubbo.autoconfigure.DubboAutoConfiguration

org.springframework.context.ApplicationListener=\
com.alibaba.boot.dubbo.context.event.OverrideDubboConfigApplicationListener,\
com.alibaba.boot.dubbo.context.event.WelcomeLogoApplicationListener,\
com.alibaba.boot.dubbo.context.event.AwaitingNonWebApplicationListener
```

下面重点来看一下 Dubbo 的自动配置类 DubboAutoConfiguration 的实现，在类定义上，可以看到注释说明，以及 autoconfigure 的注解@Configuration、@ConditionalOnProperty、@ConditionalOnClass。

```
/**
 * Dubbo Auto {@link Configuration}
 *
 * @author <a href="mailto:mercyblitz@gmail.com">Mercy</a>
```

```
 * @see ApplicationConfig
 * @see Service
 * @see Reference
 * @see DubboComponentScan
 * @see EnableDubboConfig
 * @see EnableDubbo
 * @since 1.0.0
 */
@Configuration
@ConditionalOnProperty(prefix = DUBBO_PREFIX, name = "enabled", matchIfMissing =
true, havingValue = "true")
@ConditionalOnClass(AbstractConfig.class)
public class DubboAutoConfiguration {
    /**
     * Single Dubbo Config Configuration
     *
     * @see EnableDubboConfig
     * @see DubboConfigConfiguration.Single
     */
    @EnableDubboConfig
    protected static class SingleDubboConfigConfiguration {
    }

    /**
     * Multiple Dubbo Config Configuration , equals @EnableDubboConfig.multiple()
== <code>true</code>
     *
     * @see EnableDubboConfig
     * @see DubboConfigConfiguration.Multiple
     */
    @ConditionalOnProperty(name = MULTIPLE_CONFIG_PROPERTY_NAME, havingValue =
"true")
    @EnableDubboConfig(multiple = true)
    protected static class MultipleDubboConfigConfiguration {
    }
    ......部分内容省略
}
```

在 DubboAutoConfiguration 中实现了两个静态内部类，分别是 SingleDubboConfig-Configuration 和 MultipleDubboConfigConfiguration，两者从命名上就可以看出，一个表示支持单 Dubbo 配置 Bean 绑定，对应 DubboConfigConfiguration 中的静态内部类 Single，另一个表示支持多 Dubbo 配置 Bean 绑定，对应 DubboConfigConfiguration 中的静态内部类 Multiple。在这两个类上，都标注了@EnableDubboConfig 注解，而唯一的区别在于@EnableDubboConfig 的属性 multiple 为 true，以及 MULTIPLE_CONFIG_PROPERTY_NAME 即 dubbo.config.multiple 的配置。

另外，在 DubboAutoConfiguration 中分别实例化了 Dubbo 有关 Service 和 Reference 的 Bean 定义处理类 ServiceAnnotationBeanPostProcessor 和 ReferenceAnnotationBeanPostProcessor，用于扫描标注@Service 注解的类对外暴露服务和@Reference 注解的字段、方法注入服务等处理。

从 Dubbo 的官网上可以了解为了更好地实践微服务架构，Dubbo 从 2.5.7 版本开始，针对 Spring（包含 Spring Boot、Spring Cloud）的应用场景引入了注解驱动（Annotation-Driven）、外部化配置（External Configuration）等编程模型。在 2.5.7 版本中，主要是加入了@DubboComponentScan，而@EnableDubboConfig 是在 Dubbo 的 2.5.8 版本加入的，与此同时，还加入了@EnableDubbo、@EnableDubboConfigBinding、@EnableDubboConfigBindings 注解。

@EnableDubboConfig 适合绝大多数外部化配置场景，然而无论单 Bean 绑定，还是多 Bean 绑定，其外部化配置属性前缀是固化的，如 dubbo.application 和 dubbo.applications。当应用需要自定义外部化配置属性前缀时，@EnableDubboConfigBinding 能提供更大的弹性，支持单个外部化配置属性前缀（如 prefix)与 Dubbo 配置 Bean 的类型（AbstractConfig 的子类）绑定，如果需要多次绑定，则可以使用@EnableDubboConfigBindings。

@EnableDubboConfigBinding 在支持外部化配置属性与 Dubbo 配置类绑定时，与 Dubbo 过去的映射行为不同，被绑定的 Dubbo 配置类将会提升为 Spring Bean，无须提前装配 Dubbo 配置类。同时支持多 Dubbo 配置 Bean 的装配，其 Bean 的绑定规则与@EnableDubboConfig 是一致的。

再次来看@DubboComponentScan，通过@Import 导入了 DubboComponentScanRegistrar，从 DubboComponentScanRegistrar 的源码可以看到，同样注册了上面 DubboAutoConfiguration 中描述的 ServiceAnnotationBeanPostProcessor 和 ReferenceAnnotationBeanPostProcessor，借鉴了 Spring Boot 的@ServletComponentScan，用于处理 Dubbo@Service 类暴露 Dubbo 服务和帮助 Spring Bean@Reference 字段或方法注入 Dubbo 服务代理。

@EnableDubbo 则是@DubboComponentScan 和@EnableDubboConfig 的合集，从 EnableDubbo 的定义就可以看出：

```
@Target({ElementType.TYPE})
@Retention(RetentionPolicy.RUNTIME)
```

```
@Inherited
@Documented
@EnableDubboConfig
@DubboComponentScan
public @interface EnableDubbo {
    ......部分内容省略
}
```

通过@EnableDubbo 可以在指定的包名下（通过 scanBasePackages）或指定的类中（通过 scanBasePackageClasses）扫描 Dubbo 的服务提供者（以@Service 标注）和 Dubbo 的服务消费者（以 Reference 标注），扫描到 Dubbo 的服务提供方和消费者之后，对其做相应的组装并初始化，并最终完成服务暴露或引用的工作。

而从 EnableDubbo 的属性 scanBasePackages 上的注解@AliasFor 可以看到扫描的配置跟@DubboComponentScan 的属性 basePackages 是一样的功能。

```
@AliasFor(annotation = DubboComponentScan.class, attribute = "basePackages")
String[] scanBasePackages() default {};
```

除了 DubboAutoConfiguration，还有三个实现了 ApplicationListener 的事件监听器。

- AwaitingNonWebApplicationListener

  实现了 ApplicationListener 的 ApplicationReadyEvent 上下文已经准备就绪事件，通过开启一个单实例线程池并提交等待 SpringApplication 的任务来实现，同时注册了 ShutdownHook 事件，在关闭的时候唤醒。

- OverrideDubboConfigApplicationListener

  实现了 ApplicationListener 的 ApplicationEnvironmentPreparedEvent 环境变量准备完毕事件，通过 dubbo.config.override 是否为 true 来支持外部配置覆盖默认配置的功能。

- WelcomeLogoApplicationListener

  实现了 ApplicationListener 的 ApplicationEnvironmentPreparedEvent 环境变量准备完毕事件，通过构建 Dubbo Spring Boot 的官方 banner 信息来欢迎开发者使用，类似 Spring Boot 的自定义启动 banner。

4.2.4 dubbo-spring-boot-actuator 模块

dubbo-spring-boot-actuator 模块提供了 Dubbo 的生产可用的特性，包括 OPS 端点、健康检

查及外部化配置。而该模块是可选的，且不会单独存在，通常会搭配 dubbo-spring-boot-starter 一起使用。

```
<dependency>
 <groupId>com.alibaba.boot</groupId>
 <artifactId>dubbo-spring-boot-starter</artifactId>
 <version>0.1.1</version>
</dependency>

<dependency>
 <groupId>com.alibaba.boot</groupId>
 <artifactId>dubbo-spring-boot-actuator</artifactId>
 <version>0.1.1</version>
</dependency>
```

接下来通过源码分别对 dubbo-spring-boot-actuator 模块的三个特性进行分析。

同样，在该模块的 src/main/resource/META-INF 目录下，可以看到文件 spring.factories，里面配置了 Dubbo 有关 Actuator 的信息：

```
org.springframework.boot.autoconfigure.EnableAutoConfiguration=\
com.alibaba.boot.dubbo.actuate.autoconfigure.DubboEndpointAutoConfiguration,\
com.alibaba.boot.dubbo.actuate.autoconfigure.DubboHealthIndicatorAutoConfiguration

org.springframework.boot.actuate.autoconfigure.ManagementContextConfiguration=\
com.alibaba.boot.dubbo.actuate.autoconfigure.DubboMvcEndpointManagementContext
Configuration
```

从配置文件中就可以看到两个自动配置类，一个是 OPS 端点配置 DubboEndpointAutoConfiguration，另一个是健康检查配置 DubboHealthIndicatorAutoConfiguration。而另一个管理上下文配置类则以 MVC 方式暴露端点的配置 DubboMvcEndpointManagementContextConfiguration。

1. OPS 端点

根据 dubbo-spring-boot-actuator 模块的结构初步分析执行器端点的实现原理：将端点（DubboEndpoint）适配委托给 MVC 策略端点（DubboMvcEndpoint），再通过端点 MVC 适配器（EndpointMvcAdapter）将端点暴露为 HTTP 请求方式的 MVC 端点，然后使用端点自动配置（DubboEndpointAutoConfiguration）和 MVC 端点暴露的配置（DubboMvcEndpoint-ManagementContextConfiguration）来分别注入 DubboEndpoint 端点和 DubboMvcEndpoint MVC

端点。

在 DubboEndpointAutoConfiguration 类中，实例化了 Dubbo 的端点 DubboEndpoint，DubboEndpoint 继承了 AbstractEndpoint 端点抽象基类，该基类实现了 Endpoint 接口，定义了如下的端点 URI：

```
public static final String DUBBO_SHUTDOWN_ENDPOINT_URI = "/shutdown";
public static final String DUBBO_CONFIGS_ENDPOINT_URI = "/configs";
public static final String DUBBO_SERVICES_ENDPOINT_URI = "/services";
public static final String DUBBO_REFERENCES_ENDPOINT_URI = "/references";
public static final String DUBBO_PROPERTIES_ENDPOINT_URI = "/properties";
```

在 DubboMvcEndpointManagementContextConfiguration 这个类中，实例化了 DubboMvcEndpoint，并将 DubboEndpoint 端点通过构造方式参数注入。DubboMvcEndpoint 继承 EndpointMvcAdapter，通过 EndpointMvcAdapter 将普通的端口暴露为 MVC 的端点：

```
@Override
@ActuatorGetMapping
@ResponseBody
public Object invoke() {
 return super.invoke();
}
```

试着启动 dubbo-boot-server 应用程序，可以看到日志里面打印了如下信息：

```
    o.s.b.a.e.mvc.EndpointHandlerMapping : Mapped "{[/dubbo/shutdown],methods=[POST],
produces=[application/json]}" onto public org.springframework.web.context.request.
async.DeferredResult com.alibaba.boot.dubbo.actuate.endpoint.mvc.DubboMvcEndpoint.
shutdown() throws java.lang.Exception
    o.s.b.a.e.mvc.EndpointHandlerMapping : Mapped "{[/dubbo/properties],methods=
[GET],produces=[application/json]}" onto public java.util.SortedMap<java.lang.String,
java.lang.Object> com.alibaba.boot.dubbo.actuate.endpoint.mvc.DubboMvcEndpoint.
properties()
    o.s.b.a.e.mvc.EndpointHandlerMapping : Mapped "{[/dubbo/references],methods=
[GET],produces=[application/json]}" onto public java.util.Map<java.lang.String,
java.util.Map<java.lang.String, java.lang.Object>> com.alibaba.boot.dubbo.actuate.
endpoint.mvc.DubboMvcEndpoint.references()
    o.s.b.a.e.mvc.EndpointHandlerMapping : Mapped "{[/dubbo/configs],methods=[GET],
produces=[application/json]}" onto public java.util.Map<java.lang.String, java.util.
```

```
Map<java.lang.String, java.util.Map<java.lang.String, java.lang.Object>>> com.alibaba.
boot.dubbo.actuate.endpoint.mvc.DubboMvcEndpoint.configs()
    o.s.b.a.e.mvc.EndpointHandlerMapping : Mapped "{[/dubbo/services],methods=[GET],
produces=[application/json]}" onto public java.util.Map<java.lang.String, java.util.
Map<java.lang.String, java.lang.Object>> com.alibaba.boot.dubbo.actuate.endpoint.
mvc.DubboMvcEndpoint.services()
    o.s.b.a.e.mvc.EndpointHandlerMapping : Mapped "{[/dubbo || /dubbo.json],methods=
[GET],produces=[application/vnd.spring-boot.actuator.v1+json || application/json]}"
onto public java.lang.Object org.springframework.boot.actuate.endpoint.mvc.
EndpointMvcAdapter.invoke()
```

从日志中可以看到通过 EndpointHandlerMapping 暴露了一系列以 dubbo 为前缀的端点功能，如表 4-1 所示。

表 4-1

请求路径	请求头	请求类型	端点功能
/dubbo‖/dubbo.json	GET	application/vnd.spring-boot.actuator.v1+json	暴露 Dubbo 的元数据
/dubbo/shutdown	POST	application/json	暴露停止 Dubbo 的服务
/dubbo/configs	GET	application/json	暴露所有 Dubbo 的配置对象
/dubbo/services	GET	application/json	暴露所有 Dubbo 的服务提供者
/dubbo/references	GET	application/json	暴露所有 Dubbo 的服务调用者
/dubbo/properties	GET	application/json	暴露所有 Dubbo 的配置项

那么这个端点 URI 是通过什么样的方式来对外暴露的呢？从日志中可以发现有一个 o.s.b.a.e.mvc.EndpointHandlerMapping（根据日志框架设置的长度进行缩写），具体的全限定类为 org.springframework.boot.actuate.endpoint.mvc.EndpointHandlerMapping。具体分析一下这里的奥妙。

在 spring-boot-actuator 源码的 src/main/resource/META-INF 目录下，可以看到 spring.factories 文件，里面描述了有关 actuate 的自动装配配置。

```
org.springframework.boot.autoconfigure.EnableAutoConfiguration=\
org.springframework.boot.actuate.autoconfigure.AuditAutoConfiguration,\
org.springframework.boot.actuate.autoconfigure.CacheStatisticsAutoConfiguration,\
org.springframework.boot.actuate.autoconfigure.CrshAutoConfiguration,\
```

```
    org.springframework.boot.actuate.autoconfigure.EndpointAutoConfiguration,\
    org.springframework.boot.actuate.autoconfigure.EndpointMBeanExportAutoConfigur
ation,\
    org.springframework.boot.actuate.autoconfigure.EndpointWebMvcAutoConfiguration,\
    org.springframework.boot.actuate.autoconfigure.HealthIndicatorAutoConfiguration,\
    ......部分内容省略
```

而在 EndpointWebMvcAutoConfiguration 中有两个静态配置内部类，一个是 ApplicationContextFilterConfiguration，其作用是在 Header 中添加名为 X-Application-Context 的响应头，值为 ApplicationContext 的 id。另一个是 EndpointWebMvcConfiguration，代码如下：

```
@Configuration
@Conditional(OnManagementMvcCondition.class)
@Import(ManagementContextConfigurationsImportSelector.class)
protected static class EndpointWebMvcConfiguration {

}
```

从类注解上可以看到该配置生效的条件为满足以下任意一条：

- management.port 没有配置。
- managementPort 等于 8080。
- managementPort 等于 serverPort。

通过 @Import 导入了 ManagementContextConfigurationsImportSelector。由于其是 DeferredImportSelector 的实例，因此会调用 selectImports 方法加载/META-INF/spring.factories 中配置的 org.springframework.boot.actuate.autoconfigure.ManagementContextConfiguration。

在 spring-boot-actuator 和 dubbo-spring-boot-actuator 模块的/META-INF/spring.factories 下，分别会加载：

```
    #spring-boot-actuator 加载
    org.springframework.boot.actuate.autoconfigure.ManagementContextConfiguration=\
    org.springframework.boot.actuate.autoconfigure.EndpointWebMvcManagementContext
Configuration,\
    org.springframework.boot.actuate.autoconfigure.EndpointWebMvcHypermediaManagem
entContextConfiguration
    #dubbo-spring-boot-actuator 加载
    org.springframework.boot.actuate.autoconfigure.ManagementContextConfiguration=\
```

```
com.alibaba.boot.dubbo.actuate.autoconfigure.DubboMvcEndpointManagementContext
Configuration
```

上述这两个类，除了加载 DubboMvcEndpoint 和其余的一系列 MvcEndpoints，还配置了 EndpointHandlerMapping，整个实例化过程分为如下几个步骤：

（1）获得已经注册的 MvcEndpoint 集合。

（2）根据 EndpointCorsProperties 实例化 CorsConfiguration。

（3）通过注入 MvcEndpoints 和 CorsConfiguration 对象，实例化 EndpointHandlerMapping。

（4）设置 EndpointHandlerMapping 的前缀为 managementServerProperties 的 contextPath 值。

（5）实例化 MvcEndpointSecurityInterceptor，并设置到 EndpointHandlerMapping 中。

（6）实现 EndpointHandlerMappingCustomizer 接口的个性化设置。

EndpointHandlerMapping 注册之后，例如当 DispatcherServlet 初始化时，就会调用 DispatcherServlet 的 initHandlerMappings 方法，通过如下的方式加入 handlerMappings：

```
HandlerMapping hm = context.getBean(HANDLER_MAPPING_BEAN_NAME, HandlerMapping.class);
this.handlerMappings = Collections.singletonList(hm);
```

2. 健康检查

dubbo-spring-boot-actuator 实现了标准的 Spring Boot HealthIndicator，它将 Dubbo 相关的健康指标数据聚合到了 Spring Boot Health，并且暴露在 HealthEndpoint 中，通过 Spring Web MVC 的方式进行访问。

前面我们讲到，dubbo-spring-boot-actuator 模块的 spring.factories 中定义了健康检查配置 DubboHealthIndicatorAutoConfiguration，代码如下：

```
@Configuration
@ConditionalOnClass({HealthIndicator.class})
@AutoConfigureBefore({EndpointAutoConfiguration.class})
@AutoConfigureAfter(DubboAutoConfiguration.class)
@ConditionalOnEnabledHealthIndicator("dubbo")
@EnableConfigurationProperties(DubboHealthIndicatorProperties.class)
public class DubboHealthIndicatorAutoConfiguration {

    @Bean
    @ConditionalOnMissingBean
    public DubboHealthIndicator dubboHealthIndicator() {
```

```
        return new DubboHealthIndicator();
    }

}
```

在该类中示例化了 DubboHealthIndicator，而 DubboHealthIndicator 继承了 AbstractHealthIndicator，并实现了抽象方法 doHealthCheck，在该方法中主要实现了 Dubbo 中多个 StatusChecker 信息的 Health.Builder 的构建。从 DubboHealthIndicatorProperties 的配置类中 Status 静态内部类的注释可以看到，Dubbo 实现了多种 StatusChecker：

- registry=com.alibaba.dubbo.registry.status.RegistryStatusChecker；
- spring=com.alibaba.dubbo.config.spring.status.SpringStatusChecker；
- datasource=com.alibaba.dubbo.config.spring.status.DataSourceStatusChecker；
- memory=com.alibaba.dubbo.common.status.support.MemoryStatusChecker；
- load=com.alibaba.dubbo.common.status.support.LoadStatusChecker；
- server=com.alibaba.dubbo.rpc.protocol.dubbo.status.ServerStatusChecker；
- threadpool=com.alibaba.dubbo.rpc.protocol.dubbo.status.ThreadPoolStatusChecker。

以上面的 dubbo-boot-server 为例，当访问/health 端点时返回的信息如下：

```
{
  "status": "UP",
  "dubbo": {
    "status": "UNKNOWN",
    "memory": {
      "source": "management.health.dubbo.status.defaults",
      "status": {
        "level": "OK",
        "message": "max:3580M,total:334M,used:162M,free:172M",
        "description": null
      }
    },
    "load": {
      "source": "management.health.dubbo.status.defaults",
      "status": {
        "level": "UNKNOWN",
        "message": "cpu:4",
        "description": null
```

```
      }
    }
  },
  "diskSpace": {
    "status": "UP",
    "total": 130699665408,
    "free": 54134530048,
    "threshold": 10485760
  }
}
```

3. 外部化配置

dubbo-spring-boot-actuator 提供了很多外部化配置，通过修改这些外部化配置的方式来提供所需要的监控信息。

（1）DubboHealthIndicatorProperties 中通过 management.health.dubbo.status.defaults 来开启对哪些 StatusChecker 的状态检查，默认为 memory,load。

（2）DubboHealthIndicatorProperties 中通过 management.health.dubbo.status.extras 来扩展对 StatusChecker 的状态检查，比如 management.health.dubbo.status.extras=load,threadpool，则会覆盖默认的 load 配置。

（3）DubboEndpoint 中通过@ConfigurationProperties 来设置 Dubbo 的端点配置，比如 endpoints.dubbo.enabled=true 可以开启 Dubbo 的端点，endpoints.dubbo.sensitive=false 可以关闭 Dubbo 的敏感信息。

（4）DubboHealthIndicatorAutoConfiguration 通过@ConditionalOnEnabledHealthIndicator("dubbo")来设置 Dubbo 健康检查配置，比如 management.health.dubbo.enabled=false 可以关闭 Dubbo 的健康检查。

以上我们通过剖析 dubbo-spring-boot-project 这个 Apache 孵化器的项目，深入理解其实现原理，可以学习如何标准地构建自定义的 spring-boot-starter 和自定义的 spring-boot-actuator。

4.3 Spring Cloud 栈

微服务架构十分流行，而采用微服务构建系统也会带来更清晰的业务划分和可扩展性。同时，支持微服务的技术栈也是多种多样的，本节主要介绍这些技术中的翘楚——Spring Cloud。

4.3.1 为什么微服务架构需要 Spring Cloud

简单来说，服务化的核心就是将传统的一站式应用根据业务拆分成一个个服务，而微服务在这个基础上要更彻底地去耦合（不再共享 DB、KV，去掉重量级 ESB），并且强调 DevOps 和快速演化。这就要求我们必须采用与一站式时代、泛 SOA 时代不同的技术栈，而 Spring Cloud 就是其中的佼佼者。

> DevOps 是英文 Development 和 Operations 的合体，它要求开发、测试、运维进行一体化的合作，进行更小、更频繁、更自动化的应用发布，以及围绕应用架构来构建基础设施的架构。这就要求应用充分地内聚，也方便运维和管理。这个理念与微服务不谋而合。

接下来我们从服务化架构演进的角度来看看为什么 Spring Cloud 更适应微服务架构。

1. 基于 Nginx 做转发

最初的服务化解决方案是给相同服务提供一个统一的 VIP 或域名，然后服务调用者向这个 VIP 或域名发送 HTTP 请求，由 Nginx 负责请求的分发和跳转，如图 4-3 所示。

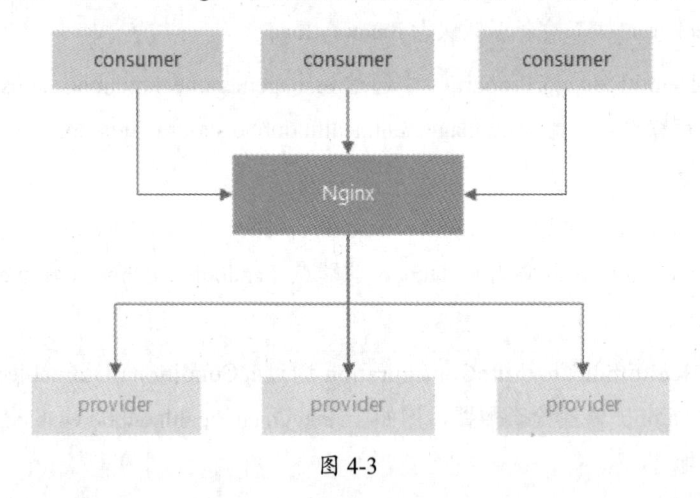

图 4-3

这种架构存在很多问题：

（1）Nginx 作为中间层，在配置文件中耦合了服务调用的逻辑，也使得 Nginx 在一定程度上变成了一个重量级的 ESB。

（2）服务的信息分散在各个系统中，无法统一管理和维护。每一次的服务调用都是一次尝试，服务消费者并不知道有哪些实例在给它们提供服务。

（3）无法直观地看到服务提供者和服务消费者当前的运行状况和调用情况，运维监控较难。

（4）消费者的失败重发、负载均衡等都没有统一策略，这加大了开发每个服务的难度，不利于快速演化。为了解决上面的问题，我们需要一个现成的中心组件对服务进行整合，将每个服务的信息进行汇总，包括服务的组件名称、地址、数量等。服务的调用方在请求某个服务时首先通过中心组件获取提供该服务的实例信息（IP、端口等），再通过默认的或自定义的策略选择该服务的某一提供者直接进行访问。而Dubbo显然是国内RPC的首选。

2. 基于Dubbo实现服务化

Dubbo提供了三大核心能力：面向接口的远程方法调用，智能容错和负载均衡，以及服务自动注册和发现。文档丰富，在国内的使用度非常高。使用Dubbo构建的微服务，已经可以比较好地解决上面提到的问题。

（1）调用中间层变成了可选组件，消费者可以直接访问服务提供者。

（2）服务信息被集中到Registry中，形成了服务治理的中心组件。

（3）通过Monitor监控系统，可以直观地展示服务调用的统计信息。

（4）Consumer可以进行负载均衡、服务降级的选择。

但对于微服务架构而言，Dubbo也并不是十全十美的：

（1）Dubbo是RPC框架，而非整体的服务治理解决方案。

（2）Dubbo只支持RPC调用。使得服务提供方与调用方在代码上产生了强依赖，服务提供者需要不断地将包含公共代码的jar包打包出来供消费者使用。一旦打包出现问题，就会导致服务调用出错。

（3）Dubbo在2018年之前停更了许多年，对于技术发展的新需求，需要由开发者通过其强大的扩展能力自行扩展，自行升级处理。

> 目前Dubbo已经进入Apache顶级项目进行孵化，同时还开源了Dubbo Spring Boot Starter，阿里巴巴已经有专门的团队开启Dubbo社区的迭代和维护工作，围绕Dubbo建立生态，从一个RPC框架逐渐演进为微服务框架Dubbo Ecosystem，所以今后Dubbo也是一种非常好的选择。

3. 新一代微服务框架Spring Cloud

作为新一代的服务框架，Spring Cloud的诞生为微服务架构提供了更加全面的技术支持。结合我们一开始提到的微服务的诉求，Spring Cloud抛弃了Dubbo的RPC通信，采用的是基于HTTP的REST方式。严格来说，这两种方式各有优劣。虽然从一定程度上来说，后者牺牲了服务调用的性能，但也避免了上面提到的原生RPC调用带来的依赖问题。而且REST相比RPC更为灵活，服务提供方和调用方的依赖通过契约约定，不会存在代码级别的强依赖，这在强调快速演化的微服务环境下，显得更加合适。同时Spring Cloud提供了全套的分布式系统解决方案，功能比Dubbo更加强大，涵盖面更广，而且作为Spring的顶级项目，底层也是基于Spring Boot开发实现的，所以它也能够与Spring Framework、Spring Data、Spring Batch等其他Spring

开源项目完美融合，这些对于微服务而言是至关重要的。

前面提到，微服务背后一个重要的理念就是持续集成、快速交付，而在服务内部使用一个统一的技术框架，显然比把分散的技术组合到一起更有效率。更重要的是，相比于 Dubbo，Spring Cloud 是一个正在持续维护的、Spring 社区火热的开源项目，这就保证使用它构建的系统，可以持续地得到开源力量的支持。

4.3.2 Spring Cloud 技术栈总览

（1）服务治理：这是 Spring Cloud 的核心。目前 Spring Cloud 主要通过整合 Netflix 的相关产品来实现这方面的功能（Spring Cloud Netflix），包括用于服务注册和发现的 Eureka，调用断路器 Hystrix，调用端负载均衡 Ribbon，REST 客户端 Feign，智能服务路由 Zuul，用于监控数据收集和展示的 Spectator、Servo、Atlas，用于配置读取的 Archaius 和提供 Controller 层 Reactive 封装的 RxJava。

（2）配置中心：基于 Spring Cloud Netflix 和 Spring Cloud Bus，Spring 又提供了 Spring Cloud Config，实现了配置集中管理、动态刷新的配置中心概念。配置通过 Git 或简单文件来存储，支持加/解密。

（3）消息组件：Spring Cloud Stream 对分布式消息的各种需求进行了抽象，包括发布订阅、分组消费、消息分片等功能，实现了微服务之间的异步通信。Spring Cloud Stream 也集成了第三方的 RabbitMQ 和 Apache Kafka 作为消息队列的实现。而 Spring Cloud Bus 基于 Spring Cloud Stream，主要提供了服务间的事件通信（比如刷新配置）。

（4）分布式链路监控：Spring Cloud Sleuth 提供了全自动、可配置的数据埋点，以收集微服务调用链路上的性能数据，并发送给 Zipkin 进行存储、统计和展示。

（5）安全控制：Spring Cloud Security 基于 OAuth 2 这个开放网络的安全标准，提供了微服务环境下的单点登录、资源授权、令牌管理等功能。

（6）数据处理：Spring Cloud Task、Spring Cloud Batch。

这里还要说到的是，Spring Cloud 整合了 Netflix 的开源 OSS 框架，完善了 Spring Cloud 在微服务架构中的服务治理能力。正是因为 Spring Cloud Netflix 背后强大的开源力量，促使我们选择了 Spring Cloud。

- 前文提到过，Spring Cloud 的社区十分活跃，其在业界的应用也十分广泛，而且整个框架也经受住了 Netflix 严酷生产环境的考验。
- Spring Cloud Netflix 的其他功能也十分强大，包括服务注册和发现 Eureka、负载均衡 Ribbon、断路器 Hystrix、Rest 客户端 Feign、路由 Zuul 等组件，结合到一起，让服务的调用、路由也变得异常容易。

- Spring Cloud Netflix 作为 Spring 的重量级整合框架，使用它也意味着我们能从 Spring 获取巨大的便利。Spring Cloud 的其他子项目，比如 Spring Cloud Stream、Spring Cloud Config 等，都为微服务的各种需求提供了一站式的解决方案。

> 目前阿里巴巴开源了 Spring Cloud Alibaba，GitHub 的开源路径：https://github.com/spring-cloud-incubator/spring-cloud-alibaba。该项目正在 Spring Cloud 孵化。Spring Cloud Alibaba 致力于提供微服务开发的一站式解决方案，整合了 Alibaba 的开源项目 Sentinel、Nacos、RocketMQ 及阿里云的商业产品，通过阿里中间件来迅速搭建分布式应用系统。

4.3.3 spring-cloud-scaffold 基础库集合

为什么要做这么一个基础工具集库呢?企业在实现一个庞大的业务系统时，肯定会由不同的小组负责不同业务的实现，业务的复杂度会衍生出很多的微服务。为了统一管理技术栈，实现统一的技术架构演进，通常会通过封装一系列基于 Spring Boot、Spring Cloud 的工具集来进行基础框架的整合，并为业务开发者提供一个快速构建分布式系统能力的基础脚手架。笔者根据自己所在部门的技术选型及自己的思考，简单地封装了一个用于方便构建微服务的工具集：spring-cloud-scaffold。spring-cloud-scaffold 基础库是基于 Spring Cloud 技术栈封装的基础功能集，内部含有丰富的特性实现库，意在帮助开发者快速生成开发框架，统一日志、服务发布、服务调用、启动配置、分布式缓存、分布式会话、异常处理等，便于开发更专注快速地进行业务开发。首先创建 spring-cloud-scaffold 项目，创建 spring-cloud-scaffold 文件夹和 pom 管理文件，该项目分为如下模块：

```
<modules>
    <module>scaffold-dependencies</module>
    <module>scaffold-common</module>
    <module>scaffold-logger</module>
    <module>scaffold-cache</module>
    <module>scaffold-session</module>
    <module>scaffold-minio</module>
    <module>scaffold-feign-jaxrs</module>
    <module>scaffold-resteasy</module>
    <module>scaffold-exception</module>
    <module>scaffold-swagger-ui</module>
</modules>
```

1. Maven 版本管理 scaffold-dependencies

Spring Boot 定义了 spring-boot-starter-parent 来统一版本，spring-cloud-scaffold 也通过扩展 spring-boot-starter-parent 来进一步统一管理基础库依赖及第三方依赖的版本，依赖排除等。

首先创建一个仅有 pom 的 scaffold-dependencies 模块，该 pom 作为整个 spring-cloud-scaffold 基础库集、业务人员开发的组件服务的父级依赖。

scaffold-dependencies 模块的 pom 依赖了 spring-boot-starter-parent，版本为 1.5.15.RELEASE，Spring Boot 的版本迭代非常快，可以根据实际情况进行升级（感叹写书完全跟不上版本更新的速度），不过快速的版本迭代也让我们看到 Spring 社区对 Spring Boot、Spring Cloud 的支持力度：

```
<parent>
     <groupId>org.springframework.boot</groupId>
    <artifactId>spring-boot-starter-parent</artifactId>
    <version>1.5.15.RELEASE</version>
    <relativePath/>
</parent>
```

还针对 spring-cloud-scaffold 的模块进行统一的版本管理，同时，有些依赖是 spring-boot-starter-parent 没有管理的，这里列举一些基础库所使用的依赖，比如：

```
<spring-cloud-dependencies.version>Edgware.SR4</spring-cloud-dependencies.version>
<collections4.version>4.1</collections4.version>
<spring.boot.resteasy.version>2.3.4-RELEASE</spring.boot.resteasy.version>
<resteasy.version>3.1.4.Final</resteasy.version>
<spring-security-cas.version>4.2.7.RELEASE</spring-security-cas.version>
<feign.version>9.5.0</feign.version>
<feign-form.version>3.0.3</feign-form.version>
<mapstruct.version>1.2.0.Final</mapstruct.version>
<minio.version>5.0.2</minio.version>
<elasticsearch.version>5.4.0</elasticsearch.version>
<webjars.version>3.1.0</webjars.version>
<rest-assured.version>3.1.0</rest-assured.version>
```

Spring Cloud 的版本信息通过 pom 的 import 方式来引入：

```
<dependency>
 <groupId>org.springframework.cloud</groupId>
 <artifactId>spring-cloud-dependencies</artifactId>
 <version>${spring-cloud-dependencies.version}</version>
 <type>pom</type>
 <scope>import</scope>
```

```
</dependency>
```

collections4 是 Apache 的集合扩展库；RESTEasy 是用于发布 REST 接口的框架；resteasy-spring-boot-starter 是 PayPal 开源的 RESTEasy 的 Spring Boot Starter，已经捐献给 RESTEasy 社区；spring-security-cas 是跟 spring-security 与 cas 单点登录整合的库，版本与 spring-secutiry 相同；Feign-form 是 feign 官方对 form 表单的扩展；mapstruct 是一个高性能的 Java 对象转换框架，与之功能相似的还有 Orika、Spring BeanUtils 等；minio 是 Amazon 开源的 S3 协议的对象存储服务；webjars 用于 jar 包扩展静态资源；rest-assured 是非常棒的 REST 接口测试框架，还有非常多可以扩展的依赖，可以根据需要自行管理。

2. 通用基础 scaffold-common

在各个服务中，比较基础通用的包括但不限于自定义错误码，自定义异常类、常量类，自定义注解，以及自定义结果对象和分页对象。下面简单对这几个定义做一下介绍。

（1）自定义错误码。

通常错误码会定义成枚举类，在通用的错误中，笔者定义了 400 请求报文错误、500 服务端系统异常、403 禁止访问三种类型。读者可以随时根据需求来扩展。

```
public enum BaseErrorCode {
  PARAMETER_ILLEGAL("400", "paramter illegal"),
  SYSTEM_INTERNAL_ERROR("500", "system internal error"),
  FORBIDDEN("403", "Forbidden");

  private String code;
  private String msg;

  BaseErrorCode(String code, String msg) {
    this.code = code;
    this.msg = msg;
  }
}
......getter setter 方法省略
```

（2）自定义异常类、常量类。

在一个服务中，会定义全局的异常类，用于业务处理出现异常之后的统一处理，比如通过 Filter，或者@ControllerAdvice 和@ExceptionHandler 注解的组合方式。笔者定义了两种异常，一种是业务异常 BusinessException，另一种是授权异常 AuthorizationException。异常类会继承

RuntimeException，并实现 code、message、Throwable 多个参数的构造方法。

而在常量类中，可以定义例如国际化的时间格式：

```
public static final String DATE_FORMAT_UTC = "yyyy-MM-dd HH:mm:ss.SSSXXX";
```

（3）自定义结果对象。

在组件之间进行 HTTP 调用或 RPC 调用时，约定标准的返回对象，便于统一对结果集进行处理。在接口的能力开放维度，标准的返回对象为序列化和反序列化处理带来了便利，让第三方调用者在服务整体层面有了统一的认知。

```
public class BaseResult<E> implements Serializable {

  private String code;
  private String msg;
  private E data;

  public BaseResult() {
  }

  public BaseResult(String code, String msg) {
    this.code = code;
    this.msg = msg;
  }

  public BaseResult(String code, String msg, E data) {
    this.code = code;
    this.msg = msg;
    this.data = data;
  }
 ......getter setter 方法忽略

}
```

（4）自定义注解。

在 feign 的服务调用和 RESTEasy 的服务发布中，涉及权限控制，比如 HTTP header 的 Token 校验，那么该功能的开启可以通过自定义注解的方式进行判断。因此定义了 TokenIgnore 注解，该注解作用于接口方法上。

```
@Documented
@Target(ElementType.METHOD)
@Retention(RetentionPolicy.RUNTIME)
public @interface TokenIgnore {
}
```

3. 通用日志 scaffold-logger

SLF4J（全称是 Simple Loging Facade For Java）是一个为 Java 程序提供日志输出的统一接口，并不是一个具体的日志实现方案。当我们在代码实现中引入 Log 进行日志打印的时候，通常会使用接口，这样的实现方式可以实时地根据需要来更换具体的日志实现类，这就是 SLF4J 的作用。基于 SLF4J 日志的实现方案有很多，比如 Apache 的 Log4j、Log4j2，Logback，以及 JDK 自带的 java.util.logging.Logger 等。

那么在使用 Spring Boot 时，默认的日志框架是什么呢？尝试在 pom 文件中添加官方提供的 spring-boot-starter-logging 依赖：

```
<dependency>
    <groupId>org.springframework.boot</groupId>
    <artifactId>spring-boot-starter-logging</artifactId>
</dependency>
```

从 spring-boot-starter-logging 本身的 pom 中可以看到如下依赖：

```
<dependency>
 <groupId>ch.qos.logback</groupId>
 <artifactId>logback-classic</artifactId>
</dependency>
<dependency>
 <groupId>org.slf4j</groupId>
 <artifactId>jcl-over-slf4j</artifactId>
</dependency>
<dependency>
 <groupId>org.slf4j</groupId>
 <artifactId>jul-to-slf4j</artifactId>
</dependency>
<dependency>
 <groupId>org.slf4j</groupId>
```

```
 <artifactId>log4j-over-slf4j</artifactId>
</dependency>
```

由此可以看出 Spring Boot 默认采用了 Logback 作为日志框架的实现。在上面的 pom 中，除了 Logback，还看到三个依赖，这三个依赖的作用是通过桥接的方式来解决三方依赖使用 JCL（jakarta commons logging）、JUL（java.util.logging.Logger）和 Log4j 多种框架时产生的兼容问题，通过桥接的方式将 API 转换到标准的 SLF4J 接口。

1）配置和扩展日志

（1）在 scaffold-common 中提到了错误码，我们可以扩展日志方法，在发生 logger.error 或 logger.warn 的时候，通过简单的参数传入来强制进行错误码的打印。比如通过 MDC 机制（Mapped Diagnostic Context）的方式，将错误码以变量的方式（`%X{X-SCAFFOLD_ERROR_CODE:-}`）加入日志格式：

```
public void errorWithErrorCode(String errorCode, String msg, Throwable t) {
 commonLogger(() -> {
  StringBuilder errorCodeStr = new StringBuilder();
  errorCodeStr.append("[").append(errorCode).append("]");
  MDC.put("X-SCAFFOLD_ERROR_CODE", errorCodeStr);
  log.error(msg, t);
  MDC.remove("X-SCAFFOLD_ERROR_CODE");
 });
}

private void commonLogger(NoOpLogger noOpLogger) {
 noOpLogger.doNoOp();
}
```

（2）在 Spring Cloud 中，通过 Spring Cloud Sleuth 实现分布式追踪的解决方案，在 pom 中引入依赖。

```
<dependency>
 <groupId>org.springframework.cloud</groupId>
 <artifactId>spring-cloud-starter-sleuth</artifactId>
</dependency>
```

并在日志配置文件中配置日志格式，默认为 logback-spring.xml，也可以在 application.properties 中通过 logging.config 指定：

```
#摘自 Spring Cloud Docs https://cloud.spring.io/spring-cloud-static/Edgware.SR4/
single/spring-cloud.html#_spring_cloud_sleuth
    <property name="CONSOLE_LOG_PATTERN"
        value="%clr(%d{yyyy-MM-dd  HH:mm:ss.SSS}){faint} %clr(${LOG_LEVEL_PATTERN:
-%5p}) %clr(${PID:- }){magenta} %clr(---){faint} %clr([%15.15t]){faint} %clr(%-40.4
0logger{39}){cyan} %clr(:){faint} %m%n${LOG_EXCEPTION_CONVERSION_WORD:-%wEx}"/>
```

打印的日志如下：

```
#摘自 Spring Cloud Docs https://cloud.spring.io/spring-cloud-static/Edgware.SR4/
single/spring-cloud.html#_log_correlation
    2016-02-26 11:15:47.561 INFO [service1,2485ec27856c56f4,2485ec27856c56f4,true]
68058 --- [nio-8081-exec-1] i.s.c.sleuth.docs.service1.Application : Hello from
service1. Calling service2
    2016-02-26 11:15:47.710 INFO [service2,2485ec27856c56f4,9aa10ee6fbde75fa,true]
68059 --- [nio-8082-exec-1] i.s.c.sleuth.docs.service2.Application : Hello from
service2. Calling service3 and then service4
```

从日志中可以看到调用链的信息[service1,2485ec27856c56f4,2485ec27856c56f4,true]，那么这块信息是怎么出来的呢？为什么打印在这个位置呢？

查看 Spring Cloud Sleuth 源码，在 org.springframework.cloud.sleuth.log.Slf4jSpanLogger 类中，在 Span 进行 started、stopped、continued 等动作时会触发监听，将调用链信息设置到 MDC 中。比如“started”的时候：

```
@Override
public void logStartedSpan(Span parent, Span span) {
  MDC.put(Span.SPAN_ID_NAME, Span.idToHex(span.getSpanId()));
  MDC.put(Span.SPAN_EXPORT_NAME, String.valueOf(span.isExportable()));
  MDC.put(Span.TRACE_ID_NAME, span.traceIdString());
  log( text: "Starting span: {}", span);
  if (parent != null) {
    log( text: "With parent: {}", parent);
    MDC.put(Span.PARENT_ID_NAME, Span.idToHex(parent.getSpanId()));
  }
}
```

Spring Cloud Sleuth 巧妙地通过 EnvironmentPostProcessor 修改日志框架的环境变量来解决。可以发现在 org.springframework.cloud.sleuth.autoconfig 包下的 TraceEnvironmentPostProcessor 类

中实现了 EnvironmentPostProcessor 接口的 postProcessEnvironment 方法，并替换环境变量中 logging.pattern.level 的值。

```
    if (Boolean.parseBoolean(environment.getProperty("spring.sleuth.enabled", "true"))) {
     map.put("logging.pattern.level",
        "%5p [${spring.zipkin.service.name:${spring.application.name:-}},%X{X-B3-
TraceId:-},%X{X-B3-SpanId:-},%X{X-Span-Export:-}]");
    }
```

如果读者有不同于上面日志打印的规范，则可以自定义 EnvironmentPostProcessor 来修改调用链信息的位置，比如创建 ScaffoldLoggerTraceEnvironmentPostProcessor 并实现 Environment-PostProcessor 接口，简单地通过 map.put("logging.pattern.level", "%5p")来移除调用链日志，并在 spring.factories 中进行自动化装配：

```
    org.springframework.boot.env.EnvironmentPostProcessor=\
    com.spring4all.scaffold.logger.processor.ScaffoldLoggerTraceEnvironmentPostPro
cessor
```

但是上述解决方案并不能在所有的日志框架中都生效，Spring Boot 默认的 Logback 框架是适用的，TraceEnvironmentPostProcessor 中写明了这点：

```
public void postProcessEnvironment(ConfigurableEnvironment environment,
    SpringApplication application) {
  Map<String, Object> map = new HashMap<~>();
  // This doesn't work with all logging systems but it's a useful default so you see
  // traces in logs without having to configure it.
  if (Boolean.parseBoolean(environment.getProperty( s: "spring.sleuth.enabled",  s1: "true"))) {
    map.put( k: "logging.pattern.level",
        v: "%5p [${spring.zipkin.service.name:${spring.application.name:-}},%X{X-B3-TraceId:-},%X{X-B3-SpanId:-},%X{X-Span-Export:-}]");
  }
```

另外还有更简单的方式，那就是修改日志配置文件中的日志格式，将${LOG_LEVEL_PATTERN:-%5p}修改为${LOG_LEVEL_PATTERN:-%p}。

4. 基于 RESTEasy 的服务发布

REST 的英文缩写是 Representational State Transfer，含义为表述性状态转移。REST 这个术语是 Roy Fielding 博士在他 2000 年的博士论文“Architectural Styles and the Design ofNetwork-based Software Architectures”中提出的一种软件架构风格。REST 并非标准，而是一种开发 Web 应用的设计和开发方式，可以降低开发的复杂度，提高系统的可伸缩性。相比较于基于传统的 SOAP 协议、XML 格式的 WSDL 的 WebService 服务来说，REST 模式提供了更简洁的实现方案。

1）RESTEasy Spring Boot Starter

RESTEasy 是 JBoss 的一个开源项目，提供一套完整的框架帮助开发人员构建 RESTful Web Service 和 RESTful Java 应用程序。它是 JAX-RS 2.0 规范的一个完整实现并通过了 JCP 认证，通过 HTTP 协议对外提供基于 Java API 的 RESTful Web Service。

RESTEasy 可以运行在任何 Servlet 容器中，它能很好地与 Spring、Spring Boot 等框架进行整合。

Spring Boot 的诞生，以及自动化装配的普及，非常多的开源框架都会有自己支持的 Spring Boot Starter。在笔者使用 RESTEasy 的时候，官方并没有对 RESTEasy 封装 Spring Boot Starter，但开源的世界是强大的，PayPal 公司在它的官方 GitHub（https://github.com/paypal/resteasy-spring-boot）上开源了对 RESTeasy 的 Spring Boot Starter 的封装。不过从官方的信息来看，PayPal 已经在 2018 年年初将该框架捐献给了 RESTEasy 社区，在 RESTEasy 的官方 GitHub（https://github.com/resteasy/resteasy-spring-boot）上可以看到相关的信息，而且社区已经有好几个版本的 RELEASE 更新，因此我们相信这一块的开源发展也会是持续性的。具体的项目结构如图 4-4 所示。

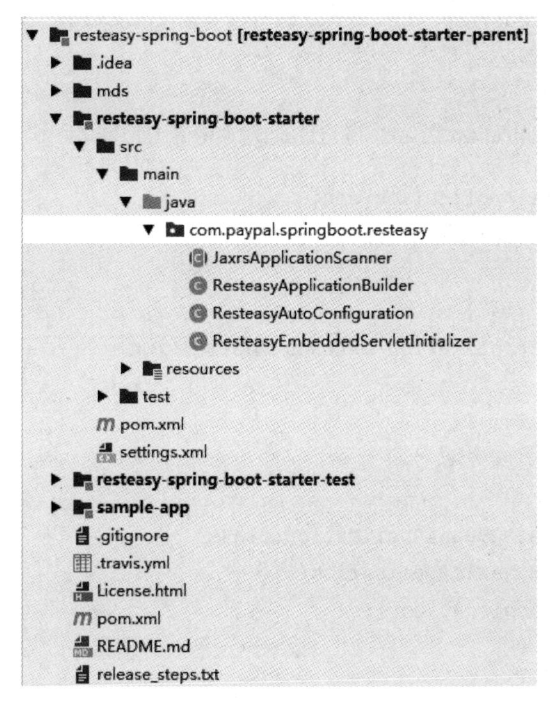

图 4-4

从图 4-4 中自然而然就会看到 META-INF 下的 spring.factories，该文件描述了 Spring Boot 对于 RESTEasy 的自动装配：

```
org.springframework.boot.autoconfigure.EnableAutoConfiguration=\
com.paypal.springboot.resteasy.ResteasyAutoConfiguration
```

查看具体的 ResteasyAutoConfiguration 类，主要的功能包括实例化 BeanFactoryPostProcessor 的 Spring 的 Bean 处理器、ResteasyApplicationBuilder Resteasy 应用程序的构建类、ResteasyEmbeddedServletInitializer Resteasy 内嵌 Servlet 容器的初始化类，同时通过构建 ServletContextListener 来配置和启动 ResteasyDeployment，根据相关配置信息初始化 Resteasy 的核心组件 ResteasyProviderFactory、Dispatcher、Registry，并通过这几个核心组件的相互配合，最终发布成 REST 服务。

2）使用 RESTEasy 来发布服务

创建 scaffold-resteasy 模块，在 pom 中添加 resteasy-spring-boot-starter 的依赖：

```
<dependency>
  <groupId>com.paypal.springboot</groupId>
  <artifactId>resteasy-spring-boot-starter</artifactId>
</dependency>
```

然后定义 JAX-RS application 类，并将它注册为 Spring 的 Bean，这样该类就会被自动注册。

```
import javax.ws.rs.ApplicationPath;
import javax.ws.rs.core.Application;

@ApplicationPath("/rs")
public class JaxRsApplication extends Application {
}

#在自动化配置类中进行实例化
@Bean
@ConditionalOnMissingBean(Application.class)
public Application jaxRsApplication() {
 return new JaxRsApplication();
}
```

在发布具体的 REST 服务时，引入 scaffold-resteasy 依赖，接口按照标准的 JAX-RS 的 RESTful 风格编写，并且接口的实现类是被 Spring 容器所管理的，比如标注了@Service 注解。那么通过 RESTEasy Spring Boot Starter 可以自动发布 REST 服务，一切变得简单了。

3）接口权限控制

使用 RESTEasy 对外提供接口能力，在很多场景下，需要做权限控制，比如调用者客户端通过传递 Token 来让服务端进行校验，通常的 Token 会通过 HTTP Header 进行传递。

因为 RESTEasy 是 JAX-RS 的实现，所以可以使用 JAX-RS 定义的 javax.ws.rs.container.ContainerRequestFilter 过滤器扩展点来进行接口的权限控制，ContainerRequestFilter 的实现类可以定义为前置处理和后置处理。前置处理是指服务端在处理收到请求之前执行过滤，后置处理是指服务端在处理请求之后执行过滤。而权限控制需要在服务器处理收到请求之前进行处理，可以设置注解@PreMatching 来指定。

下面定义 ScaffoldTokenRequestFilter 来实现 ContainerRequestFilter 接口，并实现 filter 方法，具体的处理方式如下：

```
@Override
public void filter(ContainerRequestContext requestContext) {
 ResourceMethodInvoker resourceMethodInvoker =
((PostMatchContainerRequestContext) requestContext).getResourceMethod();
 TokenIgnore tokenIgnore = AnnotationUtils.getAnnotation(resourceMethodInvoker.
getMethod(), TokenIgnore.class);
 if (null == tokenIgnore) {
  String token = requestContext.getHeaderString("scaffold-token");
  if (token == null) {
   LOGGER.error("Invoke restful without Token header. RequestURI: [{}]",
requestContext.getUriInfo().getPath());
   throw new AuthorizationException(BaseErrorCode.FORBIDDEN.getCode(),"Token is
null,please apply a token!");
  }
 }
}
```

该示例中通过获取调用的 REST 具体实现方法来判断方法上是否配置@TokenIgnore 的注解，如果有，则跳过 Token 校验，如果没有，则从 requestContext 获取 Header 为“scaffold-token”来进行判断，详细的 Token 校验过程需要匹配 Token 对应的生成规则，需要开发者根据项目实际的策略进行处理。

5. 基于 Feign 的服务调用

Spring Cloud Feign 是一套基于 Netflix Feign（现为 OpenFeign）实现的声明式服务调用客户端。它受到 Retrofit、JAXRS-2.0 和 WebSocket 的启发，让编写 Java HTTP 客户端变得简单。我

们只需要通过创建接口并使用注解配置就可以完成对服务接口的绑定。它具备可插拔的注解支持，包括原生的 Feign 注解、JAX-RS 注解，以及扩展对 Spring MVC 注解的支持；同时支持可插拔的编码器和解码器。Spring Cloud 还整合了 Ribbon 和 Hystrix 来提供可熔断且服务负载均衡的 HTTP 客户端实现。

1）Feign 的自动化装配

打开 spring-cloud-netflix-core 的源码，通过对 org.springframework.cloud.netflix.feign.FeignAutoConfiguration 这个自动化装配类的分析，我们来谈谈具体的实现。原生的 Feign 是采用 HttpURLConnection 来调用服务的，这一点通过 feign.Client.Default 可以看出，而 Spring Cloud Feign 扩展的 Feign Client 的实现有 Apache 的 HttpClient 和 OkHttp3 的 OkHttpClient。可以通过 feign.httpclient.enabled 或 feign.okhttp.enabled 来开启。而从 org.springframework.cloud.netflix.feign.FeignClientsConfiguration 中可以看到，Spring Cloud Feign 默认采用了扩展的 SpringMvcContract 契约及 SpringDecoder、SpringEncoder 的编解码器。通过@EnableFeignClients 注解驱动来扫描所有标注@FeignClient 注解的接口类，实现服务调用。

2）定义 JAX-RS 的契约

我们使用 RESTEasy 来实现服务的发布，采用的是 JAX-RS 的标准接口形式。打开 Feign 的 GitHub（https://github.com/OpenFeign/feign），可以看到有一个 jaxrs 的模块，通过使用 JAXRSContract 契约，并重写注解的处理行为，而不是使用 JAVA-RS 规范的标准处理来实现 JAX-RS 的接口服务调用。在 pom 中依赖 Open Feign 的 feign-jaxrs 模块，创建一个自动化装配类 ScaffoldFeignJaxrsConfiguration，并通过@Bean 的方式对 Feign JAX-RS 的契约配置进行声明。

```
@Bean
public Contract feignContract() {
 return new JAXRSContract();
}
```

3）Feign 如何处理异常

通过 Feign 调用 RESTEasy 发布的服务，会返回 BaseResult 结果对象，如果是异常，则该对象中的 code 是服务端的错误码信息，而不是本服务的。想在结果中通过该错误码来定位对应的问题，这样的解决方式就比较难，所以最好的方式就是获取有异常的服务端 BaseResult 对象，解析成为本地的 BusinessException 异常再对外抛出，让本服务的业务来捕获异常进行处理。我们采用实现 ErrorDecoder 的方式来解决这个问题。Feign 的默认实现为 feign.codec.ErrorDecoder.Default，主要是为了对 retryable 形式的异常进行包装。而 BaseResult 的转换是在不改变原有逻辑的基础上进行处理的。创建 ScaffoldErrorDecoder 继承

ErrorDecoder.Default，并覆写 decode 方法，根据 response 的状态码分别进行不同异常的处理。读者可以根据自己的情况进行扩展。代码如下：

```
@Override
public Exception decode(String methodKey, Response response) {
    try {
        if (null != response.body()) {
            BaseResult result = objectMapper.readValue(response.body().asReader(),
BaseResult.class);
            logger.warn("feign invoker caused an exception: [{}]", result.getCode());
            int status = response.status();
            if (status >= 500) {
                throw new BusinessException(result.getCode(), result.getMsg(),
result.getData(), null);
            } else if (status == 403) {
                throw new AuthorizationException(result.getCode(), result.getMsg());
            } else if (status >= 400) {
                throw new BusinessException(result.getCode(), result.getMsg(),
result.getData(), null);
            }
        }
    } catch (IOException e) {}
    return super.decode(methodKey, response);
}
```

在配置类中添加该对象的实例化：

```
@Bean
public ScaffoldErrorDecoder errorDecoder() {
 return new ScaffoldErrorDecoder();
}
```

4）Feign 权限传递

通过 RESTEasy 发布的服务会做 Token 权限校验，那么采用 Feign 进行调用的时候，需要将 Token 放入 Header 进行传递。这里采用 Feign 的 RequestInterceptor 拦截器进行处理。而 Token 的生成策略，读者可根据自己的需要进行实现，比如采用 JWT 的策略方案。

```
public class ScaffoldRequestInterceptor implements RequestInterceptor {
  private String token;
```

```
    public ScaffoldRequestInterceptor(String token) {
      this.token = token;
    }

    @Override
    public void apply(RequestTemplate template) {
      template.header("scaffold-token", token);
    }
  }
```

6. 基于 Swagger 的 REST API 集成

Swagger 是一个规范和完整的框架，用于生成、描述、调用和可视化 RESTful 风格的 Web 服务。Swagger 是一组开源项目，从 https://github.com/swagger-api 上可以看到它有很多子项目，我们主要用到的项目是如下两个。

（1）swagger-core：用于 Java/Scala 的 Swagger 实现。与 JAX-RS 框架（RESTEasy、Jersey、CXF 等）、Servlet 框架进行集成。

（2）swagger-ui：一个无依赖的 HTML、JS 和 CSS 集合，可以让 Swagger 通过 API 动态生成优雅的文档页面。

从上面的 scaffold-resteasy 可以看到，RESTful 接口采用 RESTEasy 框架进行发布，进入 Swagger 的核心子项目 swagger-core 的 GitHub（https://github.com/swagger-api/swagger-core），可以看到 swagger-core 有很多模块，其中 swagger-jaxrs 就是我们需要的 Swagger 来整合 RESTEasy 框架的实现。而从 swagger-ui 的 GitHub（https://github.com/swagger-api/swagger-ui）中可以看到 dist 目录下有最终 Swagger 能够动态生成文档页面的静态文件成果。我们可以通过 webjar 的方式将这些静态文件成果整合到 Web 项目中。

（1）创建 scaffold-swagger-ui 模块，修改 pom 文件，引入对应的依赖。

```
<dependency>
  <groupId>io.swagger</groupId>
  <artifactId>swagger-jaxrs</artifactId>
</dependency>
<dependency>
  <groupId>org.jboss.spec.javax.ws.rs</groupId>
  <artifactId>jboss-jaxrs-api_2.0_spec</artifactId>
</dependency>
<dependency>
```

```
    <groupId>org.webjars</groupId>
    <artifactId>bootstrap</artifactId>
</dependency>
```

（2）在模块的 resources 目录下创建 META-INF/resources.webjars，将 swagger-ui 的 dist 目录下的静态资源复制到该路径下。

（3）创建 Swagger 的配置类 SwaggerConfiguraction，并在 META-INF 下的 spring.factories 中进行自动化装配。而该类包含实例化 swagger-jaxrs 的相关配置 BeanConfig 及 SwaggerSerializers 对象，其中 BeanConfig 的属性值可以通过@Value 的方式进行配置注入，也可以通过外部化配置@ConfigurationProperties 的方式获取。

```
@Bean
@ConditionalOnMissingBean(BeanConfig.class)
public BeanConfig beanConfig() {
 BeanConfig beanConfig = new BeanConfig();
 beanConfig.setTitle(title);
 beanConfig.setVersion(version);
 beanConfig.setSchemes(new String[]{"http"});
 beanConfig.setBasePath(basePath);
 beanConfig.setResourcePackage(resourcePackage);
 beanConfig.setScan(true);
 return beanConfig;
}

@Bean
public SwaggerSerializers swaggerSerializers() {
 return new SwaggerSerializers();
}

#自动化装配
org.springframework.boot.autoconfigure.EnableAutoConfiguration=\
com.spring4all.scaffold.swagger.config.SwaggerConfiguraction
```

（4）当所有配置整合之后，在 swagger-ui 官方的 index.html 中，加载的 swagger.json 的请求是 https://petstore.swagger.io/v2/swagger.json，很明显，这是开源软件最经典的 Demo 示例 petstore 的访问路径。这一块需要根据实际的 RESTful 接口 URL 定义规范来进行设置，在 scaffold-resteasy 模块中，我们定了 URL 路径为“/rs”开头，所以这里需要修改为../rs/scaffold/swagger.json，修

改为这样的 URL 后，还需要自定义对访问 JAX-RS 资源路径的实现。从 swagger-jaxrs 的源码中，可以看到如图 4-5 所示的内容。

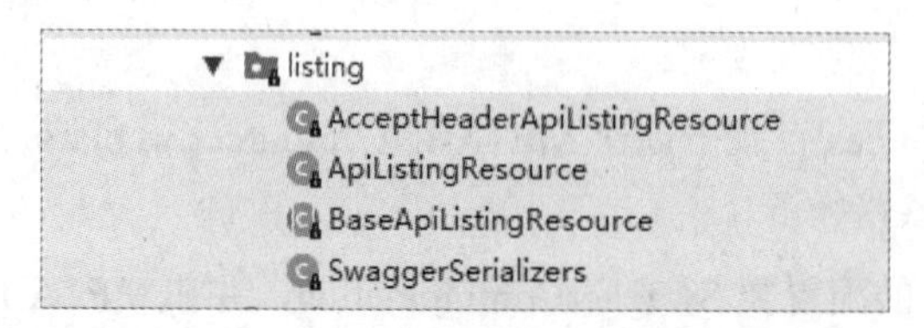

图 4-5

它定义了一个抽象类 BaseApiListingResource 来解决 Swagger 的扫描、处理操作，通过 JSON 或 YAML 格式的请求返回，所以 swagger-jaxrs 默认对请求返回类型提供了 ApiListingResource 和 AcceptHeaderApiListingResource 两种实现，从命名上就可以发现，一种是通过在请求 URL 上带后缀来区分，另一种是通过 accept header 来区分。参考上述的两种实现，我们通过继承 BaseApiListingResource 自定义@Path 的值来改变请求路径：

```
@Path("/scaffold/swagger.{type:json|yaml}")
public class ScaffoldApiListingResource extends BaseApiListingResource {
  @Context
  ServletContext context;

  @GET
  @Produces({MediaType.APPLICATION_JSON, "application/yaml"})
  @ApiOperation(value = "The swagger definition in either JSON or YAML", hidden = true)
  public Response getListing(
      @Context Application app,
      @Context ServletConfig sc,
      @Context HttpHeaders headers,
      @Context UriInfo uriInfo,
      @Context HttpServletRequest servletRequest,
      @PathParam("type") String type) {
    Swagger swagger = process(app, context, sc, headers, uriInfo);
    if (swagger == null) {
      return Response.status(404).build();
    }
    if (swagger.getHost() == null) {
      swagger.setHost(servletRequest.getServerName() + ":" + servletRequest.
getServerPort());
    }
```

```
    if (StringUtils.isNotBlank(type) && type.trim().equalsIgnoreCase("yaml")) {
      return getListingYamlResponse(app, context, sc, headers, uriInfo);
    } else {
      return getListingJsonResponse(app, context, sc, headers, uriInfo);
    }
  }
}
```

（5）在配置类中定义 ScaffoldApiListingResource 进行实例化，代码如下所示。

```
@Bean
public ScaffoldApiListingResource apiListingResource() {
 return new ScaffoldApiListingResource();
}
```

7. 服务注册发现

对于微服务的治理而言，核心就是服务的注册和发现。所以选择哪个组件，很大程度上要看它对于服务注册与发现的解决方案。在这个领域，开源的框架有很多，最常见的是 ZooKeeper，但这并不是一个最佳的选择。

在分布式系统领域有一个著名的 CAP 定理：C（数据一致性）、A（服务可用性）、P（服务对网络分区故障的容错性）这三个特性在任何分布式系统中不能同时满足，最多同时满足两个。

ZooKeeper 是 Apache 下非常著名的一个顶级项目，很多场景下 ZooKeeper 也作为 Service 发现服务解决方案。ZooKeeper 保证的是 CP，即任何时刻对 ZooKeeper 的访问请求能得到一致的数据结果，同时系统对网络分区具备容错性，但是它不能保证每次服务请求的可用性。从实际情况来分析，在使用 ZooKeeper 获取服务列表时，如果 ZooKeeper 正在选主，或者 ZooKeeper 集群中半数以上机器不可用，那么就无法获取数据。所以说，ZooKeeper 不能保证服务可用性。

的确，对于大多数分布式环境，尤其是涉及数据存储的场景，数据一致性是应该首先被保证的，这也是 ZooKeeper 被设计成 CP 的主要原因。但是对于服务发现场景来说，具体情况就需要具体分析：针对同一个服务，即使注册中心的不同节点保存的服务提供者信息不一致，也不会造成灾难性的后果。因为对于服务消费者来说，能够消费才是最重要的。所以，对于服务发现而言，可用性比数据一致性更加重要（AP 优于 CP）。而 Spring Cloud Netflix 在设计 Eureka 的时候遵守就是的 AP 原则。

Eureka 是 Netflix 开源的一款提供服务注册和发现的产品，并且提供了相应的 Java SDK 封装。在它的实现中，节点之间是相互平等的，部分注册中心的节点“挂掉”也不会对集群造成影响，即使集群只剩一个节点存活，也可以正常提供发现服务。哪怕是所有的服务注册节点都“挂了”，Eureka Clients 也会缓存服务调用的信息。这就保证了微服务之间的互相调用是足够健壮的。

为了适配更多的服务注册发现框架，Spring Cloud 针对该方案进行了一层抽象，官方提供了三种实现：Eureka、Consul、ZooKeeper，目前支持得最好的就是 Eureka，其次是 Consul，最后是 ZooKeeper；而现在 Spring Cloud Alibaba 也提供了对阿里巴巴 Nacos 动态服务发现的封装实现，这会给我们提供更多的选择。

1）Consul 的架构

Consul 是 HashiCorp 公司使用 Go 语言开发的开源软件，用于实现分布式系统的服务注册发现与配置。内置了服务注册发现、基于 HTTP/TCP 等方式的健康检查、KV 存储、多数据中心等功能。而在官方网站最新的介绍中，Consul 定位为 Service Mesh 的解决方案，让 Service Mesh 变得简单。Service Mesh 会在后续章节进行详细说明。

Consul 的多数据中心采用 Gossip 协议进行通信，而在数据一致性方面采用 Raft 协议来保证。

Consul 是通过 agent 的方式来运行的，而 agent 可以运行为 Server 或 Client 模式，对于每个数据中心来说，至少保证有一台 Server，如果需要保证高可用，则需要 Consul Server 的集群，通过集群中 Server 的个数为基数。Server 模式存储数据，而 Client 模式则非常轻量，在集群中的每个节点上启动，负责服务的注册发现、健康检查，以及转发对 Consul Server 端的服务信息查询等。Consul 除了提供 HTTP API 查询服务，还提供了 DNS API 的服务查询，而且针对配置它又提供了 RESTful HTTP API，方便开发者对 Consul 的 nodes、services、checks、configuration 信息进行增删改查。

这里简单介绍 Consul 的启动，集群模式部署等可以参考 Consul 官网：

```
consul agent -server -bootstrap-expect 1 -ui -client 0.0.0.0 -bind 192.168.0.103 -http-port 8500 -data-dir consul_data -config-dir consul.d
```

通过-server 以服务端启动，-bootstrap-expect 指定 Server 节点数，-ui 开启 Web 管理界面，-bind 绑定主机，-http-port 指定 HTTP 端口，-data-dir 指定数据路径，-config-dir 指定配置文件加载路径。

2）spring-cloud-consul-discovery 分析

Spring Cloud 通过依赖 spring-cloud-starter-consul-discovery 来对服务进行注册发现，内部通过依赖 consul-api（https://github.com/Ecwid/consul-api）的 Java 客户端对 Consul 进行 HTTP 的调用处理。

```
<dependency>
  <groupId>org.springframework.cloud</groupId>
  <artifactId>spring-cloud-starter-consul-discovery</artifactId>
</dependency>
```

并在 application.properties 中配置 Consul 的地址信息及健康检查信息，比如：

```
server.port=6666
server.context-path=/scaffold-demo
spring.cloud.consul.host=192.168.0.103
spring.cloud.consul.port=8500
spring.cloud.consul.discovery.preferIpAddress=true
spring.cloud.consul.discovery.ip-address=192.168.0.103
spring.cloud.consul.discovery.health-check-path=${server.context-path}/health
spring.cloud.consul.discovery.health-check-interval=10s
```

那么 spring-cloud-starter-consul-discovery 到底是如何实现服务注册和发现的呢？查看 spring-cloud-starter-consul-discovery 源码，可以看到在 org.springframework.cloud.consul 包下有服务注册和发现两个实现模块。

服务注册使用 ConsulAutoRegistration 的 registration 方法，构建含有 NewService 的 ConsulRegistration，并通过 ConsulDiscoveryProperties 和 HeartbeatProperties 来获取配置，丰富 NewService 的内容。在容器启动后，通过如下步骤完成服务的注册：

（1）调用 org.springframework.cloud.client.discovery.AbstractDiscoveryLifecycle 的 start 方法。

（2）AbstractDiscoveryLifecycle.start()中又会调用 org.springframework.cloud.client.serviceregistry.AbstractAutoServiceRegistration 的 register 方法。

（3）AbstractAutoServiceRegistration.register()中继续调用 org.springframework.cloud.consul.serviceregistry.ConsulServiceRegistry 的 register 方法进行服务的注册。服务发现则使用 org.springframework.cloud.consul.discovery.ConsulDiscoveryClient 来获取 org.springframework.cloud.consul.discovery.ConsulServerList 服务列表，并通过 Ribbon 进行负载均衡，返回可使用的服务信息。

另外由于 Consul 支持 KV 存储，Spring Cloud 还封装了其对 Config 配置的支持，具体可以参考 org.springframework.cloud.consul.discovery.configclient 模块。

如果不是 Spring Coud 项目，则可以通过 Consul 的 JSON 格式的配置文件来配置服务信息进行注册，Consul 在启动的时候，会加载 consul.d 目录下的配置文件进行服务定义。如果该服务本身需要对其他服务进行发现，则需要自行实现处理。

```
#scaffold-demo.json
{
  "service":{
    "id": "scaffold-demo",
    "name": "scaffold-demo",
    "address": "192.168.0.103",
    "port":6666,
    "tags": ["contextPath=scaffold-demo"],
    "checks": [
        {
            "http": "http://192.168.0.103:6666/health",
            "interval": "10s"
        }
    ]
  }
}
```

8. 配置中心

前面我们提到了由于 Consul 支持 KV 存储，所以提供了对配置的支持。下面我们来谈谈配置。

在传统微服务开发中，我们通常将系统的配置文件放在 application.properties 中，但随着系统规模的扩大，项目成员增多，越来越多的人更改配置文件，开发、测试、生产环境分离，因配置文件产生的问题越来越多。为了避免因配置文件导致的问题，配置服务应运而生。在分布式系统中，配置中心是一个独立的服务部件，作用是专门为其他服务提供系统启动所需的配置信息，保证系统正确启动。

那么对于配置中心，应该需要哪些功能呢？

- 将配置统进行集中管理，提供统一的配置服务，让开发、测试、生产环境均可直接从配置服务中读取配置信息；
- 能够追溯配置变更的历史，比如可以发现谁在什么时候修改了哪些内容，并能根据这些信息进行配置回滚操作；
- 配置中心还能够增加权限管理，保证不同角色不同权限的人只能访问有相关权限的配置，保证线上配置信息的安全；
- 基于配置中心的微服务非常适合多环境的打包，不用多次打包，而是一次打包。

1）实现动态配置

Spring Boot 可以通过 XML 或@ImportResource 来引入本地的配置文件，且支持 Properties 和 YAML 格式。虽然 YAML 的方式非常棒，但它有非常严格的格式要求，一个 Tab 空格就足以让读取解析配置失败，所以强烈建议采用 Properties 的方式，直观且不容易出错。在 Spring Boot 中，我们需要通过远程配置中心替换 application.properties 的内容，统一使用配置中心来管理配置。那么该如何实现呢？

首先，在 Spring Boot、Spring Cloud 中，针对配置文件有如下监听器：

- ConfigFileApplicationListener（Spring Boot）管理 Spring Boot 的配置文件，例如 application.properties。
- BootstrapApplicationListener（Spring Cloud）负责加载 bootstrap.properties 或 bootstrap.yaml，初始化 Bootstrap 上下文。

Spring Cloud 会创建一个 Bootstrap Context 作为 Spring 应用的 Application Context 的父上下文。初始化的时候，Bootstrap Context 负责从外部源加载配置属性并解析配置。这两个上下文共享一个从外部获取的 Environment。Bootstrap 属性有高优先级，默认情况下，它们不会被本地配置覆盖。

（1）EnvironmentPostProcessor 方案。

当 Spring Boot 应用启动之后，会触发 ConfigFileApplicationListener 监听器，由于它实现了 EnvironmentPostProcessor 接口，所以会调用 postProcessEnvironment 方法，并在这个方法中执行 addPropertySources(environment, application.getResourceLoader())，将配置文件中的属性添加到上下文环境中。

参考如上实现，我们就可以通过实现 org.springframework.boot.env.EnvironmentPostProcessor 这个接口来对配置文件进行集中管理。而这种方法也是 Spring Boot 框架对配置的扩展。

```
public interface EnvironmentPostProcessor {
 /**
  * Post-process the given {@code environment}.
  * @param environment the environment to post-process
  * @param application the application to which the environment belongs
  */
 void postProcessEnvironment(ConfigurableEnvironment environment, SpringApplication
application);
}
```

EnvironmentPostProcessor 接口在该类的类注释上是这么描述的：

> Allows for customization of the application's {@link Environment} prior to the application context being refreshed. EnvironmentPostProcessor implementations have to be registered in {@code META-INF/spring.factories}, using the fully qualified name of this class as the key. {@code EnvironmentPostProcessor} processors are encouraged to detect whether Spring's {@link org.springframework.core.Ordered Ordered} interface has been implemented or if the @{@link org.springframework.core.annotation.Order Order} annotation is present and to sort instances accordingly if so prior to invocation.

大体的意思是：允许定制应用的上下文的应用环境优先于应用的上下文之前被刷新。EnvironmentPostProcessor 的实现类必须在 META-INF/spring.factories 文件中注册，并且注册的是全类名。我们鼓励 EnvironmentPostProcessor 处理器配置 org.springframework.core.Ordered 注解，这样相应的实例也会按照@Order 注解的顺序被调用。

创建 ScaffoldEnvironmentPostProcessor，实现 EnvironmentPostProcessor 接口，并实现它的 postProcessEnvironment 方法，在 classpath 的 META-INF/spring.factories 文件中描述自动化装配：

```
public class ScaffoldEnvironmentPostProcessor implements EnvironmentPostProcessor {

  @Override
  public void postProcessEnvironment(ConfigurableEnvironment environment,
      SpringApplication application) {
    Properties customProperties = new Properties();
    //这里模拟获取配置信息，放入自定义的 properties
    customProperties.put("scaffold","sc");
    PropertiesPropertySource propertiesPropertySource = new
PropertiesPropertySource("scaffold", customProperties);
    environment.getPropertySources().addLast(propertiesPropertySource);

  }
}
#自动化装配
org.springframework.boot.env.EnvironmentPostProcessor=\
com.spring4all.scaffold.config.ScaffoldEnvironmentPostProcessor
```

需要注意的是，ScaffoldEnvironmentPostProcessor 并不会覆盖本地属性，比如在 application.properties 中配置了 scaffold=sb，并且没有被注释，仍然会返回 sb 而不是 sc。在实际开发中，需要优化该代码进行去重工作，也可以增加远端覆盖本地、本地覆盖远端的功能点。

（2）PropertySourceLocator 方案。

当我们配置了 Spring Cloud Config 的依赖后，在 org.springframework.cloud.config.client.ConfigServiceBootstrapConfiguration 配置类中可以看到如下定义：

```
#Spring Cloud Config 的依赖
<dependency>
 <groupId>org.springframework.cloud</groupId>
 <artifactId>spring-cloud-starter-config</artifactId>
</dependency>

#实例化 ConfigServicePropertySourceLocator
@Bean
@ConditionalOnMissingBean(ConfigServicePropertySourceLocator.class)
@ConditionalOnProperty(value = "spring.cloud.config.enabled", matchIfMissing = true)
public ConfigServicePropertySourceLocator configServicePropertySource
(ConfigClientProperties properties) {
 ConfigServicePropertySourceLocator locator = new
ConfigServicePropertySourceLocator(properties);
 return locator;
}
```

Spring Cloud 实现了 org.springframework.cloud.bootstrap.config.PropertySourceLocator 接口来从远端获取配置进行更新。通过配置@Retryable(interceptor = "configServerRetryInterceptor")进行对配置中心的连接重试，通过创建 CompositePropertySource，并将解析的配置通过 addPropertySource 或 addFirstPropertySource 的方式加入 propertySources 的成员变量。

按照上述参考方式，我们可以自定义 ScaffoldConfigServicePropertySourceLocator 类，实现 PropertySourceLocator 接口（前提是需要引入 spring-cloud-context 依赖），并实现它的 locate 方法，创建 ScaffoldConfigConfiguration 并实例化 ScaffoldConfigServicePropertySourceLocator，在 classpath 的 META-INF/spring.factories 文件中描述自动化装配：

```
public class ScaffoldConfigServicePropertySourceLocator implements
PropertySourceLocator {

  @Override
  public PropertySource<?> locate(Environment environment) {
    //这里模拟获取配置信息，放入自定义的 properties
    Map<String, Object> properties = new HashMap<>();
```

```
        properties.put("scaffold", "sc");
        CompositePropertySource compositePropertySource = new CompositePropertySource
("scaffold");

        compositePropertySource.addPropertySource(new MapPropertySource("scaffold",
properties));
        return compositePropertySource;
      }
    }
    #配置类
    public class ScaffoldConfigConfiguration {
      @Bean
      @ConditionalOnMissingBean(ScaffoldConfigServicePropertySourceLocator.class)
      public ScaffoldConfigServicePropertySourceLocator scaffoldConfigService-
PropertySourceLocator() {
        return new ScaffoldConfigServicePropertySourceLocator();
      }
    }

    #自动化装配
    org.springframework.cloud.bootstrap.BootstrapConfiguration=\
    com.spring4all.scaffold.config.ScaffoldConfigConfiguration
```

Spring Cloud 引入了 PropertySourceLocator 的概念，该概念用于定位远程属性源。当应用程序启动时，这些远程属性源将被解析，然后将它们组合成一个 CompositePropertySource，将其插入环境的优先级列表的顶部，并使用名称 bootstrapProperties。在 spring-cloud-context 的源码中，可以看到 org.springframework.cloud.bootstrap.config.PropertySourceBootstrapConfiguration 配置类，它实现了 ApplicationContextInitializer 接口，该接口会在应用上下文刷新之前回调 refresh()，从而执行初始化 initialize 操作。通过逐级源码跟踪，在 Spring Boot 应用启动之后，调用链路如下：

SpringApplicationBuilder.run()→SpringApplication.run()→SpringApplication.createAndRefresh-Context()→SpringApplication.applyInitializers()→PropertySourceBootstrapConfiguration.initialize()。

在对 PropertySourceBootstrapConfiguration 的初始化方法 initialize 进行处理时，它会根据默认的 AnnotationAwareOrderComparator 排序规则对所有实现 PropertySourceLocator 接口的配置处理类进行排序，并遍历 propertySourceLocators 数组中各配置类的 locate 方法，将获取的属性值放到 CompositePropertySource 中，最后调用 insertPropertySources(propertySources, composite)方法设置到 Environment 环境变量中。

Spring Cloud Context 提供了覆写远端属性的 PropertySourceBootstrapProperties，在 insertPropertySources 方法中利用该配置类判断属性源的优先级并进行设置。这样就可以解释为什么官方强烈建议配置@Order 注解。

> 该章节参考了微信公众号【工匠小猪猪的技术世界】的远程配置系列文章，并得到了作者的授权。

4.4　基于 Maven Archetype 的脚手架

4.4.1　Maven Archetype

1. Maven Archetype 简介

从 Maven Archetype 的官方网站 https://maven.apache.org/archetype/index.html 上，可以看到是如何介绍它的。简而言之，Archetype 是一个 Maven 项目模板工具包。Archetype 意为原型，通过它能够提供相同类型的 Maven 项目的原始模式或模型。这种方式适合我们尝试提供一个框架，该框架提供生成 Maven 项目的一致方法。Archetype 将帮助我们创建 Maven 项目模板，并为用户提供生成这些项目模板的参数化版本。

2. Maven Archetype Quickstart

准备使用 Maven Archetype 来生成一个 Quickstart，采用的 Maven 版本为 3.5.3。

打开命令行，进入一个空的目录，运行 mvn archetype:generate，经过一系列 Maven 相关依赖的下载过程之后，我们可以看到如下的打印信息：

```
[WARNING] No archetype found in remote catalog. Defaulting to internal catalog
[INFO] No archetype defined. Using maven-archetype-quickstart (org.apache.maven.archetypes:maven-archetype-quickstart:1.0)
Choose archetype:
1: internal -> org.apache.maven.archetypes:maven-archetype-archetype (An archetype which contains a sample archetype.)
2: internal -> org.apache.maven.archetypes:maven-archetype-j2ee-simple (An archetype which contains a simplifed sample J2EE application.)
3: internal -> org.apache.maven.archetypes:maven-archetype-plugin (An archetype which contains a sample Maven plugin.)
4: internal -> org.apache.maven.archetypes:maven-archetype-plugin-site (An archetype which contains a sample Maven plugin site.
     This archetype can be layered upon an existing Maven plugin project.)
5: internal -> org.apache.maven.archetypes:maven-archetype-portlet (An archetype which contains a sample JSR-268 Portlet.)
6: internal -> org.apache.maven.archetypes:maven-archetype-profiles ()
7: internal -> org.apache.maven.archetypes:maven-archetype-quickstart (An archetype which contains a sample Maven project.)
8: internal -> org.apache.maven.archetypes:maven-archetype-site (An archetype which contains a sample Maven site which demonstrates
     some of the supported document types like APT, XDoc, and FML and demonstrates how
     to i18n your site. This archetype can be layered upon an existing Maven project.)
9: internal -> org.apache.maven.archetypes:maven-archetype-site-simple (An archetype which contains a sample Maven site.)
10: internal -> org.apache.maven.archetypes:maven-archetype-webapp (An archetype which contains a sample Maven Webapp project.)
Choose a number or apply filter (format: [groupId:]artifactId, case sensitive contains): 7:
```

从日志中我们可以看到使用默认行为时，Maven Archetype 默认会提供 10 个 Archetype 框架供我们选择，根据提示选择 7 就可以来创建一个 Maven 实例项目。通过上述 Quickstart 配置之后，生成的 Maven 项目结构如图 4-6 所示。

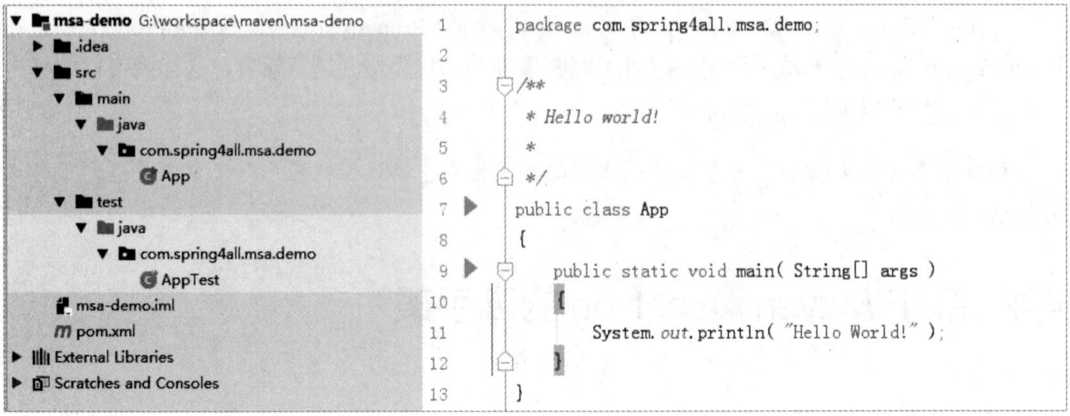

```
▼ msa-demo G:\workspace\maven\msa-demo
  ▶ .idea
  ▼ src
    ▼ main
      ▼ java
        ▼ com.spring4all.msa.demo
            App
    ▼ test
      ▼ java
        ▼ com.spring4all.msa.demo
            AppTest
    msa-demo.iml
    pom.xml
▶ External Libraries
▶ Scratches and Consoles
```

```java
package com.spring4all.msa.demo;

/**
 * Hello world!
 *
 */
public class App
{
    public static void main( String[] args )
    {
        System.out.println( "Hello World!" );
    }
}
```

图 4-6

4.4.2 脚手架的搭建

搭建一个脚手架工程，我们需要开发一个 archetype，配置 maven-archetype-plugin 插件，通过脚本来生成脚手架。在开发一个 archetype 之前，我们必须了解 archetype 的结构：

- pom.xml（该 pom.xml 是 archetype 自身的 pom，非脚手架工程的 pom）。
- src/main/resources/archetype-resources/pom.xml（该 pom 是根据 archetype 生成的脚手架工程的 pom）。
- arc/main/resources/META-INF/maven/archetype-metadata.xml（这是 archetype 的描述符文件，用于描述整个 archetype 的元数据信息）。
- src/main/resources/archetype-resources（该目录下是描述整个脚手架工程的原始文件内容）。

创建好结构后，使用 Maven 命令将 archetype 打包成 jar，并通过 install 命令安装到本地仓库或通过 deploy 命令上传到远程 Maven 仓库中，然后通过用户自定义的 archetype-catalog.xml 中的坐标信息就可以使用该 archetype 来创建脚手架工程了。

创建一个 archetype，大体需要分为五个步骤：

（1）按照如上的 archetype 结构信息创建对应开发的目录。

（2）创建 archetype 的 pom 文件。

（3）将脚手架的 Maven 模块，内容模板放入 archetype-resources。

（4）创建 archetype-resources 下的 pom 文件。

（5）创建 archetype 的元数据文件：archetype-metadata.xml。

接下来，按照上面的步骤，使用 spring-cloud-scaffold 的基础框架集构建一个能够初步运行的 Web 脚手架工程 scaffold-demo。图 4-7 描述了整个过程（此图来源官网）。

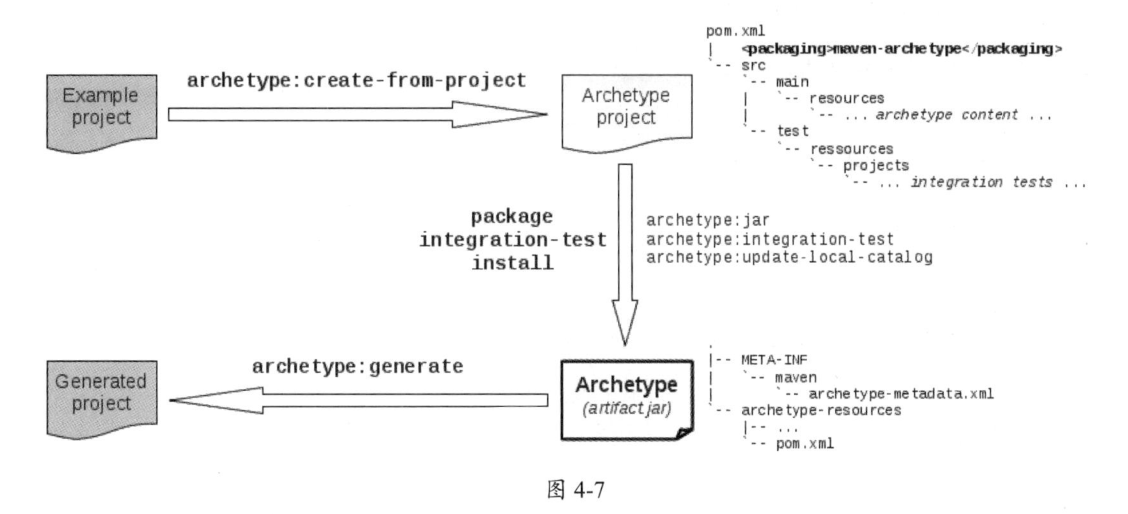

图 4-7

1. 创建 archetype 的骨架

首先创建 spring-cloud-scaffold-archetype 文件夹。

进入 spring-cloud-scaffold-archetype，创建 archetype 的 pom 文件

archetype 本质上也是一个 Maven 项目，pom 的结构跟普通的 Maven 工程是类似的。pom 中描述了 archetype 的坐标信息：

```
<?xml version="1.0"?>
<project
  xsi:schemaLocation="http://maven.apache.org/POM/4.0.0 http://maven.apache.org/
xsd/maven-4.0.0.xsd"
  xmlns="http://maven.apache.org/POM/4.0.0" xmlns:xsi="http://www.w3.org/2001/
XMLSchema-instance">
  <modelVersion>4.0.0</modelVersion>

  <groupId>com.spring4all</groupId>
  <artifactId>spring-cloud-scaffold-archetype</artifactId>
  <version>0.0.1-SNAPSHOT</version>
  <name>spring-cloud-scaffold-archetype</name>
  <description>Archetype For spring-cloud-scaffold</description>

  <properties>
```

```
    <project.build.sourceEncoding>UTF-8</project.build.sourceEncoding>
    <maven-archetype-plugin.version>2.2</maven-archetype-plugin.version>
  </properties>

  <build>
    <pluginManagement>
      <plugins>
        <plugin>
          <groupId>org.apache.maven.plugins</groupId>
          <artifactId>maven-archetype-plugin</artifactId>
          <version>${maven-archetype-plugin.version}</version>
        </plugin>
      </plugins>
    </pluginManagement>
  </build>
</project>
```

在 spring-cloud-scaffold-archetype 根目录下创建 src/main/resources/archetype-resources/pom.xml

在笔者所在的公司，一个组件的服务会划分为 5 个模块，分别承担不同的功能实现。模块包括 api 模块、core 模块、service 模块、view 模块、start 模块。archetype-resources 下的 pom 为这五个模块的顶层 pom 文件，具体的配置如下：

```
#省略部分头信息
  <parent>
    <groupId>com.spring4all</groupId>
    <artifactId>scaffold-dependencies</artifactId>
    <version>0.0.1-SNAPSHOT</version>
  </parent>

  <groupId>${groupId}</groupId>
  <artifactId>${rootArtifactId}</artifactId>
  <version>${version}</version>
  <packaging>pom</packaging>
  <name>${rootArtifactId}</name>
  <description>project ${rootArtifactId}</description>

  <modules>
```

```
    <module>${rootArtifactId}-api</module>
    <module>${rootArtifactId}-core</module>
    <module>${rootArtifactId}-service</module>
    <module>${rootArtifactId}-view</module>
    <module>${rootArtifactId}-start</module>
  </modules>
#省略部分依赖信息
```

其中 parent 配置了基础库的顶级 pom，用于版本的管理维护升级。而 rootArtifactId、group、version 等都是 Maven 的变量，在 Maven 生成脚手架时会进行变量替换，下面的实例中将大量出现这些包含在${}中的变量。

将脚手架的 Maven 模块、内容模板放到 archetype-resources 下

（1）api 模块。

api 模块为接口 API 层，采用标准的 RESTful 接口，并通过接口对外提供服务。在 pom 中配置了两个依赖项，一个是 jaxrs 的标准 API 包依赖，用于 RESTful 接口注解支持，一个是 Swagger 的注解依赖，用于提供接口功能描述的支持：

```
  <dependencies>
    <dependency>
        <groupId>org.jboss.spec.javax.ws.rs</groupId>
        <artifactId>jboss-jaxrs-api_2.0_spec</artifactId>
    </dependency>
    <dependency>
      <groupId>io.swagger</groupId>
      <artifactId>swagger-annotations</artifactId>
    </dependency>
  </dependencies>
```

（2）core 模块。

core 模块主要放置工具类、常量类、配置类等，为其他模块提供支撑。pom 比较简单，只依赖了 scaffold-common 依赖：

```
<dependency>
  <groupId>com.spring4all</groupId>
  <artifactId>scaffold-common</artifactId>
</dependency>
```

（3）service 模块。

service 模块为服务层，主要是业务逻辑实现。包括 API 接口的实现、远程调用实现及数据库操作实现等。pom 中除依赖 api、core 模块外，引入封装的 scaffold-resteasy 模块依赖就可以用于 RESTful 服务的发布，而引入封装的 scaffold-feign-jaxrs 模块依赖则可以用于 RESTful 服务的调用。

```
<!-- api module -->
<dependency>
   <groupId>${groupId}</groupId>
   <artifactId>${rootArtifactId}-api</artifactId>
</dependency>
<!-- core module -->
<dependency>
   <groupId>${groupId}</groupId>
   <artifactId>${rootArtifactId}-core</artifactId>
</dependency>
<dependency>
   <groupId>com.spring4all</groupId>
   <artifactId>scaffold-resteasy</artifactId>
</dependency>
<dependency>
   <groupId>com.spring4all</groupId>
   <artifactId>scaffold-feign-jaxrs</artifactId>
</dependency>
```

（4）view 模块。

view 模块为视图层，主要是为前端控制 Controller 的实现、前端代码实现，前端模板引擎采用 freemarker 实现。pom 中除了依赖 service 模块，还依赖了模板引擎 freemarker 及标准的 servlet API。

```
<!-- service module -->
<dependency>
  <groupId>${groupId}</groupId>
  <artifactId>${rootArtifactId}-service</artifactId>
</dependency>
<dependency>
```

```
    <groupId>org.springframework.boot</groupId>
    <artifactId>spring-boot-starter-freemarker</artifactId>
  </dependency>
  <dependency>
    <groupId>javax.servlet</groupId>
    <artifactId>javax.servlet-api</artifactId>
  </dependency>
```

（5）start 模块。

start 模块有服务启动类、服务启动外部化配置、国际化等功能实现。pom 中除了依赖 view 模块，还有基于 Consul 服务注册发现依赖、Servlet 容器 Undertow 依赖、Spring Boot 的 actuator 监控依赖，以及基于 Swagger 的前端控制依赖，并在 resources 下提供标准的 Spring Boot 的 application.properties 配置等。

```
  <dependency>
    <groupId>${groupId}</groupId>
    <artifactId>${rootArtifactId}-view</artifactId>
  </dependency>
  <dependency>
    <groupId>org.springframework.cloud</groupId>
    <artifactId>spring-cloud-starter-consul-discovery</artifactId>
  </dependency>
  <dependency>
    <groupId>org.springframework.boot</groupId>
    <artifactId>spring-boot-starter-undertow</artifactId>
  </dependency>
  <dependency>
    <groupId>org.springframework.boot</groupId>
    <artifactId>spring-boot-starter-actuator</artifactId>
  </dependency>
  <dependency>
    <groupId>com.spring4all</groupId>
    <artifactId>scaffold-swagger-ui</artifactId>
  </dependency>
```

而 Java 类选取 bootstrap 类作为展示：

```
package ${package};
```

```
import org.springframework.boot.SpringApplication;
import org.springframework.boot.autoconfigure.SpringBootApplication;

/**
 * Bootstrap
 */
@SpringBootApplication(scanBasePackages = {"com.spring4all.scaffold", "${package}"})
public class Bootstrap {

  public static void main(String[] args) {
    SpringApplication.run(Bootstrap.class, args);
  }

}
```

在 spring-cloud-scaffold-archetype 根目录下创建 src/main/resources/META-INF/maven/archetype-metadata.xml

脚手架模板最核心的内容是 archetype 的描述文件 archetype-metadata.xml，在描述 archetype 的元数据信息时，需要配置 archetype descriptor。archetype descriptor 包含两大类元素：requiredProperty 和 fileSet。metadata 配置文件中对应的内容都需要添加到相应的目录中，其中需要注意的是，fileSet 中的 filtered="true"表示变量值需要替换为命令行输入的值。这是因为包名及类中的包名不是固定的，是根据需要动态生成的。脚手架工程是分模块的，摘取其中一个模块来看看其相关的描述：

```
<module  id="${rootArtifactId}-service"  dir="__rootArtifactId__-service"  name=
"${rootArtifactId}-service">
    <fileSets>
   <fileSet filtered="true" encoding="UTF-8" packaged="true">
     <directory>src/main/java</directory>
     <includes>
    <include>**/*.java</include>
     </includes>
   </fileSet>

   <fileSet filtered="true" encoding="UTF-8" packaged="false">
     <directory></directory>
```

```
    <includes>
   <include>src/main/resources</include>
   <include>src/test</include>
    </includes>
  </fileSet>
   </fileSets>
 </module>
```

如果在项目配置过程中需要用到一些参数，则可以通过 requiredProperty 来指定参数变量。具体的 archetype descriptor 配置可以参考官方网站的说明：http://maven.apache.org/archetype/archetype-models/archetype-descriptor/archetype-descriptor.html。

经过上面的几个编写步骤，整体的 Maven 目录结构如图 4-8 所示，其中以下画线开头、下画线结尾的是占位符，让 Maven 能明白这是一个变量替换。

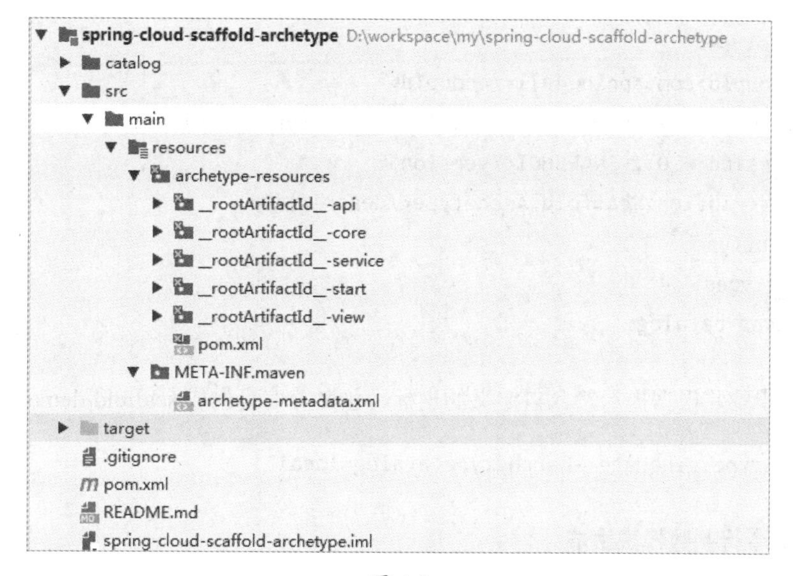

图 4-8

最后，切记需要使用 mvn clean install or deploy 将 archetype 打包安装到本地仓库或 Maven 远程仓库中。

4.4.3　生成脚手架

完成了 archetype 的骨架搭建，使用 Maven 命令生成脚手架工程。使用 archetype 生成脚手架工程有两种方式，一种是基于 archetype-catalog 的本地方式，另一种是基于命令参数坐标的方式。下面分别介绍这两种方式。

1. 使用 archetype-catalog 本地方式生成

首先自定义 archetype-catalog.xml，描述 archetype 的坐标信息，放在用户目录下的.m2 文件下。

```
<?xml version="1.0" encoding="UTF-8"?>
<archetype-catalog xsi:schemaLocation="http://maven.apache.org/plugins/maven-archetype-plugin/archetype-catalog/1.0.0
http://maven.apache.org/xsd/archetype-catalog-1.0.0.xsd"
    xmlns="http://maven.apache.org/plugins/maven-archetype-plugin/archetype-catalog/1.0.0"
    xmlns:xsi="http://www.w3.org/2001/XMLSchema-instance">
  <archetypes>
    <archetype>
      <groupId>com.spring4all</groupId>
      <artifactId>spring-cloud-scaffold-archetype</artifactId>
      <version>0.0.1-SNAPSHOT</version>
      <description>Scaffold Archetype</description>
    </archetype>
  </archetypes>
</archetype-catalog>
```

执行以下步骤并根据提示输入自定义的坐标、包名等信息生成 scaffold-demo 项目：

```
mvn archetype:generate -DarchetypeCatalog=local
```

2. 使用命令行参数模式生成

执行以下命令并根据提示输入自定义的坐标、包名等信息生成 scaffold-demo 项目：

```
mvn archetype:generate -DarchetypeGroupId=com.spring4all -DarchetypeArtifactId=
spring-cloud-scaffold-archetype -DarchetypeVersion=0.0.1-SNAPSHOT
```

至此，根据 archetype 脚手架工程来生成项目完成。最终生成的 scaffold-demo 的目录结构如图 4-9 所示。

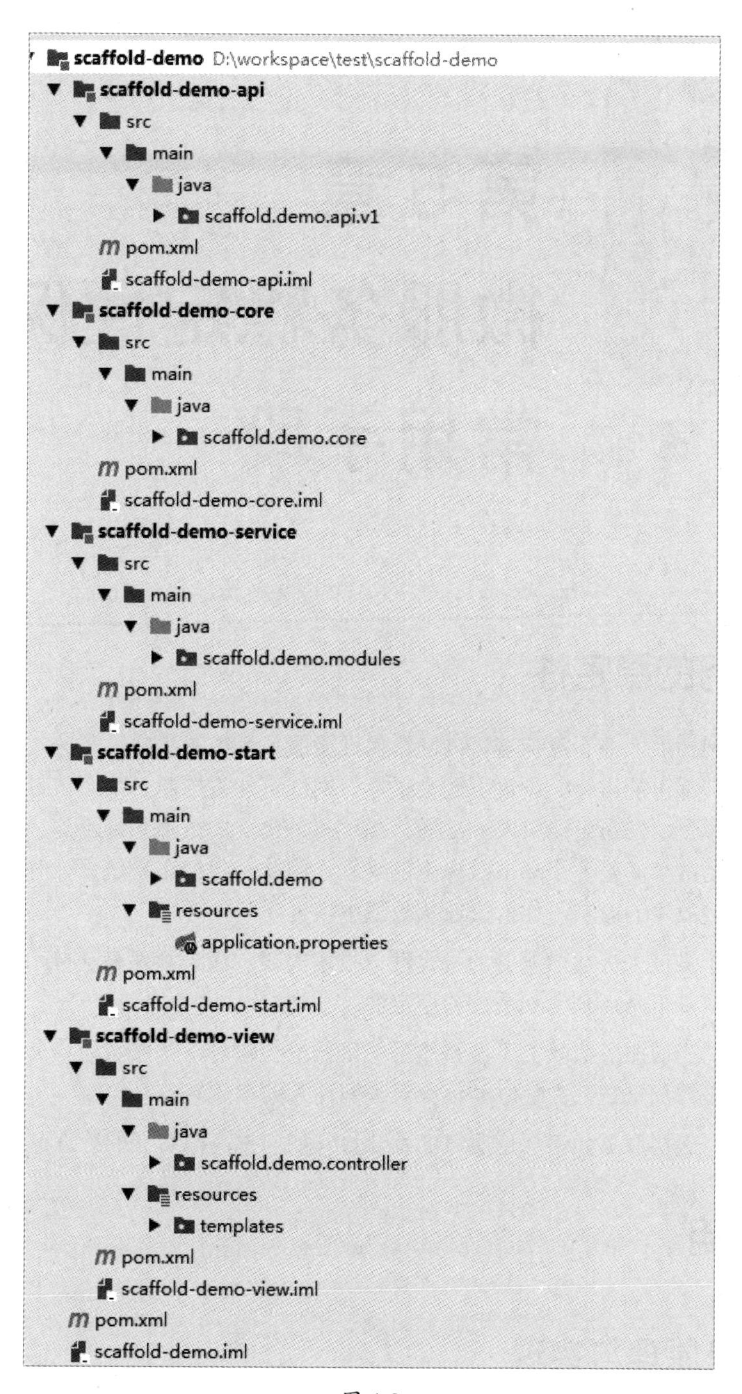
scaffold-demo D:\workspace\test\scaffold-demo
scaffold-demo-api
src
main
java
scaffold.demo.api.v1
pom.xml
scaffold-demo-api.iml
scaffold-demo-core
src
main
java
scaffold.demo.core
pom.xml
scaffold-demo-core.iml
scaffold-demo-service
src
main
java
scaffold.demo.modules
pom.xml
scaffold-demo-service.iml
scaffold-demo-start
src
main
java
scaffold.demo
resources
application.properties
pom.xml
scaffold-demo-start.iml
scaffold-demo-view
src
main
java
scaffold.demo.controller
resources
templates
pom.xml
scaffold-demo-view.iml
pom.xml
scaffold-demo.iml

图 4-9

第5章 微服务稳定性保证的常用手段

5.1 微服务的稳定性

采用微服务架构后，并不意味着可以轻松保证微服务系统的稳定。当分布式系统达到一定量级时，每个环节都可能出错：硬盘可能会损坏、网线可能被挖断、某个依赖三方服务的子系统可能突然“挂掉”、发布可能引入 bug 等，虽然每种情况的故障率都不高，但对于整个分布式系统来说，它的故障率是各个环节故障率的乘积。因此，我们在系统设计时应该拥抱故障，应该考虑如何减轻故障的影响，如何快速从故障中恢复。

一般会从两个维度来评估微服务的稳定性：技术实践、流程管理和支持，这里我们侧重于前者。我们一般从以下两点来考察系统的稳定性：

- **高可用**。当前服务依赖的下游系统性能降低或失败时，该服务应该怎么响应，是快速失败还是增加重试？大促时如何应对瞬间涌入的流量？
- **高并发**。底层服务如何保证服务的吞吐量？如何提高消费者的处理速度？

5.2 高可用

5.2.1 限流原理与实现

每个系统都有自己的最大服务能力，即在达到某个临界点之前，系统都可以正常提供服务。

为了保证系统在面临瞬间的流量时仍然可以对外提供服务，我们就需要使用限流技术。在笔者之前的工作中，遇到一些使用限流的场景：数据迁移和修复的工作。写入的目标是线上的数据库，为了确保数据迁移不影响线上业务，必须在迁移脚本中控制好新数据的写入速度。在开源软件中也有这种限流的设计，例如 Nginx 下用于限制瞬间并发连接数的 limit_conn 模块，限制每秒平均速度的 limit_req 模块。

限流算法

常见的限流算法有计数器算法、漏桶算法和令牌桶算法。

- 计数器法

  计数器算法“简单粗暴”。该算法会维护一个 counter，规定在单位时间内 counter 的大小不能超过最大值，每隔固定时间就将 counter 的值置零。如果这个 counter 大于设定的阈值了，那么系统就开始拒绝请求以保护系统的负载。

- 漏桶算法

  在漏桶算法中，我们会维护一个固定容量的桶，这个桶会按照指定的速度漏水。如果这个桶空了，那么就停止漏水；请求到达系统就类似于将水加入桶中，这个速度可以是匀速的也可以是瞬间的，如果这个桶满了，就会忽略后面来的请求，直到这个桶可以存放多余的水。漏桶算法的好处是可以将系统的处理能力维持在一个比较平稳的水平，缺点是在瞬间流量过来时，会拒绝后续的请求流量。一般来说，代码中会使用一个队列实现“漏斗”的效果，当请求过多时，队列中的请求就开始积压，当队列满了之后，系统就会开始拒绝请求。

  如图 5-1 所示，把请求比作水，水来了都先放进桶里，并以限定的速度出水，当水来得过猛而出水不够快时就导致水直接溢出，即拒绝服务。

图 5-1

- 令牌桶算法

  令牌桶算法和漏桶算法效果一样，但思路相反：随着时间的流逝，系统会按照指定速度往桶里添加 token，每来一个新请求，就从桶里拿走一个 token，如果没有 token 可拿就拒绝服务。这种算法的好处是便于控制系统的处理速度，甚至可以通过统计信息实时优化令牌桶的大小。图 5-2 清楚地说明了这个算法。

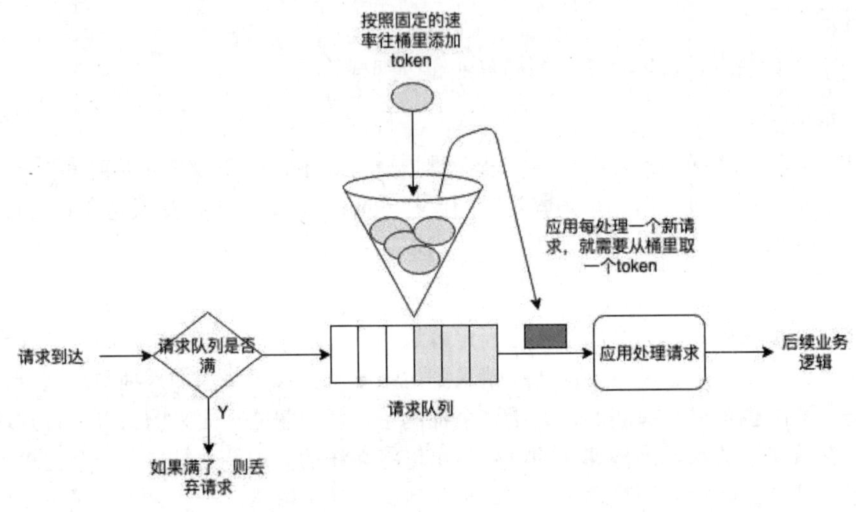

图 5-2

从理论上来说，令牌桶算法和漏桶算法的不同之处在于处理瞬间到达的大流量的不同：令牌桶算法由于在令牌桶里攒了很多令牌，因此在大流量到达的瞬间可以一次性将队列中所有的请求都处理完，然后按照恒定的速度处理请求；漏桶算法则一直有一个恒等的阈值，在大流量到达的时候，也会将多余的请求拒绝。在 Nginx 这种基本没什么业务逻辑的网关中，自身的处理不会是瓶颈，在这种场景下，就比较适合使用令牌桶算法了。

限流实践

RateLimiter 是 guava 中 concurrent 包下的一个限流工具类，使用了令牌桶算法，它支持两种令牌获取接口：获取不到一直阻塞；在指定时间内获取不到就阻塞，超过这个时间就返回获取失败。

（1）RateLimiter 的使用。

在下面的这个例子中，我们希望每秒最多 2000 次业务操作，因此先初始化令牌桶的大小为 2000，在执行业务操作之前，先调用 acquire()获取令牌，如果获取不到就阻塞。

```
//初始化令牌桶大小
private RateLimiter rateLimiter = RateLimiter.create(2000);
```

```
public void process() {
    //获取令牌，获取不到就阻塞
    rateLimiter.acquire();

    //执行业务操作，例如写数据库
    bizLogic();
}
```

如果请求可以丢弃，并且在某种程度上需要这种快速失败，那么就不能使用 acquire()方法，为了避免源源不断的请求将整体的系统资源耗尽，就需要使用 tryAcquire()方法。下面是针对 tryacquire()的示例，还可以使用带超时参数的 tryAcquire()方法，在指定时间内获取不到令牌再返回 false。

```
private RateLimiter rateLimiter = RateLimiter.create(2000);

if(limiter.tryAcquire()) {
    //未请求到 limiter 则立即返回 false
    doSomething();
} else {
    doSomethingElse();
}
```

（2）RateLimiter 的设计思路。

RateLimiter 的主要功能是通过限制请求流入的速度来提供稳定的服务速度。实现 QPS 速度最简单的方式就是记住上一次请求的最后授权时间，然后保证 1/QPS 秒内不允许请求进入。例如 QPS=5，如果我们保证最后一个被授权请求之后的 200ms 内没有请求被授权，那么就达到了预期的速度。如果一个请求现在过来但最后一个被授权请求是在 100ms 之前，那么我们就要求当前这个请求等待 100ms，按照这个思路请求 15 个新令牌（许可证）就需要 3 秒。这个设计思路的 RateLimiter 记忆非常浅，它的“脑容量”非常小，只记得上一次被授权的请求的时间。如果 RateLimiter 的一个被授权请求之前很长一段时间没有被使用会怎么样呢？这个 RateLimiter 会马上忘记过去这一段时间的利用不足，而只记得刚刚的请求。

过去一段时间的利用不足意味着有过剩的资源是可以利用的。在这种情况下，RateLimiter 应该“加把劲”（speed up for a while）将这些过剩的资源利用起来，例如实际到达的流量没有给系统带来足够的压力，那么这种情况就可以加快释放令牌的速度；另一方面，过去一段时间的利用不足可能意味着处理请求的服务器对即将到来的请求是准备不足的（less ready for future requests），比如因为很长一段时间没有请求，当前服务器的 cache 是陈旧的，进而导致即将到来的请求会触发一个“昂贵”的操作（比如重新刷新全量的缓存）。

为了处理这种情况，RateLimiter 中增加了一个维度的信息，就是过去一段时间的利用不足（past underutilization），代码中用 storedPermits 变量表示。当没有利用不足时这个变量为 0，最大能达到 maxStoredPermits（maxStoredPermits 表示完全没有利用），因此，请求的令牌可能来自两个地方：过去剩余的令牌（stored permits，可能没有）；现有的令牌（fresh permits，当前这段时间还没用完的令牌）。RateLimiter 不会记录最后一个请求的执行时间，而是记录下一个请求的期望执行时间。RateLimiter 基于这种机制实现获取令牌的超时机制（tryAcquire(timeout)）。

（3）RateLimiter 的关键源码。

RateLimiter 的类图设计如图 5-3 所示。

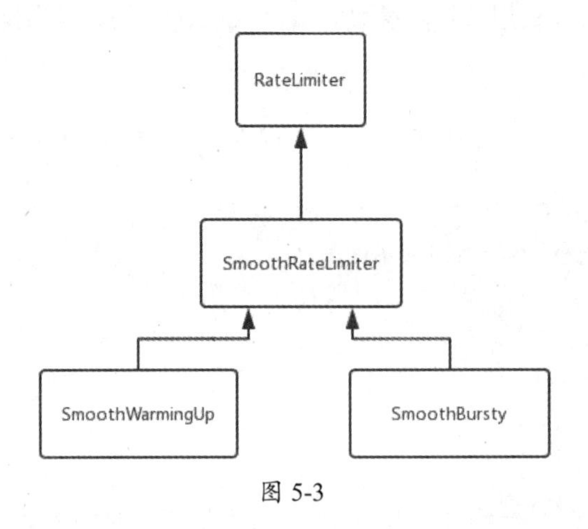

图 5-3

RateLimiter 中定义了两个 create 函数，用于构建不同形式的 RateLimiter：

```
//用于创建 SmoothBursty 类型的 RateLimiter
public static RateLimiter create(double permitsPerSecond)

//用于创建 SmoothWarmingUp 类型的 RateLimiter
public static RateLimiter create(double permitsPerSecond, long warmupPeriod,
TimeUnit unit)
```

通过分析 acquire()方法来了解 RateLimiter 的源码实现：计算出请求可能需要阻塞的时间，利用 StopWatch 实例阻塞请求，最后返回请求获取令牌等待的时间（单位是秒）。

```
public double acquire(int permits) {
        //计算请求可能需要阻塞的时间
        long microsToWait = reserve(permits);
```

```
        stopwatch.sleepMicrosUninterruptibly(microsToWait);
        //返回请求等待的时间（单位是秒）
        return 1.0 * microsToWait / SECONDS.toMicros(1L);
    }
```

顺着源码看下去，会看到 SmoothRateLimiter 中的 reserveEarliestAvailable 方法，对于 storedPermits 的使用，RateLimiter 存在两种策略，二者的区别主要体现在使用 storedPermits 时需要等待的时间，这个逻辑由 storedPermitsToWaitTime 函数实现，该函数在 SmoothBursty 和 SmoothWarmingUp 两个类中的实现是不同的。

```
    final long reserveEarliestAvailable(int requiredPermits, long nowMicros){
        resync(nowMicros);
        long returnValue = nextFreeTicketMicros;
        double storedPermitsToSpend = min(requiredPermits, this.storedPermits);
        double freshPermits = requiredPermits - storedPermitsToSpend;
        long waitMicros = storedPermitsToWaitTime(this.storedPermits, storedPermitsToSpend)
             + (long) (freshPermits * stableIntervalMicros);
          try {
            this.nextFreeTicketMicros = LongMath.checkedAdd(nextFreeTicketMicros,
waitMicros);
          } catch (ArithmeticException e) {
            this.nextFreeTicketMicros = Long.MAX_VALUE;
          }
          this.storedPermits -= storedPermitsToSpend;
          return returnValue;
      }
```

RateLimiter 的 API 的使用场景如表 5-1 所示。

表 5-1

API 名称	使 用 场 景
RateLimiter create(double permitsPerSecond)	创建一个稳定输出令牌的 RateLimiter，确保每秒钟不超过 permitsPerSecond 个请求。当系统收到的请求速度超过 permitsPerSecond 时，多余的请求会阻塞，而 ratelimiter 会每隔（1/permitsPerSecond）生成一个令牌
RateLimiter create(double permitsPerSecond, long warmupPeriod, TimeUnit unit);	创建一个稳定输出令牌的 RateLimiter，确保每秒钟不超过 permitsPerSecond 个请求。除此之外，还提供了一个预热期（warmup period），在预热期内，RateLimiter 会匀速提高释放令牌的速度，直到达到 permitsPerSecond。这种 Ratelimiter 适合那种无法立即达到最大访问能力的系统，如果长时间没有请求到达，则该 Ratelimiter 会逐渐达到冷却状态

续表

API 名称	使 用 场 景
double acquire();	获取一个令牌，如果获取不到就一直阻塞
double acquire(int permits);	获取 permits 个令牌，如果获取不到就一直阻塞
boolean tryAcquire();	尝试获取一个令牌，如果获取不到立即返回 false
boolean tryAcquire(int permits);	尝试获取 permits 个令牌，如果获取不到立即返回 false
boolean tryAcquire(long timeout, TimeUnit unit);	尝试获取一个令牌，如果在指定时间内获取不到就返回 false
boolean tryAcquire(int permits, long timeout, TimeUnit unit);	尝试获取 permits 个令牌，如果获取不到就返回 false

5.2.2 断路器原理与实现

断路器是借鉴了电路系统中的“保险丝”的原理实现的，当电路出现问题时（电压过高、短路），保险丝会自动跳闸，以保护电路系统中的电器。在复杂的分布式系统中，一个应用可能有上百个对其他系统的依赖，每个依赖都可能在某个时刻出现问题，如果当前应用没有妥善处理这种失败的请求，就有可能影响当前应用对其他依赖的请求，从而将当前应用整个“拖挂”，然后级联地影响依赖当前应用的服务，最终导致整个分布式系统不可用，这就是业界常说的“雪崩”；另外，我们一般都会在调用服务和依赖服务之间设置超时和重试机制，如果被依赖的服务已经“挂了”，那么上游的重试机制只会让情况变得更糟。

我们再从统计上看一个案例：假如一个应用依赖了 30 个外部服务，每个被依赖的服务可以保证 4 个 9 的稳定性，那么意味着当前服务保障 99.7%的稳定性，1000000 个请求就会有 3000 个错误。因此，我们需要从整体上管理分布式系统的稳定性。业界有很多中间件可以用来管理依赖的可靠性，例如 Netflix 出品的 Hystrix、阿里巴巴出品的 Sentinel。本节我们将分别介绍这两个中间件，并在最后给出对比。

1. Hystrix

随着 Spring Cloud 的流行，由 Neflix 开源的 Hytrix 已经成为分布式系统中降级熔断的默认选择。Hytrix 具备对延迟和故障的容错能力，可以在秒级进行故障降级和熔断，可以对请求自动批处理，以及提供了对应的配置和监控后台。Hystrix 通过控制分布式系统中各个服务之间的交互过程来提高分布式系统对错误和延迟的容忍度，让分布式系统更加可靠和稳定。

Hystrix 主要提供四个功能：断路器、隔离机制、请求聚合和请求缓存。

- 断路器（Circuit Breaker）用于提供熔断降级的功能，控制是否可以发起对依赖服务的请求，并收集当前服务对依赖服务的请求结果，然后做统计和计算。
- Hystrix 利用线程池或信号量机制提供依赖服务的隔离，每个依赖服务都使用独立的线程池，这样的好处是某一个依赖服务发生故障时，对当前服务的影响会限制在这个线程池内部，不会影响对其他依赖服务的请求，这样的代价是在当前服务中创建了很多线程，代价就是需要不小的线程上下文切换的开销，特别是对低延时的调用有比较大的影响。Hystrix 使用信号量机制去控制针对某个依赖服务的并发访问情况，这样的隔离非常轻量级，不需要显式创建线程池，但是信号量机制无法处理依赖服务的请求响应时间变长的情况。
- **请求聚合：** 使用 HystrixCollapser 将前端的多个请求聚合成一个请求发送到后端。
- **请求缓存：** HystrixCommand 和 HystrixObservableCommand 实现了对请求的缓存，假如在某个上下文中有多个同时到达的相同参数的查询，利用请求缓存功能，可以减少对后端系统的压力。

Hystrix 的工作流程可以参考图 5-4（高清大图的地址：https://raw.githubusercontent.com/wiki/Netflix/Hystrix/images/hystrix-command-flow-chart.png）。

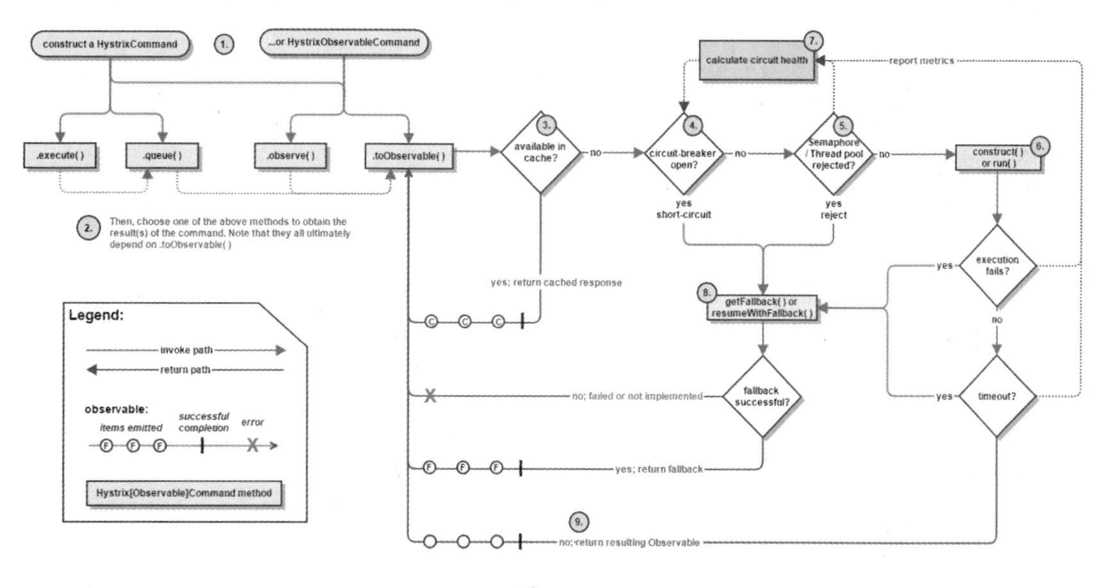

图 5-4

（1）构建 HystrixCommand 或 HystrixObservableCommand 对象，这两个对象用来表示对依赖服务的请求。如果只需要单个返回值，则构建 HystrixCommand 对象；如果需要多个返回值，则需要构建 HystrixObservableCommand 对象。

（2）有四个方法（execute、queue、observe、toObservable）可以用来执行命令，其中前两个方法只有 HystrixCommand 提供，HystrixObservableCommand 没有这两个方法。

（3）检查当前请求是否有缓存，如果有，则直接返回缓存的响应值，如果没有，则执行步骤 4。

（4）检查断路器状态，如果断路器打开，则尝试执行 fallback 逻辑，即步骤 8；如果断路器未打开，则执行步骤 5。

（5）检查线程池是否满，或者信号量是否用完，如果用完，则拒绝服务，尝试“fallback”逻辑，即步骤 8；如果线程池或信号量可用，则执行步骤 6。

（6）通过 construce()或 run()方法发起对依赖服务的调用。如果执行失败或这行超时，则执行步骤 8，如果没有失败，也没有超时，则可以在指定时间内返回结果。

（7）每次发起对依赖服务的调用，Hystrix 都会对执行结果进行收集和统计，用来改变断路器或线程池（信号量）的状态。

（8）fallback 逻辑是我们预先设置好的备用服务或默认值，如果 fallback 逻辑执行失败，则本次请求失败，否则成功返回结果。

2. Sentinel

Sentinel 是面向分布式服务架构的**轻量级**流量控制框架，主要以流量为切入点，从流量控制、熔断降级、系统负载保护等多个维度来保护服务的稳定性。

Sentinel 的主要概念如下。

- **资源：**它可以是 Java 应用程序中的任何内容，例如，由应用程序提供的服务，或者由应用程序调用的其他应用提供的服务，甚至可以是一段代码。只要通过 Sentinel API 定义的代码，就是资源，能够被 Sentinel 保护起来。在大部分情况下，可以使用方法签名、URL 甚至服务名称作为资源名来标示资源。
- **规则：**围绕资源的实时状态设定的规则，包括流量控制规则、熔断降级规则和系统保护规则。所有规则可以动态实时调整。

Sentinel 的主要功能包括流量控制、熔断降级、系统负载保护。

- **熔断降级：**Sentinel 的熔断降级功能和 Hystrix 要解决的问题及设计原则都是一致的，就是在分布式系统中某个依赖服务出现问题的时候，不要让问题蔓延到整个系统。但是 Sentinel 的设计思路与 Hystrix 不同，它采取了两种手段来实现这个目标——限制并发线程数；通过响应时间对资源访问进行降级。
- **流量控制：**流量控制在网络传输中是一个常用的概念，它用于调整网络包的发送数据。Sentinel 作为一个调配器，可以根据需要把随机的请求调整成合适的形状，如图 5-5 所示。

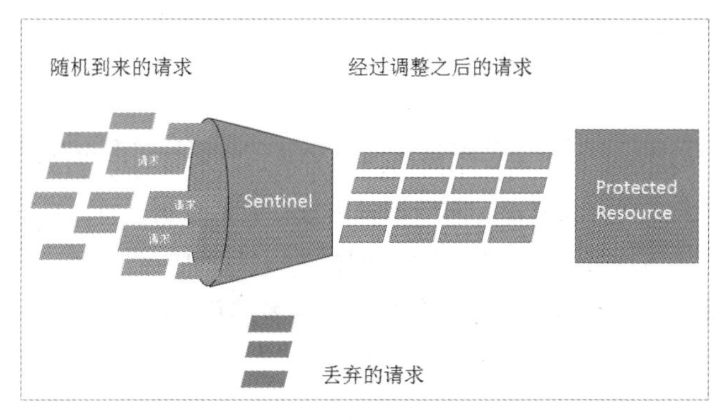

图 5-5

- **系统负载保护**：当系统负载较高的时候，如果还持续让请求进入，则可能导致系统崩溃、无法响应。Sentinel 提供了对应的保护机制，让系统的入口流量和系统的负载达到平衡，保证系统在能力范围之内处理最多的请求。

3. Hystrix 和 Sentinel 的对比

Hystrix 和 Sentinel 的设计目标、要解决的问题是一致的：按照系统性、工程化的思路来管理分布式系统的可靠性，通过管理分布式系统中服务之间的调用关系来提升分布式系统的可靠性。以下从几个主要功能来对比二者的异同点。

共同特性

- **隔离机制**：二者都提供了隔离机制，Hystrix 通过线程池或信号量来实现隔离机制，针对某个依赖服务的请求，全部会在一个线程池内部管理，信号量更轻量级一些；Sentinel 的隔离机制更轻量级，支持通过不同的运行指标进行限流，例如通过控制 OPS、系统负载、调用关系。
- **熔断降级**：Sentinel 与 Hystrix 都支持基于失败比率（异常比率）的熔断降级，在调用达到一定量级并且失败比率达到设定的阈值时自动进行熔断，此时所有对该资源的调用都会被阻塞，直到过了指定的时间窗口后才启发性地恢复。Sentinel 还支持基于平均响应时间的熔断降级，可以在服务响应时间持续飙高的时候自动熔断，拒绝更多的请求，直到一段时间后才恢复。Hystrix 除了会统计请求的失败比例，还会统计请求的超时次数，从这个角度看，Hystrix 也提供了基于响应时间的熔断机制。
- **实时指标**：Hystrix 的实时指标计算使用 RxJava 的事件响应机制来实现，Sentinel 的实时指标计算是通过 LeapArray 来实现的，不过，二者使用的算法都是滑动窗口算法。

Hystrix 的特性

- **请求聚合和缓存**：Hystrix 提供了请求聚合和请求缓存功能，从一定程度上实现了整形的功能。

Sentinel 的特性

- **流量控制**：Sentinel 可以针对不同的调用关系，以不同的运行指标（如 QPS、并发调用数、系统负载等）为基准，对资源调用进行流量控制，将随机的请求调整成合适的形状。从对流量控制的角度说，Sentinel 是优于 Hystrix 的。
- **系统负载保护**：Sentinel 还提供了集群维度的系统负载保护功能，在系统的入口处对流量进行管理，如果系统的服务能力降低，则相应地限制能够提供的服务，从而保护系统不被流量“打挂”。

总之，Hystrix 和 Sentinel 都是优秀的熔断降级中间件，Hystrix 目前已经处于维护期，更新不太频繁；Sentinel 可能由于刚刚开源，还处于比较活跃的时期，有很多新功能特性还在开发中，而且和很多阿里巴巴的中间件都有深度的结合，例如 Dubbo、RocketMQ 等，对于国内的开发者来说，使用起来应该会比较方便，而且 Snetinel 的控制面板和管理后台的支持比 Hystrix 要完善。笔者在之前的公司里引入 Hystrix 的时候，还是自己定制了控制面板，才可以满足日常的使用。

5.2.3 超时与重试

在微服务系统中，如果上游应用没有使用合理的设置超时和重试机制，则会造成请求响应变慢，慢请求会积压并耗尽系统资源，从而导致无法为新来的请求提供服务，导致系统崩溃。超时重试机制应该和限流、断路器配合使用，最终实现微服务系统的稳定性。本节我们首先了解 Dubbo、druid、hbase-client 等客户端的超时重试机制如何配置，然后看一下如何利用 Guava 和 Spring 中提供的超时重试组件实现业务上的重试逻辑。

中间件的超时机制

- 中间件的超时和重试设置

  一般 RPC 框架都提供了超时和重试机制，以 Dubbo 为例，我们在消费者中定义如下，如果单次请求超过 200ms 没返回就进行重试，最多重试 3 次，因此 A 调用 accountService 的最长时间是 800ms。

```
<dubbo:reference id="accountService" interface="com.xxx.test.service.AccountService"
check="false" protocol="dubbo" registry="haunt" timeout="200" retries="3"/>
```

- 在使用 MySQL 数据库时，我们会使用 druid 数据库连接池，在数据库连接池中有关超时的配置如下：

```
 <bean  id="testDataSource"  class="com.alibaba.druid.pool.DruidDataSource"
init-method="init" destroy-method="close">

        <property name="url" value="${test.jdbc.url}"/>
        <property name="username" value="${test.jdbc.username}"/>
        <property name="password" value="${test.jdbc.password}"/>


        <!--- 省略其他属性 --->

        <!-- 网络读取超时，socketTimeout；网络连接超时，connectTimeout-->
        <property name="connectionProperties" value="connectTimeout=1000;
socketTimeout=3000"/>

        <!-- 设置 druid 的连接为 utf8mb4 -->
        <property name="connectionInitSqls" value="set names utf8mb4"/>
    </bean>
```

- **HBase 客户端的超时由两个属性决定：**hbase.rpc.timeout 和 hbase.client.operation.timeout，rpc 时间指的是 RPC 网络调用的时间，operation 时间指的是完成一次完整的 HBase 操作需要的时间，一般可以设置为相同的值。在笔者之前维护的一个应用中，对读操作和写操作的 RT 要求不同：读服务位于业务核心链路上，需要保证低 RT、高吞吐和稳定性，写服务位于异步链路上，对 RT 的要求没有读服务那么严格，基于这个背景我们将 HBase 客户端从代码上分为了读组件和写组件，并设置了不同的超时时间。

重试组件实践

在使用 httpclient 时需要设置合理的超时时间，如何实现重试机制呢？笔者在开发过程中曾用过两种实现策略：通过循环和异常控制重试；通过重试组件实现重试。前者属于比较“朴实”的实现，思路比较简单，但是将重试逻辑和业务逻辑耦合在了一起，而且只能通过超时异常来触发超时，无法自定义超时时间；通过 guava-retrying 或 spring-retry 这种重试组件实现重试。

guava-retrying 可以自定义重试，也可以监控每次执行的结果，在下面的代码中，如果返回值返回 null、返回 2 或抛出异常则会重试，固定等待时间为 300ms，最过重试 3 次。

```
Callable<Integer> task = new Callable<Integer>() {

    @Override
```

```
    public Integer call() throws Exception {
        return 2;
    }
};

Retryer<Integer> retryer = RetryerBuilder.<Integer>newBuilder()
        .retryIfResult(Predicates.<Integer>isNull())
        .retryIfResult(Predicates.equalTo(2))
        .retryIfExceptionOfType(IOException.class)
        .withStopStrategy(StopStrategies.stopAfterAttempt(3))
        .withWaitStrategy(WaitStrategies.fixedWait(300, TimeUnit.MILLISECONDS))
        .build();
try {
    retryer.call(task);
} catch (ExecutionException e) {
    e.printStackTrace();
} catch (RetryException e) {
    e.printStackTrace();
}
```

guava-retrying 中的核心概念如下。

（1）Attempt：业务逻辑，一次需要执行的任务。

（2）AttemptTimeLimiter：单次任务的执行时间限制，如果超时则终止当前任务。

（3）BlockStrategies：任务阻塞策略。

（4）RetryException：重试异常。

（5）RetryListener：自定义重试监听器，可以用于异步记录错误日志。

（6）StopStrategy：停止重试的策略。guava-retrying 提供了三种策略：设置一个最长的执行时间，超过这个时间后就不再重试；一直重试；设置一个最大的重试次数。

（7）WaitStrategy：等待时长策略，指的是两次重试之间的等待时间。

5.3 高并发

在维护大规模基础服务的时候，需要在保证稳定性的前提下尽量提高系统的服务能力。在“双 11”或大促活动时，会有大量流量引入系统，底层服务的流量可能是入口流量的几倍。在这种情况下，就考验我们的系统是否能稳定地支撑业务流程，核心接口的 RT 会不会随着 QPS 的增高而增高，导致上游业务卡死？我们常常使用消息队列来削峰填谷，那么这里也是风险点：

消息队列的消费者会不会阻塞，阻塞后会不会导致业务消息延后？

有两个理论可以指导我们处理这些问题：阿姆达尔定律和局部性原理。

- **阿姆达尔定律：**一个计算机科学界的经验法则，因吉恩·阿姆达尔（Gene Amdahl）而得名，它代表了处理器平行运算之后效率提升的能力。1967 年计算机体系结构专家吉恩·阿姆达尔提出过一个定律——阿姆达尔定律：在并行计算中用多处理器的应用加速受限于程序所需的串行时间百分比。比如，程序 50%是串行的，其他一半可以并行，那么最大的加速比就是 2。不管多少处理器并行，这个加速比不可能提高。在这种情况下，改进串行算法可能比多核处理器并行更有效。
- **局部性原理：**局部性分为时间局部性和空间局部性，所谓时间局部性指的是如果一个信息正在被访问，那么在短期内它有可能会被再次访问；所谓空间局部性指的是如果一个信息正在被访问，那么与它存储位置相近的信息也可能马上会被访问。

在上述两个理论的指导下，有几种常见的高并发策略：异步——提高业务过程中可异步部分的占比，提高异步部分的执行效率；缓存——将频繁访问的数据存储在离业务处理逻辑更近的地方；池化——对于创建起来比较消耗资源的对象进行缓存。

5.3.1 异步

按照异步操作出现的位置，可以分为两类：在 JVM 内部，使用异步线程池或异步回调机制；在 JVM 外部，可以使用消息队列、Redis 队列等中间件。

线程池的使用和监控

Java 中可以通过 Executors 和 ThreadPoolExecutor 的方式创建线程池，通过 Executors 可以快速创建四种常见的线程池，但这种方式在实际使用中并不推荐，因为这种方式创建出来的线程池的可控性较差，更推荐的方式是使用 ThreadPoolExecutor 提供的方法。参考阿里巴巴 Java 开发规范：

> 线程池不允许使用 Executors 去创建，而是通过 ThreadPoolExecutor 的方式去创建，这样的处理方式让写的人员更明确线程池的运行规则，规避资源耗尽的风险。Executors 返回的线程池对象弊端如下。
>
> - FixedThreadPool 和 SingleThreadPool：允许的请求队列长度为 Integer.MAX_VALUE，可能会堆积大量的请求，从而导致 OOM。
> - CacheThreadPool 和 ScheduledThreadPool：允许创建线程数量为 Integer.MAX_VALUE，可能创建大量线程，从而导致 OOM。

线程池的 corePoolSize 是整个线程池中最关键的参数，设置得太小会导致线程池的吞吐量不足，因为新提交的任务需要排队或被 handler 处理（取决于拒绝策略）；设置得太大可能会耗尽计算机的 CPU 和内存资源。线程池满了之后，再有新的线程提交，就会执行设定的拒绝策略，我们可以实现自定义的拒绝策略，从而可以打印告警日志。最后，线上应用在运行过程中，我们希望能够通过日志监控异步线程池的运行状况，在发生异常的时候及时处理。

下面这个代码片段是笔者在之前的工作中使用的自定义线程池组件，这里的主要思路是：

（1）使用有界队列的固定数量线程池。

（2）拒绝策略是将任务丢弃，但需要记录错误日志。

（3）使用一个调度线程池对业务线程池进行监控。

```
public class AsyncThreadExecutor implements AutoCloseable {
    private static final int DEFAULT_QUEUE_SIZE = 1000;
    private static final int DEFAULT_POOL_SIZE = 10;
    @Setter

    private int queueSize = DEFAULT_QUEUE_SIZE;
    @Setter

    private int poolSize = DEFAULT_POOL_SIZE;
    /**
     * 用于周期性监控线程池的运行状态
     */

    private final ScheduledExecutorService scheduledExecutorService =
        Executors.newSingleThreadScheduledExecutor(new BasicThreadFactory.
Builder().namingPattern("async thread executor monitor").build());
    /**
     * 自定义异步线程池
     * （1）任务队列使用有界队列
     * （2）自定义拒绝策略
     */

    private final ThreadPoolExecutor threadPoolExecutor =
        new ThreadPoolExecutor(poolSize, poolSize, 0, TimeUnit.MILLISECONDS,
new ArrayBlockingQueue(queueSize),
                                          new BasicThreadFactory.Builder().namingPattern
("async-thread-%d").build(),
```

```
                        (r, executor) -> log.error("the async executor pool
is full!!"));
        private final ExecutorService executorService = threadPoolExecutor;

        @PostConstruct
        public void init() {
            scheduledExecutorService.scheduleAtFixedRate(() -> {
                /**
                 * 线程池需要执行的任务数
                 */
                long taskCount = threadPoolExecutor.getTaskCount();
                /**
                 * 线程池在运行过程中已完成的任务数
                 */
                long completedTaskCount = threadPoolExecutor.getCompletedTaskCount();
                /**
                 * 曾经创建过的最大线程数
                 */
                long largestPoolSize = threadPoolExecutor.getLargestPoolSize();
                /**
                 * 线程池里的线程数量
                 */
                long poolSize = threadPoolExecutor.getPoolSize();
                /**
                 * 线程池里活跃的线程数量
                 */
                long activeCount = threadPoolExecutor.getActiveCount();

                log.info("async-executor monitor. taskCount:{}, completedTaskCount:{},
largestPoolSize:{}, poolSize:{}, activeCount:{}",
                        taskCount, completedTaskCount, largestPoolSize, poolSize,
activeCount);
            }, 0, 10, TimeUnit.MINUTES);
        }

        public void execute(Runnable task) {
            executorService.execute(task);
        }
```

```
    @Override
    public void close() throws Exception {
        executorService.shutdown();
    }
}
```

异步回调机制

现在业界流行的响应式编程就是异步回调模式，在 Node.js 中很早就有体现，Java 后端也有很多流行的框架出现，例如 Vert.x、RxJava，以及即将开源的 Dubbo 3.0。异步回调跟同步调用的不同在于，请求发起方不需要等待服务方的响应返回，可以先去做别的业务，接口请求返回后，会自动调用预先埋设的回调函数，进行后续的业务处理。可以看出，异步回调模式改变了我们写代码的思考模型。笔者在之前的工作中曾将调用微信接口的后台服务从同步 HTTP 调用改造为异步回调模式。改造后的调用模式如下面代码所示。在实际应用中，需要注意异步化部分的代码可能发生异常，这些异常需要通过 Exception 全部捕获并自行处理，否则回调回来的时候会出现 A 线程的异常由 B 线程捕获的情况。

```
/**
* 异步回调使用模式
**/
private static final Semaphore concurrency = new Semaphore(1024);
    @Test
    public void asyncClientTest() throws Exception {
        Assert.assertNotNull(asyncClient);

        //step1：获取信号量控制并发数（防止内存溢出）
        concurrency.acquireUninterruptibly();

        try {
            //step2：设置 HttpUrlRequest
            final HttpUriRequest httpUriRequest = RequestBuilder.get()
                .setUri("http://www.baidu.com")
                .build();

            //step3：执行异步调用
            asyncClient.execute(httpUriRequest, new FutureCallback<HttpResponse>() {
                @Override
```

```
                public void completed(HttpResponse httpResponse) {
                    //处理 HTTP 响应
                }

                @Override
                public void failed(Exception e) {
                    //根据情况进行重试
                }

                @Override
                public void cancelled() {
                    //记录失败日志
                }
            });
        } finally {
            //step4：释放信号量
            concurrency.release();
        }
    }
```

在上面的代码片段中，我们使用了 async-http client 组件，跟之前的自定义线程池一样，也自定义了一套 async-httpclient 的构建工厂，代码如下所示。

```
    public class AsyncHttpClientFactoryBean implements FactoryBean<CloseableHttp-
AsyncClient> {
        //知识点 1：路由（MAX_PER_ROUTE）是对最大连接数（MAX_TOTAL）的细分，整个连接池
        //的限制数量实际使用 DefaultMaxPerRoute 并非 MaxTotal
        //设置过小无法支持大并发（ConnectionPoolTimeoutException: Timeout waiting
        //for connection from pool）

        private static final int DEFAULT_MAX_TOTAL = 512; //最大支持的连接数

        private static final int DEFAULT_MAX_PER_ROUTE = 64;
                                                        //针对某个域名的最大连接数

        private static final int DEFAULT_CONNECTION_TIMEOUT = 5000;
                                    //知识点 2：跟目标服务建立连接超时时间，根据自己的业务调整
```

```
        private static final int DEFAULT_SOCKET_TIMEOUT = 3000;
                    //知识点 3：请求的超时时间（建联后，获取 response 的返回等待时间）

        private static final int DEFAULT_TIMEOUT = 1000;
                                        //知识点 4：从连接池中获取连接的超时时间


        @Override

        public CloseableHttpAsyncClient getObject() throws Exception {

            DefaultConnectingIOReactor ioReactor = new DefaultConnectingIOReactor
(IOReactorConfig.custom()

                    .setSoKeepAlive(true).build());

            PoolingNHttpClientConnectionManager pcm = new PoolingNHttpClient-
ConnectionManager(ioReactor);

            pcm.setMaxTotal(DEFAULT_MAX_TOTAL);

            pcm.setDefaultMaxPerRoute(DEFAULT_MAX_PER_ROUTE);

            RequestConfig defaultRequestConfig = RequestConfig.custom()

                .setConnectTimeout(DEFAULT_CONNECTION_TIMEOUT)

                .setSocketTimeout(DEFAULT_SOCKET_TIMEOUT)

                .setConnectionRequestTimeout(DEFAULT_TIMEOUT)

                .build();

            return HttpAsyncClients.custom()

                .setThreadFactory(new BasicThreadFactory.Builder().namingPattern
("AysncHttpThread-%d").build())
```

```
                .setConnectionManager(pcm)
                .setDefaultRequestConfig(defaultRequestConfig)
                .build();
        }
        @Override
        public Class<?> getObjectType() {
            return CloseableHttpAsyncClient.class;
        }
        @Override
        public boolean isSingleton() {
            return true;
        }
    }
```

消息队列

线程池和异步回调是代码级别的异步策略，消息队列则是系统架构层面的异步策略。消息队列的应用场景很广泛，例如削峰填谷，“抗住”流量洪峰，然后将耗时的业务逻辑按照自己的速度处理，可以保护下游业务系统的稳定性。

典型的应用是优惠券发放和电商秒杀系统，图 5-6 是一个秒杀系统，重点关注消息队列的位置，只要消息队列抗住了压力，那么后面的订单系统、物流系统、库存系统就可以保持可用。用户中心、营销中心和风控系统的可用性如何保护呢？这里还涉及秒杀系统的其他设计点，在此不做赘述。

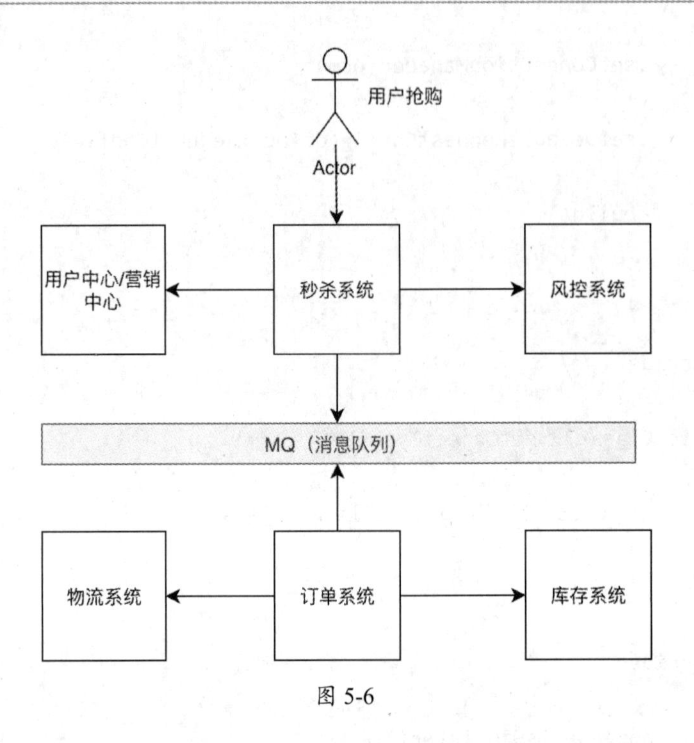

图 5-6

5.3.2 缓存

目前计算机系统均采用层次结构的存储体系，以便在容量、访问速度、价格等因素之间达成比较好的平衡。如图 5-7 所示，存储介质从上到下存储容量越来越大，从下到上访问速度越来越快，价格越来越高。众所周知，CPU 的发展速度远远快于内存的发展速度，为了平衡这种差距，计算机系统引入了缓存的概念：高速缓存中的数据是内存数据在 CPU 中的缓存，内存数据是硬盘数据的缓存。

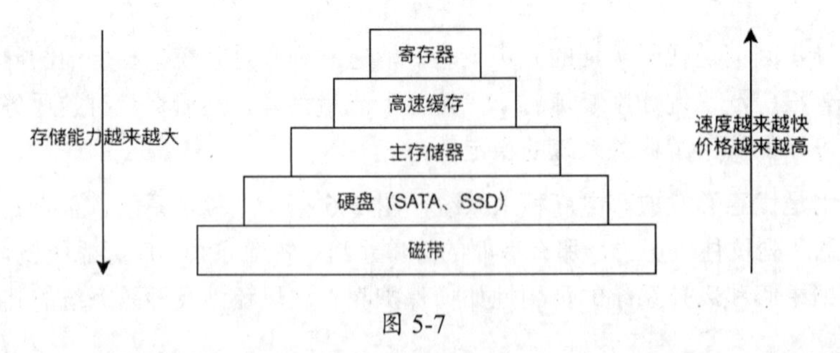

图 5-7

在分布式系统中，缓存无处不在，从缓存静态资源的 CDN，到缓存 HTTP 请求的 Nginx 缓存，从浏览器或 App 客户端的缓存，到服务端到数据存储的缓存，不一而足。本节中，我们会将目光聚焦于微服务架构中的服务端缓存。常见的分布式缓存中间件有 Redis、Tair、Memcache 等。我们一般采用 CacheAcide 模式来使用缓存，主要操作描述如下。

- **读数据**：先尝试从缓存中读取数据，如果读到则直接返回；如果没有读到，则从 DB 中读取数据，并存入缓存，并将该数据返回给客户端，如图 5-8 所示。

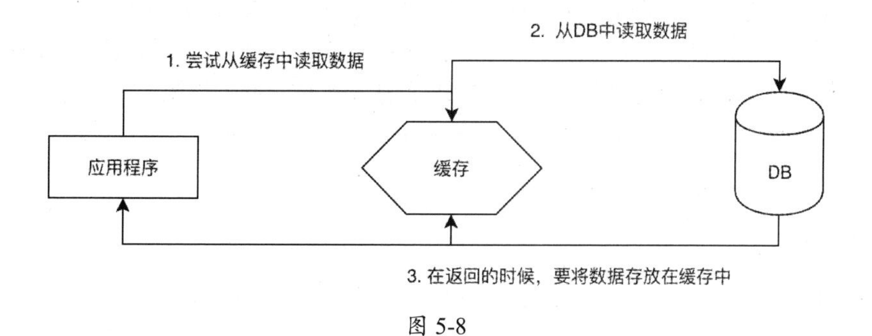

图 5-8

- **写数据**：在 DB 中的数据发生变更（更新或删除）时，需要先操作 DB，再将缓存中的数据失效，如图 5-9 所示。注意，这里不是更新缓存中的数据，而是直接失效，由下一次读取该数据的进程重新写入缓存。这么设计的原因是：如果有 A 和 B 两个进程在并发更新同一条数据，则可能的执行顺序为 A 更新 DB、B 更新 DB、B 更新缓存、A 更新缓存，可以看到 B 的更新结果被 A 覆盖了。

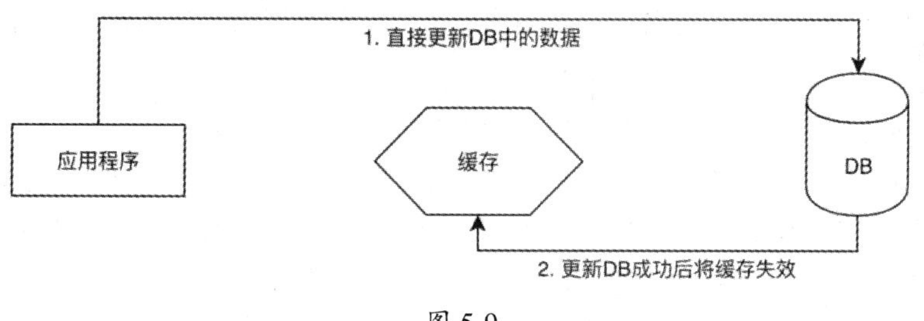

图 5-9

在分布式系统中使用缓存时，还需要处理好缓存穿透、缓存雪崩、大 value 缓存监测、热点缓存等问题。

- **缓存穿透**：一般的缓存系统都是按照 key 去缓存查询的，如果不存在对应的 value，则应该去后端系统查找（比如 DB）。如果 key 对应的 value 一定不存在，并且对该 key 并发请求量很大，就会对后端系统造成很大的压力。这就叫缓存穿透。
- **缓存雪崩**：当缓存服务器重启或大量缓存集中在某一个时间段失效，在失效的时候，也会给后端系统（比如 DB）带来很大压力。
- Redis 能够存放的最大 value 值是有限的，笔者曾经经历过的故障中，遇到过 key 对应的 value 值有 700 多 MB，由于业务上对这个大 value 的读取操作影响了 Redis 集群的稳定性，从而影响了其他依赖同一缓存集群的业务方。

- **热点缓存**：缓存中的某些 key（可能对应某个促销商品）对应的 value 存储在集群的一台机器中，使得所有流量涌向同一机器，成为系统的瓶颈。该问题的挑战在于它无法通过增加机器容量来解决。针对热点缓存，可以考虑加入本地缓存来缓解这种问题，不过本地缓存的大小一般都不大，因此需要严格控制热点 key 的数量，我们可以通过一个 RateLimiter 来统计过去一段时间内某个 key 被访问的次数，如果在 1 分钟之内被访问的次数超过了给定的阈值，就将该 key 设置为热点 key。

5.4 总结

本章从高可用和高并发两个方面论述了保障微服务系统稳定性的常见方案。

要保障高可用，首先要做到微服务中不能存在单点，需要服务冗余，这个可以通过自动化运维、服务发现、负载均衡等技术来实现，本章并没有重点论述。在一个微服务系统中，某个节点出现问题是一种高概率的事件，我们的系统应该面向失败设计，因此我们论述了隔离、降级、熔断的技术，并以业界的 Hystrix 和 Sentinel 为例做了案例分析。现代微服务系统的复杂性增高是为了应对业务的增长和灵活变化，但随之会带来另外的风险，在遇到瞬间流量的时候，有些服务节点可能会“抗不住”压力导致服务质量降低，这时就有可能导致故障传递，也就是常说的雪崩效应。为了处理这种情况，我们介绍了限流和重试两类技术，并给出了一定的实践总结。

要实现高并发，一般有两个思路：异步和缓存。异步的策略可以按照如下方法来实施：梳理业务逻辑，将可以异步的流程都“异步”，可以保护下游的系统不受大流量的冲击。在操作系统中，我们学习了存储的多级存储结构，解决了 CPU 和内存速度不匹配的问题。同样在微服务系统中，不同的存储系统的访问速度也不相同，为了屏蔽这种差距，就需要使用缓存将常用的数据尽量前置，同样可以保护后端的系统。

第 6 章 微服务下如何保证事务的一致性

6.1 从本地事务到分布式事务的演变

什么是事务？回答这个问题之前，我们先来看一个经典的场景：用支付宝等交易平台的转账。假设小明需要用支付宝给小红转账 10 万元，此时，小明的账号会少 10 万元，而小红账号会多 10 万元。如果在转账过程中系统崩溃了，小明的账号少 100000 元，而小红的账号金额不变，就会出大问题，因此这个时候我们就需要使用事务了，参见图 6-1。

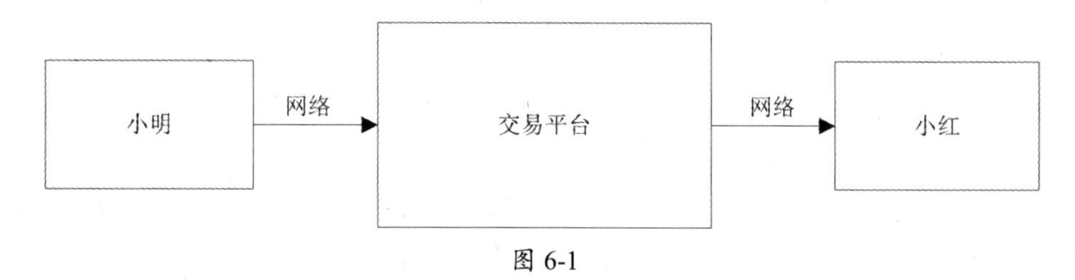

图 6-1

这里体现了事务一个很重要的特性：原子性。事实上，事务有四个基本特性：原子性、一致性、隔离性和持久性。其中，原子性指事务内的操作要么全部成功，要么全部失败，不会在中间的某个环节结束。一致性指数据库在一个事务执行之前和执行之后，都必须处于一致性状态。如果事务执行失败，那么需要自动回滚到原始状态。换句话说，事务一旦提交，其他事务查看到的结果一致，事务一旦回滚，其他事务也只能看到回滚前的状态。隔离性指在并发环境中，不同的事务同时修改相同的数据时，一个未完成事务不会影响另外一个未完成事务。持久性指事务一旦提交，其修改的数据将永久保存到数据库中，改变是永久性的。

本地事务通过 ACID 保证数据的强一致性。ACID 是 Atomic（原子性）、Consistency（一致性）、Isolation（隔离性）和 Durability（持久性）的缩写。在实际开发过程中，我们或多或少都使用了本地事务。例如，MySQL 事务处理使用 begin 开始事务、rollback 回滚事务、commit 确认事务。事务提交后，通过 redo log 记录变更，通过 undo log 在失败时进行回滚，保证事务的原子性。使用 Java 语言的开发者大多都接触过 Spring。Spring 使用@Transactional 注解就可以实现事务功能。事实上，Spring 封装了这些细节，在生成相关的 Bean 的时候，在需要注入相关的带有@Transactional 注解的 Bean 时候用代理去注入，在代理中开启提交/回滚事务。

随着业务的高速发展，面对海量数据，例如上千万甚至上亿条数据，查询一次所花费的时间会变长，甚至会造成数据库的单点压力。因此，我们就要考虑分库与分表方案了。分库与分表的目的在于，减小数据库的单库单表负担，提高查询性能，缩短查询时间。我们先来看一下单库拆分的场景。事实上，分表策略可以归纳为垂直拆分和水平拆分。垂直拆分是把表的字段进行拆分，即一张字段比较多的表拆分为多张表，这样使得行数据变小。一方面可以减少客户端程序和数据库之间的网络传输的字节数，因为生产环境共享同一个网络带宽，随着并发查询的增多，有可能造成带宽瓶颈从而造成阻塞。另一方面，一个数据块能存放更多的数据，在查询时就会减少 I/O 次数。水平拆分是把表的行进行拆分。因为表的行数超过几百万行时，就会变慢，这时可以把一张表的数据拆成多张表来存放。水平拆分有许多策略，例如取模分表、时间维度分表等。这种场景下，虽然我们根据特定规则分表了，仍然可以使用本地事务。但是，库内分表仅解决了单表数据过大的问题，并没有把单表的数据分散到不同的物理机上，因此并不能减轻 MySQL 服务器的压力，仍然存在同一个物理机上的资源竞争和瓶颈，包括 CPU、内存、磁盘 I/O、网络带宽等。对于分库拆分的场景，它把一张表的数据划分到不同的数据库中，多个数据库的表结构一样。此时，如果我们根据一定规则将需要使用事务的数据路由到相同的库中，则可以通过本地事务保证其强一致性。但是，对于按照业务和功能划分的垂直拆分，它将把业务数据分别放到不同的数据库中。拆分后的系统就会遇到数据的一致性问题，因为我们需要通过事务保证数据分散在不同的数据库中，而每个数据库只能保证自己的数据可以满足 ACID 保证强一致性，但是在分布式系统中，它们可能部署在不同的服务器上，只能通过网络进行通信，因此无法准确地知道其他数据库中的事务执行情况，如图 6-2 所示。

此外，不仅在跨库调用时存在着本地事务无法解决的问题，随着微服务的落地过程中，每个服务都有自己的数据库，并且数据库是相互独立且透明的。如果服务 A 需要获取服务 B 的数据，就存在跨服务调用，如果遇到服务宕机，或者网络连接异常、同步调用超时等场景也会导致数据的不一致，这也是一种分布式场景下需要考虑的数据一致性问题，如图 6-3 所示。

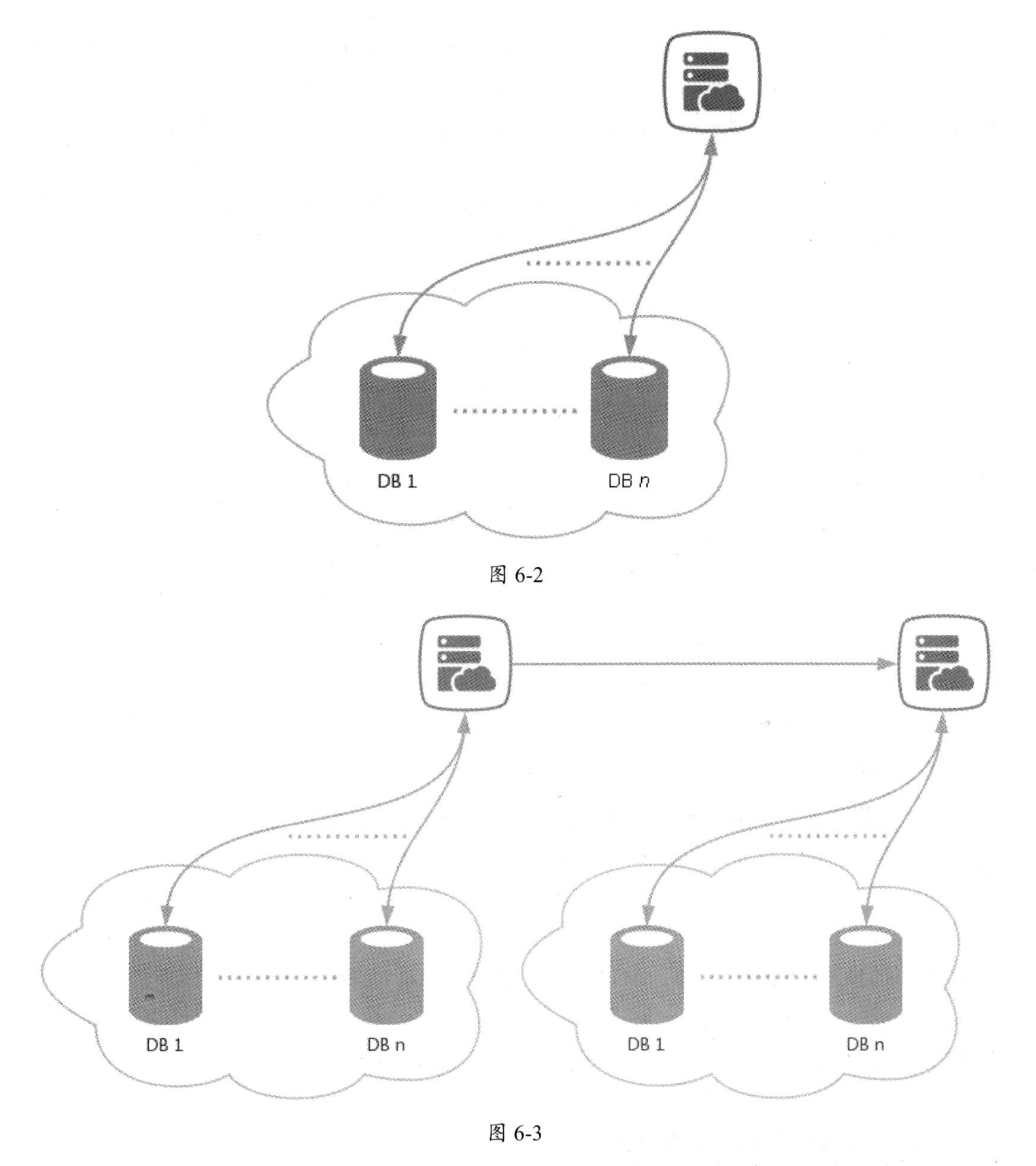

图 6-2

图 6-3

总结一下，业务量级扩大之后的分库，以及微服务落地之后的业务服务化，都会产生分布式数据不一致的问题。既然本地事务无法满足需求，因此分布式事务就要登上舞台。什么是分布式事务？我们可以简单地理解，它就是为了保证不同数据库的数据一致性的事务解决方案。这里，我们有必要先来了解下 CAP 原则和 BASE 理论。CAP 原则是 Consistency（一致性）、Availability（可用性）和 Partition-tolerance（分区容错性）的缩写，它是分布式系统中的平衡理论。在分布式系统中，一致性要求所有节点每次读操作都能保证获取最新数据；可用性要求无论任何故障产生后都能保证服务仍然可用；分区容错性要求被分区的节点可以正常对外提供服务。事实上，任何系统只可同时满足其中两个，无法三者兼顾，如图 6-4 所示。对于分布式系统而言，分区容错性是一个最基本的要求。那么，如果选择了一致性和分区容错性，放弃可用性，那么网络问题会导致系统不可用。如果选择可用性和分区容错性，放弃一致性，不同的节点之间的数据不能及时同步数据而导致数据的不一致。

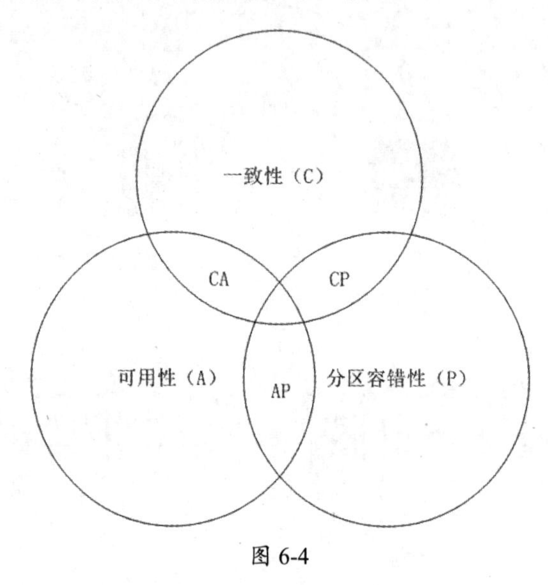

图 6-4

此时，BASE 理论针对一致性和可用性提出了一个方案，BASE 是 Basically Available（基本可用）、Soft-state（软状态）和 Eventually Consistent（最终一致性）的缩写，它是最终一致性的理论支撑。简单地理解，在分布式系统中，允许损失部分可用性，并且不同节点进行数据同步的过程存在延时，但是在经过一段时间的修复后，能够达到数据的最终一致性。BASE 强调的是数据的最终一致性。相比于 ACID 而言，BASE 通过允许损失部分可用性来获得一致性。

业内比较常用的分布式事务解决方案包括强一致性的两阶段提交协议、三阶段提交协议，以及最终一致性的可靠事件模式、补偿模式、阿里的 TCC 模式。

6.2 强一致性解决方案

6.2.1 二阶段提交协议

在分布式系统中，每个数据库只能保证自己的数据可以满足 ACID（保证强一致性），但它们可能部署在不同的服务器上，只能通过网络进行通信，因此无法准确地知道其他数据库中的事务执行情况。因此，为了解决多个节点之间的协调问题，就需要引入一个协调者负责控制所有节点的操作结果，要么全部成功，要么全部失败。其中，XA 协议是一个分布式事务协议，它有两个角色：事务管理者和资源管理者。我们可以把事务管理者理解为协调者，而把资源管理者理解为参与者。

XA 协议通过二阶段提交协议保证强一致性。

顾名思义，二阶段提交协议具有两个阶段：第一阶段准备，第二阶段提交。事务管理者（协调者）主要负责控制所有节点的操作结果，包括准备流程和提交流程。第一阶段，事务管理者（协调者）向资源管理者（参与者）发起准备指令，询问资源管理者（参与者）预提交是否成功。如果资源管理者（参与者）可以完成，则执行操作，并不提交，最后给出自己的响应结果，是预提交成功还是预提交失败。第二阶段，如果全部资源管理者（参与者）都回复预提交成功，则资源管理者（参与者）正式提交命令。如果其中有一个资源管理者（参与者）回复预提交失败，则事务管理者（协调者）向所有的资源管理者（参与者）发起回滚命令。举个案例，现在我们有一个事务管理者（协调者）、三个资源管理者（参与者），那么这个事务中我们需要保证这三个参与者在事务过程中的数据的强一致性。事务管理者（协调者）发起准备指令预判它们是否已经预提交成功了，如果全部回复预提交成功，那么事务管理者（协调者）正式发起提交命令执行数据的变更，如图 6-5 所示。

需要注意的是，虽然二阶段提交协议的方式为保证强一致性提出了一套解决方案，但仍然存在一些问题。其一，事务管理者（协调者）主要负责控制所有节点的操作结果，包括准备流程和提交流程，但整个流程是同步的，所以事务管理者（协调者）必须等待每一个资源管理者（参与者）返回操作结果后才能进行下一步操作。这样就非常容易造成“同步阻塞”问题。其二，单点故障也是需要认真考虑的问题。事务管理者（协调者）和资源管理者（参与者）都可能出现宕机，如果资源管理者（参与者）出现故障则无法响应而一直等待，事务管理者（协调者）出现故障则事务流程就失去了控制者，换句话说，就是整个流程会一直阻塞，甚至极端的情况下，一部分资源管理者（参与者）数据执行提交，另一部分没有执行提交，也会出现数据不一致性。此时，读者会提出疑问：这些问题应该都是小概率事情，一般是不会产生的。是的，但对于分布式事务场景，我们不仅需要考虑正常逻辑流程，还需要关注小概率的异常场景，如果我们对异常场景缺乏处理方案，则可能出现数据的不一致性，那么后期靠人工干预处理会是一个成本非常大的任务，此外，对于交易的核心链路也许就不是数据问题，而是更加严重的资源损耗问题。

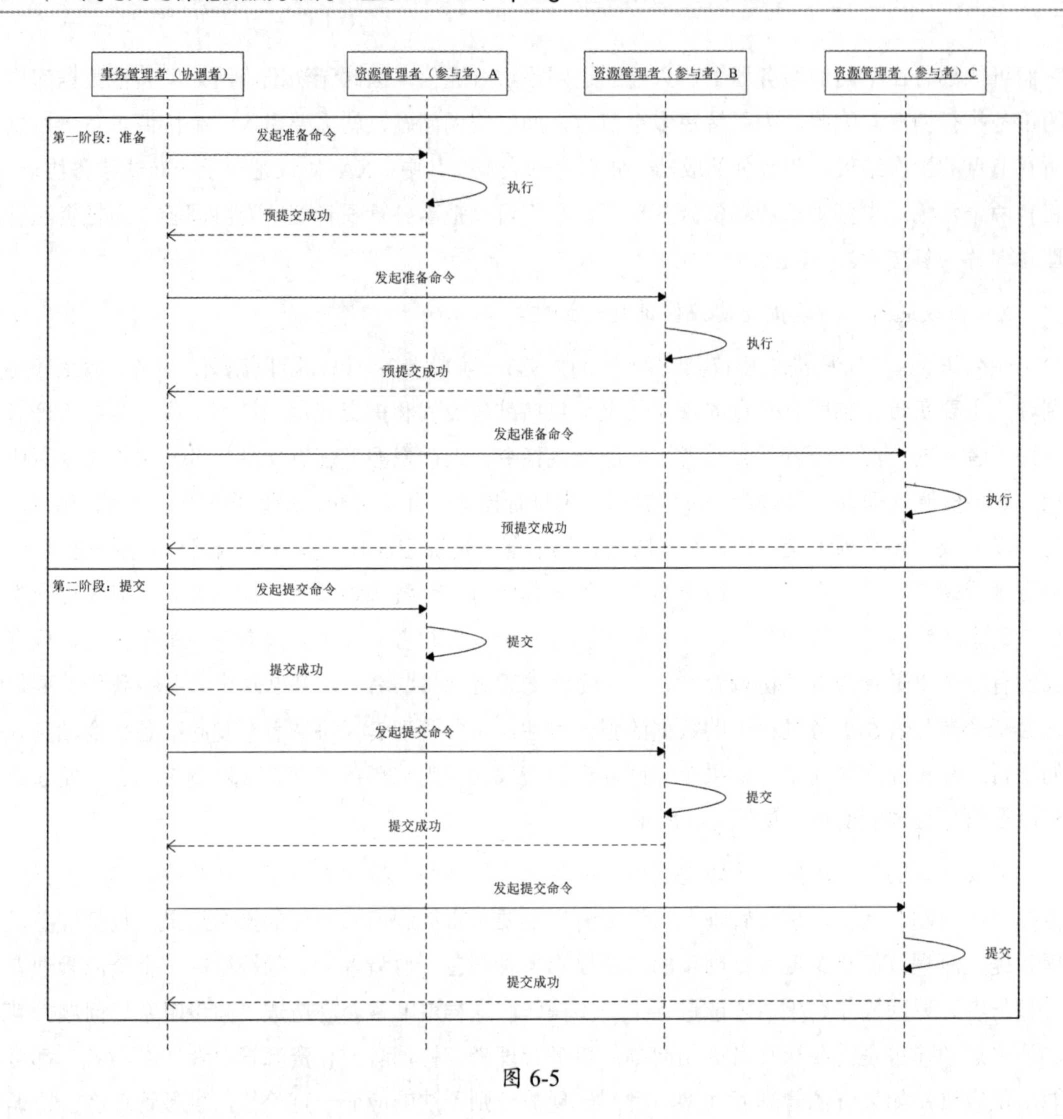

图 6-5

6.2.2 三阶段提交协议

二阶段提交协议存在诸多潜在问题，因此三阶段提交协议出台了。三阶段提交协议是二阶段提交协议的改良版本，它与二阶段提交协议的不同之处在于引入了超时机制来解决“同步阻塞”问题，此外加入了预备阶段，尽可能提早发现无法执行的资源管理者（参与者）并终止事务，如果全部资源管理者（参与者）都可以完成，才发起第二阶段的准备和第三阶段的提交。否则，其中任何一个资源管理者（参与者）回复执行，或者超时等待，那么就终止事务。总结一下，三阶段提交协议包括第一阶段预备、第二阶段准备和第二阶段提交，如图 6-6 所示。

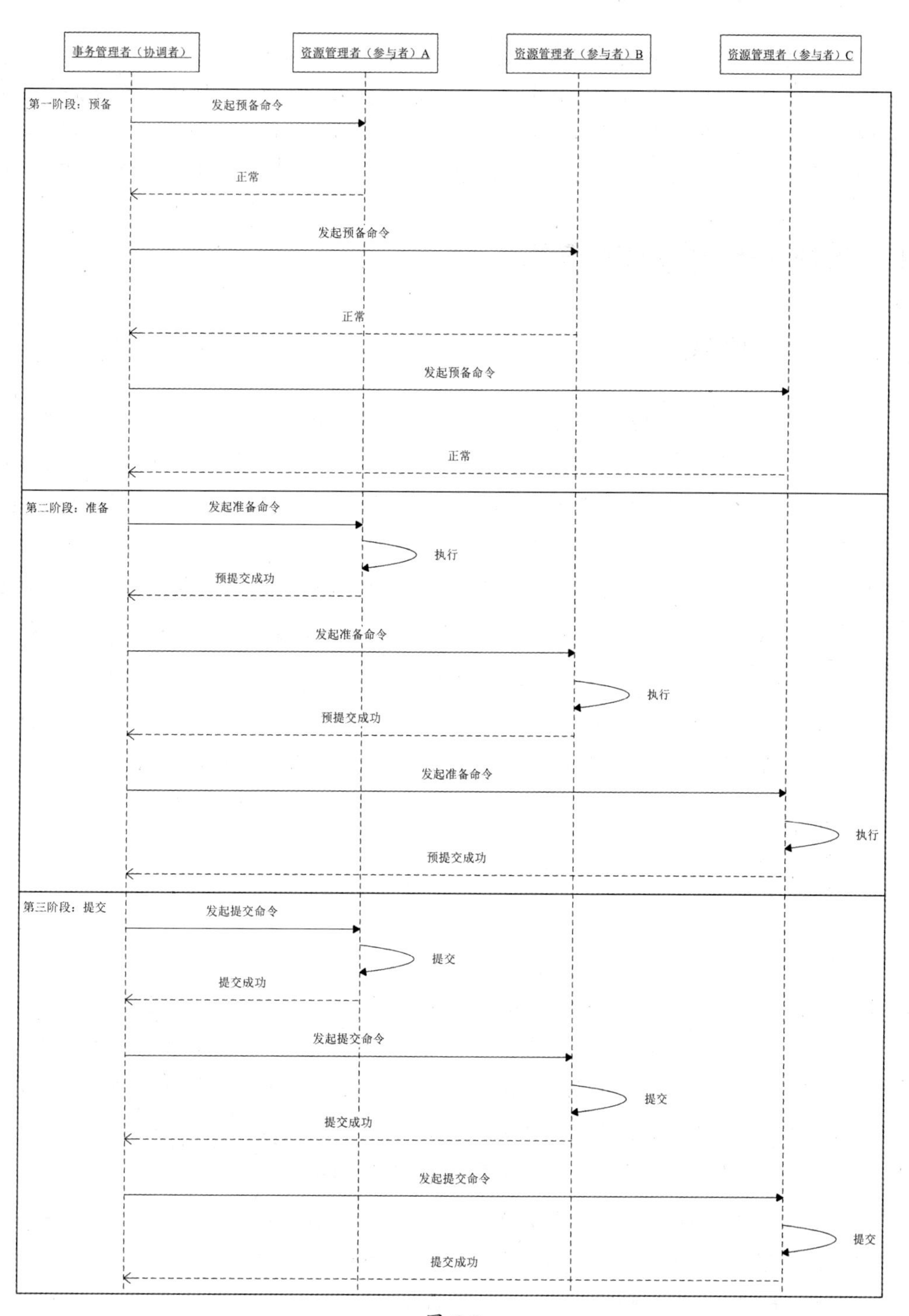
事务管理者（协调者）
资源管理者（参与者）A
资源管理者（参与者）B
资源管理者（参与者）C
第一阶段：预备
发起预备命令
正常
发起预备命令
正常
发起预备命令
正常
第二阶段：准备
发起准备命令
执行
预提交成功
发起准备命令
执行
预提交成功
发起准备命令
执行
预提交成功
第三阶段：提交
发起提交命令
提交
提交成功
发起提交命令
提交
提交成功
发起提交命令
提交
提交成功

图 6-6

三阶段提交协议很好地解决了二阶段提交协议带来的同步阴塞问题，是一个非常有参考意义的解决方案。但是，极小概率的场景下可能会出现数据的不一致性。因为三阶段提交协议引入了超时机制，如果出现资源管理者（参与者）超时场景就会默认提交成功，如果其没有成功执行，或者其他资源管理者（参与者）出现回滚，那么就会出现数据的不一致性。

6.3 最终一致性解决方案

6.3.1 TCC 模式

二阶段提交协议和三阶段提交协议解决了分布式事务的问题，但在极端情况下仍然可能存在数据的不一致性，此外它对系统的开销比较大，引入事务管理者（协调者）后，比较容易出现单点瓶颈，以及在业务规模不断变大的情况下，系统可伸缩性也会存在问题。需要注意的是，它是同步操作，因此引入事务后，直到全局事务结束才能释放资源，性能可能是一个很大的问题。因此，在高并发场景下很少使用。阿里的技术人员提出了另外一种解决方案：TCC 模式。需要注意的是，很多读者把二阶段提交等同于二阶段提交协议，这是一个误区，事实上，TCC 模式也是一种二阶段提交。

TCC 模式将一个任务拆分三个操作：Try、Confirm 和 Cancel。假如，我们有一个 Func()方法，那么在 TCC 模式中，它就变成了 tryFunc()、confirmFunc()和 cancelFunc()三个方法。

```
tryFunc();
confirmFunc();
cancelFunc();
```

在 TCC 模式中，主业务服务负责发起流程，而从业务服务提供 TCC 模式的 Try、Confirm 和 Cancel 三个操作，还有一个事务管理器的角色负责控制事务的一致性。例如，我们现在有三个业务服务：交易服务、库存服务和支付服务。用户选商品，下订单，紧接着选择支付方式进行付款，针对这笔请求，交易服务会先调用库存服务扣库存，然后交易服务再调用支付服务进行相关的支付操作，最后支付服务会请求第三方支付平台创建交易并扣款。交易服务就是主业务服务，而库存服务和支付服务是从业务服务，如图 6-7 所示。

我们再来梳理 TCC 模式的流程。第一阶段主业务服务调用全部的从业务服务的 Try 操作，并且事务管理器记录操作日志。第二阶段，当全部从业务服务都成功时，再执行 Confirm 操作，否则会执行 Cancel 逆操作进行回滚。流程如图 6-8 所示。

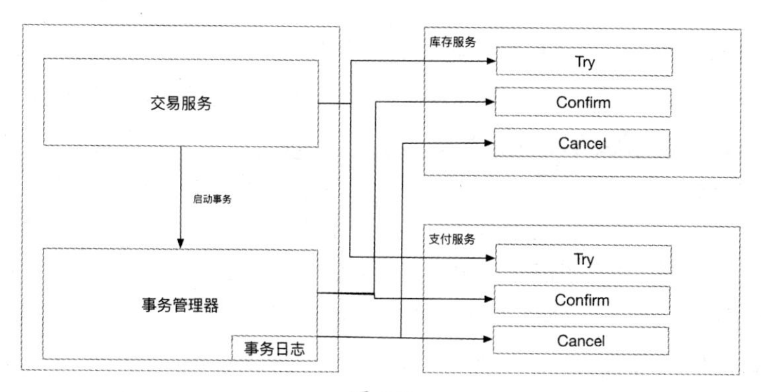
库存服务
Try
Confirm
Cancel
交易服务
启动事务
支付服务
Try
Confirm
Cancel
事务管理器
事务日志

图 6-7

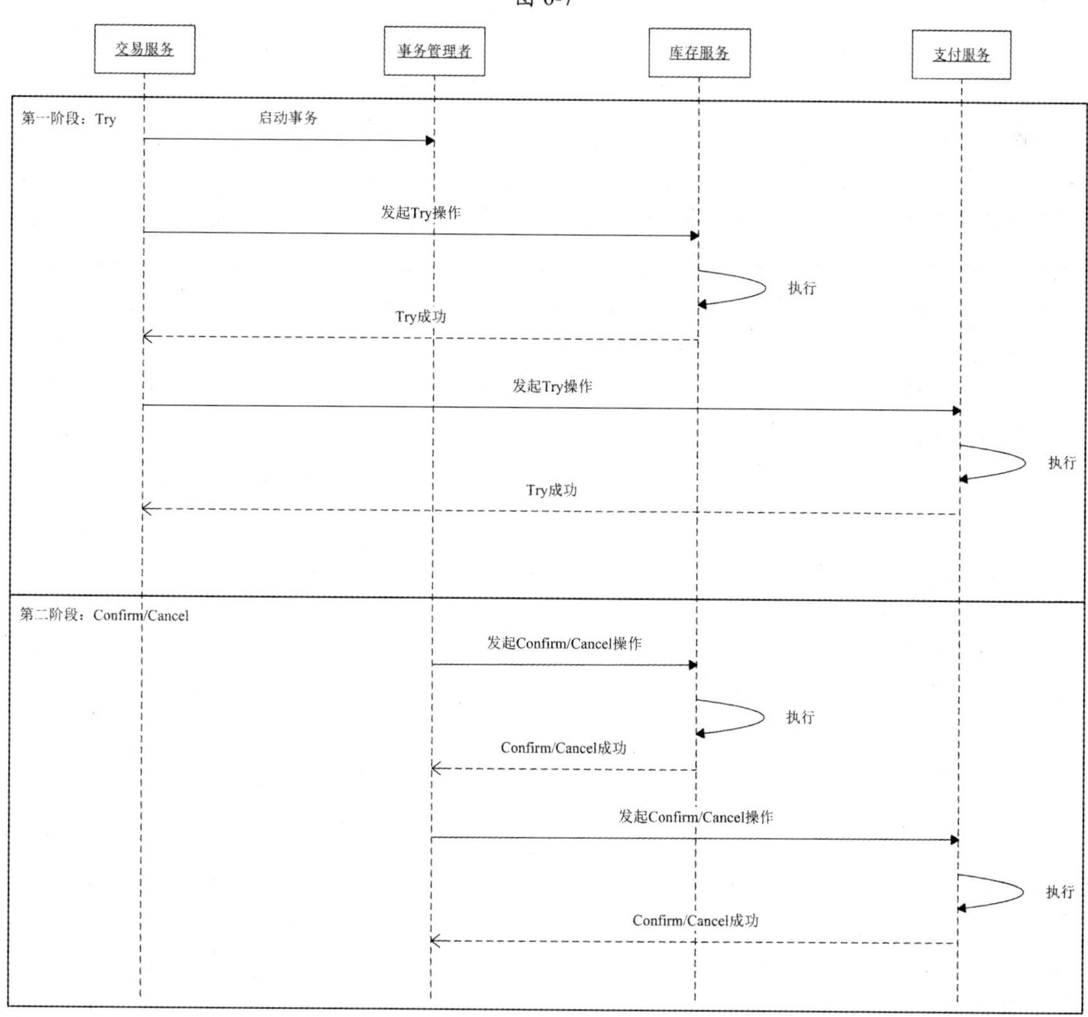
交易服务
事务管理者
库存服务
支付服务
第一阶段：Try
启动事务
发起Try操作
执行
Try成功
发起Try操作
执行
Try成功
第二阶段：Confirm/Cancel
发起Confirm/Cancel操作
执行
Confirm/Cancel成功
发起Confirm/Cancel操作
执行
Confirm/Cancel成功

图 6-8

现在，我们针对 TCC 模式分析大致业务上的实现思路。首先，交易服务（主业务服务）会向事务管理器注册并启动事务。事务管理器是一个概念上的全局事务管理机制，可以是一个内嵌于主业务服务的业务逻辑，或者抽离出的一个 TCC 框架。事实上，它会生成全局事务 ID 用于记录整个事务链路，并且实现了一套嵌套事务的处理逻辑。当主业务服务调用全部从业务服务的 Try 操作时，事务管理器会利用本地事务记录相关事务日志。在这个案例中，它记录了调用库存服务的动作记录，以及调用支付服务的动作记录，并将其状态设置成“预提交”状态。这里，调用从业务服务的 Try 操作就是核心的业务代码。那么，Try 操作怎么和它相对应的 Confirm、Cancel 操作绑定呢？其实，我们可以编写配置文件来建立绑定关系，或者通过 Spring 的注解添加 confirm 和 cancel 两个参数也是不错的选择。当全部从业务服务都成功时，由事务管理器通过 TCC 事务上下文切面执行 Confirm 操作，将其状态设置成“成功”状态，否则执行 Cancel 操作将其状态设置成“预提交”状态，然后进行重试。因此，TCC 模式通过补偿的方式来保证其最终的一致性。

TCC 的实现框架有很多成熟的开源项目，例如 tcc-transaction 框架（关于 tcc-transaction 框架的细节可以阅读 https://github.com/changmingxie/tcc-transaction）。tcc-transaction 框架主要涉及 tcc-transaction-core、tcc-transaction-api、tcc-transaction-spring 三个模块。其中，tcc-transaction-core 是 tcc-transaction 的底层实现，tcc-transaction-api 是 tcc-transaction 使用的 API，tcc-transaction-spring 是 tcc-transaction 的 Spring 支持。tcc-transaction 将每个业务操作抽象成事务参与者，每个事务可以包含多个参与者。参与者需要声明 try/confirm/cancel 三个类型的方法。这里，我们通过@Compensable 注解标记在 try 方法上，并定义相应的 confirm/cancel 方法。

```
// try 方法
@Compensable(confirmMethod = "confirmRecord", cancelMethod = "cancelRecord", transactionContextEditor = MethodTransactionContextEditor.class)
@Transactional
public String record(TransactionContext transactionContext, CapitalTradeOrderDto tradeOrderDto) {}

// confirm 方法
@Transactional
public void confirmRecord(TransactionContext transactionContext, CapitalTradeOrderDto tradeOrderDto) {}

// cancel 方法
@Transactional
public void cancelRecord(TransactionContext transactionContext,
```

```
CapitalTradeOrderDto tradeOrderDto) {}
```

对于 tcc-transaction 框架的实现，我们来了解一些核心思路。tcc-transaction 框架通过@Compensable 切面进行拦截，可以透明化对参与者 confirm/cancel 方法的调用，从而实现 TCC 模式，如图 6-9 所示。tcc-transaction 有两个拦截器：

- org.mengyun.tcctransaction.interceptor.CompensableTransactionInterceptor，可补偿事务拦截器。
- org.mengyun.tcctransaction.interceptor.ResourceCoordinatorInterceptor，资源协调者拦截器。

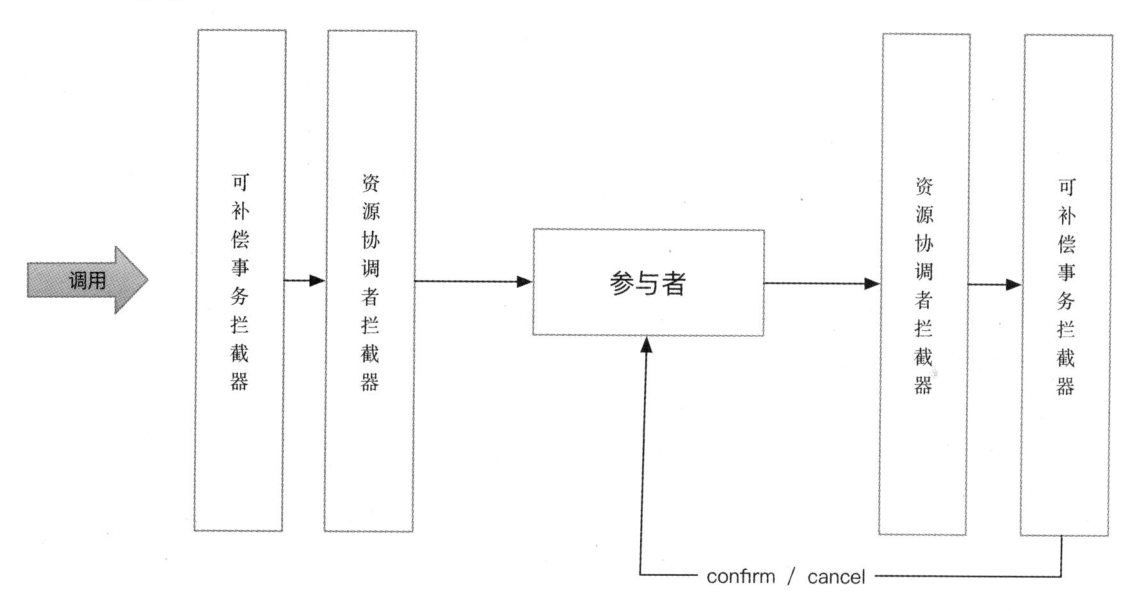

图 6-9

这里需要特别关注 TransactionContext 事务上下文，因为我们远程调用服务的参与者时需要通过参数的形式传递事务给远程参与者。在 tcc-transaction 中，一个事务 `org.mengyun.tcctransaction.Transaction` 可以有多个参与者 `org.mengyun.tcctransaction.Participant` 参与业务活动。其中，事务编号 TransactionXid 用于唯一标识一个事务，它使用 UUID 算法生成，保证唯一性。当参与者进行远程调用时，远程的分支事务的事务编号等于该参与者的事务编号。通过事务编号关联 TCC confirm/cancel 方法，使用参与者的事务编号和远程的分支事务进行关联，从而实现事务的提交和回滚。事务状态 TransactionStatus 包含尝试中状态 TRYING(1)、确认中状态 CONFIRMING(2)、取消中状态 CANCELLING(3)。此外，事务类型 TransactionType 包含根事务 ROOT(1)、分支事务 BRANCH(2)。当调用 TransactionManager#begin()发起根事务时，它的类型为 MethodType.ROOT，并且事务 try 方法被调用。调用 TransactionManager#propagationNewBegin()方法发起分支事务。调用 TransactionManager#commit()方法实现提交事务。类似地，调用 TransactionManager#rollback()方法实现取消事务。tcc-transaction 的核心架构如图 6-10 所示。

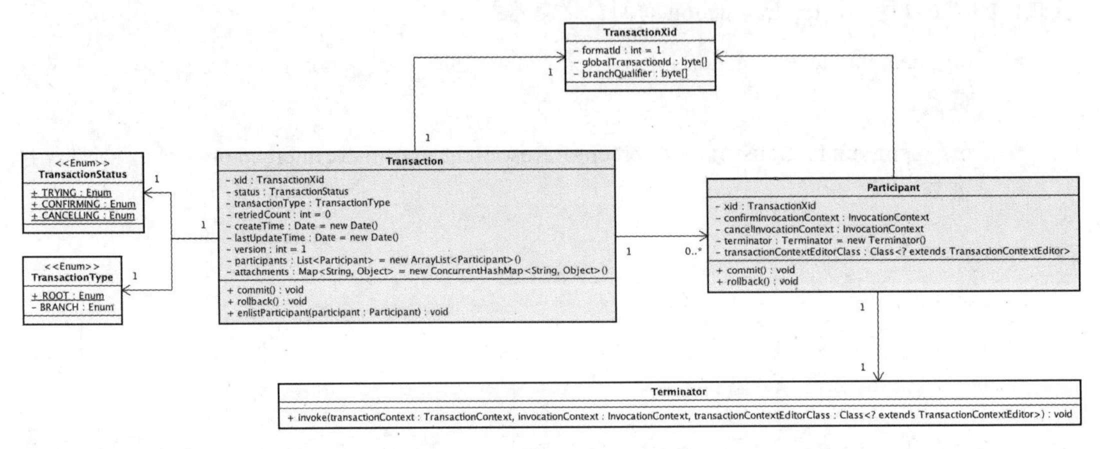

图 6-10

此外，对于事务恢复机制，tcc-transaction 框架基于 Quartz 实现调度，按照一定频率对事务进行重试，直到事务完成或超过最大重试次数。如果单个事务超过最大重试次数时，则 tcc-transaction 框架不再重试，此时需要手工介入解决。

这里要特别注意操作的幂等性。幂等机制的核心作用是保证资源唯一性，例如重复提交或服务端的多次重试只会产生一份结果。在支付场景、退款场景中，涉及金钱的交易不能出现多次扣款等问题。事实上，查询接口用于获取资源，因为它只是查询数据而不会影响资源的变化，因此不管调用多少次接口，资源都不会改变，所以它是幂等的。而新增接口是非幂等的，因为调用接口多次，它都会产生资源的变化。因此，我们需要在出现重复提交时进行幂等处理。那么，如何保证幂等性呢？事实上，我们有很多实现方案。其中，一种方案就是常见的创建唯一索引。在数据库中针对我们需要约束的资源字段创建唯一索引，可以防止插入重复的数据。但是，遇到分库分表的情况时，唯一索引也就不那么好用了，此时，我们可以先查询一次数据库，然后判断约束的资源字段是否存在重复，没有重复时再进行插入操作。需要注意的是，为了避免并发场景，我们可以通过锁机制，例如悲观锁与乐观锁保证数据的唯一性。分布式锁是一种经常使用的方案，通常情况下它是一种悲观锁的实现。但是，很多人经常把悲观锁、乐观锁、分布式锁当作幂等机制的解决方案，这是不正确的。除此之外，我们还可以引入状态机，通过状态机进行状态的约束及状态跳转，确保同一个业务的流程化执行，从而实现数据幂等性。

6.3.2　补偿模式

前面我们提到了重试机制。事实上，它也是一种一致性的解决方案：我们需要通过最大努力不断重试，保证数据库的操作最终一定可以实现数据一致性，如果最终多次重试失败，则可以根据相关日志并主动通知开发人员进行手工介入。需要注意的是，被调用方需要保证其幂等性。重试机制可以是同步机制，例如，主业务服务调用超时或非异常的调用失败需要及时重新发起业务调用。重试机制可以大致分为固定次数的重试策略与固定时间的重试策略。除此之外，我们还可以借助消息队列和定时任务机制实现重试。消息队列的重试机制，即消息消费失败则重新投递，这样就可以避免消息没有被消费而被丢弃。例如，RocketMQ 默认允许每条消息最多重试 16 次，每次重试的间隔时间可以进行设置。我们可以创建一张任务执行表，并增加一个“重试次数”字段来实现定时任务的重试。在这种设计方案中，我们可以在定时调用时，获取这个任务是否是执行失败的状态并且没有超过重试次数，如果是则进行失败重试。但是，当出现执行失败的状态并且超过重试次数时，就说明这个任务永久失败了，需要开发人员进行手工介入与排查问题。

除了重试机制，还可以在每次更新的时候进行修复。例如，对于社交互动的点赞数、收藏数、评论数等计数场景，也许因为网络抖动或相关服务不可用，导致某段时间内的数据不一致，我们可以在每次更新的时候进行修复，保证系统经过一段较短时间的自我恢复和修正，数据最终达到一致。需要注意的是，使用这种解决方案的情况下，如果某条数据出现不一致性，但又没有再次更新修复，那么其永远都会是异常数据。

定时校对也是一种非常重要的解决手段，它采取周期性地校验操作来实现。在定时任务框架的选型上，业内比较常用的有单机场景下的 Quartz，以及分布式场景下 Elastic-Job、XXL-JOB、SchedulerX 等分布式定时任务中间件。定时校对可以分为两种场景，一种是未完成的定时重试，例如我们利用定时任务扫描还未完成的调用任务，并通过补偿机制来修复，实现数据最终一致。另一种是定时核对，它需要主业务服务提供相关查询接口给从业务服务核对查询，用于恢复丢失的业务数据。我们来试想一下电商场景的退款业务。在这个退款业务中存在一个退款基础服务和自动化退款服务。此时，自动化退款服务在退款基础服务的基础上实现退款能力的增强，实现基于多规则的自动化退款，并且通过消息队列接收退款基础服务推送的退款快照信息。但是，由于退款基础服务发送消息丢失或消息队列在多次失败重试后的主动丢弃，都有可能造成数据的不一致性。因此，我们定时从退款基础服务中查询核对，并恢复丢失的业务数据就显得特别重要了。

6.3.3 可靠事件模式

在分布式系统中，消息队列在服务端的架构中的地位非常重要，主要解决异步处理、系统解耦、流量削峰等问题。多个系统之间如果使用同步通信，则很容易造成阻塞，同时会将这些系统耦合在一起。因此，引入消息队列后，一方面解决了同步通信机制造成的阻塞，另一方面通过消息队列实现了业务解耦，如图 6-11 所示。

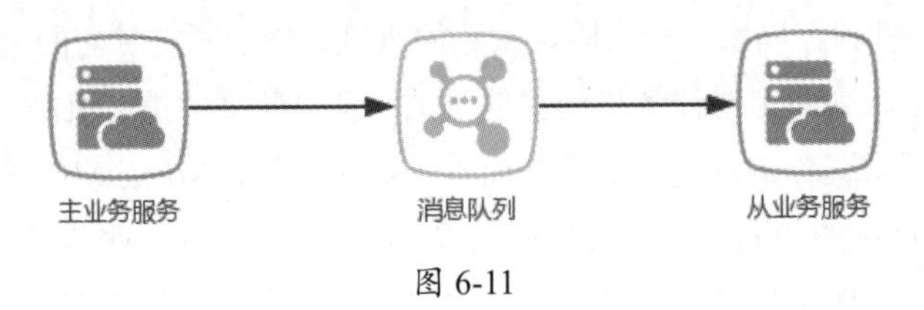

图 6-11

可靠事件模式是指通过引入可靠的消息队列，只要保证当前的可靠事件投递并且消息队列确保事件传递至少一次，那么订阅这个事件的消费者保证事件能够在自己的业务内被消费即可。请读者思考，是否只要引入了消息队列就可以解决问题了呢？事实上，只引入消息队列并不能保证其最终的一致性，因为分布式部署环境下都是基于网络进行通信的，而在网络通信过程中，上下游可能因为各种原因而导致消息丢失。

其一，主业务服务发送消息时可能因为消息队列无法使用而发生失败。对于这种情况，我们可以让主业务服务（生产者）先发送消息，再进行业务调用。一般的做法是，主业务服务将要发送的消息持久化到本地数据库中，设置标志状态为“待发送”状态，然后把消息发送给消息队列，消息队列收到消息后，也把消息持久化到其存储服务中，但并不是立即向从业务服务（消费者）投递消息，而是先向主业务服务（生产者）返回消息队列的响应结果，然后主业务服务判断响应结果执行之后的业务处理。如果响应失败，则放弃之后的业务处理，设置本地的持久化消息标志状态为“结束”状态。否则，执行后续的业务处理，设置本地的持久化消息标志状态为“已发送”状态。

```
public void doServer(){
    // 发送消息
    send();
    // 执行业务
    exec();
    // 更新消息状态
    updateMsg();
}
```

此外，消息队列发送消息后，也可能从业务服务（消费者）宕机而无法消费。绝大多数消息中间件对于这种情况，例如 RabbitMQ、RocketMQ 等引入了 ACK 机制。需要注意的是，默认的情况下，采用自动应答，消息队列发送消息后立即从消息队列中删除该消息。所以，为了确保消息的可靠投递，我们通过手动 ACK 方式保证消息的可靠性，如果从业务服务（消费者）因宕机等原因没有发送 ACK，则消息队列会将消息重新发送。从业务服务处理完相关业务后通过手动 ACK 通知消息队列，然后从消息队列中删除该持久化消息。那么，消息队列如果一直重试失败而无法投递，就会出现消息主动丢弃的情况，我们需要如何解决呢？读者可能已经发现，我们在上一个步骤中，主业务服务已经将要发送的消息持久化到本地数据库。因此，从业务服务消费成功后，它也会向消息队列发送一个通知消息，此时它是一个消息的生产者。主业务服务（消费者）收到消息后，最终把本地的持久化消息标志状态为“完成”状态。说到这里，读者应该可以理解我们使用“正反向消息机制”确保消息队列可靠事件投递的原理了。当然，补偿机制也是必不可少的。定时任务会从数据库扫描在一定时间内未完成的消息并重新投递。详细流程如图 6-12 所示。

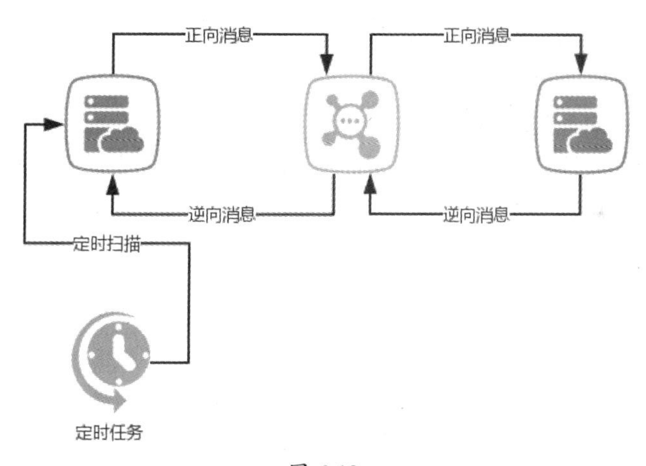

图 6-12

需要注意的是，从业务服务可能收到消息处理超时或服务宕机，以及网络等原因导致消息队列收不到消息的处理结果而导致消息丢失。为了解决这个问题，通过可靠事件投递并且确保消息队列的事件传递至少一次非常重要。同时，从业务服务（消费者）需要保证幂等性。如果从业务服务（消费者）没有保证接口的幂等性，将会导致重复提交等异常场景。此外，我们也可以“独立”消息服务，将消息服务独立部署，根据不同的业务场景共用该消息服务，降低重复开发服务的成本。

了解了“可靠事件模式”的方法论后，现在我们来看一个真实的案例来加深理解。首先，当用户发起退款后，自动化退款服务会收到一个退款的事件消息，如果此时这笔退款符合自动化退款策略，那么自动化退款服务会先写入本地数据库持久化这笔退款快照，紧接着发送一条执行退款的消息投递到消息队列，消息队列收到消息后返回响应成功结果，那么自动化退款服务就可以执行后续的业务逻辑。与此同时，消息队列异步地把消息投递给退款基础服务，然后退款基础服务执行自己业务相关的逻辑，执行失败与否由退款基础服务自我保证，如果执行成功则发送一条执行退款成功消息投递到消息队列。最后，定时任务会从数据库中扫描在一定时间内未完成的消息并重新投递。这里需要注意的是，自动化退款服务持久化的退款快照可以理解为需要确保投递成功的消息，由“正反向消息机制”和“定时任务”确保其成功投递。此外，真正的退款出账逻辑由退款基础服务来保证，因此它要保证幂等性及出账逻辑的收敛。当出现执行失败的状态并且超过重试次数时，就说明这个任务永久失败了，需要开发人员进行手工介入与排查问题。详细流程如图 6-13 所示。

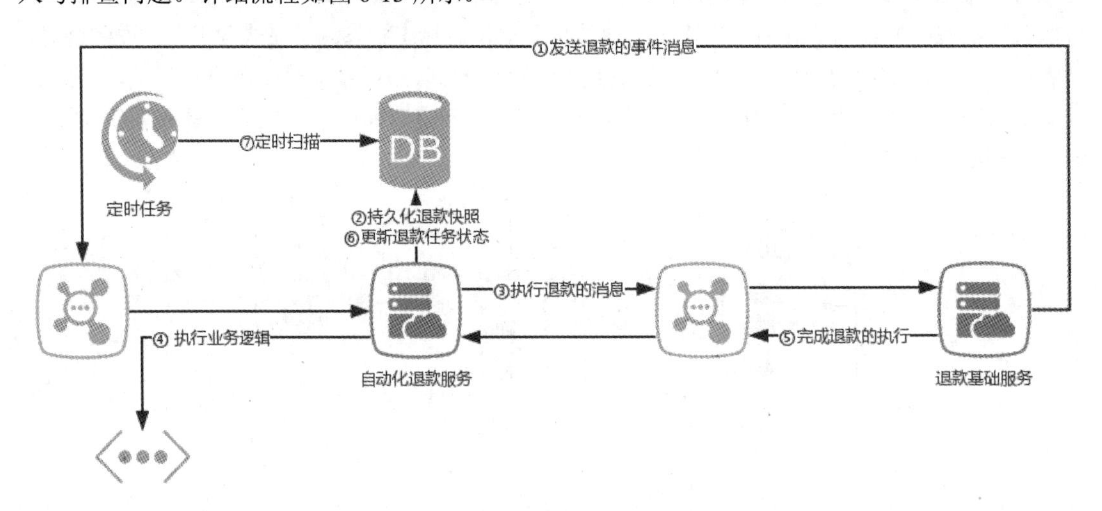

图 6-13

总结一下，引入了消息队列并不能保证可靠事件投递，换句话说，由于网络等各种原因而导致消息丢失不能保证其最终的一致性，因此，我们需要通过“正反向消息机制”确保消息队列实现可靠的事件投递，并且使用补偿机制尽可能在一定时间内将未完成的消息重新投递。

开源项目中对分布式事务的应用有很多值得我们学习与借鉴的地方。下一节，我们就来对其实现的细节进行解读。

6.4 开源项目的分布式事务实现解读

6.4.1 Apache RocketMQ

Apache RocketMQ 是阿里开源的一款高性能、高吞吐量的分布式消息中间件。在历年“双

11”中，RocketMQ 都承担了阿里生产系统全部的消息流转，在核心交易链路上有着稳定和出色的表现，是承载交易峰值的核心基础产品之一。

开源版本和商业版本的主要区别在于：开源版本会开源分布式消息所有核心的特性，而在商业层面，尤其是云平台的搭建上面，将运维管控、安全授权、深度培训等作为商业版的重中之重。

Apache RocketMQ 4.3 版本正式支持分布式事务消息。RocketMQ 事务消息中间件主要解决了生产者端的消息发送与本地事务执行的原子性问题，换句话说，如果本地事务执行不成功，则不会进行 MQ 消息推送。那么，读者可能存在疑问：我们可以先执行本地事务，执行成功了再发送 MQ 消息，这样不就可以保证事务性了吗？不一定！如果 MQ 消息发送不成功怎么办呢？事实上，RocketMQ 对此提供一个很好的思路和解决方案。

RocketMQ 首先会发送预执行消息到 MQ，并且在发送预执行消息成功后执行本地事务。紧接着，它根据本地事务执行结果进行后续执行逻辑，如果本地事务执行结果是 commit，那么正式投递 MQ 消息，如果本地事务执行结果是 rollback，则 MQ 删除之前投递的预执行消息，不进行消息下发。需要注意的是，对于异常情况，例如执行本地事务过程中，服务器宕机或超时，RocketMQ 会不停地询问其同组的其他生产者端来获取状态，如图 6-14 所示。

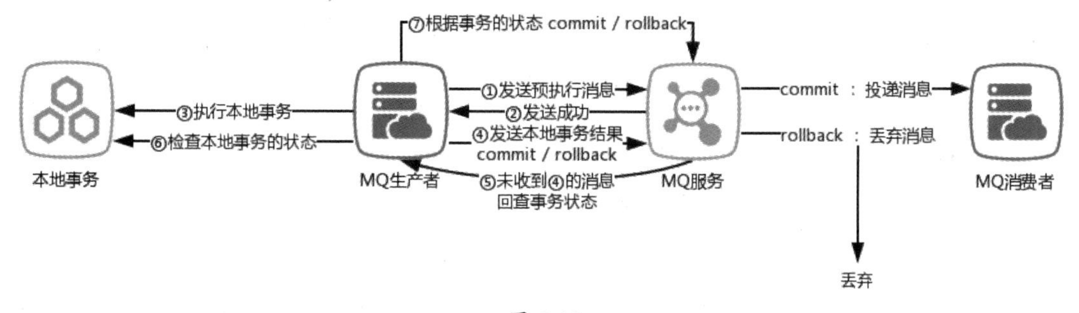

图 6-14

至此，我们已经了解了 RocketMQ 的实现思路，如果读者对源码实现感兴趣，那么可以阅读 `org.apache.rocketmq.client.impl.producer.DefaultMQProducerImpl#sendMessageInTransaction`。

6.4.2　ServiceComb

ServiceComb 基于华为内部的 CSE（Cloud Service Engine）框架开源而来，它提供了一套包含代码框架生成、服务注册发现、负载均衡、服务可靠性（容错熔断，限流降级，调用链追踪）等功能的微服务框架。其中，ServiceComb Saga 是一个微服务应用的数据最终一致性解决方案。

Saga 拆分分布式事务为多个本地事务，然后由 Saga 引擎负责协调。如果整个流程正常结束，那么业务成功完成；如果在这过程中实现出现部分失败，那么 Saga 引擎调用补偿操作。Saga 有两种恢复的策略：向前恢复和向后恢复。其中，向前恢复对失败的节点采取最大努力不断重试，保证数据库的操作最终一定可以保证数据一致性，如果最终多次重试失败则可以根据相关日志主动通知开发人员进行手工介入。向后恢复对之前所有成功的节点执行回滚的事务操作，这样保证数据达到一致的效果。

Saga 与 TCC 不同之处在于，Saga 比 TCC 少了一个 Try 操作。因此，Saga 会直接提交到数据库，然后在出现失败的时候进行补偿操作。Saga 的设计可能导致在极端场景下的补偿动作比较麻烦，但是对于简单的业务逻辑侵入性更低、更轻量级，并且减少了通信次数，如图 6-15 所示。

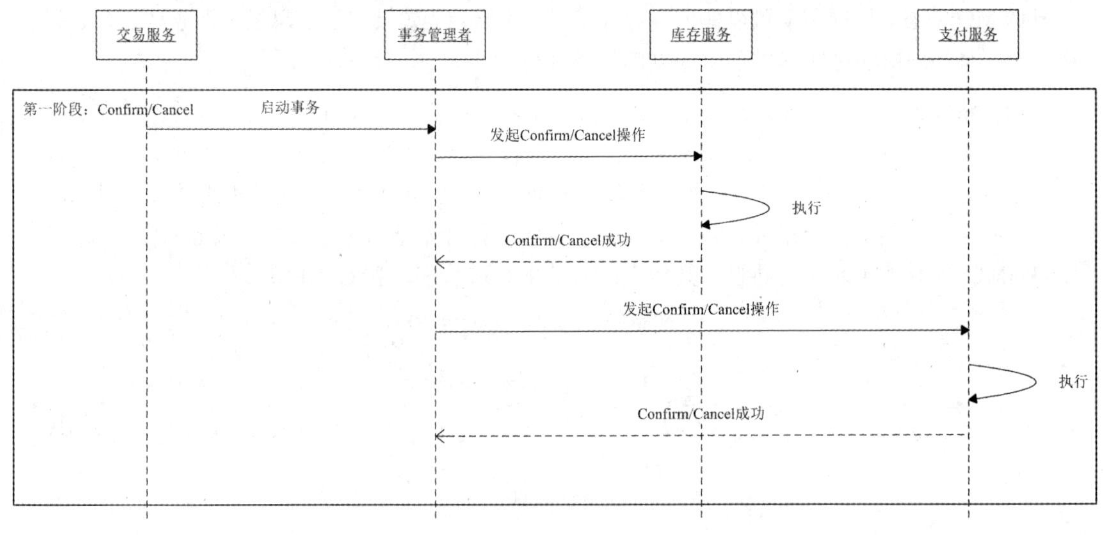

图 6-15

ServiceComb Saga 在其理论基础上进行了扩展，它包含两个组件：alpha 和 omega。alpha 充当协调者，主要负责对事务的事件进行持久化存储，以及协调子事务的状态，使其得以最终与全局事务的状态保持一致。omega 是微服务中内嵌的一个 agent，负责对网络请求进行拦截并向 alpha 上报事务事件，并在异常情况下根据 alpha 下发的指令执行相应的补偿操作。在预处理阶段，alpha 会记录事务开始的事件；在后处理阶段，alpha 会记录事务结束的事件。因此，每个成功的子事务都有一一对应的开始及结束事件。在服务生产方，omega 会拦截请求中事务相关的 id 来提取事务的上下文。在服务消费方，omega 会在请求中注入事务相关的 id 来传递事务的上下文。通过服务提供方和服务消费方的这种协作处理，子事务能连接起来形成一个完整的全局事务。需要注意的是，Saga 要求相关的子事务提供事务处理方法，并且提供补偿函数。这里添加@EnableOmega 的注解来初始化 omega 的配置并与 alpha 建立连接。在全局事务的起点添加@SagaStart 的注解，在子事务添加@Compensable 的注解指明其对应的补偿方法。

使用案例：https://github.com/apache/servicecomb-saga/tree/master/saga-demo。

```
@EnableOmega
public class Application{
  public static void main(String[] args) {
    SpringApplication.run(Application.class, args);
  }
}

@SagaStart
public void xxx() { }


@Compensable
public void transfer() { }
```

现在，我们来看一下它的业务流程图，如图 6-16 所示。

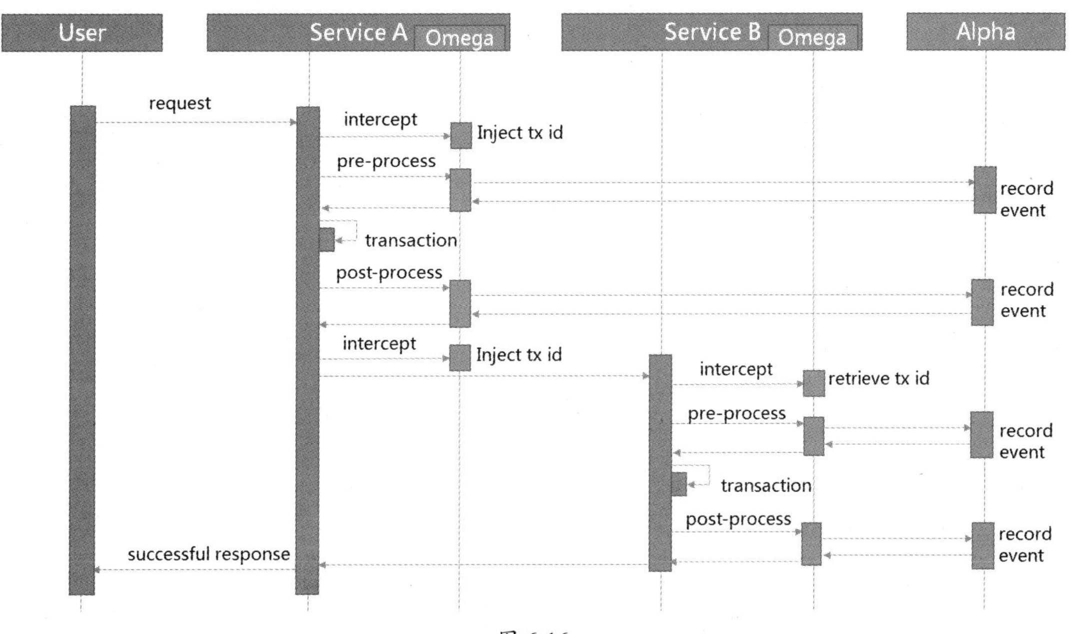

图 6-16

参考资料

- https://github.com/changmingxie/tcc-transaction。
- http://www.iocoder.cn/TCC-Transaction/tcc-core/。
- http://rocketmq.apache.org/docs/quick-start/。
- https://github.com/apache/servicecomb-saga/blob/master/docs/design_zh.md。

第 7 章 百亿流量微服务网关的设计与实现

本章从百亿流量交易系统微服务网关（API Gateway）的现状和面临的问题出发，阐述微服务架构与 API 网关的关系，理顺流量网关与业务网关的脉络，分享 API 网关知识与经验。

7.1 API 网关概述

> 计算机科学领域的任何问题都可以通过增加一个间接的中间层来解决。
>
> ——David Wheeler

7.1.1 分布式服务架构、微服务架构与 API 网关

1. 什么是 API 网关（API Gateway）

其实，网关跟面向服务架构（Service Oriented Architecture，SOA）和微服务架构（MicroServices Architecture，MSA）有很深的渊源。

十多年以前，银行等金融机构完成全国业务系统大集中以后，分散的系统都变得集中，也带来了各种问题：业务发展过快如何应对，对接系统过多如何集成和管理。为了解决这些问题，业界实现了作用于渠道与业务系统之间的中间层网关，即综合前置系统，由其适配各类渠道和业务，处理各种协议接入、路由与报文转换、同步异步调用等操作，如图 7-1 所示。

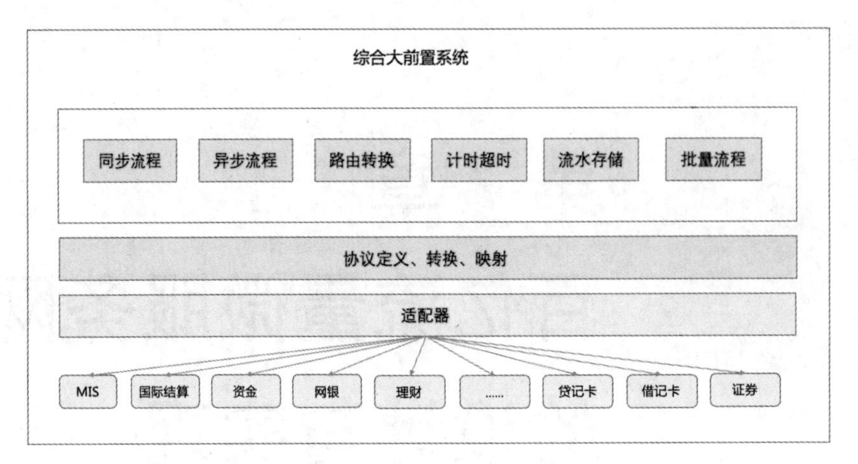

图 7-1

人们基于 SOA 的理念，在综合前置的基础上，进一步增加了服务的元数据管理、注册、中介、编排、治理等功能，逐渐形成了企业服务总线（ESB，Enterprise Service Bus）。例如普元公司推出的 Primeton ESB 就是一个由本书作者之一参与开发的总线系统，如图 7-2 所示。

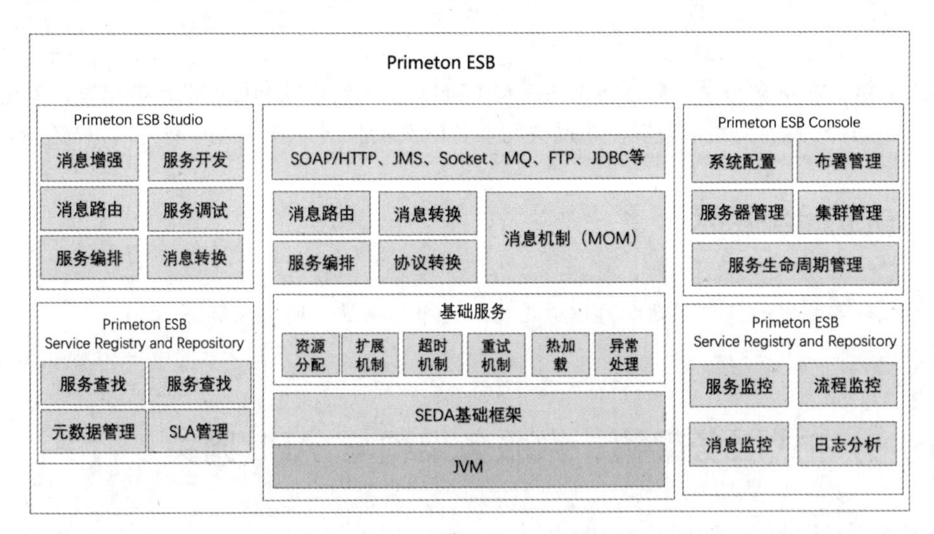

图 7-2

面向服务架构（SOA）是一种建设企业 IT 生态系统的架构指导思想。SOA 的关注点是服务，服务最基本的业务功能单元由平台中立性的接口契约来定义。通过将业务系统服务化，可以将不同模块解耦，各种异构系统间可以轻松实现服务调用、消息交换和资源共享。不同于以往的孤立业务系统，SOA 强调整个企业 IT 生态环境是一个大的整体。整个 IT 生态中的所有业务服务构成了企业的核心 IT 资源。各个系统的业务拆解为不同粒度和层次的模块和服务，服务可以组装到更大的粒度，不同来源的服务可以编排到同一个处理流程中，实现非常复杂的集成场景和更加丰富的业务功能。

SOA 从更高的层次对整个企业 IT 生态进行统一的设计与管理，应用软件被划分为具有不同功能的服务单元，并通过标准的软件接口把这些服务联系起来，以 SOA 架构实现的企业应用可以更灵活快速地响应企业的业务变化，实现新旧软件资产的整合和复用，降低软件整体拥有成本。

当然基于 ESB 这种集中式管理的 SOA 方案也存在种种问题，特别是在面向互联网技术领域的爆发式发展的情况下。

2. 分布式服务架构、微服务架构与 API 网关

近年来，随着互联网技术的飞速发展，为了解决以 ESB 为代表的集中式管理的 SOA 方案的种种问题，以 Apache Dubbo（2011 年开源后）与 Spring Cloud 为代表的分布式服务化技术的出现，给了 SOA 实现的另外一个选择：去中心化的分布式服务架构（DSA）。分布式服务架构技术不再依赖于具体的服务中心容器技术（比如 ESB），而是将服务寻址和调用完全分开，这样就不需要通过容器作为服务代理。

之后又在此基础上随着 REST、Docker 容器化、领域建模、自动化测试运维等领域的发展，逐渐形成了微服务架构（MSA）。在微服务架构里，服务的粒度被进一步细分，各个业务服务可以被独立地设计、开发、测试、部署和管理。这时，各个独立部署单元可以选择不同的开发测试团队维护，可以使用不同的编程语言和技术平台进行设计，但是要求必须使用一种语言和平台无关的服务协议作为各个单元之间的通信方式，如图 7-3 所示。

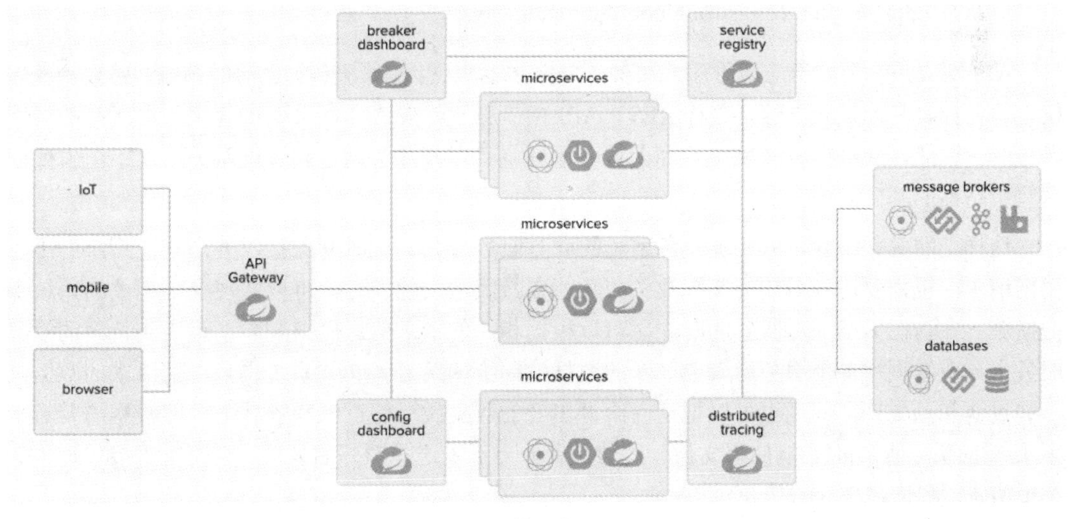

图 7-3

在微服务架构中，由于系统和服务的细分，导致系统结构变得非常复杂，REST API 由于其简单、高效、跨平台、易开发、易测试、易集成，成为不二选择。此时一个类似综合前置的系

统就产生了，这就是 API 网关（API Gateway）。API 网关作为分散在各个业务系统微服务的 API 聚合点和统一接入点，外部请求通过访问这个接入点，即可访问内部所有的 REST API 服务。

跟 SOA/ESB 类似，企业内部向外暴露的所有业务服务能力，都可以通过 API 网关上管理的 API 服务得以体现，所以 API 网关上也就聚合了企业所有直接对外提供的 IT 业务能力。

3. API 网关的技术趋势

Spring Cloud 和 SOA 非常火，MSA、gRPC、Gateway 都有着非常高的关注度，通过 GitHub 的搜索来看，Gateway 类型的项目也非常热门。

从 https://github.com/search?o=desc&p=1&q= gateway&s=stars&type=Repositories 上可以看到，前 10 页的 100 个项目，使用 Go 语言实现的 Gateway 差不多占一半，从语言分类上来看：Go>Node.js/JavaScript>Java>Lua>C/C++>PHP> Python/Ruby/Perl。

7.1.2 API 网关的定义、职能与关注点

1. API 网关的定义

> 网关的角色是作为一个 API 架构，用来保护、增强和控制对于 API 服务的访问（The role of a Gateway in an API architecture is to protect, enrich and control access to API services.）。
>
> 引用自 https://github.com/strongloop/microgateway。

API 网关是一个处于应用程序或服务（提供 REST API 接口服务）之前的系统，用来管理授权、访问控制和流量限制等，这样 REST API 接口服务就被 API 网关保护起来，对所有的调用者透明。因此，隐藏在 API 网关后面的业务系统就可以专注于创建和管理服务，而不用去处理这些策略性的基础设施。

这样，网关系统就可以代理业务系统的业务服务 API。此时网关接收外部其他系统的服务调用请求，也需要访问后端的实际业务服务。在接收请求的同时，可以实现安全相关的系统保护措施。在访问后端业务服务的时候，可以根据相关的请求信息做出判断，路由到特定的业务服务上，或者调用多个服务后聚合成新的数据返回给调用方。网关系统也可以把请求的数据做一些过滤和预处理，同理也可以把返回给调用者的数据做一些过滤和预处理，即根据需要对请求头/响应头、请求报文/响应报文做一些修改。如果不做这些额外的处理，则简单直接代理服务 API 功能，我们称之为透传。

同时，由于 REST API 的语言无关性，基于 API 网关，后端服务可以是任何异构系统，不论 Java、.NET、Python，还是 PHP、ROR、Node.js 等，只要支持 REST API，就可以被 API 网关管理起来。

2. API 网关的职能

API 网关的职能如图 7-4 所示。

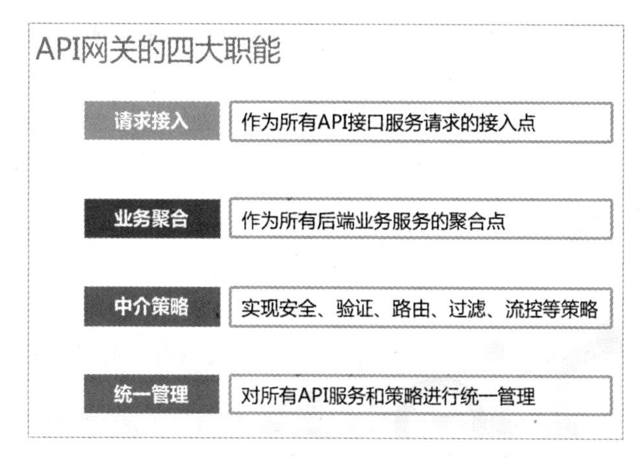

图 7-4

一般来说，API 网关有四大职能。

- **请求接入**：作为所有 API 接口服务请求的接入点，管理所有的接入请求。
- **业务聚合**：作为所有后端业务服务的聚合点，所有的业务服务都可以在这里被调用。
- **中介策略**：实现安全、验证、路由、过滤、流控、缓存等策略，进行一些必要的中介处理。
- **统一管理**：提供配置管理工具，对所有 API 服务的调用生命周期和相应的中介策略进行统一管理。

3. API 网关的关注点

API 网关并不是一个典型的业务系统，而是一个为了让业务系统更专注于业务服务本身，给 API 服务提供更多附加能力的一个中间层。

在设计和实现 API 网关时，需要考虑两个目标：

（1）开发维护简单，节约人力成本和维护成本。即应选择成熟的简单可维护的技术体系。

（2）高性能，节约设备成本，提高系统吞吐能力。要求我们需要针对 API 网关的特点进行一些特定的设计和权衡。

当并发量小的时候，这些都不是问题。一旦系统的 API 访问量非常大，这些都会成为关键的问题。

海量并发的 API 网关最重要的三个关注点：

（1）保持大规模的 inbound 请求接入能力（长短连接），比如基于 Netty 实现。

（2）最大限度地复用 outbound 的 HTTP 连接能力，比如基于 HttpClient4 的异步 HttpClient 实现。

（3）方便灵活地实现安全、验证、过滤、聚合、限流、监控等各种策略。

7.1.3 API 网关的分类与技术分析

1. API 网关的分类

如果对上述的目标和关注点进行更深入的思考，那么所有需要考虑的问题和功能可以分为两类。

- 一类是全局性的，跟具体的后端业务系统和服务完全无关的部分，比如安全策略、全局性流控策略、流量分发策略等。
- 一类是针对具体的后端业务系统，或者是服务和业务有一定关联性的部分，并且一般被直接部署在业务服务的前面。

随着互联网的复杂业务系统的发展，这两类功能集合逐渐形成了现在常见的两种网关系统：流量网关和业务网关，如图 7-5 所示。

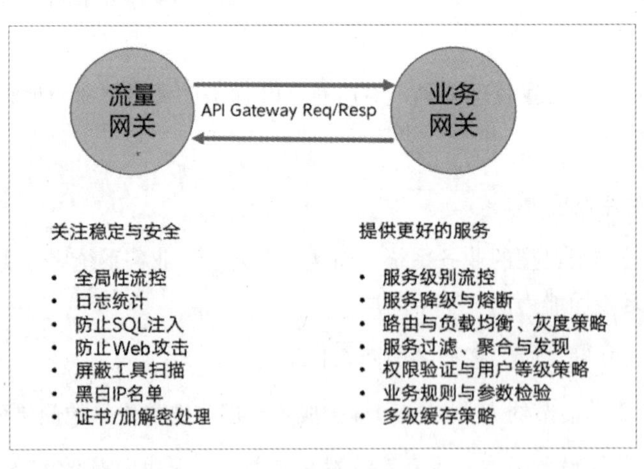

图 7-5

2. 流量网关与 WAF

我们定义全局性的、跟具体的后端业务系统和服务完全无关的策略网关，即为流量网关。这样流量网关关注全局流量的稳定与安全，比如防止各类 SQL 注入、黑白名单控制、接入请求到业务系统的负载均衡等，通常有如下通用性的具体功能：

- 全局性流控；
- 日志统计；
- 防止 SQL 注入；
- 防止 Web 攻击；
- 屏蔽工具扫描；
- 黑白名单控制。

通过这个功能清单，我们可以发现，流量网关的功能跟 Web 应用防火墙（WAF）非常类似。WAF 一般是基于 Nginx/OpenResty 的 ngx_lua 模块开发的 Web 应用防火墙。

一般 WAF 的代码很简单，专注于使用简单、高性能和轻量级。简单地说就是在 Nginx 本身的代理能力以外，添加了安全相关功能。用一句话描述其原理，就是解析 HTTP 请求（协议解析模块），规则检测（规则模块），做不同的防御动作（动作模块），并将防御过程（日志模块）记录下来。

一般的 WAF 具有如下功能：

- 防止 SQL 注入、部分溢出、fuzzing 测试、XSS/SSRF 等 Web 攻击；
- 防止 Apache Bench 之类压力测试工具的攻击；
- 屏蔽常见的扫描黑客工具，比如扫描器；
- 禁止图片附件类目录执行权限、防止 webshell 上传；
- 支持 IP 白名单和黑名单功能，直接拒绝黑名单的 IP 访问；
- 支持 URL 白名单，定义不需要过滤的 URL；
- 支持 User-Agent 的过滤、支持 CC 攻击防护、限制单个 URL 指定时间的访问次数；
- 支持支持 Cookie 过滤，URL 与 URL 参数过滤；
- 支持日志记录，将所有拒绝的操作记录到日志中。

以上 WAF 的内容主要参考如下两个项目：

- https://github.com/unixhot/waf;
- https://github.com/loveshell/ngx_lua_waf。

流量网关的开源实例还可以参考著名的开源项目 Kong（基于 OpenResty）。

3. 业务网关

我们定义针对具体的后端业务系统，或者是服务和业务有一定关联性的策略网关，即为业务网关。比如，针对某个系统、某个服务或某个用户分类的流控策略，针对某一类服务的缓存策略，针对某个具体系统的权限验证方式，针对某些用户条件判断的请求过滤，针对具体几个相关 API 的数据聚合封装，等等。

业务网关一般部署在流量网关之后、业务系统之前，比流量网关更靠近业务系统。我们大部分情况下说的 API 网关，狭义上指的是业务网关。如果系统的规模不大，我们也会将两者合二为一，使用一个网关来处理所有的工作。

7.2 开源网关的分析与调研

7.2.1 常见的开源网关介绍

常见的开源网关如图 7-6 所示。

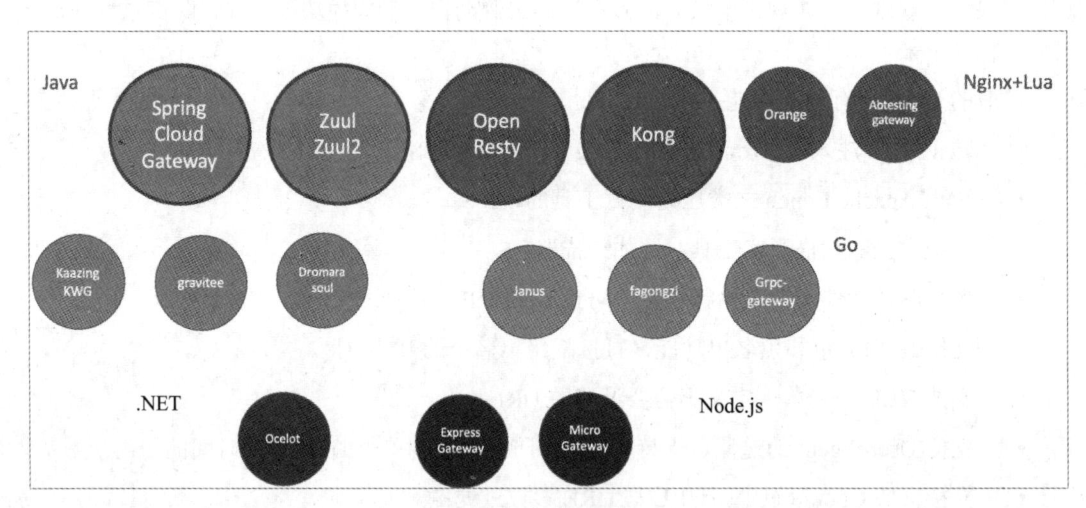

图 7-6

目前常见的开源网关大致上按照语言分类有如下几类。

- Nginx+Lua：Open Resty、Kong、Orange、Abtesting Gateway 等；
- Java：Zuul/Zuul 2、Spring Cloud Gateway、Kaazing KWG、gravitee、Dromara soul 等；
- Go：Janus、fagongzi、Grpc-Gateway；
- .NET：Ocelot；
- Node.js：Express Gateway、MicroGateway。

按照使用范围、成熟度等来划分，主流的有 4 个：OpenResty、Kong、Zuul/Zuul 2、Spring

Cloud Gateway，此外 fagongzi API 网关最近也获得不少关注。

1. Nginx+Lua 网关

OpenResty

项目地址：http://openresty.org/。

OpenResty 基于 Nginx，集成了 Lua 语言和 Lua 的各种工具库、可用的第三方模块，这样我们就在 Nginx 既有的高效 HTTP 处理的基础上，同时获得了 Lua 提供的动态扩展能力。因此，我们可以做出各种符合我们需要的网关策略的 Lua 脚本，以其为基础实现网关系统。

Kong

项目地址：https://konghq.com/与 https://github.com/kong/kong。

Kong 基于 OpenResty，是一个云原生、快速、可扩展、分布式的微服务抽象层（Microservice Abstraction Layer），也叫 API 网关（API Gateway），在 Service Mesh 里也叫 API 中间件（API Middleware）。

Kong 开源于 2015 年，核心价值在于其高性能和扩展性。从全球 5000 强的组织统计数据来看，Kong 是现在依然在维护的、在生产环境使用最广泛的网关。

核心优势如下。

- 可扩展：可以方便地通过添加节点实现水平扩展，这意味着可以在很低的延迟下支持很大的系统负载。
- 模块化：可以通过添加新的插件来扩展 Kong 的能力，这些插件可以通过 RESTful Admin API 来安装和配置。
- 在任何基础架构上运行：Kong 在任何地方都能运行，比如在云或混合环境中部署 Kong，或者单个/全球的数据中心。

ABTestingGateway

项目地址：https://github.com/CNSRE/ABTestingGateway。

ABTestingGateway 是一个可以动态设置分流策略的网关，关注与灰度发布相关的领域，基于 Nginx 和 ngx-lua 开发，使用 Redis 作为分流策略数据库，可以实现动态调度功能。

ABTestingGateway 是新浪微博内部的动态路由系统 dygateway 的一部分，目前已经开源。在以往的基于 Nginx 实现的灰度系统中，分流逻辑往往通过 rewrite 阶段的 if 和 rewrite 指令等实现，优点是性能较高，缺点是功能受限、容易出错，以及转发规则固定，只能静态分流。ABTestingGateway 则采用 ngx-lua，通过启用 lua-shared-dict 和 lua-resty-lock 作为系统缓存和缓存锁，系统获得了较为接近原生 Nginx 转发的性能。

功能特性如下。

- 支持多种分流方式，目前包括 iprange、uidrange、uid 尾数和指定 uid 分流；
- 支持多级分流，动态设置分流策略，即时生效，无须重启；
- 可扩展性，提供了开发框架，开发者可以灵活添加新的分流方式，实现二次开发；
- 高性能，压测数据接近原生 Nginx 转发；
- 灰度系统配置写在 Nginx 配置文件中，方便管理员配置；
- 适用于多种场景：灰度发布、AB 测试和负载均衡等。

> 据了解，美团网内部的 Oceanus 也是基于 Nginx 和 ngx-lua 扩展实现的，主要提供服务注册与发现、动态负载均衡、可视化管理、定制化路由、安全反扒、Session ID 复用、熔断降级、一键截流和性能统计等功能。

2. 基于 Java 语言的网关

Zuul/Zuul 2

项目地址：https://github.com/Netflix/zuul。

Zuul 是 Netflix 开源的 API 网关系统，它的主要设计目标是动态路由、监控、弹性和安全。

Zuul 的内部原理可以简单看作很多不同功能 filter 的集合（作为对比，ESB 也可以简单被看作管道和过滤器的集合）。这些过滤器（filter）可以使用 Groovy 或其他基于 JVM 的脚本编写（当然 Java 也可以编写），放置在指定的位置，然后可以被 Zuul Server 轮询，发现变动后动态加载并实时生效。Zuul 目前有 1.x 和 2.x 两个版本，这两个版本的差别很大。

Zuul 1.x 基于同步 I/O，也是 Spring Cloud 全家桶的一部分，可以方便地配合 Spring Boot/Spring Cloud 配置和使用。

在 Zuul 1.x 里，Filter 的种类和处理流程如图 7-7 所示，最主要的就是 pre、routing、post 这三种过滤器，分别作用于调用业务服务 API 之前的请求处理、直接响应、调用业务服务 API 之后的响应处理。

Zuul 2.x 最大的改进就是基于 Netty Server 实现了异步 I/O 来接入请求，同时基于 Netty Client 实现了到后端业务服务 API 的请求。这样就可以实现更高的性能、更低的延迟。此外也调整了 Filter 类型，将原来的三个核心 Filter 显式命名为 Inbound Filter、Endpoint Filter 和 Outbound Filter，如图 7-8 所示。

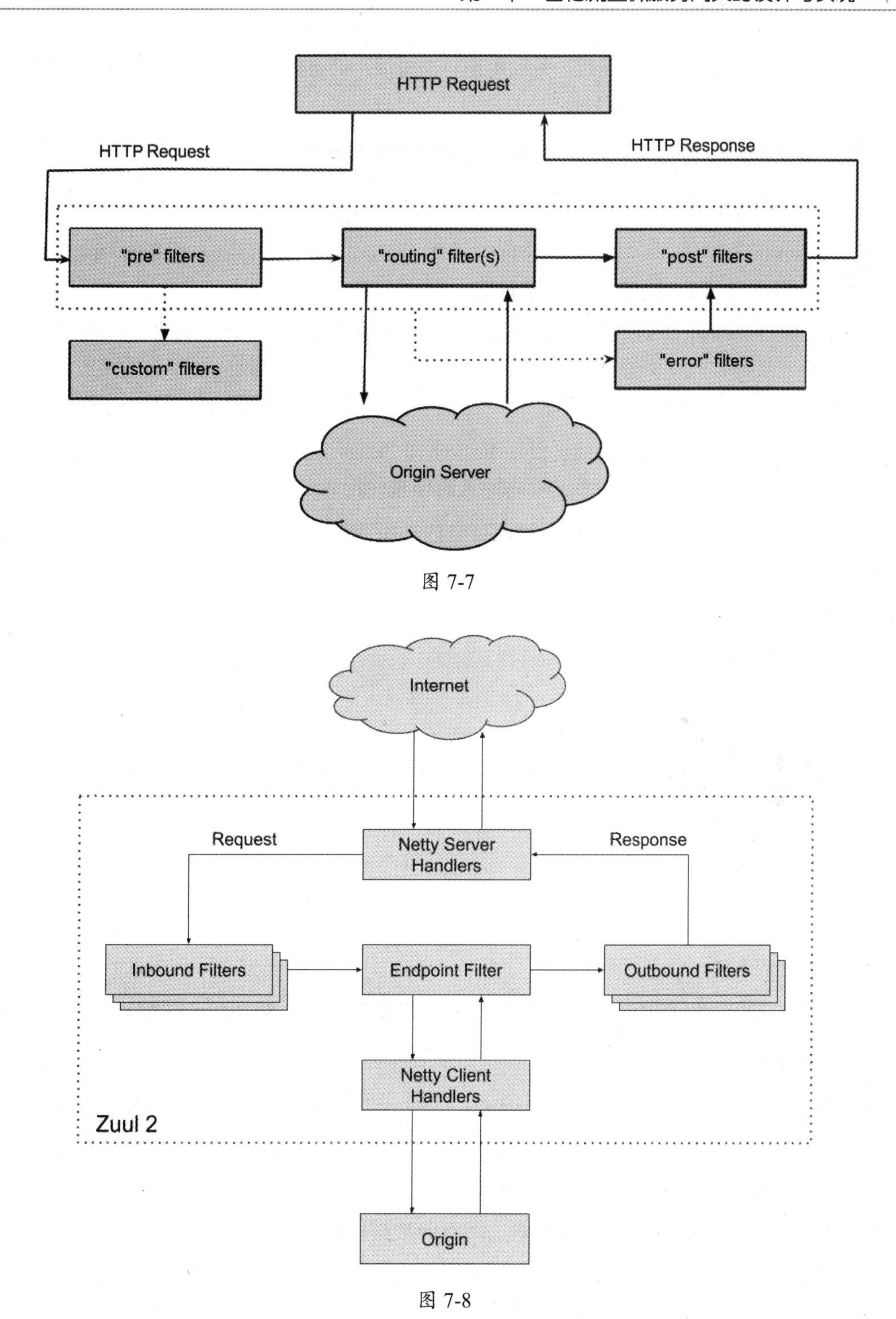
HTTP Request
HTTP Request
HTTP Response
"pre" filters
"routing" filter(s)
"post" filters
"custom" filters
"error" filters
Origin Server
Internet
Request
Netty Server Handlers
Response
Inbound Filters
Endpoint Filter
Outbound Filters
Netty Client Handlers
Zuul 2
Origin

图 7-7

图 7-8

Zuul 2.x 的核心功能：服务发现、负载均衡、连接池、状态分类、重试、请求凭证、HTTP/2、TLS、代理协议、GZip、WebSocket。

Spring Cloud Gateway

项目地址：https://github.com/spring-cloud/spring-cloud-gateway/。

Spring Cloud Gateway 基于 Java 8、Spring 5.0、Spring Boot 2.0、Project Reactor，发展得比 Zuul 2 要早，目前也是 Spring Cloud 全家桶的一部分。

Spring Cloud Gateway 可以看作一个 Zuul 1.x 的升级版和代替品，比 Zuul 2 更早地使用 Netty 实现异步 I/O，从而实现了一个简单、比 Zuul 1.x 更高效的、与 Spring Cloud 紧密配合的 API 网关。

Spring Cloud Gateway 里明确地区分了 Router 和 Filter，内置了非常多的开箱即用功能，并且都可以通过 Spring Boot 配置或手工编码链式调用来使用。

比如内置了 10 种 Router，直接配置就可以随心所欲地根据 Header、Path、Host 或 Query 来做路由。

核心特性：

- 通过请求参数匹配路由；
- 通过断言和过滤器实现路由；
- 与 Hystrix 熔断集成；
- 与 Spring Cloud DiscoveryClient 集成；
- 非常方便地实现断言和过滤器；
- 请求限流；
- 路径重写。

gravitee Gateway

项目地址：https://gravitee.io/与 https://github.com/gravitee-io/gravitee-gateway。

Kaazing WebSocket Gateway

项目地址：https://github.com/kaazing/gateway 与 https://kaazing.com/products/websocket-gateway/。

Kaazing WebSocket Gateway 是一个专门针对和处理 WebSocket 的网关，宣称提供世界一流的企业级 WebSocket 服务能力。具体如下特性：

- 标准 WebSocket 支持，支持全双工的双向数据投递；
- 线性扩展，无状态架构意味着可以部署更多机器来扩展服务能力；
- 验证，鉴权，单点登录支持，跨域访问控制；

- SSL/TLS 加密支持；
- WebSocket keepalive 和 TCP 半开半关探测；
- 通过负载均衡和集群实现高可用；
- Docker 支持；
- JMS/AMQP 等支持；
- IP 白名单；
- 自动重连和消息可靠接受保证；
- Fanout 处理策略；
- 实时缓存等。

Dromara soul

项目地址：https://github.com/Dromara/soul。

Soul 是一个异步的、高性能的、跨语言的、响应式的 API 网关，提供了统一的 HTTP 访问。

- 支持各种语言，无缝集成 Dubbo 和 SpringCloud；
- 丰富的插件支持鉴权、限流、熔断、防火墙等；
- 网关多种规则动态配置，支持各种策略配置；
- 插件热插拔，易扩展；
- 支持集群部署，支持 A/B Test。

3. 基于 Go 语言的网关

fagongzi

项目地址：https://github.com/fagongzi/gateway。

fagongzi Gateway 是一个 Go 实现的功能全面的 API 网关，自带了一个 Rails 实现的 Web UI 管理界面。

功能特性：流量控制、熔断、负载均衡、服务发现、插件机制、路由（分流，复制流量）、API 聚合、API 参数校验、API 访问控制（黑白名单）、API 默认返回值、API 定制返回值、API 结果 Cache、JWT 认证、API Metric 导入 Prometheus、API 失败重试、后端 Server 的健康检查、开放管理 API（gRPC、RESTful）、支持 WebSocket 协议。

Janus

项目地址：https://github.com/hellofresh/janus。

Janus 是一个轻量级的 API 网关和管理平台，能实现控制谁、什么时候、如何访问这些 REST API，同时它也记录了所有的访问交互细节和错误。

使用 Go 实现 API 网关的一个好处在于，一般只需要一个单独的二进制文件即可运行，没有复杂的依赖关系。

功能特性：

- 热加载配置，不需要重启网关进程；
- HTTP 连接的优雅关闭；
- 支持 OpenTracing，从而可以进行分布式跟踪；
- 支持 HTTP/2；
- 可以针对每一个 API 实现断路器；
- 重试机制；
- 流控，可以针对每一个用户或 key；
- CORS 过滤，可以针对具体的 API；
- 多种开箱即用的验证协议支持，比如 JWT、OAuth 2.0 和 Basic Auth；
- Docker Image 支持。

4. .NET

Ocelot

项目地址：https://github.com/ThreeMammals/Ocelot。

功能特性：路由、请求聚合、服务发现（基于 Consul 或 Eureka）、服务 Fabric、WebSockets、验证与鉴权、流控、缓存、重试策略与 QoS、负载均衡、日志与跟踪、请求头、Query 字符串转换、自定义的中间处理、配置和管理 REST API。

5. Node.js

Express Gateway

项目地址：https://github.com/ExpressGateway/express-gateway 与 https://www.express-gateway.io/。Express Gateway 是一个基于 Node.js 开发，使用 Express 和 Express 中间件实现的 REST API 网关。

功能特性：

- 动态中心化配置；
- API 消费者和凭证管理；
- 插件机制；
- 分布式数据存储；
- 命令行工具 CLI。

MicroGateway

项目地址：https://github.com/strongloop/microgateway 与 https://developer.ibm.com/apiconnect。

StrongLoop 是 IBM 的一个子公司，MicroGateway 网关基于 Node.js/Express 和 Nginx 构建，作为 IBM API Connect，同时也是 IBM 云生态的一部分。

MicroGateway 是一个聚焦于开发者，可扩展的网关框架，它可以增强我们对微服务和 API 的访问能力。

核心特性：

- 安全和控制，基于 Swagger（OpenAPI）规范；
- 内置了多种网关策略，API Key 验证、流控、OAuth 2.0、JavaScript 脚本支持；
- 使用 Swagger 扩展（API Assembly）实现网关策略（安全、路由、集成等）；
- 方便地自定义网关策略。

此外，MicroGateway 还有几个特性：

- 通过集成 Swagger，实现基于 Swagger API 定义的验证能力；
- 使用 datastore 来保持需要处理的 API 数据模型；
- 使用一个流式引擎来处理多种策略，使 API 设计者可以更好地控制 API 的生命周期。

核心架构如图 7-9 所示。

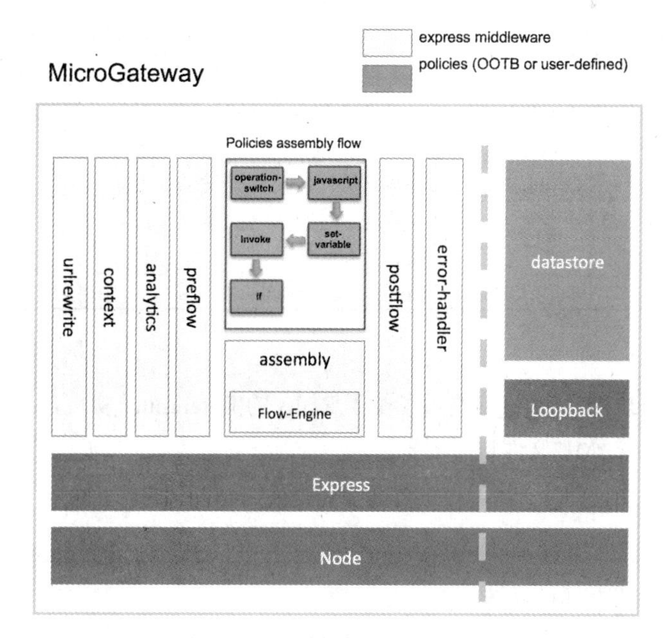

图 7-9

7.2.2 四大开源网关的对比分析

1. OpenResty/Kong/Zuul 2/Spring Cloud Gateway 重要特性对比

各项指标对比如表 7-1 所示。

表 7-1

网关	限流	鉴权	监控	易用性	可维护性	成熟度
Spring Cloud Gateway	可以通过 IP，用户，集群限流，提供了相应的接口进行扩展	普通鉴权、OAuth 2.0	Gateway Metrics Filter	简单易用	Spring 系列可扩展强，易配置可维护性好	Spring 社区成熟，但 Gateway 资源较少
Zuul 2	可以通过配置文件配置集群限流和单服务器限流，也可通过 Filter 实现限流扩展	Filter 中实现	Filter 中实现	参考资料较少	可维护性较差	开源不久，资料少
OpenResty	需要 Lua 开发	需要 Lua 开发	需要开发	简单易用，但是需要进行的 Lua 开发很多	可维护性较差，将来需要维护大量 Lua 脚本	很成熟，资料很多
Kong	根据秒、分、时、天、月、年，根据用户进行限流。可在原码的基础上进行开发	普通鉴权，Key Auth 鉴权，HMAC，OAuth 2.0	可上报 datadog，记录请求数量、请求数据量、应答数据量、接收与发送的时间间隔、状态码数量、Kong 内运行时间	简单易用，API 转发通过管理员接口配置，开发需要 Lua 脚本	可维护性较差，将来需要维护大量 Lua 库	相对成熟，插件开源

以限流功能为例：

- Spring Cloud Gateway 目前提供了基于 Redis 的 Ratelimiter 实现，使用的算法是令牌桶算法，通过 YAML 文件进行配置；
- Zuul 2 可以通过配置文件配置集群限流和单服务器限流，也可通过 Filter 实现限流扩展；
- OpenResty 可以使用 resty.limit.count、resty.limit.conn、resty.limit.req 来实现限流功能，可实现漏桶或令牌通算法；
- Kong 拥有基础限流组件，可在基础组件源代码基础上进行 Lua 开发。

对 Zuul/Zuul 2/Spring Cloud Gateway 的一些功能点分析可以参考 Spring Cloud Gateway 作者 Spencer Gibb 的文章：https://spencergibb.netlify.com/preso/detroit-cf-api-gateway-2017-03/。

2. OpenResty/Kong/Zuul 2/SpringCloudGateway 性能测试对比

分别使用 3 台 4Core、16GB 内存的机器，作为 API 服务提供者、Gateway、压力机，使用 wrk 作为性能测试工具，对 OpenResty/Kong/Zuul 2/Spring Cloud Gateway 进行简单小报文下的性能测试，如图 7-10 所示。

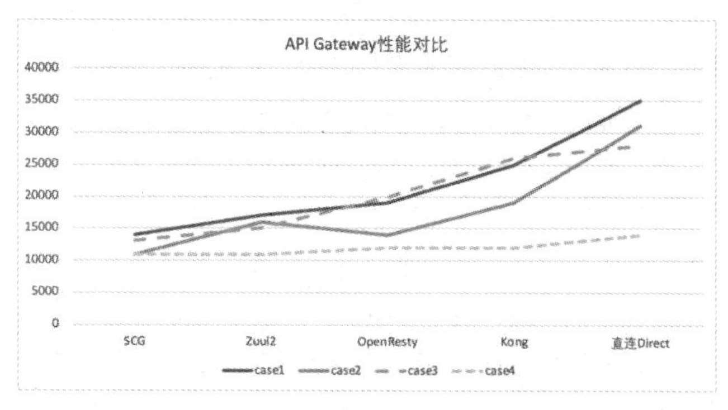

图 7-10

图中纵坐标轴是 QPS，横轴是一个 Gateway 的数据，每根线是一个场景下的不同网关数据，测试结论如下：

- 实测情况是性能 SCG~Zuul 2 << OpenResty ~< Kong << Direct（直连）；
- Spring Cloud Gateway、Zuul 2 的性能差不多，大概是直连的 40%；
- OpenResty、Kong 的性能差不多，大概是直连的 60%～70%；
- 大并发下，例如模拟 200 并发用户、1000 并发用户时，Zuul 2 会有很大概率返回出错。

7.2.3　开源网关的技术总结

1. 开源网关的测试分析

脱离场景谈性能，都是“耍流氓”。性能就像温度，不同的场合下标准是不一样的。同样是 18 摄氏度，老人觉得冷，年轻人觉得合适，企鹅觉得热，冰箱里的蔬菜可能容易坏了。

同样基准条件下，不同的参数和软件，相对而言的横向比较才有价值。比如同样的机器（比如 16GB 内存/4 核），同样的 Server（用 Spring Boot，配置路径为 api/hello，返回一个 helloworld），同样的压测方式和工具（比如用 wrk，10 个线程，20 个并发连接）。我们测试直接访问 Server 得到的极限 QPS（QPS-Direct，29K）；配置了一个 Spring Cloud Gateway 做网关访问的极限 QPS（QPS-SCG，11K）；同样方式配置一个 Zuul 2 做网关压测得到的极限 QPS（QPS-Zuul2，

13K）；Kong 得到的极限 QPS（QPS-Kong，21K）；OpenResty 得到的极限 QPS（QPS-OR，19K）。这个对比就有意义了。

Kong 的性能非常不错，非常适合做流量网关，并且对于 service、route、upstream、consumer、plugins 的抽象，也是自研网关值得借鉴的。

对于复杂系统，不建议业务网关用 Kong，或者更明确地说是不建议在 Java 技术栈的系统深度定制 Kong 或 OpenResty，主要是出于工程性方面的考虑。举个例子：假如我们有多个不同业务线，鉴权方式五花八门，都是与业务多少有点相关的。这时如果把鉴权在网关实现，就需要维护大量的 Lua 脚本，引入一个新的复杂技术栈是一个成本不低的事情。

Spring Cloud Gateway/Zuul 2 对于 Java 技术栈来说比较方便，可以依赖业务系统的一些通用的类库。Lua 不方便，不光是语言的问题，更是复用基础设施的问题。另外，对于网关系统来说，性能不会差一个数量级，问题不大，多加 2 台机器就可以“搞定”。

从测试的结果来看，如果后端 API 服务的延迟都较低（例如 2ms 级别），直连的吞吐量假如是 100QPS，Kong 可以达到 60QPS，OpenResty 是 50QPS，Zuul 2 和 Spring Cloud Gateway 大概是 35QPS，如果服务本身的延迟（latency）大一点，那么这些差距会逐步缩小。

目前来看 Zuul 2 的“坑”还是比较多的：

（1）刚出不久，不成熟，没什么文档，还没有太多的实际应用案例。

（2）高并发时出错率较高，1000 并发时我们的测试场景有近 50%的出错率。

简单使用或轻度定制业务网关系统，目前建议使用 Spring Cloud Gateway 作为基础骨架。

2. 各类网关的 Demo 与测试

以上测试用到的模拟服务和网关 Demo 代码，大部分可以在这里找到：

https://github.com/ kimmking/atlantis。

我们使用 Vert.x 实现了一个简单网关，性能跟 Zuul 2 和 Spring Cloud Gateway 差不多。另外也简单模拟了一个 Node.js 做的网关 Demo，加了 keep-alive 和 pool，Demo 的性能测试结果大概是直连的 1/9，也就是 Spring Cloud Gateway 或 Zuul 2 的 1/4 左右。

7.3 百亿流量交易系统 API 网关设计

7.3.1 百亿流量交易系统 API 网关的现状和面临问题

1. 百亿流量系统面对的业务现状

百亿流量系统面对的业务现状如图 7-11 所示。

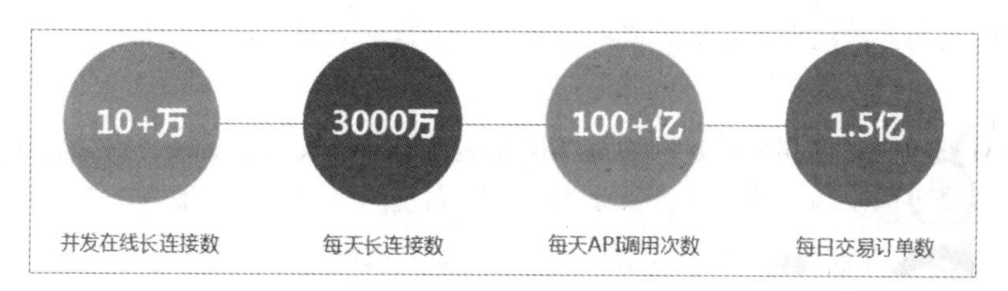

图 7-11

我们目前面临的现状是日常十几万的并发在线长连接数（不算短连接），每天长连接总数为 3000 万+，每天 API 的调用次数超过 100 亿次，每天交易订单数为 1.5 亿个。

在这种情况下，API 网关设计的一个重要目标就是：如何借助 API 网关为各类客户提供精准、专业、个性化的服务，保障客户实时地获得业务系统的数据和业务能力。

2. 网关系统与其他系统的关系

某交易系统的 API 网关系统与其他系统的关系大致如图 7-12 所示。

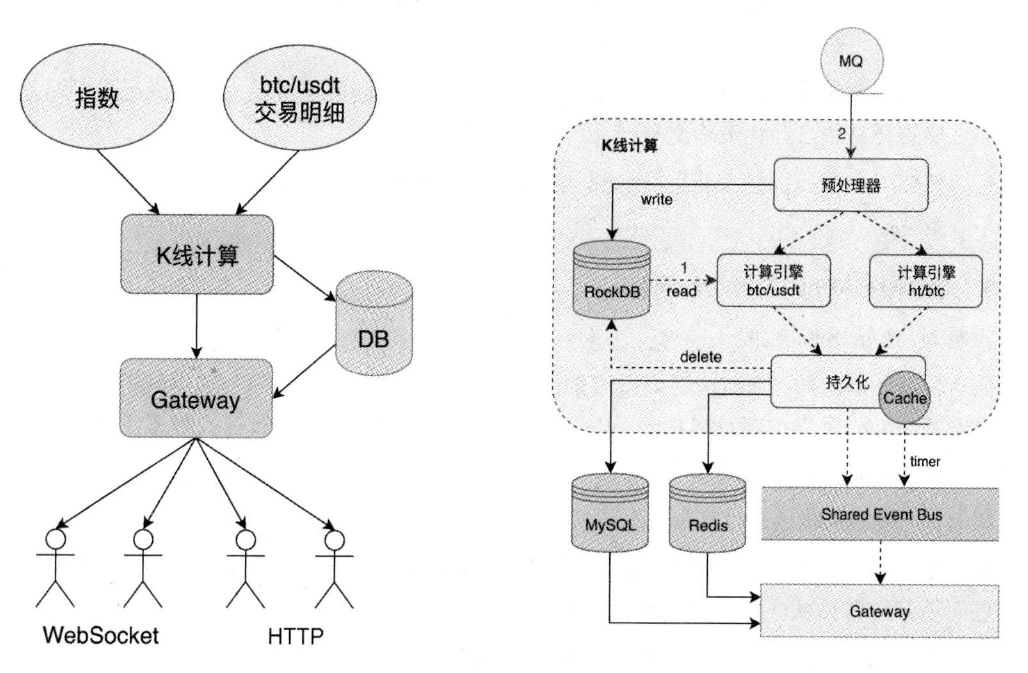

图 7-12

3. 网关系统典型的应用场景

我们的 API 网关系统为 Web 端、移动 App 端客户提供服务，也为大量 API 客户提供 API 调用服务，同时支持 REST API 和 WebSocket 协议。

作为实时交易系统的前置系统，必须精准及时为客户提供最新的行情和交易信息。一旦出现数据的延迟或错误，都会给客户造成无法挽回的损失。

另外针对不同的客户和渠道，网关系统需要提供不同的安全、验证、流控、缓存策略，同时可以随时聚合不同视角的数据进行预处理，保障系统的稳定可靠和数据的实时精确。

4. 交易系统 API 的特点

作为一个全球性的交易系统，我们的 API 特点总结如下。

- 访问非常集中：最核心的一组 API 占据了访问量的一半以上；
- 访问非常频繁：QPS 非常高，日均访问量非常大；
- 数据格式固定：交易系统处理的数据格式非常固定；
- 报文数据量小：每次请求传输的数据一般不超过 10KB；
- 用户全世界分布：客户分布在全世界的各个国家；
- 分内部调用和外部调用：除了 API 客户直接调用的 API，其他的 API 都是由内部其他系统调用的；
- 7×24 小时不间断服务：系统需要提供高可用、不间断的服务能力，以满足不同时区客户的交易和自动化策略交易；
- 外部用户有一定技术能力：外部 API 客户，一般是集成我们的 API，实现自己的交易系统。

5. 交易系统 API 网关面临的问题

问题 1：流量不断增加。

如何合理控制流量，如何应对突发流量，如何最大限度地保障系统稳定，都是重要的问题。特别是网关作为一个直接面对客户的系统，出现的任何问题都会放大百倍。很多千奇百怪的从来没人遇到的问题随时都可能出现。

问题 2：网关系统越来越复杂。

现有的业务网关经过多年发展，里面有大量的业务嵌入，并且存在多个不同的业务网关，相互之间没有任何关系，也没有沉淀出基础设施。

同时技术债务太多，系统里硬编码实现了全局性网关策略及很多业务规则，导致维护成本较大。

问题 3：API 网关管理比较困难。

海量并发下 API 的监控指标设计和数据的收集也是一个不小的问题。7×24 小时运行的技术支持也导致维护成本较高。

问题4：选择推送还是拉取。

使用短连接还是长连接，REST API 还是 WebSocket？业务渠道较多（多个不同产品线的Web、App、API等形成十几个不同的渠道），导致用户的使用行为难以控制。

7.3.2 业务网关的设计与最佳实践

1. API 网关 1.0

我们的API网关1.0版本是多年前开发的，是直接使用OpenResty定制的，全局的安全测试、流量的路由转发策略、针对不同级别的限流等都是直接用Lua脚本实现。

这样就导致在经历了业务飞速发展以后，系统里存在非常多的相同功能或不同功能的Lua脚本，每次上线或维护都需要找到受影响的其中几个或几十个Lua脚本，进行策略调整，非常不方便，策略控制的粒度也不够细。

2. API 网关 2.0

在区分了流量网关和业务网关以后，2017年开始实现了流量网关和业务网关的分离，流量网关继续使用OpenResty定制，只保留少量全局性、不经常改动的配置功能和对应的Lua脚本。

业务网关使用Vert.x实现的Java系统，部署在流量网关和后端业务服务系统之间，利用Vert.x的响应式编程能力和异步非阻塞I/O能力、分布式部署的扩展能力，初步解决了问题1和问题2，如图7-13所示。

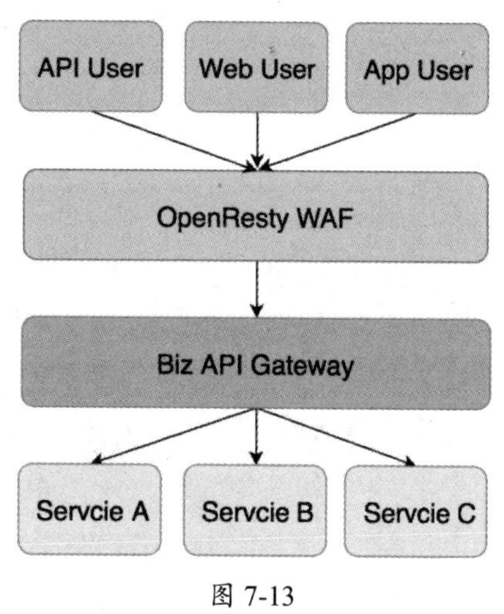

图 7-13

Vert.x是一个基于事件驱动和异步非阻塞I/O、运行于JVM上的框架，如图7-14所示。在Vert.x里，Verticle是最基础的开发和部署单元，不同的Vert.x可以通过Event Bus传递数据，进而方便地实现高并发性能的网络程序。关于 Vert.x 原理的分析可以参考阿里架构师宿何的 blog：https://www.sczyh30.com/tags/Vert-x/。

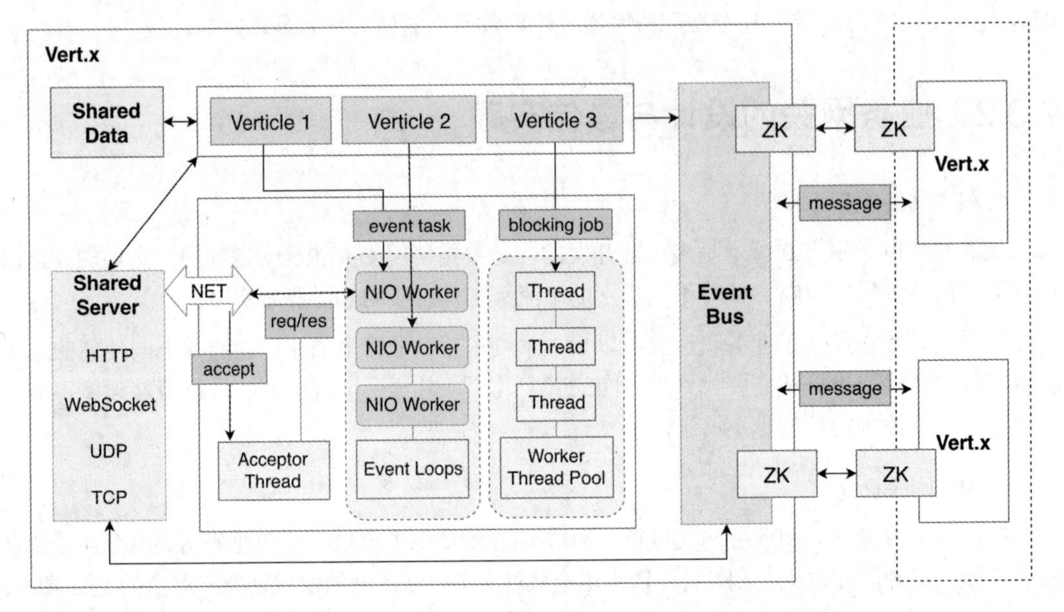

图 7-14

Vert.x 同时很好地支持了 WebSocket 协议，所以可以方便地实现支持 REST API 和 WebSocket、完全异步的网关系统，如图 7-15 所示。

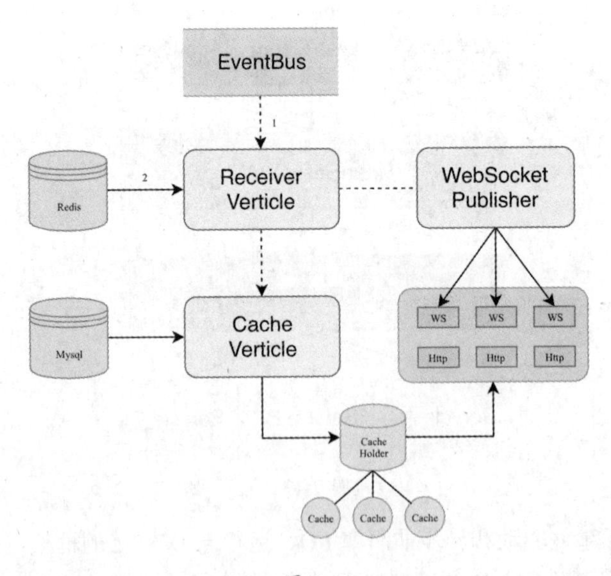

图 7-15

一个高性能的 API 网关系统，缓存是必不可少的部分。无论分发冷热数据，降低对业务系统的压力，还是作为中间数据源，为服务聚合提供高效可复用的业务数据，缓存都发挥了巨大作用。

3. API 网关的日常监控

我们使用多种工具对 API 进行监控和管理，包括全链路访问跟踪、连接数统计分析、全世界重要国家和城市的波测访问统计。网关技术团队每时每刻都关注着数据的变化趋势。各个业务系统研发团队每天安排专人关注自己系统的 API 性能（吞吐量和延迟），推进性能问题解决和持续优化。这就初步解决了问题 3。

4. 推荐外部客户使用 WebSocket 和 API SDK

由于外部客户需要自己通过 API 网关调用 API 服务来集成业务服务能力到自己的系统。各个客户的技术能力和系统处理能力有较大差异，使用行为也不同。对于不断发展变动的交易业务数据，客户调用 API 频率太低会影响数据实时性，调用频率太高则可能会浪费双方的系统资源。同时利用 WebSocket 的消息推送特点，我们可以在网关系统控制客户接收消息的频率、单个用户的连接数量等，随时根据业务系统的情况动态进行策略调整。综合考虑，WebSocket 是一个比 REST API 更加实时可靠、更加易于管理的方式。另外对于习惯使用 REST API 的客户，我们也通过将各种常见使用场景封装成多种不同语言的 API SDK（包括 Java/C++/C#/Python），进而统一用户的 API 调用方式和行为。在研发、产品、运营各方的配合下，逐步协助客户使用 WebSocket 协议和 API SDK，基本解决了问题 4。

5. API 网关的性能优化

API 网关系统作为 API 服务的统一接入点，为了给用户提供最优质的用户体验，必须长期做性能优化工作。不仅 API 网关自己做优化，同时可以根据监控情况，时刻发现各业务系统的 API 服务能力，以此为出发点，推动各个业务系统不断优化 API 性能。

举一个具体的例子，某个网关系统连接经常强烈抖动（如图 7-16 所示），严重影响系统的稳定性、浪费系统资源，经过排除发现：

（1）有爬虫 IP 不断爬取我们的交易数据，而且这些 IP 所在网段都没有在平台产生任何实际交易，最高单爬虫 IP 的每日新建连接近 100 万次，平均每秒十几次。

（2）有部分 API 客户的程序存在 bug，而且处理速度有限，不断地重复“断开并重新连接”，再尝试重新对 API 数据进行处理，严重影响了客户的用户体验。

针对如上分析，我们采取了如下处理方式：

（1）对于每天认定的爬虫 IP，加入黑名单，直接在流量网关限制其访问我们的 API 网关。

（2）对于存在 bug 的 API 客户，协助对方进行问题定位和 bug 修复，增强客户使用信心。

（3）对于处理速度和技术能力有限的客户，基于定制的 WebSocket 服务，使用滑动时间窗口算法，在业务数据变化非常大时，对分发的消息进行批量优化。

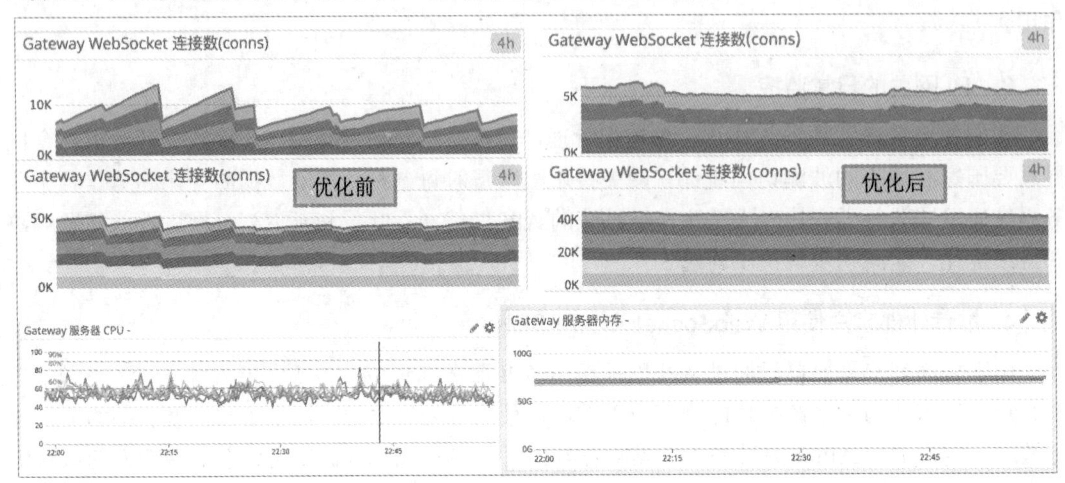

图 7-16

（4）对于未登录和识别身份的 API 调用，流量网关实现全局的流控策略，增加缓存时间和限制调用次数，保障系统稳定。

（5）业务网关根据 API 服务的重要等级和客户的分类，进一步细化和实时控制网关策略，最大限度地保障核心业务和客户的使用。

从监控图表可以看到，优化之后的效果非常明显，系统稳定，连接数平稳。

第 8 章 微服务编排

编排的英文是 Choreography。微服务的编排强调的是协作，通过消息的交互序列来控制各个部分的资源。参与交互的资源都是对等的，没有集中的控制。

随着业务不断发展，团队规模越来越大，项目也越来越庞大，原有架构体系已经严重阻碍公司业务发展的需要，这时就面临要做整体架构改造，于是大部分公司都开始做微服务生态建设。在做微服务治理的时候将原有老系统做服务化拆分，将单体应用以不同业务为边界拆分成不同的服务。原有单体应用只是一个系统完成所有事情，拆分完毕以后会变成多个系统进行协作，并且多个系统都是跨进程访问，这样就增加了更多的复杂度。而在单体应用中经常使用工作流来做业务流程系统，这部分又如何进行改造使其支持分布式环境呢？相对于传统架构，微服务架构下更需要通过各个服务之间的协作来实现一个完整的业务流程，而串联各个服务的过程叫作编排。

Netflix Conductor 框架是典型的服务编排框架，通过 Conductor 还可以实现工作流和分布式调度，性能非常卓越。本章将以案例和原理为出发点深入介绍 Conductor。

8.1 Netflix Conductor

Netflix Conductor 的功能全景如图 8-1 所示。

在正式使用之前我们先来了解 Conductor 都有哪些功能，通过流程、任务、历史、监控、客户端、通信和管理后台几个层面进行功能归类。

流程

流程引擎默认用 DSL 来编写流程定义文件，这是一种 JSON 格式的文件，我们的工作流案例就是以这个定义文件来驱动的。但很可惜目前 Conductor 只支持手写定义，无法通过界面生成，这一点需要后面通过改造 Conductor 来增加相应的功能。

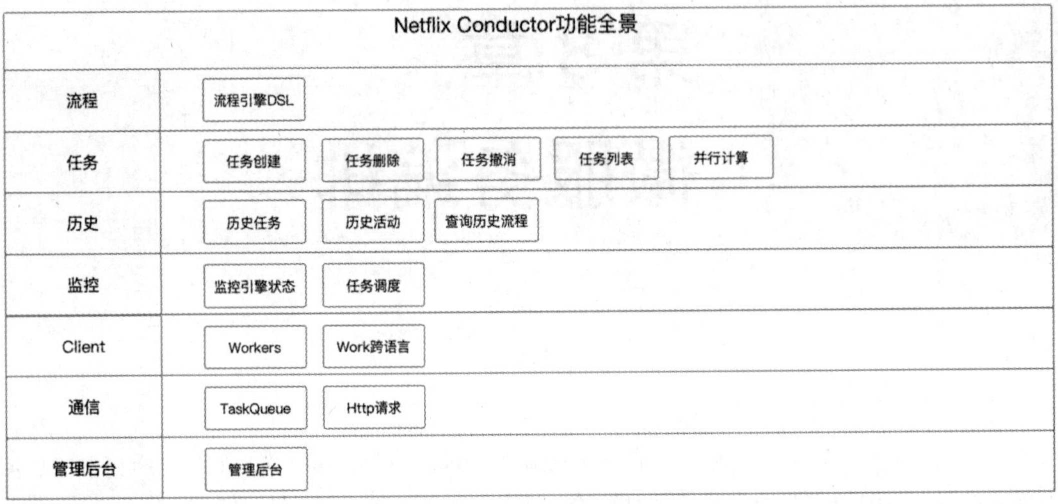

Netflix Conductor功能全景	
流程	流程引擎DSL
任务	任务创建　任务删除　任务撤消　任务列表　并行计算
历史	历史任务　历史活动　查询历史流程
监控	监控引擎状态　任务调度
Client	Workers　Work跨语言
通信	TaskQueue　Http请求
管理后台	管理后台

图 8-1

任务

主要包括和任务相关的功能，通过这些功能可以进行简单工作流的实现，还可以进行并行计算。

历史

如果想查看之前进行过的（完成、失败等终态）历史任务，那么通过这个功能就可以实现。

监控

当工作流任务流程非常冗长的时候，我们对每个节点的任务运行情况并不了解，这时就需要有一个任务监控功能及时知道流程的状态以方便我们做出相应决策。同时还有一个重要功能——任务调度，通过这个功能可以实现类似 XXL-job 的功能，满足分布式定时调度的需求。

客户端和通信

这两个功能本是一体的，既然 Conductor 是分布式的任务流程，那么核心原理就是通过 Server+Worker 的方式，利用核心状态机发消息的方式来驱动客户端的任务执行，而 Worker 的实现是跨语言的，可以用 Java、Python、Go 等语言实现，Worker 需要长轮询 Server 端的状态来判断是否有自己的任务来执行。

管理后台

通过管理后台可以查看任务和工作流的元数据定义、工作流的执行状态等。

8.2　Netflix Conductor 的架构

Netflix Conductor 的架构如图 8-2 所示。

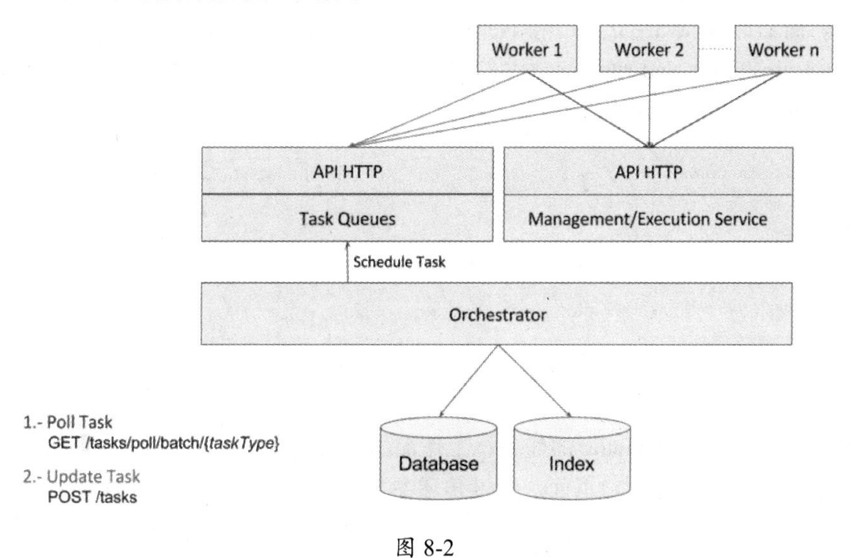

图 8-2

其中：Task Queues 使用 Dyno-queues 做任务延时。

这个架构分了五个模块，分别是客户端模块、延迟队列模块、任务执行管理模块、调度模块和数据存储模块。

我们将 Conductor 应用在微服务架构中，各个微服务通过 HTTP 轮询进行串联，如图 8-3 所示。

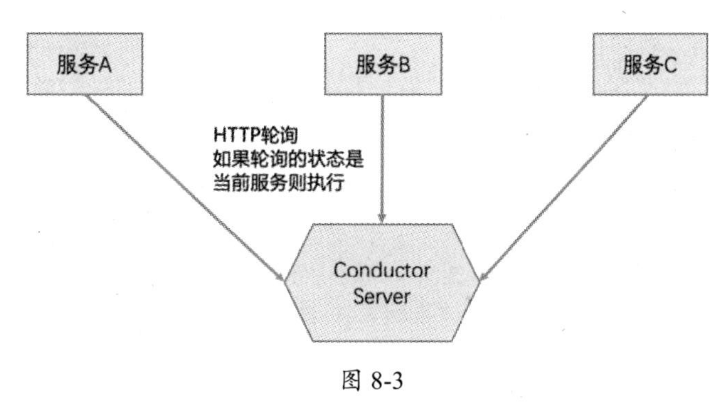

图 8-3

每个服务代表一个业务功能，服务与服务之间的业务串联不再通过代码来绑定，而是轮询 Conductor Server，判断当前是否轮到自己执行任务。Conductor Server 本身是支持集群和高可用的。

8.3 Conductor 的使用案例

使用 `git clone git@github.com:Netflix/conductor.git` 命令从官网上下载 Conductor 源码进行编译，而后通过 java -jar 命令将 Netflix Conductor Sever 端启动（https://netflix.github.io/conductor/intro/#installing-and-running 介绍了如何安装 Conductor），然后访问 localhost:8080，显示如图 8-4 所示的界面。

Task Management　Show/Hide | List Operations | Expand Operations
Event Services　Show/Hide | List Operations | Expand Operations
Admin　Show/Hide | List Operations | Expand Operations
Workflow Management　Show/Hide | List Operations | Expand Operations
Workflow Bulk Management　Show/Hide | List Operations | Expand Operations
Metadata Management　Show/Hide | List Operations | Expand Operations

图 8-4

这个页面主要负责 Conductor 的任务、工作流的元数据管理，提供了很多 HTTP 接口。我们可以直接调用默认提供的接口页面，通过传递参数来进行任务和工作流的定义，当然也可以自己写页面调用相应的 URL。首先定义任务文件，如图 8-5 所示。

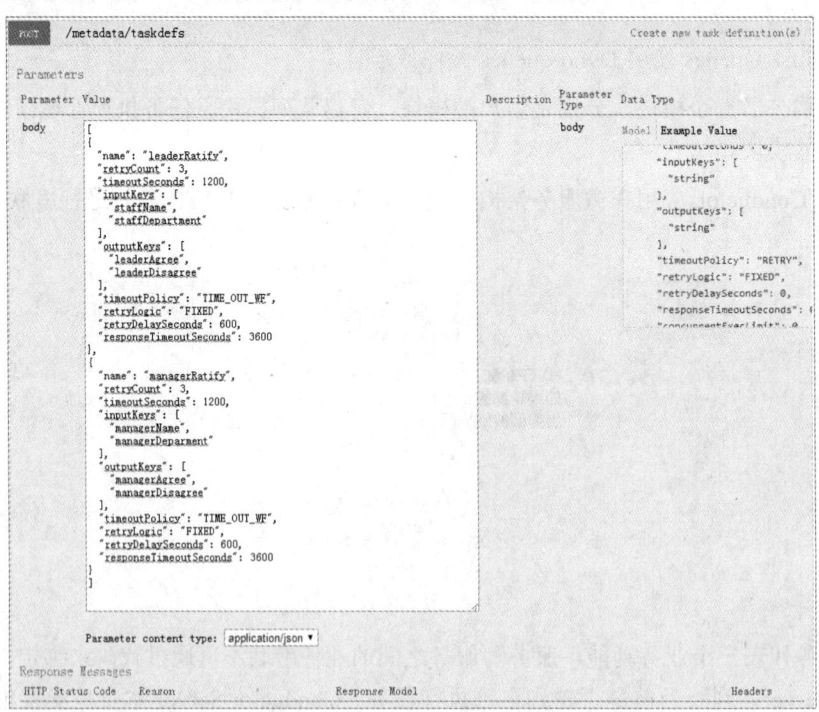

图 8-5

在上述界面中，我们定义了两个任务，分别是 leaderRatify 和 managerRatify，截图中的原始定义代码如下：

```
[
{
  "name": "leaderRatify",
  "retryCount": 3,
  "timeoutSeconds": 1200,
  "inputKeys": [
    "staffName",
    "staffDepartment"
  ],
  "outputKeys": [
    "leaderAgree",
    "leaderDisagree"
  ],
  "timeoutPolicy": "TIME_OUT_WF",
  "retryLogic": "FIXED",
  "retryDelaySeconds": 600,
  "responseTimeoutSeconds": 3600
},
{
  "name": "managerRatify",
  "retryCount": 3,
  "timeoutSeconds": 1200,
  "inputKeys": [
    "managerName",
    "managerDeparment"
  ],
  "outputKeys": [
    "managerAgree",
    "managerDisagree"
  ],
  "timeoutPolicy": "TIME_OUT_WF",
  "retryLogic": "FIXED",
  "retryDelaySeconds": 600,
  "responseTimeoutSeconds": 3600
}
]
```

任务定义好之后，接下来需要通过任务建立工作流定义，如图 8-6 所示。

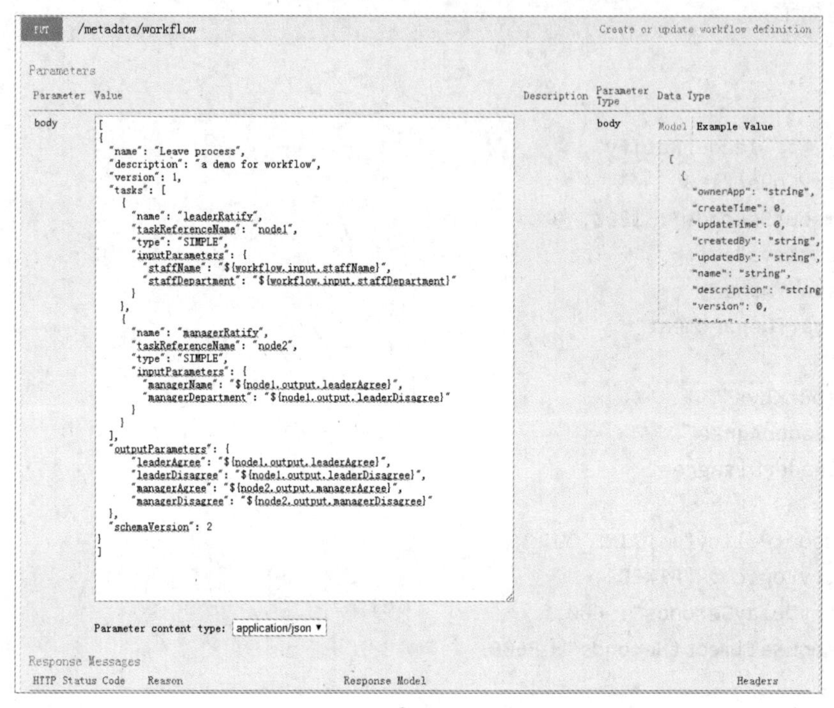

图 8-6

工作流定义文件就是我们整个流程所“走”的路径，将流程的 JSON 文件转换成流程图，如图 8-7 所示。

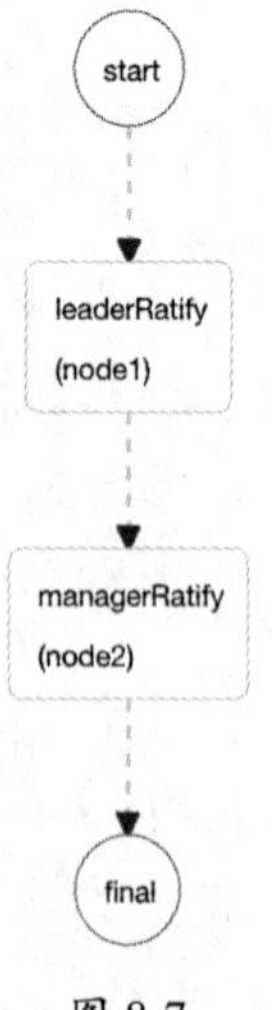

图 8-7

通过图 8-7 可以看出这是简单的两个任务顺序执行的流程，leaderRatify 任务执行完成之后继续执行 managerRatify 任务，然后结束。

流程定义文件的代码如下：

```
{
  "updateTime": 1540438140377,
  "name": "Leave process",
  "description": "a demo for workflow",
  "version": 1,
  "tasks": [
    {
      "name": "leaderRatify",
      "taskReferenceName": "node1",
      "inputParameters": {
        "staffName": "${workflow.input.staffName}",
        "staffDepartment": "${workflow.input.staffDepartment}"
      },
      "type": "SIMPLE",
      "startDelay": 0
    },
    {
      "name": "managerRatify",
      "taskReferenceName": "node2",
      "inputParameters": {
        "managerName": "${node1.output.leaderAgree}",
        "managerDepartment": "${node1.output.leaderDisagree}"
      },
      "type": "SIMPLE",
      "startDelay": 0
    }
  ],
  "outputParameters": {
    "leaderAgree": "${node1.output.leaderAgree}",
    "leaderDisagree": "${node1.output.leaderDisagree}",
    "managerAgree": "${node2.output.managerAgree}",
    "managerDisagree": "${node2.output.managerDisagree}"
  },
```

```
  "restartable": true,
  "schemaVersion": 2
}
```

上面的流程主要介绍了 Task 任务、工作流流程是如何定义和上传的，这两个文件主要提供给 Conductor 的状态机使用，而真正的任务 Worker 则需要自己写 Java 代码来实现，然后通过长轮询 Conductor Server 来获取自己的状态和任务步骤，Worker 代码如下所示。

```
class LeaderRatifyWorker implements Worker {
    private String taskDefName;
    public SampleWorker(String taskDefName) {
        this.taskDefName = taskDefName;
    }
    @Override
    public String getTaskDefName() {
        return taskDefName;
    }
    @Override
    public TaskResult execute(Task task) {
        TaskResult result = new TaskResult(task);
        result.setStatus(TaskResult.Status.COMPLETED);
        //Register the output of the task
        result.getOutputData().put("outputKey", "value");
        result.getOutputData().put("oddEven", 1);
        result.getOutputData().put("mod", 4);
        result.getOutputData().put("leaderAgree", "yes");
        result.getOutputData().put("leaderDisagree", "no");
        return result;
    }
}
class ManagerRatifyWorker implements Worker {
    private String taskDefName;
    public ManagerRatifyWorker(String taskDefName) {
        this.taskDefName = taskDefName;
    }
    @Override
    public String getTaskDefName() {
```

```
            return taskDefName;
        }
        @Override
        public TaskResult execute(Task task) {
            TaskResult result = new TaskResult(task);
            result.setStatus(TaskResult.Status.COMPLETED);
            //Register the output of the task
            result.getOutputData().put("managerAgree",
String.valueOf(task.getInputData().get("managerName")));
            result.getOutputData().put("managerDisagree",
String.valueOf(task.getInputData().get("managerDepartment")));

            return result;
        }
    }

    //在 main 方法中创建工作 Worker，以及设置需要访问的 Conductor Server 端 API 地址，并
    //进入初始化流程
     public static void main(String[] args) {
            TaskClient taskClient = new TaskClient();
            //设置 Server 端地址
            taskClient.setRootURI("http://localhost:8080/api/");
            int threadCount = 2;
            Worker leaderWorker = new LeaderRatifyWorker("leaderRatify");
            Worker managerWorker = new ManagerRatifyWorker("managerRatify");
            //Create WorkflowTaskCoordinator
            WorkflowTaskCoordinator.Builder builder = new WorkflowTaskCoordinator.
Builder();
            WorkflowTaskCoordinator coordinator = builder.withWorkers(leaderWorker,
managerWorker).withThreadCount(threadCount).withTaskClient(taskClient).build();
            //Start for polling and execution of the tasks
            coordinator.init();
    }
```

然后通过如下界面启动工作流，并传入启动流程的输入参数，如图 8-8 所示。

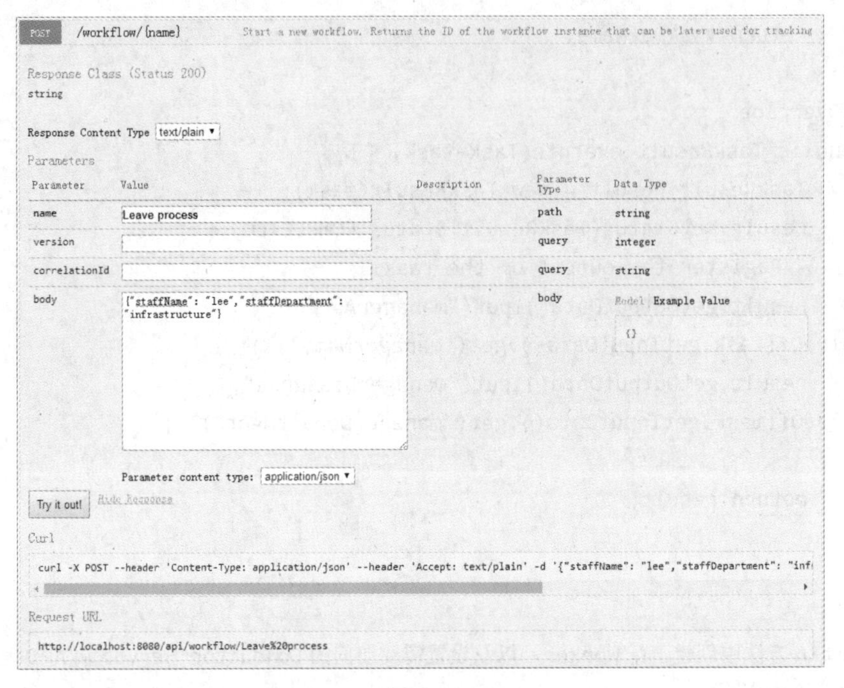

图 8-8

当流程执行完以后，访问 Conductor 的 Admin 管理界面，通过 localhost:5000 端口访问，看到如图 8-9 所示的界面。

图 8-9

选择左边菜单的 All 选项，右侧出现所有任务的列表，如图 8-10 所示。

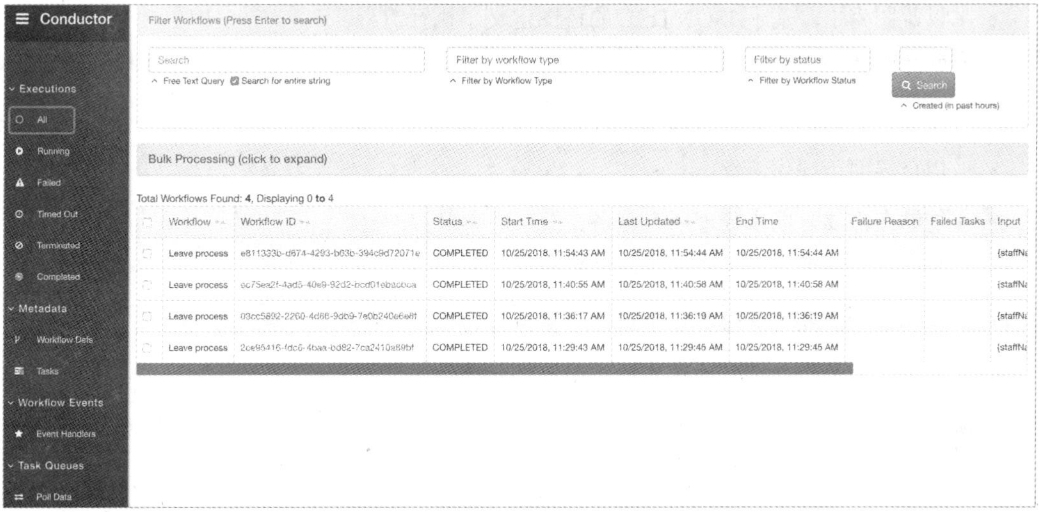

图 8-10

可以看到目前所有工作流的状态均已执行完毕，通过 Status 状态看到每个工作流当前的执行状态，分别是 Running、Completed、Timed out、Terminated 等状态。点击右侧 Workflow 列表中第一条 workflowID，显示如图 8-11 所示的界面。

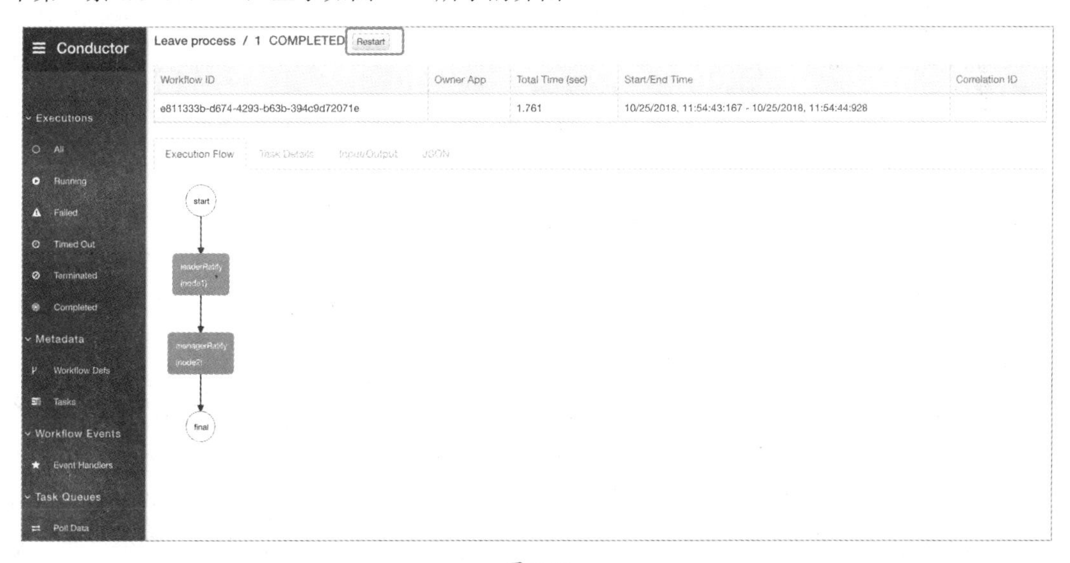

图 8-11

界面中的流程图节点显示为绿色，表示工作流正常执行完毕没有报任何故障，而右上角红框的 Restart 表示可以重启工作流。在使用 Netflix Conductor 做了一个简单的案例后，我们来看一下 Conductor 到底能干什么：

- 以蓝图为主，基于 JSON DSL 的蓝图定义了执行流程；
- 跟踪和管理工作流；
- 能够暂停、恢复和重新启动流程；
- 用户界面可视化流程；
- 能够在需要时同步处理所有任务；
- 能够扩展到数百万个同时运行的流程；
- 由客户抽象的排队服务提供后端支持；
- 能够通过 HTTP 或其他传输操作，例如 gRPC；

如果要大规模使用，则还需要进行一些定制化开发才能使框架的功效发挥到最大：

（1）流程定义文件需要自己手写 DSL，需要改造成通过流程设计器界面来生成。

（2）无人员和权限管理功能，需要改造增加。

8.4 Netflix Conductor 源码分析

Netflix Conductor 的简介和简单案例的使用前面已经做了较为详细说明，本节将深入分析 Conductor 的源码和原理。

从 GitHub（https://github.com/Netflix/conductor/）上“check”源码后在 idea 界面上展示，如图 8-12 所示。

可以看到整个项目使用 Gradle 进行项目管理，并且项目默认采用 JCenter 仓库（http://jcenter.bintray.com），下载 jar 包非常慢，于是采用了阿里云的仓库。目前在企业开发过程中普遍使用 Maven 来管理项目，于是对项目结构进行了转换，变成了 Maven 结构，如图 8-13 所示。

说明：

- admin 层。由于 Conductor 采用 DSL 来做流程定义，但没有可视化界面，需要使用者每次自己手动书写流程定义，这样对使用者的要求就比较高，必须非常熟悉定义格式才能进行编写，同时没有校验机制不知道写的是不是正确，写完流程格式定义文件后还需要自己手动上传到 Swagger 管理界面中才能被 Server 识别。基于此我们二次开发了一个模块 admin，提供了界面，通过在界面中简单填写数据来生成 DSL 文件，同时能够自动上传到 Swagger 管理界面中。

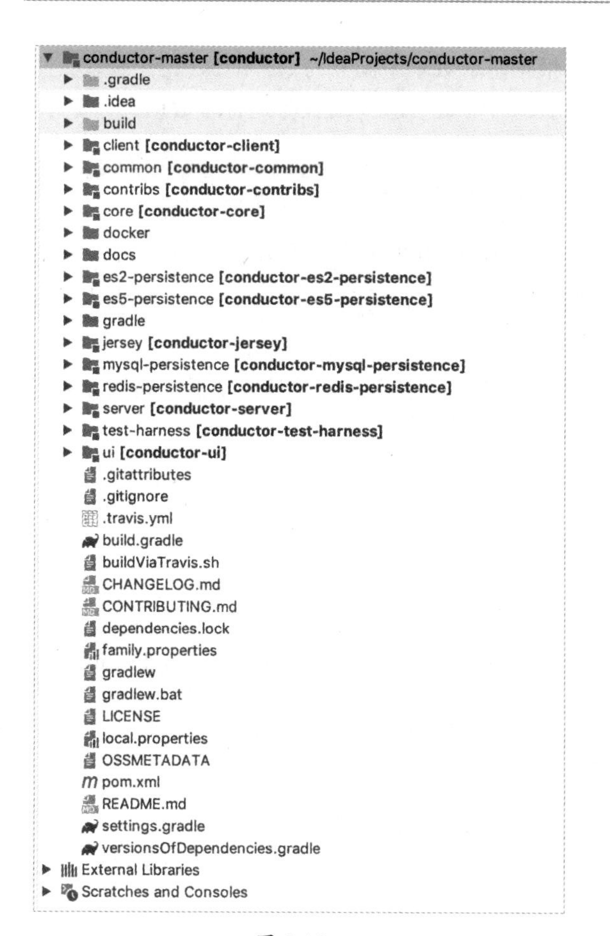

图 8-12

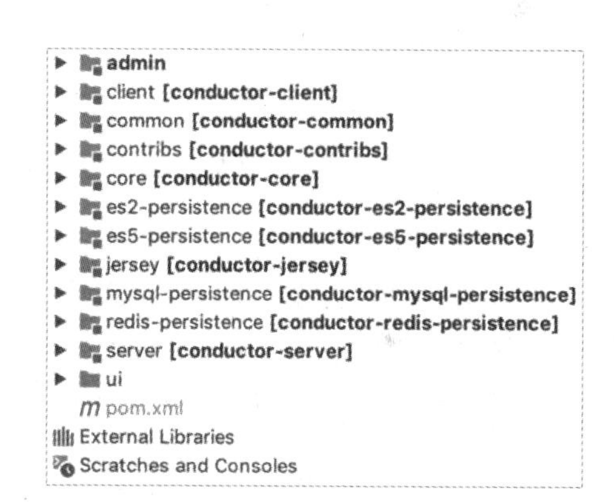

图 8-13

- client 层。Conductor 的使用场景是服务编排，必然会涉及 Client 和 Server 端，也就是说在我们的微服务的服务中可以使用 Client 端来和 Conductor 的 Server 端进行通信，根据不同状态来执行相应任务。
- common 层。这一层主要涉及的是 Task 任务，以及 Workflow 工作流的元数据和请求参数定义，还有一些工具类。
- core 层。这一层主要是核心类，包括事件、队列功能类，还包括任务类型定义、每种类型任务的具体实现逻辑和映射关系，比如分支条件如何进行判断，逻辑表达式如何解析，并行任务如何执行等。
- jersey 层。主要使用 Swagger 框架提供的 RESTful 风格的接口服务，启动这个模块可以看到一个接口列表页面，用户可以在界面上操作接口实现任务，以及工作流元数据的编写和上传，还可以在界面上启动工作流引擎等。

- es-persistence。这一层主要是持久层，根据请求版本不同分为 es5 和 es2 两个模块，主要作用是将任务和工作流元数据保存到 ES 中，还有就是将任务运行时数据进行保存，比如任务执行的状态、执行时间等。
- mysql-persistence。MySQL 持久层，存储任务和工作流定义的元数据。
- redis-persistence。Redis 持久层，存储任务和工作流定义的元数据。
- Server 层。负责 Conductor Server 端的启动、工作流任务的启动，由 Server 层调用 core 层实现分布式状态机控制和任务的调度。
- UI 层。可视化任务管理界面，通过该界面能够看到任务和工作流定义的元数据和展现图形，以及工作流执行的状态。

8.4.1 Client 层源码分析

1. Client 层总体介绍

在正式介绍 Client 层源码前，我们先来看一下 Client 端与 Server 端如何通信，Demo 代码如下：

```
TaskClient taskClient = new TaskClient();
//Point this to the server API
taskClient.setRootURI("http://localhost:8080/api/");
//number of threads used to execute workers. To avoid starvation, should be same
or more than number of workers
int threadCount = 2;
Worker orderWorker = new OrderWorker("order");
Worker paymentWorker = new PaymentWorker("payment");
//Create WorkflowTaskCoordinator
WorkflowTaskCoordinator.Builder builder = new WorkflowTaskCoordinator.Builder();
WorkflowTaskCoordinator coordinator = builder.withWorkers(orderWorker,
paymentWorker).withThreadCount(threadCount).withTaskClient(taskClient).build();
//Start for polling and execution of the tasks
coordinator.init();
```

代码说明：

（1）第一步需要创建 TaskClient 类并设置 Server 端的 API URL 路径，以便客户端能够与服务端通信。

（2）创建任务工作者 Worker 对象，具体的任务由 Worker 来执行。

（3）将 Worker 对象传入 WorkerflowTaskCoordinator 对象，WorkerflowTaskCoordinator 负责启动线程池来执行 Worker 任务，同时维护与 Server 端的心跳，以及最新任务数据的拉取操作。

通过阅读上述代码引出了几个类名称的解释。

- WorkerflowTaskCoordinator：工作流的协调者，负责管理 Task Worker 的线程池，以及和服务端的通信。
- TaskClient：conductor 的任务管理客户端类，负责从 Server 端轮询任务及更新任务状态等。
- Builder：用于创建 WorkerflowTaskCoordinator 实例的建造类。

这三个类的类图如图 8-14 所示，从图中可以看到类的依赖、组合等关系。

图 8-14 展示的是 Client 层最核心的三个类的依赖关系，接下来的源码解析就是围绕这三个类来展开的。

整个 Client 模块的包结构和关键类如图 8-15 所示。

其中：

- config 包是 Client 的一些配置类；
- exceptions 包是自定义的 Client 异常类；
- http 包是与服务端通信的基础类，包括基础基类 ClientBase，还有元数据、负载、客户端任务、工作流等通信类；
- task 包主要包括工作流协调者和工作流任务统计类；
- worker 包主要包括 Worker 工作者接口类。

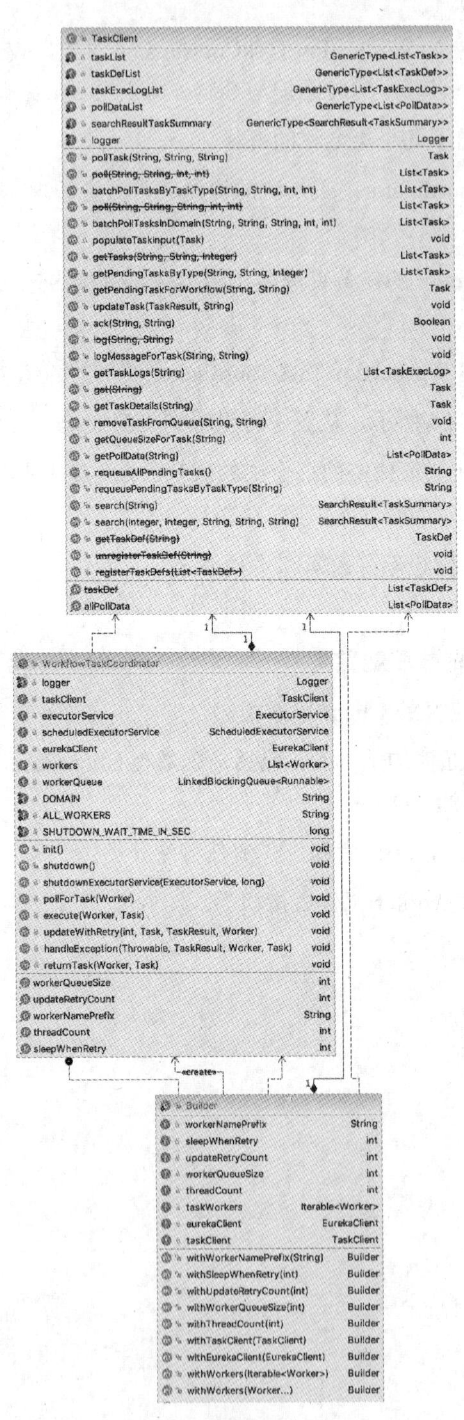
TaskClient
taskList GenericType<List<Task>>
taskDefList GenericType<List<TaskDef>>
taskExecLogList GenericType<List<TaskExecLog>>
pollDataList GenericType<List<PollData>>
searchResultTaskSummary GenericType<SearchResult<TaskSummary>>
logger Logger
pollTask(String, String, String) Task
poll(String, String, int, int) List<Task>
batchPollTasksByTaskType(String, String, int, int) List<Task>
poll(String, String, String, int, int) List<Task>
batchPollTasksInDomain(String, String, String, int, int) List<Task>
populateTaskInput(Task) void
getTasks(String, String, Integer) List<Task>
getPendingTasksByType(String, String, Integer) List<Task>
getPendingTaskForWorkflow(String, String) Task
updateTask(TaskResult, String) void
ack(String, String) Boolean
log(String, String) void
logMessageForTask(String, String) void
getTaskLogs(String) List<TaskExecLog>
get(String) Task
getTaskDetails(String) Task
removeTaskFromQueue(String, String) void
getQueueSizeForTask(String) int
getPollData(String) List<PollData>
requeueAllPendingTasks() String
requeuePendingTasksByTaskType(String) String
search(String) SearchResult<TaskSummary>
search(Integer, Integer, String, String, String) SearchResult<TaskSummary>
getTaskDef(String) TaskDef
unregisterTaskDef(String) void
registerTaskDefs(List<TaskDef>) void
taskDef List<TaskDef>
allPollData List<PollData>
1
1
1
WorkflowTaskCoordinator
logger Logger
taskClient TaskClient
executorService ExecutorService
scheduledExecutorService ScheduledExecutorService
eurekaClient EurekaClient
workers List<Worker>
workerQueue LinkedBlockingQueue<Runnable>
DOMAIN String
ALL_WORKERS String
SHUTDOWN_WAIT_TIME_IN_SEC long
init() void
shutdown() void
shutdownExecutorService(ExecutorService, long) void
pollForTask(Worker) void
execute(Worker, Task) void
updateWithRetry(int, Task, TaskResult, Worker) void
handleException(Throwable, TaskResult, Worker, Task) void
returnTask(Worker, Task) void
workerQueueSize int
updateRetryCount int
workerNamePrefix String
threadCount int
sleepWhenRetry int
«create»
1
Builder
workerNamePrefix String
sleepWhenRetry int
updateRetryCount int
workerQueueSize int
threadCount int
taskWorkers Iterable<Worker>
eurekaClient EurekaClient
taskClient TaskClient
withWorkerNamePrefix(String) Builder
withSleepWhenRetry(int) Builder
withUpdateRetryCount(int) Builder
withWorkerQueueSize(int) Builder
withThreadCount(int) Builder
withTaskClient(TaskClient) Builder
withEurekaClient(EurekaClient) Builder
withWorkers(Iterable<Worker>) Builder
withWorkers(Worker...) Builder

图 8-14

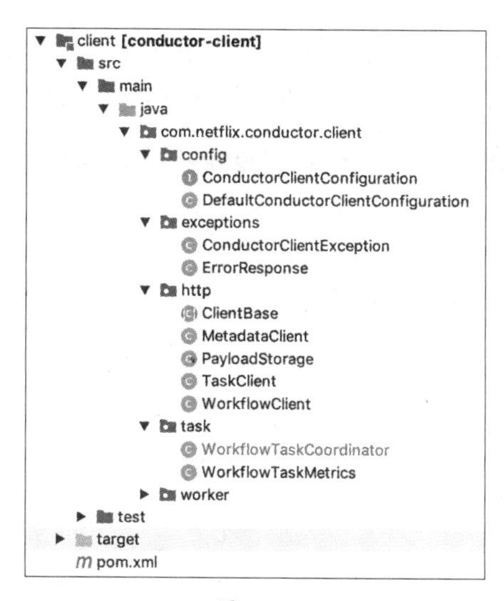

图 8-15

2. Client 层源码执行的全流程解析

我们以一个简单的示例来说明整个业务流程，先定义一个业务流程工作流，从 order 状态通过 decide 进行条件判断，然后通过 true 和 false 进行分支选择，如图 8-15 所示。

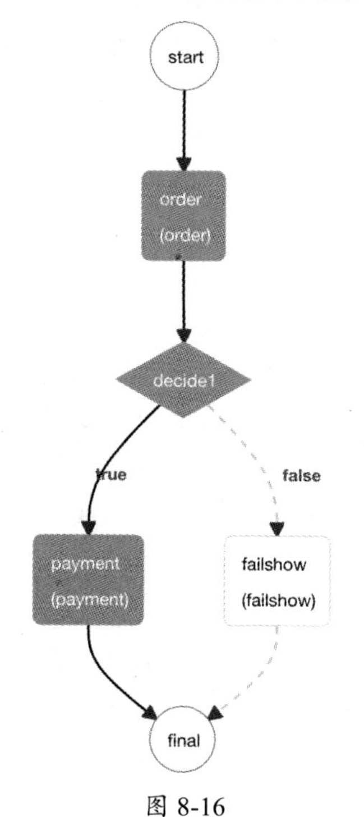

图 8-16

这张图的含义非常简单，用户执行下单流程到 order 模块，如果下单成功则通过 payment 支付模块进行支付，如果下单失败则通过失败模块进行重试等操作。

在 Swagger 界面上输入如下参数启动工作流，如图 8-17 所示。

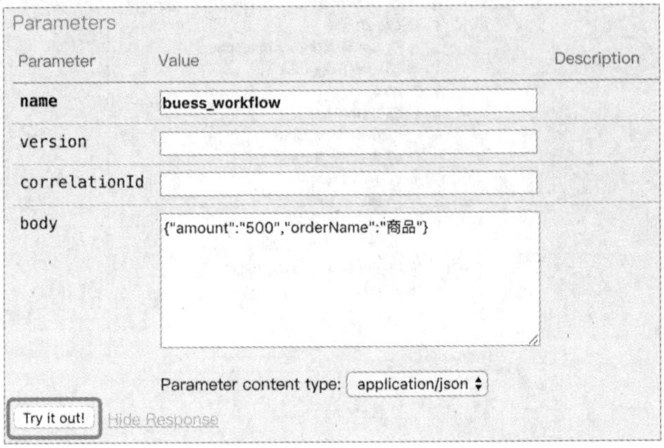

Parameters

Parameter	Value	Description
name	buess_workflow	
version		
correlationId		
body	{"amount":"500","orderName":"商品"}	

Parameter content type: application/json

Try it out! Hide Response

图 8-17

启动的过程实际上是通过 Swagger API 接口调用 server 端的相关类，而 Client 端通过拉取的方式来得到需要自己执行任务的通知和输入参数。

启动完工作流之后 Client 端的代码进入 WorkerflowTaskCoordinator 中的 init 方法，代码如下所示。

```java
public synchronized void init() {
    if(threadCount == -1) {
        threadCount = workers.size();
    }
    logger.info("Initialized the worker with {} threads", threadCount);
    this.workerQueue = new LinkedBlockingQueue<Runnable>(workerQueueSize);
    AtomicInteger count = new AtomicInteger(0);
    this.executorService = new ThreadPoolExecutor(threadCount, threadCount,
            0L, TimeUnit.MILLISECONDS,
            workerQueue,
            (runnable) -> {
                Thread thread = new Thread(runnable);
                thread.setName(workerNamePrefix + count.getAndIncrement());
                return thread;
            });
    this.scheduledExecutorService = Executors.newScheduledThreadPool(workers.size());
```

```
    //定时轮询 Server 状态策略，默认每隔 1 秒进行轮询，根据任务名获取当前任务信息
     workers.forEach(worker -> {
         scheduledExecutorService.scheduleWithFixedDelay(()->pollForTask(worker),
worker.getPollingInterval(), worker.getPollingInterval(), TimeUnit.MILLISECONDS);
     });
  }
```

代码说明：这段代码通过 JDK 中的 scheduledExecutorService.scheduleWithFixedDelay 方法每隔一秒对 Server 端进行轮询，轮询任务的方法是 pollForTask，由于该方法的代码较多，只保留了部分核心代码（完整的代码请查看本书下载资源中的代码 1）。

```
  //获取当前客户端的任务名称
           String taskType = worker.getTaskDefName();
           //根据当前客户端的任务名称从 Server 端的状态机获取是否有自己要执行的任务，如果
           //有任务则获取执行，只能获取一次
           tasks = getPollTimer(taskType)
                   .record(() -> taskClient.batchPollTasksInDomain(taskType, domain,
worker.getIdentity(), realPollCount, worker.getLongPollTimeoutInMS()));
           incrementTaskPollCount(taskType, tasks.size());
           logger.debug("Polled {}, domain {}, received {} tasks in worker - {}",
worker.getTaskDefName(), domain, tasks.size(), worker.getIdentity());
       } catch (Exception e) {
           WorkflowTaskMetrics.incrementTaskPollErrorCount(worker.getTaskDefName(), e);
           logger.error("Error when polling for tasks", e);
       }
       //根据获取的任务列表，以线程的方式启动执行任务
       for (Task task : tasks) {
           try {
               executorService.submit(() -> {
                   try {
                       logger.debug("Executing task {}, taskId - {} in worker - {}",
task.getTaskDefName(), task.getTaskId(), worker.getIdentity());
                       //执行用户自定义的任务逻辑
                       execute(worker, task);
                   } catch (Throwable t) {
                       //执行失败，置任务状态为失败，并将失败结果返回 Server 端
                       task.setStatus(Task.Status.FAILED);
```

```
                    TaskResult result = new TaskResult(task);
                    handleException(t, result, worker, task);
                }
            });
        } catch (RejectedExecutionException e) {
            WorkflowTaskMetrics.incrementTaskExecutionQueueFullCount(worker.
getTaskDefName());
            logger.error("Execution queue is full, returning task: {}",
task.getTaskId(), e);
            returnTask(worker, task);
        }
    }
```

代码说明：每隔一秒从服务端（tasks/poll/batch/{taskType}）获取当前需要执行的任务列表，任务只能获取一次不能重新获取。然后将任务通过异步线程的方式启动执行，执行的方法是 execute。每个任务都是由用户自定义的逻辑实现的，任务的返回值被封装到了 TaskResult 类中，execute 方法的部分代码如下所示（完整的代码请查看本书下载资源中的代码 2）。

```
String taskType = task.getTaskDefName();
TaskResult result = null;
try {
    //这段代码是真正执行用户 Task 任务的代码，执行完后返回值被封装为 TaskResult 对象
    result = worker.execute(task);
    result.setWorkflowInstanceId(task.getWorkflowInstanceId());
    result.setTaskId(task.getTaskId());
    result.setWorkerId(worker.getIdentity());
} catch (Exception e) {
    logger.error("Unable to execute task {}", task, e);
    if (result == null) {
        task.setStatus(Task.Status.FAILED);
        result = new TaskResult(task);
    }
    handleException(e, result, worker, task);
}
//更新任务状态，成功或失败
updateWithRetry(updateRetryCount, task, result, worker);
```

代码说明：通过 worker.execute 方法执行用户定义的任务逻辑，不管是否成功都执行 updatewithRetry 方法更新 Server 端的任务状态和任务执行返回结果。访问的 URL 是/api/tasks。

8.4.2　Server 端源码分析

1. Server 端总体介绍

Server 端的功能主要负责启动 Jetty 服务，启动 Swagger 服务，初始化服务端配置以便与 Client 端进行通信。Server 端主要类的 UML 如图 8-18 所示。

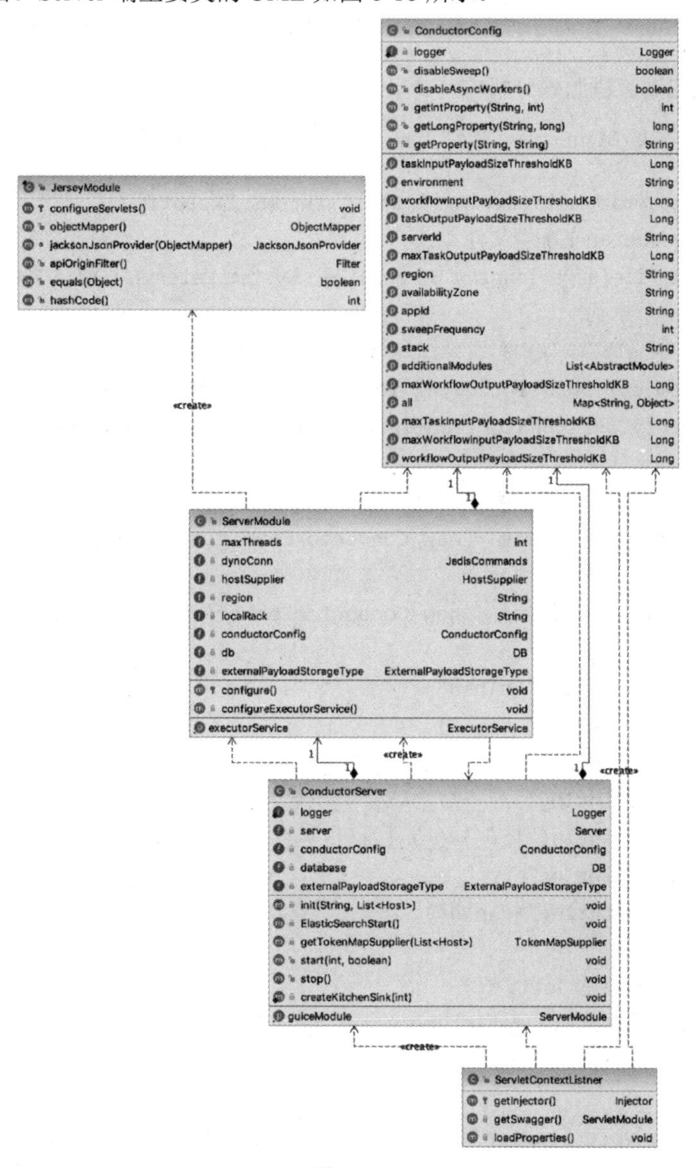

图 8-18

- ConductorServer：Conductor 服务启动类，负责 Jetty 和 Swagger 服务。
- ConductorConfig：Conductor 启动配置类，这些参数主要和 Conductor Server 的启动配置参数有关。
- ServerModule：根据 Conductor Server 启动命令中配置的参数加载相应的模块，比如元数据持久化策略可以选择 ES、Redis、MySQL 等。
- JerseyModule：负责启动 Swagger 服务，以便给客户端提供 REST API 接口。

2. Server 端启动流程源码分析

Server 端启动类是 Main.java，启动方法是 main 方法，代码如下所示。

```
public static void main(String[] args) throws Exception {
    //加载 Conductor 的配置文件
    loadConfigFile(args.length > 0 ? args[0] : System.getenv("CONDUCTOR_CONFIG_FILE"));

    if(args.length == 2) {
        System.out.println("Using log4j config " + args[1]);
        PropertyConfigurator.configure(new FileInputStream(new File(args[1])));
    }
    //初始化 Conductor 配置类
    ConductorConfig config = new ConductorConfig();
    //初始化 ConductorServer 类
    ConductorServer server = new ConductorServer(config);

    System.out.println("\n\n\n");
    System.out.println(" _ _ ");
    System.out.println(" ___ ___ _ __ __| |_ _ ___| |_ ___ _ __ ");
    System.out.println(" / __/ _ \\| '_ \\ / _` | | | |/ __| __/ _ \\| '__|");
    System.out.println("| (_| (_) | | | | (_| | |_| | (__| || (_) | | ");
    System.out.println(" \\___\\___/|_| |_|\\__,_|\\__,_|\\___|\\__\\___/|_| ");
    System.out.println("\n\n\n");

    //启动 Server 端的 Jetty 服务
    server.start(config.getIntProperty("port", 8080), true);
}

private static void loadConfigFile(String propertyFile) throws IOException {
    if (propertyFile == null) return;
```

```
        System.out.println("Using config file" + propertyFile);
        Properties props = new Properties(System.getProperties());
        props.load(new FileInputStream(propertyFile));
        System.setProperties(props);
    }
```

代码说明：这段代码整体看比较简单，首先进入 loadConfigFile 方法，这个方法的作用是加载指定外部的配置文件路径，将配置文件加载到 Properties 对象中，然后创建 ConductorServer 对象并进行初始化。在 ConductorServer 构造方法中通过 System.getEnv 方法获取 workflow 集群配置、数据库类型信息，然后判断当前数据存储模式使用数据库还是内存，如果是数据库模式则获取相应数据库的配置信息，如果是内存模式则只封装一个本地的 Host 对象即可，最后将获取的信息传入 init 方法进行相应数据库的初始化工作。init 方法部分代码如下（完整的代码请查看本书下载资源中的代码 3）：

```
        switch(database) {
        case redis:
        case dynomite:
            ConnectionPoolConfigurationImpl connectionPoolConfiguration = new
ConnectionPoolConfigurationImpl(dynoClusterName)
                    .withTokenSupplier(getTokenMapSupplier(dynoHosts))
                    .setLocalRack(conductorConfig.getAvailabilityZone())
                    .setLocalDataCenter(conductorConfig.getRegion())
                    .setSocketTimeout(0)
                    .setConnectTimeout(0)
                    .setMaxConnsPerHost(conductorConfig.getIntProperty("workflow.dyn
omite.connection.maxConnsPerHost", 10));
            jedis = new DynoJedisClient.Builder()
                    .withHostSupplier(hostSupplier)
                    .withApplicationName(conductorConfig.getAppId())
                    .withDynomiteClusterName(dynoClusterName)
                    .withCPConfig(connectionPoolConfiguration)
                    .build();
         break;

        case mysql:
            logger.info("Starting conductor server using MySQL data store", database);
            break;
```

```
        case memory:
            jedis = new JedisMock();
            ElasticSearchStart();
            logger.info("Starting conductor server using in memory data store");
            break;
        case redis_cluster:
            Host host = dynoHosts.get(0);
            GenericObjectPoolConfig poolConfig = new GenericObjectPoolConfig();
            poolConfig.setMinIdle(5);
            poolConfig.setMaxTotal(1000);
            jedis = new JedisCluster(new HostAndPort(host.getHostName(), host.getPort()),
poolConfig);
            break;
        }

        this.serverModule = new ServerModule(jedis, hostSupplier, conductorConfig,
database, externalPayloadStorageType);
```

代码说明：根据变量 database 判断所指定的数据库类型，这里需要说明的是，使用 memory 模式默认用 ES 来存放工作流运行时数据，包括任务的运行时间、任务的运行状态等。代码最后一行是初始化 ServerModule 实例，主要是根据不同的数据库类型对其进行初始化。

看完元数据持久化的代码后我们返回 Main.java 的 main 方法中，看到 server.start 方法，方法内容如下：

```
    public synchronized void start(int port, boolean join) throws Exception {

        if(server != null) {
            throw new IllegalStateException("Server is already running");
        }

        //利用 Google 的依赖注入框架
        Guice.createInjector(serverModule);
        //启动 Swagger 服务
        String resourceBasePath = Main.class.getResource("/swagger-ui").toExternalForm();
        this.server = new Server(port);

        ServletContextHandler context = new ServletContextHandler();
```

```
        context.addFilter(GuiceFilter.class, "/*", EnumSet.allOf(DispatcherType.class));
        context.setResourceBase(resourceBasePath);
        context.setWelcomeFiles(new String[] { "index.html" });

        server.setHandler(context);

        DefaultServlet staticServlet = new DefaultServlet();
        context.addServlet(new ServletHolder(staticServlet), "/*");
        //启动 Jetty 服务
        server.start();
        System.out.println("Started server on http://localhost:" + port + "/");
        try {
            boolean create = Boolean.getBoolean("loadSample");
            if(create) {
                System.out.println("Creating kitchensink workflow");
                createKitchenSink(port);
            }
        }catch(Exception e) {
            logger.error(e.getMessage(), e);
        }

        if(join) {
            server.join();
        }
    }
```

代码说明：这段代码最重要的功能是引入了 Google 的依赖注入框架 Guice，这个和我们使用的 Spring 的 IoC 有相似之处，具体使用可以参考 https://github.com/google/guice/wiki/GettingStarted，我们使用 GitHub 上的示例做简单说明。

我们定义 BillingService 账单服务类，它依赖于 CreditCardProcessor 和 TransactionLog 两个接口。接下来我们看看如何使用 Guice，代码如下：

```
class BillingService {
  private final CreditCardProcessor processor;
  private final TransactionLog transactionLog;
  @Inject
  BillingService(CreditCardProcessor processor,
```

```
        TransactionLog transactionLog) {
      this.processor = processor;
      this.transactionLog = transactionLog;
    }
    public Receipt chargeOrder(PizzaOrder order, CreditCard creditCard) {
      ...
    }
  }
```

我们准备把 PaypalCreditCardProcessor 和 DatabaseTransactionLog 两个实现类注入 BillingService 的 processor 和 transactionLog 两个接口。@Inject 注解支持属性注入、构造方法注入和 setter 方法注入，在本例中使用的是构造方法注入，只需要在构造方法上加上该注解就可支持按类型自动注入。

Guice 使用 bindings 将类型和实现对应起来。module 是特定的 bindings 的集合。

```
public class BillingModule extends AbstractModule {
  @Override
  protected void configure() {
      /**
       *这是告诉 Guice，当遇到一个对象依赖于 TransactionLog 时，
       *将 DatabaseTransactionLog 注入
       */
      bind(TransactionLog.class).to(DatabaseTransactionLog.class);
      /**同上*/
      bind(CreditCardProcessor.class).to(PaypalCreditCardProcessor.class);
  }
}
```

执行的 main 方法如下所示。

```
public static void main(String[] args) {
    /*
     * Guice.createInjector() takes your Modules, and returns a new Injector
     * instance. Most applications will call this method exactly once, in their
     * main() method.
     */
    Injector injector = Guice.createInjector(new BillingModule());
    /*
```

```
     * Now that we've got the injector, we can build objects.
     */
    BillingService billingService = injector.getInstance(BillingService.class);
    ...
  }
```

通过上面的代码可以看出，实现 Google 的 Guice 依赖注入的前提是继承 AbstractModule 并重写 configure 方法，在方法中将类型和实现对应起来以便实现注入，我们再返回 ConductorServer 的 start 方法中找到代码 Guice.createInjector(serverModule)，查看参数 serverModule 的 configure 方法，部分代码如下（完整的代码请查看本书下载资源中的代码 4）：

```
@Override
protected void configure() {

    configureExecutorService();
    //当程序遇到 Configuartaion 类的时候会自动注入 ConductorConfig 类
    bind(Configuration.class).toInstance(conductorConfig);

    if (db == ConductorServer.DB.mysql) {
        //安装 MySQLModule 依赖注入
        install(new MySQLWorkflowModule());
    } else {
       //安装 RedisModule 依赖注入
        install(new RedisWorkflowModule(conductorConfig, dynoConn, hostSupplier));
    }

    if (conductorConfig.getProperty("workflow.elasticsearch.version",
"2").equals("5")){
        //安装 ES5 依赖注入
        install(new ElasticSearchModuleV5());
    }
    else {
        // Use ES2 as default.
        //默认使用 ES2
        install(new ElasticSearchModule());
    }

    install(new CoreModule());
```

```
        install(new JerseyModule());
    }
```

代码说明：结合 Guice 框架的原理将 MySQL、ES、Redis 等模块进行注入，完成 Server 端的整个初始化过程。

8.4.3 core 端源码分析

1. core 端总体介绍

core 核心层是通用功能接口层，在 Client 端、Server 端和 Jersey 层都会访问到，图 8-19 是 core 的包结构。

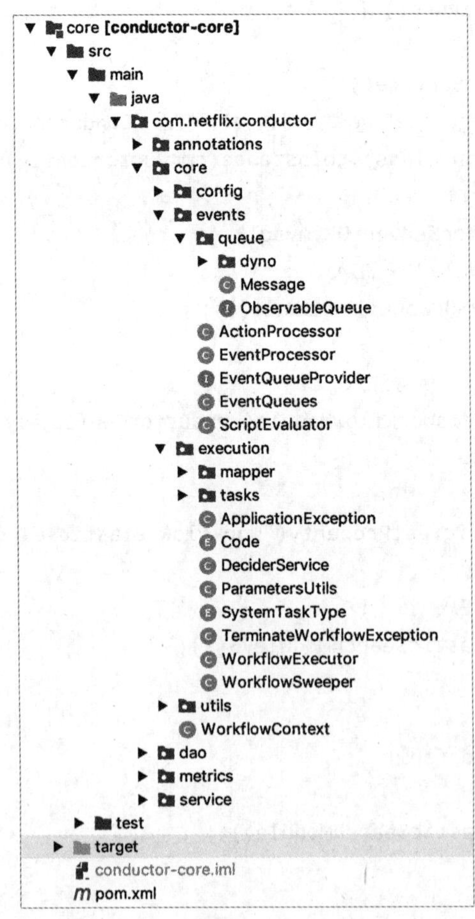

图 8-19

- config：Guice 依赖注入框架中的配置类，类似使用 Spring 的 Component 注解一些工具注入类。
- event：与事件通知相关的类，包括处理类和队列工具类。
- execution：这个包包括两个子包，分别是 mapper 和 task，mapper 是 Conductor 中系统任务的判断逻辑，比如条件分支是通过 DecisionTaskMapper 来执行具体判断的。task 包中定义的是系统任务类。
- dao：这个包主要是与 Redis、ES、Queue 等直接操作的类。
- service：核心交互服务层，工作流启动/停止、任务添加/更新等操作都基于这个包，Swagger 接口直接调用这个包的 service 类进行操作。

core 核心层与 client 层和 Server 端的交互架构如图 8-20 所示。

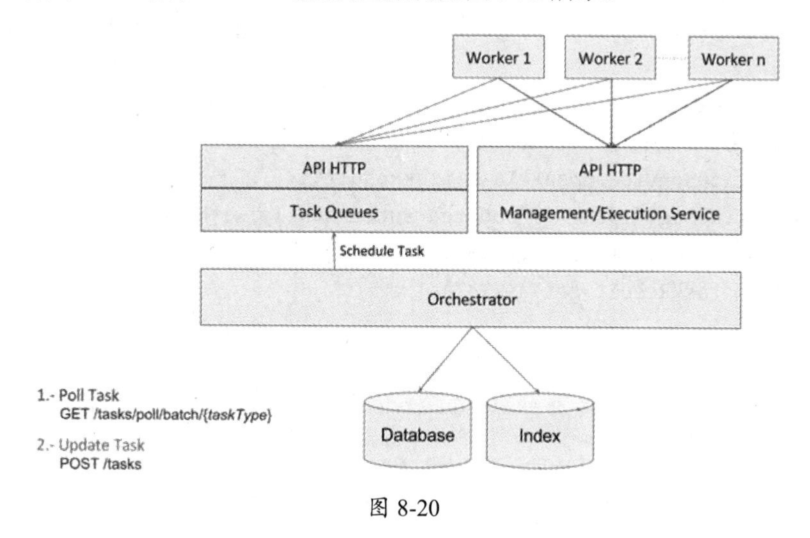

图 8-20

Worker 代表的是客户端具体执行的任务，每秒对 REST 接口 tasks/poll/batch/{taskType}进行轮询以获取最新的任务，这个接口本身是基于 HTTP 的，接口内部是从 Dyno-queue 队列中获取任务，当 Worker 执行完任务后通过 Execution Server 模块进行任务状态的更新，而 Orchestrator 定时向 Dyno-queue 队列中“put”最新的任务，也就是通过一个延时队列来实现任务延时和任务缓冲，Orchestrator 通过 DB 或 ES 来查询任务流程及执行情况。

2. client 层与 core 层流程交互源码分析

通过前面的分析，我们知道 Client 端与 Server 端主要通过 Jersey 的 REST API 接口进行交互，Client 端不断轮询 Server 端，当有任务执行的时候就调用用户的任务，执行完以后需要更新任务状态，于是调用下面代码中展示的接口：

```
@POST
@ApiOperation("Update a task")
public String updateTask(TaskResult taskResult) {
return taskService.updateTask(taskResult);
}
```

TaskService 是 core 层的任务服务类，主要功能是参数校验，updateTask 代码如下所示。

```
public String updateTask(TaskResult taskResult) {
        ServiceUtils.checkNotNull(taskResult, "TaskResult cannot be null or empty.");
        ServiceUtils.checkNotNullOrEmpty(taskResult.getWorkflowInstanceId(),
"Workflow Id cannot be null or empty");
        ServiceUtils.checkNotNullOrEmpty(taskResult.getTaskId(), "Task ID cannot be
null or empty");
        logger.debug("Update Task: {} with callback time: {}", taskResult,
taskResult.getCallbackAfterSeconds());
        executionService.updateTask(taskResult);
        logger.debug("Task: {} updated successfully with callback time: {}",
taskResult, taskResult.getCallbackAfterSeconds());
        return taskResult.getTaskId();
    }
```

通过 taskService 服务类跳转到 executionService 服务类，代码如下：

```
public void updateTask(TaskResult taskResult) {
   workflowExecutor.updateTask(taskResult);
}
```

代码中的核心类是 workflowExecutor 工作流执行类，真正更新动作也在这个类中，updateTask 的部分代码如下（完整的代码请查看本书下载资源中的代码 5）：

```
public void updateTask(TaskResult taskResult) {

    //获得工作流 ID
    String workflowId = taskResult.getWorkflowInstanceId();
    //通过工作流 ID 获取当前正在执行的工作流运行时数据
    Workflow workflowInstance = executionDAO.getWorkflow(workflowId);
    //通过任务 ID 获取当前正在执行的任务
```

```
    Task task = executionDAO.getTask(taskResult.getTaskId());
    //获取任务队列的名字，这个名字主要用于 Dyno-queue 队列
    String taskQueueName = QueueUtils.getQueueName(task);

    switch (task.getStatus()) {
        case COMPLETED:
        case CANCELED:
        case FAILED:
        case FAILED_WITH_TERMINAL_ERROR:
            queueDAO.remove(taskQueueName, taskResult.getTaskId());
            break;
        case IN_PROGRESS:
            // put it back in queue based on callbackAfterSeconds
            long callBack = taskResult.getCallbackAfterSeconds();
            queueDAO.remove(taskQueueName, task.getTaskId());
            queueDAO.push(taskQueueName, task.getTaskId(), callBack); // Milliseconds
            break;
        default:
            break;
    }

    //注意：这行代码非常关键，当前任务执行完以后根据条件判断下一个任务的过程，用的就是
    //这个方法
    decide(workflowId);
    }
}
```

整段代码做的其实就是两件事：

- 更新任务状态，在更新的过程中判断当前任务的不同状态，选择不同的更新步骤；
- 通过 decide 方法根据不同条件选择下一个要执行的任务。

TaskService、ExecutionService、WorkflowExecutor 类的依赖关系如图 8-21 所示。

接下来我们来看一下 decide 方法如何进行下一个任务的选取，这是非常关键的过程。WorkflowExecutor 的 decide 方法流转到 DecideService 的 decide 方法，类依赖结构如图 8-22 所示。

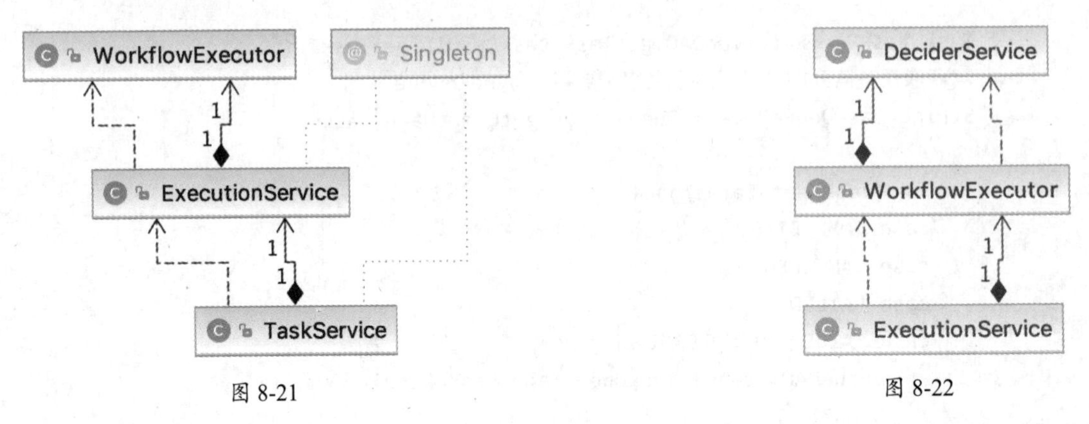

图 8-21

图 8-22

先来看 WorkflowExecutor.decide 方法，部分代码如下所示（完整的代码请查看本书下载资源中的代码 6）。

```
//方法中最核心的代码，通过 deciderServer.decide 获取下一个要执行的任务，返回
//到 DeciderOutcome 对象中
DeciderOutcome outcome = deciderService.decide(workflow, workflowDef);
if (outcome.isComplete) {
    completeWorkflow(workflow);
    return true;
}
//taskToBeScheduled 是执行的下一个任务列表，由 DecideSerivce.decide 方法赋值
List<Task> tasksToBeScheduled = outcome.tasksToBeScheduled;
setTaskDomains(tasksToBeScheduled, workflow);
List<Task> tasksToBeUpdated = outcome.tasksToBeUpdated;
List<Task> tasksToBeRequeued = outcome.tasksToBeRequeued;
boolean stateChanged = false;

if (!tasksToBeRequeued.isEmpty()) {
    //如果要执行的任务列表不为空，则将任务添加到 Dyno-queue 队列中
    addTaskToQueue(tasksToBeRequeued);
}
workflow.getTasks().addAll(tasksToBeScheduled);


//创建要执行的任务记录，判断当前任务的类型是不是异步的，如果是异步的则开始异步
//的工作流系统任务，最后将过滤完的任务添加到 Dyno-queue 队列中
stateChanged = scheduleTask(workflow, tasksToBeScheduled) || stateChanged;
```

```
            if (!outcome.tasksToBeUpdated.isEmpty() || !outcome.tasksToBeScheduled.
isEmpty()) {
                executionDAO.updateTasks(tasksToBeUpdated);
                executionDAO.updateWorkflow(workflow);
                queueDAO.push(deciderQueue, workflow.getWorkflowId(),
config.getSweepFrequency());
            }

            if (stateChanged) {
                decide(workflowId);
            }
```

代码说明：这段代码主要起到了承上启下的作用，通过 DecideService.decide 方法获取将要执行的任务列表，并将任务列表添加到执行队列 Dyno-queue 中，以便客户端能够正常轮询到，同时能够判断当前任务是不是异步的，如果是异步任务则开启工作流异步任务来执行。

当要执行的任务不为空时，添加到 Dyno-queue 队列的方法代码如下：

```
    private void addTaskToQueue(Task task) {
        // put in queue
        String taskQueueName = QueueUtils.getQueueName(task);
        queueDAO.remove(taskQueueName, task.getTaskId());

        if (task.getCallbackAfterSeconds() > 0) {
            //根据工作流定义中的属性 startDelay 来决定队列的延时情况，可以基于此实现分布式
            //任务调度
            queueDAO.push(taskQueueName, task.getTaskId(), task.getCallbackAfterSeconds());
        } else {
            queueDAO.push(taskQueueName, task.getTaskId(), 0);
        }
        logger.debug("Added task {} to queue {} with call back seconds {}", task,
taskQueueName, task.getCallbackAfterSeconds());
    }
```

task.getCallbackAfterSeconds 方法值对应工作流定义中的 startDelay 属性值，表示任务延时时间，用秒来表示，通过这个属性可以实现分布式任务调度延时，是一个很实用的属性功能。带有 startDelay 属性的工作流定义示例如下所示，而 startDelay 和 callbackAfterSeconds 的对应关系在 DeciderServer 对象的 retry 方法中进行设置，设置语句是 rescheduled.setCallbackAfterSeconds (startDelay)。

```
[
{
  "name": "buess_workflow",
  "description": "这是一个牛×的工作流",
  "version": 1,
  "tasks": [
    {
      "name": "order",
      "taskReferenceName": "order",
      "startDelay":3000,
      "type": "SIMPLE",
      "inputParameters": {
        "amount": "${workflow.input.amount}",
        "orderName": "${workflow.input.orderName}"
      }
    },
    {
      "name":"decide_task",
      "taskReferenceName": "decide1",
      "inputParameters": {
         "case_value_param": "${order.output.orderStatus}"
      },
      "type": "DECISION",
      "caseValueParam": "case_value_param",
      "decisionCases": {
          "true":[
            {
              "name": "payment",
              "taskReferenceName": "payment",
              "inputParameters": {
                "orderStatus": "${order.output.orderStatus}",
                "amount":"${order.output.amount}"
              },
              "type": "SIMPLE"
            }
          ],
          "false":[
```

```
            {
            "name": "failshow",
            "taskReferenceName": "failshow",
            "inputParameters": {
              "orderStatus": "${workflow.output.orderStatus}"
            },
            "type": "SIMPLE"
          }
        ]
      }
    }

  ],
  "outputParameters": {
      "orderStatus": "${order.output.orderStatus}",
      "amount": "${order.output.amount}",
      "payStatus": "${payment.output.payStatus}",
      "payshowStatus": "${failshow.output.payshowStatus}"
  },
  "schemaVersion": 2
}
]
```

DecideService 的 decide 方法的部分代码如下所示（完整的代码请查看本书下载资源中的代码 7）。

```
//Decider 选择结果类
DeciderOutcome outcome = new DeciderOutcome();

//筛选任务列表，只留下未重试和未执行的任务
//跳过不是系统任务的部分，比如 DECISION、FORK、JOIN 等
//对于一个正在启动的新的工作流，这个任务列表为空
List<Task> pendingTasks = workflow.getTasks()
        .stream()
        .filter(isNonPendingTask)
        .collect(Collectors.toList());

// Get all the tasks that are ready to rerun or not marked to be skipped
```

```
        // This list will be empty for a new workflow
        Set<String> executedTaskRefNames = workflow.getTasks()
                .stream()
                .filter(Task::isExecuted)
                .map(Task::getReferenceTaskName)
                .collect(Collectors.toSet());

        //Traverse the pre-scheduled tasks to a linkedHasMap
        Map<String, Task> tasksToBeScheduled = preScheduledTasks.stream()
                .collect(Collectors.toMap(Task::getReferenceTaskName,
Function.identity(),
                        (element1, element2) -> element2, LinkedHashMap::new));

        // A new workflow does not enter this code branch
        //新的工作流不会进入这个代码分支
        for (Task pendingTask : pendingTasks) {

        //如果任务没有执行，也没有正在重试状态，并且当前任务已经中止了，则通过
        //getNextTask 方法获取下一个任务
            if (!pendingTask.isExecuted() && !pendingTask.isRetried() && pendingTask.
getStatus().isTerminal()) {
                pendingTask.setExecuted(true);
                //获取下一个任务
                List<Task> nextTasks = getNextTask(workflowDef, workflow, pendingTask);
                nextTasks.forEach(nextTask -> tasksToBeScheduled.putIfAbsent
(nextTask.getReferenceTaskName(), nextTask));
                outcome.tasksToBeUpdated.add(pendingTask);
                logger.debug("Scheduling Tasks from {}, next = {} for workflow: {}",
pendingTask.getTaskDefName(),
                        nextTasks.stream()
                                .map(Task::getTaskDefName)
                                .collect(Collectors.toList()),
workflow.getWorkflowId());
            }
        }
        return outcome;
```

代码说明：这段代码在前面过滤和处理不同状态的任务，只留下当前已经执行完的任务，通

过 getNextTask 方法获取下一个任务列表，而后轮询任务列表将任务数据存放到 TasksToBeScheduled Map 对象中，再将 tasksToBeScheduled 对象放到 outcome 中返回。

getNextTask 方法的代码内容如下：

```
private List<Task> getNextTask(WorkflowDef def, Workflow workflow, Task task) {

    // Get the following task after the last completed task
    if (SystemTaskType.is(task.getTaskType()) && SystemTaskType.DECISION.name().
equals(task.getTaskType())) {
        if (task.getInputData().get("hasChildren") != null) {
            return Collections.emptyList();
        }
    }

    String taskReferenceName = task.getReferenceTaskName();
    //根据任务名称从工作流定义中获取下一个任务，下一个任务可能是条件分支，也可能是并行
    //分支等判断逻辑
    WorkflowTask taskToSchedule = def.getNextTask(taskReferenceName);
    while (isTaskSkipped(taskToSchedule, workflow)) {
        taskToSchedule = def.getNextTask(taskToSchedule.getTaskReferenceName());
    }
    if (taskToSchedule != null) {
        return getTasksToBeScheduled(def, workflow, taskToSchedule, 0);
    }

    return Collections.emptyList();
}
```

根据任务名称从工作流定义中获取下一个任务，下一个任务可能是条件分支，也可能是并行分支等判断逻辑，经过条件判断后调用 getTasksToBeScheduled 方法，方法部分代码如下所示。

```
public List<Task> getTasksToBeScheduled(WorkflowDef workflowDefinition, Workflow workflow,
            WorkflowTask taskToSchedule, int retryCount, String retriedTaskId) {

    //这个方法主要作用是，如果任务的输入数据存储在外部存储介质中，则要先从外部存储介质
    //中下载任务的输入数据，然后深度拷贝到 workflow 实例中返回
    Workflow workflowInstance = populateWorkflowAndTaskData(workflow);
    //从下载的 workflowInstance 实例名中解析任务的输入参数，返回为 Map 对象
```

```
        Map<String, Object> input = parametersUtils.getTaskInput(taskToSchedule.
getInputParameters(),
                workflowInstance, null, null);

        Type taskType = Type.USER_DEFINED;
        String type = taskToSchedule.getType();
        if (Type.isSystemTask(type)) {
            taskType = Type.valueOf(type);
        }

        // get in progress tasks for this workflow instance
        //获取工作流中正在运行的任务列表
        List<String> inProgressTasks = workflowInstance.getTasks().stream()
                .filter(runningTask -> runningTask.getStatus().equals(Status.IN_PROGRESS))
                .map(Task::getReferenceTaskName)
                .collect(Collectors.toList());
        //根据当前任务的名称获取任务定义
        TaskDef taskDef = Optional.ofNullable(taskToSchedule.getName())
                .map(metadataDAO::getTaskDef)
                .orElse(null);

        TaskMapperContext taskMapperContext = TaskMapperContext.newBuilder()
                .withWorkflowDefinition(workflowDefinition)
                .withWorkflowInstance(workflowInstance)
                .withTaskDefinition(taskDef)
                .withTaskToSchedule(taskToSchedule)
                .withTaskInput(input)
                .withRetryCount(retryCount)
                .withRetryTaskId(retriedTaskId)
                .withTaskId(IDGenerator.generate())
                .withDeciderService(this)
                .build();

        // for static forks, each branch of the fork creates a join task upon completion
        // for dynamic forks, a join task is created with the fork and also with each
branch of the fork
        // a new task must only be scheduled if a task with the same reference name is
not in progress for this workflow instance
```

```
        List<Task> tasks = taskMappers.get(taskType.name()).getMappedTasks
(taskMapperContext).stream()
                .filter(task -> !inProgressTasks.contains(task.getReferenceTaskName()))
                .collect(Collectors.toList());
        tasks.forEach(task -> externalPayloadStorageUtils.verifyAndUpload(task,
ExternalPayloadStorage.PayloadType.TASK_INPUT));
        return tasks;
```

代码说明：通过之前的分析可以知道，Conductor 的系统任务共有 Dynnamic Task、Decision、Fork、Dynamic Fork、Join、Sub Workflow、Wait、Http 和 Event 这几种类型。而正常执行任务是 Simple Task，当 Simple Task 在执行的过程中遇到系统任务就需要根据情况做出选择，比如 Decision 是条件选择，Fork 和 Join 相当于 JDK 中的 Fork/Join，Sub Workflow 是任务子流程，Wait 是延迟任务。

每一个系统任务的功能处理类都是一个 TaskMapper，比如 Decision 系统任务，如何来做条件分支选择，是通过 DecisionTaskMapper 来解析的，所有 TaskMapper 的依赖关系如图 8-23 所示（大图请浏览 www.broadview.com.cn/36213）。

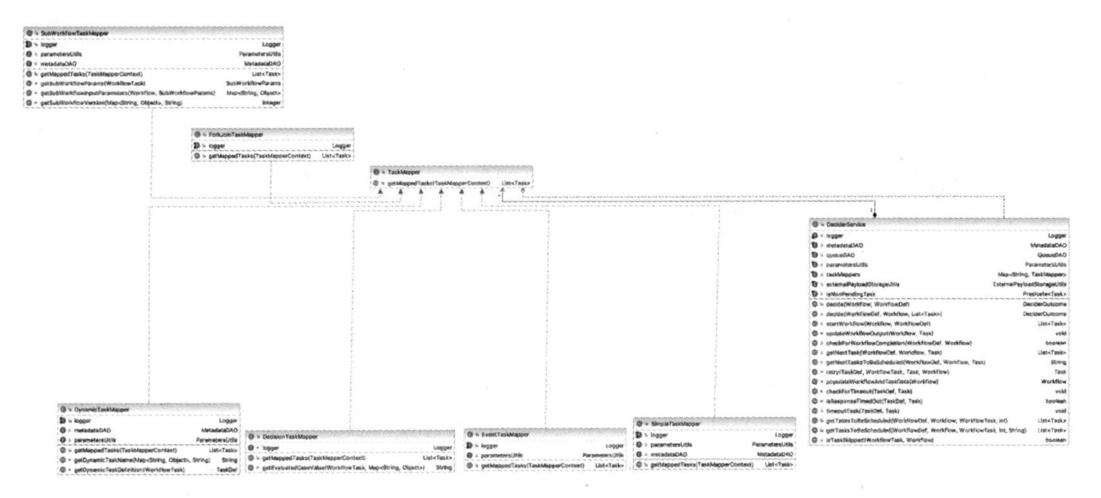

图 8-23

第 9 章 微服务数据抽取与统计

9.1 案例小故事

某公司的技术架构体系目前还是以集群扩展体系为主，集群扩展体系架构如图 9-1 所示。在这种体系结构中，可以看到应用都是单块结构，但是单块结构的应用具有扩展性，通过部署在多个 Tomcat 上实现应用的集群，所有的应用都访问同一个数据库（这个库可以假设为 Oracle 数据库），数据库间采用 DataGuard 来实现主从同步，读库只具有读取功能，为后台数据统计功能提供数据查询和统计服务。目前业务请求的并发量每分钟有几十笔交易，看起来这套架构还是能够支撑目前的业务发展的。

突然有一天客户在做活动的时候，监控中心出现各种告警，在每分钟 500TPS 的时候很多请求超时，监控显示目前的服务器不能支撑这么大的并发量，于是快速增加服务器部署应用上线，发现根本没用，加了和没加一样，加几台都一样，运维和 DBA 发现此时的数据库压力非常大，好不容易熬过这段时间后，团队成员痛定思痛，一致认为目前的架构体系已经不能支持业务的发展，微服务开始快速推进。

其中微服务的数据去中心化核心要点是：每个微服务有自己私有的数据库持久化业务数据。每个微服务只能访问自己的数据库，而不能访问其他服务的数据库。某些业务场景下，需要在一个事务中更新多个数据库。这种情况也不能直接访问其他微服务的数据库，而是对微服务进行操作。数据的去中心化进一步降低了微服务之间的耦合度。

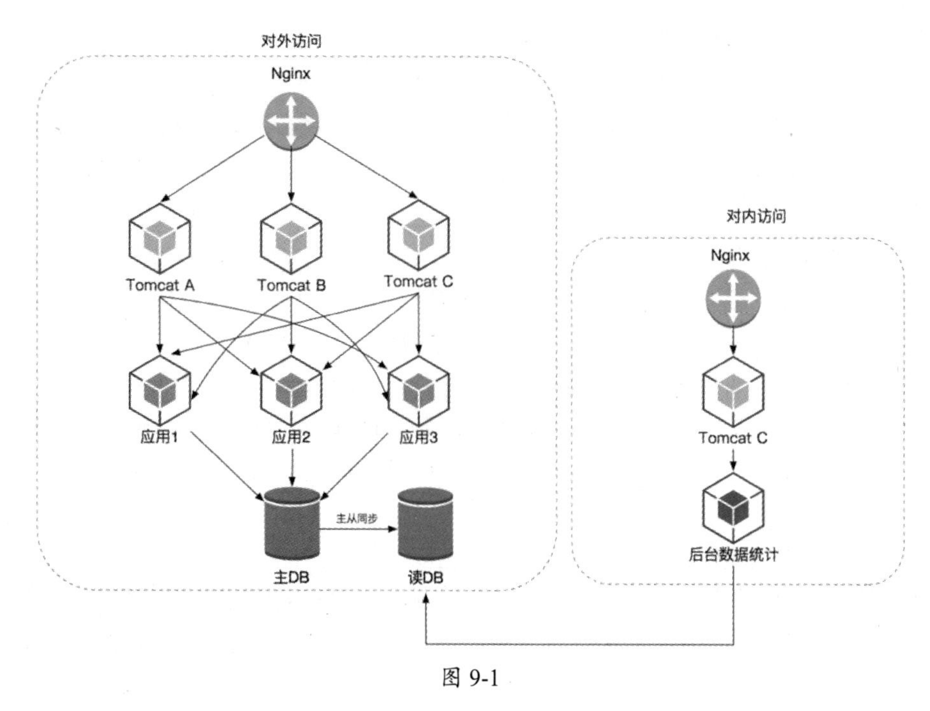

图 9-1

最终经过服务化改进后，架构变成了如图 9-2 所示的样子。

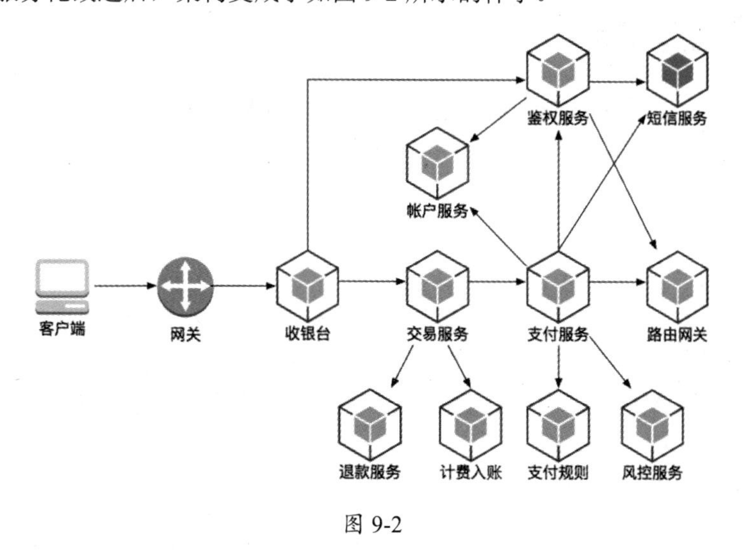

图 9-2

问题随后就来了：

（1）以前团队一共就 10 个人，只负责一二个项目，现在突然增加到平均每人维护二三个项目，上线还是采用由运维手工打 war 包，如果有修改的配置文件，则运维人员需要一台一台地进行修改，不仅容易上线出错，而且每次上线都会搞到半夜。

（2）根据上面提到的数据去中心化原则，数据库拆分出来了，一个服务一个数据库实例，但是对后台统计系统来说就是“噩梦”，数据库拆分出来了，统计工作、报表工作该怎么办呢？这部分工作还做不做呢？有人说可以分开统计，一个库一个库进行统计，可是这样的工作量将是巨大的。

（3）机房的双活问题，对于金融公司来说双活还是很关键的一项技术指标。应用双活其实比较容易实现，但对于数据库来说却是一个技术问题了，对于 Oracle 数据库来说，用 Oracle 官方提供的 OGG（Oracle GoldenGate）进行数据同步，根据论坛上面的资料可以看出，OGG 的“坑”非常多，而且也容易丢数据，更重要的是贵。采用 Oracle 的 logminer 进行同步，同步的数据不是实时的，会有一定延时。而且在定时读取方面还需要自己进行开发，采用 Oracle 的 DataGuard 也只能做主从同步，不能做主主双活。调研过后，最终还是决定自己独立开发。

从单块系统到微服务是逐步演进的过程，如果前期没有调研，没有一个整体规划，后期在实现微服务的时候会发现需要做的事情只会越来越多，尤其是对于快速发展的创业型公司来说。针对以上问题，我们如何解决？上面说的第一个问题可以通过合理实施 DevOps 来解决，而第三个双活问题在本书相应章节中也有详细介绍，本章将给出合理方案深入讨论如何解决第二个问题，即如何在微服务场景下进行数据统计和抽取。

9.2 数据仓库概述

在企业中，需要将不同服务所属的数据库数据抽取到数据仓库，以便能够对平台进行查询和统计，而优秀的数据仓库离不开良好的数据体系的支撑与维护，数据体系建设是一系列长期的、迭代的过程。

9.2.1 什么是数据仓库

第一次接触数据仓库的读者对这个概念会比较陌生，可能会有这样的疑问，什么是数据仓库？为什么要建立数据仓库呢？下面从数据仓库的定义、特点及数仓（数据仓库简称）与操作型数据库的区别三个方面了解数据仓库。

1. 数据仓库的定义

最早数据仓库这个概念是由被称为“数据仓库之父”的 Bill Inmon 提出的，并且在其出版的 *Building the Data Warehouse* 一书中给出了数据仓库的详细定义。Inmon 在 *Building the Data Warehouse* 中定义数据仓库是一个面向主题的、集成的、非易失的且随时间变化的数据集合，用来支持管理人员的决策。

2. 数据仓库的特点

1）面向主题

数据仓库采用面向主题的方式组织数据。数据仓库主要是为公司决策者提供数据依据，决策者更关注整体数据反映的情况。以面向主题的方式组织数据可以将各分散子应用或子系统的数据按照主题组织在一起，让决策者可以从更高层面分析数据，挖掘数据背后蕴藏的商业价值，指导决策者做出正确的判断。

2）集成性

数据仓库中集成了各分散数据源的数据。对多个来源、多种类型的数据进行统一加工、汇总、整理，去除数据中的“杂质”，规范字段格式，保证数据仓库中的数据具有全局一致性。

3）相对稳定

操作型数据库中的数据是实时更新的，数据仓库中的数据相对稳定，不会频繁地执行修改、删除操作。在数据仓库中以查询操作为主，数据经过加工进入数据仓库之后一般不会发生改变，会被长期保存或根据业务需求保存很长一段时间后被删除。

4）反映历史变化

数据仓库的主要任务是对大量历史数据进行统计分析，决策者根据历史数据分析结果预测未来发展趋势。

3. 数据仓库与操作型数据库对比

下面从几个重要的方面对比数据仓库与操作型数据库的区别，如表 9-1 所示。

表 9-1

对　比　项	操作型数据库	数 据 仓 库
面向用户	开发工程师、数据库工程师等	公司管理层、数据分析师等
功能	提供增、删、改、查基本操作	分析决策
设计目标	面向应用	面向主题
数据存储时间	几个月，一般不存储历史数据	历史数据，几年甚至更长时间
存储的数据量	MB、GB 级别	GB、TB、PB 级别
满足第三范式	必须满足	不需要必须满足
事务支持	必须支持	一般不需要支持
响应时间	毫秒级	秒级、分钟级甚至小时级

操作型数据库面向的用户是开发工程师、DBA 等一线工程师，主要功能是使用一些商用或开源的关系型数据库（如 Oracle、SQL Server、MySQL 等）进行事务处理，通常把这种事务处

理过程称为联机事务处理 OLTP（On-Line Transaction Processing）。OLTP 数据库的设计目标是面向应用设计，核心工作是对单条数据进行高效地增、删、改、查操作。通常在数据库中存储的数据是几个月内的数据，不会存储几年的历史数据，存储的数据量一般在 GB 级别。数据库中表的设计需要满足第三范式的要求，尽量减少数据冗余存储。操作型数据库对于单次请求的响应时间要求非常严格，通常是毫秒级延迟，太高的延迟会影响用户的正常使用。

数据仓库（简称数仓）面向的用户是公司管理人员、数据分析师等与分析决策相关的人员，主要功能是为分析决策提供依据。通常把使用数据仓库进行分析的过程称为联机分析处理 OLAP（On-Line Analytical Processing）。在实际工作中，一般不会使用传统的操作型数据库构建数据仓库，因为关系型数据库的核心是对单条数据的事务操作，OLAP 的核心是对大量的数据进行统计分析，不需要支持事务，对单条数据统计也没有任何实际意义，所以一般会使用商用的分析型数据库（如 Teradata、Oracle Exadata、BD2 等）或开源的大数据项目（如 Hadoop、Hive 等）构建企业级数据仓库。数据仓库的设计目标是面向主题设计，通常在数据仓库中会存储几年甚至十几年的历史数据，存储的数据量一般在 GB 甚至 PB 级别，数据分析人员在日常工作中需要频繁地对大量的历史数据进行统计分析。数据仓库中的表设计不需要满足第三范式，对常用的操作也不需要支持事务。对于数据仓库中的查询请求的响应时间的要求不是很高，因为更多的是对大量历史数据的统计分析请求，所以响应时间一般是秒级或分钟级，有时由于数据量非常巨大，硬件资源有限，响应时间有可能会是小时级。

9.2.2 数据仓库架构

在设计数据仓库之前，需要做大量的准备工作。首先，要调研数据的产生来源、数据格式、数据类型等信息，详细掌握数据源信息。其次，还要与合作的数据应用部门或团队沟通，详细了解业务需求，在数据仓库的设计过程中需要根据具体的业务需求创建主题。

前期准备工作完成之后，开始进入数据仓库设计环节。数据仓库通常采用分层设计，一般会分为临时数据存储层 ODS（Operation Data Store，简称 ODS）、数据仓库层 DW（Data Warehouse，简称 DW）、数据集市层 DM（Data Mart，简称 DM）三层。

各分层的详细描述如下。

- ODS 层：暂时存储从各种数据源导入的原始数据。ODS 层存储的数据通常是没有经过加工或只进行了简单的加工，相对比较粗糙的数据。它的主要作用是为后续 DW 层提供集合好的数据源。
- DW 层：持久化存储从 ODS 层经过仔细加工之后的数据。DW 层存储的数据具有一致性、准确性的特点，并且存储的是没有杂质的明细数据。通常为提高 DW 层的查询性能，在明细数据的基础上，根据业务需求进行预聚合操作，生成汇总数据。

- DM 层：数据集市层也可以称为应用层，DM 层主要是各个应用部门或业务团队在 DW 层基础之上，进行二次加工计算，建立针对部门或业务线的数据集市，这样的数据集市可能会有多个。

数据仓库的架构如图 9-3 所示。

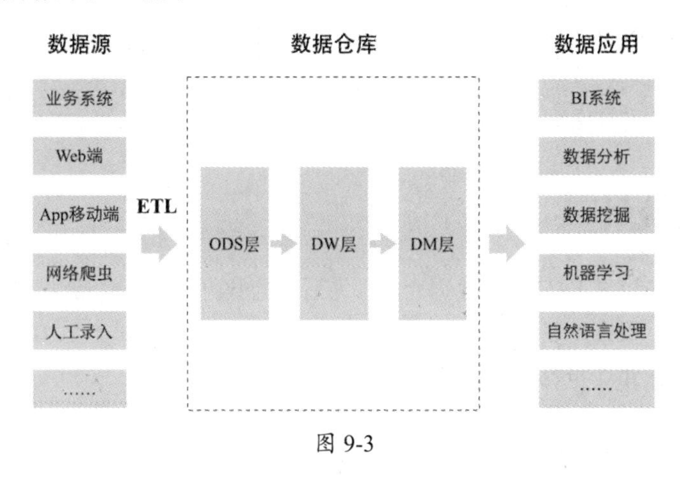

图 9-3

9.2.3　数据仓库建模方法

在数据仓库建模领域有两种主流的建模方法，一种是 Inmon 提出的依托于 OLTP 数据库，采用自上而下的建模方法，先对企业级数据仓库进行总体设计，在数据仓库基础之上，根据业务部门的不同需求构建数据集市。另一种是 Kimball 提出的维度建模，采用自下而上的建模方法，先构建数据集市，然后将多个数据集市整合成一个数据仓库。

目前，这两种建模方法在学术界和工业界都得到了广泛认可，并且在生产环境中已经被大规模应用。这两种建模方法没有好坏之分，用户可以根据公司目前所处阶段、业务复杂度、公司规模等条件选择合适的建模方法。当公司处于早期阶段，公司规模较小，业务发展速度非常快，有可能需要经常调整业务方向。针对这种情况，可以选择使用 Kimball 的维度建模法，快速地搭建数据仓库，及时响应业务需求。当公司处于稳定阶段，公司属于大中型规模，业务发展稳定，并且已经有了一定的数据积累。针对这种情况，可以选择 Inmon 的建模方法，从上到下系统地规划设计，这种方法的开发周期比较长，但是一旦搭建成功，后期维护将非常方便。

9.2.4　数据抽取、转换和加载

在构建数据仓库的过程中，需要将各分散数据源中的数据整合在一起，不同数据源的数据格式、字段描述、存储方式等信息各不相同，有些数据中还存在大量的脏数据。数据仓库要求必须是干净的、规范的、一致性的数据才可以被加载到数据仓库中。所以原始数据源的数据要经过抽取、清洗转换之后才会被加载到数据仓库中，这个数据被加工处理的过程称为 ETL。

ETL 是抽取（Extract）、转换（Transformation）、加载（Load）的简称，目的是将企业中分散、不规范、不一致的数据整合到一起，为后续的统计分析工作提供准确的数据支撑。

ETL 不只发生在数据加载进数据仓库之前，在数据仓库各层之间也会涉及 ETL。ETL 在数据仓库中起着非常重要的作用，决定了最终分析结果的准确性。在构建数据仓库的过程中，ETL 会耗费大量的时间，有些公司会专门设置 ETL 工程师的岗位专门从事 ETL 工作。

9.2.5 数据统计

数据从业务系统经过 ETL 进入数据仓库，为后续的数据统计工作提供基础数据。数据工程师基于数据仓库进行数据处理和统计分析工作，最终的统计结果会被导入 BI 系统为决策者提供数据依据。整个数据处理和统计流程如图 9-4 所示。

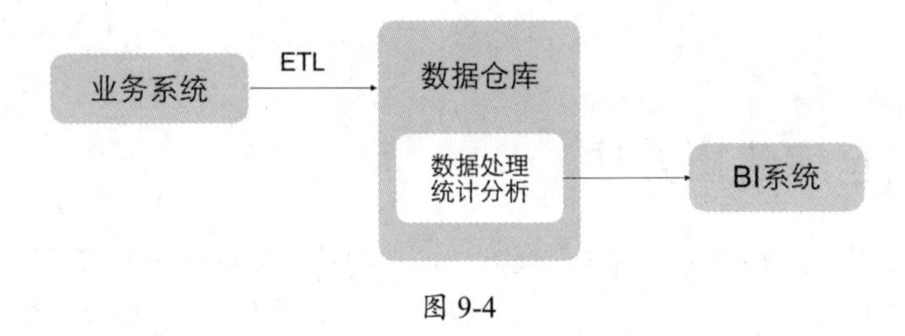

图 9-4

数据统计分析的过程是基于数据仓库中进行的，公司决策者使用的 BI 系统与数据仓库是两套系统，那么就会涉及统计结果在两个系统之间的传输问题。解决这个问题有三种常用方法。

（1）将统计结果保存到 TXT、CSV 等数据文件中，然后使用关系型数据库的数据导入工具将数据文件导入 BI 系统可以访问的关系型数据库表中。

（2）将统计结果保存到数据仓库应用层的数据表中，搭建中间数据服务系统，该系统通过 JDBC/ODBC 访问应用层数据表中的数据，BI 系统通过中间数据服务系统获取相关数据。

（3）如果数据仓库是基于 Hadoop/Hive 构建的，那么可以将统计结果保存到 HDFS 的指定目录中，通过 Sqoop 等工具将存储在 HDFS 中的结果数据导入 BI 系统的关系型数据库表中。

9.3 数据仓库工具 Hive

Hive 是一款基于 Hadoop 的数据仓库解决方案。Hive 最初是由 Facebook 开发的，后来贡献给 Apache 软件基金会，将其命名为 Apache Hive 并作为一个独立开源项目。Hive 不是一个关系型数据库，不提供数据存储服务，真正的数据存储在 Hadoop 的分布式文件系统 HDFS 中。Hive 主要负责元数据管理，把研发工程师或数据分析师熟悉的 SQL 语句转换为 Hadoop 的分布式处理程序 MapReduce，然后将 MapReduce 程序调度到 Hadoop 中运行，对存储在 HDFS 上的大规模数据进行分析处理。

虽然 Hive 不是一个关系型数据库，但是 Hive 支持类似关系型数据库中的数据库、表、视图等概念。对于熟悉数据库的用户来说学习成本非常低，可以像操作关系型数据一样使用 Hive。Hive 提供了一种类 SQL 的查询语言 HiveSQL，它的语法与 MySQL 的语法非常相似，熟悉 MySQL 的用户可以非常快速地掌握 HiveSQL。

HiveSQL 内置了很多常用的运算符和函数，能够满足日常的大部分工作需求。对于 HiveSQL 中没有提供的函数或用户需要处理的一些个性化需求，可以通过用户自定义函数 UDF 或用户自定义聚合函数 UDAF 进行扩展实现。

Hive 的架构如图 9-5 所示。

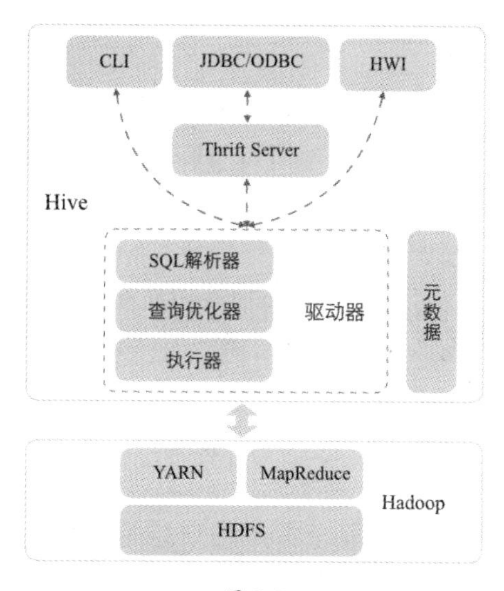

图 9-5

Hive 允许用户通过三种方式访问 Hive，分别如下：

（1）通过命令行接口（CLI）交互式地访问 Hive，这种方式简单方便。

（2）为了方便用户使用不同编程语言开发的程序访问 Hive，Hive 提供了跨语言 Thrift 服务，在程序中通过 JDBC 或 ODBC 直接访问 Hive。

（3）Hive 提供了可视化操作工具 HWI，用户可以更加直观地通过试图界面访问 Hive。

9.3.1 安装 Hive

在安装 Hive 之前，需要在 Hive 的官方网站下载合适的发行版本。推荐使用清华大学的 Hive 下载地址，下载速度比较快。Hive 官方提供了非常详细的帮助文档，用户可以根据需要按照官方文档的内容学习 Hive 的具体使用方法。

- Hive 官方下载地址：http://www.apache.org/dyn/closer.cgi/hive。
- 清华大学 Hive 下载地址：https://mirrors.tuna.tsinghua.edu.cn/apache/hive。
- Hive 官方文档：https://cwiki.apache.org/confluence/display/Hive/GettingStarted。
- Hive 版本：apache-hive-1.2.2-bin.tar.gz。
- 安装环境：Linux 系统（以 Linux CentOS 6.8 操作系统为例）、Java1.8。

Hive 的详细安装步骤如下：

（1）将已经下载的 apache-hive-1.2.2-bin.tar.gz 压缩包解压到合适的安装路径中，本例的解压路径是：/bigdata/apps。

解压命令：tar -zxvf apache-hive-1.2.2-bin.tar.gz -C /bigdata/apps/hive-1.2.2。

（2）添加环境变量 HIVE_HOME，将 HIVE_HOME 值设置为 Hive 的安装路径，并且将 Hive 安装包中的 bin 目录添加到环境变量中。CentOS 6.8 操作系统的环境变量文件是/etc/profile，在 profile 文件中添加如下内容，添加完成后更新环境变量。

```
export HIVE_HOME=/bigdata/apps/hive-1.2.2
export PATH=$HIVE_HOME/bin:$PATH
```

更新环境变量命令：source /etc/profile。

（3）修改配置文件 hive-site.xml。

Hive 提供本地运行和在 Hadoop 集群中运行两种运行模式。如果在 hive-site.xml 配置文件中没有配置存储元数据的关系型数据库，则默认采用本地运行模式。本地运行模式在启动 Hive 客户端的时候，会在本地创建一个 Derby 数据库，在客户端所在的目录中会自动创建一个 metastore_db 目录，用于存储 Hive 元数据。本地运行模式的优点是配置简单，缺点是在同一时间只能有一个用户使用 Hive，不能多个用户同时使用，元数据的管理简单粗暴，容易出现问题。本地运行模式常用于测试，不建议在生产环境中使用。

在生产环境中推荐使用在 Hadoop 集群中运行的模式，这也是主流的运行模式。这种运行模式需要在 Hive 安装包内的 conf 目录的 hive-site.xml 配置文件中添加用于存储元数据的关系型数据库（通常使用 MySQL 数据库）的连接信息。还需要将连接数据库的驱动包复制到 Hive 安装包内的 lib 目录中。

需要添加的配置项如下：

```
<property>
    <name>javax.jdo.option.ConnectionURL</name>
    <value>jdbc:mysql://mysql_ip:port/database?createDatabaseIfNotExist=true</value>
    <description>JDBC connect string for a JDBC metastore</description>
</property>
<property>
    <name>javax.jdo.option.ConnectionDriverName</name>
    <value>com.mysql.jdbc.Driver</value>
    <description>Driver class name for a JDBC metastore</description>
</property>
<property>
    <name>javax.jdo.option.ConnectionUserName</name>
    <value>username</value>
    <description>username to use against metastore database</description>
</property>
<property>
    <name>javax.jdo.option.ConnectionPassword</name>
    <value>password</value>
    <description>password to use against metastore database</description>
</property>
```

在运行 Hive 之前，系统的环境变量中要添加 HADOOP_HOME，将 HADOOP_HOME 的值设置为 Hadoop 的安装路径。

```
export HADOOP_HOME=/bigdata/apps/hadoop-2.8.5
```

在 HDFS 中需要创建/tmp 和/user/hive/warehouse 两个目录，并且给这两个目录赋予写权限。

```
$HADOOP_HOME/bin/hadoop fs -mkdir /tmp
$HADOOP_HOME/bin/hadoop fs -mkdir /user/hive/warehouse
$HADOOP_HOME/bin/hadoop fs -chmod g+w /tmp
$HADOOP_HOME/bin/hadoop fs -chmod g+w /user/hive/warehouse
```

（4）通过 CLI 访问 Hive。

进入 Hive 安装目录，执行 bin 目录下的 hive 客户端脚本启动 Hive。

```
${HIVE_HOME}/bin/hive
```

Hive 启动成功之后，默认会自动创建一个 default 数据库。通过“show databases”命令查看 Hive 中的数据库列表，如图 9-6 所示。

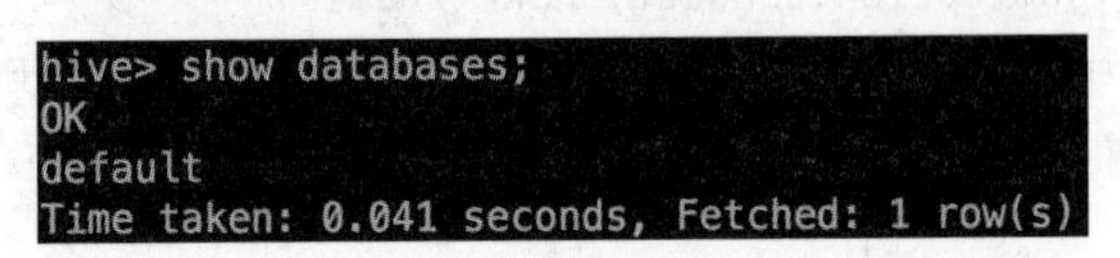

图 9-6

用户通过 CLI 命令行不但可以管理 Hive 中的数据库、数据表，还可以在 CLI 中执行 HiveSQL 语句进行复杂的统计分析工作。对于熟悉关系型数据库的用户来说，可以非常快速地掌握 Hive 的使用方法，学习成本比较低。

9.3.2 Hive 数据库

Hive 中数据库与关系型数据库中的数据库是相同的概念。由于 Hive 使用 HDFS 作为底层数据存储，所以 Hive 中的数据库在 HDFS 上就是一个目录。

1. 创建数据库

例如，在 Hive 中创建用于存储原始数据的 ods 数据库的语句：

```
hive> create database ods;
```

ods 数据库在 HDFS 中的默认路径是：/user/hive/warehouse/ods.db。

2. 切换数据库

例如，切换使用 ods 数据库的语句如下：

```
hive> use ods;
```

3. 查看数据库信息

例如，查看 ods 数据库详细信息的语句如下：

```
hive> desc database ods;
```

desc 命令是 describe 命令的简写语法，两个命令起到的作用相同，都是查看数据库的详细信息。使用 desc 和 describe 两个命令分别查看 ods 数据库的信息，如图 9-7 所示。

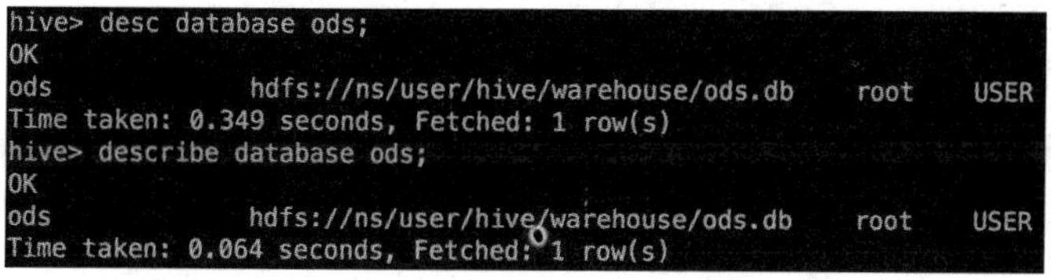

```
hive> desc database ods;
OK
ods             hdfs://ns/user/hive/warehouse/ods.db    root    USER
Time taken: 0.349 seconds, Fetched: 1 row(s)
hive> describe database ods;
OK
ods             hdfs://ns/user/hive/warehouse/ods.db    root    USER
Time taken: 0.064 seconds, Fetched: 1 row(s)
```

图 9-7

4. 查看 Hive 中所有数据库

查看 Hive 中所有数据库的语句如下：

```
hive> show databases;
```

5. 删除数据库

在 Hive 中可以使用“drop database dbname”命令直接删除一个空数据库，但不可以删除包含表的非空数据库。如果用户想要删除一个非空数据库，就要先删除数据库内的所有表之后，再删除数据库。

例如，删除数据库 testdb 的语句如下：

```
hive> drop database testdb;
```

9.3.3 Hive 表

Hive 中的表与关系型数据库中的表是相同的概念，在 HDFS 上一个表就是一个文件夹。Hive 中的表分为内部表和外部表两种类型，两种表的元数据都由 Hive 进行管理。

内部表和外部表的主要区别如下：

（1）内部表的数据存储在 Hive 的 HDFS 默认路径中，这个路径通过 hive-site.xml 配置文件中的 hive.metastore.warehouse.dir 属性设置（默认值是：/usr/hive/warehouse）。外部表的数据可以存储在用户自定义的 HDFS 路径中。

（2）删除内部表时，会连同内部表的数据一起删除。删除外部表时，只会删除该表的元数据，不会删除该表存储在 HDFS 上的物理数据。

Hive 的建表语法如下：

```
CREATE [EXTERNAL] TABLE [IF NOT EXISTS] table_name
   [LIKE existed_table]
   [(col_name data_type [COMMENT col_comment], ...)]
```

```
[COMMENT table_comment]
[PARTITIONED BY (col_name data_type [COMMENT col_comment], ...)]
[CLUSTERED BY(col_name, col_name, ...)
[SORTED BY (col_name [ASC|DESC], ...)] INTO num_buckets BUCKETS]
[ROW FORMAT row_format]
[STORED AS file_format]
    [LOCATION hdfs_path]
```

建表语法中的大部分语法与关系型数据库的建表语法相同，下面对建表语法中几个比较重要的关键字进行介绍。

- EXTERNAL：用户在建表语句中，可以使用该关键字创建一个外部表，同时使用 LOCATION 关键字指定用于存储外部表数据的 HDFS 路径。
- PARTITIONED BY：用于设置分区字段，当向表中导入数据时，按照指定字段分区。
- STORED AS：用于设置存储的文件格式。常用的文件格式：TEXTFILE 文本格式（默认格式）、ORCFLE/RCFILE 列式存储格式、SEQUENCEFILE 二进制键值对序列化文件格式。

例 9-1 创建存储消费者地址信息的内部表 ods_consumer_address_df 的语句如下：

```
hive> create table ods_consumer_address_df(
    address id bigint,
    consumer_id bigint,
    receiver_name string,
    tel string,
    email string,
    country string,
    city string,
    district string,
    address string,
    postcode string)
    row format delimited
    fields terminated by '\t'
    lines terminated by '\n'
    stored as textfile;
```

表名 ods_consumer_address_df 的命名规范如下。

- ods：表示该表属于 ODS 层，存储的是原始数据。

- consumer_address：表示该表存储的是消费者邮寄地址的相关信息。
- df：表示该表数据按天全量更新。

通过建表语句可以知道 ods_consumer_address_df 表中数据的存储格式是文本格式，字段之间使用制表符（\t）分隔，行数据之间使用换行符（\n）分隔。

例 9-2 创建存储商品订单详细数据的外部分区表 ods_order_detail_di 语句如下：

```
hive> create external table ods_order_detail_di(
    order_id string comment '订单 ID',
    consumer_id string comment '消费者 ID',
    item_id string comment '商品 ID',
    original_price float comment '原价',
    pay float comment '实际付款',
    pay_method string comment '付款方式',
    if_vip boolean comment '是否是会员',
    order_time string comment '下订单时间')
    partitioned by(datetime string)
    row format delimited
    fields terminated by '\t'
    lines terminated by '\n'
    stored as textfile
    location '/warehouse/ods/ods_order_detail_di';
```

表名 ods_order_detail_di 的命名规范如下。

- ods：表示该表属于 ODS 层，存储的是原始数据。
- order_detail：表示存储的是消费者订单相关的详细数据。
- di：表示该表数据按天增量更新。

在建表语句中使用了 EXTERNAL 关键字，该关键字标识要创建一个外部表，通过 LOCATION 关键字指定外部表在 HDFS 上的存储路径。PARTITIONED BY 关键字用于设置分区字段 datetime，表示按日期进行分区，也就是按天分区。

9.4　使用 Sqoop 抽取数据

在大部分企业中，数据仓库的数据源主要以企业内部的关系型数据库为主。那么如何将关系型数据库中的数据抽取出来导入数据仓库呢？比较传统的做法是从数据库表中查询出相关数据，然后导出到文件中存储，最后将数据文件导入数据仓库，这种做法虽然可以满足基本的数据抽取需求，但是这种做法存在耗时长、操作过程复杂、不易于维护等缺点。

除了刚才介绍的传统数据抽取方法，还有另外一种更加高效、便捷的数据抽取方法，就是使用一款 Apache 开源工具 Sqoop 来完成数据抽取任务。Sqoop 的主要功能是在关系型数据库与 HDFS、Hive、HBase 之间传输数据。Sqoop 为用户提供了非常方便的客户端，用户只需要提交几条简单的命令即可实现数据的导入/导出。Sqoop 在收到用户提交的命令后，会自动生成一个只有 Mapper 的 MapReduce 作业，所以 Sqoop 要依赖 Hadoop 完成数据抽取工作。Sqoop 的架构如图 9-8 所示。

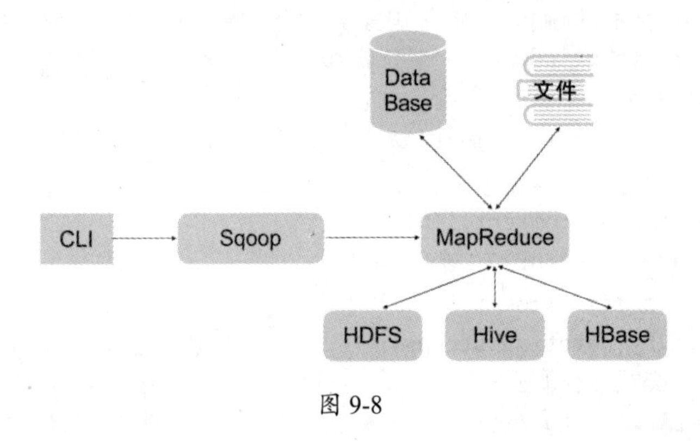

图 9-8

9.4.1 安装 Sqoop

Sqoop 的安装方法非常简单，可以使用官方提供的已经编译好的安装包进行安装，也可以从 GitHub 下载 Sqoop 源码（源码地址：https://github.com/apache/sqoop）自行编译安装包进行安装。

1．下载 Sqoop 安装包

从 Sqoop 官网下载 Sqoop 安装包，目前 Sqoop 的最新版本是 Sqoop1.4.7。从 Sqoop 下载页面中选择一个下载地址（国内网络环境推荐使用清华大学镜像下载地址下载）。

- Sqoop 官方地址：http://sqoop.apache.org。
- Sqoop 下载地址：http://www.apache.org/dyn/closer.lua/sqoop/1.4.7。
- Sqoop 官方文档：http://sqoop.apache.org/docs/1.4.7/SqoopUserGuide.html。
- 安装环境：Linux 系统（以 Linux CentOS 6.8 操作系统为例）、Java1.8。

2．解压和配置 Sqoop

下载完安装包后，将压缩文件加压到安装目录下，本例将 Sqoop 安装到/bigdata/apps 下。

```
tar -zxvf sqoop-1.4.7.bin__hadoop-2.6.0.tar.gz -C /bigdata/apps/sqoop-1.4.7
```

Sqoop 在运行过程中，会涉及 Hive、Hadoop、MySQL 等工具的使用，所以在运行 Sqoop 之前需要对 Sqoop 进行配置。

进入${SQOOP_HOME}/conf 目录，复制 sqoop-env-template.sh 脚本文件并重名名为 sqoop-env.sh。Sqoop 在运行过程中会自动加载 sqoop-env.sh 文件，读取配置文件中的配置项。

```
cp sqoop-env-template.sh sqoop-env.sh
```

在 sqoop-env.sh 中设置三个配置项：

```
export HADOOP_COMMON_HOME=/usr/local/hadoop #Hadoop 安装路径
export HADOOP_MAPRED_HOME=/usr/local/hadoop #MapReduce 安装路径
export HIVE_HOME=/usr/local/hive
```

使用 Sqoop 的过程中，会涉及操作关系型数据库，要将相关数据库的驱动包复制到${SQOOP_HOME}/lib 目录中。

例如，使用 Sqoop 操作 MySQL 数据库时，Sqoop 通过 JDBC 连接 MySQL，需要将 JDBC 连接 MySQL 的驱动包 mysql-connector-java-5.1.45-bin.jar 复制到${SQOOP_HOME}/lib 目录中。

```
cp /bigdata/mysql-connector-java-5.1.45-bin.jar ${SQOOP_HOME}/lib
```

将 Hive 的配置文件路径 HIVE_CONF_DIR 和 Hive 运行时依赖的工具包路径 HIVE_CLASSPATH 添加到环境变量中。否则使用 Sqoop 从 MySQL 向 Hive 表中导入数据时，会报“ERROR hive.HiveConfig: Could not load org.apache.hadoop.hive.conf.HiveConf”的错误。

将 Hive 的配置文件 hive-site.xml 复制到${SQOOP_HOME}/conf 文件夹中。否则使用 Sqoop 从 MySQL 向 Hive 指定的数据库中导入数据时，会报“Database does not exists”数据库不存在的错误。

3. 验证 Sqoop 是否安装成功

通过${SQOOP_HOME}/bin/sqoop version 命令查看 Sqoop 版本号，版本号显示正常表示安装配置成功。

```
[root@node001 ~]# sqoop version
19/03/01 16:27:09 INFO sqoop.Sqoop: Running Sqoop version: 1.4.7
Sqoop 1.4.7
git commit id 2328971411f57f0cb683dfb79d19d4d19d185dd8
```

```
Compiled by maugli on Thu Dec 21 15:59:58 STD 2017
```

4. 查看 Sqoop 命令使用方法

执行${SQOOP_HOME}/bin/sqoop 命令时传入 help 参数可以查看 Sqoop 命令的详细使用方法。Sqoop 命令的使用方法和相关参数解释如图 9-9 所示。

```
usage: sqoop COMMAND [ARGS]

Available commands:
  codegen            Generate code to interact with database records
  create-hive-table  Import a table definition into Hive
  eval               Evaluate a SQL statement and display the results
  export             Export an HDFS directory to a database table
  help               List available commands
  import             Import a table from a database to HDFS
  import-all-tables  Import tables from a database to HDFS
  import-mainframe   Import datasets from a mainframe server to HDFS
  job                Work with saved jobs
  list-databases     List available databases on a server
  list-tables        List available tables in a database
  merge              Merge results of incremental imports
  metastore          Run a standalone Sqoop metastore
  version            Display version information
```

图 9-9

9.4.2 将 MySQL 表数据导入 Hive 表

用户使用 Sqoop 从关系型数据库中抽取数据到 Hive 中，不需要亲自编写抽取数据的程序代码，只需简单的参数配置，就可以非常方便地实现数据抽取的过程。下面将详细介绍 Sqoop 的一些常用参数的使用方法，如表 9-2 所示。

表 9-2

参　数	描　述
--connect	设置关系型数据库连接地址
--username	设置连接关系型数据库的用户名
--password	设置连接关系型数据库的用户密码
--table	设置用于抽取数据的关系型数据库中的表
--columns	设置抽取数据表中的哪几个字段
--where	设置抽取数据的限制条件
--query	用户自定义的用于抽取数据的 SQL 语句
--split-by	设置按照数据表中的哪个字段划分任务
--delete-target-dir	每个 Sqoop 作业都会在 HDFS 中创建一个用于存储作业中间结果的临时目录，该参数用于设置当 Sqoop 作业再次执行时，删除已经存在的临时目录

续表

参　　数	描　　述
--hive-import	标识向 Hive 中导入数据
--hive-overwrite	设置使用新的数据覆盖原 Hive 表中的数据
--hive-database	设置导入的 Hive 数据库名称
--hive-table	设置导入的 Hive 表名称
--m 或者--num-mappers	设置执行的 Map 任务个数，默认值：4
--fields-terminated-by	设置 Hive 中表字段之间的分隔符

在抽取数据的过程中，有两种常用的抽取方式，分别是全量导入和增量导入。全量导入需要定期地从关系型数据库中抽取出数据表的全部数据并导入数据仓库的表中，每次导入的新数据通常都要覆盖原表中的旧数据。增量导入需要从关系型数据库中抽取出表中的新增数据或最新修改的数据并导入数据仓库的表中。

- **全量导入**

下面将详细地介绍如何使用 Sqoop 进行全量数据导入。

（1）将 MySQL 中表数据全部导入指定的 Hive 表中。

- 源数据表：consumer_address 表，属于 MySQL 的 business 数据库，用于存储消费者邮寄地址信息。
- 目标表：ods_consumer_address_df 表，属于 Hive 的 ods 数据库。

使用 Sqoop 将 consumer_address 表的数据一次性全部导入 ods_consumer_address_df 表的参数配置如下：

```
sqoop import --connect jdbc:mysql://localhost:3306/business \
  --username hive --password hive123 \
  --table consumer_address \ #MySQL 中的源数据表
  --hive-import \
  --hive-overwrite \  #使用新数据覆盖表中已存在的数据
  --hive-database ods \  #目标表属于 Hive 的 ods 数据库
  --hive-table ods_consumer_address_df \  #目标表
  --delete-target-dir \  #删除 HDFS 中已存在的临时存储路径
  --split-by 'address_id' \  #按照 address_id 字段数据划分 Map 任务
  --fields-terminated-by '\t'  #目标表中的字段以制表符分隔
```

注意： ods_consumer_address_df 表与 consumer_address 表的字段要完全一致。

（2）将 MySQL 表中部分字段数据导入指定的 Hive 表中。

将 consumer_address 表中的 address_id、consumer_id、receiver_name、tel、email 五个字段数据导入 Hive ods 库的 ods_receiver_info_df 表中。

使用 Sqoop 将 consumer_address 表部分字段数据导入 Hive 的 ods_receiver_info_df 表的参数配置如下：

```
sqoop import --connect jdbc:mysql://localhost:3306/business \
  --username hive --password hive123 \
  --table consumer_address \
  --columns 'address_id,consumer_id,receiver_name,tel,email' \ #抽取的部分字段
  --hive-import \
  --hive-overwrite \
  --hive-database ods \
  --hive-table ods_receiver_info_df \
  --delete-target-dir \
  --split-by 'address_id' \
  --fields-terminated-by '\t'
```

注意： 导入数据之前，目标表 ods_receiver_info_df 在 ods 库中是不存在的。使用 Sqoop 向 Hive 中一个不存在的表导入数据，会自动创建相应的 Hive 表。

（3）使用自定义 SQL 语句将 MySQL 表数据导入指定的 Hive 表。

实现与上例相同的抽取过程，使用 Sqoop 将 consumer_address 表部分字段数据导入 Hive 的 ods_receiver_info_df 表的参数配置如下：

```
sqoop import --connect jdbc:mysql://localhost:3306/business \
  --username hive --password hive123 \
  --query 'select address_id,consumer_id,receiver_name,tel,email
       from consumer_address where $CONDITIONS' \ #抽取数据的 SQL 语句
  --target-dir '/tmp/sqoop/ods_receiver_info_df' \ #HDFS 存储临时数据的路径
  --hive-import \
  --hive-overwrite \
  --hive-database ods \
  --hive-table ods_receiver_info_df \
  --delete-target-dir \
  --split-by 'address_id' \
  --fields-terminated-by '\t'
```

> 注意：本例使用自定义 SQL 语句的方式根据需求抽取相关数据，这种方式实现起来更加灵活。使用自定义 SQL 语句的方式有两个地方需要特别注意：SQL 语句的最后必须包含“where $CONDITIONS”限制条件；必须设置“--target-dir”参数指定 HDFS 存储临时数据的路径。

- **增量导入**

增量导入会涉及三个重要参数，各参数的详细描述如下。

- --incremental：设置增量导入的模式，可选值为 append 或 lastmodified。
- --check-column：在导入数据时，指定行数据的哪个列作为检查字段，列的类型不能是 CHAR/NCHAR/VARCHAR/VARNCHAR/LONGVARCHAR/LONGNVARCHAR 数据类型。
- --last-value：设置已经导入的数据中“--check-column”参数指定的检查列的最大值。

采用增量导入的方式，将 order 订单表中 order_id 大于 10000 的数据导入 ods_order_detail_di 表中。

```
sqoop import --connect jdbc:mysql://localhost:3306/business \
  --username hive --password hive123 \
  --table order \
  --columns
'order_id,consumer_id,item_id,original_price,pay,pay_method,if_vip,order_time' \
  --hive-import \
  --hive-overwrite \
  --hive-database ods \
  --hive-table ods_order_detail_di \
  --delete-target-dir \
  --split-by 'order_id' \
  --fields-terminated-by '\t' \
  --incremental append \ #增量导入，只导入比 order_id 的值 10000 大的数据
  --check-column order_id \ #增量导入检查列
  --last-value 10000 #检查列的最大值
```

9.5 ETL 作业调度

ETL 过程会调度大量的作业，在项目初期业务比较简单的阶段，一种比较经典的调度方式是通过 Linux 系统的 crontab 调度作业脚本执行调度的，在 Linux 系统中，用户可以通过编辑

crontab 文件设置需要定时执行的作业。crontab 文件中的一行就是一个待执行的作业，Linux 系统通过后台服务进程 crond 定期检查 crontab 文件中是否有要执行的任务，从而实现定时自动执行某个任务。

例 9-3 每天凌晨 1 点 15 分执行数据抽取脚本 sqoop_import_consumer_address_df.sh，作业执行过程中产生的日志输出到 sqoop_import_consumer_address_df.log 日志文件中。

```
#编辑 crontab 文件
crontab -e
#向 crontab 文件中添加一行任务
15 1 * * * /bin/sh /home/etl/sqoop_import_consumer_address_df.sh > /home/etl/logs/
sqoop_import_consumer_address_df.log
```

使用 crontab 定时执行作业的优点是操作简单，适合在简单地业务场景下使用。缺点也很明显，在复杂的业务场景下通常需要调度大量的作业，有些作业需要并行执行，有些作业需要前后依赖执行，需要编写大量的脚本控制各个作业的执行流程，需要工程师投入大量的精力维护这些脚本，作业的监控管理也非常不方便。

在复杂的业务场景下，通常会选择使用操作更加灵活、功能更加强大、方便监控管理的开源调度系统或公司内部自研的调度系统进行自动化调度。这种调度方式不但可以周期性地并行执行各种作业，还可以设置复杂的作业之间的依赖关系。工程师可以对作业整个运行流程进行监管，当作业运行失败时会立即向管理员发送报警信息，如果配置了重试机制，那么调度器针对失败的作业还会重新调度执行。常用的开源工作流调度系统有 Apache Oozie、Azkaban 等。

第10章 微服务双活体系建设

10.1 系统高可用

我们在互联网环境中经常会用到一个词就是“高可用”，它是分布式系统架构设计中必须考虑的因素之一。高可用的官方定义是：描述一个系统经过专门的设计，从而减少停工时间，保持其服务的高度可用性。

对于业务系统来说，高可用也可以理解为系统平均能够正常运行多长时间才发生一次故障。系统的可用性越高，平均无故障时间就越长。

假设系统一直能够提供服务，我们说系统的可用性是100%，如果系统每运行100个时间单位，有1个时间单位无法提供服务，则系统的可用性是99%。很多公司都采用SLA（可用性服务等级协议）来衡量服务的可用性，可用性通过也是通过“几个9”来衡量的，比如一个可用性为99%的服务就是具备了两个9，可用性为99.99%就是具备了四个9。

> 具备了四个9的99.99%可用性的系统是怎么样的呢？
>
> 我们一般用一个系统在一年内服务可用的时间A除以一年的时间B来计算这个系统本年的可用性。假如一个系统C在2017年度所有的服务不可用都是由于宕机引起的，如果要具备99.99%的可用性，则全年宕机的实际数量不能超过全年的时间乘以1减99.99%（即0.01%），以分钟记则是：
>
> 365×24×60x0.01% = 52.56分钟，也就是说不能超过53分钟。
>
> 同理，如果是三个9（99.9%），则宕机不能超过525.6分钟=8.76小时。

> 如果是两个 9（99%），则宕机不能超过 5256 分钟=87.6 小时。
>
> 如果是五个 9（99.999%），则宕机不能超过 5.256 分钟=315.36 秒。

通常如何保证高可用呢？

1. 研发

- 系统是否支持降级、限流、分流等。
- 通过制定良好的代码检查和风险保护机制最大化地解决因为代码问题造成的系统不可用。

2. 应用及组件集群化，避免单点

解决高可用的问题，首先就是解决单点的问题，增加系统的冗余。

- 机房网络入口和出口，要有多条网络链路，防止一条链路“挂掉”造成机房网络不可用。
- 对应用系统做适当拆分，如水平拆分、垂直拆分等。
- 对于应用系统来说，通常的情况下会对其做集群负载，比如我们可以将应用部署到多个 Tomcat 上面形成集群，请求被负载到不同的 Tomcat 中进行处理，其中一个 Tomcat “挂掉”的时候不会影响整体使用（雪崩现象除外）。
- 对于第三方组件采用组件自身的集群功能，比如缓存 Redis 来说，会采用分片+集群的方式来部署。
- 对于数据库，一般情况下是主备数据库，或者读写数据库，还可以对数据库进行分库分表。

3. 运维

- 降级系统上线发布风险。
- 支持系统灰度、蓝绿发布。
- 完善的监控机制，对系统尽可能全面地监控，能够第一时间快速发现并解决问题。
- 持续关注线上系统网络使用、服务器性能、硬件存储、数据库等指标。

4. DBA

- 数据库数据量的持续监控。
- 数据库性能的持续监控。
- 系统上线前 SQL 的审核。
- 数据库高可用配置等。

5. 演练和压测

- 定期进行问题汇总及复盘。
- 定期组织应急演练及系统的全链路线上压测，从整体上做到防患于未然。

通过以上 5 点可以看出，在前期业务简单的阶段，系统只需要研发人员进行项目研发和问题排查就可以了，随着项目的复杂程度越来越高，系统开始由单点向集群过渡，之后单体系统开始向微服务过渡，这时候系统的整体架构就要复杂得多了，服务器数量也会越来越多，解决和排查问题就需要运维深入介入，再之后数据库压力大增需要做数据库拆分和数据迁移，这时候 DBA 也介入，也就是说系统的高可用其实是多人多部门协作配合的结果，需要技术+研发+测试+运维+DBA 等多人协同配合才可以实现。

但做完以上工作系统就真的稳定了吗？其实不尽然，我们的系统就像一座城堡，根据可能遇到的情况在不断地加防，但城堡外面所面临的问题却是未知的。在单机房的场景下，即使我们做得再好也很难防止机房突然断电等异常的情况，一旦机房出现异常，影响的是整体系统，严重的话还会造成系统不可用，所以这时候就要根据自身业务考虑采用机房同城双活或异地多活的方案，以保证系统的可用性和连续性。

10.2 双活数据中心

什么是双活数据中心？双活数据中心是指两个数据中心同时处于运营状态，同时承担业务，提高数据中心的整体服务能力和系统资源利用率，两个数据中心互为备份，当一个数据中心出现故障时，业务自动切换到另一个数据中心，数据零丢失，业务零中断。双活数据中心解决方案在存储层、应用层和网络层都实现了双活，消除单点故障，保证业务连续性。

在多活的实现上不同公司有不同的方案，在实现的复杂度上，同城双活相对容易，而异地多活则最难实现，需要考虑的因素有很多。

- 专线问题：采用同城专线还是异地专线。
- 扩展型问题：机房是否支持再扩展，主要针对异地多活。
- 对现有系统架构的影响：同城双活对现有系统的改造相对较小，而异地多活则要对现有系统做较多改造。

大型的互联网公司一般采用异地多活架构方案，而对于支付或金融公司来说，大多采用同城双活的架构方案，本章重点探讨论同城双活的实现。

10.2.1 单机房部署

在讲双活数据中心之前，我们先来看一下在做单机房数据中心的时候会遇到哪些问题。单机房数据中心的架构如图 10-1 所示。

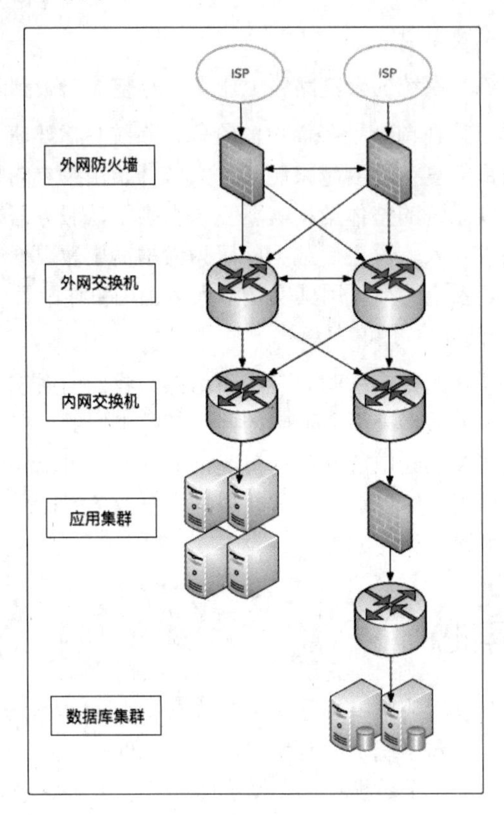

图 10-1

单机房部署的特点：

- 业务流程简单清晰；
- 网络多链路灾备访问；
- 双机热备能够消除单点故障。

单机房部署需要改进的点：

所有应用和数据库全部部署在一个 IDC 机房，当机房内部断电、应用集群发生故障等不可控的异常情况发生时，造成的后果可能是灾难性的。也就是机房内部实现了集群和灾备，但是机房本身并没有实现。

10.2.2 双机房部署

双机房架构如图 10-2 所示。

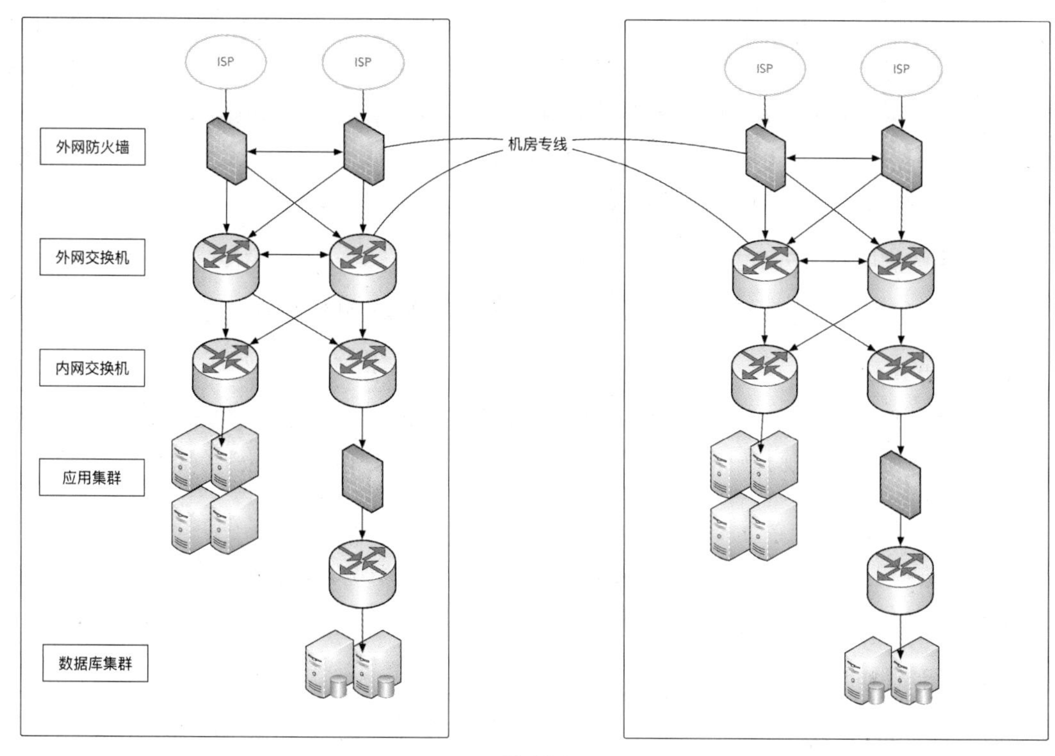

图 10-2

双机房的架构在单机房的基础上又复制了一套一样的环境进行部署，两个机房之间通过多条专线进行网络互通。双机房部署的特点：

- 每个机房都有独立的入口链路网关，可以接收互联网请求；
- 两个机房可以同时对外提供服务，也可以作为主备使用。
- 机房之间通过专线进行互通。

当双活数据中心搭建完成后，首先我们要考虑的是如何使用，是采用双机房同时提供对外服务，还是采用主备的方式，但目前互联网公司将主备作为双活的第一个阶段，最终都要实现为双机房同时提供服务的方式，这样不仅可以实现业务无中断，也能够在一定程度上最大化地利用两个机房的功效，而不会让一个机房暂时闲置，只做备份使用。

传递主备方式的缺点：

- 主备数据中心间通常有冷备和热备之分；
- 热备的情况下只有主数据中心承担业务，而备份数据中心是对主数据中心进行实时备份，当主数据中心“挂掉”后，备份数据中心可以接管主数据中心以便让业务继续进行下去，用户感知不到主备切换；

- 冷备的情况下只有主数据中心承担业务，而备份数据中心对主数据中心进行定期备份，当主数据库中心“挂掉”后，备份数据中心如果没有备份的情况下，可能会丢一些数据，这时会有少部分用户的业务中断。

而真正的双活要求双机房同时对外提供服务，但依然会有一个主机房会承担 60%左右的业务，另一个备机房会承担 40%左右的业务。

1. 双活数据中心入口路由算法

路由入口算法主要分为静态路由算法、动态路由算法和系统网关控制三种。

静态路由算法

基于 IP 地址进行选择，通过查询请求方的 ISP 或所属地区来选择进入哪个数据中心，但需要先将 IP 地址段按照所属运营商或所属地区进行分类并绑定到相应的数据中心。

动态路由算法

通过动态检测的方法，分析多个链路和数据中心的负载情况、响应时间、链路优先级等状况，然后进行比较，路由到最合适的数据中心。

系统网关控制

第三种就是通过研发入口网关系统根据一定规则来实现流量在两个数据中心之间的分发，如图 10-3 所示。

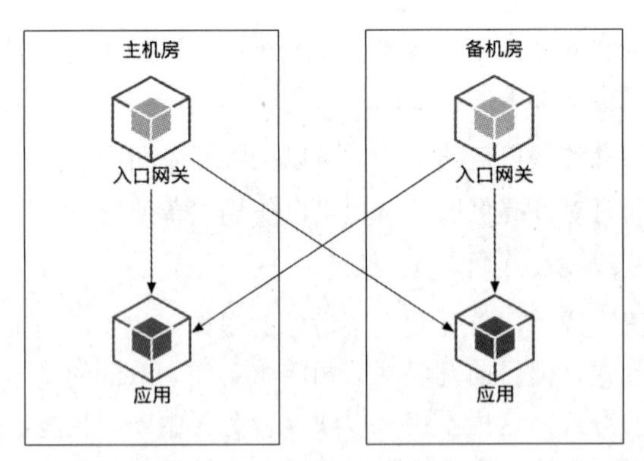

图 10-3

举个例子，在请求 URL 中会带有订单号，入口网关拦截到订单号根据订单号做 Hash 操作，如果判断是本机房请求则放行继续执行，如果是另一个机房请求则通过机房专线将请求转发过去，这样就可以根据一定规则使两个数据中心同时提供对外提供服务，如果其中一个机房出现异常无法接收请求，那么可以对正常工作机房的入口网关规则进行修改，使全量请求可以暂时访问正常工作的机房。

2. 双活数据中心需要注意的问题点

虽然双活数据中心可以最大限度地抵御业务在生产过程中遇到的灾难性事件，但双活数据中心在实现上并不是那么容易的事，我们在实现的过程中需要注意以下问题。

脑裂现象

脑裂现象也是双活数据中心中较为常见的现象，主要原因是由于两个机房间的网络出现波动造成短时通信中断，同时系统监控做得不完善，使用方无法及时感知的情况下，两个数据中心会出现各自为战的情况，用户很难判断当前请求应该分发到哪个数据中心，也不知道这个请求在这个机房下是不是唯一的。

运维相对复杂

看似只是在一个机房的基础上又增加了一个机房而已，但实际需要考虑的问题很多，包括应用、第三方组件和数据库，如何保证一个机房“挂掉”，另一个机房能够顺利接管，其实就是体现在数据同步的问题上。还有怎么保证数据同步能够达到准实时，并且如何降低同步中断或失败率，这些在后面的内容中介绍。

非零丢失

在异地双活或多活架构下，由于实现难度要高于同城双活，同时异地网络也会有较长时间的延迟，这样就有可能造成一个机房“挂掉”，另一个机房还没有及时同步最新数据的情况，但只是非常少量的丢失不会影响整体业务，所以双活不能保证“非零丢失”。

10.2.3 基于支付场景的双活体系建设

本节将以支付业务为场景，通过案例来介绍双活体系的建设。

我们在做双活之前，先要根据业务情况分析以下几个关键点：

- 业务是否是高度内聚，是否能够在一个机房完成整体业务的请求链条；
- 应用程序如何进行双活；
- 常用第三方组件如何进行双活；
- 业务数据是否必须是实时一致的，是否可以最终一致。

1. 业务是否是高度内聚，是否能够在一个机房完成整体业务的请求链条

在微服务场景下，单体项目被逐渐拆分成多个细粒度服务，每个服务内部又是高度内聚的，服务与服务之间又是低耦合的，每个服务又强调单独部署，这时候我们就要看一下这些服务是不是最终在同一个机房内完成整个请求的链条。以支付业务为例，请求的链条就是：入口网关→支付交易→支付服务→支付路由→支付渠道，可以看到这里面一共包括五个服务，这五个服

务形成了一个完整的请求链条，最终需要部署在同一个机房中。如果这些服务部署在不同机房，每次请求都要进行跨机房访问，那么就需要考虑性能损耗，同时在建设机房双活数据中心的时候，也需要进行较大的改造。

2. 应用程序如何进行双活

应用程序双活其实是实现双活数据中心的第一步，我们要考虑的是请求数据是否是有状态的，如果是有状态的请求就必须指定固定的机房来处理同一笔请求，比如支付请求数据一般都是有状态的，而电商网站的点击浏览等请求一般都是无状态的。

应用程序双活一般分为三种，分别是主机房接收请求；双机房同时接收请求，由入口网关做请求路由；双机房同时接收请求，由 Nginx+Lua 做请求路由。

主机房接收请求

只是主机房接收请求，备机房只做备份使用。

实际使用场景是每次上线新项目时先在主机房上线，如果没有问题就将备份机房也同步上线更新，如果有问题则将请求切换到备份机房，如图 10-4 所示。

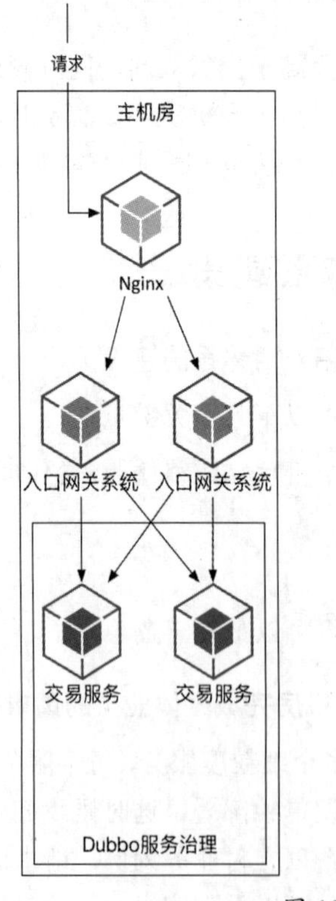

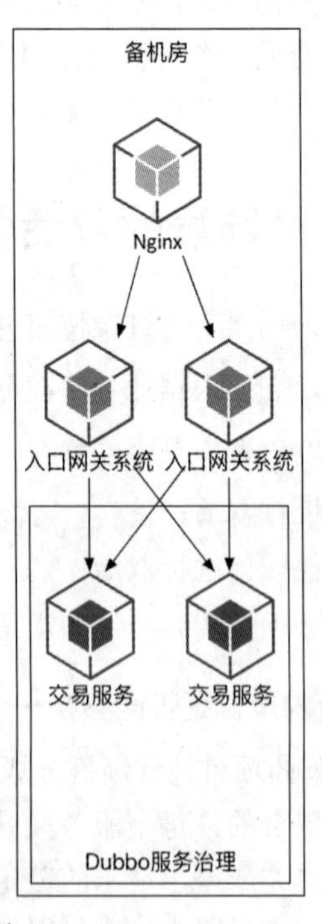

图 10-4

这种方案同一时刻只能有一个机房对外提供服务，另一个机房只起到备份作用，资源利用率低。

双机房同时接收请求，由入口网关做请求路由

双机房同时接收支付请求，必须保证同一条数据在同一时刻只能在同一个机房中进行处理，最简单的方法是在支付请求的时候包含一个唯一标识，如订单号，通过对订单号进行 Hash 求值来判断当前请求属于哪个机房，同一个订单号的 Hash 值肯定是一样的，Hash 算法和路由分发由入口网关系统承担，如图 10-5 所示。

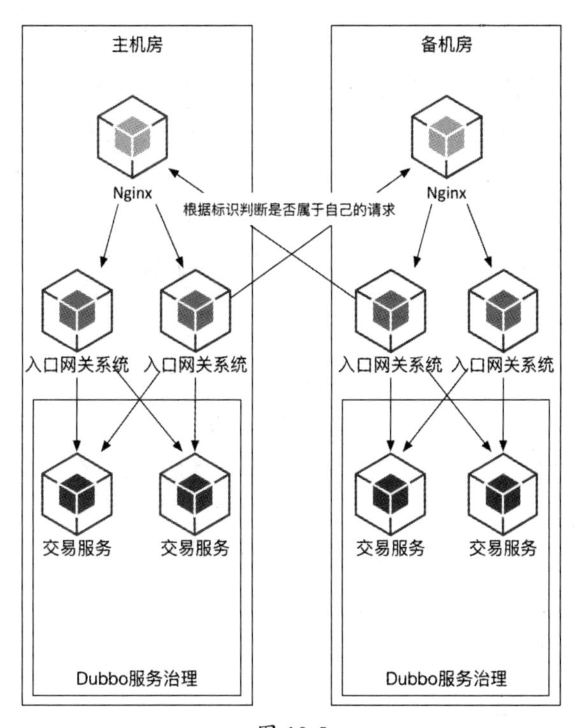

图 10-5

入口网关系统在支付业务中承担着权限校验、限流、加解密等作用，也可以进行请求分发。缺点是每次请求都要进入网关系统经过判断后才进行分发，这就需要网关系统自身具有优秀的并发处理能力。

双机房同时接收请求，由 Nginx+Lua 做请求路由

双机房同时接收请求，所有请求将在 Nginx 这一层由 Lua 语言根据标识做路由控制，不用再透传到入口网关系统进行判断，如图 10-6 所示。

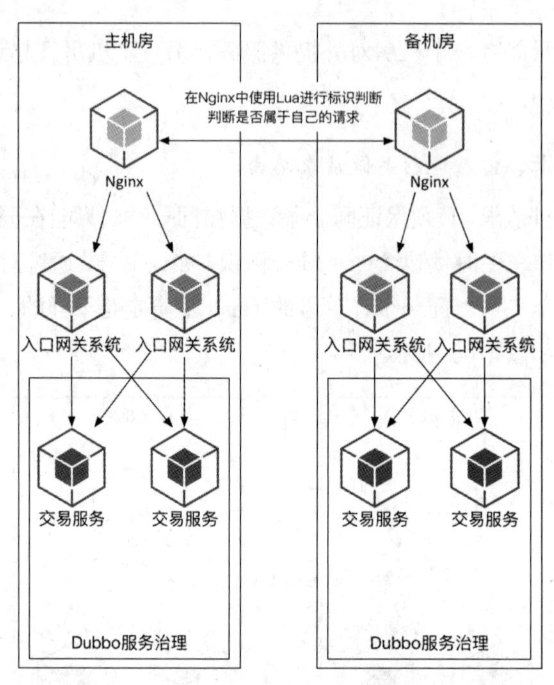

图 10-6

这样做的好处是分流由 Nginx 直接操作，在性能上会有非常大的提升，使用 OpenRestry 比较容易实现 Nginx+Lua 的整合，不管是方案二还是方案三，实际上使用的都是 Hash 算法，将标识与机房做了固定的绑定，缺点是由于采用的是最普通的 Hash 算法，如果将来要实现同城多活的场景就会对原有数据产生影响，还需要重新调整分流算法，也可以参照类似分库分表的思路使用一致性 Hash 算法，将受影响的范围尽量缩小，还可以提前按四个机房或六个机房来“Hash”，通过路由表做数据分发，总之有很多思路可以实现扩展。

实现分流的伪代码如下所示。

```
1  -- 获取分流的两个地址
2  local oldAddress = tostring(redis_get("oldAddress"));
3  local newAddress = tostring(redis_get("newAddress"));
4
5  if oldAddress == nil or oldAddress == "" then
6   ngx.log("[error] oldAddress is not setup!");
7   return;
8  end
9
10 if newAddress == nil or newAddress == "" then
```

```
11    ngx.log("[error] newAddress is not setup!");
12    return;
13 end
14
15 local tranAddrs = {};
16 tranAddrs[0] = oldAddress;
17 tranAddrs[1] = newAddress;
18
19 -- 获取请求客户端 IP
20 local get_client_ip = function()
21    local ip = ngx.var.remote_addr;
22    return ip;
23 end
24
25 -- Hash 算法
26 local hashAlgorithm = function(flagId)
27    local hashValue = flagId % 2;
28    return tranAddrs[hashValue - 1];
29 end
30
31 -- 获取 HTTP 请求 header
32 local getRequestHeader = function function_name()
33    local headers_tab = ngx.req.get_headers();
34    local flagId = "";
35    for k, v in pairs(headers_tab) do
36       if(k == "flagId") then
37          flagId = v;
38          return flagId;
39       end
40    end
41 end
42
43 -- 获取预定的策略
44 local policy = redis_get("policy");
45 local policyStr = tostring(policy);
46
47 if policyStr == nil or policyStr == "" then
48        ngx.log(ngx.ERR, "[error] policy is null, not setup!");
```

```
49         return;
50 end
51
52 -- 如果按 Hash 算法来分配
53 if policyStr == "hash" then
54         local flagIdNum = tonumber(getRequestHeader());
55         local locationName = hashAlgorithm(flagIdNum);
56          -- ngx.print("location:", locationName);
57         ngx.exec(locationName);
58 end
```

代码说明：

- 在 Redis 中配置两个机房的请求地址，存放到数组中；
- 判断当前采用的是什么算法，程序中默认使用 Hash 算法；
- 通过 getRequestHeader 方法获取请求头中的变量 flagId；
- 通过 hashAlgorithm 方法，利用 flagIdNum 变量获取机房 Nginx 跳转地址；
- Nginx 根据跳转地址进行转发。

3. 常用第三方组件如何进行双活

使用双活数据中心的原则其实并不是强行让所有的组件都必须满足双活的要求，而是能在单机房进行处理的尽量不要双活，以免增加不必要的技术复杂度。

1）ZooKeeper 的数据同步

ZooKeeper 的数据同步目前来说算是一个难点，ZooKeeper 的应用场景主要有统一配置中心、分布式锁、命名服务（分布式 ID）、分布式协调/通知、集群服务和服务的注册中心等。

（1）统一配置中心。

对于使用 ZooKeeper 作为配置中心或分布式协调/通知来说，客户端在应用启动的时候会先从 ZooKeeper 上获取最新的配置信息，并且在指定节点上注册一个 Watcher 监听，当节点内容发生变更时，服务端就会向相应的客户端发送 Watcher 事件通知，客户端收到这个消息通知后，再主动到服务端获取最新的数据。我们需要注意的是在某机房的客户端，当要做机房双活时候，将一个机房的 ZooKeeper 注册信息同步到另一个机房后，这些客户端的 IP 还是原有机房的，当新机房的数据发生变更后，服务端还是以原机房的客户端 IP 地址进行通知，这时原机房如果断电了就无法通知到相应客户端，但是 ZooKeeper 做数据同步的时候又不主张变更客户端 IP，所以 ZooKeeper 的数据同步是基于机房出故障，但机房间线路仍然能正常通信的基础上。常见的

ZooKeeper 数据同步方式有两种：

- 利用 ZooKeeper Curator 的 TreeCache 来实现

  这种方式的优点是实现简单，缺点是可能会存在 Watcher 丢失的情况。

监听 TreeCacheListener 伪代码如下所示。

```
1 static TreeCacheListener treeCacheListener = new TreeCacheListener() {
2
3   public void childEvent(CuratorFramework client, TreeCacheEvent event)
4           throws Exception {
5
6      switch (event.getType()) {
7       case NODE_ADDED:
8           System.out.println("TreeNode added: " +event.getData()
9                .getPath()+" , data: "+new String(event.getData().getData()));
10           break;
11        case NODE_UPDATED:
12           System.out.println("TreeNode updated: "+event.getData()
13                .getPath()+" , data: "+new String(event.getData().getData()));
14           break;
15        case NODE_REMOVED:
16           System.out.println("TreeNode removed: "+event.getData()
17                .getPath());
18           break;
19        default:
20           break;
21        }
22    }
23 };
```

通过 TreeCacheListener 对象可以实现对 ZooKeeper 指定节点进行增加、删除、修改和更新事件的监听，当监听到相应事件后可以将获取的数据同步更新到另一个机房中。

- 修改 ZooKeeper 源码伪装观察者

我们都知道在 ZooKeeper 有三种角色，分别是 Leader、Follower、Observer。

- Leader 作为整个 ZooKeeper 集群的主节点，负责响应所有对 ZooKeeper 状态变更的请求。它会将每个状态更新请求进行排序和编号，以便保证整个集群内部消息处理的 FIFO。

- Follower 除了响应本服务器上的读请求，还要处理 Leader 的提议，并在 Leader 提交该提议时在本地也进行提交。
- Observer 的行为在大多数情况下与 Follower 完全一致，但是它们不参加选举和投票，仅仅接受（observing）选举和投票的结果。

这三种角色中 Observer 角色的存在主要是为了提高负载能力，从而实现 ZooKeeper 读取的高吞吐率，所以可以修改 ZooKeeper 源码，伪装 Observer 角色从 Leader 上获取最新更新数据，然后将数据同步到另一个机房的 ZooKeeper 中就可以实现跨机房的数据同步。

（2）Dubbo 注册中心。

对于 Dubbo 注册中心来说，不建议对 ZooKeeper 进行数据同步，建议双机房分别部署 ZooKeeper 作为注册中心，如图 10-7 所示。

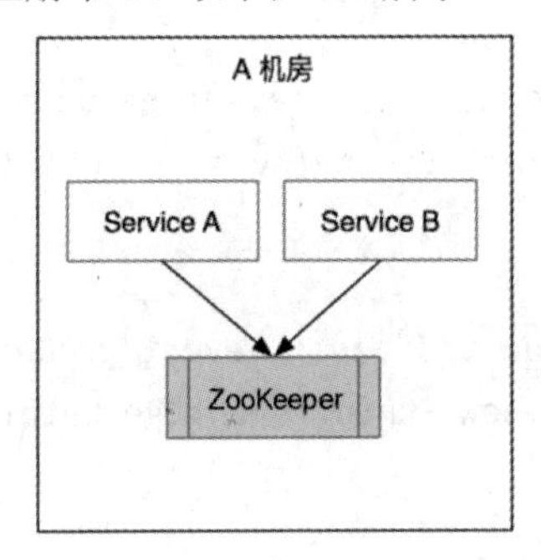

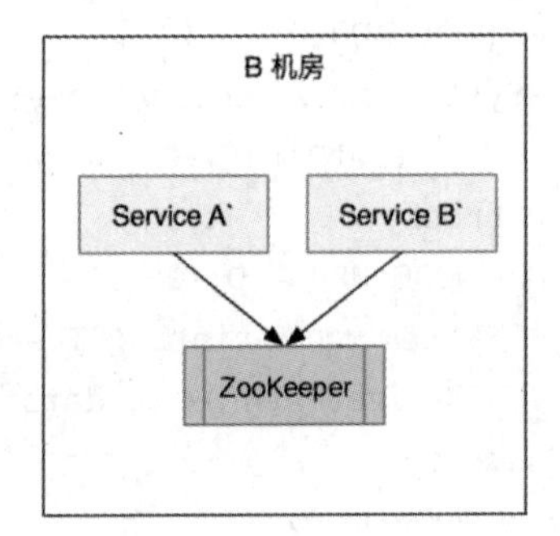

图 10-7

两个机房的 Dubbo 服务分别在各自机房注册，当一个机房出现严重故障时，只需要直接切到另一个机房即可，不过需要注意的是，在 Dubbo 服务上线的时候需要在两个机房同时更新上线，

2）Redis 的数据同步

实现 Redis 双主的目标：两个节点同时准备提供服务，任何一台“挂掉”的时候，另一台立刻无缝接管。当“挂掉”的那台启动之后，未同步的数据还会继续同步过来，最大限度地保证数据不丢失。

有读者会问，Redis 里面存放的都是缓存的临时数据，是否需要进行同步？这要看缓存数据的作用是什么，如果是高并发和数据频繁访问的场景，同步数据是非常有必要的，否则当一个机房出现异常，切换到另一个机房时，缓存的数据失效或无数据，这时很容易形成缓存穿透，导致数据库压力剧增，操作数据就会出现假死、长时间延迟等情况。如果只是为了临时存放一些数据，另一个机房的 Redis 如果没有这些数据，则只需要从数据库中再次获取即可，像这种则不需要进行数据同步。以支付业务场景为例，缓存中存放的大部分是收银台银行模板或访问频次很高的数据，所以进行数据同步是非常有必要的。

Redis 的数据同步常见的有两种情况。

（1）利用 Redis 主从机制进行数据同步。

利用 Redis 的主从数据同步机制跨机房实现数据单向同步，主要应用在伪双活场景下，主机房的 Redis 配置为主，备机房的 Redis 配置为从，通过机房网络专线实现数据的同步。当主机房出现故障的时候，切换到备机房，同时将备机房的从 Redis 切换为主 Redis，应用可以继续执行不受影响，将来主机房恢复后再将 Redis 设置恢复成原有的主从模式即可。这种方式也是目前大多数公司常用的方案。

> **注：** 目前 Redis 官网提供的版本还没有提供跨机房实现的主主同步机制，要想实现跨机房的主主数据同步需要自己研发插件基于 log（日志）来实现。

（2）利用数据库的 binlog 数据进行同步。

利用数据库的 binlog 日志来做缓存数据同步是第二种方案，如图 10-8 所示。

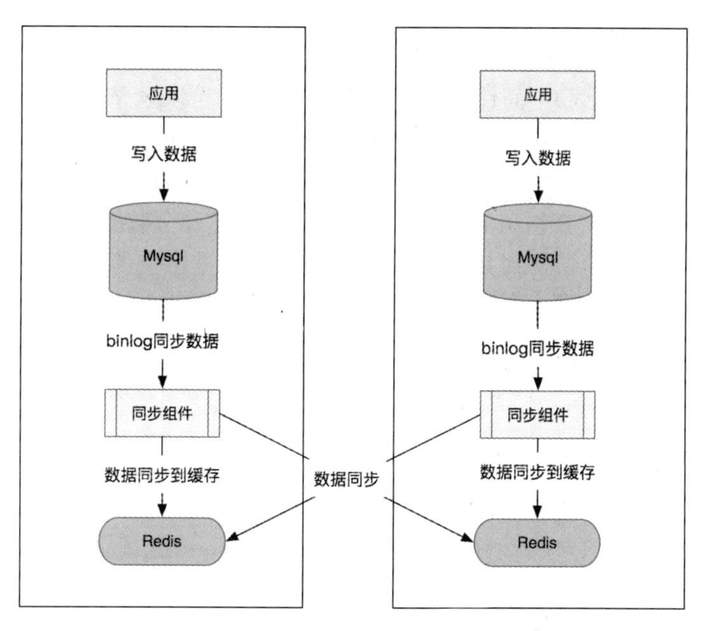

图 10-8

说明：

- 应用正常写数据到 MySQL 数据库中。
- MySQL 数据库产生 binlog 日志。
- 同步组件读取 binlog 日志。
- 同步组件解析 binlog 日志后将数据同步到 Redis 中，并且同步到另一个机房的 Redis 中。

看起来这个方案还不错，但是实现 Redis 的双活数据同步本身就是非常复杂的事，这个方案也存在一定弊端，主要体现在：

- 由于是跨机房，数据同步受网络环境影响，会有几十毫秒到几百毫秒的延时，如果对实时要求不是特别高则可以采用。
- 同步组件不能保证写入本机房 Redis 和跨机房 Redis 一定都成功，也就是说不具有事务性，而且只保证本机房 Redis 写入成功，这就可能因为网络问题经过重试后仍然同步不成功，两边机房会出现短暂的不一致现象，不过网络恢复后数据能很快同步成功。
- 使用该方案的时候无法同步有过期时间的数据，也就是说数据可以同步过去，但是过期时间设置无法同步，所以如果缓存不过期只是通过更新来控制则可以使用该方案。
- Redis 具有五种数据结构，分别为 string、hash、list、set、sorted set 类型，由于采用的是基于数据库的 binlog 同步数据，所以同步组件无法知道用户端使用的到底是哪种数据结构，这就需要提前定义好统一的数据结构。

4. 业务数据的一致性

前面介绍了应用的双活和中间件的双活，根据入口标识可以区分请求进入不同的机房，但是这两种双活最终的数据都要落地到数据库中，如果两个机房各部署一个数据库，那么机房间数据库中的不同数据又如何实现同步呢？同步必定会产生一定的延时，如图 10-9 所示，当 A 机房的数据还没来得及同步到 B 机房的时候，A 机房断电了，这部分数据也就没有同步到 B 机房，这时候运维将整体请求完全切换到 B 机房，那么有可能丢失非常少量的未同步数据，等待 A 机房故障恢复后，未同步的数据才会继续进行同步。

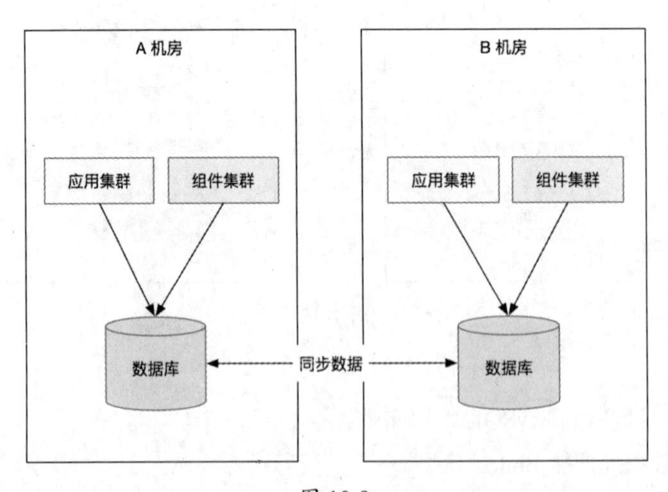

图 10-9

数据库的数据同步体现的是最终一致性，如果对一致性要求非常高，要求达到实时性，那么目前可行的方案就是使用伪双活，将数据库的主库部署在主机房中，备机房部署从库，利用 MySQL 自身主从的同步机制性能和稳定性要可靠得多，但弊端是当 A 机房出现严重故障时，要先将 B 机房的数据库停机切换成主库，才能对外使用。

下面重点介绍在双活体系下数据库如何进行数据同步。

在 MySQL 数据库中我们可利用的资源就是其 binlog，通过 binlog 做数据同步也是目前较为通用的做法，从技术方案上讲主要有两种，分别是 MySQL 主主同步方案、使用 Canal+Otter 做数据同步方案。

1）MySQL 主主同步方案

主主同步的方案主要分为三步：

（1）Master 将改变的数据同步到 binlog 中。

（2）Slave 将 Master 的 binlog 复制到它的中继日志（relay log）中。

（3）Slave 重做中继日志中的事件，将改变反映它自己的数据。

具体流程如图 10-9 所示。

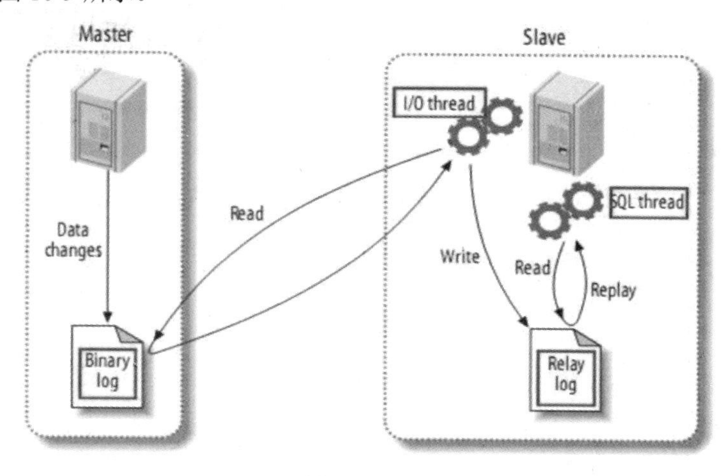

图 10-10

虽然 MySQL 本身能做主主双活数据同步，但这种机制自身存在一些问题，主要体现在：

- 同步不能采用默认的自增 ID，需要自己来定义。
- 表字段数目和结构必须一致。
- MySQL 数据同步的 binlog 是未经压缩的，同步的过程会有较长延时。
- 采用 keepalived 作为高可用方案时，两个数据库节点最好都设置成 BACKUP 模式，避免因为出现意外（比如脑裂）导致相互抢占，从而引发数据冲突。

2）使用 Canal 和 Otter 组合的数据同步方案

Canal 和 Otter 都是由阿里巴巴开源的数据库同步相关组件，

采用 Canal+Otter 的方案可以解决如下问题：

- 可以同步不同库间的异构表；
- Canal+Otter 可以实现一个表一线程、多个表多线程的同步，速度更快。同时会压缩简化要传输的 binlog，减少网络压力。
- 双 A 机房同步. 目前 MySQL 的 M-M 部署结构不支持解决数据的一致性问题，基于 Otter 的双向复制+一致性算法，可在一定程度上解决这个问题，实现双 A 机房。

下面将对这两个组件做一些简单介绍。

- Canal 这个组件主要是针对数据库的增量日志做准实时解析，提供增量的数据订阅和消费，目前开源的版本只能支持 MySQL 数据库。

  从 Canal GitHub 上面（https://github.com/alibaba/canal）找到如图 10-11 所示的原理图。

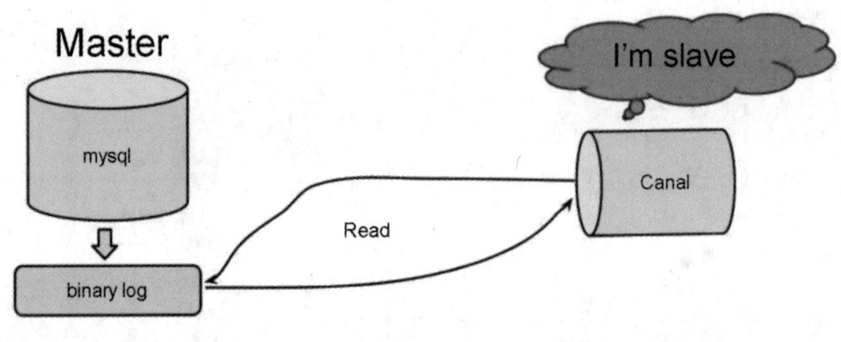

图 10-11

（1）Canal 模拟 MySQL Slave 的交互协议，伪装自己为 MySQL Slave，向 MySQL Master 发送 dump 请求。

（2）MySQL Master 收到 dump 请求，开始推送 binary log 给 Slave（也就是 Canal）。

（3）Canal 解析 binary log 对象（原始为 byte 流）。

- Otter

  Otter 是阿里巴巴为解决杭州和美国异地机房的需求，同时为了提升用户体验，整个机房的架构为双 A，两边均可写，由此诞生了 Otter 这样一个产品，自身是基于数据库增量日志解析，准实时同步到本机房或异地机房的 MySQL/Oracle 数据库，是一个分布式数据库同步系统。

从 Otter GitHub 上面（https://github.com/alibaba/otter）找到如图 10-12 所示的原理图。

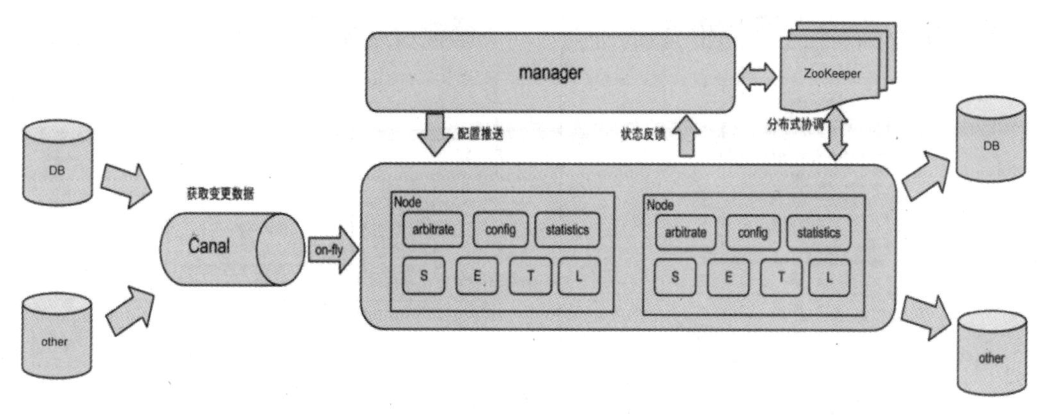

图 10-12

（1）基于 Canal 开源产品，获取数据库增量日志数据。

（2）典型管理系统架构为 manager（Web 管理）+Node（工作节点）。

- manager 运行时推送同步配置到 Node 节点；
- Node 节点将同步状态反馈到 manager 上。

（3）基于 ZooKeeper，解决分布式状态调度，允许多 Node 节点之间协同工作。

5. 支付场景常见的双活架构

前面我们对双活的实现从应用、中间件和数据库三个维度分别进行了分析，下面对这三个维度进行整合，从整体上来分析双活架构的搭建过程。对于支付公司来说最常使用的双活架构方案主要有两种：基于应用的主备架构和双活架构。

1）基于应用的主备架构

这种架构也是目前支付公司最常见的架构方式，这种架构方式看上去并不是我们之前讨论的真正的双活，而是一种伪双活，采用主备机房的方式做灾备，虽然从实现的角度来看比较简单，但却是最有效果的。我们在设计双活架构的时候往往只考虑了技术上的实现因素却忽略了业务上面的复杂度，所以架构设计得复杂，看上去很好，但正因为其复杂性却不一定能很好地支持业务的需求，反而后期为了支持业务需求，方案会越设计越复杂。

我们举个常见的支付账户的案例，当用户在支付的时候选择了使用余额支付，这时候系统就会先从用户所在的账户进行扣钱，然后执行正常的支付流程。如果此时是双活架构，则用户请求正在某一个机房尝试扣减余额进行支付，与此同时，还是这个用户又使用余额进行了一次支付，这时候请求进入了另一个机房进行余额扣减，由于两个机房间数据库的同步是有一定延时的，所以就很有可能导致用户账户上面的余额产生不一致现象。为了既能达到双活的最基本目标，又能够满足日常业务，如图 10-13 所示的基于主备架构的方案也就成了常见的一种选择。

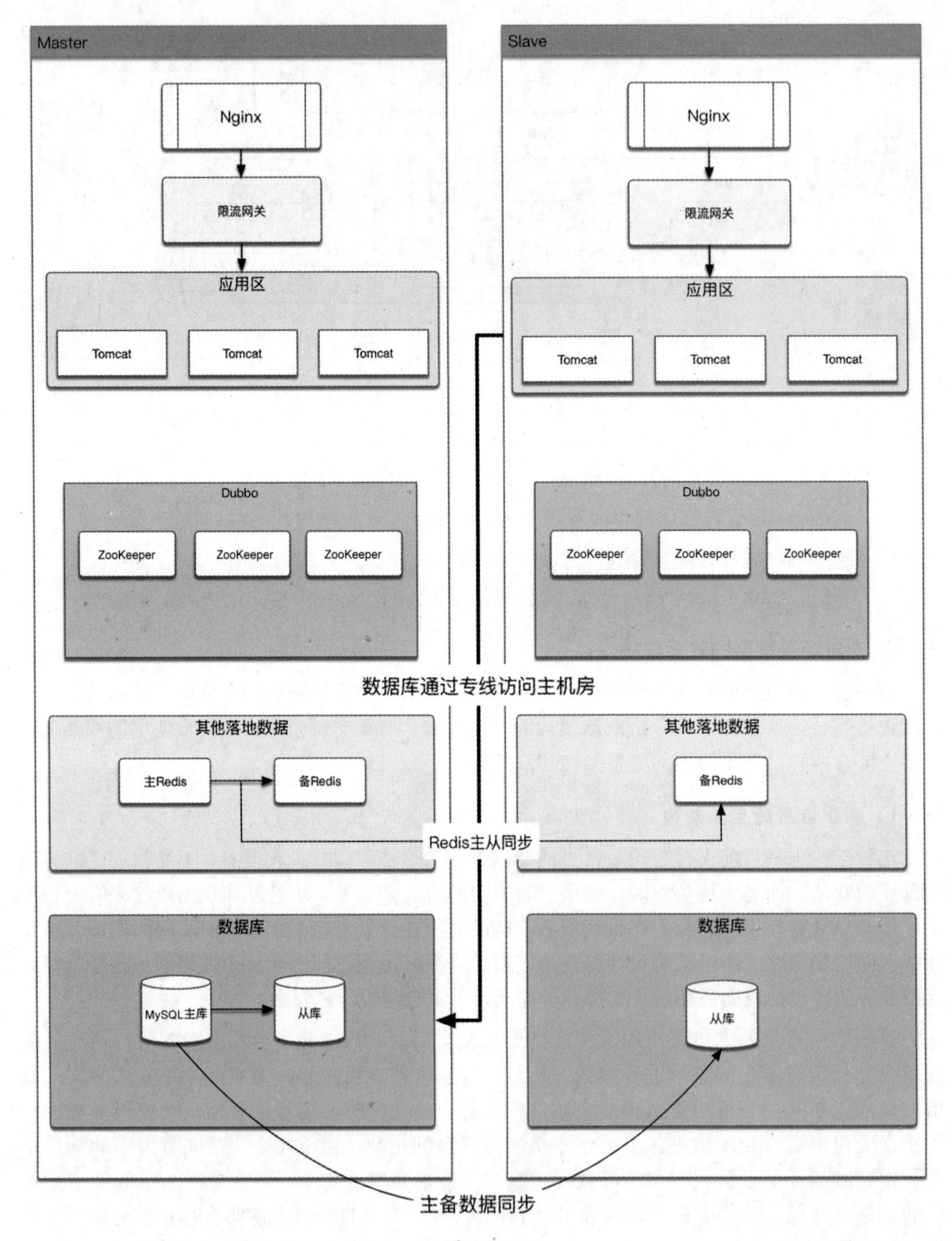
Master
Nginx
限流网关
应用区
Tomcat
Tomcat
Tomcat
Dubbo
ZooKeeper
ZooKeeper
ZooKeeper
其他落地数据
主Redis
备Redis
数据库
MySQL主库
从库
Slave
Nginx
限流网关
应用区
Tomcat
Tomcat
Tomcat
Dubbo
ZooKeeper
ZooKeeper
ZooKeeper
其他落地数据
备Redis
数据库
从库
数据库通过专线访问主机房
Redis主从同步
主备数据同步

图 10-13

顾名思义，主备架构肯定是有一个主机房、一个备机房，平常所有请求流量全部进入主机房，主机房的中间件数据和数据库数据单向同步到备机房即可。如果主机房出现系统故障，则将请求全部切换到备机房，备机房将通过机房专线请求主机房的数据库，如果主机房断电，机房专线也将不可用，那么这时就需要将备机房的备用数据库停机并切换为主数据库，同时将中间件也切换为主，然后备机房可以继续提供服务，整个切换过程的时间从几分钟到二三十分钟不等，会造成短时不可用。

2）双活架构

主备架构实现简单，可以在一定程度上做灾备，但是备机房大部分时间处在空闲状态，资源利用率非常低，备机房的存在只是为了时刻等待主机房出现故障，真正的双活架构还是双机房能够同时对外提供服务，并且其中一个机房作为主机房请求占比大，另一个机房备机房请求占比小，常见的占比是 6∶4。

在上面主备架构中我们讨论过双活架构实现较为复杂，尤其是类似用户账户扣减余额的业务场景是一个比较难解决的问题，笔者实践的方案是在请求的 URL 中包含用户 ID 并作为标识 ID，并且在请求的 URL 中包含支付类型，余额支付也是其中的一种支付类型。在入口网关中对请求进行拦截获取用户 ID 和支付类型，如果是余额支付类型则根据用户 ID 查询账户 ID，然后根据账户 ID 做规则，将同一个账户 ID 的请求路由到一个固定机房进行余额扣减，这样就减少了机房间因为金额数据同步造成的不一致问题。如果不是余额支付类型则根据用户 ID 做规则，然后路由到不同的机房进行处理。

在双活体系下，请求流量可以通过 Nginx+Lua 进行分发，也可以采用系统网关进行分发，对于 Dubbo 服务治理来说是每个机房各自注册；对于 Redis 来说是采用主从的方式，当主机房“挂掉”后并不影响备机房缓存的读取，如果需要缓存写入则只需将从 Redis 改为主 Redis 即可；对于数据库来说，则采用 Canal+Otter 的方式，根据 MySQL binlog 的方式进行数据同步，这种方式也解决了双向同步回环的问题，可靠性还是非常高的，如图 10-14 所示。

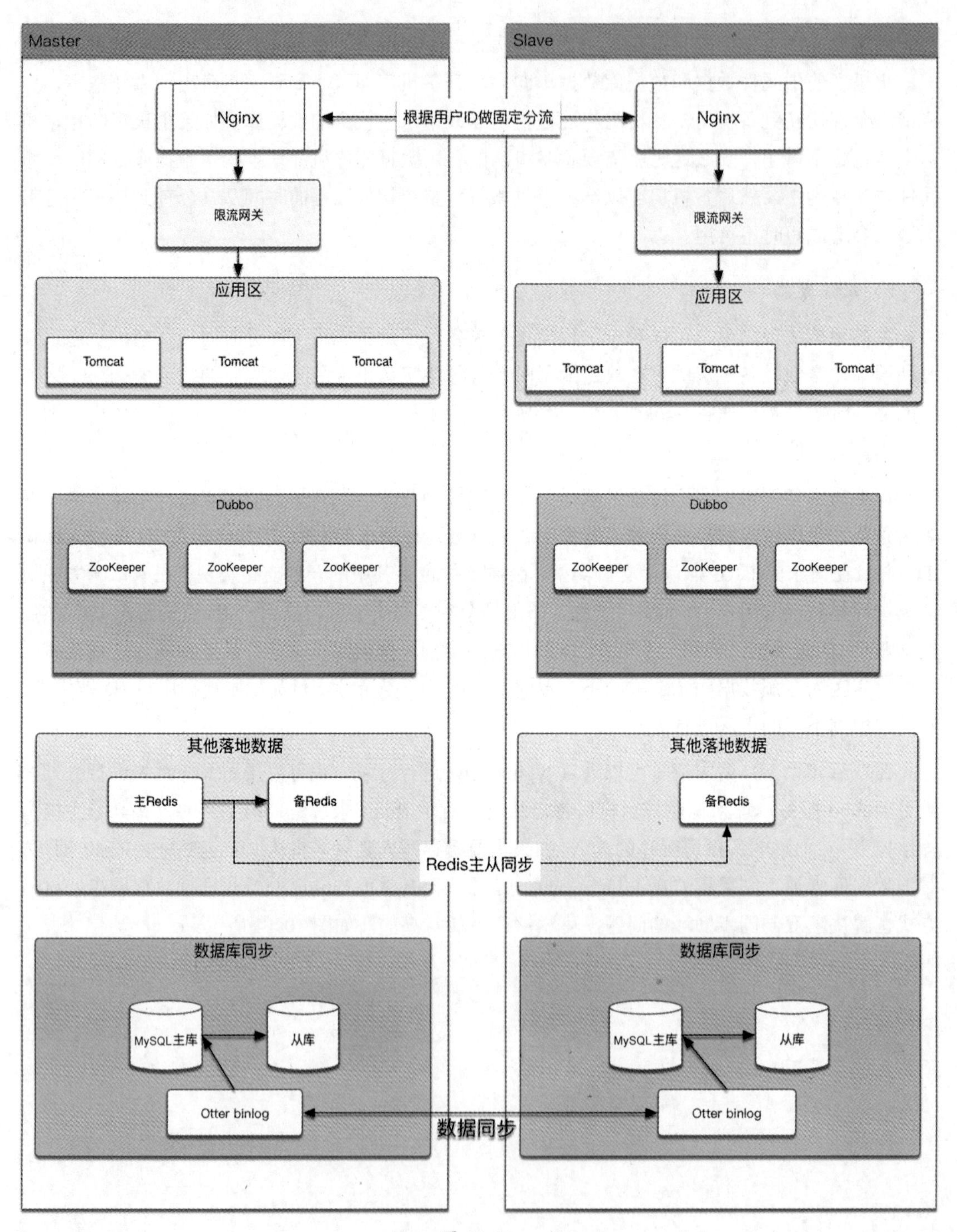
Master
Slave
Nginx
根据用户ID做固定分流
Nginx
限流网关
限流网关
应用区
Tomcat
Tomcat
Tomcat
应用区
Tomcat
Tomcat
Tomcat
Dubbo
ZooKeeper
ZooKeeper
ZooKeeper
Dubbo
ZooKeeper
ZooKeeper
ZooKeeper
其他落地数据
主Redis
备Redis
其他落地数据
备Redis
Redis主从同步
数据库同步
MySQL主库
从库
Otter binlog
数据库同步
MySQL主库
从库
Otter binlog
数据同步

图 10-14

第 11 章 基于支付场景下的微服务改造与性能优化

11.1 支付场景的介绍

本章主要介绍基于支付场景下的微服务实践，微服务体现的真谛最终还是要理解业务，只有深入理解了业务才能结合领域来重新定义微服务，下面就简单介绍一下互联网支付。

常见的互联网支付的使用场景主要有以下几种。

- **刷卡支付**：用户展示微信钱包内的“刷卡条码/二维码”给商户系统，扫描后直接完成支付，适用于线下面对面收银的场景，如超市、便利店等（被扫，线下）。
- **扫码支付**：商户系统按微信支付协议生成支付二维码，用户再用微信“扫一扫”来完成支付，适用于 PC 网站支付、实体店单品等场景（主扫，线上）。
- **公众号支付**：用户在微信中打开商户的 H5 页面，商户在 H5 页面通过调用微信支付提供的 JSAPI 接口调用微信支付模块来完成支付，适用于在公众号、朋友圈、聊天窗口等微信内完成支付的场景。
- **WAP 支付**：基于公众号基础开发的一种非微信内浏览器支付方式（需要单独申请支付权限），可以满足在微信外的手机 H5 页面进行微信支付的需求！简单来说，就是通过 PC、手机网页来实现下单支付（俗称 H5 支付）。

- **App 支付**：商户通过在移动端应用 App 中集成开放 SDK 调用微信支付模块来完成支付。
- **网关支付**：用户需要开通网上银行后在线完成支付，主要对象是国内银行借记卡和信用卡，是银行系统为企业或个人提供的安全、快捷、稳定的支付服务。
- **快捷支付**：快捷支付指用户购买商品时，不需开通网银，只需提供银行卡卡号、户名、手机号码等信息，银行验证手机号码正确性后，第三方支付发送手机动态口令到用户手机号上，用户输入正确的手机动态口令即可完成支付。

在支付场景下实现微服务的最终目标：能够将单体支付系统按业务进行解耦，利用微服务生态来实施支付系统，并且能够保证系统的可靠性和并发能力，建设完整的运维体系以支撑日益庞大的微服务系统。

11.2 支付业务建模和服务划分

我们在第 2 章介绍了领域建模的相关知识，由此可以知道几个关键词：领域、子域、限界上下文。有些读者对领域、子域的概念比较容易理解，但是限界上下文就理解得比较模糊，这里再对这个关键词简单做一下介绍。

可以把限界上下文理解为：一个系统、一个应用、一个服务或一个组件，而它又存在于领域之中。举个生活中的例子：我每天上班都会坐地铁，从家里出发到单位需要换乘三次地铁，分别是 5 号线、8 号线和 2 号线。那么地铁就可以理解为限界上下文，从 5 号线走到 8 号线这个过程就是领域事件，而为了到达目的地中间换乘地铁，这个过程叫作上下文切换。

再回到支付业务中，该如何根据业务和领域相关知识来划分服务呢？我们以一个业务架构示例来讲解，如图 11-1 所示。

当我们在工作中遇到一个完整的业务场景时，首先需要识别出一共有哪些领域，根据大的领域再来划分子域，最后将具有相同领域或子域的限界上下文进行归类。正确识别出领域其实是比较难的，需要设计人员前期对业务有大量的调研，有比较深入的了解后才能识别领域。

从图 11-1 中可以看到整个业务架构图分两大部分，中间的是业务核心领域，两边的是支撑子域。

我们重点介绍中间的部分，每一层就是一个领域，领域中又包括特定子域。

（1）对接业务层：主要是一些业务系统对接支付系统，包括电商业务、互金业务和一键支付三个限界上下文。

（2）统一接入网关层：主要功能是对请求入口进行加解密、分流、限流和准入控制等。

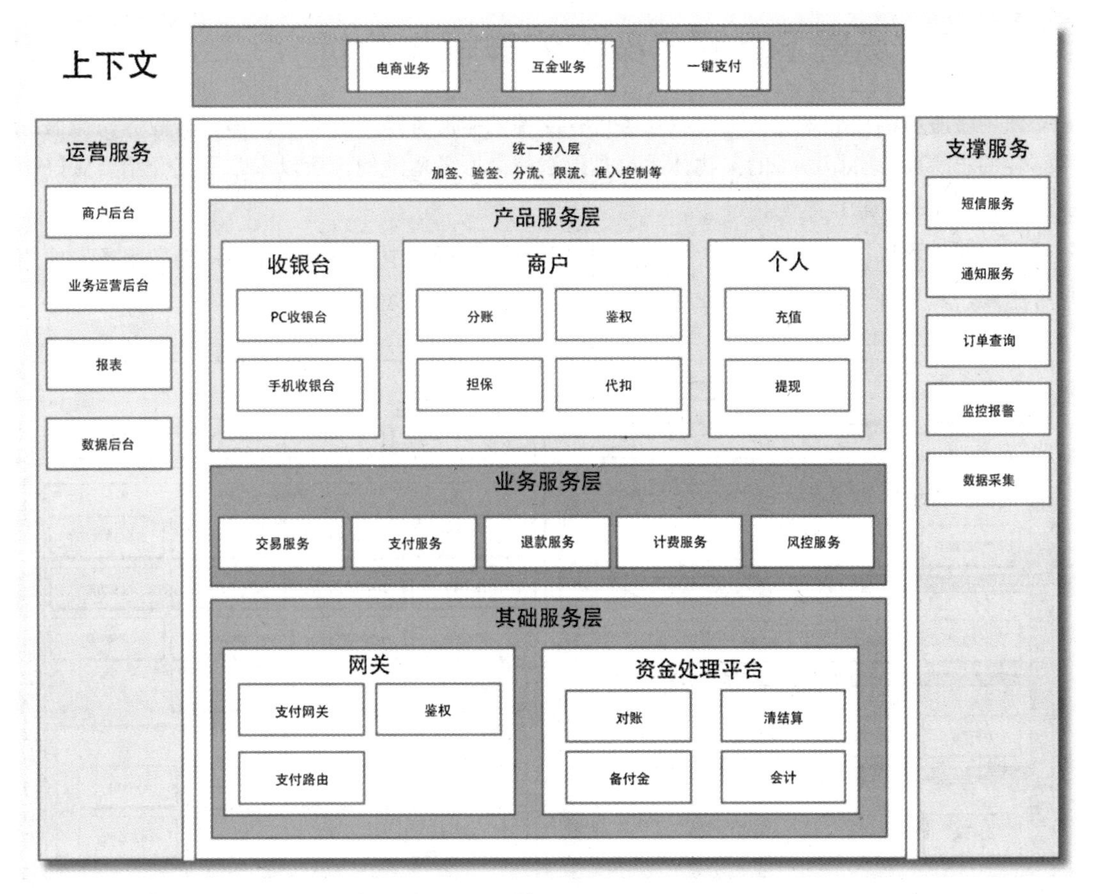

图 11-1

（3）产品服务层。

- 收银台：包括两个限界上下文，分别是 PC 收银台和手机手银台。
- 商户：包括四个限界上下文，分别是分账、鉴权、担保和代扣。
- 个人：包括两个限界上下文，分别是充值和提现。

（4）业务服务层：包括五个限界上下文，分别是交易服务、支付服务、退款服务、计费服务和风控服务。

（5）基础服务层。

- 网关：包括三个限界上下文，分别是支付网关、鉴权和支付路由。
- 资金处理平台：包括四个限界上下文——对账、清结算、备付金和会计。

11.3 支付场景下微服务架构的详解与分析

使用微服务的核心是业务，没有业务进行支撑的微服务是“虚的”，但只有业务与微服务相结合的思想而没有微服务的架构体系也是无法将微服务落地的，所以本章重点介绍要做好微服务还需要完善哪些技术架构。

下面我们将以一个实际工作中的案例为出发点，分析在中小公司中如何落地微服务。如图 11-2 所示，左半部分是微服务的业务架构，右半部分是微服务的基础技术架构。

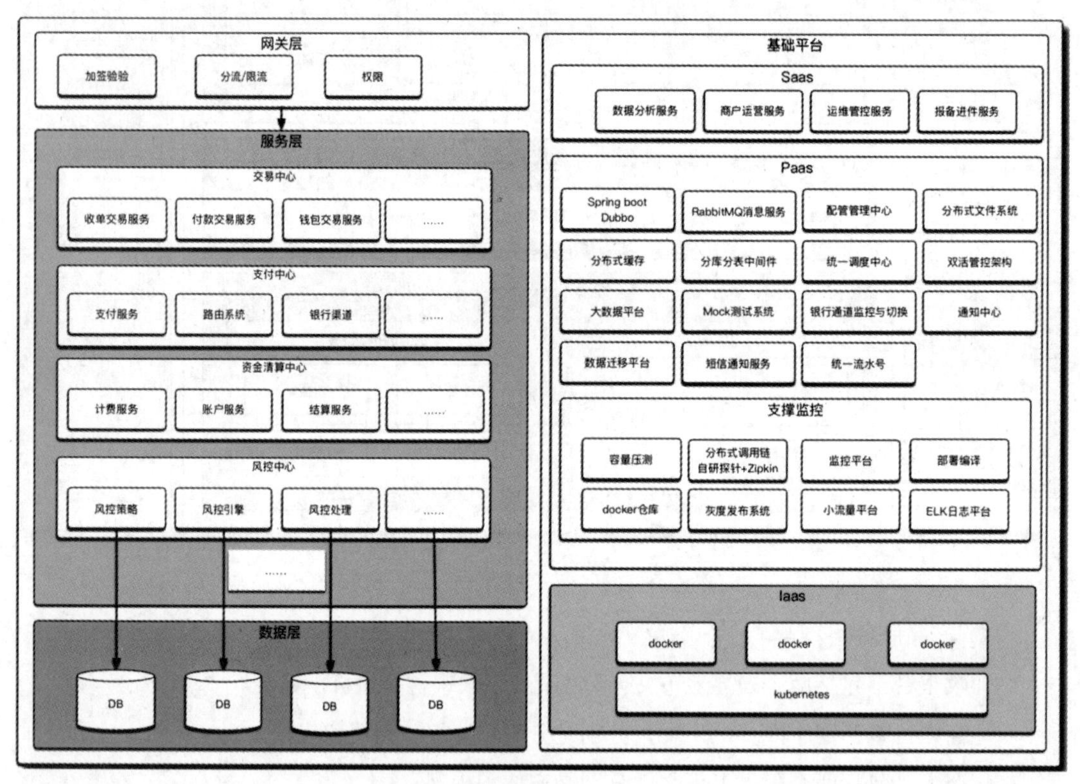

图 11-2

11.3.1 业务架构分析

根据前面介绍的如何根据业务来划分领域可以看到，整个业务架构部分已经完成了领域的划分，我们重点来看服务层。服务层是一个核心域里面包含了多个子域，每个子域都是按功能进行划分的，比如支付中心子域里面包括支付服务、路由系统和银行渠道等限界上下文，这些限界上下文是一个服务，还是一个系统呢？这就要结合康威定律来综合考量团队的规模，小公司创业初期研发人员少，可以将支付中心子域定义为限界上下文，里面包括三个独立模块，分别是支付服务模块、路由模块和银行渠道模块，待人员逐步增加到一定规模后，多个项目组同时修改一个支付中心限界上下文会导致互相影响的时候，就需要将支付中心上升为一个业务领域，而将之前的三个独立模块拆分为独立系统，由不同的项目组分别接管，各自维护各自部署，如图 11-3 所示。

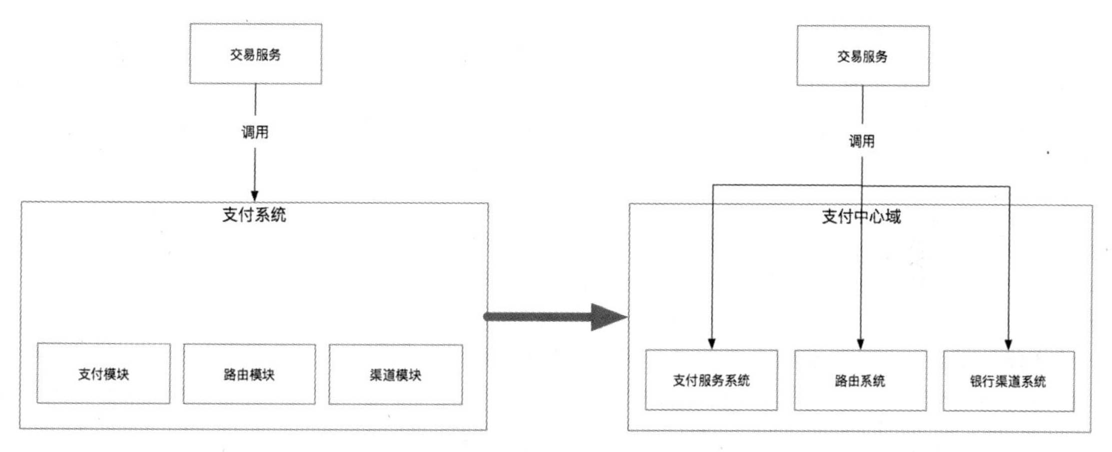

图 11-3

可以看出左边是未拆分前的结构，交易服务想要调用支付模块就必须统一调用支付系统，然后才能调用支付模块，而右边是经过拆分后的结构，这时交易服务可以直接调用支付服务系统、路由系统和银行渠道系统中的任意一个，当然从业务流来讲肯定要先调用支付服务系统。

而数据层是根据业务进行数据库的拆分，拆分原则与应用拆分相同，如图 11-4 所示。

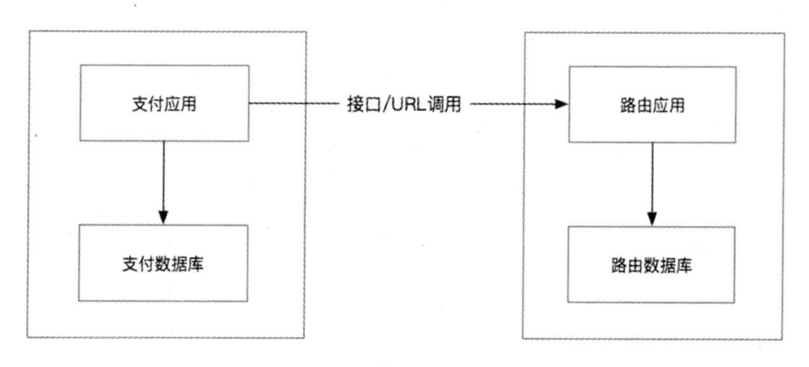

图 11-4

可以看到业务、应用和数据库三者一体，物理上与其他业务隔离，不同应用服务的数据库是不能直接访问的，只能通过服务调用进行访问。

11.3.2 技术平台详解

当我们将整个支付业务根据微服务理念做了合理划分之后，业务架构的各层次就逐步清晰起来，而微服务架构的成功建设除了业务上面的划分，技术平台和运维体系的支撑也是非常重要的，图 11-2 的右半部分共分为三个层次，分别是统一平台业务层、微服务基础中间件层和自动化运维层。

1. 统一业务平台层

这一层主要是通用的平台业务系统，包括数据分析服务、商户运营服务、运维管控服务和进件报备服务，它们无法根据业务被归类到某一业务系统中，只能作为支撑域存在，所以放到统一业务平台层供所有业务线共同使用。

2. 微服务基础中间件层

微服务本身是一个生态，为了支撑微服务这个庞大的体系，必须有很多基础中间件进行辅助才能使微服务平稳地运行。下面将根据笔者积累的实践经验对图中一些重要的组件进行技术选型方面的介绍，另外图中有很多组件在本书其他章节进行了详细介绍，这里就不再做说明。

- 微服务框架

目前市面上非常流行 Spring Boot+Spring Cloud 的微服务框架，这套框架确实是微服务的集大成者，涵盖的范围广，可以支持动态扩展和多种插件。但是作为公司的管理者来说，并不能因为出了新的技术就立刻将公司核心业务用新的技术进行更替，这样在生产上所带来的风险将会非常大。比较合理的做法是，如果公司或部门是新成立的，还没有做技术框架的选型，又想在公司内部推广微服务的时候，尝试使用 Spring Boot 和 Spring Cloud 框架，可以节省出公司或部门的很多时间来攻关前端业务，而不需要将更多精力放在如何进行微服务的建设上来。

目前很多互联网公司在生产过程中使用的微服务框架并不是 Spring Boot 和 Spring Cloud，会使用如 Dubbo、gRPC、Thrift 等 RPC 框架进行服务治理，而公司内部自己研发出很多微服务的外围组件，比如 APM 监控系统、分库分表组件、统一配置中心、统一定时任务等。在这种情况下公司内部已经自建了比较完善的基础架构平台就没必要整体更换为 Spring Boot 和 Spring Cloud，否则代价极大，甚至会对公司的业务造成严重的后果。公司发展的策略一般都是以客户（用户）稳定优先，但公司技术也需要更新，可以先尝试在公司边缘业务中使用，达到认可后逐步推广，循环渐进。

笔者在进行微服务改造的过程中实际上是基于原有的 Dubbo 做的改进，将 Duboo 和 Spring Boot 相结合形成服务治理框架。

- 消息服务

我们在谈技术选型的时候，不能脱离业务空谈选型，每种消息中间件必定有其优点和不足，我们可以根据自身的场景择优选择，下面笔者结合自己使用的两种类型的 MQ 简单说一下选型与使用场景。

RabbitMQ 是使用 Erlang 编写的一个开源的消息队列，本身支持很多协议：AMQP、XMPP、SMTP、STOMP，也正是如此，使它变得非常重量级，更适合企业级的开发。RabbitMQ 是 AMQP 协议领先的一个实现，它实现了代理（Broker）架构，意味着消息在发送到客户端之前可以在中央节点上排队。对路由（Routing）、负载均衡（Load balance）或数据持久化都有很好的支持。但是在集群中使用的时候，分区配置不当偶尔会有脑裂现象出现，总的来说，在支付行业用 RabbitMQ 还是非常多的。

Kafka 是 LinkedIn 于 2010 年 12 月开发并开源的一个分布式 MQ 系统，现在是 Apache 的一个孵化项目，是一个高性能跨语言分布式 Publish/Subscribe 消息队列系统，其性能和效率在行业中是领先的，但是原先的版本经过大量测试，因为其主备 Partition 同步信息的机制问题，偶尔会造成数据丢失等问题，所以更多的应用场景还是在大数据、监控等领域。

目前市面上有很多支付公司都在使用 RabbitMQ 作为消息中间件，虽然很“重”但是却具有支付行业的不丢消息、MQ 相对稳定等特点。缺点则是不像 ActiveMQ 那样可以使用 Java 实现定制化，比如想知道消息队列中有多少剩余消息没有消费，哪些通道获取过消息，共有多少条，是否可以手动或自动触发重试等，还有监控和统计信息，目前做得还不是太完善，只能满足基本功能的要求。

接下来我们再来说说消息队列在技术领域的使用场景。

（1）可以做延迟设计。

比如一些数据需要过五分钟后再使用，这时就需要使用延迟队列设计，比如在 RabbitMQ 中利用死信队列实现。

（2）异步处理。

主要应用在多任务执行的场景。

（3）应用解耦。

在大型微服务架构中，有一些无状态的服务经常考虑使用 MQ 做消息通知和转换。

（4）分布式事务最终一致性。

可以使用基于消息中间件的队列做分布式事务的消息补偿，实现最终一致性。

（5）流量削峰。

一般在秒杀或团抢活动中使用广泛，可以通过队列控制秒杀的人数和商品，还可以缓解短时间压垮应用系统的问题。

（6）日志处理。

我们在做监控或日志采集的时候经常用队列来做消息的传输和暂存。

- 统一配置中心

目前市面有很多种开源的统一配置中心组件可供使用，如携程开源的 Apollo、阿里的 Diamond、百度的 Disconf，每种组件都各有特点，我们在使用的过程中还需要根据实际情况来综合考量。笔者公司目前采用的微服务架构是 Spring Boot+Dubbo 的方式，Apollo 的架构使用了 Spring Boot+Spring Cloud 的方式，在架构方式上正好可以无缝对接，同时 Apollo 可以解决同城双活方面的问题，所以从这些角度来看比较适合目前的场景。

- 银行通道监控与切换

由于每家银行提供的业务及产品不同，例如 B2C、B2B、大额支付、银企直连、代收代付、快捷支付等，这些产品及服务并无统一的接口，要使用这些产品服务，支付机构只能一家家银行进行接入，当对接的银行通道过多时，每条通道的稳定性就是支付工作中的重中之重，这是涉及用户支付是否成功的关键，也是支付机构支付成功率的重要指标，基于此，要有针对性地进行银行通道稳定性的监控与故障切换系统的建设，如图 11-5 所示。

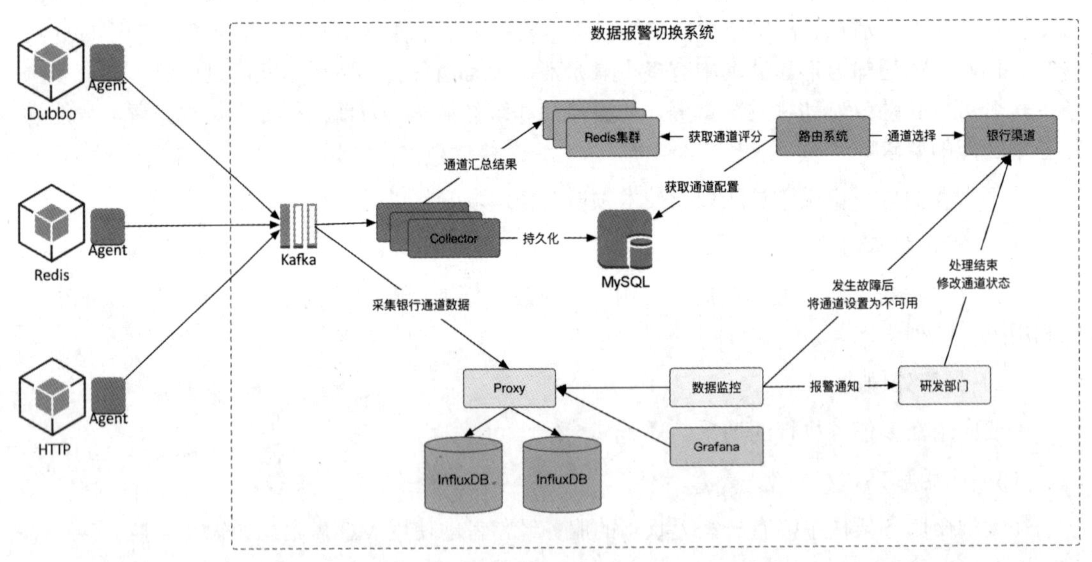

图 11-5

图 11-5 是通道监控与切换系统的整体架构，通过在相应组件或应用上面增加 Agent 监控代理拦截通道的请求情况，经过 Collector 进行数据汇总，然后将通道评分数据发送给 Redis 集群，而支付路由系统在进行通道选取的时候会从 Redis 集群中获取通道的评分及通道相应的配置项进行综合评定从而选取合适的通道，另外采集所有的监控数据都会存放到 InfluxDB 中，通过 Grafana 进行预警展示，如果通道不可用则自动将通道关闭，同时通知研发部门进行问题排查。

11.4　从代码层面提升微服务架构的性能

很多架构变迁或演进方面的文章大多是针对架构方面的介绍，很少有针对代码级别的性能优化介绍，这就好比盖楼一样，楼房的基础架子搭得很好，但是盖房的工人不够专业，有很多需要注意的地方忽略了，在往里面添砖加瓦的时候出了问题，后果就是房子经常漏雨、墙上有裂缝等各种问题出现，虽然不至于楼房塌陷，但楼房已经变成了危楼。

判断一个项目是否具有良好的设计需要从优秀的代码和高可用架构两个方面来衡量，如图 11-6 所示。

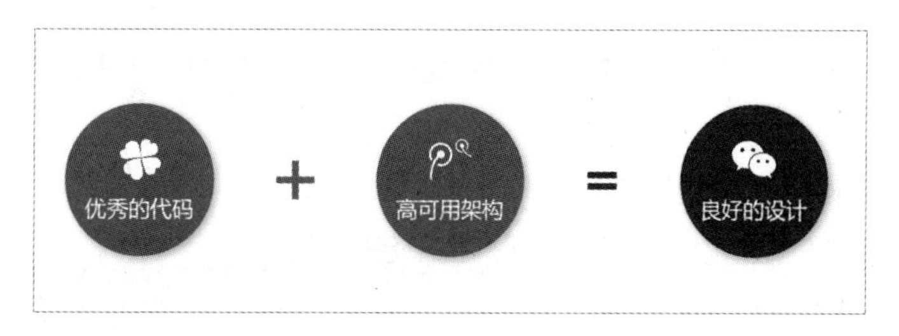

图 11-6

优秀的代码是要看程序的结构是否合理，程序中是否存在性能问题，依赖的第三方组件是否被正确使用等。而高可用架构是要看项目的可用性、扩展型，以及能够支持的并发能力。可以说一个良好的项目设计是由两部分组成的，缺一不可。

11.4.1　从代码和设计的角度看

在实战的过程中，不同的公司所研发的项目和场景也不一样，下面主要以支付场景为出发点，从代码和设计的角度总结一些常见的问题。

1．数据库经常发生死锁现象

以 MySQL 数据库为例，select......for update 语句是手工加锁（悲观锁）语句，是一种行级锁。通常情况下单独使用 select 语句不会对数据库数据加锁，而使用 for update 语句则可以在程序层面实现对数据的加锁保护，如果 for update 语句使用不当，则非常容易造成数据库死锁现象的发生，如表 11-1 所示。

表 11-1

时　　间	会话 A	会话 B
1	事务开始	
2	Select * from test where age = 10 for update	事务开始

续表

时　间	会话 A	会话 B
3		Select * from test where age = 20 for update
4	Select * from test where age = 20 for update 此时事务一直等待会话 B	
		Select * from test where age = 10 for update 数据库报错：Deadlock found when trying to get lock; try restarting transaction

在上述事例中，会话 B 会抛出死锁异常，死锁的原因就是 A 和 B 两个会话互相等待，出现这种问题其实就是我们在项目中混杂了大量的事务+for update 语句并且使用不当所造成的。

MySQL 数据库锁主要有三种基本锁。

- Record Lock：单个行记录的锁。
- Gap Lock：间隙锁，锁定一个范围，但不包括记录本身。
- Gap Lock+Record Lock（next-key lock）：锁定一个范围，并且也锁定记录本身。

当 for update 语句和 gap lock、next-key lock 锁相混合使用，又没有注意用法的时候，就非常容易出现死锁的情况。

2. 数据库事务占用时间过长

先看一段伪代码：

```
public void test() {
    Transaction.begin //事务开启
    try {
        dao.insert //插入一行记录
        httpClient.queryRemoteResult() //请求访问
        dao.update //更新一行记录
        Transaction.commit() //事务提交
    } catch(Exception e) {
        Transaction.rollFor //事务回滚
    }
}
```

项目中类似这样的程序有很多，经常把类似 httpClient，或者有可能造成长时间超时的操作混在事务代码中，不仅会造成事务执行时间超长，而且会严重降低并发能力。

我们在使用事务的时候，遵循的原则是**快进快出，事务代码要尽量小**。针对以上伪代码，我们要把 httpClient 这一行拆分出来，避免同事务性的代码混在一起。

3. 滥用线程池，造成堆和栈溢出

Java 通过 Executors 提供了四种线程池可供我们直接使用。

- newCachedThreadPool：创建一个可缓存线程池，这个线程池会根据实际需要创建新的线程，如果有空闲的线程，则空闲的线程也会被重复利用。
- newFixedThreadPool：创建一个定长线程池，可控制线程最大并发数，超出的线程会在队列中等待。
- newScheduledThreadPool：创建一个定长线程池，支持定时及周期性任务执行。
- newSingleThreadExecutor：创建一个单线程化的线程池，它只会用唯一的工作线程来执行任务，保证所有任务按照指定顺序（FIFO，LIFO，优先级）执行。

JDK 提供的线程池从功能上替我们做了一些封装，也节省了很多参数设置的过程。如果使用不当则很容易造成堆和栈溢出的情况，示例代码如下所示。

```
private static final ExecutorService executorService = Executors.newCachedThreadPool();
 /**
 * 异步执行短频快的任务
 * @param task
 */
 public static void asynShortTask(Runnable task){
  executorService.submit(task);
  //task.run();
 }

 CommonUtils.asynShortTask(new Runnable() {
      @Override
      public void run() {
          String sms = sr.getSmsContent();
          sms = sms.replaceAll(finalCode, AES.encryptToBase64(finalCode,
ConstantUtils.getDB_AES_KEY()));
          sr.setSmsContent(sms);
          smsManageService.addSmsRecord(sr);
      }
 });
```

以上代码的场景是每次请求过来都会创建一个线程，将 DUMP 日志导出进行分析，发现项

目中启动了一万多个线程，而且每个线程都显示为忙碌状态，已经将资源耗尽。我们仔细查看代码会发现，代码中使用的线程池是使用以下代码来申请的。

```
    private static final ExecutorService executorService =
Executors.newCachedThreadPool();
```

在高并发的情况下，无限制地申请线程资源会造成性能严重下降，采用这种方式最大可以产生多少个线程呢？答案是 Integer 的最大值！查看如下源码：

```
    public static ExecutorService newCachedThreadPool() {
         return new ThreadPoolExecutor(0, Integer.MAX_VALUE,
                                       60L, TimeUnit.SECONDS,
                                       new SynchronousQueue<Runnable>());
     }
```

既然使用 newCachedThreadPool 可能带来栈溢出和性能下降，如果使用 newFixedThreadPool 设置固定长度是不是可以解决问题呢？使用方式如以下代码所示，设置固定线程数为 50：

```
    private static final ExecutorService executorService =
Executors.newFixedThreadPool(50);
```

修改完成以后，并发量重新上升到 100TPS 以上，但是当并发量非常大的时候，项目 GC（垃圾回收能力下降），分析原因还是因为 Executors.newFixedThreadPool(50)这一行，虽然解决了产生无限线程的问题，但采用 newFixedThreadPool 这种方式会造成大量对象堆积到队列中无法及时消费，源码如下：

```
    public static ExecutorService newFixedThreadPool(int nThreads, ThreadFactory
threadFactory) {
            return new ThreadPoolExecutor(nThreads, nThreads,
                                          0L, TimeUnit.MILLISECONDS,
                                          new LinkedBlockingQueue<Runnable>(),
                                          threadFactory);
     }
```

可以看到采用的是无界队列，也就是说队列可以无限地存放可执行的线程，造成大量对象无法释放和回收。

其实 JDK 还提供了原生的线程池 ThreadPoolExecutor，这个线程池基本上把控制的权力交给了使用者，使用者设置线程池的大小、任务队列、拒绝策略、线程空闲时间等，不管使用哪种线程池，都是建立在我们对其精准把握的前提下才能真正使用好。

4. 常用配置信息依然从数据库中读取

不管是什么业务场景的项目，只要是老项目，我们经常会遇到一个非常头疼的问题就是项目的配置信息是在本地项目的 properties 文件中存放的，或者是将常用的配置信息存放到数据库中，这样造成的问题是：

- 如果使用本地 properties 文件，每次修改文件都需要一台一台地在线上环境中修改，在服务器数量非常多的情况下非常容易出错，如果修改错了则会造成生产事故。
- 如果是用采集数据库来统一存放配置信息，在并发量非常大的情况下，每一次请求都要读取数据库配置则会造成大量的 I/O 操作，会对数据库造成较大的压力，严重的话对项目也会产生性能影响。

比较合理的解决方案之一：使用统一配置中心利用缓存对配置信息进行统一管理，具体的实现方案可以参考《深入分布式缓存》这本书。

5. 从库中查询数据，每次全部取出

我们在代码中经常会看到如下 SQL 语句：

```
select * from order where status = 'init'
```

这句 SQL 从语法上确实看不出什么问题，但是放在不同的环境上却会产生不同的效果，如果此时我们的数据库中状态为 init 的数据只有 100 条，那么这条 SQL 会非常快地查询出来并返回给调用端，在这种情况下对项目没有任何影响。如果此时我们的数据库中状态为 init 的数据有 10 万条，那么这条 SQL 语句的执行结果将是一次性把 10 万记录全部返回给调用端，这样做不仅会给数据库查询造成沉重的压力，还会给调用端的内存造成极大的影响，带来非常不好的用户体验。

比较合理的解决方案之一：使用 limit 关键字控制返回记录的数量。

6. 业务代码研发不考虑幂等操作

幂等就是用户对于同一操作发起的一次请求或多次请求所产生的结果是一致的，不会因为多次点击而产生多种结果。

以支付场景为例，用户在网上购物选择完商品后进行支付，因为网络的原因银行卡上面的钱已经扣了，但是网站的支付系统返回的结果却是支付失败，这时用户再次对这笔订单发起支付请求，此时会进行第二次扣款，返回结果成功，用户查询余额返发现多扣钱了，流水记录也变成了两条，这种场景就不是幂等。

实际工作中的幂等其实就是对订单进行防重，防重措施是通过在某条记录上加锁的方式进行的。

针对以上问题，完全没有必要使用悲观锁的方式来进行防重，否则不仅对数据库本身造成极大的压力，对于项目扩展性来说也是很大的扩展瓶颈，我们采用了三种方法来解决以上问题：

- 使用第三方组件来做控制，比如 ZooKeeper、Redis 都可以实现分布式锁。
- 使用主键防重法，在方法的入口处使用防重表，能够拦截所有重复的订单，当重复插入时数据库会报一个重复错，程序直接返回。
- 使用版本号（version）的机制来防重。

注意：以上三种方式都必须设置过期时间，当锁定某一资源超时的时候，能够释放资源让竞争重新开始。

7. 使用缓存不合理，存在惊群效应、缓存穿透等情况

- 缓存穿透

我们在项目中使用缓存通常先检查缓存中数据是否存在，如果存在则直接返回缓存内容，如果不存在就直接查询数据库，然后进行缓存并将查询结果返回。如果我们查询的某一数据在缓存中一直不存在，就会造成每一次请求都查询 DB，这样缓存就失去了意义，在流量大时，可能 DB 就“挂掉”了，这就是缓存穿透，如图 11-7 所示。

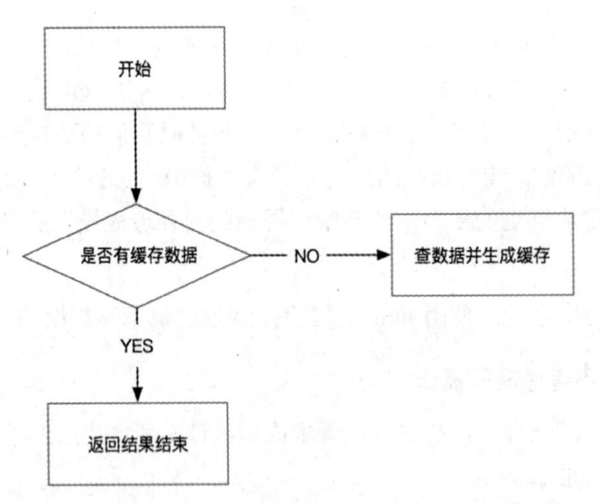

图 11-7

要是有黑客利用不存在的缓存 key 频繁攻击应用，就会对数据库造成非常大的压力，严重的话会影响线上业务的正常进行。一个比较巧妙的做法是，可以将这个不存在的 key 预先设定一个值，比如“key”“NULL”。在返回这个 NULL 值的时候，应用就可以认为这是不存在的

key，应用就可以决定是继续等待访问，还是放弃掉这次操作。如果继续等待访问，则过一个时间轮询点后，再次请求这个 key，如果取到的值不再是 NULL，则可以认为这时候 key 有值了，从而避免透传到数据库，把大量的类似请求挡在了缓存之中。

- 缓存并发

看完上面的缓存穿透方案后，可能会有读者提出疑问，如果第一次使用缓存或缓存中暂时没有需要的数据，那么又该如何处理呢？

在这种场景下，客户端从缓存中根据 key 读取数据，如果读到了数据则流程结束，如果没有读到数据（可能会有多个并发都没有读到数据），则使用缓存系统中的 setNX 方法设置一个值（这种方法类似加锁），没有设置成功的请求则“sleep”一段时间，设置成功的请求则读取数据库获取值，如果获取到则更新缓存，流程结束，之前 sleep 的请求唤醒后直接从缓存中读取数据，此时流程结束，如图 11-8 所示。

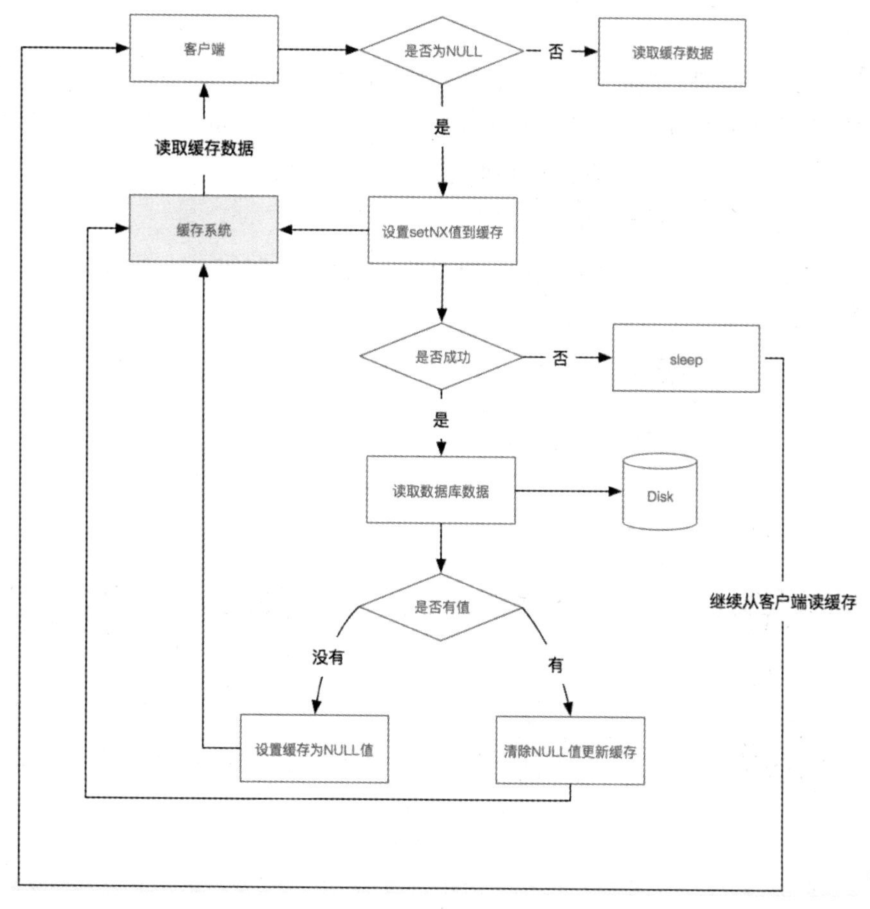

图 11-8

这个流程里面有一个漏洞，如果数据库中没有我们需要的数据该怎么处理？如果不处理请求则会造成死循环，不断地在缓存和数据库中查询，这时就可以结合缓存穿透的思路，这样其他请求就可以根据“NULL”直接进行处理，直到后台系统在数据库成功插入数据后同步更新清理 NULL 数据和更新缓存。

- 缓存过期导致惊群效应

我们在使用缓存组件的时候，经常会使用缓存过期这一功能，这样可以不定期地释放使用频率很低的缓存，节省出缓存空间。如果很多缓存设置的过期时间是一样的，就会导致在一段时间内同时生成大量的缓存，然后在另外一段时间内又有大量的缓存失效，大量请求就直接穿透到数据库中，导致后端数据库的压力陡增，这就是“缓存过期导致的惊群效应”！

比较合理的解决方案之一：为每个缓存的 key 设置的过期时间再加一个随机值，可以避免缓存同时失效。

- 最终一致性

缓存的最终一致性是指当后端的程序在更新数据库数据完成之后，同步更新缓存失败，后续利用补偿机制对缓存进行更新，以达到最终缓存的数据与数据库的数据是一致的状态。

常用的方法有两种，分别是基于 MQ 和基于 binlog 的方式。

（1）基于 MQ 的缓存补偿方案。

这种方案是当缓存组件出现故障或网络出现抖动的时候，程序将 MQ 作为补偿的缓冲队列，通过重试的方式机制更新缓存，如图 11-9 所示。

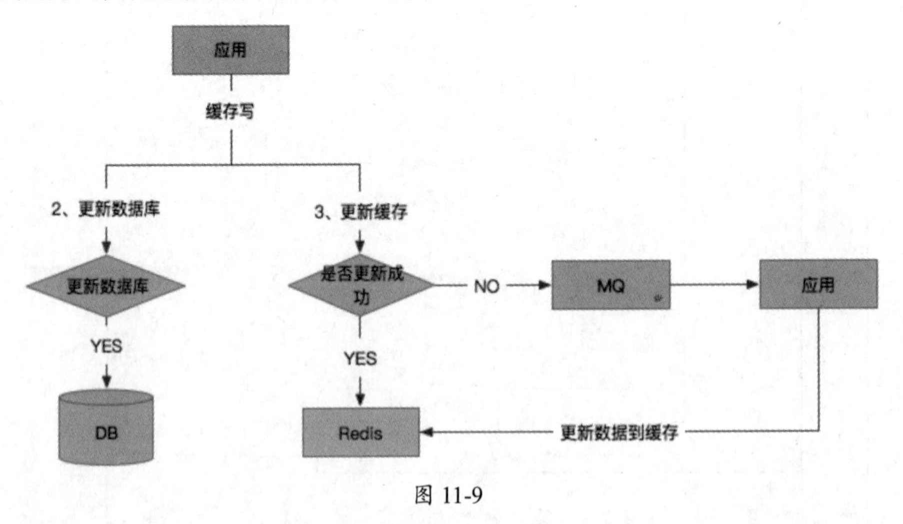

图 11-9

说明：

- 应用同时更新数据库和缓存。

- 如果数据库更新成功，则开始更新缓存；如果数据库更新失败，则整个更新过程失败。
- 判断更新缓存是否成功，如果成功则返回。
- 如果缓存没有更新成功，则将数据发到 MQ 中。
- 应用监控 MQ 通道，收到消息后继续更新 Redis。

问题点：

如果更新 Redis 失败，同时在将数据发到 MQ 之前应用重启了，那么 MQ 就没有需要更新的数据，如果 Redis 对所有数据没有设置过期时间，同时在读多写少的场景下，那么只能通过人工介入来更新缓存。

（2）基于 binlog 的方式来实现统一缓存更新方案。

第一种方案对于应用的研发人员来讲比较“重”，需要研发人员同时判断据库和 Redis 是否成功来做不同的考虑，而使用 binlog 更新缓存的方案能够减轻业务研发人员的工作量，并且也有利于形成统一的技术方案，如图 11-10 所示。

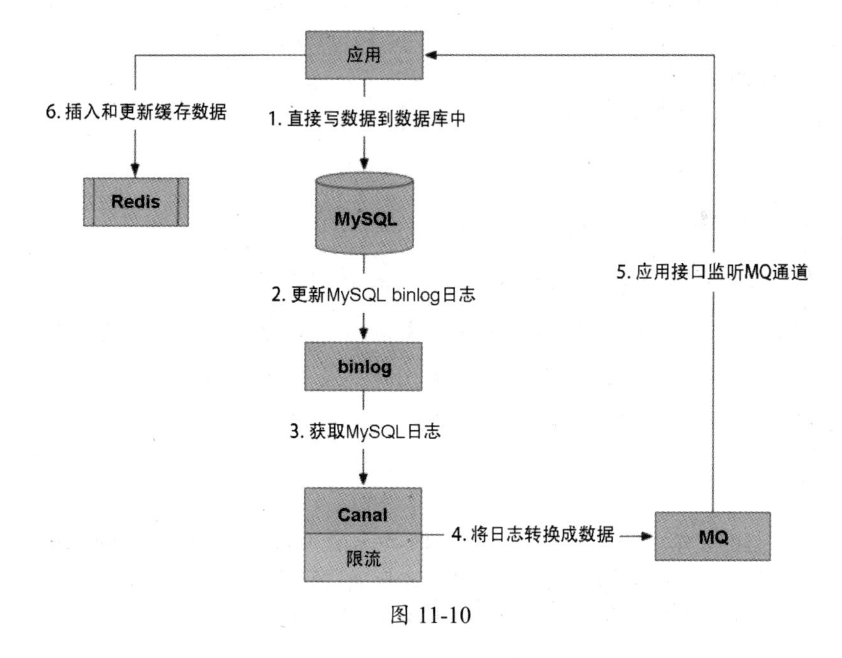

图 11-10

说明：

- 应用直接写数据到数据库中。
- 数据库更新 binlog 日志。
- 利用 Canal 中间件读取 binlog 日志。
- Canal 借助于限流组件按频率将数据发到 MQ 中。

- 应用监控 MQ 通道，将 MQ 的数据更新到 Redis 缓存中。

可以看到这种方案对研发人员来说比较轻量，不用关心缓存层面，虽然这个方案实现起来比较复杂，但却容易形成统一的解决方案。

问题点：

这种方案的弊端是需要提前约定缓存的数据结构，如果使用者采用多种数据结构来存放数据，则方案无法做成通用的方式，同时极大地增加了方案的复杂度。

8. 程序中打印了大量的无用日志，并且引起性能问题

先来看一段伪代码：

```
QuataDTO quataDTO = null;
try {
    quataDTO = getRiskLimit(payRequest.getQueryRiskInfo(),
payRequest.getMerchantNo(), payRequest.getIndustryCatalog(),
cardBinResDTO.getCardType(), cardBinResDTO.getBankCode(), bizName);
} catch (Exception e) {
    logger.info("获取风控限额异常", e);
}
```

通过上面的代码，发现了以下需要注意的点：

- 日志的打印必须以 logger.error 或 logger.warn 的方式打印出来。
- 日志打印格式：[系统来源] 错误描述 [关键信息]，日志信息要打印出能看懂的信息，有前因和后果。甚至有些方法的入参和出参也要考虑打印出来。
- 在输入错误信息的时候，Exception 不要以 e.getMessage 的方式打印出来。

合理地日志打印，可以参考如下格式：

```
logger.warn("[innersys] - [" + exceptionType.description + "] - [" + methodName + "] - "
            + "errorCode:[" + errorCode + "], "
            + "errorMsg:[" + errorMsg + "]", e);

logger.info("[innersys] - [入参] - [" + methodName + "] - "
                + LogInfoEncryptUtil.getLogString(arguments) + "]");

logger.info("[innersys] - [返回结果] - [" + methodName + "] - " +
LogInfoEncryptUtil.getLogString(result));
```

在程序中大量地打印日志，虽然能够打印很多有用信息帮助我们排查问题，但日志量太多不仅影响磁盘 I/O，还会造成线程阻塞，对程序的性能造成较大影响。在使用 Log4j1.2.14 设置 ConversionPattern 的时候，使用如下格式：

```
%d %-5p %c:%L [%t] - %m%n
```

在对项目进行压测的时候却发现了大量的锁等待，如图 11-11 所示。

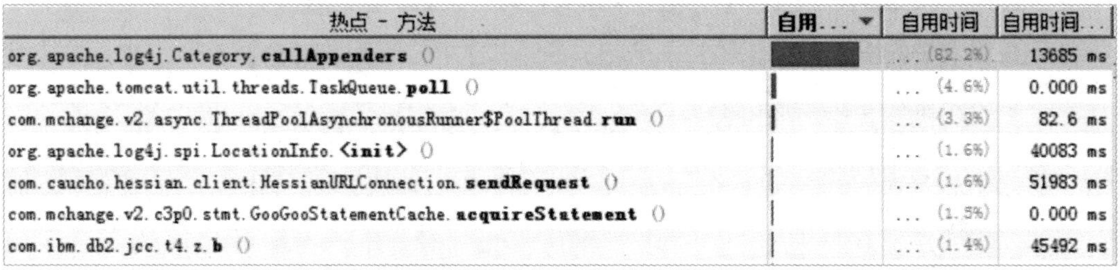

热点 - 方法	自用...	自用时间	自用时间...
org.apache.log4j.Category.**callAppenders** ()		... (82.2%)	13685 ms
org.apache.tomcat.util.threads.TaskQueue.**poll** ()		... (4.6%)	0.000 ms
com.mchange.v2.async.ThreadPoolAsynchronousRunner$PoolThread.**run** ()		... (3.3%)	82.6 ms
org.apache.log4j.spi.LocationInfo.**<init>** ()		... (1.6%)	40083 ms
com.caucho.hessian.client.HessianURLConnection.**sendRequest** ()		... (1.6%)	51983 ms
com.mchange.v2.c3p0.stmt.GooGooStatementCache.**acquireStatement** ()		... (1.5%)	0.000 ms
com.ibm.db2.jcc.t4.z.**b** ()		... (1.4%)	45492 ms

图 11-11

对 Log4j 进行源码分析，发现在 org.apache.log4j.spi.LocationInfo 类中有如下代码：

```
String s;
// Protect against multiple access to sw.
synchronized(sw) {
 t.printStackTrace(pw);
 s = sw.toString();
 sw.getBuffer().setLength(0);
}
//System.out.println("s is ["+s+"].");
int ibegin, iend;
```

可以看出在该方法中用了 synchronized 锁，然后又通过打印堆栈来获取行号，于是将 ConversionPattern 的格式修改为`%d %-5p %c [%t] - %m%n` 后，线程大量阻塞的问题解决了，极大地提高了程序的并发能力。

9. 关于索引的优化

- 组合索引的原则是偏左原则，所以在使用的时候需要多加注意。
- 不需要过多地添加索引的数量，在添加的时候要考虑聚集索引和辅助索引，两者的性能是有区别的。
- 索引不会包含 NULL 值的列。

只要列中包含 NULL 值都不会被包含在索引中，复合索引中只要有一列含有 NULL 值，那么这一列对于此复合索引就是无效的。所以我们在设计数据库时不要让字段的默认值为 NULL。

- MySQL 索引排序。

  MySQL 查询只使用一个索引，如果 where 子句中已经使用了索引，那么 order by 中的列是不会使用索引的。因此数据库默认排序可以在符合要求的情况下不使用排序操作；尽量不要包含多个列的排序，如果需要，最好给这些列创建复合索引。

- 使用索引的注意事项。

  以下操作符可以应用索引：

  - 大于等于；
  - Between；
  - IN；
  - LIKE 不以%开头。

  以下操作符不能应用索引：

  - NOT IN；
  - LIKE %_开头。

11.4.2 从整体架构的角度看

1. 采用单体集群的部署模式

当团队和项目发展到一定规模后，就需要根据业务和团队人数进行适当拆分。如果依然使用单体项目做整体部署，则项目之间互相影响极大，再加上团队人员达到一定规模后，没有办法进行项目的维护和升级。

2. 采用单机房的部署方式

现在互联网项目对稳定性的要求越来越高，采用单机房部署的风险性也越来越高，像黑客恶意攻击、机房断电、网线损坏等不可预知的故障发生时，单机房是无法提供稳定性保障的，这就需要互联网企业开始建设同城双活、异步多活等确保机房的稳定性。

3. 采用 Nginx+Hessian 的方式实现服务化

Hessian 是一个轻量级的 Remoting on HTTP 框架，采用的是 Binary RPC 协议。因为其易用性等特点，直到现在依然有很多企业还在使用 Hessian 作为远程通信工具，但 Hessian 并不具备微服务的特点，只作为远程通信工具使用，而且 Hessian 多偏重于数据如何打包、传输与解包，所以很多时候需要借助 Nginx 来做服务路由、负载和重试等，而且还需要在 Nginx 中进行配置，也不能动态对服务进行加载和卸载，所以在业务越来越复杂，请求量越来越多的情况下，Hessian 不太适合作为微服务的服务治理框架，这时就需要 Spring Cloud 或 Dubbo 了。

4. 项目拆分不彻底，一个 Tomcat 共用多个应用（见图 11-12）

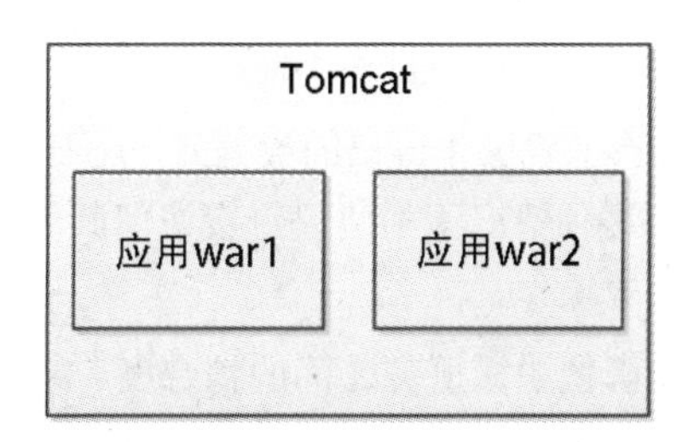

图 11-12

注：一个 Tomcat 中部署多个应用 war 包，彼此之间互相牵制，在并发量非常大的情况下性能降低非常明显，如图 11-13 所示。

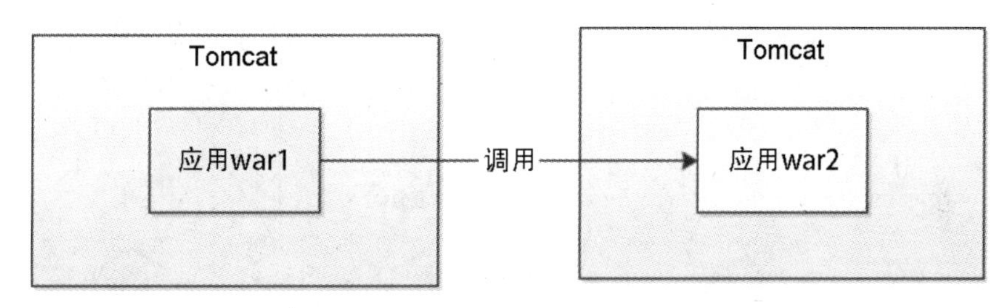

图 11-13

注：拆分前的这种情况其实还是挺普遍的，之前一直认为项目中不会存在这种情况，但事实上还是存在了。解决的方法很简单，每一个应用 war 只部署在一个 Tomcat 中，这样应用程序之间就不会存在资源和连接数的竞争情况，性能和并发能力提升较为明显。

5. 无服务降级策略

举个例子来说明什么是服务降级，我们要出门旅游但只有一只箱子，我们想带的东西太多了把箱子都塞满了，结果发现还有很多东西没有放，于是只能把所有东西全部再拿出来做对比和分类，找到哪些是必须要带的，哪些是非必需的，最终箱子里面放满了必需品，为了防止这种情况再次发生，下次再旅游的时候就可以提前多准备几只箱子。其实服务降级也是类似的思路，在资源有限的情况下舍弃一些东西以保证更重要的事情能够进行下去。

服务降级的主要应用场景就是当微服务架构整体的负载超出了预设的上限阈值或即将到来

的流量预计超过预设的阈值时，为了保证重要的服务能正常运行，将一些不重要、不紧急的服务延迟或暂停使用。

6. 支付运营报表，大数据量查询

我们先来回顾一下微服务的数据去中心化核心要点：

- 每个微服务有自己私有的数据库。
- 每个微服务只能访问自己的数据库，而不能访问其他服务的数据库。
- 某些业务场景下，请求除了要操作自己的数据库，还要对其他服务的数据库进行添加、删除和修改等操作。在这种情况下不建议直接访问其他服务的数据库，而是通过调用每个服务提供的接口完成操作。
- 数据的去中心化进一步降低了微服务之间的耦合度。

通过上述核心要点可以看到，微服务中关于数据的描述是去中心化，也就是说要根据业务属性独立拆分数据库，使其业务领域与数据库的关系是一一对应的。我们还是以支付业务场景为例，单体支付项目进行微服务改造后，业务架构如图 11-14 所示。

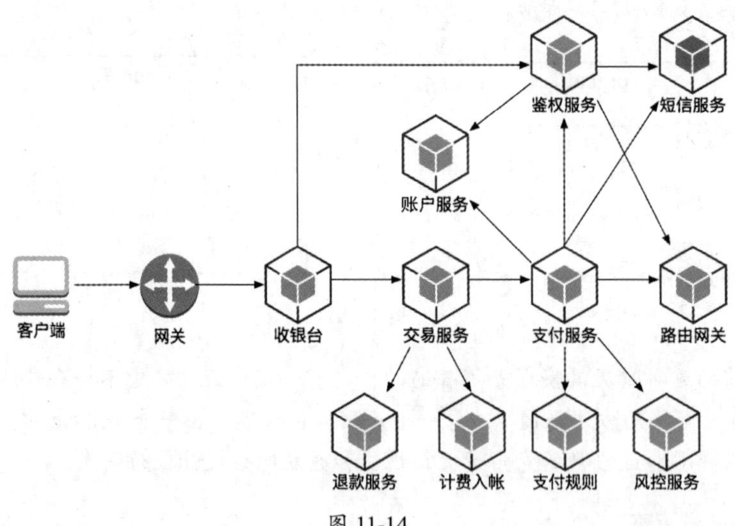

图 11-14

可以看到将单体支付项目进行微服务改造后增加了多个服务项目，我们可以把每个服务项目都理解为一个限界上下文，每个服务项目又对应一个数据库，这样数据库由原来适应单体支付系统的大库拆分成了多个独立的数据库。问题来了，对于后台运营统计来说这就是噩梦的开始，因为运营报表经常会跨业务进行统计和汇总，在原有运营系统上面做报表会给运营人员额外增加巨大的工作量，需要逐库进行统计，然后进行汇总。

凡事都有两面性，微服务给我们带来去中心化高度解耦的同时，也会带来报表数据及历史

数据无法统一汇总和查询的问题，这时我们就需要从各个服务数据库中抽取数据到大数据平台做数据集中化，如图 11-15 所示。

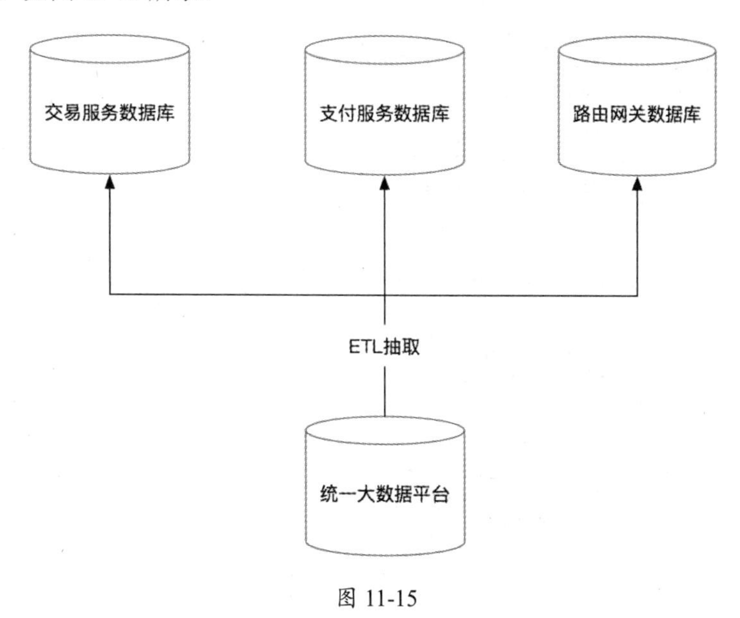

图 11-15

通常大数据平台也会和每个服务的读库配合使用，大数据平台存放的往往是大而全的数据。可以把大数据平台理解为一个数据仓库里面存放若干年的数据，研发人员可以根据数据量的大小及业务情况合理利用服务的读库，这样也可以减轻查询大数据平台的压力。比如用户要查询某个服务一周内的订单情况，则可以直接从读库中进行查询，这样既可以查询到最新的订单详细信息，也可以充分发挥读库的作用。如果用户要查询半年以上的数据，因为数据量大的原因历史数据早已经被迁移走，这时可以在大数据平台进行查询。

7. 运维手动打包和上线

微服务架构的顺利实施还需要强有力的运维做支撑，这就相当于一辆宝马车表面看上去特别豪华，但里面装的却是老旧的发动机。这时就需要将 DevOps 在全公司推广，让自动化运维和部署成为微服务的“发动机”。

11.5 微服务架构中常见的一些故障分析技巧

1. 开发者的自测利器——hprof 命令

示例程序如下所示。

```java
/**
 * PROJECT_NAME: test
 * DATE:         16/7/22
 * CREATE BY:    chao.cheng
 **/
public class HProfTest {
    public void slowMethod() {
        try {
            Thread.sleep(1000);
        } catch (Exception e) {
            e.printStackTrace();
        }
    }

    public void slowerMethod() {
        try {
            Thread.sleep(10000);
        } catch (Exception e) {
            e.printStackTrace();
        }
    }

    public static void main(String[] args) {
        HProfTest test = new HProfTest();
        test.slowerMethod();
        test.slowMethod();
    }
}
```

注：这是一段测试代码，通过 sleep 方法进行延时。

如何分析程序中哪块代码出现延时故障呢？

在程序中加上如下运行参数：

```
-agentlib:hprof=cpu=times,interval=10
/*
    times: java函数的执行时间
    hprof=cpu是针对cpu统计时间
    interval=10 采样10次
*/
```

再次运行程序，发现在工程目录里面多了一个文本文件 java.hprof.txt，打开文件，内容如下所示。

```
CPU TIME (ms) BEGIN (total = 11542) Fri Jul 22 11:00:34 2016
rank   self  accum   count trace method
   1 86.65% 86.65%       1 303422 com.test.HProfTest.slowerMethod
   2  8.66% 95.31%       1 303423 com.test.HProfTest.slowMethod
   3  0.25% 95.56%      36 300745 java.util.zip.ZipFile.<init>
   4  0.20% 95.76%      36 300434 java.lang.String.equals
   5  0.13% 95.89%      14 301138 java.net.URLStreamHandler.parseURL
   6  0.11% 96.01%       6 301339 java.net.URLClassLoader$1.run
   7  0.10% 96.10%      14 301124 java.lang.String.<init>
   8  0.09% 96.19%    3407 300355 java.lang.String.charAt
   9  0.08% 96.27%      36 300443 java.io.UnixFileSystem.normalize
```

注：通过上面内容可以看到是哪个类的方法执行时间长，耗费了CPU时间，一目了然，方便我们快速定位问题。

hprof不是独立的监控工具，它只是一个Java Agent工具，它监控Java应用程序在运行时的CPU信息和堆内容，使用 `Java -agentlib:hprof=help` 命令可以查看hprof的使用文档。

上面的例子统计的是CPU时间，同样我们还可以统计内存占用的dump信息。例如：`-agentlib:hprof=heap,format=b,file=/test.hprof`。

我们在用JUnit自测代码的时候结合hprof，既可以解决业务上的bug，又能够在一定程度上解决可发现的性能问题，非常实用。

2. 性能排查工具——pidstat

示例代码如下所示。

```
/**
 * PROJECT_NAME: test
 * DATE:         16/7/22
 * CREATE BY:    chao.cheng
 **/
public class PidstatTest {
    public static class PidstatTask implements  Runnable {
        public void run() {
            while(true) {
                double value = Math.random() * Math.random();
            }
        }
    }

    public static class LazyTask implements Runnable {
        public void run() {
            try {
                while (true) {
                    Thread.sleep(1000);
                }
            } catch (Exception e) {
                e.printStackTrace();
            }
        }
    }

    public static void main(String[] args) {
        new Thread(new PidstatTask()).start();
        new Thread(new LazyTask()).start();
        new Thread(new LazyTask()).start();
    }
}
```

将示例代码运行起来后，在命令行中输入：

```
pidstat -p 843 1 3 -u -t
/*
-u：代表对 CPU 使用率的监控
参数 1 3 代表每秒采样一次，一共三次
-t：将监控级别细化到线程
*/
```

结果如图 11-16 所示。

```
[root@hadoop02 ~]# pidstat -p 843 -u 1 3 -t
Linux 2.6.32-573.1.1.el6.x86_64 (hadoop02)       07/22/2016      _x86_64_        (2 CPU)

11:47:26 AM      TGID       TID    %usr %system  %guest    %CPU   CPU  Command
11:47:27 AM       843         -   99.01    0.00    0.00   99.01     1  java
11:47:27 AM         -       843    0.00    0.00    0.00    0.00     1  |__java
11:47:27 AM         -       844    0.00    0.00    0.00    0.00     1  |__java
11:47:27 AM         -       845    0.00    0.00    0.00    0.00     1  |__java
11:47:27 AM         -       846    0.00    0.00    0.00    0.00     1  |__java
11:47:27 AM         -       847    0.00    0.00    0.00    0.00     1  |__java
11:47:27 AM         -       848    0.00    0.00    0.00    0.00     1  |__java
11:47:27 AM         -       849    0.00    0.00    0.00    0.00     1  |__java
11:47:27 AM         -       850    0.00    0.00    0.00    0.00     1  |__java
11:47:27 AM         -       851    0.00    0.00    0.00    0.00     0  |__java
11:47:27 AM         -       852    0.00    0.00    0.00    0.00     1  |__java
11:47:27 AM         -       853    0.00    0.00    0.00    0.00     0  |__java
11:47:27 AM         -       854    0.00    0.00    0.00    0.00     0  |__java
11:47:27 AM         -       855   99.01    0.99    0.00  100.00     1  |__java
11:47:27 AM         -       856    0.00    0.00    0.00    0.00     0  |__java
11:47:27 AM         -       857    0.00    0.00    0.00    0.00     1  |__java

11:47:27 AM      TGID       TID    %usr %system  %guest    %CPU   CPU  Command
11:47:28 AM       843         -   99.00    0.00    0.00   99.00     1  java
11:47:28 AM         -       843    0.00    0.00    0.00    0.00     1  |__java
11:47:28 AM         -       844    0.00    0.00    0.00    0.00     1  |__java
11:47:28 AM         -       845    0.00    0.00    0.00    0.00     1  |__java
11:47:28 AM         -       846    0.00    0.00    0.00    0.00     1  |__java
11:47:28 AM         -       847    0.00    0.00    0.00    0.00     1  |__java
11:47:28 AM         -       848    0.00    0.00    0.00    0.00     1  |__java
11:47:28 AM         -       849    0.00    0.00    0.00    0.00     1  |__java
11:47:28 AM         -       850    0.00    0.00    0.00    0.00     1  |__java
11:47:28 AM         -       851    0.00    0.00    0.00    0.00     0  |__java
11:47:28 AM         -       852    0.00    0.00    0.00    0.00     1  |__java
11:47:28 AM         -       853    0.00    0.00    0.00    0.00     0  |__java
11:47:28 AM         -       854    0.00    0.00    0.00    0.00     0  |__java
11:47:28 AM         -       855   99.00    0.00    0.00   99.00     1  |__java
11:47:28 AM         -       856    0.00    0.00    0.00    0.00     0  |__java
11:47:28 AM         -       857    0.00    0.00    0.00    0.00     1  |__java
```

图 11-16

> **注**：其中 TID 就是线程 ID，%usr 表示用户线程使用率，从图中可以看到 855 这个线程的 CPU 占用率非常高。

再次在命令行中输入命令：

```
jstack -l 843 > /tmp/testlog.txt
```

查看 testlog.txt，显示如下所示的内容。

```
"Service Thread" daemon prio=10 tid=0x00007f7d900ea800 nid=0x355 runnable [0x0000000000000000]
   java.lang.Thread.State: RUNNABLE

   Locked ownable synchronizers:
    - None

"C2 CompilerThread1" daemon prio=10 tid=0x00007f7d900e8000 nid=0x354 waiting on condition [0x0000000000000000]
   java.lang.Thread.State: RUNNABLE

   Locked ownable synchronizers:
    - None

"C2 CompilerThread0" daemon prio=10 tid=0x00007f7d900e5000 nid=0x353 waiting on condition [0x0000000000000000]
   java.lang.Thread.State: RUNNABLE

   Locked ownable synchronizers:
    - None

"Signal Dispatcher" daemon prio=10 tid=0x00007f7d900e3000 nid=0x352 runnable [0x0000000000000000]
   java.lang.Thread.State: RUNNABLE

   Locked ownable synchronizers:
    - None

"Finalizer" daemon prio=10 tid=0x00007f7d90096000 nid=0x351 in Object.wait() [0x00007f7d949db000]
   java.lang.Thread.State: WAITING (on object monitor)
    at java.lang.Object.wait(Native Method)
    - waiting on <0x00000000ec0b5798> (a java.lang.ref.ReferenceQueue$Lock)
    at java.lang.ref.ReferenceQueue.remove(ReferenceQueue.java:135)
    - locked <0x00000000ec0b5798> (a java.lang.ref.ReferenceQueue$Lock)
    at java.lang.ref.ReferenceQueue.remove(ReferenceQueue.java:151)
    at java.lang.ref.Finalizer$FinalizerThread.run(Finalizer.java:189)

   Locked ownable synchronizers:
    - None
```

注：我们关注的是日志文件的 NID 字段，它对应的就是上面说的 TID，NID 是 TID 的 16 进制表示，将上面的十进制 855 转换成十六进制为 357，在日志中进行搜索看到如下内容。

```
"Thread-0" prio=10 tid=0x00007f7d90103800 nid=0x357 runnable [0x00007f7d943d5000]
   java.lang.Thread.State: RUNNABLE
    at PidstatTest$PidstatTask.run(PidstatTest.java:13)
    at java.lang.Thread.run(Thread.java:722)

   Locked ownable synchronizers:
    - None
```

以此可以推断出有性能瓶颈的问题点。

第 12 章 遗留系统的微服务架构改造

12.1 代码分层结构的转变

分层思想是应用系统最常见的一种架构模式，我们会将系统横向切割，根据业务职责进行划分。

MVC 三层架构就是非常典型的架构模式，划分的目的是规划软件系统的逻辑结构便于开发维护。MVC：英文即 Model-View-Controller，分为模型层、视图层和控制层，将页面和业务逻辑分离，提高应用的可扩展性及可维护性，如图 12-1 所示。

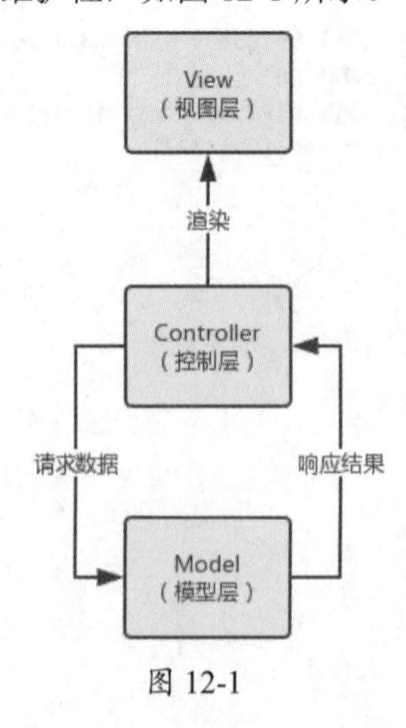

图 12-1

事实上，MVC 三层架构只是概念层面的指导思想，我们会将层次结构划分得更加细致。例如，传统后端的 MVC 模式对于前后端的划分界限比较模糊。一般情况下，前端开发人员负责编写项目的静态页面，包括 HTML 页面、CSS 样式与 JavaScript 交互部分，并提供给服务端开发人员编写视图层业务，甚至有的项目直接让前端开发人员完成视图层的业务开发任务。这样的开发模式造成的问题在于，前后端在开发过程中分工不明确，并且存在相互强依赖，前端开发人员需要关心服务端的业务，服务端开发人员也需要依赖前端的进度。并且随着 Android、iOS、PC 及 U3D 等多个客户端加入，程序的开发成本与维护成本会呈指数级上升。为了提高开发效率，细化职责，前后端分离的需求越来越被重视。前后端分离在于服务端提供 API 接口，前端调用 AJAX 实现数据交互，如图 12-2 所示。

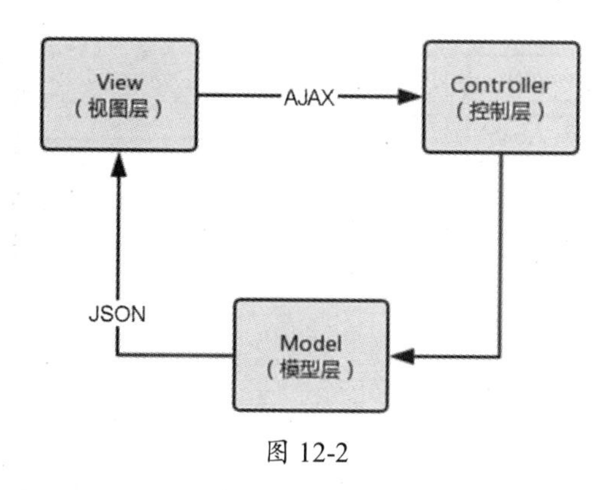

图 12-2

随着数据存储能力的不断扩展（MySQL、Oracle、Redis、MongoDB、Elasticsearch、PostgreSQL、HBase 等），以及随着微服务的流行与普及，我们经常通过 RPC（Dubbo、HSF、Thrift 等）依赖很多外部接口或 HTTP 调用第三方平台。因此，我们需要一套细致划分的代码结构。此外，很多时候，我们在开发过程中，也并没有把它们的职责划分开。例如，在代码结构中，我们将非常多的逻辑业务放在了 Controller 层，而只把 Service 作为数据透传的途径。事实上，这是不对的。无独有偶，我们还会发现有的项目中在 Dao 层调用远程服务，有的也会在 Service 层或 Controller 层进行这样的操作，不同研发人员的习惯不同，或者偷工取巧导致开发代码风格完全不同，代码层次结构混乱。

在笔者看来，合理的代码分层应该如图 12-3 所示。

其中，数据持久层承载了数据存储和访问的能力，它既与底层数据进行交换，包括 MySQL、Oracle、Redis、MongoDB、Elasticsearch、PostgreSQL、HBase 等，又通过 Proxy 的代理和包装与远程服务数据进行联动。因此，在业务逻辑层调用时，它对底层的数据实现方式是无感知的，无论哪种数据存储方式，以及它是远程数据或本地数据，都可以非常容易地调用。换句话说，我们需要将数据的查询和更改操作限制在数据持久层，并只能被业务逻辑层访问。

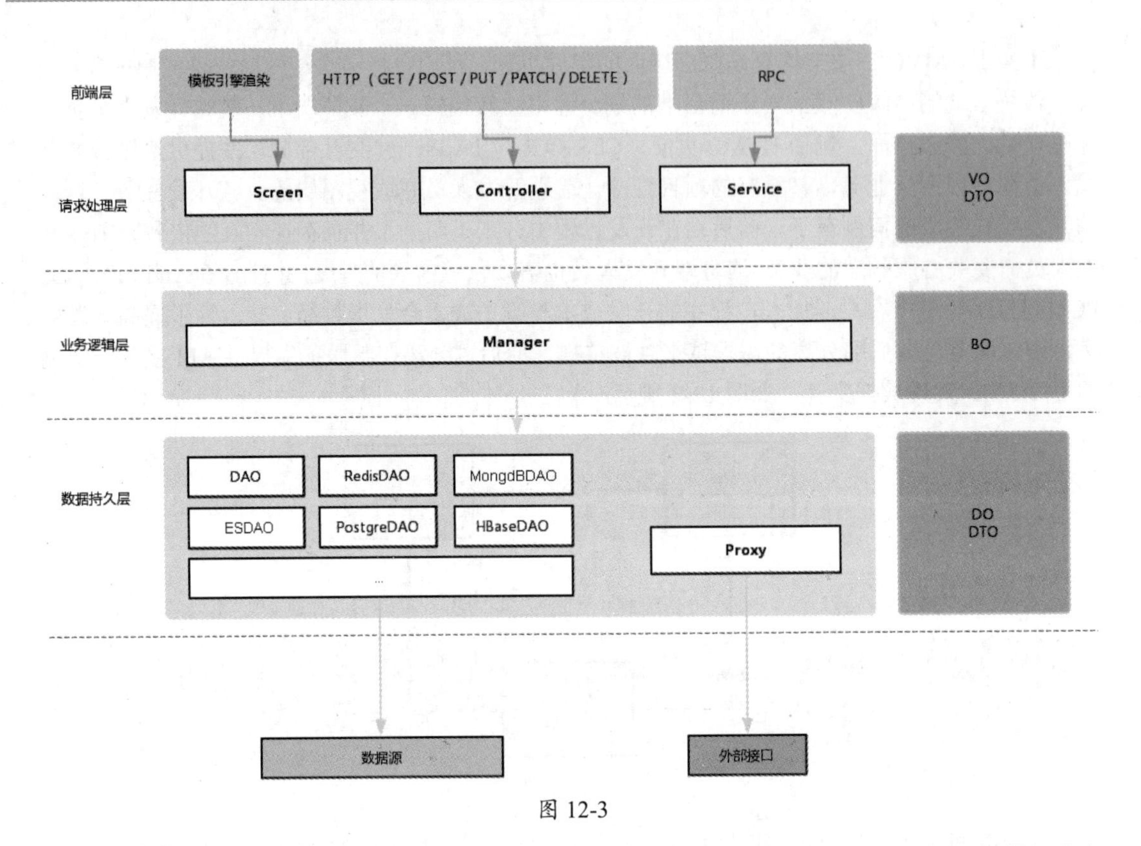

图 12-3

业务逻辑层的职责是与数据持久层交互，对多个数据源的操作进行聚合，并且提供组合复用的能力。此外，它也是业务通用能力的处理层，其中还包括缓存方案、消息监听（MQ）、定时任务等。此外，我们要将尽可能多的业务处理放在业务逻辑层，包括参数校验、数据转换、异常处理等，而不是放到 Controller 层中再去处理这些逻辑。

请求处理层具有三个能力，一个是通过模板引擎渲染，例如 FreeMarket、Velocity 的页面渲染，二是通过 Controller 层封装的 RESTful API 的 HTTP 接口。如果项目中用到了 Dubbo、HSF、Thrift 等 RPC 服务，我们还需要提供对应的服务给上游的业务方使用，它通过 Service 来实现并暴露成 RPC 接口。这里，Service 的命名是相对的，一般通过 Client 提供接口，通过 Service 实现具体的业务逻辑。

笔者认为比较清晰的物理代码结构应该如图 12-4 所示。

我们可以跨层级调用吗？笔者认为：我们需要禁止跨层级调用，因为每个层级都自己的职责，并且对上层而言是透明的，就像 OSI 七层协议模型和 TCP/IP 四层协议模型一样，只有将职责限制在自己的边界内，整体层次结构才清晰明了。对于同级调用，笔者认为在业务逻辑层是允许的，但要特别注意循环调用的产生。

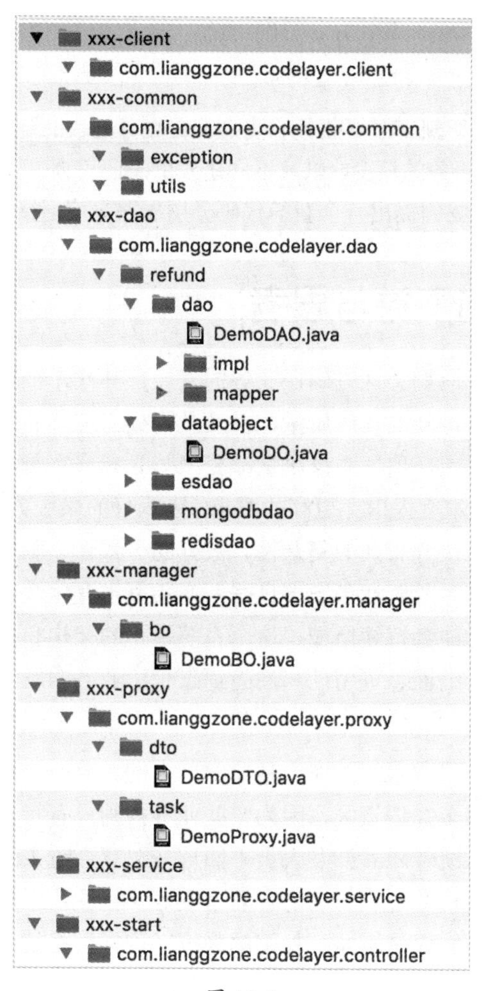

图 12-4

我们再横向理解几个领域模型：VO、BO、DO、DTO。这几个概念是由阿里编码规约提出的，由于其业务非常复杂，因此为了更好地进行领域建模和模型隔离，提出了这几个概念。其中，DO（Data Object）与数据库表结构一一对应，通过 DAO 层向上传输数据源对象。而 DTO（Data Transfer Object）是远程调用对象，它是 RPC 服务提供的领域模型。需要注意的是，对于 DTO 一定要保证其序列化，实现 Serializable 接口，并显式提供 serialVersionUID，否则在反序列化时，如果 serialVersionUID 被修改，那么反序列化会失败。事实上，DO 和 DTO 唯一的区别在于，一个是本地数据源的领域模型，另一个是远程服务的序列化领域模型。BO（Business Object）是业务逻辑层封装业务逻辑的对象，一般情况下，它是聚合了多个数据源的复合对象。VO（View Object）通常是请求处理层传输的对象，它通过 Spring 框架的转换后，往往是一个 JSON 对象。例如需要解决 Long 类型的数据精度丢失的问题（如果直接传给 Web 端，那么在

Long 长度大于 17 位时会出现精度丢失），则可以在 Controller 层通过@ResponseBody 将返回数据自动转换成 JSON 时，统一封装成字符串。

分层思想是将系统横向切割，根据业务职责划分。划分的目的是规划软件系统的逻辑结构便于开发维护。但是，随着微服务的演变，以及不同研发的编码习惯，往往导致了代码分层不彻底，引入了“坏味道”。因此，我们提出一个新的代码分层思路来应对微服务的流行与普及。

12.2 遗留系统的债券与思考

很多时候，我们在项目前期会优先确保业务的发展，其次才把精力集中在系统是否具有良好的微服务架构上，是否有健壮的代码质量，以及是否拥有完善的文档。换句话说，我们在项目前期为了保证业务快速增长，保证系统尽量减少依赖且独立完整，减低引入微服务架构后的技术复杂度，例如它对运维难度提出了更高的要求，因为好的微服务架构需要稳定的基础设施。此外，我们还需要思考与解决分布式的复杂性、数据的一致性、服务的管理与运维、服务的自动化部署等解决方案。但是，随着业务发展良好，产品需求变化快，系统规模会不断扩大，业务需求会不断迭代，系统功能会持续增加，这个系统最初的架构和技术已经不能满足现有的发展与需求，它的扩展性、伸缩性、可用性和性能都限制了业务的发展，所以，这个系统就演变成了一个遗留系统。

事实上，我们维护一个遗留系统的成本是非常巨大的。其一，对新的开发人员而言，维护这个庞大的单体系统存在很多知识盲区，因为一些业务规则只有特定人员才知道，并且没有文档记录，那么这个庞大的系统伴随着开发人员不断地变更就会越来越不可控。其二，我们在这个遗留系统上实现新功能或修改现有的功能会非常困难，往往是牵一发而动全身，最后演变成一个不敢轻易修改现有的逻辑而是不断打补丁的系统。这样，系统中会充满各种分支，以及更多的技术债。此外，系统可能会更加容易引入一些缺陷，并且带来的回归测试成本也非常巨大。其三，单体系统/遗留系统不利于维护、沟通、协作，如果某个服务部署或宕机，则会影响整个业务系统，随着系统规模的不断扩大，面对海量用户和高并发，它不能非常快速地进行水平扩展与垂直扩展。

因此，为了业务更好地发展，就需要更多地从技术层面进行重构。事实上，在这个重构过程中，我们对遗留系统的微服务架构改造会面临很大的业务负担与技术债，但是欠的债迟早是要还的。

请读者思考，我们应该重构还是重写呢？事实上，重写存在诸多好处，但是现有系统已经在生产环境稳定运行，如果我们贸然地重写，则可能引入很多缺陷，并且没有明显的收益。此外，在实际的工作中，不断新增的迭代需求也不允许我们付出巨大的工期并冻结现有需求来保证重构工作。因此，微服务架构改造不要尝试轻易去重写代码，而是要在业务与技术之间寻求平衡：把单体系统/遗留系统拆分成微服务的难易程度取决于这个系统本身的复杂程度。将现有的遗留系统进行业务梳理并拆分模块，保证拆分后的各个模块都是有价值的。这里的“价值”指的是它拆分后可以将通用能力下沉，并且能够服务于其他微服务。如果拆分后没有太大的业务价值，那么可以先不着急拆分。因此，微服务架构改造不像项目立项的时候可以系统性地抽象与建模，很多时候是从现有逻辑中把有价值的模块拆分出来，虽然不够优雅，但是可以做到现有价值的最大化。遗留系统的微服务架构改造，一方面是将现有的业务模块拆分与重建，另一方面是可以针对新的完整模块进行独立构建，如图 12-5 所示。

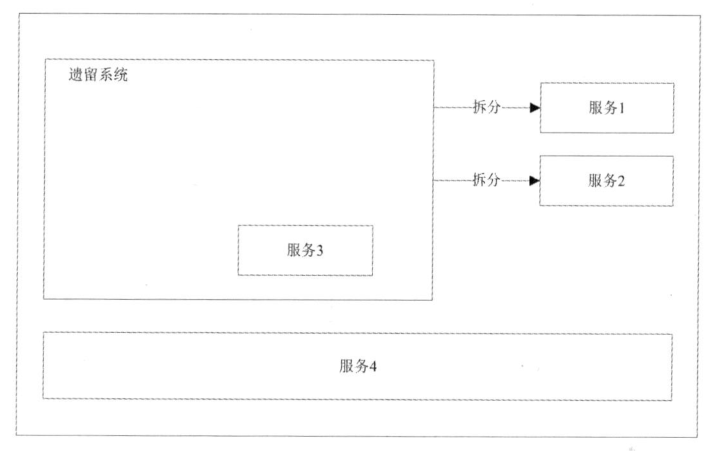

图 12-5

单体系统和微服务的区别在于，单体系统是一个大而全的功能集合，每个服务器运行的是这个应用的完整服务。而微服务是独立自治的功能模块，它是生态系统中的一部分，和其他微服务是共生关系。认识到这一点非常重要，因为遗留系统的改造和拆分的目的在于：在技术架构层面具有高性能、高可用、可扩展、可伸缩等能力，让其能在未来的发展过程中承载更多的业务。因此，驱动改造的动力不在于技术驱动，而是业务的持续增长。事实上，微服务在生态系统中是共生关系——不仅局限在它们可能存在链路依赖，同时它们的业务价值一定是共生的。因此，先识别出单体系统/遗留系统的核心价值、关键功能，再把这些功能拆分成独立且自完整的模块。

12.3 从单体系统拆分服务的方法论

通常情况下，遗留系统是一个单体系统，我们需要识别其核心价值、关键功能，再把这些功能拆分成独立且完整的子服务系统。

随着业务的发展，我们势必面临高访问流量的问题，此时需要考虑服务器的负载能力，防止服务器过载而导致服务宕机不可用。因此，我们采取服务水平拆分的方案。首先，引入集群和负载均衡来均分访问流量。其次，通过冗余机器来提高机器集群的负载能力。这里，数据库也可能面临海量数据，例如上千万甚至上亿的数据，查询一次所花费的时间会变长，甚至会造成数据库的单点压力。因此，分库分表方案也是必需的。为了实现高可用性和容灾能力，我们还需要引入主备机制和读写分离，如图 12-6 所示。

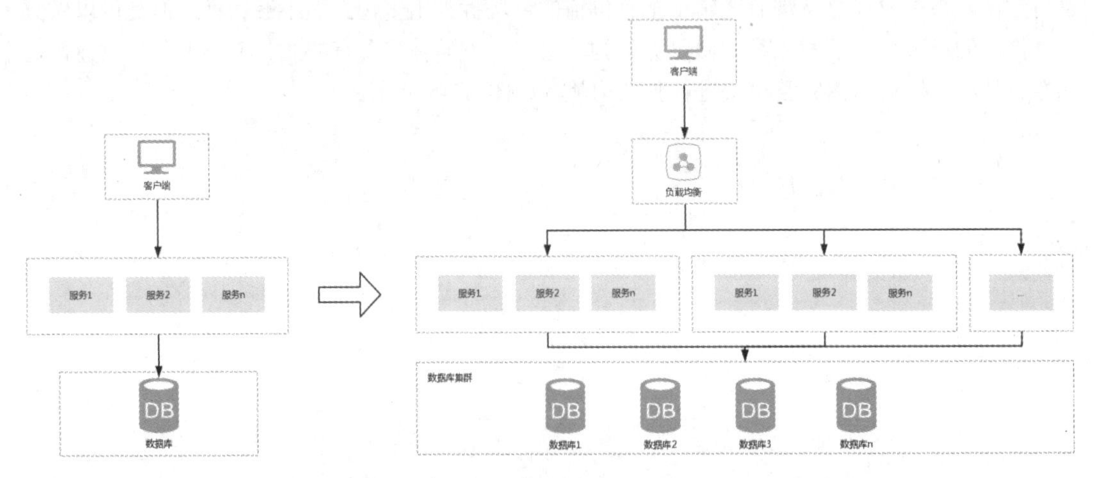

图 12-6

服务水平拆分是为了提高整体系统的负载能力和容灾能力，它保证了单体系统自身的能力扩展性和伸缩性。需要注意的是，当我们将单体系统拆分成微服务（服务垂直拆分）后，需要通过引入集群和负载均衡来提高每一个子服务系统的负载能力和容灾能力。此外，有状态的服务不依赖于架构的扩展性和伸缩性，例如服务端的 Session 信息、本地缓存等，需要在服务拆分前将其外置到分布式集中容器中。

事实上，很多单体系统已经具备了服务水平拆分（集群和负载均衡）的能力，而微服务的改造是一种服务垂直拆分方案。一般情况下，对于服务的拆分并非越小越好，甚至极端的案例是把一块功能拆分成一个服务，这种做法是不对的。因此，拆分粒度首先应该保证微服务具有业务的独立性与完整性。为了考虑简单易懂，下面的内容忽略服务水平拆分（集群和负载均衡）。读者需要明确的是：服务水平拆分（集群和负载均衡）和微服务（服务垂直拆分）不是互斥关系，而是在高并发和分布式中的共存关系，如图 12-7 所示。

拆分服务需要面向服务进行架构设计，对此，我们需要将一些通用能力下沉。例如，在微服务架构中，我们首先要把用户服务抽离，因为用户服务是上层服务的基础。用户服务包含权限管理、授权认证、用户信息、用户属性等。当前后端分离后，服务端的 API 设计一般是无状态的，因此不能使用 Cookie + Session 保持用户的登录状态。此时，就需要使用 Token 令牌。服务端收到前端发送的用户名和密码后，验证用户名和密码是否正确。如果用户名和密码不正确，则返回错误信息。如果用户名和密码正确，则生成一个随机且不重复的 Token 令牌，这个 Token

令牌是用户身份的唯一标识。一般情况下，前端将 Token 令牌保存到 Cookie 中，并设置 HttpOnly 属性。当用户退出系统时，前端调用服务端的“用户注销”接口，销毁 Token 令牌，如图 12-8 所示。

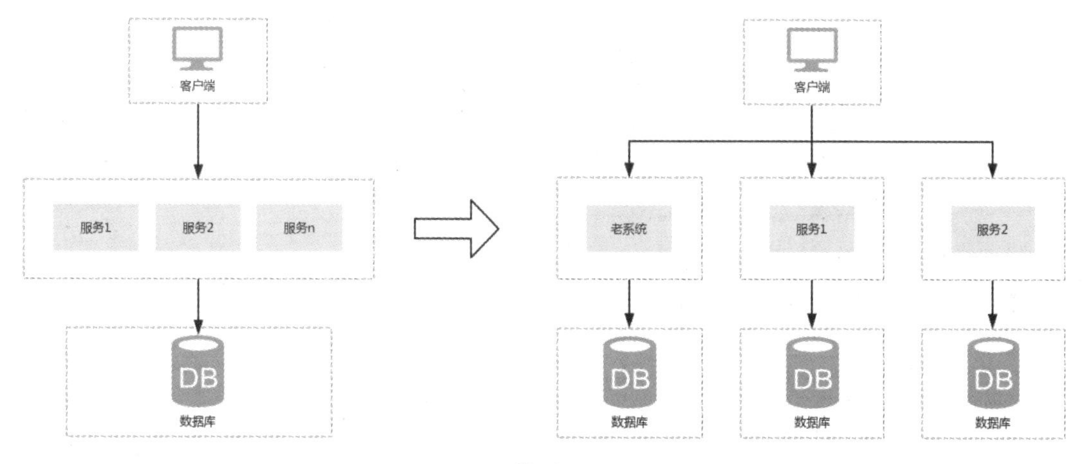

图 12-7

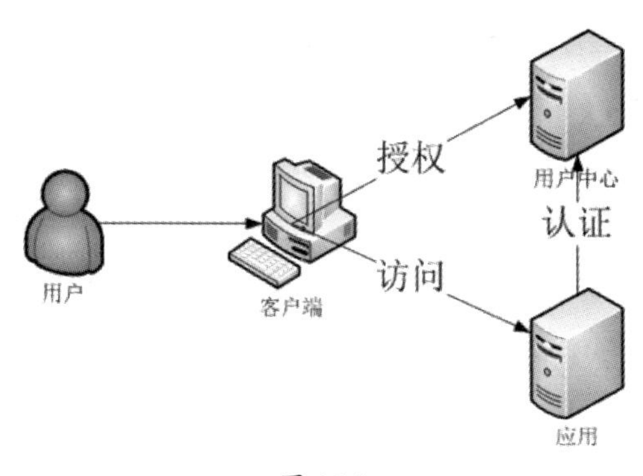

图 12-8

除了用户服务，我们还可以抽离一个资源服务为全平台提供通用的文件服务能力。如果每个系统都维护一套文件上传下载的逻辑，那么会导致文件散落在各个子系统中，并且占用网络带宽和磁盘空间。因此在微服务中，更好的做法是，将静态内容部署到基于云的存储服务中，并提供内容服务接口给外部的系统统一调用，例如上传/下载场景、搜索、预览文件、生命周期管理、数据备用、图片缩略、音视频转码、视频截图等功能。

通过内容服务和 CDN 分发，我们可以得到很多应用。例如，一般情况下，报表导出是同步执行的，通过字节流的方式与前端通信。此外，我们也可以将生成的 Excel 报表文件先上传到资源中心，并生成 URL 地址返回给前端供用户下载，这样可以利用 CDN（内容分发网络）

将网络内容发布到靠近用户的边缘节点，如图 12-9 所示。

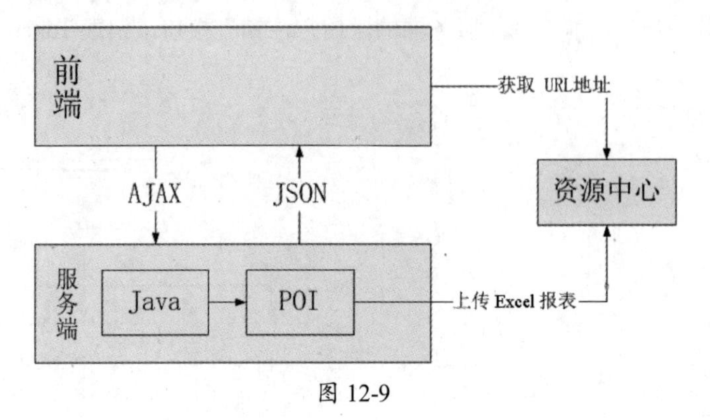

图 12-9

还可以通过 FreeMarker 生成静态页进行渲染，并将页面上传到资源中心。这种方式可以结合页面的动静分离，以及 CDN 资源分发等场景，如图 12-10 所示。

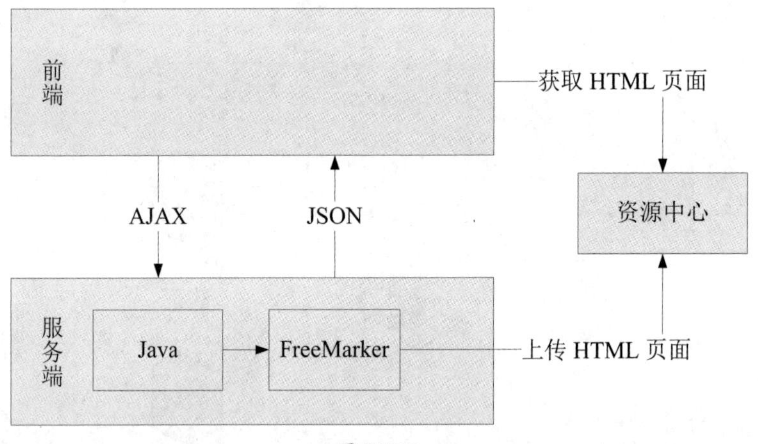

图 12-10

我们需要使用微服务框架（Dubbo、Spring Cloud）快速构建微服务能力。例如，服务之间的调用可以使用 RPC 实现调用远程方法，就像调用本地方法一样。前后端之间的通信采用 RESTful API 进行调用。拆分服务要保证拆分后的各个模块都是有价值的，并且需要面向服务进行架构设计，并把通用能力下沉，如图 12-11 所示。

单体系统拆分成微服务之后，必须引入分布式的中间件，如果定时任务是本地任务，就会出现缺少统一协调者而重复执行的情况。因此，我们需要使用分布式调度系统。使用本地缓存虽然减少了远程访问带来的性能损耗，可以大大提高数据读取速度，但本地缓存是私有的，因此不同的应用可以拥有相同缓存数据的副本，如果本地私有缓存中的数据频繁地刷新，则可能导致数据的不一致性。对于这个场景，我们要考虑分布式缓存机制。另外，因为存在多数据源的聚合查询场景，我们还会引入搜索引擎来满足需求。此外，服务之间通过 RPC 调用会产生强依赖，因此，我们也会考虑使用分布式消息中间件（RabbitMQ、RocketMQ、Kafka 等）来实现异步调用，如图 12-12 所示。

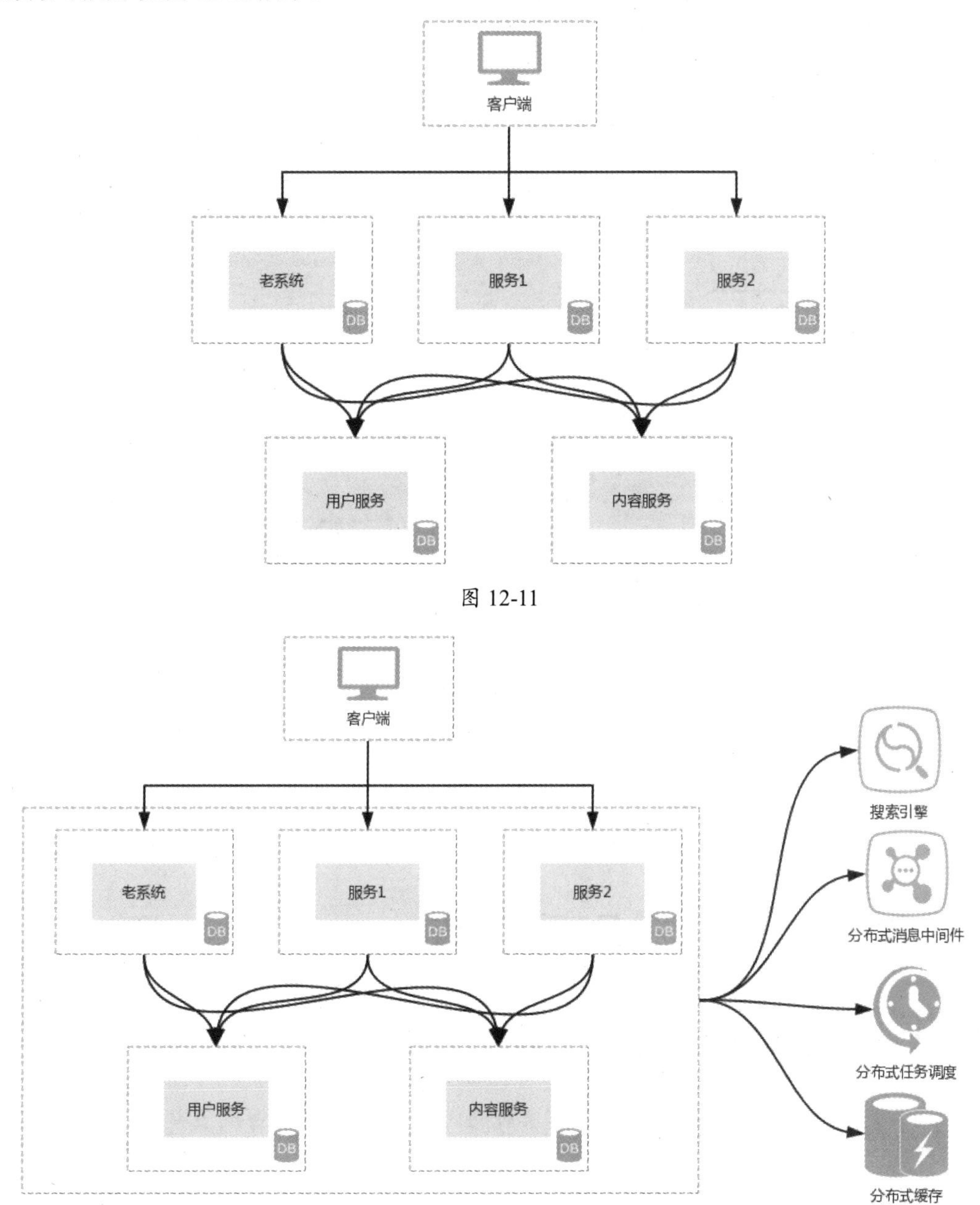

图 12-11

图 12-12

遗留系统的微服务架构改造是一个渐进的过程，并不是一蹴而就的。一般情况下，遗留系统的微服务架构改造是一个与现有需求迭代并行的工程任务。因此，引入网关也是必不可少的。需要注意的是，服务网关也可以是一个微服务，例如它可以封装用户鉴权、服务路由、灰度发布策略等，如图 12-13 所示。

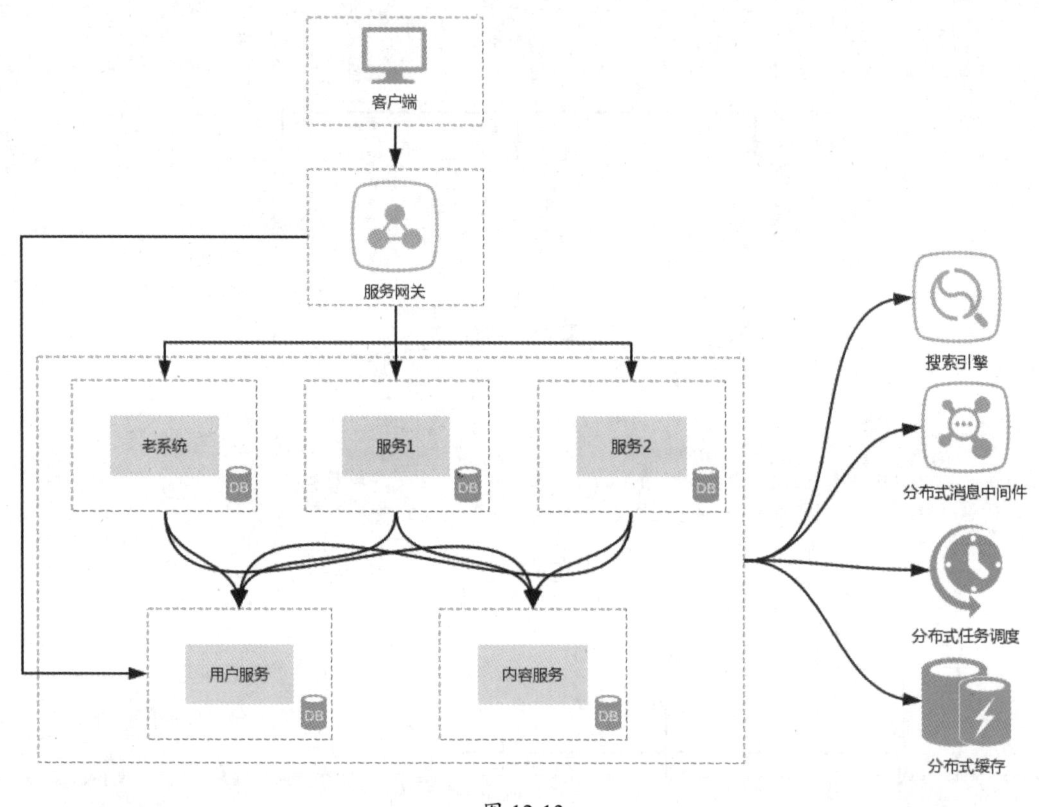

图 12-13

12.4 遗留系统的微服务架构改造

12.4.1 从代码重构开始

当阅读遗留系统时，其中一定存在很多臃肿的代码，陈旧甚至废弃的逻辑，以及错综复杂的业务模块。有的时候，我们修改一个逻辑，往往忽视了其他相关依赖点或相同的冗余代码，这样就非常容易引入一些缺陷。因此，微服务架构改造可以先从优化这些代码重构开始。这样，改造成本往往非常小，一方面帮助我们重新梳理代码结构并建立起一套体系化的业务依赖，另一方面也可以帮助我们对重构建立信心。对此，我可以从代码层面合并重复代码，分离过大的类，解耦相互依赖，重新组织方法，简化分支逻辑等，并且从设计层面考虑提炼抽象能力，梳理层次结构，引入设计模式提高可扩展性和可维护性等。对此，读者可以阅读《重构：改善既有代码的设计》《软件设计重构》《架构整洁之道》寻求完整的重构思路。

12.4.2　拆分服务需要面向服务进行架构设计

一般情况下，对于服务的拆分并非越小越好，拆分粒度首先应该保证微服务具有业务的独立性与完整性，并且抽离出来的服务能够服务于其他微服务，换句话说，其抽离的服务的效果是可以累加的，而不是仅仅服务于当前的系统。此外，需要注意的是，很多情况下，围绕业务模块进行拆分是一种理想状态下的拆分方法，换句话说，我们在架构设计之初就假定我们可以掌握一切。然而，不同的服务可能由不同的团队开发与维护，在实际场景下，微服务的便利性更多地在于团队内部能够产生闭环，换句话说，团队内部可以易于开发与维护，便于沟通与协作，但是对于外部团队就存在很大的沟通成本与协作成本。对此，我们的抽离思路优先保证服务好当前系统，并尽量考虑其可扩展性和可复用性，当其他第三方系统需要复用我们的能力时，可以尽快提供接入的能力。服务的拆分是一个非常有学问的技术活，要围绕业务模块进行拆分，拆分粒度应该保证微服务具有业务的独立性与完整性，尽可能少的存在服务依赖、链式调用。但是，在实际开发过程中，有的时候单体架构更适合当前的项目。因此，我们在设计之初可以将服务的粒度设计得大一些，并考虑其可扩展性，随着业务的发展，进行动态地拆分也是一个不错的选择。

12.4.3　改造是一个渐进的过程

前面提到遗留系统的微服务架构改造是一个与现有需求迭代并行的工程任务。因此，我们可以动用的资源是非常有限的，一方面，微服务架构改造不能影响正常的需求迭代，另一方面，全系统重构所带来的回归测试的成本非常大，项目风险也是不可接受的。因此，我们应该对微服务架构改造设立多个里程碑，分阶段进行重构。当然，我们应该优先改造影响最大的模块，慢慢地完成全部改造。此外，微服务架构改造是一个设计与反馈过程。只有不停地业务滋养，微服务的能力才能更通用和更健壮。

遗留系统的微服务架构改造的过程中，我们或多或少会引入一些设计模式。例如当我们遇到遗留系统兼容时，可以考虑服务代理模式。它可以理解成网络请求的助手服务，通常与宿主服务一起部署，作为宿主服务进程外的代理服务来扩展其网络功能。这种模式可以在不影响宿主服务的情况下，更新代理服务的功能，以额外的容器来扩展或增强宿主服务的能力，如图 12-14 所示。

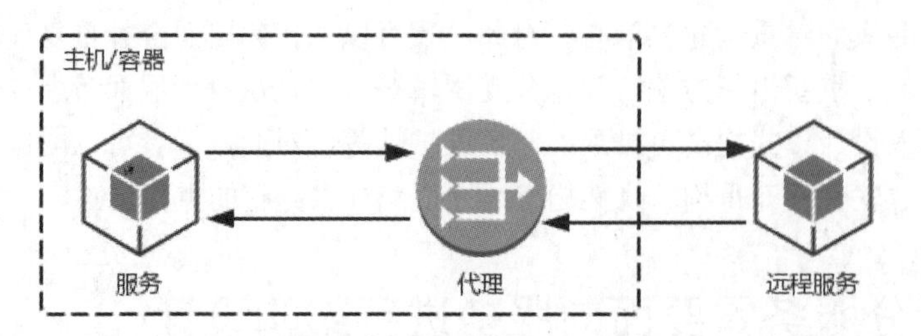

图 12-14

很多时候，我们的大多数系统在某些数据或功能上依赖于其他系统。例如，遗留系统可能仍然需要保留现有的遗留接口和服务，因此必须调用遗留系统。但是，随着时间的推移，它会慢慢地渐进式平滑迁移。所以，“服务适配模式”产生了，它试图在不同子系统之间实现适配器层，确保应用的设计不受外部子系统的影响，如图 12-15 所示。一般情况下，服务适配层也是一个应用服务，它将遗留系统或外部系统的业务逻辑进行包装达到服务适配的目的。需要注意的是，服务适配层可能会为两个系统之间的调用增加延迟，并且需要维护新系统和遗留系统之间的集成。

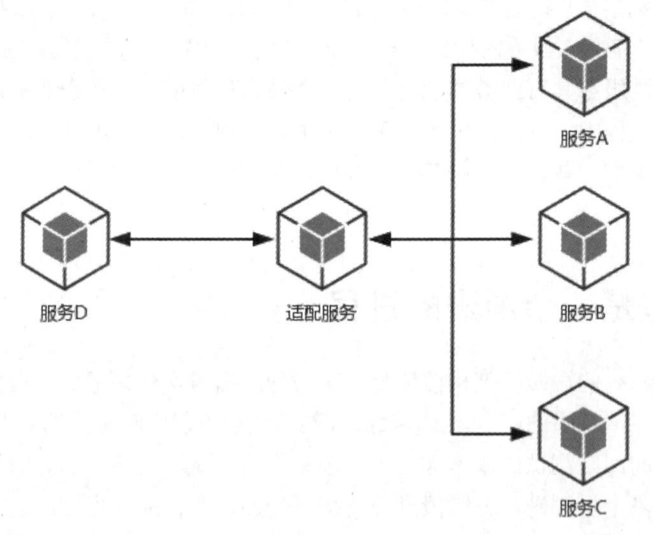

图 12-15

与服务适配模式不同的是，服务门面模式的核心思路是创建一个“门面层”来拦截请求，将这些请求路由到老服务或新服务，如图 12-16 所示。我们通过引入服务门面模式，可以达到新旧服务之间的平滑过渡，而无须知道特定功能的具体细节。因为，老功能或服务迁移时，我们只需要在门面层添加路由规则即可。

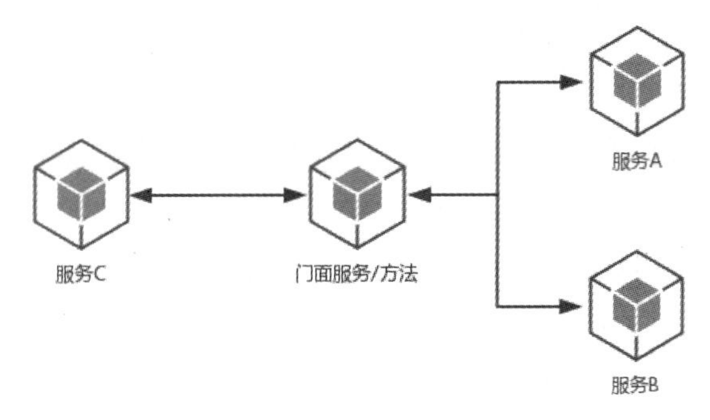

图 12-16

这个模式有助于降低服务迁移的风险，因为调用者直接请求门面层，然后由门面层路由到合适的服务上面。因此，我们可以确保老服务继续运行的同时，将功能模块慢慢地迁移到新服务。

```
public class ServiceManagerFacade {
    @Autowired
    private ServiceManager serviceManager;
    @Autowired
    private ServiceNewManager serviceNewManager;
    @Autowired
    private ServiceTemp instance;
    @PostConstruct
    public void init(){
        if(ServiceSwitch.CHANGE){
            instance = this.serviceNewManager;
        }else{
            instance = this.serviceManager;
        }
    }
}
```

它和服务适配模式紧密相连，很多时候它又充当适配器的职责。举个例子，如果业务变化太大，则服务端的开发人员需要对旧版本的接口使用适配器模式将请求适配到新的接口上。

除此之外，网关模式也是必不可少的。我们在网关后面部署多个服务，希望将请求通过一定规则路由到某个适合的服务。例如，Nginx 就是一个非常典型的案例。很多情况下，我们采用 Nginx 实现网关路由。

```
server {
    listen 80;
```

```
    server_name xxx.xxx.com;
    location /app1 {
        proxy_pass http://127.0.0.1:7001;
    }
    location /app2 {
        proxy_pass http://127.0.0.1:7002;
    }
}
```

值得一提是，我们还能够灵活地使用各种发布策略，无论增量、灰度，还是全量发布。例如，我们可以采取灰度发布策略，发现的任何问题都可以在网关上进行配置更改并迅速恢复。此外，我们还可以在此基础上进行压测路由改造，将压测流量路由到服务 B，线上流量路由到服务 A。

12.4.4 单元测试是基石

笔者还有一个观点：单元测试是微服务架构改造的基石。为什么在改造之前，需要梳理并完成单元测试？当我们重构遗留代码时，我们很可能无意中影响了现有的逻辑行为，导致系统可能更加容易引入一些缺陷。因此，重构之后反而导致现有的系统出现问题，这样对于用户和产品本身来说是不可接受的。金融相关的产品或项目往往伴随着资损问题。因此，在开始重构之前，我们需要先进行单元测试，然后在重构之后，确保这些测试用例和之前的逻辑是一致的。这个思想来自测试驱动开发（TDD）。

需要注意的是，单元测试应尽可能覆盖核心逻辑，但不要过度追求测试覆盖率，因为单元测试符合二八原则，编写测试用例的成本在项目后期会越来越大，但获得的收益却越来越小，换句话说，高的测试覆盖率不一定能保证软件的质量。

总结一下，我们可以通过单元测试保证改造逻辑不影响现有的逻辑行为，但不要过度追求测试覆盖率。此外，我们还可以通过自动化测试等手段减少回归测试成本。

12.4.5 面向失败的设计

在微服务的设计中，我们需要拥抱失败，而不是阻止失败。例如，RPC 允许调用远程方法像调用本地方法一样简单。虽然它屏蔽了网络通信的具体细节，让我们对调用是否在本地不感知。但是，我们不能忽视网络超时这个问题。事实上，如果超时时间设置太短则容易出现超时异常，但超时设置太长又可能导致服务雪崩。对于服务雪崩的问题，一方面是由于失败重试会造成服务器负荷加倍且性能恶化，另一方面也会导致线程积压而超时加重。对于超时时间设置，可以从服务提供方和服务调用方分别来看。首先，服务提供方如果是同步调用的情况，则必须考虑服务端线程池和请求队列长度，以及服务器内存限制。服务调用方需要考虑可以忍受的最长超时时间。一般情况下，我们会分别把超时时间设置在 1～3 秒之间，因为一般 RPC 接口调用都是毫秒级的，如果调用时间很长就需要考虑是否是服务端性能出现问题了，例如线程池积压、数据库全表扫描等。在这种情况下，如果把超时时间调高则非常容易导致服务雪崩的问题。因此，更好的做法不是盲目调整，而是优化性能。

此外，我们对调用方是不感知的，因此，为了保证核心系统不被其他调用系统压垮，我们还需要考虑服务降级、流量控制、接口熔断等面向失败的设计方案。

12.4.6　前后端分离

为了提高开发效率，细化职责，前后端分离的需求越来越被重视。前端开发人员关注页面展示、交互逻辑与更好的用户体验，服务端开发人员关注业务逻辑、数据存储与交互接口，以及性能、安全、可用性、扩展性、伸缩性等更深层次的后端架构。如果前期的遗留系统没有考虑前后端分离，则有必要将其概念引入当前的改造规划。服务端开发人员可以提供 RESTful API 并专注业务逻辑的开发，而一个产品可能还存在多个客户端的场景，对于服务端而言是无差别的。

在前后端分离的大环境下，为了满足 Web 端和移动端的快速构建与开发，我们可以将需求进行抽象，包括用户系统、权限控制、文件存储、即时通信、消息推送、数据分析、统计服务、支付系统、短信验证、地理位置、社交服务等基本功能，并通过 RESTful API 提供服务给 Web 端和移动端使用，让其进行乐高式组装构建。因此，我们不需要针对每一个单独的项目或产品再重新开发一套类似的服务了，只需要将现成的服务能力以类似乐高积木的方式整合进来即可。当前后端功能逐步完善后，我们甚至可以对前后端一起进行打包，将整个解决方案以产品化的形式提供给第三方平台使用。事实上，这种思想无处不在，例如 Serverless 架构。我们可以在实践的过程中采用 AWS Lambda 作为 Serverless 服务背后的计算引擎，而 AWS Lambda 是一种函数即服务（Function-as-a-Servcie，FaaS）的计算服务，我们直接编写运行在云上的函数。那么，这个函数可以组装现有能力做服务聚合。

12.4.7　共享现有数据库

在绝大多数情况下，我们提倡每个微服务都应该有自己的数据库和缓存，以及消息中间件等，并且它们是相互独立且透明的，已实现服务的独立自治和服务隔离的目的，如图 12-17 所示。但是，凡事无绝对，为了减少风险，提高改造速度，更多时候，在将旧的服务过渡到新的服务的场景下，新的服务复用旧的服务的数据库，从而实现功能与数据过渡的需求。

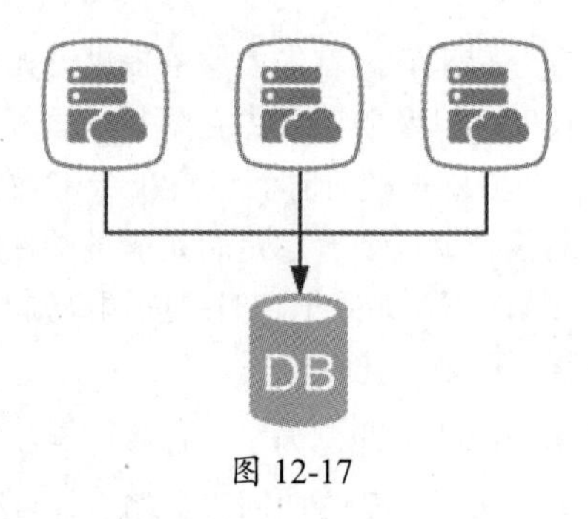

图 12-17

12.4.8 灰度发布的必要性

遗留系统微服务改造之后，可能存在影响线上服务的风险，因此我们还需要引入灰度发布机制。灰度发布是指，让一部分用户继续用老版本的服务，另外一部分白名单用户开始用新版本的服务，如果这些白名单灰度测试用户在使用过程中没有什么反馈意见，那么逐步扩大范围，把所有用户都迁移到新版本的服务上。灰度发布可以保证整体系统的稳定，控制影响范围，并及早发现和解决问题。

12.4.9 日志聚合与全链路监控

随着微服务的拆分，日志系统也演变成独立自治的单一模块。为了查询日志，我们可能需要登录不同的服务器去一个个查看。因此，构建日志聚合平台是必不可少的。事实上，规范整个系统日志体系，采用标准的日志格式非常便于后续的日志聚合检索，我们可以采用 ELK 的解决方案进行日志聚合。

上线之后，我们还需要考虑全链路监控和全链路追踪。首先，在微服务复杂的链式调用中，会比单体架构更难以追踪与定位问题。因此，在设计的时候需要特别注意。一种比较好的方案是，当 RESTful API 接口出现非 2xx 的 HTTP 错误码响应时，采用全局的异常结构响应信息。在微服务中应该加上"{biz_name}/"前缀以便定位错误发生在哪个业务系统上。此外，在记录日志时，需要标记出错误来源及错误详情以便更好地分析与定位问题。对此，我们需要引入分布式调用链，生成一个全局 TraceID，通过 TraceID 可以串联起整个调用链，一个 TraceID 代表一次请求。我们可以在 Dubbo 源码中自己实现一个 Filter，用来产生 TraceID 和 SpanID。目前，市面上有很多开源的工具，例如 Skywalking APM、美团点评 CAT、Twitter Zipkin 等，将这些工具与我们扩展的调用链日志结合起来可以实现更好的效果。

第 13 章 Service Mesh 详解

13.1 Service Mesh 是什么

讲到 Service Mesh 不得不提 Buoyant 的创始人 William Morgan，他于 2016 年 9 月在 SF Microservices 的 Meetup 上第一次提到 Service Mesh，并且在其公司的博客上给出了 Service Mesh 的定义。其中这样写道：A service mesh is a dedicated infrastructure layer for handling service-to-service communication. It's responsible for the reliable delivery of requests through the complex topology of services that comprise a modern, cloud native application. In practice, the service mesh is typically implemented as an array of lightweight network proxies that are deployed alongside application code, without the application needing to be aware.

可以总结为：Service Mesh 是用于处理服务与服务之间通信的专用基础设施层；在具有复杂拓补结构的现代云原生服务间，它负责请求的可靠交付。在具体实践中，Service Mesh 通常实现为一系列的轻量级网络代理，这些代理与应用程序代码一起部署，对应用程序是透明的。

13.2 Service Mesh 的背景

Service Mesh 一经被提出，影响就非常强烈，迅速成为各大社区和技术峰会讨论的焦点，其产生的背景主要有三个方面。

1. 多语言

微服务理念是提倡不同业务使用最适合它的语言进行开发，现实情况也确实如此，尤其是

AI 的兴起，一般大型互联网公司存在 C/C++、Java、Golang、PHP、Python 等语言的项目，这就意味着每种语言都需要实现相同功能服务框架。然而，服务框架的 SDK 通常实现都比较“重”，需要实现服务注册与发现、服务路由、负载均衡、服务鉴权、服务降级、服务限流、网络传输等功能，所以这一块的成本不言而喻。

2. 产品交付

在服务组件的功能升级、bug 修复过程中，业务系统需要升级依赖的服务组件包，然而升级过程中还可能存在各种版本冲突，另外灰度验证过程也可能引入新的 bug，业务开发人员升级组件版本痛苦不堪，抵触情绪很大，往往一个组件包想要全覆盖升级，需要耗费相当长的时间，交付效率极其低下。随着公司业务的不断发展，业务的规模和交付的效率已经成为主要的矛盾，所以组件团队期望以更高的效率去研发基础设施，而不希望基础设施的迭代受制于这个组件的使用规模。

3. 云原生

在云原生架构里，单个应用程序可能由数百个服务组成；每个服务可能有数千个实例；而且这些实例中的每一个都可能处于不断变化的状态，因为它们是由像 Kubernetes 一样的编排器动态进行调度的，所以服务间通信异常复杂，但它又是运行时行为的基础，且管理好服务间通信对于保证端到端的性能和可靠性来说是非常重要的。因此，需要一个稳定的高效的通信层来解决云原生微服务架构带来的问题。

13.3 Service Mesh 介绍

13.3.1 Service Mesh 架构

Service Mesh 在实现上由 Data Plane（数据平面）和 Control Plane（控制平面）构成，如图 13-1 所示。其中 Data Plane 的核心是负责服务间的通信逻辑，包括通信过程中的服务发现、流量控制（动态路由、负载均衡）、安全通信、监控等；Control Plane 是负责管理和下发服务发现、流量控制等策略，当配置下发到 Data Plane 时，就会触发数据平面的相关逻辑，达到控制的目的。在部署上，Data Plane 作为单独的进程启动，可以每台宿主机共用同一个进程，也可以每个应用独占一个进程。Data Plane 对于应用程序来说，它就像边车加装在摩托车上一样，因此又称为 Sidecar。在软件架构中，Sidecar 附加到主应用（或者叫父应用）上，用以扩展或增强功能特性，同时 Sidecar 与主应用是低耦合的。

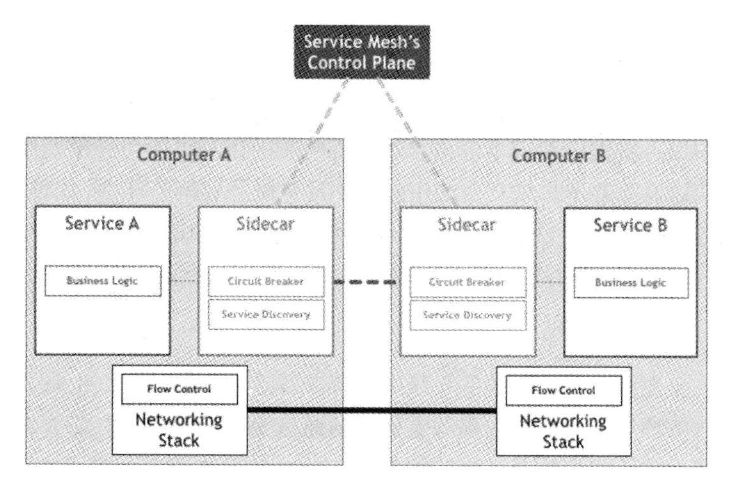

图 13-1

13.3.2　Service Mesh 能做什么

Service Mesh 的数据平面能够支撑很多服务治理逻辑，如服务发现、流量控制（路由、负载均衡）、请求熔断、安全通信、Metric 和链路追踪和重试功能。

1. 服务发现

以微服务模式运行的应用变更非常频繁，应用实例的频繁增加减少带来的问题是如何精确地发现新增实例，以及避免将请求发送给已不存在的实例上。Service Mesh 可以提供简单、统一、平台无关的多种服务发现机制，如基于 DNS、K/V 键值对存储的服务发现机制。

2. 动态路由

随着服务提供商以提供高稳定性、高可用性及高 SLA 服务为主要目标，为了实现所述目标，出现了各种应用部署策略，尽可能从技术手段上达到无服务中断部署，以此避免变更导致服务的中断和稳定性降低，例如 Blue/Green 部署、Canary 部署，但实现这些高级部署策略通常非常困难。如果可以轻松地将应用流量从一个版本切到另外一个版本，或者从一个数据中心到另外一个数据中心进行动态切换，甚至可以通过一个中心控制层控制多少比例的流量被切换，那么 Service Mesh 提供的动态路由机制和特定的部署策略（如 Blue/Green 部署）结合起来，实现上述目标更加容易。

3. 负载均衡

运行环境中微服务实例通常处于动态变化状态，可能经常出现个别实例不能正常提供服务、处理能力减弱、卡顿等现象。由于所有请求对 Service Mesh 来说是可见的，因此可以通过提供高级负载均衡算法来实现更加智能、高效的流量分发，降低延时，提高可靠性。

4. 请求熔断

动态的环境中服务实例中断或不健康导致服务中断的情况可能会经常发生，这就要求应用或其他工具具有快速监测并从负载均衡池中移除不提供服务实例的能力，这种能力也称为熔断，以此使得应用无须消耗更多不必要的资源而不断地尝试，而是快速失败或降级，甚至这样可避免一些潜在的关联性错误。Service Mesh 可以很容易地实现基于请求和连接级别的熔断机制。

5.安全通信

无论何时，安全在整个公司、业务系统中都有着举足轻重的位置，也是非常难以实现和控制的部分。在微服务环境中，不同的服务实例间的通信变得更加复杂，那么如何保证这些通信在安全、授权情况下进行非常重要。通过将安全机制如 TLS 加解密和授权实现在 Service Mesh 上，不仅可以避免在不同应用中的重复实现，而且很容易在整个基础设施层更新安全机制，甚至无须对应用做任何操作。

6. Metric 和链路追踪

Metric 是指服务各种运行指标信息，如调用量、成功率、耗时等；而链路追踪是指服务调用的整体链路信息，如链路拓扑、服务依赖。

Service Mesh 对整个基础设施层的可见性使得它不仅可以暴露单个服务的运行数据，而且可以暴露整个集群的运行数据，因此可以很轻易地从 Service Mesh 中获取服务的 Metric 统计信息和服务调用的链路信息。

7. 重试

网络环境的异常复杂和服务质量的多变性，服务调用总会存在超时、失败的情况，在这些情况下，重试是能够增加服务质量的一种措施。

在 Service Mesh 中加上重试功能，不仅可以避免将其嵌入业务代码，而且该重试逻辑还可以配置最后期限，使得应用允许一个请求的最长生命周期，防止无限期重试。

13.4 Service Mesh 的价值

1. 多语言

由于 Service Mesh 的 Sidear 实现了大部分的组件功能，所以在多语言实现上更加简单，各个语言只需实现一些简单的序列化和请求发送逻辑就能提供服务组件所有的功能，从而大大降低了多语言服务组件的实现成本，提升了组件的研发效率。

2. 产品交付

将组件的大部分功能移至Service Mesh后，可以做到与业务逻辑隔离，可单独进行升级和运维，并且对业务透明，极大提升了组件的交付能力。因此，Service Mesh超越Spring Cloud和Dubbo等传统开发框架之处在于不仅带来了远超这些框架所提供的功能，更重要的是不需要应用程序为此做大量的改动，开发人员也不必为实现上面的功能进行大量的知识储备，降低了学习服务组件的使用成本。

3. 云原生

在复杂的云原生架构中，Service Mesh作为微服务的通信层，能更好地管理微服务间通信，对于保证端到端的性能和可靠性来说是非常重要的。

13.5 Service Mesh现状

1. 现状

目前Service Mesh的实现非常多，其实在Service Mesh概念被提出以前，国内有些公司已经实现了基于Proxy的类似Service Mesh的结构，如唯品会的OSP Local Proxy，以及新浪的Weibo Mesh，这两款产品都是在服务治理框架上增加代理层来降级升级和多语言成本。在Service Mesh出来之后，又有一些大型互联网企业紧密跟进，如华为的CSE Mesher、美团的OCTO Mesh、蚂蚁的SOFA Mesh、阿里的Dubbo Mesh，以及Google、IBM、Lyft联合开发的Istio。

2. 开源产品

Service Mesh的开源产品比较多，有以数据平面为代表的Linkerd和Envoy，另外还有Istio、Conduit、Weibo Mesh、SOFA Mesh、Dubbo Mesh等。

Linkerd

Linkerd是Buoyant公司的产品，实现了Service Mesh的数据平面，Linkerd基于Twitter的Fingle，使用Scala编写，是业界第一个开源的Service Mesh方案，在长期的实际生产环境中获得验证，支持Kubernetes、DC/OS容器管理平台，也是CNCF官方支持的项目之一。

Envoy

Envoy是Lyft公司的产品，是7层代理及通信总线，支持7层HTTP路由、TLS、gRPC、服务发现及健康监测等，也是CNCF官方支持的项目之一。Envoy是专为大型现代SOA（面向服务架构）架构设计的L7代理和通信总线。该项目源于以下理念：网络对应用程序来说应该是透明的。当网络和应用程序出现问题时，应该很容易确定问题的根源。Envoy 实现了过滤和路由、服务发现、健康检查，提供了具有弹性的负载均衡。它在安全上支持 TLS，在通信方面支持 gRPC。Envoy 是 C++语言编写的，性能十分强劲，支持静态和动态配置，Istio 默认使用 Envoy 作为数据平面，提供完整的 Service Mesh 功能。

Istio

Istio 首先是一个服务网格，但 Istio 又不仅仅是服务网格，在 Linkerd、Envoy 这样的典型服务网格之上，Istio 提供了一个完整的解决方案，为整个服务网格提供行为洞察和操作控制，以满足微服务应用程序的多样化需求。Istio 在服务网格中统一提供了许多关键功能，具体介绍可参考其官网。

Weibo Mesh

Weibo Mesh 是基于微博现状做的一款 Service Mesh 产品，它是基于 Motan-go 实现的 Agent 再加上内部的服务治理。

前期 Weibo Mesh 只对小众语言使用了 Motan Go Mesh 方式，最近已经有少量的 Go 和 Java 语言客户端也使用 Service Mesh 的方式。

SOFA Mesh

SOFA Mesh 是蚂蚁金服推出的 Service Mesh 产品，主要解决三类问题：多语言、组件升级交付及云原生技术转型。SOFA Mesh 充分调研了 Envoy 和 Istio，分析了 Istio 的优缺点，使用 Go 实现了 Sidecar 来替代 Envoy，并将 Istio 控制面中的 Mixer 移入 Sidecar 来提升性能。另外，在 Istio 的控制面 Pilot 模块上增加了 SOFA Registry 的 Adapter。目前 SOFA Mesh 已在 UC 生产环境落地使用，满足了 Sidecar、Ingress、Egress 多种场景的使用需求。其中 EdgeSidecar 也是 SOFA Mesh 的一个特色，主要用来解决各事业部之间因网络隔离导致的服务调用问题，充当网关的角色。

Dubbo Mesh

Dubbo Mesh 也是充分借助开源 Istio 的实现，控制面在 Istio 的基础上对接内部的 Nacos 注册中心，数据平面在 Envoy 上直接支持 Dubbo 协议，整体架构上与 SOFA Mesh 类似。

13.6 Service Mesh 存在的问题

软件的世界从来就不存在什么银弹，虽然 Service Mesh 的优势很明显，被称为服务间的通信层，但不可否认的是，Service Mesh 确实给微服务带来了一些问题，可以从性能、可用性、运维治理三个方面分析。

1．性能

Service Mesh 方式的服务调用相比服务框架的直接调用增加了与 Service Mesh 中数据平面 Sidecar 的交互，虽然是本地网络通信，但性能上的损耗还是非常明显的，这也给 Service Mesh 大规模落地带来了困难。

2．可用性

Service Mesh 通过单独的进程的方式来为应用程序提供服务，虽然它相对于应用程序来说比较透明，但其实也在整个服务调用链上增加了故障点，势必导致可用性问题。在落地的过程中，这是一个不小的挑战，因此需要对 Service Mesh 的整体设计提出更高的要求来保证服务的可用性。

3．运维治理

Service Mesh 在运维治理上也存在一些难题，主要是三个方面的问题：首先是规模化部署的问题，特别是大型互联网公司，线上运行实例非常多，这些实例上都需要部署 Sidecar；其次是如何监控治理的问题，如果 Sidecar 进程"挂了"怎么办？需要具备自动化运维和监控的能力；最后是开发人员在本地环境开发调试的时候，也需要依赖 Sidecar，难道每个开发机器上也需要安装相关的 Sidecar，并且在测试前先启动 Sidecar 进程？当然，如果类似 Istio 方案，借助 K8S 基础设施，那么前两个问题就不存在了，但目前还是存在很多公司没有完全使用 K8S 的情况。

13.7 Istio 详解

Istio 是当前开源项目中最完善也是最火热的 Service Mesh 产品，Istio 的数据平面默认使用的是 Envoy，当然还有很多数据平面也对接了 Istio 的接口，如 Linkerd、SOFA MOSN 及华为的 CSE Mesher。Istio 的控制平面使用 Go 语言编写，分为 Pilot、Mixer、Citadel 三个部分。

13.7.1 Istio 架构

Istio 的架构如图 13-2 所示，主要有四个模块。

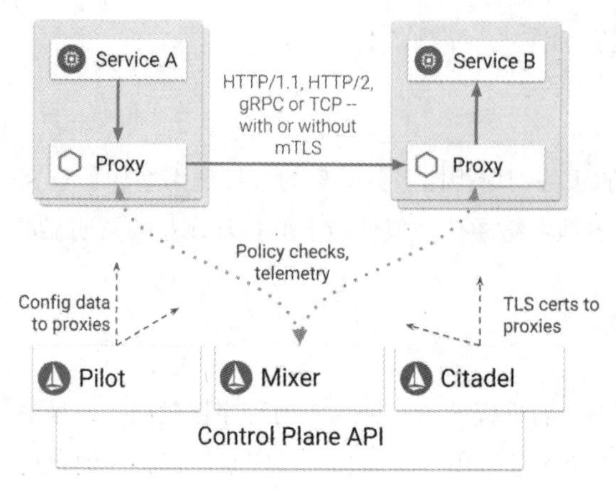

图 13-2

Proxy 是 Istio 在 Envoy 上进行扩展的网格代理，Envoy 是以 C++开发的高性能代理，用于调解服务网格中所有服务的入站和出站流量。Mixer Mixer 是一个独立于平台的组件，在服务网格中实施访问控制和使用策略，并从 Envoy 代理和其他服务收集遥测数据。Mixer 包括灵活的插件模型。这使得 Istio 与各种主机环境和基础架构后端进行交互成为可能。Pilot Pilot 负责为 Proxy 提供服务发现、流量控制等智能路由的相关配置功能，会将控制流量行为的高级路由规则转换为特定于 Envoy 的配置，并在运行时将它们传播到 Sidecars。Citadel Citadel 通过内置身份和凭证管理提供强大的端到端和最终用户身份验证。可以使用 Citadel 升级服务网格中的未加密流量。从 Istio 0.5 开始，就可以使用授权功能来控制服务之间的访问。

13.7.2 数据平面

Istio 的数据平面是 istio-proxy，它是基于 Envoy 的 Filter 扩展机制，在 Envoy 的基础上主要增加了 Mixer 相关的 Filter，而其他核心功能还是 Envoy 自身提供的，Envoy 支持 TCP、HTTP、HTTP2、Thrift、Redis、Mongo 等协议流量的代理转发，而且 Envoy 有完善的集群、连接池管理和灵活的路由、负载均衡功能。另外，Envoy 在设计上也非常出色，比如它的配置、性能、热重启。

1. 配置

Envoy 运行时的功能完全取决于它的配置，配置方式不仅支持静态的、还支持动态的，静态的配置可以是一份静态的 YAML 或 JSON 文件，动态的配置支持文件或管理服务器来动态发现资源。不管是静态的配置还是动态的配置，概括地讲，对应的发现资源的 API 使用的协议被称作 xDS。一般 Envoy 通过订阅（subscription）方式来获取资源，如监控指定路径下的文件、启动 gRPC 流或轮询 REST-JSON URL。xDS 是一个统称，具体包括：

- LDS（Listener Discovery Service），监听器发现服务是一个可选的 API，Envoy 将调用它来动态获取 Listener。
- Envoy，将协调 API 响应，并根据需要添加、修改或删除已知的 Listener；RDS（Route Discovery Service），路由发现服务是 Envoy 里面的一个可选 API，用于动态获取路由配置，路由配置包括 HTTP header 修改、虚拟主机及每个虚拟主机中包含的单个路由规则配置，每个 HTTP 连接管理器都可以通过 API 独立地获取自身的路由配置。
- CDS（Cluster Discovery Service）：集群发现服务是一个可选的 API，Envoy 将调用该 API 来动态获取 cluster manager 的成员。Envoy 还将根据 API 响应协调集群管理，根据需要添加、修改或删除已知的集群。
- EDS（Endpoint Discovery Service）：端点发现服务是 Envoy 中众多的服务发现方式的一种，在 Envoy 中用来获取集群成员。
- SDS（Secret Discovery Service）：密钥发现服务是 Envoy 1.8.0 起开始引入的服务。可以在 bootstrap.static_resource 的 secrets 配置中为 Envoy 指定 TLS 证书（secret），也可以通过密钥发现服务（SDS）远程获取。
- ADS（Aggregated Discovery Service）：聚合发现服务允许管理服务器在单个双向 gRPC 流上传递一个或多个 API 及其资源。否则，一些 API（如 RDS 和 EDS）可能需要管理多个流并连接到不同的管理服务器。

接下来，我们介绍具体的 Envoy xDS 配置，这里是一份静态配置，它的功能是将 10000 端口过来的 HTTP 请求转发到 www.google.com 上：

```
admin:
  access_log_path: /tmp/admin_access.log
  address:
    socket_address:
      protocol: TCP
      address: 127.0.0.1
      port_value: 9901
static_resources:
  listeners:
  - name: listener_0
    address:
      socket_address:
        protocol: TCP
        address: 0.0.0.0
        port_value: 10000
```

```
    filter_chains:
    - filters:
      - name: envoy.http_connection_manager
        config:
          stat_prefix: ingress_http
          route_config:
            name: local_route
            virtual_hosts:
            - name: local_service
              domains: ["*"]
              routes:
              - match:
                  prefix: "/"
                route:
                  host_rewrite: www.google.com
                  cluster: service_google
          http_filters:
          - name: envoy.router
  clusters:
  - name: service_google
    connect_timeout: 0.25s
    type: LOGICAL_DNS
    # Comment out the following line to test on v6 networks
    dns_lookup_family: V4_ONLY
    lb_policy: ROUND_ROBIN
    hosts:
      - socket_address:
          address: google.com
          port_value: 443
    tls_context: { sni: www.google.com }
```

上面的配置可以拆成几个部分，首先是 admin 部分，Envoy 支持简单的 HTTP 操作接口，下面配置的就是 admin 接口的一些配置。其中 access_log_path 是 admin 的访问日志文件地址，address 是 admin 监听的地址信息，用户可通过该地址加上 URL 信息进行访问。

```
admin:
  access_log_path: /tmp/admin_access.log
  address:
```

```
    socket_address:
      protocol: TCP
      address: 127.0.0.1
      port_value: 9901
```

从 listeners 到 clusters 之间是 LDS 配置的范围，其中 address 是 listener_0 监听的地址和端口，filter_chains 是 listener_0 的处理链，内部有 envoy.http_connection_manager 的 Filter，该 Filter 是处理 HTTP 请求的，Filter 内部有 route_config 相关的信息，这就是 RDS，routes 是路由规则 match 和规则匹配的 cluster 集群信息。

```
listeners:
  - name: listener_0
    address:
      socket_address:
        protocol: TCP
        address: 0.0.0.0
        port_value: 10000
    filter_chains:
    - filters:
      - name: envoy.http_connection_manager
        config:
          stat_prefix: ingress_http
          route_config:
            name: local_route
            virtual_hosts:
            - name: local_service
              domains: ["*"]
              routes:
              - match:
                  prefix: "/"
                route:
                  host_rewrite: www.google.com
                  cluster: service_google
          http_filters:
          - name: envoy.router
```

接下来是 CDS 相关的信息，CDS 包含 cluster 的 name，以及连接超时时间和负载均衡策略；其中 hosts 是属于 EDS 的配置。

```
clusters:
  - name: service_google
    connect_timeout: 0.25s
    type: LOGICAL_DNS
    # Comment out the following line to test on v6 networks
    dns_lookup_family: V4_ONLY
    lb_policy: ROUND_ROBIN
    hosts:
      - socket_address:
          address: google.com
          port_value: 443
    tls_context: { sni: www.google.com }
```

2. 性能

Service Mesh 的 Sidecar 方式的调用相对以前的 SDK 方式增加了两跳，性能损耗也是非常明显的，因此性能的好坏也是决定其能否大规模推广的关键。可以从 Envoy 自身及外部来看性能问题：从 Envoy 自身实现来说，它采用了类似 Nginx 的 per thread one eventloop 模型，底层使用 libevent 进行网络交互，可以配置多个 worker 线程，使用非阻塞、异步 I/O，可以做到多个线程无锁转发请求和结果。另外，Envoy 使用 C++语言开发，因此性能自然不错。从 Envoy 外部来说，目前常规做法是通过 iptables 的拦截规则，对应用请求进行拦截并转发到 Envoy，再由 Envoy 路由转发。因此 iptables 转发的性能也是影响服务调用端到端性能的一个因素。影响 iptables 转发性能主要有两个原因：

- 在规则配置较多时，由于其本身顺序执行的特性，性能会严重下滑。
- 每个 request 的处理都要经过内核态到用户态再到内核态的过程，会带来频繁的数据复制和硬件中断、上下文切换等开销。

iptables 确实存在性能问题，因此目前 Linux 社区与 Envoy 社区也正在计划对此做优化，主要有：

- Linux 内核社区最近发布了 bpfilter，它是一种 Linux BPF 提供的高性能网络过滤内核模块，计划用来替代 netfilter 作为 iptables 的内核底层实现，实现 Linux 用户向 BPF 过渡的“换心手术”。

- Envoy 社区还在推动官方支持自定义的 Network Socket 实现，最终目的是为了添加 VPP（Vector Packet Processing）、Cilium 扩展支持，无论使用 VPP 或 Cilium，都可以实现数据包在纯用户态或内核态的处理，避免内存的来回复制、上下文切换，而且可以绕过 Linux 协议栈，提高报文转发效率，进而达到提升请求拦截效率的目的。

3. 热重启

Envoy 还支持热重启，即重启时可以做到无缝衔接，有了热重启，Sidear 就能做到在线无感升级，其基本实现原理是：

- 将统计信息与锁放到共享内存中；
- 新老进程采用基本的 RPC 协议，使用 UNIX Domain Socket 通信；
- 新进程启动并完成所有初始化工作后，向老进程请求监听套接字的副本；
- 新进程接管套接字后，通知老进程关闭套接字；
- 通知老进程终止自己。

流程如图 13-3 所示。

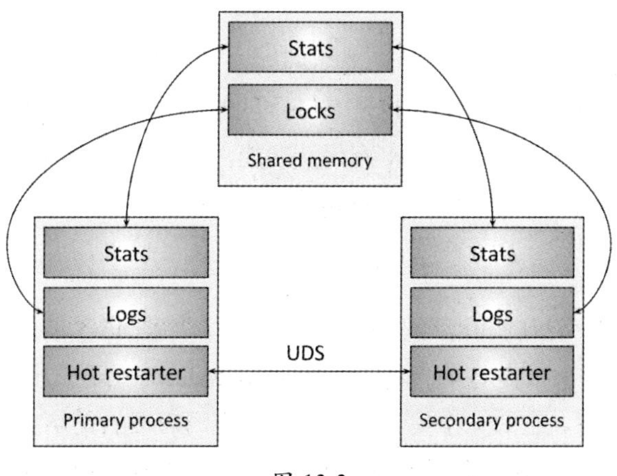

图 13-3

13.7.3　控制平面

1. Pilot

Pilot 是 Istio 流量管理的核心组件，它管理和配置部署在特定 Istio 服务网格中的所有 Envoy 代理实例。它允许我们指定在 Envoy 代理之间使用什么样的路由流量规则，并配置故障恢复功能，如超时、重试和熔断器。每个 Envoy 实例都会从 Pilot 获取负载均衡信息，以及相关服务节点的定期健康检查配置信息；而且允许其在遵守配置的路由规则前提下，在目标实例之间智能分配流量。Envoy 与 Pilot 之间数据通信格式使用的是 Envoy 的 xDS。Pilot 会从基础设施（如 Kubernetes）获取 Service 的 Endpoint 相关信息，直接转换成 xDS 的配置，通过 gRPC 推送到 Envoy，Envoy 感知相关的 xDS 配置，就会执行相应的策略，如图 13-4 所示。

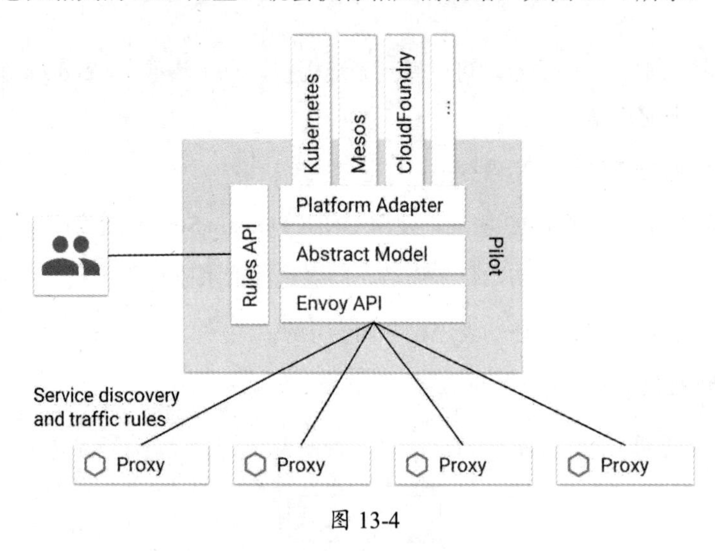

图 13-4

此外 Pilot 还有一个 Agent 模块，它也是 Pilot 的一大功能点，主要负责启动 Envoy，并且在启动前加载一些静态配置，还能对 Envoy 有保活功能，一旦 Envoy 异常退出，Pilot-agent 能够及时拉起 Envoy，Pilot-agent 还能够保证 Envoy 的热重启。

2. Mixer

Mixer 是负责提供策略控制和遥测收集的 Istio 组件。如图 13-5 所示，在每次请求执行先决条件检查之前，以及在每次报告遥测请求之后，Envoy Sidecar 在逻辑上调用 Mixer。Mixer 是高度模块化和可扩展的组件。它的一个关键功能就是把不同后端的策略和遥测收集系统的细节抽象出来，使得 Istio 的其余部分不需要了解这些后端逻辑。Mixer 通过使用通用插件模型来灵活实现对不同基础设施后端的处理。每个插件都被称为 Adapter，Mixer 通过它们与不同的基础设施后端连接，这些后端可提供核心功能，例如日志、监控、配额、ACL 检查等。通过配置能够决定在运行时使用的确切的适配器套件，并且可以轻松扩展到新的或定制的基础设施后端。

为了提升性能，Sidecar 自身也具有本地缓存，可以在缓存中执行相对较大比例的前提条件检查。此外，Sidecar 缓冲相关的遥测数据，使其实际上不需要经常调用 Mixer。但即使这样，Mixer 还是影响了 Istio 的整体性能，也是被经常诟病的模块。

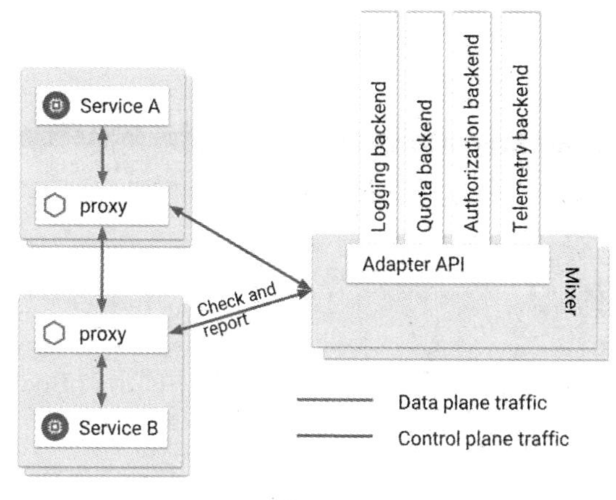

图 13-5

3. Citadel

Citadel 用于密钥和证书管理。提供服务及用户之间的认证，确保可以在不需要修改服务代码的前提下增强服务之间的安全性。图 13-6 是 Citadel 在 Kubernetes 下的方案，具体的流程如下。

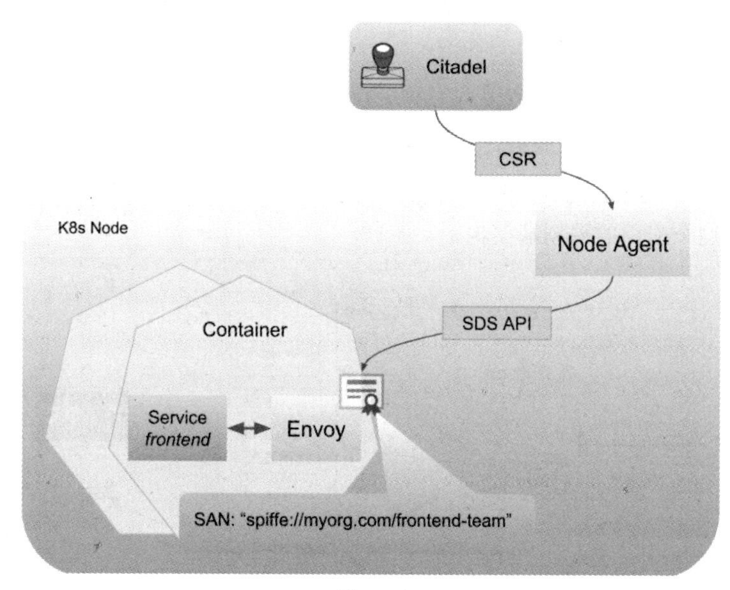

图 13-6

- Citadel 创建一个 gRPC 服务来接收 CSR 请求。
- Envoy 通过密钥发现服务（SDS）API 发送证书和密钥请求。
- 收到 SDS 请求后，节点代理会创建私钥和 CSR，并将 CSR 及其凭据发送给 Citadel 进行签名。

- Citadel 验证 CSR 中携带的凭证，并签署 CSR 以生成证书。
- 节点代理通过 Envoy SDS API 将从 Citadel 中接收的证书和私钥发送给 Envoy。上述 CSR 过程中会定期重复进行证书和密钥轮换。

13.7.4 Isito 案例

介绍完 Istio 的原理，接下来我们看一下 Istio 安装包中的示例 Bookinfo 应用程序。

1. Bookinfo 介绍

Bookinfo 应用分为四个单独的微服务。

- productpage：productpage 微服务会调用 details 和 reviews 两个微服务，用来生成页面。
- details：这个微服务包含了书籍的信息。
- reviews：这个微服务包含了书籍相关的评论。它还会调用 ratings 微服务。
- ratings：ratings 微服务中包含了由书籍评价组成的评级信息。

reviews 微服务有 3 个版本：

- v1 版本不会调用 ratings 服务。
- v2 版本会调用 ratings 服务，并使用 1 到 5 个黑色星形图标来显示评分信息。
- v3 版本会调用 ratings 服务，并使用 1 到 5 个红色星形图标来显示评分信息。图 13-7 展示了这个应用的端到端架构。

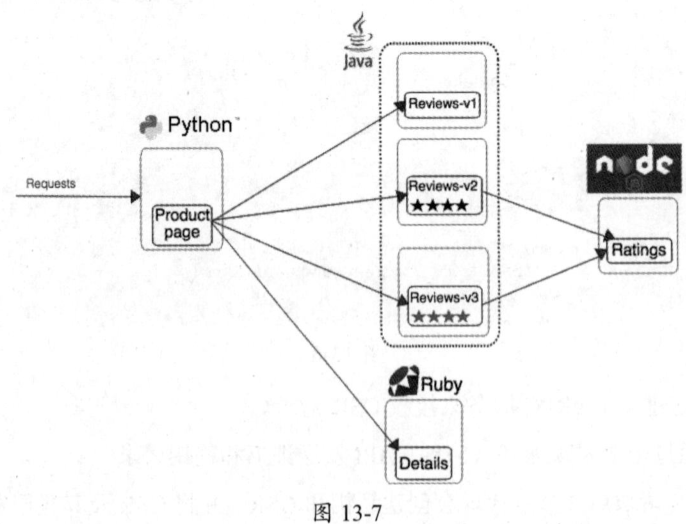

图 13-7

Bookinfo 是一个异构应用，几个微服务是由不同的语言编写的。这些服务对 Istio 并无依赖，但构成了一个有代表性的服务网格的例子：它由多个服务、多个语言构成，并且 reviews 服务具有多个版本。

2. 部署应用

要在 Istio 中运行这一应用，无须对应用自身做出任何改变。我们只要简单地在 Istio 环境中对服务进行配置和运行即可，具体就是把 Envoy Sidecar 注入每个服务，如图 13-8 所示。

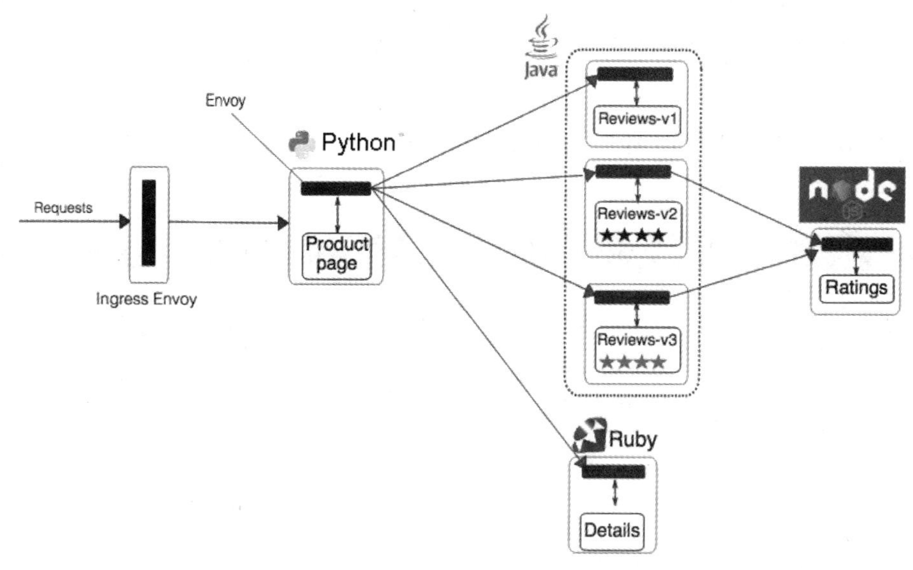

图 13-8

所有的微服务都和 Envoy Sidecar 集成在一起，被集成服务所有的出入流量都被 Sidecar 所劫持，这样就为外部控制准备了所需的 Hook，然后就可以利用 Istio 控制平面为应用提供服务路由、遥测数据收集及策略实施等功能。整体部署过程所需的具体命令和配置方法由运行时环境决定，具体过程可参考 Istio 官网。

3. 智能路由

由于 Bookinfo 示例部署了三个版本的 reviews 微服务，因此我们需要设置默认路由。如果多次访问应用程序，那么有时输出包含星级评分，有时又没有。这是因为没有为应用明确指定默认路由时，Istio 会将请求随机路由到该服务的所有可用版本上。可以通过下面的 istioctl 命令来创建路由规则：istioctl create -f samples/bookinfo/networking/virtual-service-all-v1.yaml。

```
apiVersion: networking.istio.io/v1alpha3
kind: VirtualService
metadata:
```

```
  name: reviews
  ...
spec:
  hosts:
  - reviews
    http:
  - route:
    - destination:
        host: reviews
        subset: v1
```

上述 Isito 配置指的是调用 reviews 服务，Istio 将 100%的请求流量都路由到了 reviews 服务的 v1 版本，如图 13-9 所示。

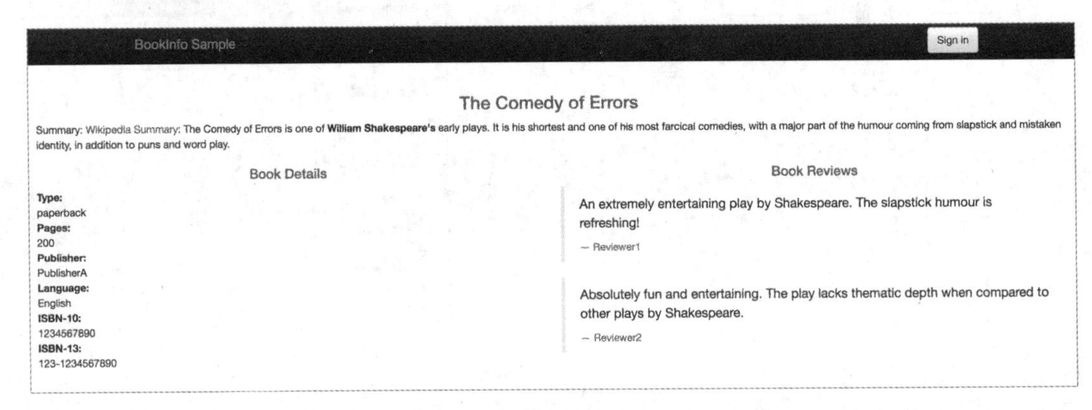

图 13-9

```
apiVersion: networking.istio.io/v1alpha3
kind: VirtualService
metadata:
  name: reviews
  ...
spec:
  hosts:
  - reviews
    http:
  - match:
    - headers:
        end-user:
          exact: jason
```

```
      route:
      - destination:
          host: reviews
          subset: v2
    - route:
      - destination:
          host: reviews
          subset: v1
```

上述 Isito 配置指的是如果用“jason”身份登录，会将流量路由到了 reviews 服务的 v2 版本，其他用户身份登录将会继续看到 reviews:v1 版本服务，如图 13-10 所示。

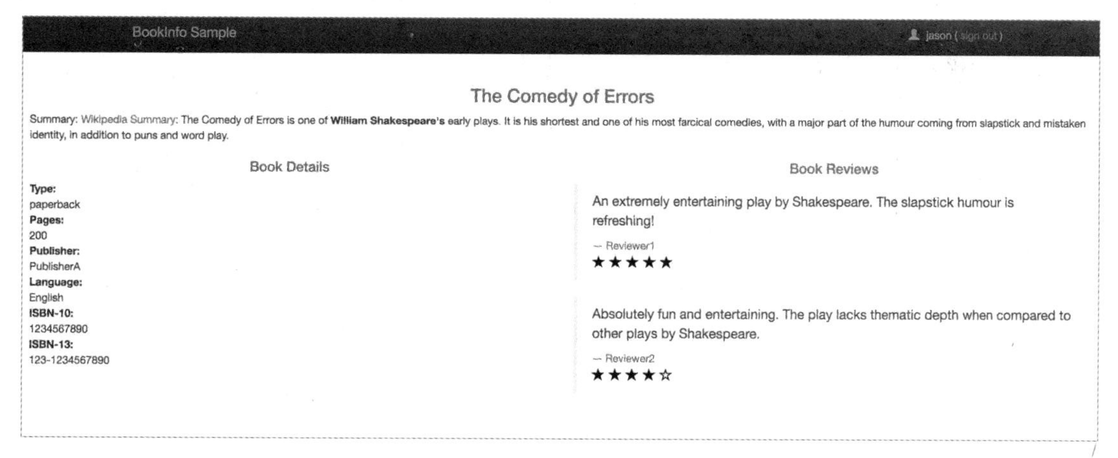

图 13-10

读者可能有疑问，为什么前面提到 Istio 数据平面的配置是 xDS 格式的，这里的配置与 xDS 配置有些出入。是的，这两种配置确实不一样的，前面提到的 xDS 格式的配置主要服务于数据平面与控制平面之间。而这里的 Istio 配置主要是 Istio 针对用户的配置格式，其实 Istio 收到这些配置后，会通过 Pilot 模块转换成 xDS 格式，然后推送到数据平面，由 Sidecar 来执行相关配置，对经过的流量进行智能路由。

13.8 Service Mesh 展望

虽然 Service Mesh 并不是银弹，但 Service Mesh 确实解决了当前 Dubbo 和 Spring Cloud 为代表的微服务框架在多语言、组件交付等上的诸多问题，并且随着云原生的兴起，Service Mesh 紧密结合 K8S 等基础设施，将服务通信层下沉到 Sidecar，更好地保证了端到端的性能和可靠性。

另外，从整体视角看，Service Mesh 有贯穿网络接入、微服务、安全、Serverless 等场景的趋势，这也将推进“东西向”“南北向”技术架构的融合，形成统一的负载网络。

参考资料

- https://blog.buoyant.io/2017/04/25/whats-a-service-mesh-and-why-do-i-need-one/。
- https://www.meetup.com/SF-Microservices/photos/27309131/454639875/#454639876。
- https://www.envoyproxy.cn/ https://istio.io/zh/。

第 14 章 微服务监控实战

当服务越来越多的时候，我们是否会纠结以下几个问题：

- 面对一笔超时的订单，究竟是哪一步处理时间超长呢？
- 数据由于并发被莫名篡改，到底谁有重大嫌疑呢？
- 处理遗漏了一笔订单，是哪个环节出错把它落下了？
- 系统莫名地报错，究竟是哪一个服务报的错误？
- 每个服务有那么多实例服务器，如何快速定位是哪一个实例服务器报错的呢？

现在很多系统都要求可用性达到 99.9%以上，那么除了增加系统健壮性减少故障，如何在真正发生故障的时候，快速定位和解决问题，也将是工作的重中之重。

在选择微服务框架的时候，Spring Cloud 无疑是当下最火的。因为 Spring Cloud 是近两年的后起新秀，以及在使用方式上面的差别，目前很多中小企业主要还是使用 Dubbo 作为服务治理，不过 Dubbo 主要以服务治理为主，本身并不包括服务链路监控等组件，功能较为单一。

而对于微服务来讲最重要的就是监控，在服务越来越多的场景下，当服务出现问题的时候研发人员和运维人员定位故障和解决问题的效率变得很低，甚至无法对故障进行预测。微服务监控主要是两大类，一类是对应用服务的监控，当应用规模扩大，部署了成百上千的服务后，不论开发人员还是运维人员，都无法知道服务调用链上各个服务的健康和调用状况，这就给排查系统问题带来了非常大的困惑；另一类是针对网络、第三方组件等综合开源的监控警报系统，比如 Prometheus 平台和小米 open-falcon 平台。下面将逐一详细介绍这两类监控。

14.1 APM 原理与应用

14.1.1 什么是 APM

APM 的全称是 Application Performance Management（应用性能管理）。APM 致力于监控和管理应用软件性能和可用性，通过监测和诊断复杂应用程序的性能问题，来保证应用程序的良好运行。能够帮助企业实现应用性能的最优化，改进与优化终端用户体验，加速系统开发及交付进程，规避与减小整体投资风险，提高 IT 生产效率。

14.1.2 APM 监控点

APM 既然负责监控应用系统的性能，那么都监控哪些指标呢？

- Web 地址响应性能监控与统计；
- 服务响应性能监控与统计；
- RPC 服务响应性能监控与统计；
- API 接口响应性能监控与统计；
- 组件节点监控（MySQL、Redis、MQ）；
- 系统 CPU、内存、硬盘监测；
- SQL 响应性能监控与统计；
- 系统异常监控与统计。

通过这些指标能够将整个应用调用的全过程进行全天候监控，也能够对系统资源、第三方组件进行监控，确保能够第一时间发现问题并及时解决。

目前常见的开源 APM 产品有 Google Dapper、Twitter Zipkin、大众点评 CAT、Pinpoint 及 Skywalking 等。

常见的收费 APM 产品有 Instana、Dynatrace、听云和透视宝等。

这些产品各有千秋，可以根据实际情况进行选择，后面在做实战案例分析的时候会简单介绍一些开源产品的特点。

14.1.3 APM 深入解析

目前市面上的开源产品都或多或少有些不足，需要针对产品适当进行一些定制开发，笔者结合了自身的实际业务，改造了开源 APM Skywalking 的 Agent 探针组件，并结合自研的数据分析、数据存储、数据展示和故障预警等功能组成了一套 APM 组件，后面会对这套组件进行深入的分析。

1. 分布式调用链介绍

分布式调用链是基于 Google Dapper 论文而来的，用户每次请求都会生成一个全局 ID（TraceID），通过它将不同系统的“孤立”的日志串在一起，重组成调用链。

1）调用链的调用过程

当用户发起一个请求时，首先到达前端 A 服务，然后分别对 B 服务和 C 服务进行 RPC 调用。B 服务处理完给 A 做出响应，但 C 服务还需要与后端的 D 服务和 E 服务交互之后再返还给 A 服务，最后由 A 服务来响应用户的请求。

调用过程如图 14-1 所示。

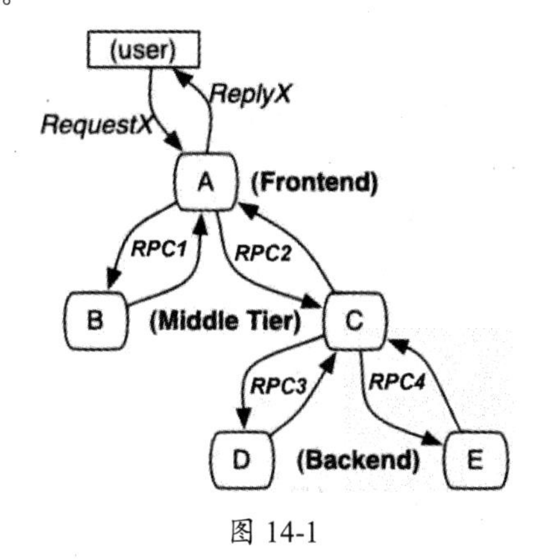

图 14-1

2）对整个调用过程的追踪

（1）请求到来后生成一个全局 TraceID，通过 TraceID 可以串联起整个调用链，一个 TraceID 代表一次请求。

（2）除了 TraceID，还需要 SpanID 用来记录调用父子关系。每个服务会记录 ParentID 和 SpanID，通过它们可以组成完整调用链的父子关系。

（3）一个没有 ParentID 的 Span 成为 root span，可以看作调用链入口。

（4）所有这些 ID 可用全局唯一的 64 位整数表示。

（5）整个调用过程中每个请求都要透传 TraceID 和 SpanID。

（6）每个服务将该次请求附带的 TraceID 和 SpanID 作为 ParentID 并记录下来，并且将自己生成的 SpanID 也记录下来。

（7）要查看某次完整的调用只要根据 TraceID 查出所有调用记录，然后通过 ParentID 和 SpanID 组织起整个调用父子关系即可。

最终的 TraceID 和 SpanID 的调用关系如图 14-2 所示。

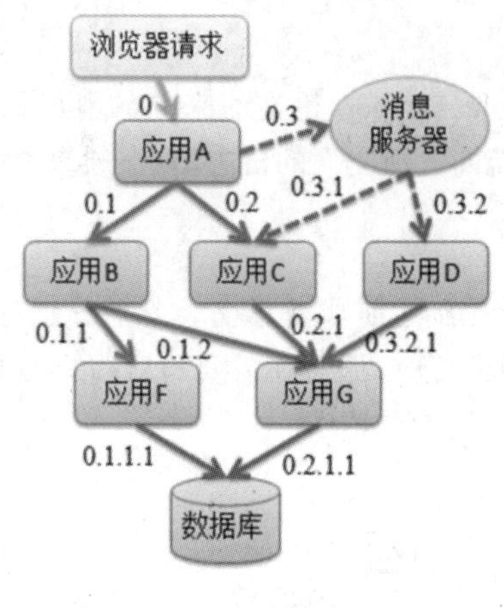

图 14-2

2. 基于 Dubbo 的调用链改造

调用链的实现过程中的技术难点主要有两个：

- 在哪里暂存调用链；
- 调用链信息如何传递。

Dubbo 默认的通信协议是 Dubbo 协议，也就是利用 Netty 进行通信，还有一种是通过 Hessian 进行通信，在 Netty 的场景中，实现调用链的过程很简单，只需要在应用项目或 Dubbo 源码中使用如下代码就可以实现调用链的传递。

```
RpcContext.getContext().setAttachment(CallChainContext.TRACEID, traceIdValue);

RpcInvocation rpcInvocation = (RpcInvocation) inv;
rpcInvocation.setAttachment(CallChainContext.TRACEID, traceIdValue);
rpcInvocation.setAttachment(CallChainContext.SPANID, spanIdValue);
```

在 DubboInvoker 中最终通信的时候会将上述代码的 RpcInvocation 对象传递出去，那么我们只需要在接收端获取即可。

但是在 Hessian 协议下通信，使用 RpcContext 来做调用链数据的隐式传参则不起作用，来看一下 HessianProtocol 的 refer 方法内容：

```
    protected <T> T doRefer(Class<T> serviceType, URL url) throws RpcException {

        HessianProxyFactory hessianProxyFactory = new HessianProxyFactory();
        String client = url.getParameter(Constants.CLIENT_KEY,
    Constants.DEFAULT_HTTP_CLIENT);
        if ("httpclient".equals(client)) {
            hessianProxyFactory.setConnectionFactory(new
    HttpClientConnectionFactory());
        } else if (client != null && client.length() > 0 && !
    Constants.DEFAULT_HTTP_CLIENT.equals(client)) {
            throw new IllegalStateException("Unsupported http protocol client=\"" +
client + "\"!");
        }
        int timeout = url.getParameter(Constants.TIMEOUT_KEY,
    Constants.DEFAULT_TIMEOUT);
        hessianProxyFactory.setConnectTimeout(timeout);
        hessianProxyFactory.setReadTimeout(timeout);
        return (T) hessianProxyFactory.create(serviceType,
    url.setProtocol("http").toJavaURL(),
    Thread.currentThread().getContextClassLoader());
    }
```

通过代码可以看到，实际上在使用 Hessian 通信的时候并没有将 RpcInvocation 里面设定的 TraceID 和 SpanID 传递出去，而是直接创建一个 HessianProxyFactory 工厂实例。针对这个问题，下面将通过修改 Dubbo 源代码来实现 TraceID 和 SpanID 的传递。

- 我们在 Dubbo 源码中自己实现了一个 Filter（不是 Dubbo 的 Filter，而是 Servlet 中的 Filter），用来产生 TraceID 和 SpanID 及最后的清理工作，代码如下：

```
    public void doFilter(ServletRequest request, ServletResponse response, FilterChain
chain)
            throws IOException, ServletException {
        // 将请求转换成 HttpServletRequest 请求
        HttpServletRequest httpServletRequest = (HttpServletRequest) request;

        try {
            archieveId(request);
        } catch (Throwable e) {
```

```
            log.log(Level.SEVERE, "traceId 或 spanId 解析出错!", e);
        }
    try {
            chain.doFilter(request, response);
        } catch (IOException e) {
            //还原线程名称
            throw e;
        } catch (ServletException e) {
            //还原线程名称
            throw e;
        } finally {
            CallChainContext.getContext().clearContext();
        }
    }
```

在 Filter 中产生 TraceID 和 SpanID 以后，会将两个值放到我们封装好的 CallChainContext 中暂存。

- 对 Hessian 相关类进行继承改造

继承 HessianProxy 生成新的包装类：

```
public class HessianProxyWrapper extends HessianProxy {
    private static final long serialVersionUID = 353338409377437466L;

    private static final Logger log = Logger.getLogger(HessianProxyWrapper.class
            .getName());

    public HessianProxyWrapper(URL url, HessianProxyFactory factory, Class<?> type) {
        super(url, factory, type);
    }

    //将 TraceID 和 SpanID 作为 HessianConnection 的 header 发送
    protected void addRequestHeaders(HessianConnection conn) {
        super.addRequestHeaders(conn);
        conn.addHeader("traceId", CallChainContext.getContext().getTraceId());
        conn.addHeader("spanId", CallChainContext.getContext().getSpanId());
    }
}
```

其中 CallChainContext 是笔者自己改造的上下文类，类似 Dubbo 的 RpcContext，我们将 CallChainContext 中暂存的 TraceID 和 SpanID 放入 Hessian 的 header。

继承 Dubbo 的 HessianProxyFactory 这个类，新类名是 HessianProxyFactoryWrapper，在 create 方法中将 HessianProxy 替换为新封装的 HessianProxyWrapper，代码如下：

```
public Object create(Class<?> api, URL url, ClassLoader loader) {
        if (api == null)
            throw new NullPointerException(
                    "api must not be null for HessianProxyFactory.create()");
        InvocationHandler handler = null;
              //将 HessianProxy 修改为 HessianProxyWrapper
        handler = new HessianProxyWrapper(url, this, api);

        return Proxy.newProxyInstance(loader, new Class[] { api,
              HessianRemoteObject.class }, handler);
    }
```

修改后的 HessianProtocol 的代码如下：

```
    protected <T> T doRefer(Class<T> serviceType, URL url) throws RpcException {
        //新继承的
        HessianProxyFactoryWrapper hessianProxyFactory = new
HessianProxyFactoryWrapper();

        String client = url.getParameter(Constants.CLIENT_KEY, Constants.DEFAULT_
HTTP_CLIENT);
        if ("httpclient".equals(client)) {
            hessianProxyFactory.setConnectionFactory(new
HttpClientConnectionFactory());
        } else if (client != null && client.length() > 0 && ! Constants.DEFAULT_HTTP_
CLIENT.equals(client)) {
            throw new IllegalStateException("Unsupported http protocol client=\""
+ client + "\"!");
        }
        int timeout = url.getParameter(Constants.TIMEOUT_KEY, Constants.DEFAULT_TIMEOUT);
        hessianProxyFactory.setConnectTimeout(timeout);
        hessianProxyFactory.setReadTimeout(timeout);
```

```
            return (T) hessianProxyFactory.create(serviceType, url.setProtocol
("http").toJavaURL(), Thread.currentThread().getContextClassLoader());
        }
```

通过以上方式可以将产生的 TraceID 和 SpanID 通过 Hessian 的方式传递出去，在接收请求的时候，只需要在接收端的 Filter 类中使用如下代码的方式就可以获取两个值。

```
String traceIdValue = request.getHeader("traceId");
String spanIdValue = request.getHeader("spanId");
```

而后将这两个值再放到接收端的 CallChainContext 中即可完成本次 TraceID 和 SpanID 的传递。

3. 自研 APM 的原理与实现

自研的 APM 其实是有名字的，之所以这么叫是因为笔者目前还没有考虑开源，所以这套 APM 组件暂时没有名字。研发 APM 首先要考虑的问题是从哪里开始入手，APM 从业务架构层面如何划分，如图 14-3 所示。

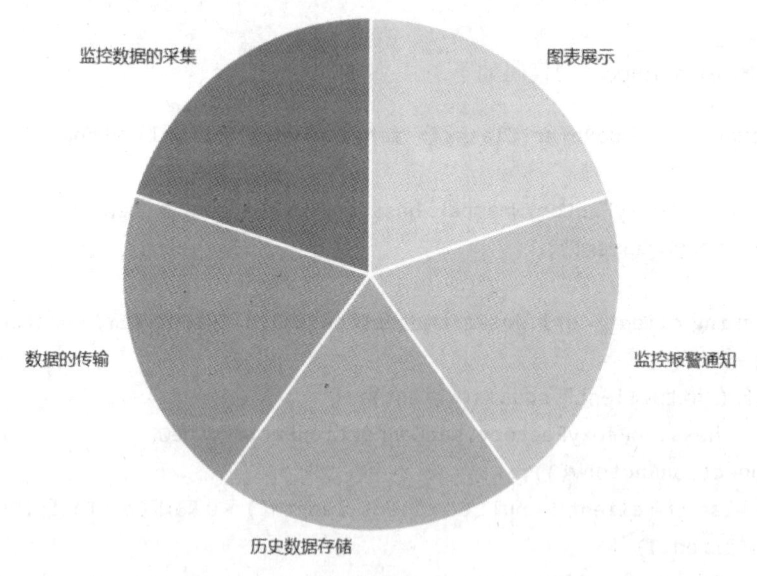

图 14-3

从图 14-3 可以看出，常见的 APM 其实分为五大模块，分别是监控数据的采集、数据传输与分析、历史数据存储、图表展示和监控预警。这五大模块其实是最核心的模块，很多公司围绕这五大模块开展 AIAPM 和 AIOps 方面的研究，可以看出微服务在互联网的使用越来越广泛的前提下，对大型微服务架构的监控越来越重要了。

1）监控数据的采集

常见的数据采集方式

常见的数据采集方式如图 14-4 所示。

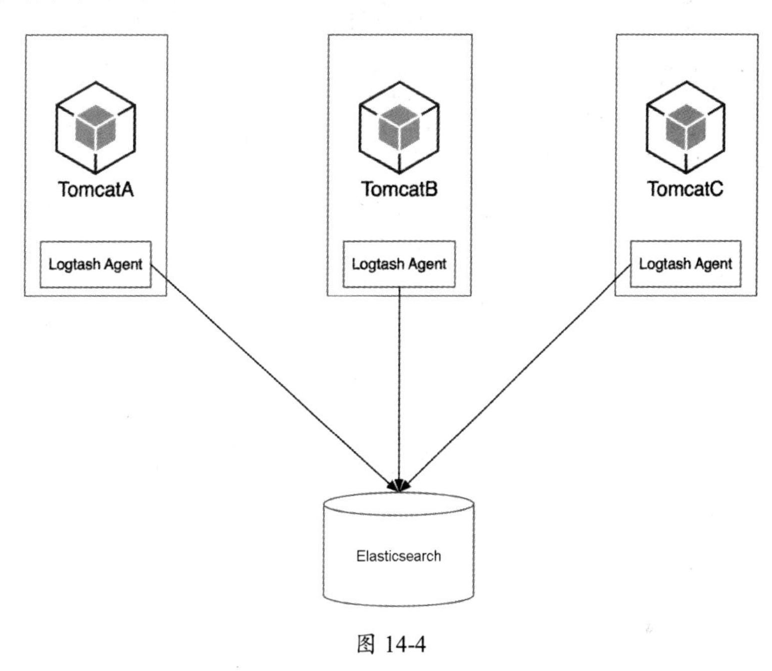

图 14-4

从图中可以看出这种采集方式是基于日志的采集方式，过程如下：

（1）业务系统按照规范打印日志。

（2）Logtash 采集日志。

（3）Logtash 将日志发送到 ES。

ELK 就是采用类似的方式进行日志的采集，这种采集方式虽然简单，但也会造成一些问题：

（1）当监控项增加的时候，业务人员需要在代码中增加监控日志。

（2）如果采集固定格式的数据，那么研发人员必须按照规范打印日志，数据才能被正确解析。

现在流行的采集方式就是无侵入式的数据采集，这种是研发人员非常愿意采纳的方式，不需要他们改动代码就能实现数据的采集，如图 14-5 所示。

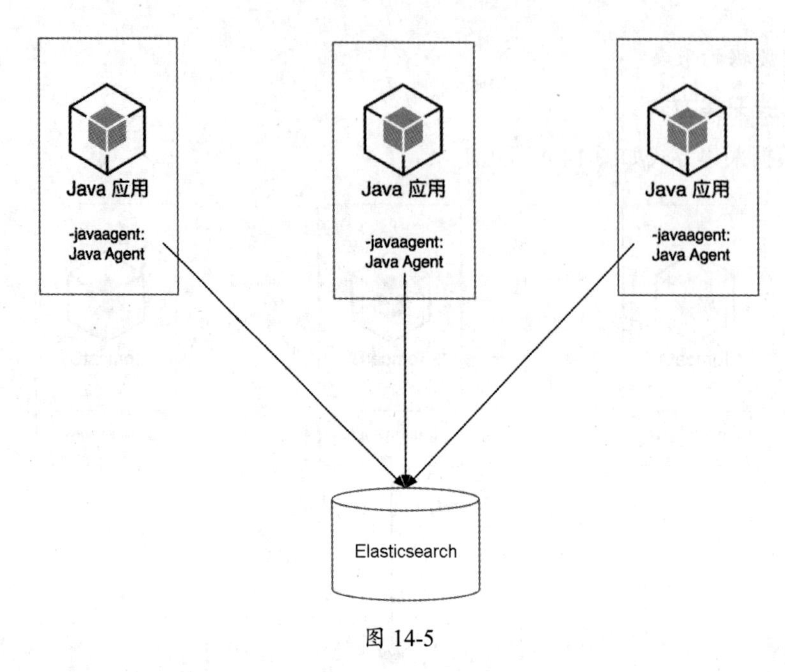

图 14-5

这种方式的采集过程简要如下。

（1）配置 javaagent 启动参数。

例子：

```
-javaagent:/testAPM/agent.jar
```

（2）在 jar 包内部进行数据采集，并且封装数据格式。

（3）Agent 发送数据到存储中心。

亮点：

（1）对业务代码无侵入，只需配置-javaagent 参数。

（2）基于字节码的方式对代码进行增强。

需要注意的点：

（1）由于不需要研发人员参与，所以 Agent 参数配置完成之后对系统的性能有多少影响需要通过压测来分析。

（2）由于 Agent 代码的研发与应用系统分离，造成研发人员对 Agent 内部不了解，如果 Agent 内部有 bug，则可能造成应用系统不可用。

如何实现一个 Agent

实现一个 Java Agent 程序并不难，但需要了解一些机制和内部原理。首先我们要了解

java.lang.Instrument 包，这是在 JDK5 之后引入的，它把 Java 的 instrument 功能从本地代码中解放出来，使之可以用 Java 代码的方式解决问题，有了 Instrument 包，开发者就可以实现更为灵活的运行时虚拟机监控和 Java 类操作了，这样的特性实际上是提供了一种虚拟机级别支持的 AOP 实现方式。

（1）编写 premain 函数。

编写一个 Java 类，需要使用这两个方法中的一个。

```
public static void premain(String args, Instrumentation inst);
public static void premain(String args);
```

args 是 premain 函数得到的程序参数，是在配置-javaagent 命令的时候传进来的。

inst 是一个 java.lang.instrument.Instrumentation 的实例，由 JVM 自动传入。

java.lang.instrument.Instrumentation 是 instrument 包中定义的一个接口，也是这个包的核心部分，集中了几乎所有的功能方法，例如类定义的转换和操作等。

示例代码如下所示。

```
public class Premain {
   public static void premain(String args,  Instrumentation inst)
           throws ClassNotFoundException,  UnmodifiableClassException {
       inst.addTransformer(new MyTransformer());
   }
}
```

addTransformer 方法并没有指明要转换哪个类，每装载一个类就会执行一次 transform 方法，看看是否需要转换。MyTransformer 类的代码如下所示。

```
mport java.lang.instrument.ClassFileTransformer;
import java.lang.instrument.IllegalClassFormatException;
import java.security.ProtectionDomain;
import javassist.CannotCompileException;
import javassist.ClassPool;
import javassist.CtBehavior;
import javassist.CtClass;
import javassist.NotFoundException;
import javassist.expr.ExprEditor;
import javassist.expr.MethodCall;
```

```
    public class MyTransformer implements ClassFileTransformer {
        public byte[] transform(ClassLoader loader, String className, Class<?>
classRedefined, ProtectionDomain protectionDomain, byte[] classFileBuffer) throws
IllegalClassFormatException {
            byte[] transformed = null;
            ClassPool pool = ClassPool.getDefault();
            CtClass ctClass = null;
            try {
                ctClass = pool.makeClass(new java.io.ByteArrayInputStream(
                        classFileBuffer));
                if (ctClass.isInterface() == false) {
                    CtBehavior[] methods = ctClass.getDeclaredBehaviors();
                    for (int i = 0; i < methods.length; i++) {
                        if (methods[i].isEmpty() == false) {
                            doMethod(methods[i]);
                        }
                    }
                    transformed = ctClass.toBytecode();
                }
            } catch (Exception e) {
                System.err.println("Could not instrument " + className
                        + ", exception : " + e.getMessage());
            } finally {
                if (ctClass != null) {
                    ctClass.detach();
                }
            }
            return transformed;
        }
        private void doMethod(CtBehavior method) throws NotFoundException,
                CannotCompileException {

            method.instrument(new ExprEditor() {
                public void edit(MethodCall m) throws CannotCompileException {
                    m.replace("{ long stime = System.nanoTime(); $_ = $proceed($$);
System.out.println(\""
                                    + m.getClassName()+"."+m.getMethodName()
                                    + ":\"+(System.nanoTime()-stime));}");
```

```
            }
        });
    }
}
```

MyTransformer 对象是利用 Javassist 对原有方法进行增强和扩展。

（2）修改 MANIFEST.MF 文件。

在 Jar 包中的/META-INF/MANIFEST.MF 中加入 Premain-Class。

（3）构建程序 jar 包。

示例程序代码如下所示。

```
package org.toy;
public class APP {
        public static void main(String[] args) {
                new APP().test();
        }

       public void test() {
           System.out.println("test");
       }
}
```

将这段代码打成名字为 AgentTest-1.0-SNAPSHOT.jar 的 jar 包。

然后执行命令：

```
java -javaagent: /home/AgentTest-1.0-SNAPSHOT.jar org.toy.App
```

Agent 常见的组合方式

- Instrument + ASM——直接操作字节码；
- Instrument + Javassist——基于源码生成字节码；
- Instrument+ ByteBuddy——ASM 的封装。

Agent 的使用场景

我们使用 Agent 来采集数据一定是根据自身的需求进行的，而 Agent 的使用场景不外乎下面这几点：

- 端到端的无盲点监控；

- 业务拓扑的及时发展；
- 性能问题的代码及定位；
- 自定义事务深度剖析；
- 计算平均响应时间；
- 吞吐量、错误率多维度监控；
- SQL 注入、跨站攻击等安全事件监测；
- 应用漏洞代码级定位。

结合到我们 APM 所对应的功能点主要有：

- 服务调用链路；
- 业务拓扑图；
- 应用性能分析；
- 应用吞吐量和服务吞吐量；
- 应用和方法的耗时与报错；
- 应用和方法的每分钟请求次数；
- 采集 Redis 的性能耗时；
- 采集慢 SQL 的请求操作和耗时。

Agent 代码的实现

笔者 APM 的 Agent 代码是结合自身场景改造的 Apache Skywalking 的 Agent 探针代码。先来看一下 Agent 代码的工程结构，如图 14-6 所示。

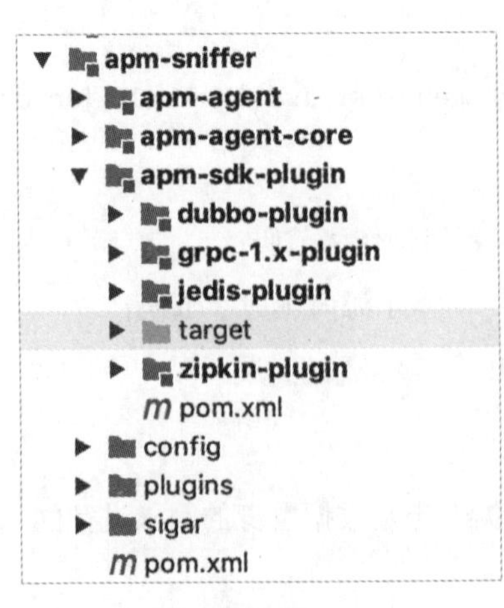

图 14-6

- apm-agent：这是 Agent 入口包，主要提供了 premain 方法。
- apm-agent-core：这是核心包，主要包括 Agent 配置相关的类，基于 openTracing 的 trace 和 span 结构代码，一些插件的通用代码和一些性能采集相关的类等。
- apm-sdk-plugin：采集插件包，每个插件单独一个包，最终都以 jar 的形式提供服务，目前项目支持 Dubbo、gRPC 和 Redis，还有 HTTP 的数据采集。

Agent 的架构如图 14-7 所示。

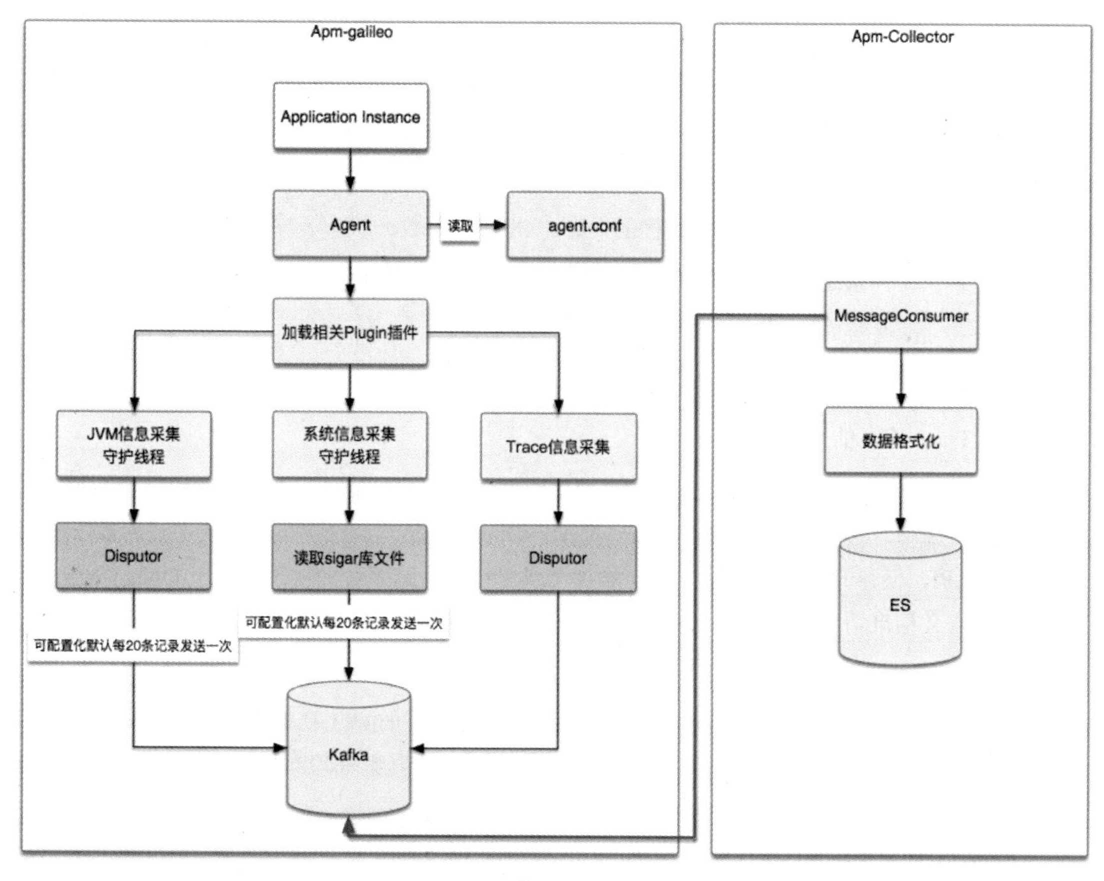

图 14-7

整个工程的探针代理使用的是第三方开源组件 ByteBuddy，感兴趣的读者可以从官网上自行学习（http://bytebuddy.net）。Agent 模块读取 agent.conf 文件，这个文件主要的作用是加载一些第三方组件的配置文件到内存中，而后加载相关的 plugin 插件。插件包括三大类：JVM 信息的采集插件、系统信息采集插件和 Trace 信息的采集插件。

- JVM 信息采集

  JVM 信息的采集利用的是 java.lang.management 包的 MXBean 的接口类，可以很方便地获取 JVM 的内存、GC、线程、锁、class 甚至操作系统层面的各种信息。

- 系统信息采集

  系统信息的采集是借助于 Hyperic-hq 产品的 Sigar 基础包来进行的，Sigar 可以获得系统的如下信息：

  - 操作系统的信息；
  - CPU 信息，包括基本信息（vendor、model、mhz、cacheSize）和统计信息（user、sys、idle、nice、wait）；
  - 内存信息，物理内存和交换内存的总数、使用数、剩余数；RAM 的大小；
  - 进程信息，包括每个进程的内存、CPU 占用数、状态、参数、句柄等；
  - 文件系统信息，包括名称、容量、剩余数、使用数、分区类型等；
  - 网络接口信息，包括基本信息和统计信息；
  - 网络路由和链接表信息。

- Trace 信息的采集

  Trace 信息的采集主要是正常请求调用链路的信息，包括第三方组件、程序和数据库相关信息，遵循的是 OpenTracing 标准，OpenTracing 通过提供平台无关、厂商无关的 API，使得开发人员能够方便地添加（或更换）追踪系统的实现，关于 OpenTracing 的语义标准请参考文章 https://github.com/opentracing-contrib/opentracing-specification-zh/blob/master/specification.md。

采集到以上三种类型的数据后进行分类，然后缓存到 Disputor 环形队列，最后根据配置的条数批量插入 Kafka。在 Apm-Collector 模块中，从 Kafka 获取采集到的数据，通过 Kafka Stream 进行数据的预处理后存放到 Elasticsearch 中。

Agent 工程最终编译完的目录结构如图 14-8 和图 14-9 所示。

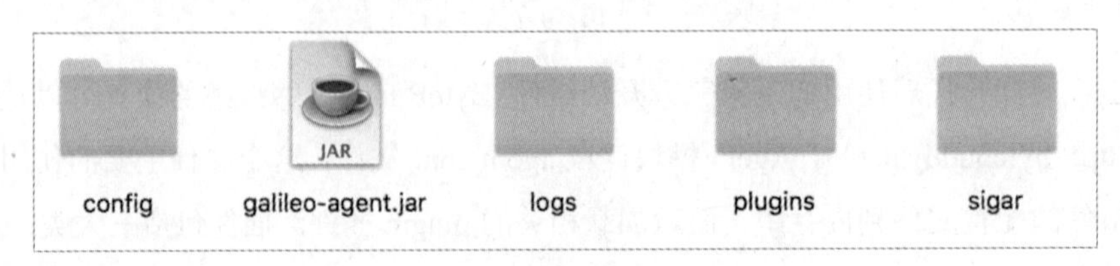

图 14-8

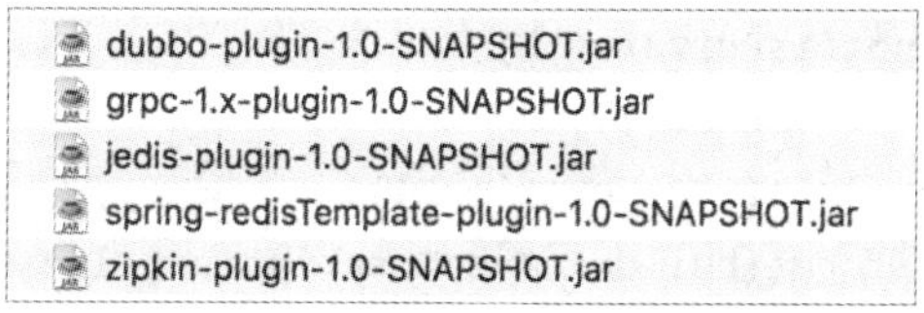

dubbo-plugin-1.0-SNAPSHOT.jar
grpc-1.x-plugin-1.0-SNAPSHOT.jar
jedis-plugin-1.0-SNAPSHOT.jar
spring-redisTemplate-plugin-1.0-SNAPSHOT.jar
zipkin-plugin-1.0-SNAPSHOT.jar

图 14-9

- config 目录存放的是 agent.conf 文件，主要是依赖的第三方组件及 Agent 自身的配置信息。
- logs 目录是 Agent 在执行过程中打印的日志信息及错误日志。
- plugins：所有的采集插件，从图 14-9 可以看出，目前支持 Dubbo、gRPC、Redis、Zipkin 等的信息采集。
- sigar：系统信息采集的类库。

而真正通过-javaagent 命令启动的是 galileo-agent.jar。

如果要编写 Agent 代码，一般都是从 premain 函数开始的，然后在启动的时候通过-javaagent 命令启动。ByteBuddy 提供了一套动态加载 Agent 方式的 API 以供使用，本章不单独介绍 ByteBuddy API 及用法，只是从项目出发来看一下如何实现探针。我们以拦截 Dubbo 请求为例看一下 ByteBuddy 的示例代码：

```
ElementMatcher elementMatcher = null;
String packageScanPath = ServerConfig.PACKAGE_SCAN_PATH;
if(packageScanPath != null && !"".equals(packageScanPath)) {
    elementMatcher = ElementMatchers.nameStartsWith(packageScanPath)
          .or(nameMatches("com.alibaba.dubbo.monitor.support.MonitorFilter"));
} else {
    LOGGER.error("[error] 需要指定需要扫描的包路径,如:com.xxx.test");
    return;
}

new AgentBuilder.Default()
        //根据包名匹配
        .type(elementMatcher)
        //根据在方法名上使用 ToString 注解进行匹配
        //.type(isAnnotatedWith(ToString.class))
        //根据类名包括关键字 Façade 进行匹配
        // .type(nameContains("Facade"))
        .and(not(isStatic()))
        .and(not(isAbstract()))
```

```
                .and(not(isPrivate()))
                .and(not(isEnum()))
                // .and(not(isAnnotation()))
                .transform((builder,typeDescription,classLoader) -> builder
                        //不匹配哪些方法
                        .method(not(isConstructor())
                                        .and(not(isStatic()))
                                        .and(not(named("main")))
                                        .and((named("invoke")))
                                //.method(named("printObj")
                        )

                          //拦截过滤器设置
                        .intercept(MethodDelegation.to(interceptor))
                ).with(new AgentBuilder.Listener(){

            @Override
            public void onTransformation(TypeDescription typeDescription,
ClassLoader classLoader, JavaModule javaModule,
                                          DynamicType dynamicType) {
            }

            @Override
            public void onIgnored(TypeDescription typeDescription, ClassLoader
classLoader, JavaModule javaModule) {

            }

            @Override
            public  void  onError(String  s,  ClassLoader  classLoader,  JavaModule
javaModule, Throwable throwable) {
                throwable.printStackTrace();
            }

            @Override
            public void onComplete(String s, ClassLoader classLoader, JavaModule
javaModule) {
```

```
                }
        }).installOn(inst);
    }
```

之所以采用 ByteBuddy，是因为 ByteBuddy 语义简洁便于使用，通过上面代码的注释我们便可以看到 API 的使用方法非常简单，在性能上也和 ASM 相差无几。

这段代码主要是用来判断拦截的，根据拦截的类和方法名等，还可以根据注解进行拦截，拦截到以后直接执行 Interceptor 拦截类来执行具体业务。

对于非侵入式的项目，如何能拦截到用户的 Dubbo 请求呢？分析 Dubbo 源码可以看到，com.alibaba.dubbo.monitor.support.MonitorFilter 这个 Filter 既是 Consumer 过滤器又是 Provider 过滤器，通过拦截这个类就可以获取用户的请求和响应。

当拦截到指定的类后，我们要对类上相应的方法进行拦截增强，在 Dubbo 中采用 DubboInterceptor 类的 intercept 方法对被拦截的类进行功能扩展，示例代码如下所示。

```
    @RuntimeType
    @Override
    public Object intercept(@SuperCall Callable<?> call, @Origin Method method,
@AllArguments Object[] arguments) {
        Object rtnObj = null;
        DubboInterceptParam paramObj = analyzeDubboParam(arguments);
        beforeMethod(paramObj, arguments);
        long startTime = System.currentTimeMillis();
        try {
            //方法拦截后，调用 call 方法，程序继续执行
            rtnObj = call.call();
            if (null != rtnObj) {
                logger.info("[方法" + paramObj.getMethodName() + "] 返回值是:" +
rtnObj.toString() + "]");
            }
            afterMethod(rtnObj);
        } catch (Throwable e) {
            logger.error("[DubboInterceptor 拦截异常] 方法名是:" + method.getName() + "
参数是:", e);
            //捕获异常执行
            dealException(e);

        } finally {
            long endTime = System.currentTimeMillis();
```

```
            logger.info("[服务接口名:" + paramObj.getClassName() + " 方法名:" +
paramObj.getMethodName() + " 执行时间是:"
                    + (endTime - startTime) + "毫秒]");
            finallyMethod(startTime, endTime, paramObj);
        }
        return rtnObj;
    }
```

这段代码主要分为五步，分析获取用户请求参数（analyzeDubboParam）→执行方法前置（beforeMethod）→正常调用程序（call）→执行方法后置（afterMethod）→执行最终方法（finallyMethod），我们重点来看前三个步骤。

- 获取用户请求参数（analyzeDubboParam）

  获取 Dubbo 请求参数，封装到 Object 对象中，代码如下所示。

```
    private static DubboInterceptParam analyzeDubboParam(@AllArguments Object[]
arguments) {
        DubboInterceptParam paramObj = new DubboInterceptParam();
        if (arguments != null && arguments.length > 0) {
            Arrays.stream(arguments).forEach((methodParam) -> {
                if (methodParam instanceof Invoker) {
                    Invoker urlStr = (Invoker) methodParam;
                    URL url = urlStr.getUrl();
                    String className = url.getParameter("interface");
                    paramObj.setClassName(className);
                }
                if (methodParam instanceof RpcInvocation) {
                    RpcInvocation rpcInvocation = (RpcInvocation) methodParam;
                    String methodName = rpcInvocation.getMethodName();
                    paramObj.setMethodName(methodName);
                }
            });
        }
        return paramObj;
    }
```

- 执行方法前置（beforeMethod）

  分布式调用链有一个开放性的标准 OpenTracing，通过在不同服务之间传递 Trace 和

Span 来将不同服务的请求串联起来，然后对数据进行采集，执行方法前置主要用来判断当前请求是 consumer 端还是 provider 端。

```
/**
 * 初始化前置
 * 判断是消费者还是生产者
 * 根据消费者产生 TraceID 和 SpanID
 *
 * @param paramObj  Dubbo 参数对象
 * @param arguments 拦截后获取的参数对象
 */
public static void beforeMethod(DubboInterceptParam paramObj, Object[] arguments) {

    String methodName = paramObj.getMethodName();
    String className = paramObj.getClassName();

    StringBuffer paramBuf = new StringBuffer();
    try {
        if (arguments != null && arguments.length > 0) {

            Arrays.stream(arguments).forEach((methodParam) -> {
                if (methodParam instanceof RpcInvocation) {
                    RpcInvocation rpcInvocation = (RpcInvocation) methodParam;
                    Arrays.stream(rpcInvocation.getArguments()).forEach((param) -> {
                         paramBuf.append(param + " ");
                    });
                }
            });
        }
  } catch (Exception e) {
        logger.error("[获取方法" + methodName + " 入参失败]", e);
    }

    AbstractTrace trace = ContextManager.getOrCreateTrace("dubbo");

    RpcContext rpcContext = RpcContext.getContext();
    boolean isConsumer = rpcContext.isConsumerSide();
```

```
        boolean isProvider = rpcContext.isProviderSide();
        AbstractSpan span = trace.peekSpan();

        if (isConsumer) {
            logger.info("[consumer]-[方法" + methodName + " 入参是:" +
paramBuf.toString() + "]");

            if (null == span) {
                span = ContextManager.createEntrySpan(1);
                span.setMethodName(methodName);
                span.setClassName(className);
                trace.pushSpan(span);
            } else {
                span.setSpanId(span.getSpanId() + 1);
            }
              rpcContext.getAttachments().put("agent-traceId", trace.getTraceId());
              rpcContext.getAttachments().put("agent-spanIdStr",
trace.getSpanListStr());
              rpcContext.getAttachments().put("agent-level",
String.valueOf(trace.getLevel() + 1));
          } else if (isProvider) {
            logger.info("[provider]-[方法" + methodName + " 入参是:" +
paramBuf.toString() + "]");

            String traceId = rpcContext.getAttachment("agent-traceId");
            String spanIdStr = rpcContext.getAttachment("agent-spanIdStr");
            int level = Integer.valueOf(rpcContext.getAttachment("agent-level"));

            if (null != traceId && !"".equals(traceId)) {
                ContextManager.createProviderTrace(traceId, level);
                String[] spanIdTmp = spanIdStr.split("-");
                List<String> list = Arrays.asList(spanIdTmp);
                list.forEach((spanStr) -> {
                    logger.info("provider foreach span:" + spanStr);
                    AbstractSpan newSpan = ContextManager.createEntrySpan
(Integer.valueOf(spanStr));
                    trace.pushSpan(newSpan);
```

```
                });
            }
        }
    }
```

通过 isConsumer 参数判断当前请求，如果是 consumer 端发起的请求，则从 ContextManager 上下文管理器中获取 Trace 对象和 Span 对象，如果为 null 则创建实例，最后将 Trace 对象和 Span 对象放入 Dubbo 的 RpcContext 对象中进行传递。

通过 isProvider 参数判断当前请求，如果是 provider 端收到请求，则从 RpcContext 中获取 consumer 端传递过来的 TraceID 和 SpanID 参数并存入 ContextManager 上下文管理器，ContextManager 类似于 Java 中的 ThreadLocal 对象，可以存放一些调用链信息，但是利用 ThreadLocal 来存放全局调用链信息一般只能存放同步调用的信息，如果有多线程调整，那么这种方式是行不通的，比如不适用于 gRPC。

2）监控数据的预处理

当我们使用 Agent 探针将需要的数据采集完后，如何处理这些数据呢？答案肯定是两个，一是将数据全部保存到数据库中，二是将数据进行清洗、预处理统计后再存到数据库。如果将数据全部保存到数据库，则会造成需要保存的数据量非常巨大，不仅增加了维护数据的成本，同时后面使用者进行统计和分析的时候会造成很严重的性能问题，所以势必要将原始数据进行清洗和预处理统计后再入库，这样就能够极大地改善性能问题。

之所以叫预处理统计，是因为要将采集到的原始数据进行前期简单分析，可以将数据进行分类后按分钟、小时和天进行处理，这就涉及使用流式计算的问题，比如使用轻量级的流式计算框架 Kafka Stream，而使用流式计算框架进行数据的预处理又有一个非常重要的概念叫作“时间窗口模型”。数据是没有边界的，源源不断的数据从输入流向输出，但是计算是需要边界的，无论增量计算还是全量计算，都需要有一个范围。那么，把无限的数据流划分成一段一段的数据集，这个计算模型可以称为窗口模型。基本的窗口模型会根据时间来划分出一个个有范围的窗口，在此基础上对一批数据集进行计算。那么问题来了，划分窗口的时间从哪来呢？一般情况下，有两种必定出现的时间：数据的发生时间（event time）和数据处理的时间（process time）。

我们来看一个例子，从电商网站上购买商品（下了一个订单），这时订单数据进入后台程序并向订单表插入一条数据，之后再将订单数据发送到 Kafka 中，而支付端程序从 Kafka 中取出订单信息进行处理，这时数据的发生时间就是用户下单的时间，而数据处理时间则是支付端程序从 Kafka 中取出数据处理的时间，从理论上来说，这两个时间成正比的关系，但是因为网络世界是复杂不可控的，也经常会出现数据发生时间很早、而数据处理时间很晚的情况，这就涉及一个叫作水位线（watermark）的概念，它的作用就是用来回答我们这个问题的，它可以根据某些指标（比如历史数据等）推测出来（但不一定完全准确）。这样我们就可以不必等到最后的时间点才能得到各个时间窗口的统计结果，当然数据发生时间和数据处理时间不成正比的数据毕竟是少数，有的系统直接将晚到的数据进行舍弃，如果对数据要求不是非常精准，那么这也是简化处理复杂度的一种手段。

下面看一下时间窗口模型中两个很重要的窗口模型：固定时间窗口和滑动时间窗口。

- 固定时间窗口

  固定时间窗口也是最简单的形式，考虑每五分钟的连续时间窗口，时间戳从 0:00:00 到 5:00:00 为第一个窗口，从 5:00:00 到 10:00:00 为第二个窗口，以此类推，如图 14-10 所示。

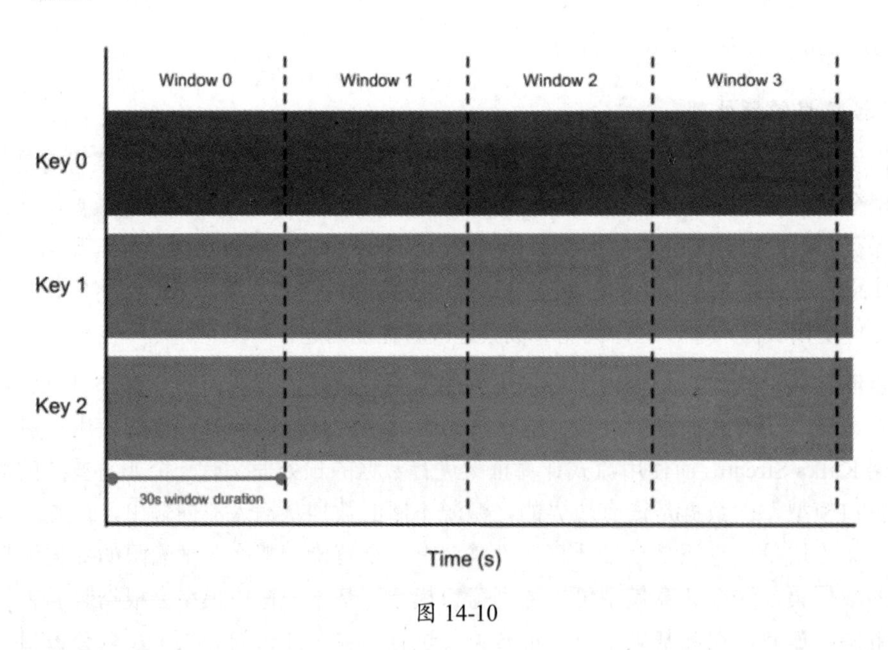

图 14-10

- 滑动时间窗口

  滑动时间窗口可以重叠。比如每个窗口可能会捕获五分钟的数据，但每隔十秒就会启动一个新窗口。滑动窗口开始的频率称为周期。

  由于多个窗口重叠，因此数据集中的大多数元素属于多个窗口。这种窗口对于获取数据的运行平均值很有用；使用滑动时间窗口可以计算过去五分钟数据的运行平均值，在我们的示例中，每十秒更新一次，如图 14-11 所示。

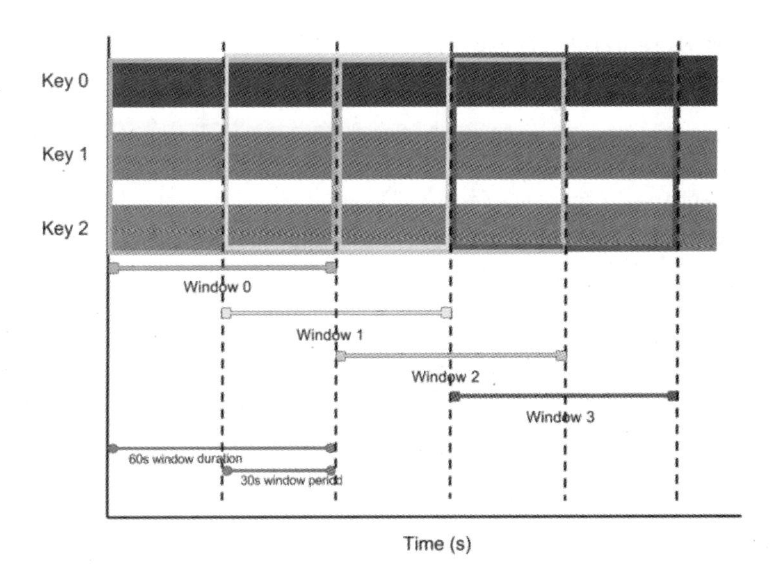

图 14-11

在笔者实际 APM 项目中使用 Kafka Stream 来实现数据预处理，将实时数据进行分类并计算每分钟的数据集合，然后存放到 Elasticsearch 中，而涉及调用链的数据则是全量存储，这样能够保证调用链追踪的完整性。

3）监控数据的展示

当系统的调用链数据和预处理统计数据进入 Elasticsearch 后，在前端界面就要根据不同功能将数据展示出来便于使用者查看，这就要用到 Elasticsearch 进行查询，Spring Controller 层的示例代码如下所示。

```
/* 吞吐*/
   @RequestMapping("/instance/throughputs")
   public Object instanceThroughputs(String appCode, String beginDate, String
endDate,String step) {
       Object result = null;
       try {
           result = elasticService.searchAppInfoInstanceThroughputs(appCode,
beginDate, endDate,step);
       } catch (Exception e){
           logger.error("",e);
           return Message.build(e,result);
       }
```

```
            return Msg.buildMsg(result);
        }

        /*报错*/
        @RequestMapping("/instance/errors")
        public  Object  instanceErrors(String  appCode,  String  beginDate,  String
endDate,String step) {
            Object result = null;
            try {
                result = elasticService.searchAppInfoInstanceErrors(appCode, beginDate,
endDate,step);
            } catch (Exception e){
                logger.error("",e);
                return Message.build(e,result);
            }
            return Msg.buildMsg(result);
        }

        /*服务方法维度耗时 */
        @RequestMapping("/instance/duration")
        public Object instanceduration(String appCode, String beginDate, String
endDate) {
            Object result = null;
            try {
                result = elasticService.searchAppInfoMethodCost(appCode, beginDate,
endDate);
            } catch (Exception e){
                logger.error("",e);
                return Message.build(e,result);
            }
            return Msg.buildMsg(result);
        }


        /*方法维度 报错*/
        @RequestMapping("/method/errors")
        public Object methodErrors(String appCode, String beginDate, String endDate) {
```

```
            Object result = null;
            try {
                result = elasticService.searchAppInfoMethodErrors(appCode, beginDate, endDate);
            } catch (Exception e){
                logger.error("",e);
                return Message.build(e,result);
            }
            return Msg.buildMsg(result);
        }
```

elasticService 是笔者封装的基于 ES 的查询对象，通过传入不同参数查询并返回相应的数据集合。图 14-12 和图 14-13 列举了两个效果图。

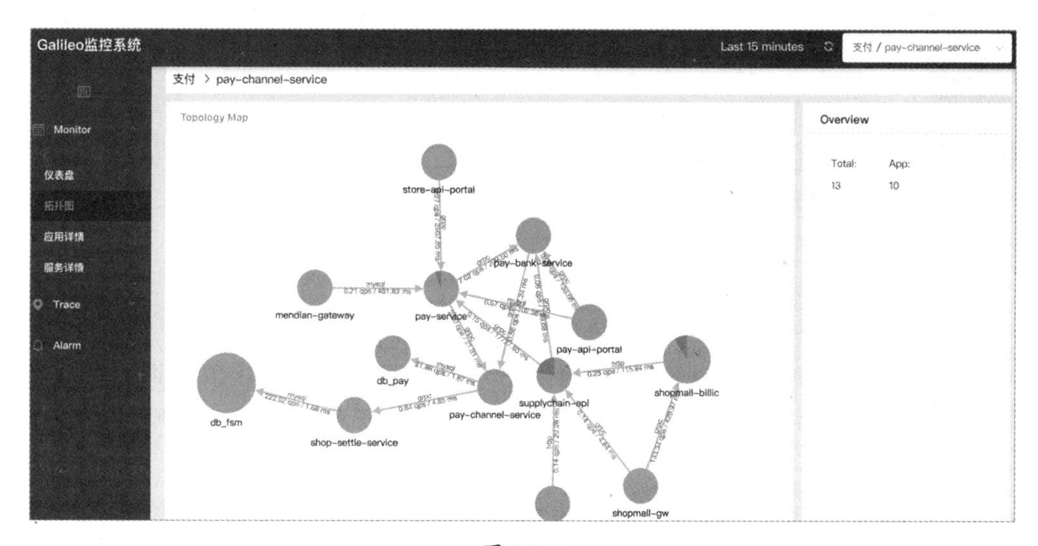

图 14-12

图 14-12 展示的是监控系统的系统拓扑图。

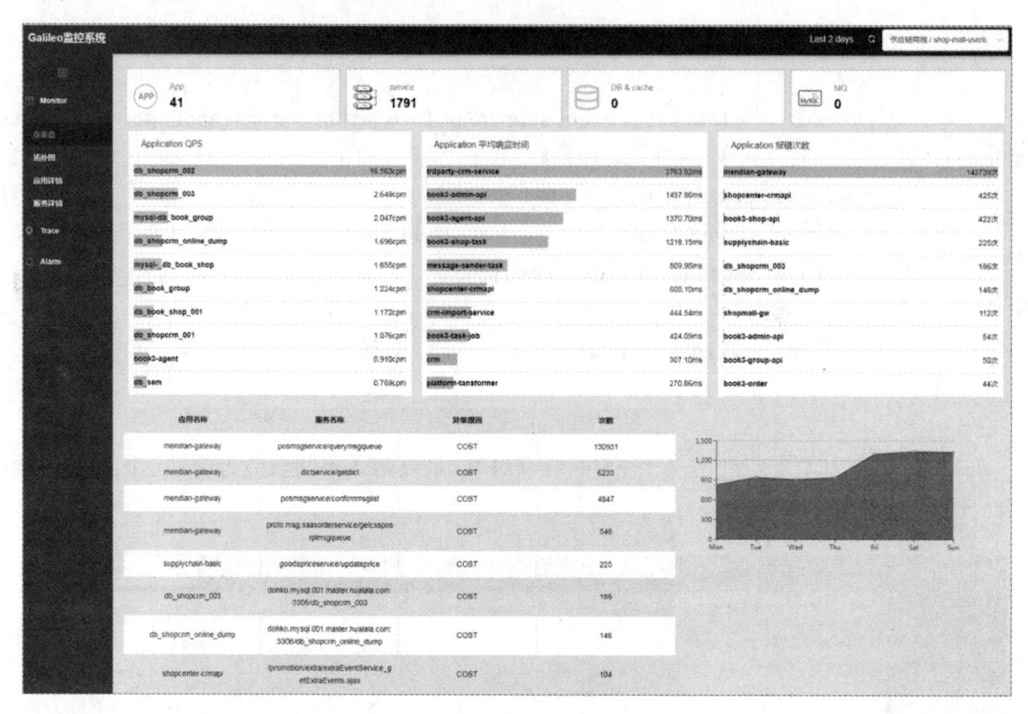

图 14-13

图 14-13 是监控系统的仪表盘。

4）APM 的告警机制

通过以上分析，APM 的调用链信息和监控统计信息都已经可以在系统中查询了，但是在监控系统中查询只是使用者主动发起的行为，如果系统监控到了系统异常情况，那么该如何反馈给使用者呢？

这就要求监控系统提供自定义告警功能，可以通过模板自定义告警指标、规则和级别，还需要支持短信、语音和邮件等多种告警方式，当监控指标触发阈值后能够第一时间进行通知，确保相关人员能够尽早采取措施，使故障能及时得到处理。

告警模板

很多监控系统都将告警功能作为单独一个系统，因为告警本身可以作为一个独立的系统，配置好数据源、定义好告警规则就可以启动告警系统。

告警系统中配置告警模板又是系统的核心功能，下面我们重点来看告警模板的功能定义，如图 14-14 所示。

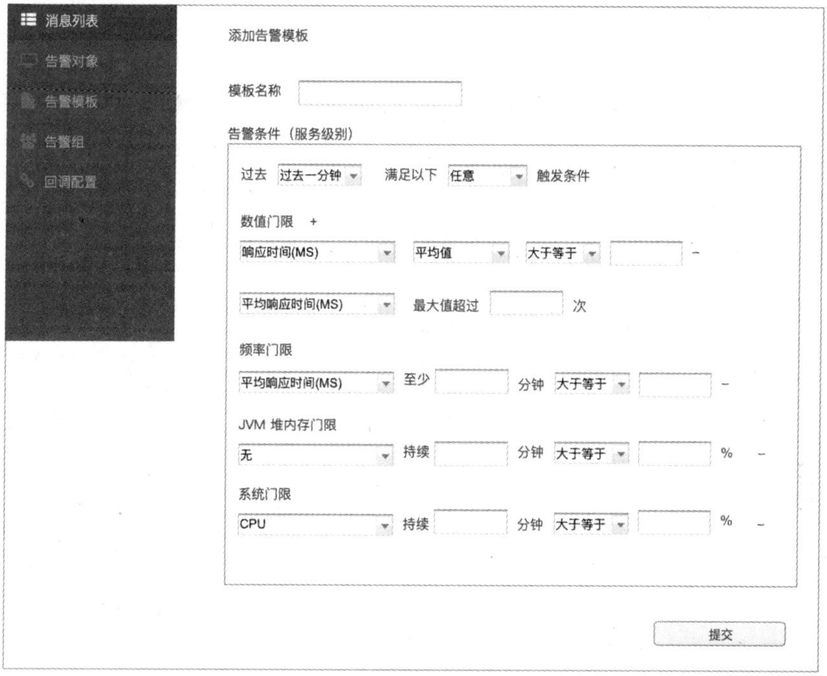

图 14-14

在告警条件选项中首先要看一下，在过去多久、满足什么样条件的情况下才会触发阈值，过去多久可以定义为：一分钟、五分钟、十五分钟、三十分钟、一小时等，根据具体情况以此类推；满足什么样的条件包括任意条件和全部条件，而触发条件包括数值门限、频率门限、JVM 门限和系统门限四部分。

- 数值门限

  主要针对响应时间、QPS、报错次数的平均值或最大值进行限定，当超过指定数值时触发告警。

- 频率门限

  主要针对平均响应时间、平均 QPS 和平均报错次数大于等于或小于某个阈值进行限定，持续多长时间后触发告警。

- JVM 门限

  主要是针对 JVM 堆（年青代、老年代和持久代）和栈等进行监控，超过阈值则告警。

- 系统门限

  主要针对 CPU、系统内存等进行监控，超过阈值则告警。

告警系统简单架构分析

告警系统的示例架构如图 14-15 所示。

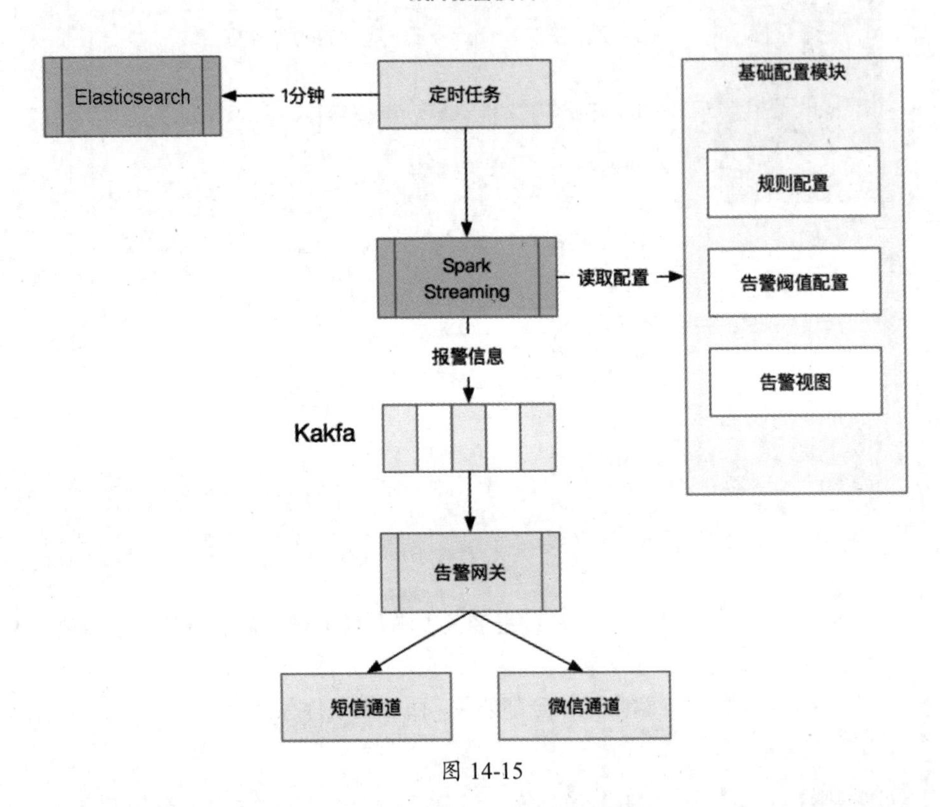

图 14-15

定时任务根据监控项每隔 1 分钟从指定数据源中读取数据，并将数据发到 Spark Streaming 中，根据告警规则进行数据分析，将分析出的结果与告警阈值做对比以决定是否需要报警，如果需要就将报警信息发送到 Kafka 队列，通过告警网关将报警信息发送出去。

其中报警规则是一分钟累计多少次失败就符合报警规则。

14.2 Prometheus 监控系统介绍

Prometheus 是一套开源的系统监控系统，它启发于 Google 的 Brogmon 系统，由 Google 的前工程师在 Soundcloud 以开源的形式进行研发，并于 2015 年对外提供正式版本，并在 2016 年正式加入 Cloud Native Computing Foundation（CNCF 基金会），成为广受欢迎的项目之一。

14.2.1　Prometheus 的主要特点

- 多维数据模型（有 metric 名称和键值对确定的时间序列）；
- 灵活的查询语言；
- 不依赖分布式存储；
- 通过 pull 方式采集时间序列，通过 HTTP 协议传输；
- 支持通过中介网关的 push 时间序列的方式；
- 监控数据通过服务或静态配置来发现；
- 支持图表和 dashboard 等多种方式。

14.2.2　Prometheus 的架构及组件介绍

图 14-16 介绍了 Prometheus 的整体架构，架构中包括很多组件，以此形成整个生态。

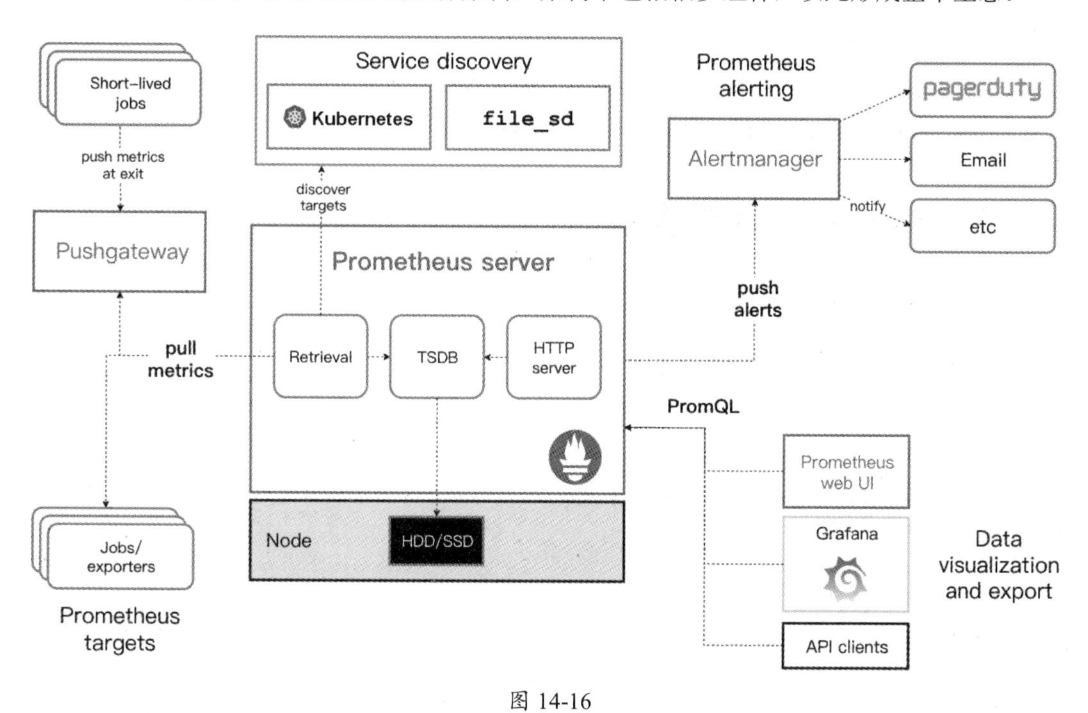

图 14-16

- Prometheus server

  这是 Prometheus 监控系统的核心部分，负责对监控数据的获取、存储和查询，Prometheus server 默认通过静态配置来管理监控目标，也可以通过 Service Discovery

来实现动态管理监控目标，然后从这些监控目标中获取监控数据。Prometheus server 默认采用 TSDB 来存储监控数据，TSDB 是一个时序数据库。

- exporter

  用于将第三方服务的 metrics 数据通过 HTTP 的方式暴露给 Prometheus。

  在 Prometheus 官网上提供了很多的 exporter 可供下载，地址是 https://prometheus.io/download/。

另外用户可以通过 Client library 库自己编写样本收集器去拉取来自其他系统的数据，并将指标数据输送给 Prometheus 服务。

- Push Gateway

  Prometheus 默认 Prometheus server 能够与 exporter 直接通信以获取数据，如果有特殊场景无法直接这么做，则可以借助 Push Gateway 进行中转，也就是通过 Client 主动推送监控数据到 PushGateway 中，然后 Prometheus 再使用 Pull 的方式定时从 Push Gateway 中拉取数据。

- Alertmanager

  在 Prometheus server 中创建告警规则，满足规则的数据会向 Alertmanager 发送告警信息，Alertmanager 支持多种告警集成方式，还支持自定义告警。

14.2.3 Prometheus 的安装

1. 下载 Prometheus

在 Linux 环境中通过如下命令行进行下载：

wget https://github.com/prometheus/prometheus/releases/download/v2.5.0/prometheus-2.5.0.linux-amd64.tar.gz。

下载完成之后通过 `tar -zxvf prometheus-2.5.0.linux-amd64.tar.gz` 命令对文件进行解压，目录内容如下所示：

```
console_libraries
consoles
data
LICENSE
NOTICE
prometheus
prometheus.yml
promtool
```

其中 prometheus 命令是启动命令，prometheus.yml 是配置文件。

prometheus.yml 配置文件的内容如下：

```
# 全局配置
global:
  scrape_interval: 15s # 默认抓取间隔，每 15 秒向目标抓取一次数据
  evaluation_interval: 15s # Evaluate rules every 15 seconds. The default is every 1 minute.
  # scrape_timeout is set to the global default (10s).

  # 这个标签是在本机上每一条时间序列上都会默认产生的，主要用于联合查询、远程存储、Alertmanger
  external_labels:
      monitor: 'codelab-monitor'

# Load rules once and periodically evaluate them according to the global 'evaluation_interval'.
rule_files:
  # - "first.rules"
  # - "second.rules"

# 这里就表示抓取对象的配置
# 这里是抓取 Promethues 自身的配置
scrape_configs:
# job name 表示在这个配置内的时间序例，每一条都会自动添加上{job_name:"prometheus"}的标签
  - job_name: 'prometheus'

    # metrics_path defaults to '/metrics'
    # scheme defaults to 'http'.

    # 重写了全局抓取间隔时间，由 15 秒重写成 5 秒
    scrape_interval: 5s

    static_configs:
      - targets: ['localhost:9090']
```

2. 启动 Prometheus

通过命令./prometheus 进行启动，如图 14-17 所示表示启动成功。

```
level=info ts=2018-11-30T08:08:21.425237967Z caller=main.go:245 build_context="(go=go1.11.1, user=root@226671cfecf6, date=20181024-12:21:22)"
level=info ts=2018-11-30T08:08:21.425272714Z caller=main.go:246 host_details="(Linux 3.10.0-693.el7.x86_64 #1 SMP Tue Aug 22 21:09:27 UTC 2017 x86_64 host-172-16-32-184 (none))"
level=info ts=2018-11-30T08:08:21.425301807Z caller=main.go:247 fd_limits="(soft=60000, hard=65535)"
level=info ts=2018-11-30T08:08:21.425316357Z caller=main.go:248 vm_limits="(soft=unlimited, hard=unlimited)"
level=info ts=2018-11-30T08:08:21.428140127Z caller=main.go:562 msg="Starting TSDB ..."
level=info ts=2018-11-30T08:08:21.428225363Z caller=web.go:399 component=web msg="Start listening for connections" address=0.0.0.0:9090
level=info ts=2018-11-30T08:08:21.428773375Z caller=repair.go:35 component=tsdb msg="found healthy block" mint=1542240000000 maxt=1542304800000 ulid=01CWCJRTX2VM6K1GCRHCT4BTWS
level=info ts=2018-11-30T08:08:21.428884397Z caller=repair.go:35 component=tsdb msg="found healthy block" mint=1542304800000 maxt=1542369600000 ulid=01CWEGJC6MWKNCN1BD1YERPKY4
level=info ts=2018-11-30T08:08:21.42900729Z caller=repair.go:35 component=tsdb msg="found healthy block" mint=1542369600000 maxt=1542434400000 ulid=01CWGEBXDBYWEE9X1A8CMQTMGC
level=info ts=2018-11-30T08:08:21.429073939Z caller=repair.go:35 component=tsdb msg="found healthy block" mint=1542434400000 maxt=1542499200000 ulid=01CWJC5EQ4RMR4QHSX6PWKS35C
level=info ts=2018-11-30T08:08:21.429194804Z caller=repair.go:35 component=tsdb msg="found healthy block" mint=1542499200000 maxt=1542564000000 ulid=01CWM9YZTGB2KGXF38KXT5N2G6
level=info ts=2018-11-30T08:08:21.429303666Z caller=repair.go:35 component=tsdb msg="found healthy block" mint=1542564000000 maxt=1542628800000 ulid=01CWP7RH6M5GMT0Z5X40WDSWXC
level=info ts=2018-11-30T08:08:21.429368842Z caller=repair.go:35 component=tsdb msg="found healthy block" mint=1542628800000 maxt=1542693600000 ulid=01CWR5J3YX1SWNC6F6TT1C0J8D
level=info ts=2018-11-30T08:08:21.42942963Z caller=repair.go:35 component=tsdb msg="found healthy block" mint=1542693600000 maxt=1542758400000 ulid=01CWT3BNFJXM8STT6G5F8FSJR7
level=info ts=2018-11-30T08:08:21.429478354Z caller=repair.go:35 component=tsdb msg="found healthy block" mint=1542758400000 maxt=1542823200000 ulid=01CWW154TG5NBT322N5437CQJS
level=info ts=2018-11-30T08:08:21.429528395Z caller=repair.go:35 component=tsdb msg="found healthy block" mint=1542823200000 maxt=1542888000000 ulid=01CWXYYP68569YET0NBXW7GPN8
level=info ts=2018-11-30T08:08:21.429578319Z caller=repair.go:35 component=tsdb msg="found healthy block" mint=1542888000000 maxt=1542952800000 ulid=01CWZWR8F9QDNSFZ16K35577BM
level=info ts=2018-11-30T08:08:21.429626831Z caller=repair.go:35 component=tsdb msg="found healthy block" mint=1542952800000 maxt=1543017600000 ulid=01CX1THRP4KJXEWVYBH6Y5GBGN
level=info ts=2018-11-30T08:08:21.42971601Z caller=repair.go:35 component=tsdb msg="found healthy block" mint=1543017600000 maxt=1543082400000 ulid=01CX3RBA7C923BAKHKBR9F90NN
level=info ts=2018-11-30T08:08:21.42981774Z caller=repair.go:35 component=tsdb msg="found healthy block" mint=1543082400000 maxt=1543147200000 ulid=01CX5P4V3CQQS72JDRYH2A8S5H
level=info ts=2018-11-30T08:08:21.429874161Z caller=repair.go:35 component=tsdb msg="found healthy block" mint=1543147200000 maxt=1543212000000 ulid=01CX7KYEP7KFRMGPTKT3QPA6CZ
level=info ts=2018-11-30T08:08:21.429972054Z caller=repair.go:35 component=tsdb msg="found healthy block" mint=1543212000000 maxt=1543276800000 ulid=01CX9HR09BTTC502NEZS1MG9CG
level=info ts=2018-11-30T08:08:21.430027692Z caller=repair.go:35 component=tsdb msg="found healthy block" mint=1543276800000 maxt=1543341600000 ulid=01CXBFHGSCDEG7TAMZRSBMC91P
level=info ts=2018-11-30T08:08:21.430101936Z caller=repair.go:35 component=tsdb msg="found healthy block" mint=1543341600000 maxt=1543406400000 ulid=01CXDDB8WKFYCA16785A4603A8
level=info ts=2018-11-30T08:08:21.430182103Z caller=repair.go:35 component=tsdb msg="found healthy block" mint=1543406400000 maxt=1543471200000 ulid=01CXFB4TDJ6JXKT8TF9QQ2QXKS
level=info ts=2018-11-30T08:08:21.43024638Z caller=repair.go:35 component=tsdb msg="found healthy block" mint=1543536000000 maxt=1543543200000 ulid=01CXH8Y9P54QDYDZ4T3FBQZX6S
level=info ts=2018-11-30T08:08:21.430322622Z caller=repair.go:35 component=tsdb msg="found healthy block" mint=1543471200000 maxt=1543536000000 ulid=01CXH8YA586T30NFR6JVHKQZZ5
level=info ts=2018-11-30T08:08:21.430361222Z caller=repair.go:35 component=tsdb msg="found healthy block" mint=1543543200000 maxt=1543550400000 ulid=01CXHFT0Y74KYZTWEK0ZFGGSJG
level=info ts=2018-11-30T08:08:21.430392517Z caller=repair.go:35 component=tsdb msg="found healthy block" mint=1543550400000 maxt=1543557600000 ulid=01CXHPNR66FZNDJ6GE72HSQ5CF
level=warn ts=2018-11-30T08:08:25.308499462Z caller=head.go:407 component=tsdb msg="unknown series references" count=11799
level=info ts=2018-11-30T08:08:25.309604257Z caller=main.go:572 msg="TSDB started"
level=info ts=2018-11-30T08:08:25.309699313Z caller=main.go:632 msg="Loading configuration file" filename=prometheus.yml
level=info ts=2018-11-30T08:08:25.31186174Z caller=main.go:658 msg="Completed loading of configuration file" filename=prometheus.yml
level=info ts=2018-11-30T08:08:25.3118815Z caller=main.go:531 msg="Server is ready to receive web requests."
```

图 14-17

3. 自带 Dashboard 界面

Prometheus 自带一个比较简单的 dashboard，可以查看表达式搜索结果、报警配置、Prometheus 配置和 exporter 状态等。自带 dashboard 默认通过 http://localhost:9090 进行访问，如图 14-18 所示。

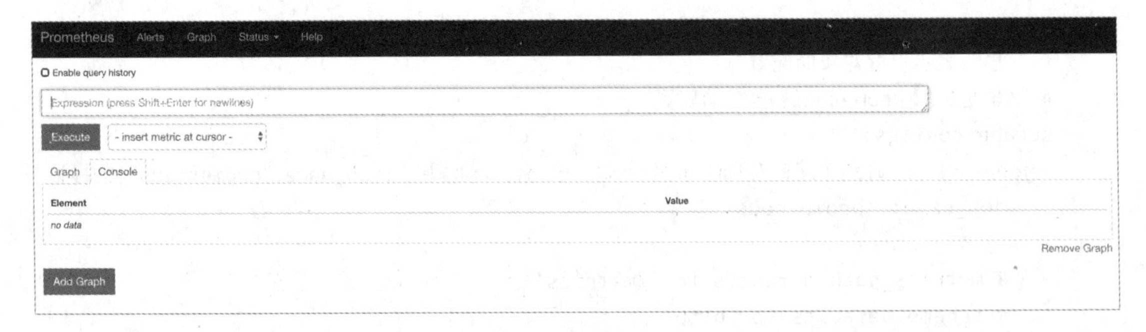

图 14-18

此时我们只是安装了 Prometheus 本身，并没有安装 exporter，Prometheus 默认自带了自己的 exporter，通过 `http://localhost:9090/metrics` 来看一下这些数据的内容是什么，如图 14-19 所示。

```
# HELP go_gc_duration_seconds A summary of the GC invocation durations.
# TYPE go_gc_duration_seconds summary
go_gc_duration_seconds{quantile="0"} 2.5955e-05
go_gc_duration_seconds{quantile="0.25"} 6.9968e-05
go_gc_duration_seconds{quantile="0.5"} 0.000101363
go_gc_duration_seconds{quantile="0.75"} 0.000133022
go_gc_duration_seconds{quantile="1"} 0.005695438
go_gc_duration_seconds_sum 0.028241017
go_gc_duration_seconds_count 211
# HELP go_goroutines Number of goroutines that currently exist.
# TYPE go_goroutines gauge
go_goroutines 39
# HELP go_info Information about the Go environment.
# TYPE go_info gauge
go_info{version="go1.11.1"} 1
# HELP go_memstats_alloc_bytes Number of bytes allocated and still in use.
# TYPE go_memstats_alloc_bytes gauge
go_memstats_alloc_bytes 2.0153824e+07
# HELP go_memstats_alloc_bytes_total Total number of bytes allocated, even if freed.
# TYPE go_memstats_alloc_bytes_total counter
go_memstats_alloc_bytes_total 3.0538034e+09
# HELP go_memstats_buck_hash_sys_bytes Number of bytes used by the profiling bucket hash table.
# TYPE go_memstats_buck_hash_sys_bytes gauge
go_memstats_buck_hash_sys_bytes 1.470004e+06
# HELP go_memstats_frees_total Total number of frees.
# TYPE go_memstats_frees_total counter
go_memstats_frees_total 1.414437e+06
# HELP go_memstats_gc_cpu_fraction The fraction of this program's available CPU time used by the GC since the program started.
# TYPE go_memstats_gc_cpu_fraction gauge
go_memstats_gc_cpu_fraction 0.0002616906502953779
# HELP go_memstats_gc_sys_bytes Number of bytes used for garbage collection system metadata.
# TYPE go_memstats_gc_sys_bytes gauge
go_memstats_gc_sys_bytes 4.796416e+06
# HELP go_memstats_heap_alloc_bytes Number of heap bytes allocated and still in use.
# TYPE go_memstats_heap_alloc_bytes gauge
go_memstats_heap_alloc_bytes 2.0153824e+07
# HELP go_memstats_heap_idle_bytes Number of heap bytes waiting to be used.
# TYPE go_memstats_heap_idle_bytes gauge
go_memstats_heap_idle_bytes 1.10665728e+08
# HELP go_memstats_heap_inuse_bytes Number of heap bytes that are in use.
# TYPE go_memstats_heap_inuse_bytes gauge
go_memstats_heap_inuse_bytes 2.2536192e+07
# HELP go_memstats_heap_objects Number of allocated objects.
# TYPE go_memstats_heap_objects gauge
go_memstats_heap_objects 141896
```

图 14-19

点击 Graph 菜单，切换到如图 14-20 所示的界面。

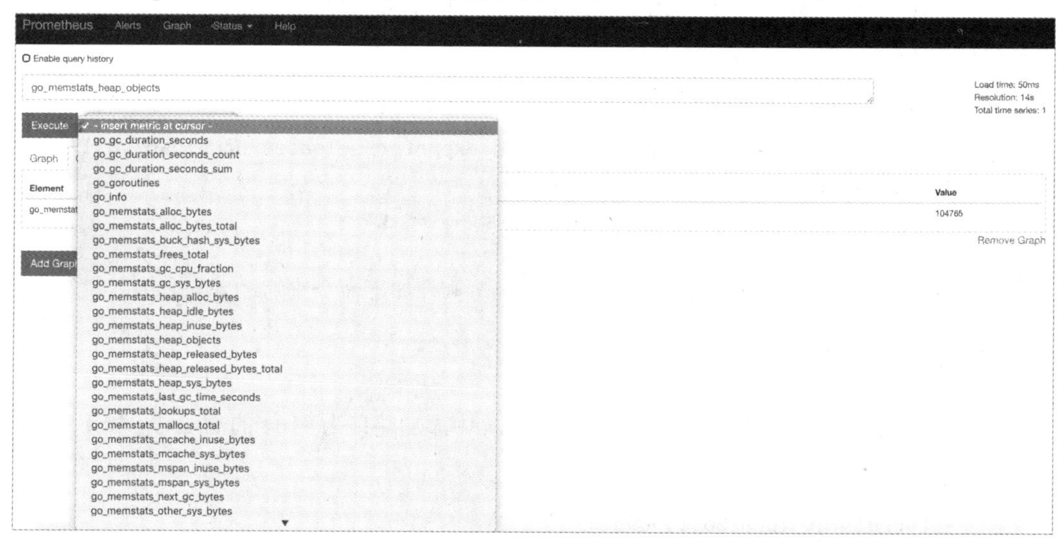

图 14-20

这个界面可以根据表达式或某些条件进行查询，比如选择了“go_memstats_heap_objects”后执行“Execute”，出现如图 14-21 所示的界面。

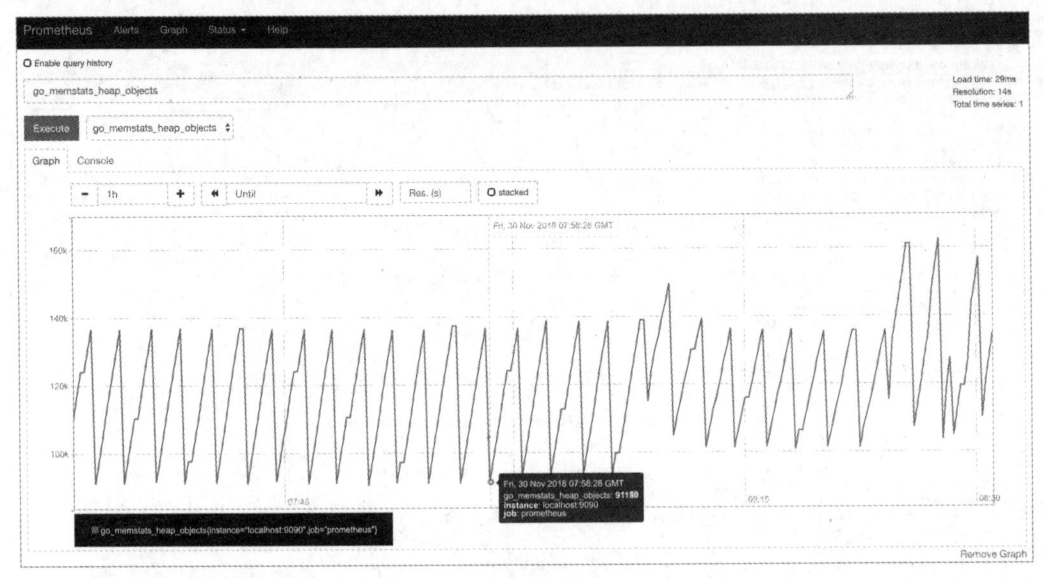

图 14-21

14.2.4 使用 Prometheus 对 MySQL 进行监控

使用 Prometheus 对 MySQL 进行监控就需要使用 exporter 来采集数据，默认已经安装好 MySQL 数据库。

使用如下命令从官网上下载并解压 mysqld_exporter：

```
wget https://github.com/prometheus/mysqld_exporter/releases/download/v0.11.0/mysqld_exporter-0.11.0.linux-amd64.tar.gz
tar -zxvf mysqld_exporter-0.11.0.linux-amd64.tar.gz
```

进入 mysqld_exporter-0.11.0.linux-amd64 目录后，执行如下命令来启动 exporter：

```
./mysqld_exporter
```

然后修改 prometheus.yml 文件，在 static_configs 中添加端口为 9104 的 targets，如下所示。

```
static_configs:
    - targets: ['localhost:9090']
    - targets: ['localhost:9104']
```

重启 Prometheus 后，进入 Prometheus 默认的 UI 界面，从 Status 菜单中找到 Targets 选项，显示如下 14-22 所示的界面。

Prometheus　Alerts　Graph　Status ▾　Help

Targets

All　Unhealthy

prometheus (3/3 up)　show less

Endpoint	State	Labels	Last Scrape	Scrape Duration	Error
http://localhost:9090/metrics	UP	instance="localhost:9090"	1.751s ago	9.897ms	
http://localhost:9100/metrics	UP	instance="localhost:9100"	12.706s ago	12.44ms	
http://localhost:9104/metrics	UP	instance="localhost:9104"	13.689s ago	25.14ms	

图 14-22

这个界面展示了 Targets 列表，UP 为上线健康状态。

接下来我们使用 Grafana 展示 MySQL 的监控数据，Grafana 是一个开源的度量分析与可视化套件，支持许多不同的数据源，官方支持的数据源主要有：Graphite、InfluxDB、OpenTSDB、Prometheus、Elasticsearch、CloudWatch、KairosDB、MySQL、PostgreSQL、Microsoft SQL Server。

通过如下命令对 Grafana 进行安装和启动：

```
    yum install https://s3-us-west-2.amazonaws.com/grafana-releases/release/
grafana-4.4.3-1.x86_64.rpm
    service grafana-server start
```

启动 Grafana 后需要配置数据源，如图 14-23 所示。

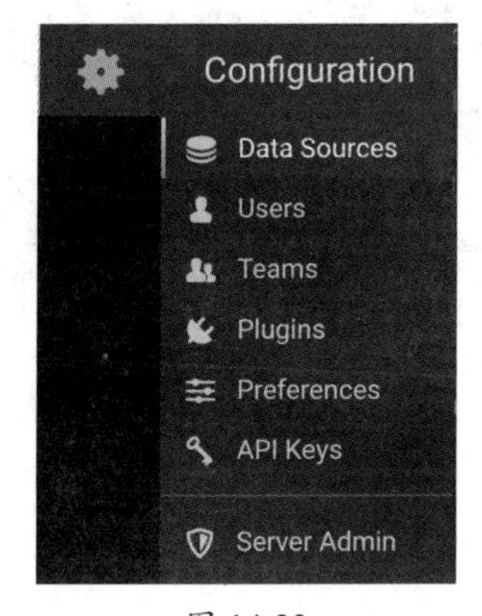

图 14-23

选择 Data Sources 后，显示如图 14-24 所示的添加数据源界面。

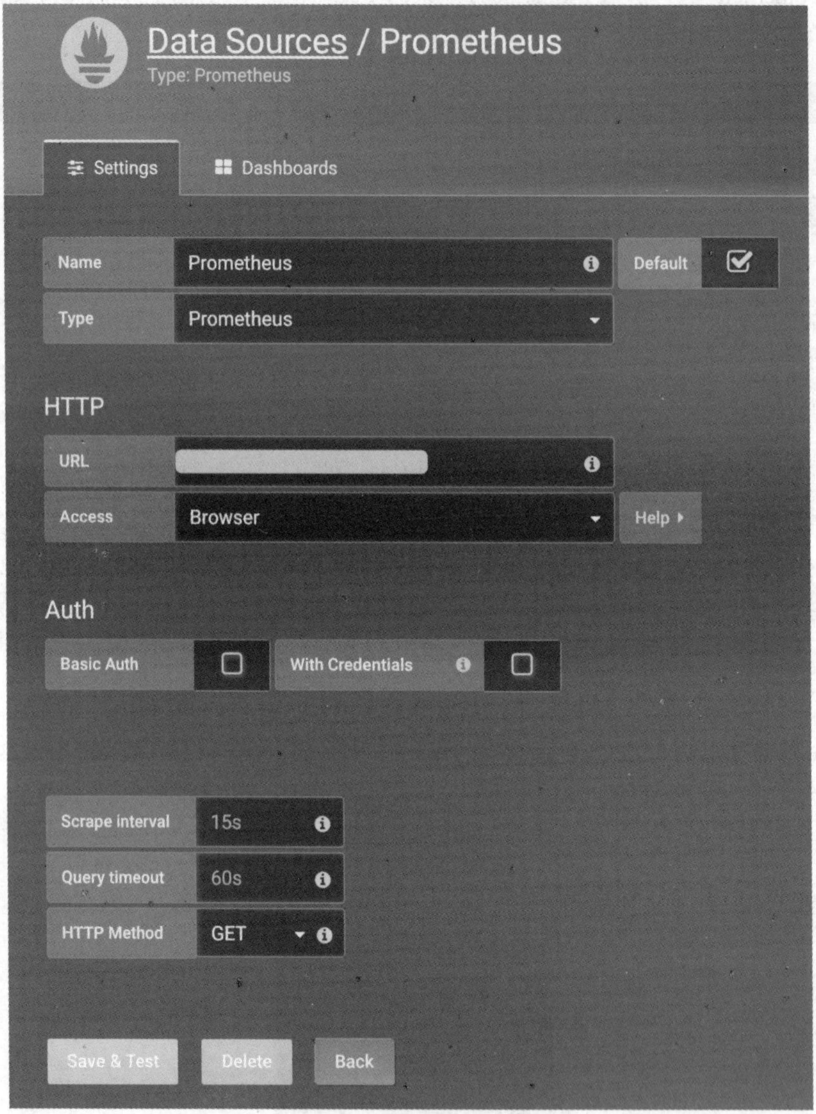

图 14-24

在添加数据源的时候，将 Name 填写为 Prometheus，选择 Type 为 Prometheus，URL 填写为 Prometheus 的地址 http://ip:9090，之后点击“Save & Test”按钮进行保存和测试。

之后在 Dashboards 中选择 MySQL Overview，显示如图 14-25 所示的界面，图中展示了从 Prometheus 中获取的各项指标。

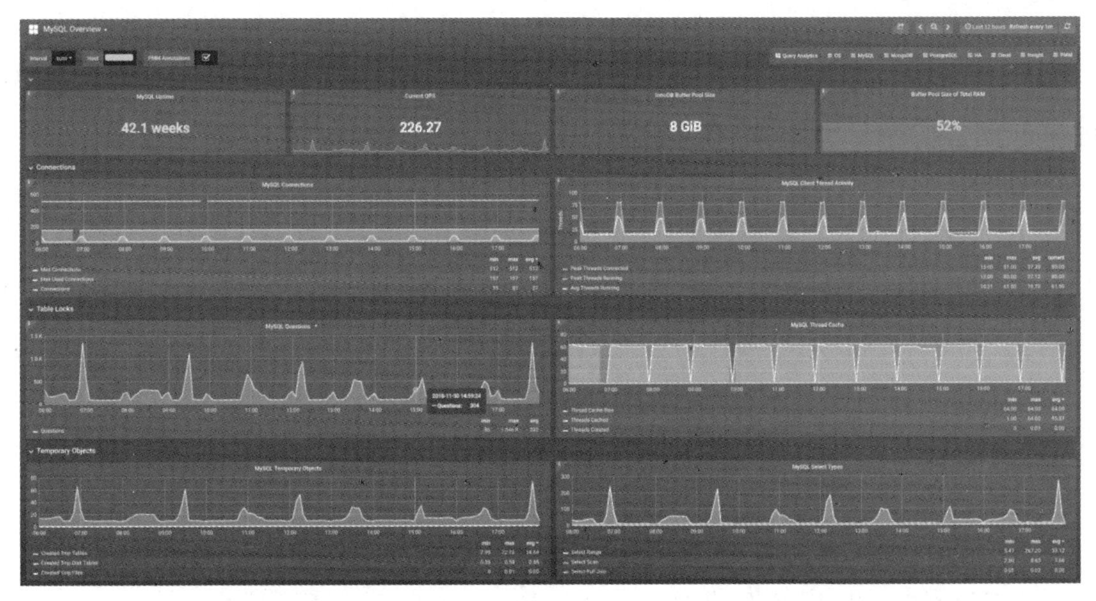

图 14-25

14.2.5 Prometheus 的告警机制

Alertmanager 与 Prometheus 并不是一体的，需要单独下载使用。Prometheus 服务器根据报警规则将警报发送给 Alertmanager，Alertmanager 对警报数据进行收敛、分组后发送到指定的接收器，比如电子邮件、短信或 PaperDuty 等。

我们以一个简单的案例为例来说明报警过程，某个节点宕机下线，Prometheus 获取节点下线信息通过规则匹配后，发送通知给 Alertmanager，由 Alertmanager 通过邮件的方式报警给用户，如图 14-26 所示。

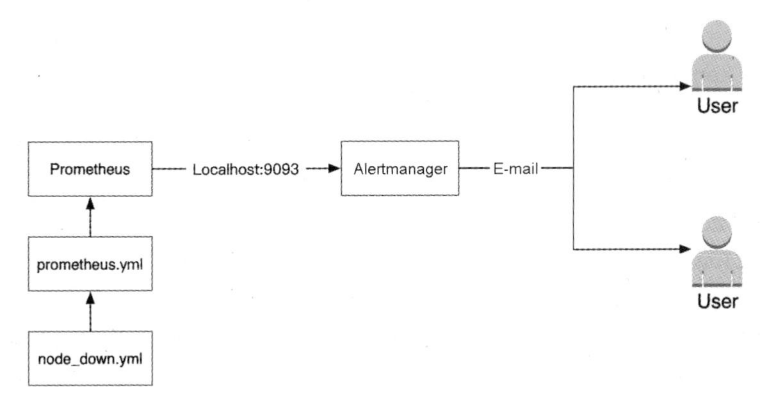

图 14-26

使用 `wget https://github.com/prometheus/alertmanager/releases/download/v0.16.0-alpha.0/alertmanager-0.16.0-alpha.0.linux-amd64.tar.gz` 命令下载 Alertmanager 压缩包并进行解压，进入解压目录并创建 node_alert.yml 文件，文件内容如下所示。

```
global:
  smtp_smarthost: 'smtp.yeah.net:25'
  smtp_from: 'xxx@yeah.net'
  smtp_auth_username: 'xxx@yeah.net'
  smtp_auth_password: 'xxx'

route:
  group_by: ['alertname', 'cluster', 'service']
  group_wait: 30s
  group_interval: 5m
  repeat_interval: 10m
  receiver: default-receiver

receivers:
- name: 'default-receiver'
  email_configs:
  - to: 'xxx@163.com'
```

创建完 node_alert.yml 文件后，通过 `./alertmanager --config.file node_alert.yml` 命令启动 Alertmanager，而后进入 prometheus 目录，创建 node_down.yml 文件，内容如下：

```
groups:
- name: example
  rules:
  - alert: serviceDown
    expr: up == 0
    for: 1m
    labels:
      user: cc
    annotations:
      summary: "Instance {{ $labels.instance }} down"
      description: "{{ $labels.instance }} of job {{ $labels.job }} has been down
for more than 1 minutes."
```

然后修改 prometheus.yml 文件，将 rule_files 的 value 设置为 node_down.yml，将 static_configs 的 targets 设置为 localhost:9093，内容如下所示。

```
global:
  scrape_interval: 15s # Set the scrape interval to every 15 seconds. Default is
every 1 minute.
  evaluation_interval: 15s # Evaluate rules every 15 seconds. The default is every
1 minute.
  # scrape_timeout is set to the global default (10s).

# Alertmanager configuration
alerting:
  alertmanagers:
  - static_configs:
      - targets: ["localhost:9093"]

# Load rules once and periodically evaluate them according to the global
'evaluation_interval'.
rule_files:
    - "node_down.yml"

# A scrape configuration containing exactly one endpoint to scrape:
# Here it's Prometheus itself.
scrape_configs:
  # The job name is added as a label `job=<job_name>` to any timeseries scraped
from this config.
  - job_name: 'prometheus'

    # metrics_path defaults to '/metrics'
    # scheme defaults to 'http'.

    static_configs:
     - targets: ['localhost:9090']
     - targets: ['localhost:9104']
     - targets: ['localhost:9100']
```

最后通过`./prometheus`命令进行启动，进入 Prometheus 的 UI 界面后，点击 Alerts 菜单项，显示如图 14-27 所示的界面。

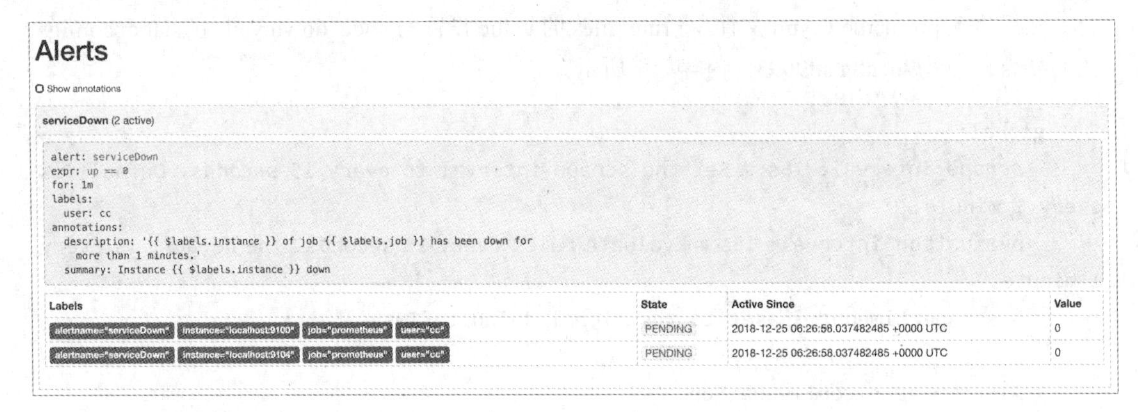

图 14-27

从图中可以看出此时有两个 node 服务下线了，node 服务的 State 是 PENDING 状态，1 分钟后变 FIRING 状态，如图 14-28 所示。

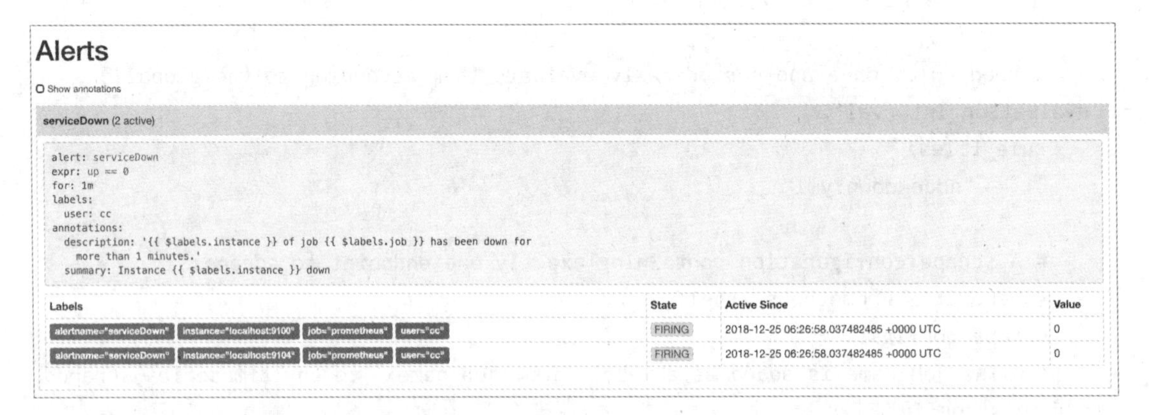

图 14-28

从图中可以看出下线服务的 State 为 FIRING 状态，这时会触发 Alertmanager 的报警机制，将以邮件的方式发信息给相关用户，如图 14-29 所示。

参考文章：

https://www.hi-linux.com/posts/25047.html。

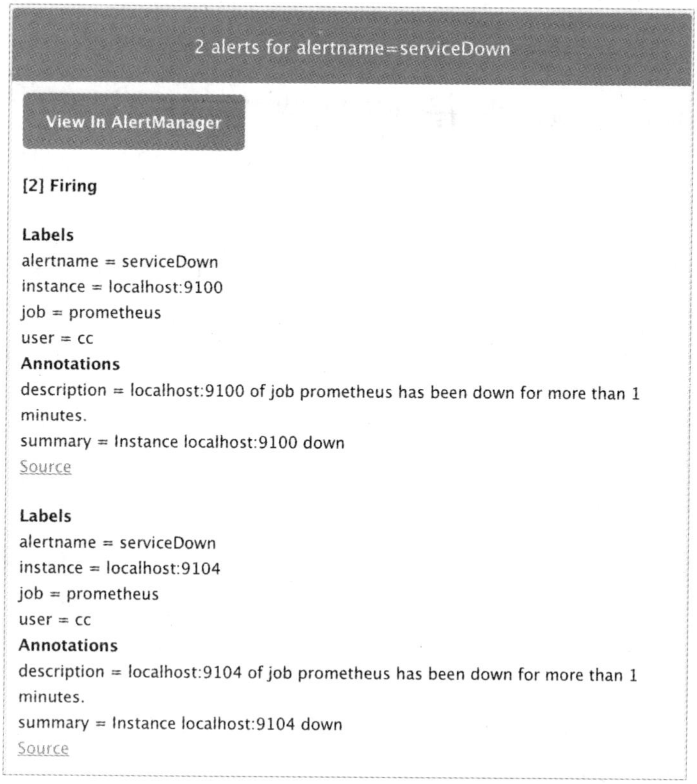

2 alerts for alertname=serviceDown

View In AlertManager

[2] Firing

Labels
alertname = serviceDown
instance = localhost:9100
job = prometheus
user = cc
Annotations
description = localhost:9100 of job prometheus has been down for more than 1 minutes.
summary = Instance localhost:9100 down
Source

Labels
alertname = serviceDown
instance = localhost:9104
job = prometheus
user = cc
Annotations
description = localhost:9104 of job prometheus has been down for more than 1 minutes.
summary = Instance localhost:9104 down
Source

图 14-29

反侵权盗版声明

举报电话： (010)88254396；(010)88258888
传　　真： (010)88254397
E－mail： dbqq@phei.com.cn
通信地址： 北京市万寿路 173 信箱
电子工业出版社总编办公室
邮　　编： 100036